汉译世界学术名著丛书

世界图景的机械化

〔荷兰〕爱德华·扬·戴克斯特豪斯 著

张卜天 译

商务印书馆
创于1897 The Commercial Press

Eduard Jan Dijksterhuis

THE MECHANIZATION OF THE WORLD PICTURE

本书根据牛津大学出版社 1961 年英译本译出，并参考了

阿姆斯特丹大学出版社 1950 年荷兰文原版

DE MECHANISERING VAN HET WERELDBEELD

和 1956 年施普林格出版社德文版

DIE MECHANISIERUNG DES WELTBILDES

爱德华·扬·戴克斯特豪斯(Eduard Jan Dijksterhuis,1892—1965)

汉译世界学术名著丛书
出 版 说 明

我馆历来重视移译世界各国学术名著。从 20 世纪 50 年代起，更致力于翻译出版马克思主义诞生以前的古典学术著作，同时适当介绍当代具有定评的各派代表作品。我们确信只有用人类创造的全部知识财富来丰富自己的头脑，才能够建成现代化的社会主义社会。这些书籍所蕴藏的思想财富和学术价值，为学人所熟悉，毋需赘述。这些译本过去以单行本印行，难见系统，汇编为丛书，才能相得益彰，蔚为大观，既便于研读查考，又利于文化积累。为此，我们从 1981 年着手分辑刊行，至 2016 年年底已先后分十五辑印行名著 650 种。现继续编印第十六辑、十七辑，到 2018 年年底出版至 750 种。今后在积累单本著作的基础上仍将陆续以名著版印行。希望海内外读书界、著译界给我们批评、建议，帮助我们把这套丛书出得更好。

商务印书馆编辑部

2018 年 4 月

目　　录

德译本前言·················　爱德华·扬·戴克斯特豪斯　1
英译本前言·················　迪尔克·扬·斯特勒伊克　3

I　古代的遗产

第一章　导言 ································· 11
第二章　希腊自然哲学思想的主要流派 ············· 15
　第一节　毕达哥拉斯主义 ···················· 15
　第二节　爱利亚派 ························· 17
　第三节　希腊微粒理论 ····················· 18
　第四节　柏拉图主义 ······················ 25
　第五节　亚里士多德主义 ···················· 31
　第六节　斯多亚主义 ······················ 67
　第七节　新柏拉图主义 ····················· 71
第三章　古代的科学遗产 ····················· 77
　第一节　数学 ·························· 77
　第二节　数学物理学 ······················ 82
　第三节　天文学 ························· 83

第四节　物理学（一）…………………………………… 101

第五节　技术……………………………………………… 106

第六节　审美的、价值论的和目的论的观点 ………… 111

第七节　物理学（二）…………………………………… 114

第八节　化学……………………………………………… 117

第九节　占星学…………………………………………… 123

第四章　自然科学与基督教……………………………… 130

Ⅱ　中世纪的科学

第一章　过渡时代………………………………………… 143

第一节　古代传统的维护者……………………………… 143

第二节　欧里亚克的热尔贝……………………………… 150

第三节　沙特尔学校……………………………………… 153

第二章　伊斯兰的贡献…………………………………… 158

第三章　12 世纪的科学 ………………………………… 169

第一节　孕育中的科学…………………………………… 169

第二节　巴斯的阿德拉德与孔什的威廉………………… 174

第三节　里尔的阿兰……………………………………… 180

第四章　13 世纪的科学 ………………………………… 184

第一节　对亚里士多德主义的接受……………………… 184

第二节　托马斯主义的综合和自然科学………………… 187

第三节　罗吉尔·培根…………………………………… 197

第四节　虚空……………………………………………… 208

第五节　13 世纪的光学 ………………………………… 213

第六节　磁学 …………………………………………… 224

第七节　占星学 ………………………………………… 226

第八节　魔法 …………………………………………… 229

第九节　炼金术 ………………………………………… 234

第十节　哲学与神学的冲突 …………………………… 235

第五章　14 世纪的自然科学 ……………………………… 240

第一节　批判与怀疑 …………………………………… 240

第二节　欧特里库的尼古拉 …………………………… 247

第三节　14 世纪的物理学 …………………………… 252

第四节　中世纪的天文学 ……………………………… 304

Ⅲ　经典科学的黎明

第一章　人文主义和文艺复兴哲学对科学的意义 ………… 321

第一节　人文主义 ……………………………………… 321

第二节　库萨的尼古拉 ………………………………… 325

第三节　文艺复兴哲学 ………………………………… 336

第二章　技术作为自然科学的一个来源 ………………… 346

第三章　过渡时期的力学 ………………………………… 355

第一节　约达努斯学派：技术的影响 ………………… 355

第二节　莱奥纳多·达·芬奇 ………………………… 362

第三节　巴黎学派的力学传统 ………………………… 377

第四节　16 世纪的力学 ……………………………… 380

第四章　过渡时期的天文学 ……………………………… 387

第一节　天文学 ………………………………………… 387

　　第二节　测角术与三角学……………………………………390

第五章　过渡时期的物质结构理论…………………………………394

　　第一节　"自然最小单元"理论……………………………………394

　　第二节　帕拉塞尔苏斯……………………………………………397

　　第三节　对亚里士多德主义的背离………………………………400

Ⅳ　经典科学的演进

导言………………………………………………………………………409

第一章　从哥白尼到开普勒的天文学………………………………411

　　第一节　尼古拉·哥白尼…………………………………………411

　　第二节　第谷·布拉赫……………………………………………428

　　第三节　约翰内斯·开普勒………………………………………432

第二章　从斯台文到惠更斯的力学…………………………………461

　　第一节　西蒙·斯台文……………………………………………461

　　第二节　伊萨克·贝克曼…………………………………………469

　　第三节　伽利略·伽利莱…………………………………………475

　　第四节　伽利略学派………………………………………………510

　　第五节　力的概念的演进…………………………………………519

　　第六节　克里斯蒂安·惠更斯……………………………………522

　　第七节　伽利略与教会的冲突……………………………………541

第三章　17世纪的物理学、化学和自然哲学………………………549

　　第一节　流体静力学………………………………………………550

　　第二节　几何光学…………………………………………………552

　　第三节　威廉·吉尔伯特…………………………………………557

第四节　弗朗西斯·培根 ……………………………… 565

第五节　勒内·笛卡尔 ……………………………… 576

第六节　微粒理论 …………………………………… 598

第七节　性质的机械化 ……………………………… 615

第八节　罗伯特·波义耳 …………………………… 619

第九节　气体力学 …………………………………… 634

第十节　17世纪机械论的顶峰 …………………… 654

第十一节　艾萨克·牛顿 …………………………… 663

V　结　　语

结语 …………………………………………………… 709

附录 …………………………………………………… 719

　　缩写表 …………………………………………… 719

　　注释 ……………………………………………… 720

　　主要参考书目 …………………………………… 722

　　英汉人名索引 …………………………………… 743

　　汉英人名对照 …………………………………… 767

译后记 ………………………………………………… 776

德 译 本 前 言

本书原为荷兰文，1950年首版于默伦霍夫（Meulenhoff）出版社的"科学-哲学图书馆"（Wetenschappelijk-Wijsgerige Bibliotheek）丛书中。通过这套丛书，对文化有一般兴趣的读者无须特别的专业知识便可大致了解不同的科学领域，唯一需要的只是开放的思想和集中精力。

这种目标决定了本书的特点。为了不影响可读性，我们不得不略去一长串文献目录；但这样一来，我们就无法给予相关成果以应有的评价。我希望能够通过附录中的引用方法令人满意地满足这一要求。不过另有一种情况，这种方法是不够的：我无法形容安内莉泽·迈尔（Anneliese Maier）的著作对我的帮助是多么巨大。本书标题便得自她的一本一流著作。[①] 她的著作教导我们如何理解中世纪的科学，我从中汲取了太多东西，以至于与之相关的章节往往像是关于她的论述的报告，而不是原创性的表述。

感谢施普林格（Springer）出版社使德语读者有机会读到我的

[①]　指迈尔1938年出版的《17世纪世界图景的机械化》（*Die Mechanisierung des Weltbildes im 17. Jahrhundert*），重印于 *Zwei Untersuchungen zur nachscholastischen Philosophie*，Rome：Edizioni di Storia e Letteratura，1968，pp. 13—67。——译者注

著作,感谢海尔格·哈比希特-范德瓦尔登(Helga Habicht-van
der Waerden)博士为翻译本书所付出的辛劳。

爱德华·扬·戴克斯特豪斯

比尔特霍芬(荷兰),1955 年 12 月

英译本前言

［荷］迪尔克·扬·斯特勒伊克[①]

> 年轻时的向往，到老终获圆满。
>
> （Was man in der Jugend wünscht，hat man im Alter die Fülle. ）
>
> ——歌德[②]

　　1892 年 10 月 20 日，爱德华·扬·戴克斯特豪斯（Eduard Jan Dijksterhuis）生于荷兰的蒂尔堡（Tilburg），父亲是贝伦德·戴克斯特豪斯（Berend Dijksterhuis），母亲是赫齐娜·埃克斯（Gezina Eerkes）。父亲是当地中学的校长，也是一位地方志学家，蒂尔堡的一条街道就是以他的名字命名的。从这所学校毕业后，为了参加全国大学统考，戴克斯特豪斯学习了拉丁文和希腊文，这在当时是必需的（中学只教现代语言）。他对人文科学和精确科学举棋不定，但最终还是选择了后者。1918 年，他在格罗宁根（Groningen）大学获得了数学博士学位，博士论文讨论的是平面螺旋理论

---

　　① 　迪尔克·扬·斯特勒伊克（Dirk Jan Struik，1894—2000），著名荷兰数学史家。该前言发表在 1986 年普林斯顿大学出版社重印的英译本中。——译者注

　　② 　戴克斯特豪斯在 1953 年的讲演中引用了这句名言。［选自歌德的自传《诗与真》（*Dichtung und Wahrheit*）。——译者注］

(plane screw theory),是对矢量分析的拓展。从 1915 年起,他一直在格罗宁根中学教数学和物理学。

1919 年,他回到蒂尔堡的中学母校教书直到 1953 年,时间长达 34 年。他与约翰娜·尼迈耶(Johanna Kathinka Elizabeth Niemeyer)结婚,育有一女二子。

据别人回忆,他做教师认真负责,总是"依照完美的逻辑路线"表述论题,要求相当严格,后来人们对他的评价也越来越高。我想他对任何人都不缺乏耐心,他一直非常矜持,但却赢得了他所有学生、朋友和同事的深切敬意。他的弱项是实验,不过好在他有一个优秀的"秘书"(amanuensis)帮他渡过难关。他从未失去对人文科学的热爱,认为这不仅是补充,而且是热爱精确科学及其历史的一个必不可少的要素。

这种热爱表现为许多方式,因为他是一个多才多艺的人。在他的职业生涯中,有两个方向尤为显著:首先,研究牛顿定律所表述的近代物理学理论是经由什么过程产生的;其次,思考如何弥合斯诺(C. P. Snow)所说的人文科学与精确科学之间的"两种文化",或者荷兰人所说的"α-领域和 β-领域"之间的鸿沟。在这些方面,他发表了许多文章和著作,大都用荷兰语写成。他热爱这门语言,能够娴熟自如地运用。

现在看来,追溯通往牛顿的道路不仅是一项激动人心的重要任务,而且对于理解整个文化至为关键。而在 20 世纪 20 年代却并非如此,那时科学史还不太受职业历史学家以及自然科学家和数学家的关注,戴克斯特豪斯称科学史为"历史女神(克利俄)的继子"(Clio's stepchild)。尽管里程碑式的著作《惠更斯著作全集》

(*Oeuvres complètes*)多年来一直在推进,但情况依然如故。他坚韧不拔,在教学之余抓紧时间学习,刻苦研读从多所图书馆借来的书籍。1924 年,他的第一部重要著作《下落与抛射》(*Val en Worp*)问世,这部 450 多页的著作分析了力学从亚里士多德到牛顿的发展进程。其中已经显示出了戴克斯特豪斯著作的特征:认真进行考据,评定原始文本;持论公允,不偏不倚。他的著作以《静力学的起源》(*Les Origines de la Statique*,1905—1906)等书的作者皮埃尔·迪昂(Pierre Duhem)为榜样,同时又避免了迪昂的一个缺点:他不仅会给出古代文本的译文,而且总是附上原始的希腊文、拉丁文和意大利文。

之后他又出版了许多著作,内容并不囿于《下落与抛射》的范围。其中有两部纯数学的著作,即《欧几里得的〈几何原本〉》(*De Elementen van Euclides*,1929—1930)和《阿基米德》(*Archimedes*,1938),它们都对托马斯·希思(Thomas Little Heath)的版本提供了有益补充。1956 年,《阿基米德》的英文版在哥本哈根出版,译者为迪克斯霍恩(C. Dikshoorn)女士。这位几乎默默无闻的荷兰学者终于为荷兰以外的世界所知。

1943 年,荷兰文的《西蒙·斯台文》(*Simon Stevin*)出版(英译本出版于 1970 年)。它不仅是对科学技术史的重要贡献,而且也是对一般荷兰文化史的贡献。戴克斯特豪斯一直对这位谦恭友善的数学家—工程师—语言学家钦佩有加,他筹建了荷兰皇家科学院斯台文学会,该学会资助出版了六卷本的《斯台文主要著作集》(*The Principal Works of Simon Stevin*,1955—1961)。他本人编订了第一卷"力学"部分。

1950 年，他又回到《下落与抛射》的主题，出版了名著《世界图景的机械化》(*Mechanisering van het wereldbeeld*)。迪克斯霍恩女士的英译本出版于 1961 年，德译本出版于 1956 年。这部著作的内容、形式和风格现已得到广泛赞赏。它优点颇多，比如认识到了前人伊萨克·贝克曼(Isaac Beeckman)和今人安内莉泽·迈尔(Anneliese Maier)的功绩，认真分析了"机械论"一词的含义，详细研究了古代的遗产等等。它属于那种能够极大地拓宽我们视野的著作。

这时，第二次世界大战及其余波不仅大大改变了我们对世界的看法，而且使科学史更加受到重视。在这种气氛下，戴克斯特豪斯比以前更受赏识，他的著作在业内业外都受到广泛注意，并获得了全国性的声誉。1950 年，他当选荷兰皇家科学院(人文科学部)院士，1953 年任乌特勒支大学特职教授(*professor extraordinarius*)，1955 年任莱顿大学数学史和自然科学特职教授。(他 1932 年已担任莱顿大学私俸讲师[*privaat docent*]，1930 年也成为阿姆斯特丹大学私俸讲师。)1960 年，他出任乌特勒支大学常任教授(*professor ordinarius*)，直至 1963 年退休。

1952 年，荷兰政府授予戴克斯特豪斯霍夫特(P. C. Hooft)奖，这是于 1947 年创立的最高文学奖。美国授予他萨顿(George Sarton)奖章，德国授予他苏特霍夫(Karl Sudhoff)奖。他的讲演比以往任何时候都更受欢迎。

这些讲演以及随后发表的期刊论文和文章涉及许多议题，不仅有古代、中世纪和近代的科学史，而且也显示他正力图弥合"两种文化"之间的鸿沟。他在历史、科学、哲学、文学、艺术等诸多领域博学多才、慎思明辨，在这方面罕有人能与他相匹敌。

　　戴克斯特豪斯经常就弥合 α-领域和 β-领域之间鸿沟的可能性向教师发表讲演（1959 年，在美国出席了一次大会之后，他称赞麻省理工学院率先建立了"历史与哲学系"）。他告诫神学家，忽视自然科学的教育是片面的，这很可悲；他又告诉从事精确科学的科学家，应当对该学科的历史有所了解，从而理解它在我们文化中的位置；他向哲学家指出，如果不重视希腊数学，那么对希腊思想的了解"只能说有严重缺陷"。他演讲的主题丰富多彩，从不同时代宗教与科学的关系，到磁感应的历史、热力学理论、歌德对托马斯·曼的影响，不一而足。他曾以那些数学伟人为主题发表讲演，哥白尼、开普勒、斯台文、惠更斯、帕斯卡（一个是进行哲学宗教沉思的"几何学精神"[esprit de géometrie]的帕斯卡，另一个则是作为物理学数学发明天才的"敏锐性精神"[esprit de finesse]的帕斯卡，其思想均用纯美的法语写成）必定对他有特殊的吸引力。他对音乐的理解（他热爱音乐，是一位优秀的钢琴家）体现在《惠更斯著作全集》第二十卷的音乐学部分。

　　这一切都伴随着他对客观性的不懈探寻，不仅是针对当前观点（在这方面，他对那些未被充分证明的牵强理论表示怀疑），而且也针对历史人物。重要的是，他们的感受是怎样的？又是如何得到结论的？而不仅仅是我们今天如何来评价它们。他坚信科学的统一性，相信多中有一，但这并非还原论意义上的"统一科学"，比如还原为物理学。他曾任文学杂志《向导》（De Gids）的主要编委，这是一份老牌的大众杂志，其受尊敬程度堪比《大西洋月刊》（Atlantic Monthly），在那里他发表了许多文字和评论，获得了比业内更为广泛的读者。

　　演讲时，他的论点必定经过仔细斟酌，形式与风格也已作过深思熟虑。"他的表述逻辑清晰，语言优美，我们现在已经很难有幸享受，"他的一位同事曾说，"他已对主题做了透彻研究，且已付诸纸面。凭借惊人的记忆能力，他不必参照文本就能背诵出来。"对一些听众而言，要理解这些铿锵有力、抑扬顿挫的语句（让人想起了吉本［Gibbon］）也许过于困难，但霍夫特奖足以表明他对荷兰语的掌握已经赢得了多少赞叹。但戴克斯特豪斯知道不能随心所欲：永远不要为了文学效果而牺牲科学真理，他 1958 年这样告诫听众。

　　这位辛勤耕耘、训练有素的劳动者晚景凄凉，健康每况愈下，生活呆板单调。戴克斯特豪斯夫人一直理解和关爱他，支持他的工作，照顾他的生活。他几乎无法张口说话，但乐见宾客造访。斯台文学会的会议依旧在他位于乌特勒支附近的比尔特霍芬（Bilthoven）的家里举行。

　　1965 年 5 月 18 日，他永远离开了我们。

1985 年 10 月

Ⅰ　古代的遗产

第一章 导言

1. 关于自然的科学思想在数个世纪中屡有转变,其中最为深刻、影响最为深远的莫过于所谓机械(mechanical)世界观或机械论(mechanistic)①世界观的出现。

首先,正是这一观念造就的研究方法和讨论方法使物理科学(包括关于无生命自然的所有科学:除了严格意义上的物理学,还有化学、天文学)能够蓬勃发展,今天我们正在享用它的成果:以实验为知识来源,以数学公式为描述语言,以数学演绎为指导原则,寻求可由实验确证的新现象;其次,正是这一观念的节节胜利使技术发展成为可能,从而使工业化迅猛发展,否则现代社会生活根本无从设想;最后,正是这一观念所蕴含的思想方式深入到了关于人及其在宇宙中位置的哲学思想,渗透到了初看起来与自然研究无涉的众多专门学科之中。鉴于所有这些因素,物理科学的机械化已经不单单是一个关于自然科学方法的内部问题,而是影响了整

---

① 很难有一个术语能够完全令人满意。"机械的"(mechanical)含有过多无意识的"自动"的含义。"机械论的"(mechanistic)本身并没有这种令人不快的含义,但它所对应的名词"机制"(mechanism)却指机器的内部构造。因此,我们倾向于用名词"机械论"(mechanicism)来指思想体系,然后既使用形容词"机械论的"(mechanistic),又不尽一致地谈及世界图景的"机械化"(mechanization)。〔除非特别指明,均为原注。下同。——译者注〕

个文化史,因此,它很值得科学界以外的学者关注。

　　接受机械论观念对整个人类社会产生了深远的影响,至于如何评判这一历史事实,存在着各种不同看法。有些人把它看成人类思想渐趋明朗的征兆,预示着能在一切知识领域获得可靠结果的唯一方法不断得到应用。即使后来的物理科学不得不放弃经典机械论的一些基本原理,这种方法的价值也依然未受损害;另一些人虽然认识到,机械论观念对于理论认识的进步和对自然的实际控制至关重要,但却认为它对于哲学科学思想以及社会的一般影响几乎是灾难性的。在他们看来,让其他科学分支尽可能地效仿物理科学的研究方法绝非方法论的理想。他们往往认为,思想受制于机械论观念是世界在 20 世纪(尽管有各种技术进步)陷入精神纷乱和困顿的主要原因。

　　然而,我们关注的并非这种观点分歧,而是机械论科学是如何产生的。这并不意味着评价它对思想和社会的影响无足轻重,而只是考虑到,假如不清楚机械论在科学中的发展过程,不真正理解它如何能对科学家产生深刻的影响,那么做出这种评价是很困难的。要想避免得出草率的结论和情绪化的判断,这里尤其需要一种历史根据。

　　2. 我们先前使用了“世界图景的机械化”和“机械论观念”等一些术语而未作进一步说明和定义。之所以如此,并非因为这种说明没有必要,而是因为它们的含义相当含混,而且与时代密切相关,以致根本不可能三言两语就定义清楚。从某种角度来说,我们整本书都在试图回答这样一个问题,即在什么意义上可以谈及一种机械论的世界图景。在这样说的时候,我们想到的是希腊词 μηχανή 所暗示的“机械”或“机器”的含义(即把世界[无论是否包含人的精神]看成一台机器)吗？抑或是指，自然事件可以借助于力学(mechanics)①这门科学分支的概念和方法进行描述和处理(这时这个词在一种非常不同的含义上被使用，意指运动科学)？这个问题我们目前只能暂时搁置起来。

如果持后一观点，那么它指的是哪种力学？是与亚里士多德和阿基米德的名字联系在一起的古代力学，还是以牛顿命名的经典力学，抑或是 20 世纪在相对论和量子理论影响下产生的力学？

这里对古代、经典和现代的划分(这里的"经典"[classical]一词不同于它在"古典时期"[classical antiquity]中的用法，而是指今天的物理学家赋予它的含义)不仅适用于力学，而且(在力学的影响下)也适用于整个物理科学。物理科学的历史发展或可分为三个时期，其中每一个时期(尽管有一个渐进过程)都有确定的起始年份：古代物理科学始于米利都的泰勒斯(Thales of Miletus，约公元前 600 年)，经典物理科学始于 1687 年艾萨克·牛顿《自然哲学的数学原理》(*Philosophiae Naturalis Principia Mathematica*)问世，现代物理科学始于 1900 年马克斯·普朗克(Max Planck)提出量子概念。这一划分也严格限定了本书的主题：我们只讨论经典物理科学的起源史及其在牛顿著作中的最终确立，而不考虑它在 18、19 世纪的影响，也完全不涉及现代物理科学。

相对于 1687 年这一明确下界，我们却无法指定同样明确的上界，除非从泰勒斯算起(那时理论科学的历史必定已经开始)，因为

---

①　Mechanics 一词在近代之前本应译为"机械学"，因为它讨论的是违反自然的、服务于人的实用目的的机械，见 Aristotle, *Mechanics* 开篇；而到了近代之后，mechanics 渐渐与讨论自然物和自然运动的物理学(physics)相等同，这时可译为"力学"。——译者注

对于古人如何形成关于自然事件的清晰观念,我们只有零星的了解。的确,虽然可以说经典物理科学的奠基完成于 1687 年,但却说不清楚这种奠基从哪一年开始。经典物理科学由古代科学逐渐发展而来,而且自然思想的演进每每表明,它并不需要拒绝或忽视前一时期所取得的成果,而是可以在适当改造后接受它们,沿着古人业已开辟的道路继续前进。如果我们想了解它的起源,就必须由果溯因,厘清师承关系。就这样,我们最终无可避免地来到了古希腊。在许多领域,那里都是孕育欧洲文化的真正摇篮。如果不研究古希腊,我们就无法完整地洞悉这些领域最深的基础。

　　3. 这也许意味着,要想实现本书的目标,我们就不得不回到哲学的传统开端,回到泰勒斯所说的万物源于水,万物充满了神灵,并从这里探究希腊自然思想的所有支脉。如果我们力图完备,那么这的确是必需的。然而,这一理想尽管诱人,却有迷途之险,我们必须警惕它的诱惑。本书的目的并不是为科学史家提供一部手册,而是专为对这一主题有广泛兴趣的普通读者所写。他们可能并未受过数学或物理学的专门训练,我们相信粗线条的概览要比琐碎的讨论更能使他们受益。因此,我们只关注希腊文化对于物理科学兴起的贡献,不是追溯希腊思想本身的历史发展,而是探究希腊留给欧洲的思想遗产,寻觅它为欧洲思想指引的方向。

　　这份遗产有两个不同方面。首先是一些伟大的基本观念,它们更多是哲学性的而非科学性的。虽然它们并非永远有效,但却一直影响科学的发展至今;其次是希腊科学的一些正面成果,后者往往以此为基础,至少以之为出发点。我们先来概述希腊哲学的一些思想流派,它们对自然科学至关重要。

第二章 希腊自然哲学思想的主要流派①

第一节 毕达哥拉斯主义

4. "毕达哥拉斯主义"一词指的是传奇哲学家萨摩斯的毕达哥拉斯(Pythagoras of Samos)及其直接追随者的学说以及后来一些学派的思想,他们或者认为自己正在延续着毕达哥拉斯的学统,故而用毕达哥拉斯的名字来称呼自己(比如以阿基塔斯[Archytas of Taras]为中心的群体,它被亚里士多德称为意大利的毕达哥拉斯学派[Pythagoreans]),或者力图复兴他的学说(比如基督纪元开始时的新毕达哥拉斯学派[Neo-Pythagoreans])。这里我们既不依循传统去讲述毕达哥拉斯及其直接追随者在数学、天文学和声学方面的贡献,也不去追溯他们是如何取得这些成就的,而只需强调,毕达哥拉斯学派所有思想的共同特征是赋予数和数的比例以至高无上的地位。根据希腊数学术语的用法,这里的数只能理解成自然数。数的比例首先是为了表达自然现象中所显示的典型

---

① Duhem (6),Enriques e de Santillana,Sarton I,Sassen (1),Ueberweg-Praechter.

关系:经典例子是,2∶1、3∶2和4∶3可以用来刻画纯八度、纯五度、纯四度的协和音程,这里不必考虑成比例的物理量到底是什么(管长、弦长或振动频率),也不用关注构成音程的两个音中较高的音对应着比例的大项还是小项。数在几何学中也发挥着作用,它们可以代表排成几何图样的点的数目,也可以用来表示线段长度之比,直到希腊数学家惊讶地发现,有些线段长度的比例关系无法用数来表示,从而不得不另辟蹊径来发展比例论。甚至可感物体的本质似乎也能通过几何形状来表达,这些几何形状又是通过数来排列和确定的,因此即使在这里,数也被视为最终的原因和存在的本原。这种信念又可进而推至精神状态、道德品质和人际关系,以至于亚里士多德最后将毕达哥拉斯学派的整个学说总结成一句带有悖论意味的话:万物皆数。[①]

5. 这一观念首先为后来科学中所谓的数学主义奠定了基础,数学主义认为,物理科学的最终目标在于用一组数学对象及其相互关系来描述自然,人对自然的一切可能认识都能以这种方式表达出来。然而,这种观念也催生了一种数秘主义(number mysticism),其信奉者终日沉迷于对数的抽象思辨,不再关注同科学的一切联系,只有在少数情况下才激励了科学研究——我们将在 Ⅳ:26,59 中讨论一个显著的例子。

通过强调数的整理功能和规定作用,毕达哥拉斯主义还有力地支持了 cosmos 的观念,它指的是一个秩序井然、结构完美的物理宇宙,其他希腊思想家对此已经有了模糊的预感。亚里士多德

---

① Aristotle,*Metaphysics* A 6;987 b 28.

将其简洁地表达为：整个天界是和谐与数；[①]也就是说，天体运动所显现的秩序（它本身已经构成了一种美的要素，能够激起希腊人的审美感受）可以通过数的比例来确定，它与声音的协和都属于和谐概念。只不过天球的和谐无须听到，这里心灵的眼睛占据了耳朵在音乐中的位置。

经典科学有两大支柱：一是物理科学与数学之间的密切关联，二是自觉的经验研究。虽然毕达哥拉斯主义对于前者很重要，却基本上无益于认识后者的重要性。一旦在偶然获得的感觉经验对象中观察到某些数学关系，它们与物理实在的联系就会终止，思辨就会退回到理想领域。难怪毕达哥拉斯会被后世的希腊数学家誉为纯粹数学的创造者，因为这是一种纯粹的精神活动，数学思想在其中摆脱了一切经验实在的羁绊。这种观念所揭示的理性主义，以及在毕达哥拉斯学派中颇为盛行的与此密切相关的神秘主义，无疑反映了该学说的宗教伦理特征。纯粹的知识摆脱了感官世界的不完美（或者把不完美理想化为完美），包含着一种遁世和禁欲的倾向。它被引向非物质的东西，使灵魂从感官的束缚中解脱出来，得到净化（*κάθαρσις*）。

第二节　爱利亚派[②]

6. 爱利亚派以巴门尼德为主要代表，这些人相信，我们在世间察觉到的一切变化都是因为感官欺骗而引起的不实幻觉。真正

---

① 　Aristotle,*Metaphysics* A 5;986 a 3.

② 　Hoenen (1),Joel,Meyerson.

的存在并不具有我们基于经验而乐于赋予事物的那些属性:生灭,
质、量或位置的变化,多样性。真正的存在既无生灭,亦无变化;它
是不可分的一。

几乎无法设想,这样一种激进地否认经验世界实在性的哲学
会对以这个世界为研究对象的科学产生任何激励作用。但事实确
乎如此。我们很快就会给出一个例子。不过现在已经可以猜到,
它的精神后来表现在什么地方,那就是:经典物理科学极力追求可
变现象背后不变的东西,力图证明即使在生灭变化昭然若揭之处,
在某种意义上也没有什么东西在变化,物质守恒、动量守恒和能量
守恒定律是存在的,一切真正的因果解释都可以归结为同一性。

爱利亚派关于存在不发生变化的信念对希腊思想的强大影响
直接显示于希腊的微粒理论,我们现在就来讨论它。

第三节　　希腊微粒理论①

7. 科学远远不能满足于只是宣称,自然中观察到的一切变
化——新物体的产生、已有物体的消亡、质的变化和量的变化都仅
仅是幻觉,故而应把它们从哲学思辨的领域中驱逐出去。对科学
来说,设定了存在统一性和不变性的纯粹的爱利亚派思想必定是
无法接受的。而另一方面,一般的希腊思想也倾向于认为,我们所
察觉到的一切变化都是基于某种永恒的东西,这种东西代表着真
正的实在,而不愿接受赫拉克利特(Heraclitus)所持的相反观点,

---

① 　Hoenen (1),Hooykaas (1) (5),Lange,Lasswitz.

把生灭变化当作真正的实在。然而，要想保持存在的不变性，就必须放弃单一性（要么是质上的，要么是量上的），这正是接下来几位思想家实际做的事情，他们把爱利亚派传统继续向前推进。

第一位是恩培多克勒（Empedocles），他提出了对物理科学的发展至关重要的"四根说"（doctrine of four elements）。根据这一学说，存在着四种有质的差异的基本元素，我们经验世界中的一切物质都是由它们构成的。命名它们的是最能清晰体现物体之间典型差异的四种东西：坚硬的土、流动的水、气态的气、炙热明亮的火，不过这并不意味着它们之中有纯净的元素。恩培多克勒很可能还认为这四种元素以无法感知的微粒形式出现，我们在自然中感知到的所有变化本质上都是这些元素微粒在爱（Φιλία）与憎（Νεικος）影响下的组合、分离和运动。

这也许是第一种可以称为物质微粒理论（corpuscular theory）的学说。其本质特征是，认为无生命自然中的一切变化过程实际上都是微粒或粒子①的运动，它们无法被感知，在所有过程中一直保持实在和在质上不变。因此，"微粒理论"一词并未规定这些微粒彼此之间是否有质的差异，这种差异是有限多种还是无限多种，相似的微粒是否在量上也必然相等；也没有说明它们能否继续分割下去，或者能否影响彼此的状态，如果能够影响，又是以何种方式。

针对所有这些在概念定义中悬而未决的问题，第二种微粒理论给出了与恩培多克勒完全不同的回答，那就是阿那克萨哥拉

---

① "微粒"（corpuscle）的字面意思是"小的物体"，"粒子"（particle）的字面意思是"小的部分"。下文中我们一般不作区别。——译者注

(Anaxagoras)的"种子说"(homoiometric theory),它假定有无限多种拥有质的差异的不同元素,它们被分成许多微粒,而这些微粒又可以无限分割下去。

8. 第三种形式的微粒理论注定会对科学的发展产生极为深远的影响,那就是留基伯(Leucippus)和德谟克利特(Democritus)所提出的原子论。这种理论要比前面两种更接近于爱利亚派的基本思想,因为它保留了存在的质的统一性,而仅仅牺牲了量的统一性。原子论者将巴门尼德的存在之球(sphere of being)打碎,并把这些存在碎片撒入爱利亚派所说的非存在,即虚空①之中。就这样,他们为这种非存在指定了一种自身的存在性,而曾经唯一带有"存在"这一谓词的东西的碎片则保留了巴门尼德图景中整体所具有的质的均一性和不变性;此外,它们现在还被赋予了运动。除了空间上的广延以及与之密切相关的不可入性,它们没有任何其他属性;它们是同一存在的碎片[这一存在无法被进一步规定,或可称为原始物质(primary matter)],彼此之间的区别仅仅在于形状和大小。

在最初给这些微粒起的各种名称中,只有"原子"[本义为"不可分者"]最终保留下来,这个词的确表明了它们的一种典型属性;不过,"原子"没有表达出另一种同样典型的属性,即所有原子在质上是同一的,也没有表达出所有微粒的普遍特征,即内在的不变性。

---

①　译成"虚空"还是"真空"其实没有本质区别,但出于习惯,我们在下文中一般把近代物理学之前的称为"虚空",之后的称为"真空"。——译者注

根据原子论,和在恩培多克勒那里一样,可见物体的所有实体变化或质的变化都被归结为这些假想微粒的运动,而不同物体之间质的差异则被归结为原子的形状、大小、位置、排列和运动状态的差异。于是,恩培多克勒所说的四根不再是基本的,其属性也是源于特定的原子位形。

原子在无限的虚空中永恒地运动,逐渐形成了旋转的星体(原子论者对此过程描述不一),生成了各个世界。无数个世界同时和相继地形成,到一定时间又会再次分解为它们的各个组成部分。

9. 现在有必要稍事停留,作一讨论。希腊原子论者凭借着关于自然现象的极少知识,竟能勾画出如此宏富的宇宙图景,这种堂而皇之的无所顾忌着实令人吃惊。任何与这幅图景不合的事实,他们都轻率地不予考虑。这里的指导原则或动机很清楚:我们经常可以观察到物体的运动,在运动过程中,我们并未觉察到物体有明显改变,但物体的运动却能引起我们环境的某些变化;而生灭和质的变化等其他变化的原因我们是看不见的,如果假定原因在于无法觉察的不变微粒在微观世界中的运动,这自然会满足我们对因果解释的渴望。这种思想或许很原始,但它注定会在物理科学中取得最辉煌的胜利。因此,它也许表达了物质的一种本质属性。

还要注意,原子概念在历史上发生过重大变化:现代物理科学中所谓的“原子”与德谟克利特的“原子”除名称相同外几乎毫无共同之处。物理科学的最新发展并未证实这样一种期待,即再次发现原子的组分正是符合该词原义的[即“不可分的”]原子。德谟克利特的理论更像是与道尔顿(Dalton)联系在一起的经典科学的原子论,但即使在这里,差异也远远大于相似:道尔顿所假设的元素原子之间质的差异是恩培多克勒式的,而非德谟克利特式的:同一种元素的原子在量上是相等的,这在德谟克利特的世界图景中并无对应,不可分性是德谟克利特的原子所共有的唯一特征。另一个典型区别是:道尔顿的原子代表着每种元素最小的可能的量,所以根据他的理论,原子的确是最小微粒;而在德谟克利特那里却绝非如此,既然没有理由认为大小会有下限(上限为不可见性所设定),那么无论原子多么小,都会有更小的原子存在,因此不可能谈及最小的原始物质微粒。

10. 德谟克利特的原子论的确能对一些物理现象给出似乎合理的解释:通过假设原子之间的小虚空(*vacua*)越少,物质的密度就越大,它能够解释不同物质的比重差异;同样,它也可以解释不同物质在硬度和可分性方面的差异以及物态变化。然而,它无法解释原子为什么会构成物体,而不是在空间中飘来荡去,后来被称为第二性质的那些物体属性,如颜色、味道、气味、声音、冷热等等,也完全无法得到说明。虽然通过假设形状各不相同的知觉不到的微粒占据着不同位置和做各种运动,的确可以解释表现于可知觉物体的形状、位置和运动状态的那些现象,但它显然无法解释知觉到的红色、甜味、香味、乐音如何可能产生于微粒的形状、位置和运动。我们至多只能假定知觉与原子过程之间存在着一种对应(例如假设知觉到热源于某种特殊原子的快速运动),但这样一来,科学从一开始就倾向于不去理睬这种对解释的需要,而不是试图满足它。

根据德谟克利特的一些说法,我们可以推断出他关于第二性质的看法。既然经验表明,第二性质不仅依赖于物体(第二性质被认为产生于物质的流射〔material emanation〕），而且也依赖于感知者的状态（例如健康人尝起来甜的食物，病人可能觉得苦），否认其客观实在性似乎是理所当然的。然而，一旦某种知觉显示出主观性，就已经足以使希腊的前苏格拉底思想家认为它不是真理，而是意见了。结果，就像在巴门尼德那里一样，它被宣布为仅仅是一种幻觉，而这恰恰将第二性质的问题从哲学思辨中消除了。事实上，科学思想的发展一直有一个显著特点，那就是最直接的东西反而往往最晚才成为研究对象，比如在我们周围的世界，距离最远的东西反而最先得到研究：天文学比物理科学更古老，天文学和物理科学又比心理学更古老。

11. 德谟克利特将其唯物论宇宙观贯彻到底，认为人的灵魂（这个词在这里指生命本原，而不是指假想的意识承载者）也是由某种光滑的球形微粒所构成，甚至诸神（指半人半神的精灵，他们比人更难毁灭，但和人一样都是有朽的）也是由暂时的原子复合体构成的，因此毫无疑问，有一种协调性的指导原则在支配着宇宙，原子运动可能最终趋向于一个目的。万事万物都取决于无数原子无尽的位形和源源不绝的运动。说万事万物的发生都出于自然的必然性[①]这无异于说万事万物都服从于盲目的偶然性，因为这种铁定的必然性的运作从根本上说是无法理解的。作为自然解释原则的德谟克利特的唯物论自发地导致了一种无神论的世界观。我们将会看到，这一后果大大影响了其体系的命运，从而影响了科学的历史进程。

---

① Leucippus. Diels 54 B 2.

12. 我们前面把德谟克利特的原子论描述为一种特殊类型的微粒理论，这种类型有时被更确切地称为一种"机械论的(mechanistic)微粒理论"。在这一语境中，"机械论"表达的是这样一种观念，即微粒只有通过直接接触才能彼此发生作用，比如碰撞时的冲击力，持续接触时的推拉力等等。因此，像引力和斥力那样的超距作用以及像恩培多克勒的爱憎那样的精神作用是排除在外的。

"机械论"的这种用法并不暗示与机器概念有任何关联。事实上，说到机器，我们想到的是一种有意设计的工具，通过它来实现某种明确的目标，其机械的、无灵魂的特征仅仅是由于，只要提供必要的动力它就可以自行运转。然而，这在任何方面都与德谟克利特的世界图景相反。"机械论"在这里所要表达的意思是，原子的运动由力学定律所支配，除了两个物体相互接触时施加的那些力之外，它不承认其他任何力。我们将会看到(Ⅳ:283)，在力学的发展过程中，的确有一个时期普遍持这种观点。

13. 即使是在原子论作为一种解释性的理论完全遭到拒斥的时代，原子论也没有被彻底遗忘，不过，这首先并不是因为其奠基者的著作，因为这些著作早已遗失，其内容只能由这一理论的反对者(主要是亚里士多德)的论战性著作的相关论述间接推断出来。原子论之所以能持续引人关注，是因为希腊哲学家伊壁鸠鲁(Epicurus)把它用做自己伦理体系的科学基础，结果，原子论也因为斯多亚派(Stoics)和基督徒激烈反对伊壁鸠鲁体系而受到牵累。它之所以能够留存下来，更大程度上是因为罗马诗人卢克莱修(Titus Lucretius Carus)的伟大诗作《物性论》(*De rerum natura*)正是以它为主题。卢克莱修用优雅的诗体讲述了这个看似了无诗意的主题,使原子论最终未被遗忘。

我们没有必要去讨论伊壁鸠鲁和卢克莱修的理论在什么方面区别于原子论的奠基者(虽然它们在基本观念上非常类似),不过这里可以提及一个典型区别:为了解释原子(被认为沿着特定方向在虚空中下落)为什么会形成漩涡并产生多个世界,德谟克利特假设较大的原子下落较快,它们会赶上较小的原子并与之碰撞,从而偏离原初的直线运动;而伊壁鸠鲁和卢克莱修则假定,所有原子(不论大小如何)都以同样的速度下落,但偶尔会自发地微微偏离原初的运动方向(卢克莱修称之为"微偏"[*clinamen*]),从而可能与其他原子发生碰撞。

第四节　柏拉图主义[①]

14. 从某些方面来讲,柏拉图的自然哲学是对早期思想家观念的一种运用和拓展。但他的观念相当个人化,这些观念又被他原创性的思想所吸收和补充,因而发生了重大转变,以至于柏拉图主义必定会跻身于那些最为独特的思想流派。这里我们只需对柏拉图体系中那些对科学史产生重要影响的要素略作概述。

柏拉图整个哲学的基本思想是,我们所感知的事物仅仅是一些理想的"形式"(form)或"理念"(idea)(这里最好用"形式"来表达,因为如今"理念"一词已同"观念"或"思想"联系在一起)[②]的不

---

① Armstrong,Dijksterhuis (1) (2) (5).

② 这个词有"理念"、"理式"、"形式"、"理型"、"相"、"型相"等各种译法。在下文中,我们把它译为"理型"。——译者注

完美的摹本、模仿或反映,这些形式独立存在于时空之外的超感觉世界中,只能通过纯思想来把握。

无论这种解释是否源于对数学思想特殊性的哲学研究,的确没有什么思想活动能像数学家的活动那样如此鲜明地表现它。数学家在沙板算盘上画出线条,绘制几何图形的草图,只是为了借此来支持一种推理,它实际上涉及一种理想的几何形式,如果由此导出的结论只涉及画出的这幅图,那么这些结论的严格精确性、普遍有效性和普遍必然性就无法得到解释。这幅图显然只是真正存在的理想形式在物质世界的粗劣摹本。同样,在做算术推理时,数学家只是表面上关注需要确定数目的经验事物的集合。实际上,他这里真正关注的对象仍然是数学的东西,即由这个经验事物的集合所表示的抽象意义上的数。

这也清楚地显示出数学思想的典型特征:经由纯粹推理得出的结论虽然初看起来十分陌生或令人难以置信,但随后却显得清晰而自明,以至于我们几乎不再能够想象,心灵在知道它之前是什么状态。的确,如果灵魂在与肉体结合之前(这种结合被理解为一种幽禁[incarceration])能够直接直观到关于理想形式的知识,那么就可以设想这种知识仍然在灵魂中沉睡。如果随后通过辩证法(即通过与他人交谈,或者在独自反思中与自己交谈)将其重新带入我们的意识,那么早先的认识就会重新在心灵中闪现。看似获得了新鲜知识,其实只是回忆($\dot{\alpha}\nu\dot{\alpha}\mu\nu\eta\sigma\iota\varsigma$)罢了。

然而,倘若真正的知识只是回忆,那么相比于通过感官对这种理想实在在物质领域的不完美形象进行经验考察,把数学推理和构造直接运用于形式也许更加有益于科学。经验方法或许有助于激发或支持数学-物理思想,比如仔细考察图形也许可以启发和帮助数学家证明某个命题,但要想获得真理,就必须到一定时候抛弃经验方法;即使经由思想获得的结论最终没能在物质领域得到确证,也不能用这一点来反驳那些结果;就像如果有人反驳说,某位数学家证明的某些线段交于一点在其图形中表现得并不十分精确,这位数学家根本无须在意它一样。

15. 只有经验方法与数学协同合作,才能获得具有永恒价值的结果。对科学思想中这两个要素的截然不同的评价只是柏拉图哲学体系诸多典型二元区分中的一种,其中每种区分都对应着一种相反的评价。这种对立思维的倾向已经见诸毕达哥拉斯学派,他们列出了十对对立概念,如一与多,静止与运动,直与曲,有限与无限,奇与偶,雄与雌等等,并把善和明列于对立概念的左边,把恶和暗列于右边,从而明确表达了他们对左右双方的不同评价。

在柏拉图那里,这些对立被推到极端,以至于两极之间不能有任何逐渐过渡或调和。他所做的对立有 ἐμπειρία(对未经理解的技巧规则的惯常使用)和 τέχνη(基于因果认识和反思的有目的的实践活动);模仿性的技艺与创造性的技艺;意见(δόξα)与知识(ἐπιστήμη);行动(πράγματα)的世界与概念(λόγοι)的世界;现象世界与形式世界。

对科学史来说,最后三种对立特别重要:如果永恒的形式通过在物质世界被模仿,产生了可以感知的物理对象和过程,这便意味着其存在的纯洁性的蜕化。灵魂应当清除这些杂质,防止物质诱人堕落。它必须从根本上规避这个更为低劣的世界,力求从感觉(αἴσθησις)上升到思想(νόησις),即使从这种自然状态中解脱出来意味着与过去痛苦地决裂。

这种思维方式本身并不必然会对科学发展造成阻碍。事实上，自然的研究者不可能仅仅记录经验事实。正是因为借助于数学概念和方法对这些事实作了构造性的阐释，他们才能提出物理理论。然而，只要哲学家还没有基于经验清楚地认识到经验研究和数学构造在获得科学知识方面的各自功用，上述看法就很容易导致低估经验要素的作用，而高估纯粹思想在自然研究中所可能取得的成就。柏拉图主义对科学可能造成的阻碍很快便显现出来，特别是在一些时期，宗教上对物质世界的蔑视助长了哲学上对经验自然研究的轻视（Ⅰ：54—58）。

现在已经很清楚，柏拉图完全赞同我们前面描述的作为科学数学化之萌芽的毕达哥拉斯主义原则。沿着毕达哥拉斯学派的思路继续前进，他立即发现有两个领域能够应用这一原则：音乐和天文学。于是，在其唯一的科学对话录《蒂迈欧篇》（*Timaeus*）中，柏拉图基于抽象的数学思考用一组数字关系构造了一个音阶。能用耳朵听到的音程仅仅是对这些数字关系的不完美反映和粗劣模仿，因此，其内在和谐无法用耳朵听到，而只能用思想来把握。柏拉图向天文学家提出了一个方法论问题，这个问题将以"柏拉图公理"的名义统治理论天文学两千年之久，那就是：在行星混乱的不规则运动中发现匀速圆周运动的理想数学体系，它描绘的是数学的天空中真正发生的过程，从而把行星运动的经验现象从行星表观的不规则性所招致的非实在性裁决（verdict of unreality）中拯救出来。虽然眼睛只能感知现象，但思想却可以把握现象背后的实在。

16. 可感世界只不过是理想实在的一种摹本，真正的存在不可能为感官所把握，而只能为心灵所把握，这样一种观念鲜明地显示在《蒂迈欧篇》的字里行间。这篇对话的基本思想是，一位仁慈的巨匠造物主（Demiurge）从原始物质的混沌中创造出宇宙，把它当作永恒的形式世界的写照，他在创世时始终用精神之眼观照着那个形式世界。指导其思想的是一种数学的东西：土元素和火元素保证了受造物的可触性和可见性，这两种元素之间必须引入另外两种元素，即水和气，这是数学真理的必然推论，因为两个立方数 a^3 和 b^3（它们必须是立方数，因为目标是创造出一个三维宇宙）之间可以插入两个中间比例项，与它们构成几何级数（a^3，a^2b，ab^2，b^3）。根据一种纯粹的数秘主义思路，物理学与理性数学的联系暂时被放弃，用数学构造的音阶为天上的两种圆周运动提供了材料，一种圆周运动使整个天球每日绕轴转动，另一种圆周运动则确定了行星沿着黄道或与黄道平行的方向所做的方向相反的固有运动。原始物质本身最终被等同于几何空间，空间的某些部分被五种正多面体（这是正在蓬勃发展的年轻的希腊数学科学在当时的新发现）中的四种所包围，这样便形成了最小的元素微粒。

17. 这里，我们又看到（这次是源于数学想象）一种与德谟克利特的理论相关的物质微粒理论发展起来。柏拉图这里的微粒也是没有性质（或者只有空间中的广延和不可入性）的原始物质的有限部分。两种理论的相似之处还表现在如何用这些基本微粒来解释具体的物理现象。然而，它们之间又有根本区别，因为柏拉图的微粒似乎并非不可分。事实上，将元素微粒从空间物质中切削出来的多面体乃是复合结构，其不变的构造基元（也许的确配得上

"原子"之名)是两种三角形,多面体的面就是由它们构成的:一种是等腰直角三角形,4 个这样的三角形可以组合成一个正方形,因此需要有 24 个这样的三角形来构成土元素的立方体微粒;另一种是两个锐角分别为 30°和 60°的直角三角形,6 个这样的三角形可以构成一个等边三角形,因此需要有 24 个这样的三角形来构成火元素的四面体微粒,48 个来构成气元素的八面体微粒,120 个来构成水元素的二十面体微粒。各个元素微粒可以分解为这些三角形,这些三角形又可以重新组合成多面体。由土微粒只可能再次产生土微粒,而气微粒却可以变成两个火微粒,反之亦然。由于 120＝2×48＋24,所以水微粒可以变成两个气微粒和一个火微粒,反之亦然。

18. 这些变化(一种数学的元素化学[mathematical chemistry of elements]中的嬗变)显然被设想为发生于三角形的物质薄层(由它们可以构造出正多面体的物理模型),而不是发生于理想的空间形式,后者毕竟不容许这种手工操作。《蒂迈欧篇》的叙述一直摇摆于数学与物理学之间,纯粹思想与自然事物之间,神话与经验实在之间,幻想与事实之间。现代读者习惯了现代科学严格的思想规范,很自然会对此感到困惑和失去耐心,然而,如果他想知道物理科学是如何发展的,他就不能忽视《蒂迈欧篇》,因为在某些时期,人们认为这部著作包含着关于自然的最高知识,这种思考自然的精神占据着统治地位。

但《蒂迈欧篇》的这种精神在任何方面都与原子论者的世界图景截然相反。在原子论者看来,宇宙的创生和其中发生的事件仍然受制于盲目的偶然性,而在《蒂迈欧篇》中,仁慈而智慧的巨匠造物主却将混沌变成了一个秩序井然的宇宙；原子论者认为神和人的生命是原子普遍运动的特定变式，而柏拉图却为宇宙的身体赋予了灵魂，从而将宇宙变成了一个生命体；原子论者没有回答宇宙因何存在以及为何存在，《蒂迈欧篇》则回答了这两个问题：巨匠造物主因为善而不能容许混沌保持在恶的无序状态中，这促使他把无序的空间物质组织成一个美妙的整体，使之尽可能地像自己。

第五节　　亚里士多德主义[①]

19. 对亚里士多德自然哲学或科学观点的探讨涉及一个根本的方法论困难，因为我们无法脱离古代评注者和经院学者对其思想的阐释和扩充来谈论他本人的体系。他的表述总是极为简练，往往晦涩难解，同一术语被用来指不同含义的情况并不鲜见。因此，他的著作非常需要评注，但这也导致各位学者对其真实含义每每产生意见分歧，以至于要想弄清楚他的真实意图，往往需要结合对它的解释来谈。接下来我们将简要概述他的某些重要观点，这些内容一般公认是真正的亚里士多德学说。

第二个困难在于，亚里士多德的哲学是一个紧密联系的整体，无论谈论什么细节，几乎都必须参照其他才有可能。然而，他的整个哲学体系非本书所能把握，我们只能谈谈对于理解科学发展最为必需的一些要点：

---

① 　Dijksterhuis（1），Hoenen（1），Kleutgen，Maier（2）（3）.

一、实体与偶性,质料与形式,潜能与现实

二、运动概念

三、元素说与复合物理论

四、自然运动与受迫运动

五、总体世界图景

六、位置概念与虚空的不可能性

七、四因说与目的概念

八、一般知识论

20. 在讨论这些要点之前,我们先要弄清楚亚里士多德与早期思想家的关系:他们在三个方面存在着根本区别:

首先,亚里士多德强烈反对一种柏拉图主义观点,即真正的存在处于超越的形式世界之中。他主张,一般的哲学特别是科学的对象都是我们感官感知的事物。关于它们的一切知识最终都来源于感觉印象,即使理智在加工这些材料时会发挥自己的主动性。这种观点导致了一种对待自然现象的根本的经验态度。

其次,在构建科学理论时,他采取了一种与原子论者截然相反的进路。原子论者的主要目标是仅仅运用那些能在量上确定的解释原则:空间中的广延、几何形状、位置、排列、运动。而亚里士多德则希望建立一种质的物理科学,于是,属性的物质承载者被看作解释原则。

最后,他完全拒斥爱利亚派的基本命题,即存在不会有生灭变化。巴门尼德论证说,存在既不能产生于存在(它已经存在,因此不会产生),也不能产生于非存在(因为事物不能产生于某种不存在的东西)。对此亚里士多德指出(这一直是他处理问题的方法),

我们必须区分"存在"[或"是"]的几种含义,通过更为深入地分析"存在"概念,或许就可以理解我们在自然中经验到的种种变化。至于这是如何可能的,我们将在下面讨论第一个要点时看到。

一、实体与偶性,质料与形式,潜能与现实

21. 实体(substance)在首要的(primary)和严格的意义上是指每一个具体的存在个体:苏格拉底、这张桌子、这尊雕像。实体是第一种基本的存在样式或范畴,它从根本上区别于其他九种范畴(如质、量、位置、关系等等),因为后九种都表示偶性的(accidental)或附属的(secondary)存在样式。这里"偶性的"或"附属的"并非指"不重要"或"不根本",更不是指"随便"(casual),而是指,偶性(accidents)的存在并不像实体的存在那样是依凭自身而存在(*esse per se*),而是依凭他者而存在(*esse per aliud*)。偶性内在于实体之中。例如,苏格拉底这个实体的偶性有:他是一个雅典人(质),他的身高(量),他在广场(᾽αγορά)(位置),是索弗洛尼斯库斯(Sophroniscus)的儿子(关系)。

无论任何实体,理智通过分析都可以做出一种区分:一是使这一事物是其所是的那些属性的总和,二是被这些属性变成该事物的那种东西。前者被称为事物的形式,它与其说是所有特征的集合,不如说是规定其结构的一种内在原则;后者则被称为事物的质料(这里是就严格意义上的"质料"来说的,如 *prima materia*[原初质料、原始物质]中所表达的),表示获得某种结构的可能性。形式与质料显然只是思想区分的产物,而并非分离的独立的东西,通过某种化合,它们结合成一个物体。虽然亚里士多德说,形式被赋予

质料或被印入（impressed）质料，（随后）质料被"赋形"（informed），但这种比喻性的说法不应诱使我们把形式和质料本身当作实体，把它们实体化、独立化或具体化。

22. 然而，"质料"一词也可以在不那么严格的意义上使用。我们来看亚里士多德的一个经典例子：雕刻家在用大理石制作雕像时，赋予了这块大理石一组属性，一种形式（包括外在形状），使之成为这尊特定的雕像。这时可以在非真实的、相对的意义上说，这块大理石就是质料，它被这种形式印成了一尊雕像。显然，这块大理石并非在绝对意义上被称为质料，即它不是原初质料，因为雕刻家在开始加工之前，它已经有了一种形式：它有颜色、大小、位置，特别是，它是大理石。因此，我们必须将有形式的质料或被赋形的质料（后来也被称为 *materia signata*①）与原初质料区分开来。不妨作这样一种形象的类比：在任何事物中，原初质料与规定形式的原则之间的关系，就相当于本例中有形式的质料与雕刻家赋予它的形式之间的关系。原初质料就好像是我们通过思想将属性不断剥去时事物所趋向的极限。

于是，形式将质料变成了实体。然而，对于实体的存在而言，并非构成其形式的所有属性都同等重要：有些属性是不可或缺的，比如一块大理石的材料是如何由各种元素构成的；而另一些属性在改变的同时并不影响该实体仍然是大理石，比如热度或位置。前一种属性是本质性的，我们称之为实体形式（substantial form）；

---

① 字面意思是"盖有印记的质料"。后文出现这个词时，我们将把它译为"有形式的质料"。——译者注

后一种属性是附属的或偶性的，我们称之为偶性形式（accidental form）。于是，形式就其对实体之存在不可或缺而言被称为实体形式，就其对同一实体有可能不同而言被称为偶性形式。

23. 对于亚里士多德哲学来说，和质料与形式的区分同样关键的是潜在存在（potential being）与现实存在（actual being）的区分，简言之即潜能（potentiality）与现实（actuality）的区分，它使得爱利亚派所陷入的困境（即变化似乎不可能）有可能得到避免。雕像可以由大理石削凿而成，却不可能来自一堆沙子；橡子可以长成橡树，却长不成山毛榉。由这种变化的可能性，亚里士多德在某种意义上已经看出了那种东西的存在：大理石潜在地是可以由它制成的雕像，橡子潜在地是可以由它长成的橡树。然而，雕像只有在雕刻家完工之后才能实际（在现实中）存在，橡子只有在生长过程完成之后才能长成橡树。潜能那时才会变成现实。简而言之，事物潜在地是它可以变成的东西，现实地是它现在之所是。

如果进一步考察这个问题，我们就会发现，这两个关于潜能的例子并非完全等同。大理石适合作为雕刻家加工的对象，而橡子却有一种主动的生长力，驱使橡子长成橡树。这种区别促使评注者们区分了被动潜能（*potentia passiva*）与主动潜能（*potentia activa*）。

最后，无须进一步讨论即已显见，纯粹的潜能只属于原初质料，因此原初质料并没有独立的存在性，在它之中不可能实现任何可能性；而有形式的质料则已经有了现实的存在性，它已经有了一个形式。

二、运动概念

24. 亚里士多德体系对存在的特定理解对应着一种同样独特的运动概念定义。运动就其最一般的意义而言,是指任何从潜能到现实的过渡。在这一过程中,要么实体经历了产生(*generatio*)或消亡(*corruptio*),要么物体的质发生了变化(*alteratio*[质的变化]),要么是体积或量发生了变化(*augmentatio*[增大]和 *diminutio*[减小]),要么物体占据了不同位置(*motus localis*[位置运动])。特别是最后三种变化被称为运动,它们都是偶性意义上的变化,而且需要一定时间;而产生和消亡却与其他三种变化不同,它是瞬间(*in instanti*)发生的,被称为实体变化或嬗变(*mutatio*)。

亚里士多德宽泛的运动概念使我们理解了后来那句经院哲学格言的真正含义:"不理解运动,就不理解自然。"(*ignorato motu ignoratur natura*)。这并未暗示"运动"一词后来所蕴含的那种运动的世界图景(用微粒的运动来解释一切自然现象),而是表明,所有自然事件都是从潜能到现实的过渡,变化乃是"通往形式之路"(way toward form)的过程。它强调,科学关注的对象是变化。这与带有爱利亚派特征的所有哲学流派都相反,后者只承认一种关于不变事物的科学。

25. 将运动定义为从潜能到现实的过渡或者通往形式之路自然不能令人满意,因为这些表述已经变相地运用了位置运动的概念。亚里士多德最初的定义避免了这个困难,他指出:运动是潜能作为潜能的实现(*motus est actus entis in potentia secundum quod*

in potentia est）（参见 Ⅰ:48），［拉丁文中］最后的补充[①]也许是为了表明，只有在实际涉及被动潜能、适宜性或合目的性时，或者在主动潜能、生长力实际显示自身时，我们才会谈及运动。因此，梁和砖虽然潜在地是房子，但只有当它们构成房子的适宜性实际得到利用时，才能谈及"建造"的运动问题。否则，如果它们只是闲置在工地上，就没有运动的问题。

虽然有了这种宽泛的运动概念，但依然可以说，位置运动（即位置的改变）在亚里士多德的体系中已经有了类似于它后来在物理学中占据的那种支配地位，这是因为位置运动构成了所有其他类型运动的基础。物体的量的变化是由于加入或移走了物体的某些部分，或者物体本身在膨胀或收缩；要使质的变化或实体变化得以发生，就必须使引起变化的动因与发生变化的物体在空间中相遇。

要想理解在时间中发生的位置运动或位置改变的概念，自然需要先对位置和时间概念作一讨论。我们将在 Ⅰ:45 中讨论位置概念。

三、元素说与复合物理论

26. 亚里士多德对科学的影响不仅表现在他对质料与形式、潜能与现实的区分，而且还因为他的体系赋予了恩培多克勒的四根说以至关重要的地位，并且用更深层的原理为之奠基。由于他

---

① 指作为补充说明的"*secundum quod in potentia est*"。全句的字面意思是："运动是潜能的实现，就其处于潜能而言。"——译者注

的思想总体上趋向于定性的,他试图在性质中寻找这些原理。为此,这些性质必须满足三个条件:(1)必须能够影响触觉;(2)必须是主动的,即能够引起质的变化;(3)必须构成两两对立。这些对立的触觉性质亚里士多德知道七对:热—冷,湿—干,重—轻,密—疏,糙—滑,硬—软,韧—脆(最后一对经常不予考虑)。在这些对立的性质中,只有前两对满足主动性条件:热的、冷的、湿的、干的物体可将这些性质传递给它所接触的其他物体,但粗糙或坚硬的物体却不能使它接触的物体变得粗糙或坚硬。现在,物质世界的四种元素均可由四种引起触觉的主动的基本性质(有时也称为原初性质[*primae qualitates*])两两组合而成。于是,元素

土　是　干和冷

水　是　　　冷和湿

气　是　　　　　湿和热

火　是　　　　　　　热和干。

这里起主导作用的总是前一种性质。顺便提及,与前述内容不同,有时只把冷和热称为主动性质,而把干和湿称为被动性质。此外,这四种元素从不以纯粹状态出现:自然中的所有物质,甚至是那几种带有元素名的物质,都是由四种元素中的至少两种构成的,尽管其中之一可能很占优势。于是,在比重特别大的固体中,土元素占支配地位;为了解释金属的熔度,必须认为所有金属都含有水;烟由火和土构成,等等。

27. 元素并非不能变化,任何元素均可因为一两种基本性质变成了它的对立性质而转化为另一种元素。然而,这种转化最容易发生在拥有共同性质(*qualitas symbola*)的两种元素之间,比如

当干变成湿时，土就转化为水。于是，这些转化倾向于以下图的方式进行：

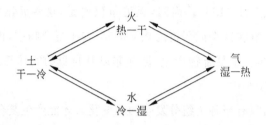

但土转化为气、水转化为火并非完全不可能。

这里还显示出与原子论的另一个根本区别：在原子论那里，最终的构成元素是绝对不变的，而在这里，微观世界中也假定了宏观世界中知觉到的质的变化（原子论希望将它还原为微观世界中量的变化）。

根据亚里士多德的元素转化学说，有时可以得出结论说，真正意义上的元素并非土、水、气、火，而是四种原初性质。事实上，亚里士多德确有一些说法可以支持这种观点。不过，也有人反对说，那样一来元素就不再是实体，而是形式，它们两两把原初质料变成了原本意义上的元素。

28. 既然我们经验到的所有同质实体都是由元素构成的，那么自然就产生了一个问题：在这样一种复合物（μίξις, mixtio）中，元素应当以何种形式存在？这是一种同质的实体，而不是机械的混合物（σύνθεσις），只有凭借足够敏锐的视觉能力，才能发现异质的组分紧密排列在一起。它只能有一种实体形式，而不能与任何一种元素的形式相同。因此，元素在复合物中似乎不复存在，而且的确可以引用一些话来支持这种观点。然而更进一步思考，事情就不那么简单了。元素在复合物中是否继续保持,这在经院哲学中是一个悬而未决的问题,可以用亚里士多德的文本支持各种不同观点(Ⅱ:132—136)。当然,无可争议的是,这些元素潜在地而不是现实地(在这个词严格的意义上)存在于复合物中,也就是说,它们可能再次由复合物产生,但并非以其自身的实体形式未经变化地存在于其中。

因此,只有当各个组分发生内在变化时才能产生复合物,这种变化倾向于使这些组分在新产生的实体中以改变了的形式继续存留。所以亚里士多德说:复合乃是发生了变化的组分的合而为一('Η δὲ μῖξις τῶν μικτῶν ἀλλοιωθέντων ἕνωσις①, *Mixtio est miscibilium alteratorum unio*)。

但问题依旧是:这一过程到底是如何发生的? 如何来理解"潜在地继续存留"? 因为我们看到,对此可作不同理解。

29. 亚里士多德关于实体由元素构成的学说与后来的化合理论之间显然有相似之处,我们自然会问,亚里士多德对可分性问题持什么态度:是说,实体可以无限分成越来越小的部分,它们都保持着这种实体的特定属性? 还是说,要想保持其实体形式,到某一界限就不能继续分割下去? 对于这个问题,亚里士多德的观点同样很暧昧。他有时似乎认为物质是无限可分的(在潜无限的意义上,因为在亚里士多德那里没有实无限的问题),这很符合他对原子论的批判态度;但在另一些地方,他也反对阿那克萨哥拉的看法,认为可分性有一个自然界限,超过它便会破坏实体形式。于

---

①　Aristotle, *De Generatione et Corruptione* Ⅰ 10;328 b 22.

是,任何实体都拥有自己特定的最小微粒,即它的"自然最小单元"(*minima naturalia*),这类似于后来化学中所说的分子。[①]

然而,亚里士多德反驳阿那克萨哥拉是特别针对生命体的组分而言的,这里指的是肉和骨。至于就此做出的断言是否可以拓展,也就是说,在亚里士多德的思想背景下,是否可以合理地谈及无生命实体(如金属)的"自然最小单元",这是有疑问的。不过,在亚里士多德本人那里仍然存疑的地方,在他的评注者对其思想的发展中就不再如此。其希腊诠释者已经认为,任何实体都拥有自身的"自然最小单元",其尺寸是这种实体所特有的。我们讨论经院哲学时还会回到这个理论(Ⅱ:137)。

四、自然运动与受迫运动[②]

30. 原子论假定原子永远在运动,而没有意识到需要对这种运动作因果解释。与此相反,亚里士多德的物理学则基于这样一条公理,即任何运动(*motus*)都需要有一个推动者(*motor*)[③]:凡运动者皆由他者所推动(*omne quod movetur ab alio movetur*[④])。这个推动者必须要么存在于运动者(*mobile*)之中,要么与之直接接触:超距作用(*actio in distans*)是无法设想的,推动者必须一直是

---

① Hoenen (1),Van Melsen,Muskens,Pesch.

② Dijksterhuis (1),Maier (3).

③ 这里"motor"更合适的译法应为"驱动者"、"致动者"、"发动者",即导致物体运动或使物体运动的东西。但出于语言习惯(比如与通常所说的"第一推动者"相符合),还是把它译成了"推动者"。但需要知道,使物体运动的方式并非只有"推"动,这一点在亚里士多德的《物理学》中有清楚的论述。——译者注

④ Aristotle,*Physics* Ⅶ 1;241 b 24.

与运动者相邻接的推动者(*motor conjunctus*)。

　　然而,这种推动者经常会面临一个困难的问题。如果我们只谈位置运动,那么对于生命体并不存在这个困难:灵魂(*anima*)作为生命本原,同时就是所要求的运动本原;生命体凭借自身的努力自行(*a se*)运动。然而对于无生命的物体(*copora inanimata*)来说,这个问题就不那么容易回答了。首先,我们必须区分自然运动(*motus secundum naturam*［依循本性的运动］或 *motus naturalis*)与受迫运动(*motus praeter naturam*［违背本性的运动］或 *motus violentus*)。石头的下落、烟的上升属于自然运动,石头被抛出、箭被射出则属于受迫运动。这里我们进入了与落体和抛射体有关的现象的重要领域,它在亚里士多德物理学中占据着突出位置,对于后来经典科学的兴起极为重要。

　　一些物体释放后会自动下落,另一些物体(烟、火焰)则会自发上升(或可称为"上落"),自古以来,这些现象自然与轻性和重性联系在一起。只要上升或下落受到阻碍,我们就会觉察到轻性和重性。当然,这些性质必定以某种方式同导出元素的那些原初性质联系在一起。然而,古人从未从本体论上(就其本质)成功地理解这种关联,而只能基于他们对土元素或火元素占优势的复合物(*mixta*)的经验,唯象地(通过描述)确定这两种极端元素(*elementa extrema*)在各种情况下的轻重;而另外两种居间元素(*elementa media*)的表现则各有不同,因此被称为轻重兼具(heavy-and-light),或者相对重和相对轻;水可能处于坚实物体之上,但在气中却会下落,因此它较之土为轻,较之气为重。然而,这两种居间元素一般来说恰恰是物体下落时的介质(这对于土和火是不可能的),因此我们接下来只讨论完全或主要由土或火构成的物体在水或气中的运动。我们所说的"重物"(*gravia*)和"轻物"(*levia*)一般都需要以这种方式来理解。

重物朝下落向宇宙中心,轻物朝上落向月亮天球,这些事实也可以表述为,根据宇宙的秩序,重物的自然位置似乎在中心,轻物的自然位置似乎在圆周,只要不受阻碍,它们就会直接朝那个方向运动。因此,如果自然秩序彻底实现,所有物体的主动潜能完全实现,那么四种元素将会排成同心球层(spherical layers),充满月亮天球以内的空间:土直接围绕着中心,然后是水、气,最后是火。

31. 落体现象(我们现在仅指重物的下落,但整个论证稍作变动后也适用于轻物的自然上升)引出了三个重要问题:(1)使落体开始运动并且维持其运动的他者(*aliud*)是什么?(2)为何两个落体可以在不同时间内走过相同的距离?(3)落体加速的原因是什么?这些问题对于经典物理学的兴起意义重大,可以说经典物理学在很大程度上正是源于对这些问题的回答。要想理解古代科学与经典科学之间的区别,最好先来看看亚里士多德对这些问题说了些什么。

第一个问题令亚里士多德及其古代和中世纪的评注者十分尴尬。由于涉及的是无生命物体,所以没有自行运动的可能;而超距作用的观念从一开始就被认为无法设想,推动者与运动者直接接触(*simul esse*,同时存在)的要求被认为是自明的,因此也不能通过假定自然位置或那里的物体能够发出吸引来解释。

根据在经院学者中流传甚广的一种解释,这个问题最终得到了回答:这里的推动者乃是产生者(*generans*),它指的是使该重物得以产生的无论什么原因，它将实体形式印入质料，同时也产生了所有相关的偶性。然而，这个产生者只能是远因（*agens remotum*）。实体形式是直接动因（*agens proximum*），但只有通过与之相关联的性质和能力才能起作用。这里充当工具动因（*agens instrumentale*）的是重性（*gravitas*），物体凭借重性潜在地处于它在中心附近的自然位置。然而，为了使落体运动能够实际发生，还必须移除起初阻止物体下落的障碍（*impedimentum*，比如支撑重物的基座或悬挂重物的绳索）；于是，移除障碍（*removens impedimentum*）便充当了偶然的推动者（*motor accidentalis*）。

然而在下落过程中，什么是与运动者相邻接的推动者，这个问题依然没有解决。亚里士多德对此并未给出明确回答。于是，经院学者不得不重新研究这个问题。我们将在后面看到（Ⅱ:109 及以下），对此会有哪些不同看法。

32. 至于前面提到的第二个问题，即为什么并非所有物体都以同样速度下落，亚里士多德从未明确讨论过，但他的观点可以从他在其他讨论中就这一现象发表的看法中推断出来。凭借着某些偶然获得的经验（树叶的翩然落地不同于石头的下落；物体在液体中要比在空气中下落得慢）的普遍有效性，他认为落体速度（即走过给定距离的平均速度）与落体重量成正比，与介质密度成反比。但我们不敢肯定他是否希望这种比例关系在所有情况下都严格有效，也就是说，他未必接受后人经常归于他的结论：即在同一介质中，十倍重的物体将在十分之一的时间里走过相同的距离；事实上，在另一个类似情形中，他显然认为他所提供的比例仅在一定限度内有效。

33. 重物的速度(这里"速度"指的是在某一特定时刻的速度或瞬时速度)在下落过程中会增加,这同样是日常经验所熟知的现象。亚里士多德最终是如何解释这一事实的,已经很难弄清楚。他试图证明,自然的直线落体运动不可能无限持续下去,否则速度和物体的重量必定会无限增加。因此,他有时会被认为持有这样一种观点,即重量将随着物体趋近自然位置而增加。然而,他曾经明确否认与他者的距离等外在情形会产生任何影响,因为重物的实体形式毕竟没有改变。这种说法很符合亚里士多德体系的精神:决定物体变迁的并非物体与他者的关系,而是其自身的特征与本性。

34. 亚里士多德对基本的落体问题的回答既含糊不清,又犹疑不决,这无疑可以归因于这样一个事实:落体运动是凭借本性自发进行的。这种行为并不像违背物体本性的行为那样需要解释。比如把石头向上或侧向抛出时,必须解释什么是与之相邻接的推动者,因为这时不再能用物体的本性进行解释。那么,当抛射体(*projectum*)离开抛射者(*projector*)的手之后,是什么仍然推动它向前运动,从而成为分离的抛射体(*projectum separatum*)呢? 对这个问题的回答乃是亚里士多德物理学最为奇特的观点之一,它说:当物体被抛出时,抛射者在起始阶段仍然与之相接触,因此他本人就是那个相邻接的推动者。在推动抛射体的同时,他也推动了临近的介质层随同抛射体一起运动。但(这里是关键)他也赋予了临近的介质层一种动力(*virtus movens*),这是一种发动其他物体的能力;他将自己作为抛射者的功能传递给了这层介质。到了下一个阶段,这层介质又重复了最初的抛射者在第一阶段做的事情：它推动抛射体运动，并把运动和动力传给下一层介质。于是在路径的每一点，抛射体都能找到维持运动所需的相邻接的推动者。然而，每一次传递都会使这种推动能力有所减弱，直到某一时刻，相邻的介质层虽然仍被发动，但却不再能够获得动力。这时最后被发动的介质层与倒数第二层介质同时静止，抛射体开始作自然运动。

这种复杂的理论往往被误解为，抛射者发动了介质，介质再带着抛射体运动，仿佛是偶然拖着它运动。但亚里士多德明确否认了这一看法，而且还明确拒斥了当时已知的另一种解释，即回旋运动（*antiperistasis*）理论：被抛射体挤压的空气冲入抛射体运动所留下的虚空中，从而继续推动抛射体前行。

35. 除了分离的抛射体所做的受迫运动，亚里士多德还考虑了受到推拉的运动者的受迫运动，比如路上的车或者水中的船。相邻接的推动者在这里自然不是问题，因为它显然在起作用。亚里士多德就这些运动所明确阐述的命题也对科学发展产生了至关重要的作用；事实上，无论内在价值如何，亚里士多德的几乎每一种观念都曾在思想史上产生过巨大影响。

他在这些命题中记录的同样是最普通的经验：推拉的力量越大，车和船就运动得越快。在力量相等的情况下，物体越重，运动就越慢。只要力保持不变，运动就是均匀的。这也许可以归结为所谓的亚里士多德的动力学基本定律，它是经典动力学基本运动定律的历史对应：恒定的力使物体匀速运动，物体的速度与力成正比，与物体的重量成反比。

我们现代人似乎理所当然会把前面谈到的落体定律（它把〔平

均]下落速度与落体重量和介质密度联系起来)当作这个一般动力学定律的特殊情形，但亚里士多德大概永远不会这样做。假如现代读者能够进入古人的思想方式，就会发现这样做完全能够理解。如果我们不把重量看成外部施予重物的一种力，而是看成与物体本性密切相关的一种内在的运动本原，并且强调由重量所引起的运动的自然特征，就几乎不可能把重量看成从外部引起受迫运动（即不是源于运动者本性的运动）的相邻接的推动者的特殊情形。更何况，重量在两种运动中所起的作用完全不同：重物很容易下落，而重的车子却很难开始运动；在后一情形中，重量似乎在与推力或拉力相抗衡。

在现代读者看来，重量显然并未起这样的作用。当车子沿水平路面运动时，重量本身并不能直接起作用。物体不需要被拖动，它的重量只能间接地起作用，因为摩擦力有赖于它。这里实际涉及的是惯性，即保持静止的倾向，它虽然在强度上正比于重量，但本质上却绝不等同于重量。要想理解这一复杂关系，学会区分惯性与重性、质量与重量，特别是认识到，惯性这种保持原有状态的倾向在运动物体和静止物体中都存在，需要一个漫长的历史过程。然而，认为只要不受外部原因的干扰，物体就会保持原有的运动状态，这种看法完全超出了亚里士多德物理学的范围：凡运动者皆由他者所推动；如果这个他者不存在，如果灵魂离开生命体，重物的实体形式消失，空气层失去其动力，与车子相邻接的推动者停止作用，运动就会立即停止。原因停止，结果就停止。（*Cessante causa cessat effectus*）

如果我们在动力学的基本定律中读出的是"惯性"而不是"重

量"（这无疑符合亚里士多德的深层意图，虽然他并未实际指明这一点），并把"惯性"理解为对静止状态的干扰的抵制，换句话说（我们要清楚地意识到，我们正在犯时代误置[anachronism]的错误），如果把这一定律用符号表示成

$$v = f \times F/I$$

（其中 F 是推动力，I 是惯性阻力，v 是速度，f 是比例系数），并把落体定律写成

$$v = f \times W/R$$

（其中 W 是重量，R 是介质阻力，v 是平均速度），那么落体定律就更像是普遍定律的一个特例。如果在普遍定律中也把介质阻力考虑进去，那么这种关联就会看得更加清楚。诚然，亚里士多德从未这样明说，但几乎可以断定，类比于他对落体的看法，他认为车子在特定的力的作用下所获得的速度反比于路面和介质所提供的阻力。于是，动力学的普遍定律可以用符号写成

$$v = f \times F/R \quad 或 \quad F = f \times v \times R$$

其中 R（阻力）包括所有那些阻碍运动的作用，即使惯性和摩擦这样的东西在我们看来是如此异质。

36. 这一亚里士多德动力学的基本定律可以说是经典力学的基本公式 $F = ma$ 的古代类比。除这一表述的时代误置所要求的保留之外，我们还必须作另一种保留。事实上，这个公式只有在 $F > R$ 时才是成立的，也就是说，要使运动能够发生，推动力必须能够克服阻力。因此，虽然亚里士多德本人举例说，如果力 A 推动物体 B 在一段时间内走过一段距离，那么它将推动物体 $\frac{1}{2}B$ 在相同时间内走过两倍距离，但这决不意味着它能使物体 $2B$ 在相

同时间内运动一半距离,因为力 A 必须能够实际推动物体 2B。

　　这种动力学基本定律的表述清晰地揭示了亚里士多德思想的
一个特点,它后来严重阻碍了经典力学的产生,那就是:它总是倾
向于用一切可能被当作阻力的东西去除推动力,而不是从推动力
中减去阻力。它对所有阻力的处理就像是计算电流强度时对导体
电阻的处理,而不是像力学中计算摩擦阻力或电学中计算反向电
压时那样处理。我们很快就会看到,这种做法会对虚空的可能性
问题引出什么重要结果(Ⅰ:45)。

　　37. 我们已经花了不少篇幅来讨论自然运动和受迫运动,但
这一主题值得详细讨论,因为它对于我们充分理解亚里士多德的
自然观以及摆脱它所需要付出的巨大努力极为重要。今天,每一
位物理学的初学者仍然需要克服同样的错误和误解,在物理学的
入门课程中以更小的规模和更快的速度年复一年地重演这段历
史。原因是显而易见的:亚里士多德只是把运动领域最普通的经
验表述为一般的科学命题,而表述了惯性原理以及力与加速度成
正比的经典力学,不仅从未被日常经验所证实,而且直接对其进行
实验验证从原则上就是不可能的:我们不可能把单独一个质点置
于无限的真空中,再让一个大小和方向都恒定的力作用于它;我们
甚至无法赋予这种说法以合理的含义。为了证明动力学的基本定
律,力学教科书提出了许多检验方法,但还没有一种真正付诸过
实践。

　　于是,亚里士多德物理学优于经典力学的地方在于,它处理了
一些我们经常会碰到的看得见摸得着的具体情况。但从科学的角
度看,这种优点却成了它的缺点,因为这些情况异常复杂(只要想

想车子在空气中沿着崎岖道路被牵引，或者任意形状的物体被抛到空中），即使借助于完善的经典力学，也只能通过近似和较为武断的假设才能作数学处理。

运动理论要求作相当程度的理想化，就像由对固体的物理经验而导出欧几里得几何学。亚里士多德的观念必须有柏拉图的观念作为补充，才能真正富有成果。这两大古代思想学派的结合对于力学乃至整个物理学都是不可或缺的。然而，其结合程度最初非常有限。古代只是在静力学上实现了这种结合，直到 17 世纪，动力学才从中受益。

38. 就静力学而言，这种理想化反映在《机械问题》(*Quaestiones Mechanicae*)这部著作中，它通常被归于亚里士多德，无论如何也是源于他的学派。这部著作包含了对杠杆平衡的讨论，它所考虑的不是有重量的物质横杆，而是一根没有重量的线，受到竖直向下的力的作用。这种讨论的突出特点在于，它在杠杆原理与亚里士多德动力学基本定律之间确立了一种引人注目的关系。如图 1 所示，假设杠杆可以绕 O 点转动，点 A_1 和 A_2 分别载有重量 W_1 和 W_2，需要证明的平衡条件为：

$$W_1 : W_2 = OA_2 : OA_1$$

为了理解这一点，作者想象横杆绕 O 点转动。A_1 和 A_2 描出弧 A_1B_1 和 A_2B_2，长度分别为 OA_1 和 OA_2。由于这些运动是同时发生的，速度与距离成正比，所以上述平衡关系表明，重量与速度的乘积对于悬挂在杠杆上的两个物体有相等的值。然而根据亚里士多德的动力学，这个积一般而言是对物体运动时推动力的量度，于是重量需要满足的上述条件表明，它们对杠杆施加了相等的作用，使转动不会发生。

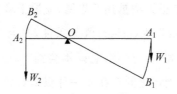

图 1　根据亚里士多德学说对杠杆原理的推导

这一论证的惊人之处是显然的:尽管在动力学定律中,重量与速度的乘积是引起物体运动的力的量度,但在这里却被用来表示物体自身的推动力。然而应当想到,这两个物体中的每一个都在力争使另一个开始运动,也就是说,充当着被视为荷载的另一个物体的提升力。而使荷载运动所需的努力现在恰恰通过重量与速度的乘积来度量,它显然是引起运动的推动能力的量度。无论如何,《机械问题》给出的这一粗略推导,后来一般被理解成这个意思。显然,这里引入了毫不相关的时间要素,因为这样便可以谈论速度,建立与动力学的关联了。

这一论证当然很成问题,基本上不具有说服力,但它仍然包含着一个一般原理的萌芽,这个原理后来将以"虚位移原理"(或者更能让人联想起其起源的"虚速度原理")之名在力学中发挥重要作用。

39. 我们已经看到,元素的实体形式决定着它的自然运动,而且我们已知的四种元素的自然运动都是直线运动。然而日常经验告诉我们,非直线的自然运动也是存在的,那就是天体的圆周运动。由此可知,天体不可能由地界元素土、水、气、火构成。因此,必定存在着第五种元素,其本性或实体形式规定它作圆周运动。根据一些我们在这里无法重述的思路,亚里士多德认为,第五元素(*quinta essentia*)或以太(ether)既无重性,亦无轻性,不会发生量的变化、质的变化和实体变化;它既不会消亡,也不会变成地界的某种元素。因此,天地之间存在着一种根本对立,一方面是除了持续的圆周运动以外不会发生任何变化的恒星和行星世界,另一方面则是没有任何东西持续不变的月下世界,其中的一切事物都处于生灭变化之中。

五、总体世界图景[①]

40. 我们现在可以对亚里士多德构建的总体世界图景作一概述。这一图景从根本上说是地心的:地球静止于宇宙中心,天绕着穿过宇宙中心的轴不停旋转。

亚里士多德在提出这一主张时,当然了解宇宙结构的其他可能性,早期思想家已经思考过这个问题。他必定知道菲洛劳斯(Philolaus)的世界图景,即地球绕着中心火旋转,或许也知道赫拉克利特(Heraclides Ponticus)的世界图景,即地球不仅绕轴转动,而且还沿圆周运动。他拒绝接受所有这些可能性,从而使地心世界图景在未来数个世纪拥有至高无上的地位,这与其学说的整体特征有关:亚里士多德并不像数理天文学家那样,按照柏拉图拯救天上现象的要求构想出一个运动体系来解释知觉到的事实之后,便不再进一步关注这个体系是否以及如何与物理实在的本性相一

---

①   Dijksterhuis (1) (5), Heath (1).

致;事实上,亚里士多德是一位系统的思想家,他试图建立一种有哲学根据的完整的世界图景,因此必定会将宇宙论与物理学联系在一起,而且不会让宇宙论和物理学脱离一般的哲学。

的确,亚里士多德关于地球位于宇宙中心的信念与其体系的其他重要特征密切相关,特别是与自然运动和自然位置理论以及元素说紧密联系在一起。地球因其重性不可能位于别处,而只能位于土因其本性所属的地方,即宇宙的中心,这里是重物的自然位置;即使地球可能在任何时候都不处于这个中心,但很久以前地球必定曾以自然的直线运动(由于宇宙有限,这种直线运动不可能永远持续下去)到达过那里。地球也不能在宇宙中心绕轴旋转,因为圆周运动不符合任何地界元素的实体形式。因此,天的周日运动并非地球转动的反映,而是一种源于以太本性的真正的自然运动。

41. 认识到地心说与自然位置理论之间的逻辑关系非常重要。地心说是自然位置理论的推论,而不是其逻辑理由。也就是说,重物在释放后之所以会落向地球,并非因为重物的本性就是要与在元素构成上与之最为相近的整体结合在一起,而是因为地球包含着重物因其构成而属的自然位置。如果把地球移到月亮天球再重复这个实验,那么重物仍将力争回到宇宙中心,而不会落向地球,因为宇宙中心是重物的自然位置;重物落向宇宙中心乃是出于本性(*per essentiam*),落向地球则是出于偶性(*per accidens*)。

如果我们现在设想地界不再充满着混乱,而是各元素按照轻重秩序完美地排列起来,那么就会得到以下世界图景:地球位于中心,其周围是 11 个天球(即两个同心球面所围成的立体),其中三个内层天球依次包含着处于静止的水、气、火三种元素,八个外层天球则依次携带着月亮、水星、金星、太阳、火星、木星、土星和所有恒星,每日围绕天轴转动。然而,真正的过程还没有描述;行星之所以被称为"行星"[本义为"漫游者"],是因为每颗行星都以各自的周期相对于恒星运动,因此,在七个行星天球中必定还发生着其他运动,正是它们引起了这些位置变化。

42. 关于行星体系的这种结构细节,亚里士多德同意数学家欧多克斯(Eudoxus of Cnidus)所提出的理论,它在天文学史上被称为同心球理论。它第一次实现了柏拉图所提出的纲领,即通过匀速圆周运动体系来拯救行星运动现象。根据这种理论,土星、木星、火星、金星和水星中的每一颗行星都被四个天球所携带。在这四个天球中,后一天球均参与前一天球的运动,第一个天球引起周日转动,第二个天球引起沿着黄道的固有运动,第三和第四个天球则引起沿轨道的"8"字形运动①。太阳和月亮则分别作三种这样的转动:对于太阳,第一个天球引起周日转动,第二个天球引起周年转动,第三个天球则用于拯救假想的黄纬运动;对于月亮,三个天球分别引起周日转动、周月转动和交点线(line of nodes)的逆行。因此,七颗行星总共需要 4＋4＋4＋3＋4＋4＋3＝26 个天球,再加上恒星天球就是 27 个。各个天球的转轴和周期必须选得恰到好处,以使需要拯救的各种现象也能得到定量描述;至于这种努力在多大程度上取得了成功,我们只有通过假想的重构才能猜测。不过可以肯定的是,为了与观察到的事实更加一致,卡里普斯

①　这里荷兰语原文是"lussen"[环、圈],对应于英文的"loop",德文译为"Schleife",恰有"'8'字形"之意,比较符合作者原意,这里取这种译法。这里英译本译为"retrogradation"[逆行],不确。——译者注

(Callippus)不得不为火星、金星和水星各增加一个天球,为太阳和月亮各增加两个天球,因此他总共需要33个行星天球。亚里士多德接受了这种修正,但觉得应当再次增加天球的数目。他认为有必要防止外层天球把运动传递给内层天球,便加入了一些所谓的"消转"(unrolling)天球,其数目总是比这组天球的数目少一个(因为周日转动也许的确会被向内传送);这导致又有22个天球补充进来,从而使天球的总数达到55个。根据索西吉尼斯(Sosigenes)提出的批评,本来用49个天球就可以达到这个目的。①

这种同心球理论的典型特征是,除了围绕宇宙中心轴的转动,不承认天体有任何其他运动。这使它从根本上区别于后来的一种希腊行星理论(Ⅰ:69及以下)。

还要指出,在对亚里士多德的宇宙体系作整体描述时,经常忽略行星体系结构的细节,因此只说有八个天球,其中七个是行星天球,第八个是恒星天球。后来,除了这八个天球,还要假设其他天球。如果算上地界元素的球层,天球的总数当然还会增加。

于是在数理天文学领域,亚里士多德似乎在所有方面都遵循着由柏拉图第一次指出、并由欧多克斯第一次走上的道路。这两位最有影响的古代思想家之间的这种一致(他们在诸多方面都有

---

① 亚里士多德在《形而上学》(1073b32-1074a14)中讨论了卡里普斯体系以及他所作的改进。卡里普斯体系的行星天球数目为(依次为土星、木星、火星、太阳、金星、水星、月亮):4+4+5+5+5+5+5=33,加入消转天球后为(括号中为消转天球的数目):4(+3)+4(+3)+5(+4)+5(+4)+5(+4)+5(+4)+5=33(+22)=55。索西吉尼所说的只需49个天球大概是指:由于周日转动是所有行星共有的,所以只需最外层的土星有一个天球产生周日转动即可,后面6颗行星不再有,所以天球总数可以再减去6个,即为49个。——译者注

冲突)对天文学史产生了深远的影响。柏拉图基于数学和宗教理由提出了天体作匀速圆周运动的公理,这一公理得到了亚里士多德提出的物理论证的支持,并成为其宇宙体系至关重要的组成部分;既然这两位如此权威的思想家都持这种看法,它必定不会受到什么质疑。直到 17 世纪初,天文学家才敢偏离这种观点,古代世界图景才不得不发生革命性转变。

43. 任何运动都预设了一个推动者,这是亚里士多德哲学的一条基本原理。由此自然会产生这样一个问题:天球的旋转是由什么推动者引起的?

柏拉图认为,行星是有生命的神灵,它们凭借自己的力量运动。亚里士多德并不同意这种看法。但他基于天体运动的永恒性和不变性而得出结论:行星天球的推动者必定是非物质的实体,它们是完全的现实,没有任何潜能,自身不可能运动;对于行星而言,总共有 55 个这样的推动者。

最后,为了解释第八层天球的运动,亚里士多德认为存在着一个最高的非物质的原动者(Prime Mover)。然而,第八层天球并非由原动者亲自推动,因为原动者是纯粹的现实(*actus purus*),已经没有什么东西可以实现;完全的现实绝不会发生作用。然而,正如亚里士多德所说,原动者通过被爱(ὡς ἐρώμενον)[①]而推动第八层天球,也就是说,运动源于第八层天球的质料对原动者的爱,源于原动者在第八层天球之中唤起的对完美的渴求。这与亚里士多德关于质料渴求形式的一般观念相符。这种观念并不像有时看起来

---

① Aristotle, *Metaphysics* Λ 7; 1072 b 3.

那样被动；整个宇宙中渗透着一种追求更高完美的渴望，其最终目标便是原动者。这种渴望使物体井然有序地排列起来（元素、矿物、植物、动物、人），并且在人那里达到顶点，因为这时质料与质料所能获得的最完美的形式——灵魂——结合在了一起。

通过讨论天球的非物质推动者，亚里士多德的天文学逐渐变成了柏拉图的天文学一开始的样子，即一种理性神学，它通过理性的方式向我们解释了这些神性的灵智（divine intelligence）①及其等级。

44. 为了更好地理解科学思想后来的发展，我们有必要对天界运动与地界事件之间的因果关系作补充说明。如前所述（Ⅰ:39），天与地在亚里士多德那里是截然对立的，它们在宇宙中的地位完全不同。因此，这种因果关系似乎是不可能的。然而，事实并非如此。地界的运动的确以某种方式（其真实情况不应去探究）依赖于天界的运动；天的不停旋转引起了地界元素无休止的直线运动，这是一切生灭变化的基础。这些过程并非全都沿着一个方向进行：既有产生和消亡，也有量的增大和减小，以及质的增强和减弱。由于相反的结果必定有相反的原因，因此，引起和维持地界运动的不可能仅仅是第八层天球的旋转，而是还需要有第二个本原，即太阳、月亮和行星沿黄道的运动（其方向与天的周日转动相反）。周日转动是地界过程永不止息的原因，沿黄道的运动则是地界过程多种多样的原因。因此，地界的一切过程均受天界的控制。

---

① 根据新柏拉图主义学说，从世界理智（Intellect, *nous*）——柏拉图的理型世界——中相继流溢出一系列 intelligences，它们是一些无形的思想着的东西。这里姑且把 intelligence 译成"灵智"。——译者注

后来这一观念成为支持占星学合理性的有力论据。亚里士多德本人并未从中得出任何严格意义上的占星学结论,比如如何确定人的性格或预知未来。不过,这的确使亚里士多德接受了世界事件具有周期性的理论,这种理论在他之前即已存在,在他之后也从未被遗忘。当大年(即所有天体运行周期的最小公倍数)过去之后,天地万物都会返回其原始状态。此后一切都会重演,不仅在物质领域,而且也在精神领域:同样的自然现象还会出现,同样的哲学还会被阐述。然而,不应把这种周期性理解成宇宙的交替毁灭和再生,就像赫拉克利特和恩培多克勒所认为的那样,以及斯多亚派后来相信的那样(Ⅰ:52),因为那将与天界不朽的理论相抵触。

六、位置概念与虚空的不可能性①

45. 根据后来的思想发展,亚里士多德哲学中一个很重要的主题是他对位置($τόπος$, *locus*, place)②概念的讨论,由此将引出各种不同的位置理论。

亚里士多德先是把物体的位置定义为最终的包围者(*ultimum continentis*),比如酒的位置就是酒桶的桶壁。然而,这立即导致了与位置运动概念(即位置的改变,这似乎是不言自明的)有关的困难。例如,在流水中抛锚停泊的船将因此而运动,因为它不断被不同的水所包围,根据上述定义,船将总是处于不同的位置。后来

---

① Duhem (2)(6),Van Laer,Maier (3).

② 在亚里士多德这里,"$τόπος$"更恰当的译法应为"处所",但出于语言习惯(比如需要与"位置运动"相协调),以及与后来这个词含义的改变相统一,我们这里仍然译为"位置"。——译者注

笛卡尔毫不迟疑地接受了这个结论。但亚里士多德却拒绝了它，并把位置的定义进一步精确为：位置是包围者的第一个不动的边界。对于在流水中抛锚的船来说，它的位置就是河岸和河床。

于是，确定物体的位置最终要求有一个固定不动的包围者。对于地界物体来说，宇宙中心（被看成一个不动的中心物体）和月亮天球的内侧（它虽然在旋转，但作为整体并不改变位置）便构成了这样一个包围者。然而，在确定天界特别是第八层天球的位置时，却出现了困难。实际上，包围第八层天球的是无，在它之外甚至连虚空都没有，因为虚空本身虽然不含任何物体，但却可能包围它们，而在作为一切物质总和的宇宙之外，不可能存在任何物体。因此，第八层天球并不处于一个位置，所以不可能改变位置，但又必须不停地运动。

亚里士多德的位置理论在这里似乎陷入了僵局。但这个斯塔吉拉人［Stagirite，即亚里士多德］并不气馁，他想出了一个后来被经院学者灵活运用的花招，即引入这样一种区分（*distinctio*）：虽然在严格的意义上，第八层天球也许并不处于一个位置，但在不严格的意义上（πῶς），它的确处于一个位置，这足以使它的运动能够维持下去；天球的每一个部分都被其他部分所包围，这些部分共同构成了天球的位置；因此，整个天球出于偶性（*per accidens*，κατὰ συμβεβηκός）而处于一个位置。

显然，这一问题尚未得到根本解决，因为要使随同运动的天球的各个部分充当天球的位置，亚里士多德不得不牺牲位置的不动性。因此，第八层天球的位置问题始终是摆在古代和中世纪评注者面前的一个重大难题。这些评注者关于这一问题的论述将在后面讨论（Ⅱ：105 及以下）；作为准备，我们这里先就古代评注者寻求更好解答的尝试略作说明。

46．阿弗洛狄西亚的亚历山大（Alexander of Aphrodisias）承认第八层天球并不处于一个位置，但并不认为这有什么问题：天球的旋转并非位置运动，因为整个天球并不改变自己的位置。

特米斯修斯（Themistius）认为，虽然物体的位置一般来说包围着这个物体，但第八层天球却可以从内部进行定位。第八层天球的位置（也是由于偶性所处的位置）乃是土星天球。

菲洛波诺斯（Philoponus）对整个位置概念的理解完全不同于亚里士多德。任何物体的位置都是具有其三个维度的空间；虽然它实际上无法与占据这个位置的物体区分开（在他看来，实际的虚空是不可能的），但却可以从思想上与之区分开，就像形式与质料的区分一样。空间无论在整体上还是部分上都是不动的，从而可以满足亚里士多德对位置的要求。位置运动与质的变化之间可以严格类比：一个物体一旦离开一个位置，另一个物体就占据了它；一种形式一旦在质料中失去，就会被另一种形式所取代。菲洛波诺斯的观点简单说来就是，位置是构想出来的虚空。

普罗克洛斯（Proclus）也提出了一种类似的解决办法，他将位置等同于充满（作为不动的一的）整个宇宙的光。在物理学后来的发展中，这两种理论被合而为一，以太充当了定位的介质。

另一种值得注意的理论是达马斯基奥斯（Damascius）提出来的。亚里士多德曾把时间定义为"运动相对于先后的数"，通过类比，达马斯基奥斯把位置定义为确定物体之"所在"（position）的一组几何量。这里的"所在"是一个未经定义的概念，达马斯基奥斯并未试图阐明它。他的思路也许可以这样来理解：如果运动期间有一个沙漏或滴漏一直在流着，那么运动的每一阶段都与一个数相联系，它所指示的是运动开始以来流出的水量或沙量；这个数被称为时间；我们可以测量它而不去管运动是什么。现在考虑一个静止的物体，尽可能多地测量它与包围它的房间墙壁之间的距离，使这个物体足以得到规定。所谓"位置"（τόπος, locus），就是这些数的集合；我们可以确定它而不去管"所在"（θέσις, positio）是什么意思。

用具体的时钟去测量时间，用特定的参照系去测量位置，这种想法在古希腊物理学家看来也许过于相对主义。他认为真正的时钟应当是一个永恒流动的理想沙漏，确定位置应当有一个永远不动的理想的包围者。为了找到它，我们设想宇宙中的所有物体都回到它们的自然位置，一切重物下落和轻物上升都终止，所有元素都在从地心到月亮天球的四个同心球层中有秩序地排好，这样我们就得到了能够确定任何位置的自然参照系。

因此在第八层天球内，除了这个现实的宇宙，我们还应当设想有一个理想的宇宙，其中所有事物都处于自己的自然位置。现在，实际物体的位置乃是一组确定其偏离理想"所在"（position）的量。

这一理论与菲洛波诺斯和普罗克洛斯的理论类似，因为这三种理论都谈到了两个暗合的领域，其一是现实的物质宇宙，其二则各有各的说法：菲洛波诺斯认为是虚空，普罗克洛斯认为是光，达马斯基奥斯则认为是理想的排列有序的宇宙。

现在回到亚里士多德本人，谈谈他的位置概念在虚空可能性问题上的重要应用。

47. 亚里士多德极力驳斥了虚空的可能性。这并不奇怪,因为虚空(即爱利亚派所说的非存在)存在乃是原子论的基本假定,其唯物论倾向必定让亚里士多德十分反感,他无疑希望推翻这一体系的基础。他首先通过位置概念进行反驳:(有限的)虚空设定了一个包围者,虽然可能有物体处于其中,但实际上却没有任何物体。这是一个没有物体位于其中的位置(*locus sine corpore locato*),这乃是逻辑矛盾。因此,虚空是不可思议的,就像没有被超越者的超越者、没有孩子的父亲、不能饮用的饮料、无法被感觉的感觉[一样荒谬]。

除了这种逻辑论证,亚里士多德还补充了几个物理论证。在(无限的)虚空中绝无可能确定位置或方向;点与点之间不再有差别,方向与方向之间也不再有优越性。出于对称性,这样一种虚空中的物体永远不可能开始运动;或者一旦运动,也永远不可能再次回到静止,因为它为什么要在这里而不是在那里停止运动呢?所有这些都完全违背了亚里士多德的有限宇宙观念,其不动的中心和(整体不变的)球形包围便是固定的参照系,物体的位置和运动可以相对于它而得到清楚确定。这种有着特定结构的有限宇宙观念是亚里士多德物理学的基础,它与数学家所持有的那种同质的无限空间观念之间绝无和解的可能,原子论者正是将原子引入了这种空间,并让它们在其中运动。

亚里士多德仍不满足,他继续做出新的反驳:既然虚空中的运动不会受到阻碍,由于落体速度与介质密度成反比,下落必定是瞬时的,也就是说,落体在开始下落那一瞬间便会到达终点。据亚里士多德说,原子论者认为,所有物体在虚空中必定以相同速度下落。但这如何与落体定律所表达的重量与速度之间成比例相协调呢？倘若没有介质可以充当相邻接的推动者，抛出的物体如何可能运动呢？原子论者最终不得不假定原子之间存在着小虚空，以解释凝聚和稀疏现象，并为原子的运动创造空间。在他们看来，原子的运动构成了无偏见的观察者眼中所有生灭变化的本质。亚里士多德否认这种必然性：他本人的潜能和现实概念已经提供了所有必要的解释原则。

虽然亚里士多德原则上讨论了虚空而没有给出进一步的定义，但他的著作中已经包含了后来通行的区分：一是所谓居间的虚空（*vacuum intermixtum*）或分散的虚空（*vacuum disseminatum*，παρεσπαρμένον κενόν），根据原子论者的说法，它位于原子之间，和原子一样无法感知；二是所谓聚集的虚空（*vacuum coacervatum*，ἄθρουν κενόν），它指一种可知觉的、有限的甚至是无限延伸的空间，在它之中并无原子存在。我们接下来分别用小虚空（*microvacuum*）和大虚空（*macrovacuum*）来表达这一区分。

在亚里士多德看来，这两种虚空都是无法设想的。我们已经看到，这种判断既非基于原子论学说的内在矛盾，亦非源于其推论不符合经验事实，而仅仅是因为他所反对的观点与他本人的理论不相容。唯一的例外是关于无限的同质空间中绝不可能确定位置和方向的论证。至于其他论证，他的整个抗争与其说是逻辑性的，不如说是情绪性的，它们显示的更多是固执己见，而不是反驳。

七、四因说与目的概念

48. 前面我们主要讨论了亚里士多德体系中对本书主题特别重要的一些内容。为此,我们考察了他的物理学、化学和天文学理论,而舍弃了该体系中纯哲学和生物学的方面。结果,在亚里士多德思想中占有支配地位的目的概念至今尚未提及。

亚里士多德对有生命的自然特别感兴趣,他总能在那里观察到生命组织的目的指向。也许正因如此,目的概念才在他那里显得如此突出,甚至他在讨论无生命的自然时也是如此,也正是在无生命的自然中,目的概念后来完全被机械论观念取代。

这最明显地表现于亚里士多德对原因概念的讨论。他不仅提到了质料因(*causa materialis*;构成某物的材料)、形式因(*causa formalis*;将要实现的形式)和动力因(*causa efficiens*;实际引起这一事件的东西),而且还提到了目的因(*causa finalis*;将要实现的目的)。我们仍然用雕像的例子来说明这一点:雕琢它所用的大理石是质料因;雕刻家在工作时头脑中呈现的形式是形式因;借助于工具的雕刻家本人是动力因;作为预定目标的完成了的雕像是目的因。当然,如果雕刻家主张"为艺术而艺术"(*l'art pour l'art*),那么目的因也可等同于形式因。

显然,前三种原因并未明确规定宇宙事件的进程:它们并不控制和引导这些事件;可以设想橄榄由玉米穗生长出来。前三种原因对应着实体的三个方面——质料、形式和形式的实现($\dot{\varepsilon}\nu\acute{\varepsilon}\rho\gamma\varepsilon\iota\alpha$),而第四种原因却对应着这样一个事实,即实体通过其存在不仅在质料中实现了一种形式,同时还实现了一个目的。这个方面用"隐德来希"($\dot{\epsilon}\nu\tau\epsilon\lambda\dot{\epsilon}\chi\epsilon\iota\alpha$，entelechy)来表示，不过，它经常与"形式的实现"($\dot{\epsilon}\nu\dot{\epsilon}\rho\gamma\epsilon\iota\alpha$)不加区别地混用。鉴于形式因与目的因之间的紧密关联，这当然并不让人感到惊讶(一般来说，形式的实现同时就是目的的实现)。我们在 Ⅰ:25 中给出的拉丁版本的运动定义，即 *motus est actus entis in potentia secundum quod in potentia est*，其原始版本在一处[1]是 'H $\tau o\hat{v}$ $\delta\upsilon\nu\acute{\alpha}\mu\epsilon\iota$ $\overset{\prime\prime}{o}\nu\tau o\varsigma$ $\dot{\epsilon}\nu\tau\epsilon\lambda\acute{\epsilon}\chi\epsilon\iota\alpha$, $\hat{\eta}\tau o\iota o\hat{\upsilon}\tau o\nu$, $\kappa\iota\nu\eta\sigma\acute{\iota}\varsigma$ $\dot{\epsilon}\sigma\tau\iota\nu$[潜能的达成目的，就是运动]，在另一处[2]则是 $\tau\grave{\eta}\nu$ $\tau o\hat{v}$ $\delta\upsilon\nu\acute{\alpha}\mu\epsilon\iota$, $\hat{\eta}\tau o\iota o\hat{\upsilon}\tau o\nu$ $\dot{\epsilon}\sigma\tau\iota\nu$, $\dot{\epsilon}\nu\dot{\epsilon}\rho\gamma\epsilon\iota\alpha\nu$ $\lambda\acute{\epsilon}\gamma\omega$ $\kappa\acute{\iota}\nu\eta\sigma\iota\nu$[潜能的形式实现，就是运动]。现在我们可以用自己的语言将其重新表述为：运动是潜能的形式实现或目的的实现，就其相对于某种特定形式的潜能或某种特定目的的适宜性而言。

此外，在位置运动的情况下，形式因可能与动力因吻合：对于落体而言，回到自然位置的倾向(这种倾向内在于重物的实体形式之中)同时就是推动的原因(*causa movens*)。自然位置本身是目的因。

八、一般知识论[3]

49. 亚里士多德对科学思想的影响并非仅限于他的形而上学、物理学和天文学著作。其逻辑学著作(通常被称为《工具论》[*Organon*])包含了关于证明性(demonstrative)科学应当满足的

---

①　Aristotle, *Physics* III 1;201 a 10.

②　Aristotle, *Metaphysics* K 9;1065 b 16.

③　Beth, Scholz.

条件的一般知识论思考。事实上,在 16、17 世纪科学思想复兴的过程中,这些内容并未随同其自然思想一并遭到驳斥和贬低,而是充当了建立力学和以之为基础的物理学的主导思想和准则规范。

一门亚里士多德意义上的证明性科学(我们可以这样来简要概括他的各种说法)是关于某个特定主题的一个命题系统,它满足以下条件:

用于表述命题的术语可以分为未经定义的基本术语和可以定义的派生术语。命题本身或是未经证明的基本命题,或是可以证明的派生命题。

$$\left.\begin{matrix} \text{未经定义的术语} \\ \text{未经证明的基本命题} \end{matrix}\right\} \text{必须} \left\{\begin{matrix} \text{直接可理解} \\ \text{直接自明} \end{matrix}\right.,$$

$$\text{而且足以} \left\{\begin{matrix} \text{理解} \\ \text{证明} \end{matrix}\right\} \text{可以} \left\{\begin{matrix} \text{定义} \\ \text{证明} \end{matrix}\right\} \text{的派生} \left\{\begin{matrix} \text{术语} \\ \text{命题} \end{matrix}\right.。$$

这两项要求可分别称为"可理解性假定"(intelligibility-postulate)和"根据假定"(evidence-postulate)。此外,基本命题必须是必然陈述,也就是说,它的有效性和必然有效性都应当很自明。

把某一知识领域建立在公理的基础上,这种观念显然受到了数学的启发。古代的阿基米德曾用它来建立静力学。我们在讨论经典物理学的兴起时还会再次遇到它。因此,即使是亚里士多德,不同于毕达哥拉斯学派、原子论者和柏拉图,在科学史上一般代表非数学因素,也为科学的数学化做出了贡献。

第六节　斯多亚主义[①]

50. 斯多亚主义(stoicism)这一哲学流派支脉纷杂,绵延数个世纪。所谓旧斯多亚派由基提翁的芝诺(Zeno of Citium)于公元前300年左右创立;中斯多亚派与帕奈提奥斯(Panaetius)和波西多尼奥斯(Posidonius)联系在一起,始于公元前150年左右,持续到公元100年左右;此后是新斯多亚派,持续到公元200年左右。这一学派关心的首先不是自然哲学,而是伦理学。于是,在概述了原子论、柏拉图主义和亚里士多德主义的科学思想之后,我们不仅无法同样详细地描述斯多亚主义,甚至这样做还有些多余。这里只能提一下旧斯多亚派或中斯多亚派所特有的一些自然观念,它们曾以某种方式影响过物理学的发展。

斯多亚派的自然学说基于一种唯物论观点,即只有物体才能发生作用或承受作用,而且只有通过彼此直接接触才能实现这种作用。因此,人的灵魂及其能力以及物体的性质都是物质性的。如果只是从字面上接受这些说法而不做进一步考察,那么必定会给人留下一种印象,以为斯多亚派的世界观与原子论者的世界观有密切关联;然而似乎有些不可思议,斯多亚派竟然如此强烈地憎恨和反对在科学方面继承了留基伯和德谟克利特工作的当时刚刚出现的伊壁鸠鲁派。

事实上,只要经过进一步解释,这种初始印象便可大为改观,

---

① Armstrong XI.

以至于我们有时甚至会以为,斯多亚派的学说是一种截然对立的观点,是一种二元论而不是唯物主义一元论;不过从一开始也要认识到,将它刻画成唯物主义一元论仍然有其有效性。

　　51. 的确,斯多亚派认为有两种本原是一切事物的首要基础,根据定义,它们可以构成灵魂与肉体、力与物质那样的二元对立。一种是主动本原,一般称为"世界灵魂"或"逻各斯"(Λόγος),在宗教上称为"神意"(Πρόνοια),在占星学上称为"命运"(Εἱμαρμένη),在神话中称为宙斯;它作为内在的效力和理性的自然法则起作用,作为"种子理性"(λόγος σπερματικός)精细地渗透在物体之中,赋予它们活力或张力(τόνος);另一种是被动本原,它是一种缺乏性质的、未经任何确定的元质料(πρώτη ὕλη),但能够接受任何形式。

　　这种区分让人想起了亚里士多德对形式与原初质料(*prima materia*)的区分。然而,斯多亚派的本原可以独立存在,而亚里士多德的本原却只能通过分析性的思想在实体中进行区分。特别是,世界灵魂和元质料都是物质性的,只不过世界灵魂是一种比质料(Ὕλη)精细得多的物质,是一种温暖的、富于生气的呼吸,一种极为精细的气息或"普纽玛"(πνεῦμα),一种富有创造力的火(πῦρ τεχνικόν[精妙的火]或 πῦρ νοερόν[智慧的火]),而不能与起消耗和毁灭作用的经验中的火(πῦρ ἄτεχνον[粗陋的火])相混淆。

　　主动本原可以渗透到被动本原之中,不是以各个组分仍然并存的机械混合方式,也不是以产生新物质的化合方式,而是实打实地完全渗透。在这种渗透中,元质料可以接受热、冷、湿、干四种原初性质中的某一种,而变成四元素中的某一种。于是,元素总是由元质料与某种性质材料(quality materials)结合而成。如果接受的性质是干或湿，就会分别产生被动元素土和水，它们只有微弱的活力或张力，因此质料性（ὕλη-character）占支配地位。冷和热分别将元质料转化为主动元素气和火，它们的活力很强，普纽玛性（πνεῦμα-character）占支配地位。被动元素比主动元素级别更低，也更为粗糙；被动元素与主动元素相比，就如同物质之于力，肉体之于灵魂。由这些元素又可以产生其他物质，它们都有不同程度的活力。

因此，一切仍然是物质性的，但活力的差异太过极端，以至于原本意指的分等级的差异倒显得像是一种本质差异，一元论一再表现出二元论的特征。

52. 这在较小的程度上也表现于这样一种观点，即宇宙是通过一部分元火（πῦρ τεχνικόν）或以太的活力减弱而产生的；在这一过程中，以太首先转化为气，然后转化为水，由此一方面产生了土（将自身置于中心），另一方面又通过蒸发产生了气、火和诸天球，后来以太在天上凝聚成诸天体。相对于宇宙从这种元火中产生的过程 διακόσμησις［即 organization］，还有一个相反的过程ἐκπύρωσις［即 conflagration］，即万物再次拥有元火的强大活力，并复归于元火。这两个过程在恒定的时间间隔里交替进行，关于该时间间隔的值有相差极大的说法（从 2484 年到 3600000 年不等）。斯多亚派接受了巴比伦人和希腊人共同持有的古老的世界周期性（ἀποκατάστασις）观念；他们甚至渴望这样做，因为这种观念与他们关于自然现象遵循特定法则的信念相一致。观点分歧只表现于细节。有些人认为，宇宙轮流被大火（ἐκπύρωσις）和大水（κατακλυσμός）所毁灭。所有行星在巨蟹座相遇时发生大火，在摩羯座相遇时发生大水。另一个争论涉及宇宙再生(palingenesis)过程的具体形式：是说，在相继的周期里，每个灵魂还会再次居于同一肉体,大力神赫拉克勒斯(Hercules)还会再次做十二件苦差,柏拉图还会再次在学园讲课？还是说，重复的只是类似的事件？

53. 无论对所有这一切持什么看法,斯多亚派的基本思想依然是,整个宇宙是一个有秩序的宇宙,它由一种理性的本原和法则所支配。没有什么东西像原子论者所认为那样,听任于原子运动所遵从的盲目偶然性。世界灵魂作为逻各斯通晓一切未来事件,作为神意预知这些事件将在什么时刻发生,作为命运则使它们在预定时刻发生。但人的灵魂本质上分有了这一世界灵魂,他的灵魂是渗透于其肉体的世界灵魂的一部分。由此可以引出重要的伦理后果,我们这里不去讨论；但它也催生了这样一种信念,即对人来说,知晓未来未必是原则上不可能的。因此,斯多亚派真心实意地接受各种形式的预言术或占卜术,其哲学也为占星学提供了肥沃的土壤和强有力的辩护。

我们后面还会专门讨论这些类型的自然思想。今天它们虽然不再被看成科学,但以前却被当作正当而重要的自然研究领域,推动了科学的发展。这里只需注意,自从占星学为希腊人所知(公元前300年左右),占星学可以同整个哲学世界观和谐地联系在一起；事实上,绝大多数哲学家一直认定这样一个事实：天体要么自身是神圣的存在,要么被神圣的存在所推动,地界事件由天体所引导和支配。斯多亚派将这一思想坚定不移地贯彻下去,不去理睬柏拉图提出的那个数理天文学问题,即通过匀速圆周运动的组合来解释不规则的行星运动：在我们面前显示为行星的神圣存在,通过自身的努力和对宇宙秩序的理解,找到了它们在宇宙体系中被指定的轨道。

这种看法也许满足过人的信仰,但却没有促进毕达哥拉斯学派和柏拉图所构想的数理自然科学的发展。不再把数学当作获取知识的手段,这是斯多亚派的典型做法,这也表现在:斯多亚派总体上倾向于大大简化哲学思想,他们将亚里士多德体系中的十个范畴(存在样式)减少到四个,其中不再包括量的范畴;除了实体这一基本范畴,他们只承认本质属性、偶然属性和关系。

第七节　新柏拉图主义[①]

54. 要想正确理解后来的科学发展史,就不能不了解希腊哲学的各种流派,即使其主导精神对自然研究漠不关心甚至是充满敌意。实际上,希腊思想在很大程度上标示和界定了思想的舞台,后来关于科学本质和价值的所有论战都在这里爆发。因此,鉴于本书的目标,我们必须谈谈渐趋衰落的古代文明所产生的最后一个哲学体系,希腊精神的整个思想财富都在其中再次得到揭示。

新柏拉图主义最重要的代表和实际创始人是普罗提诺(Plotinus),他自认为是神圣的柏拉图的忠实追随者,其体系只是解释了他所认为的真正的柏拉图主义。但普罗提诺主张(这是直到文艺复兴时期的许多思想家的共同看法),柏拉图与亚里士多德的学说之间并无本质区别,因此认为自己的任务是将两人的思想

---

① Armstrong ⅩⅥ-ⅩⅧ.

纳入同一个体系，即使有些地方似乎分歧严重。他似乎也受到了斯多亚派、新毕达哥拉斯学派和东方思想的影响，因此他最终发展出来的哲学极大地偏离了原初的柏拉图主义。然而，它远不是一种折中式的拼凑；凭借着天才的原创性，他创造了自己的体系，成为与柏拉图和亚里士多德同样重要的希腊思想家，"新柏拉图主义"这个名称并不足以表达其体系的独立性。

和柏拉图一样，普罗提诺也将较低的感觉世界与较高的精神世界对立起来，完满的存在只属于后一领域。然而，他并未局限于这一对立。他认为两个世界都源自同一个初始本原，即所谓的"太一"（the One），它逐步展开为由各个存在阶段所构成的一系列等级。"太一"远远超越于所有存在，以至于甚至不能说它"存在"或"是"（is），而只能通过否定谓词来描述（它与亚里士多德的原动者一样缺乏目的、意志和意识）。由这个本原产生了各种存在，它本身则没有发生任何变化。当然，这种太一如何展开成多是无法说清楚的。普罗提诺试图通过不同的隐喻给出一些印象，其中最有说服力的来自毕达哥拉斯-柏拉图天球的世界太阳（World-Sun）的意象，它用光充满所有天球，自身却不损失任何发光能力。因此，展开过程一般被称为"流溢"（emanation），但必须清楚，这是比喻性的语言：流溢者（which emanates）并非实体性的东西，而是太一的能力，凭借着它，太一仍然存在于流溢出的所有存在阶段。

除了对太一的否定定义，不用任何谓词来形容它，也有关于太一的正面刻画，即称太一为善；于是，太一展开成多便被视为完满性的一种衰退，它在世界太阳的辐射隐喻中显示为光强的减弱。

55．太一首先流溢出努斯（*Noūς*）或世界理智，它既是理想形式的世界,也是对这些形式的构想。和在柏拉图那里一样,这些形式是不朽的原型,在感觉世界中我们只能经验到其不完美的可变摹本;然而与柏拉图不同的是,这些形式不仅包括种属概念和数学形式,而且还包括所有个体事物的形式;它们也不仅是或多或少体现于可感物体之中的理想模型,而且也是使之产生并且在其中起作用的能力。

Ψυχη 或世界灵魂是从世界理智中流溢出来的,也是太一的第二重流溢。这三者构成了神的三大本体(Trias of divine hypostases)①。与世界理智不同,世界灵魂不再通过直接凝视来把握形式,而是必须经由反思将其加工成理性概念(λόγοι);世界灵魂本身是世界理智的理性概念。这些理性概念通过与质料相结合,产生了构成自然(Φύσις)的物质;它们与亚里士多德的形式类似,但区别在于,个体的形式以及它所属的种和属在同一物体之中。也可以将它们与斯多亚派的种子理性相比较。通过这些理性概念,自然中的所有事物都与世界灵魂相关联,以至于一切物质都与神的三大本体相关联。

理性概念在质料中实现自然。作为太一的对立,质料处于存在阶段等级的另一端。在太阳隐喻中,质料是黑暗,随着与光源距离的增加,流溢的光的强度逐渐浸入这一黑暗。作为恶的本原,它与太一的完满相反。然而,就像不能说太一"存在"或"是"(is)一样,也不能说质料"存在"或"是"(is);它的特征只能近似地描述,

①　后来基督教教父将"本体"译为神的"位格",把神作为单一实体,引申出上帝"三位一体"的概念。——译者注

通过像绝对贫乏、永远不知餍足、永远渴望显现这样的隐喻来描述。

神的三大本体对应着人的精神-灵魂-肉体（尽管不是精确的一一对应）。人是一个小宇宙，通过理智和灵魂而与更高的世界相联系，通过肉体而与自然相联系。如同在世界灵魂中还可以区分较高和较低的部分，其中较高的部分力求上升到世界理智，较低的部分（对应于柏拉图《蒂迈欧篇》中的世界灵魂）朝着质料的黑暗向下流溢而产生自然；在人的灵魂中也有两部分在起作用，其中较高部分被引向精神性的东西，较低部分则支配着感觉生命和植物生命。

56. 解释普罗提诺复杂的哲学体系及其所有分支并非我们的任务，我们只需考察哪些内容对于科学发展有意义就够了。不过前面的讨论已经足以使我们得出一些结论。

首先，这是一位在超越的精神领域寻求所有实在和所有价值的哲学家，他认为物质要么是绝对的贫乏，要么是恶的本原，很难指望这样一位哲学家会对物质世界有强烈的兴趣，即使太一与善在物质世界也是起作用的。事实上，普罗提诺对具体的自然事件极为漠视，毕竟，它们只是运作于其中的精神的不实显现。我们应当试图通过理性的力量，特别是通过心醉神迷的凝思来通达这种精神。精神与物质在普罗提诺那里的对立导致了一种源出于蔑视的禁欲主义（事实上，根据他的学生波菲利［Porphyry］的说法，他甚至对自己有一个肉体感到羞耻），这使得感官证据在他那里没有任何价值。

于是，新柏拉图主义在比柏拉图主义高得多的程度上，为忽视甚至蔑视自然的经验研究创造了一切心理条件。至于晚期希腊哲学的所谓反经验态度在多大程度上是希腊科学思想的一般特征，我们将在Ⅰ:86—95中作进一步讨论。

还要注意，出于与斯多亚主义同样的原因，新柏拉图主义必定容易沉迷于神秘之事：由于确信宇宙是一个生命有机体，人凭借自己的灵魂可以直接通达神的三大本体，这不仅使得预言未来的可能性被接受，而且也导致了一种对魔力的信仰，它能以某种无法理解的方式招引出某些与日常物理经验不符的现象。

57. 虽然新柏拉图主义主要是普罗提诺的创造，但从历史角度看，其继承者对新柏拉图主义的改造绝非不重要。这些改造虽然在大多数情况下并不构成进步，但却对思想产生了重要影响。一般说来，这种影响阻碍了自然科学的发展，特别是从两个方面激发了人的心灵中那些阻碍健康科学发展的倾向：首先，它导致了哲学思辨的泛滥，整个思维能力都沉浸在思想体系的构建之中，而这些体系与可感实在没有任何关联。新柏拉图主义者似乎确信，人的心灵所能做出的每一种划分或区分都对应于宇宙结构的实际划分或区分。比如普罗提诺把世界理智定义为"那种存在的、活着的和思想着的东西"，他的学生扬布里柯（Iamblichus）则不满于此，认为需要将其分解成一个新的三元组：存在（Being）、生命（Living）、思想（Thought）。西里亚诺斯（Syrianus）同样不满意，因为在普罗提诺的原有体系中，绝对的、非主动的太一与它流溢产生的多之间仍然不可避免存在着裂隙。他试图弥合这一裂隙，通过与分有世界灵魂的多个灵魂进行类比，认为在太一之下直接有多个一（Henads），其中每一个一又再次分解为五个层级分明的存在阶段。

其次,这种影响使人越来越相信魔法和神通,乞援于各种神灵,而不是通过自己的研究和反思来学习理解自然,并通过自己的行动来控制它。扬布里柯学派留下了一部完备的魔鬼学和咒语学手册,名为《论奥秘》(De Mysteriis)。它相信,人与神灵的沟通不能通过理性思考或沉思,而只能通过施展神通和念诵咒语。虽然所有这些与理性的偏离并不能归因于新柏拉图主义本身,但新柏拉图主义的确热情地吸收了它们,并为之提供了哲学基础。

58. 也许有人会觉得这些东西并不重要,认为它们与科学史没有什么关系,但他忘记了两个方面:首先,科学史不仅应当关注对科学思想有所促进的那些因素,而且也要注意起阻碍作用的因素;其次,有一种特殊情况使得新柏拉图主义对欧洲非常重要,即在数百年的时间里,希腊思想完全是通过新柏拉图主义流传后世的,所以即使是古代哲学较为古老的阶段,起初也不是以原本形态,而是披着新柏拉图主义的外衣传入西方世界的。新柏拉图主义的最后一位重要代表人物是普罗克洛斯,他有一部著作在这方面影响甚大。它完全以欧几里得的重要数学著作《几何原本》(Elements)为样板,标题也相应地取为《神学原本》(Στοιχείωσις θεολογική, Elementatio theologica),在 211 个命题中讨论了整个新柏拉图主义哲学和神学。通过阿拉伯人的传播,这部著作最终以《原因之书》(Liber de Causis)的名字传入西欧。至于新柏拉图主义在何种程度上构成了洞悉整个希腊哲学的媒介,最好的说明莫过于这样一个事实:《原因之书》一般被当作亚里士多德的著作,还有一部类似的著作也被归于他,即《亚里士多德的神学》(Theologia Aristotelis)。直到托马斯·阿奎那(Thomas Aquinas)才第一次认识到,这本书的作者不可能是亚里士多德。

第三章 古代的科学遗产

59. 古希腊异教徒留给世界的自然哲学遗产在相当长的时间里决定着科学思想的发展。在简要介绍了这些内容之后，我们还要对希腊人在专业科学领域取得的成就作一概述，后人正是在它们的基础上继续前进的。我们将按照所获成就的重要性来排列各门学科，先讨论数学和用数学处理的物理学分支，然后讨论天文学；随后简要论述物理学、化学和技术；最后还要考察像炼金术和占星学这样一些学科，它们对科学的兴起曾经起过重要作用。

第一节 数学[①]

60. 数学在公元前 5 世纪和 4 世纪迅猛发展（无疑是源于巴比伦和埃及，但发展出了相当独特的样式），此后其内容被编入欧几里得的《几何原本》，这构成了数学进一步发展的基础。许多数学家都对这种发展做出了贡献，这里我们提其中两位：阿基米德（Archimedes）和阿波罗尼奥斯（Apollonius）。阿基米德用严格的方法确定了曲线所围成的平面图形的面积，以及曲面所围成的立

① Dijksterhuis（2）（4），Heath（2）.

体的面积和体积;阿波罗尼奥斯则通过深入研究圆锥曲线,将数学领域大大拓展,使之远远超出了初等范围。他们的著作使数学蓬勃发展,随后则是一个衰落期,尽管当时出现了帕普斯(Pappus)、丢番图(Diophantus)等少数大数学家,但总体上看,希腊数学已经停滞不前,数学思想水准有了明显下降,昔日的伟大人物以不同程度被遗忘。

数学在很大程度上是由希腊人自行创造的,他们在这一领域拥有非凡的能力。而他们之所以无法将其继续推向前进,无疑可以归因于古典文化在后来的希腊化时期全面衰落。但还有一个内在的数学原因,那就是数学思想总是单纯以欧几里得几何为导向,从而导致对代数方面的忽视。在代数领域,早有古老的巴比伦传统可以利用,现在看来,希腊数学家似乎只要继续下去,就能在公元前300年达到后来阿拉伯人和16世纪意大利人所取得的成就。然而,希腊人不仅没有抓住机会,甚至还有意将他们从前人那里学到的代数方法移植到几何领域。最明显的表现是,希腊人将巴比伦人解二次方程的代数方法替换成欧几里得的几何方法(即所谓的面积计算或几何代数)。

61. 这种数学进程的惊人转变与缺乏合适的数学符号有关(有时很难说清楚哪个是因,哪个是果)。希腊数学家的所有论证都是用语词表达的,只要领略过合适的代数符号的好处,任何人都会对那种烦琐和笨拙失去耐心。用字母表示数表明他们缺乏实用符号,这一点尤其令人惊讶,因为在这方面,他们可能同样得益于巴比伦人甚多:巴比伦人的数字符号部分基于极其有效的位值制,这使得某个数字符号的值依赖于它所占据的位置。此外,用字母来表示数，导致用字母表示不定数的代数不可能发展起来，从而使尽管不是唯一可设想的、但至少在形式上最为接近的符号代数成为不可能。开始时，希腊人本来因其计算弦长的方法而在三角学上大有前途，但同样由于缺少合适的符号，他们无法将其发展下去。虽然阿基米德和阿波罗尼奥斯的一些推理只需转写成代数符号就可以算作解析几何，但这里决定性的一步（恰恰在于这种代数表示法）同样没有迈出。

62. 在希腊数学的这两个关键特征（单纯的几何化和不实用的符号）中，单纯的几何化无疑来源于使希腊人做出杰出数学成就的逻辑严格性，这正是其最大数学长处的弱点。他们用几何方法克服了与无理数和连续性概念有关的思想困难，从而使几何学成为在他们看来唯一严格的数学分支；欧多克斯的比例论正是用几何语言发展出来的，它等价于一种正实数理论；另一个被赋予几何形式的主题（同样由欧多克斯引入，并由阿基米德完善）是通过间接推理获得结果的完全严格的方法，后来的数学分析则通过极限过程获得了同样结果；在理论算术中，不一定有确定值的数不是用字母而是用线段来表示的（同样是出于已经提到的理由，即这些字母表示确定的数）。还要指出，希腊人另一项极为重要的数学发现，即公理系统的观念，首先在几何学中得以体现和运用。即使可供使用的符号并不妨碍一种字母代数发展起来，相信只有几何学才能达到真正的严格性，也多半会阻碍这一发展。

63. 而第二个关键特征，即缺少合适的符号，不仅与已经提到的用字母表示数有关，而且也出于另一种原因。柏拉图主义数学家（欧几里得是一个彻头彻尾的柏拉图主义者）相当不切实际，对数学的应用不屑一顾，这导致结构精巧的《几何原本》体系仅仅局限于数学，缺乏日常生活和自然科学所提出问题的激励。欧几里得数学和柏拉图主义形式学说是同一棵思想之树上结出的果实，几何学家关注的是更高世界的理想形式。尽管"几何学"〔字面意思为"测地术"〕一词仍然能让人想起它来源于地界的活动，尽管视觉和触觉所把握的对象也许可以大大帮助我们唤醒对真正的数学实在的沉睡记忆，即唤醒回忆（ἀνάμνησις）（Ⅰ：14），但几何学本身已经不再与这些对象以及对它们的操作有任何关系，几何学并不属于这个世界。因此，柏拉图从根本上反对借助物质性的东西来解决任何数学问题，就像有时解决立方倍积问题那样。他嘲笑有些人希望通过指出数学的实际效用来证明数学对于思想教育不可或缺。正是本着这样的精神，欧几里得才极力避免在论证中设想几何图形在运动，仿佛它是物质对象似的。

　　64. 这也使我们能够理解（或者比初看起来更容易理解），为什么希腊数学基本的标准著作，即欧几里得的《几何原本》，虽然包含着对数的知识（即算术）的深入讨论，却没有告诉我们希腊人是如何书写这些数以及如何用它们来计算的。后者的内容被称为逻辑斯蒂（logistic），是一种实用的东西；①虽然作为技艺（τέχνη，一种基于理解的活动），逻辑斯蒂远高于纯粹的经验（ἐμπειρία，仅仅是对经验规则的惯常运用，如烹饪术），但它又远低于像算术这样本质上指向理想世界的知识（ἐπιστήμη）。

　　因此，希腊数学家一方面极大地丰富了数学，严格地说是创造

---

① 在希腊人那里，arithmetic 是指关于数的知识和理论，理应译为"数论"；而logistic 则是指运算的技巧，理应译为"算术"。但既已约定俗成，也不好改译。只需注意：后面古代章节中出现的"算术"，其实指的是"数论"；"逻辑斯蒂"，其实指的是现在所说的"算术"。——译者注

了纯粹形式的数学,但另一方面,由于固守完全纯粹的领域,完全不考虑数学在这一领域之外的应用,他们又极大地阻碍了数学的发展。从以后几个世纪可以清楚地看到,这种故步自封给数学造成了多大危害,数学本可以首先从实际生活,然后从科学,最后从基于科学的技术中获得强大的发展动力。这些动力在希腊人那里从未出现,因为只有少数几种科学分支能用数学处理,而且用科学来实现的技术还根本不存在。这里我们也许会再次感到好奇,到底哪个是因,哪个是果。

65. 在另一个更大的语境中(Ⅰ:86—95),我们还会再次回到希腊数学的这个特征,这里只需指出另一个特点,它同样来源于柏拉图主义,并且阻碍了数学的实际应用。实际上,由于希腊数学家关注的是不变的、永恒的理想形式,他们与致力于研究理型的哲学家一样,都不关注变化。因此,希腊人从未将变化本身当作数学思辨和研究的对象;像某一瞬间的运动速度、曲线在某一点的切线方向这样的概念,完全不在他们的考虑范围之内。希腊运动学处理的是匀速运动,它与柏拉图公理(Ⅰ:15)结合在一起对天文学来说已经足够;在亚里士多德的动力学中,恒定的力导致恒定的速度;在几何学中,切线并不被视为弦的极限位置,而是被看成这样一条直线,在一定区域内它的一个点位于曲线之上,而其他点则位于曲线之外。这种限制所导致的重要后果显而易见:虽然阿基米德已经相当接近于后来的积分演算,他的一些论证可以自然地理解成用几何形式表达的积分,但他和任何其他希腊数学家都没有沿微分演算[1]的方向迈出一步。他们从未试图用数学来表示一个点在

---

① 这里英译本误为"积分学"。——译者注

某一瞬间如何移动,或者一条曲线在某一点是什么方向。直到17世纪,研究变化的数学才从这些问题中发展出来,这就是所谓的流数法或微分演算。

第二节　数学物理学

66. 阿基米德构建了一门静力学。作为数学的一个分支,静力学只是因其拥有物理性的特殊公理而区别于欧几里得几何。它关注的是杠杆平衡和重心的确定,但却完全属于纯数学领域,因此并不导向一种关于机械的理论。对阿基米德而言,它最大的作用在于使我们能够借助于杠杆平衡导出关于立体体积的命题。他认为这种方法不值得列入他所发表的著作(这又是希腊人对待数学所特有的严格方式),这并非因为它利用了静态的考虑(因为它们严格建立在公理基础之上),而是因为它所依据的观念,即把立体看作无限数目的平面截面的聚集。后来的数学家会毫无顾忌地使用这一观念,并由此导出许多重要的结果。但在柏拉图、欧多克斯和欧几里得的学派中受过训练的希腊数学家却会认为,这种对无限概念的不严格使用没有任何证明力;虽然在私下里,它被充满感激地当作一种富有成效和启发性的辅助方法,但在正式发表的著作中,它的所有痕迹都必须抹去;这里只有间接的极限过程方法才能被容忍(Ⅰ:62)。

67. 阿基米德对流体静力学的处理同样是纯数学的;它以一些被认为自明的公理为基础,被用于纯数学问题。虽然它没有言及逻辑斯蒂(Ⅰ:64),体现了欧几里得《几何原本》的典型特征,但它同样也是阿基米德式的:在表述了浸在液体中的物体的浮力定律

(仍以他的名字命名)之后,阿基米德并没有继续讨论其简单的物理应用,而是立刻转到极为复杂的问题,即漂浮的旋转抛物截面的稳定性问题。

欧几里得和托勒密(Ptolemy)也在同样的纯数学领域讨论了透视学或几何光学。然而,我们稍后将会看到(Ⅰ:100),对光的折射研究导出了一些类似于实验物理学的探索。

最后,希腊声学也更多地属于数学物理学,而不是实验物理学:先是一些关于音高的介绍性评论(它们偶尔也能显示对声音振动性质的理解),然后几乎立刻变成了关于音和音程的算术理论。在许多个世纪中,音乐作为一门学科,关注的更多是数的关系,而不是可以听到的声音。这与柏拉图的观念相一致:音乐的本质在于数,我们所听到的东西只是数的理想世界在物质世界的一种能用听觉把握的不完美的摹本。这个理想世界最好是通过算术学家的思辨去理解,而不是通过音乐家的感情来理解。

第三节　天文学①

一、拯救现象

68. 对希腊人而言,天文学同样主要是一门数学科学,这完全符合柏拉图的观念:的确,在纯粹的柏拉图主义者看来,可见的天界现象,就像可见可触的物体和可闻的声音一样,仅仅是沉思在他

---

① Dijksterhuis (5),Heath (1).

之中沉睡的关于理想形式的知识的诱饵。就天文学而言,这些形式是一些匀速圆周运动的系统,它们是表面上无规可循的天界运动背后的实在。然而,与其他可以作数学处理的物理学分支不同,天文学的特征使得它在实践过程中必然更多地沿着经验科学的方向继续推进。只需要通过经验方法收集的少量观察资料,静力学、流体静力学和几何光学就可以作进一步的数学处理;而行星相对于恒星的运动却只有通过系统观测和精确测量才能知晓。

　　希腊人研究天文学的实际方式,可供使用的仪器和测量方法,来自巴比伦天文学家的天文数据,以及希腊天文学家留下的观测资料,这里我们无法详述。我们只需知道,稳步积累和愈发精确的经验数据使理论不断得到完善,这些理论按照柏拉图的要求,试图通过匀速圆周运动的组合来拯救行星运动的现象。人们很快就发现,同心球理论是站不住脚的,因为它无法解释天体与地球之间距离的明显变化。取而代之的则是偏心圆(eccentrics)和本轮(epicycles)理论,它主要与希帕克斯(Hipparchus of Nicaea)和托勒密相联系。这一理论对科学史极为重要,这里有必要对它所基于的方法原则作一讨论。

　　69. 虽然偏心圆和本轮理论力图满足原有要求,即假定所有运动都是匀速圆周运动,但它并没有义务恪守先是默认、后来又被亚里士多德特意补充的那条规定,即所有这些圆周运动都必须围绕宇宙中心(同时也是地心)进行。它在三个不同方面偏离了这个规定,下面我们分别作进一步说明。

　　(1) 偏心圆运动

　　70. 这里使用的圆虽然包含了宇宙中心,但圆心并不落在宇宙中心,因此这些圆被称为偏心圆。下面我们针对太阳的运动讨论这一方法所取得的成果。

希腊人很早就知道,每个季节并不等长:太阳从春分点运行到夏至点需要 94.5 天,从夏至点到秋分点需要 92.5 天;因此夏半年有 187 天,超过了一年的一半。由于必须遵循柏拉图的公理,天文学家不能通过假定太阳沿轨道作非均匀运动来解释这一点;不过,他们可以在保持运动均匀性的同时,假定地球上的观察者从一个不同于太阳轨道中心的点将太阳的均匀运动投射到天上。这样,随着与观察者距离的增大,太阳的视运动将逐渐变慢。在图 2 中,假设 C 是太阳轨道的中心;M 是地球上的观测者;L、Z、H、W 分别是从 M 向春分点、夏至点、秋分点和冬至点的方向引出的直线与太阳轨道的交点。弧 LZ 显然大于 $90°$,夏半年中描出的弧 LZH 要大于冬半年中描出的弧 HWL。现在,天文学家需要解决的问题是,确定距离 CM(偏心率)和直径 CM 相对于沿至点方向引出的直线的方位。如果 A 是所谓的远地点,即拱点线(CM)与太阳轨道两个交点中距离 M 较远的点,那么这个方位可以通过弧 AZ 确定。希帕克斯已经解决了这个问题,他发现弧 AZ 的值是 $24°30'$,CM 与轨道半径之比是 $1/24$。

为了解决这个问题,显然需要测量太阳通过春分点、秋分点(即二分点)和夏至点的时刻。托勒密原封不动地采用了希帕克斯的数据。如果他当时重新做了观测,就会发现远地点 A 位于夏至点之前 $19°38'$,而不是 $24°30'$,从而会知道,太阳并未描出一个固定的偏心圆,而是描出一个转动的偏心圆。这一发现很晚以后才由阿拉伯天文学家巴塔尼(Al-Battani)(Ⅱ:16)做出;远地点每个

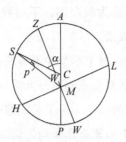

图 2 偏心圆运动。太阳 S 沿着以 C 为圆心的圆均匀运动，从
偏心的点 M 观测。

世纪沿着黄道十二宫的方向即从 L 到 Z 移动 0.32°。

这里还要交代一下如何应用所获得的结果。显然，太阳 S 被
从 M 和 C 投射到天上不同的点（图 2）。当 S 沿轨道均匀运行时，
对于太阳通过远地点 A 之后的任何时刻，都可以计算出平近点角
（mean anomaly）即角 ACS（α）的值。然而，我们想知道从 M 看太
阳的位置，即真近点角（true anomaly）AMS（w）的值。为此，必须
知道 SM 与 SC 所夹的角 p，被称为中心差（equation of center）。
我们现在有

$$w = \alpha - p$$

p 随 α（即时间）变化的情况可以列表给出。希腊天文学拥有
对于任何 α 值计算 p 的所有方法，但却缺少符号用一个公式表示
出 p 与 α 之间的关系。因此，函数关系总是需要一张表。

偏心圆假定旨在解释行星的所谓"第一不均等性"（first
inequality），即行星顺着和逆着黄道十二宫的方向运行时间的周
期性交替的不规则性。而行星在某一时间段内作逆行运动，即运
行轨道中有环圈，则被称为"第二不均等性"（second inequality）。

解释它需要第二种方法,需要偏离以下假定:宇宙中心是所有天体轨道的中心。

（2）本轮运动

71. 本轮运动通常会与偏心圆运动结合起来使用,但我们还是先来讨论单纯的本轮运动,即假定行星不会表现出第一不均等性。

如图 3,想象天体 P 沿着以 E 为中心的圆运动,同时 E 又沿着以 M 为中心的圆运动;第一个圆被称为本轮（epicycle）,第二个圆被称为均轮（deferent）。该理论说,均轮像轮子一样围绕过 M 点与纸面垂直的轴转动,同时携带着固定在轮缘上的本轮;于是本轮作的是围绕 M 的转动,而非环行;也就是说,$t = 0$ 时从中心 E_0 指向本轮上距离 M 最远的点 A_0（后来被称为 aux[即远地点]）的矢径 EA 总是处在 ME 的延长线上,因此方向并不保持恒定。所以严格说来,不应说 E 在均轮上运动,而应说均轮本身在旋转;然而,第一种表达更为常见。角 AEP 随时间均匀变化。现在有可能通过正确选择本轮与均轮半径之比以及均轮上的 E 与本轮上的 P 的周期之比来大致表示行星的运动。行星必定有逆行运动的周期,这可以从原则上来理解:考虑 P 在某一时刻位于本轮上的点 P_1,它位于 M 与 E_1 之间的线段 ME_1 上。从 M 看,P 现在沿着与 E 相反的方向运动。

前面曾经假定,P 通过本轮的方式如同均轮的旋转,而且两种运动的周期可以独立选定。然而,如果考虑两种运动彼此相反而周期相同的情况,那么本轮运动就等同于偏心圆运动。事实上,如图 4 所示,$\angle AEP = \angle E_0ME$,因此 $EP /\!/ ME_0$。如果现在 $MC =$

EP，那么 CP 相对于 CE_0 绕 C 均匀转动，而距离 CP 保持恒定。因此可以说，P 描出一个以 C 为中心的偏心圆。

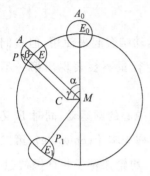 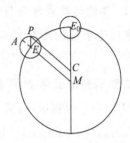

图 3　本轮运动。天体 P 沿着以 E 为中心的圆运动，同时 E 又沿着以 M 为中心的圆运动。

图 4　如果本轮 E 和均轮 M 一样在相同时间内沿着相反方向被走过，那么本轮运动就等同于偏心圆运动。

72. 我们将会看到，有可能通过本轮运动来拯救同样的现象（这里是简单的偏心圆运动），从而使方法（1）和方法（2）互换，这对于天文学非常重要。它也适用于（2）中首先考虑的一般本轮运动的情形。事实上，如果在图 3 中，MC 平行且等于 EP，CP 保持恒定；C 相对于 ME_0 围绕 M 均匀转动，P 相对于 MC 围绕 C 沿反方向均匀转动。设均轮上 E 的周期为 ζ，本轮上 P 的周期为 σ。如果 $\angle E_0ME = \alpha$，$\angle AEP = \beta$，$\angle CME_0 = \gamma$，t 表示离开初始位置（P 在位置 A 与 aux 重合）的时间，则有：

$$\alpha = 2\pi \frac{t}{\zeta} \quad \beta = 2\pi \frac{t}{\sigma}$$

$$\gamma = \alpha + \beta = 2\pi t\left(\frac{1}{\zeta} + \frac{1}{\sigma}\right)$$

如果 $\left(\dfrac{1}{\zeta}+\dfrac{1}{\sigma}\right)=\dfrac{1}{\tau}$，我们便得到 $\gamma=2\pi\left(\dfrac{t}{\tau}\right)$，于是 C 在时间 τ 内围绕 M 描出一个圆，P 在时间 σ 内围绕 C 描出一个圆。因此，P 的运动可以描述为在一个旋转的偏心圆上的运动。

（3）带有偏心匀速点的运动

73．为了同时拯救行星运动的第一不均等性和第二不均等性，需要将方法（1）和方法（2）结合起来：行星在一个本轮上运行，本轮又被一个偏心均轮携带着。然而即使如此，似乎也有一些观测到的位置无法足够精确地复现。这促使第三种方法被引入，从而大大改变了原始图景。如图 5，在拱点线上 C 相对于 M 的另一侧取一点 V，使本轮中心 E 这样运动：不是从均轮中心发出的矢径 CE[①]，而是从所选择的偏心匀速点（*punctum aequans*）发出的矢径 VE 相对于拱点线（line of apsides）均匀运动。现在行星在本轮上不是相对于 CE 上的 A（以前的 *aux*）均匀运动，而是相对于 VE 上的 A_1（新的 *aux*）均匀运动。

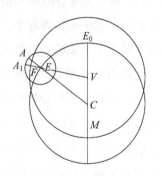

图 5　带有偏心匀速点的运动。本轮中心 E 以如下方式描出中心为 C 的圆：不是 CE 而是 VE 相对于拱点线均匀旋转。

关于 V 在拱点线上的位置，还可以做不同假定；最简单的就

---

① 这里荷兰文本和英译本均误为"ME"。——译者注

是令 $VC=CM$；后来认为，在这种情况下偏心率被二等分（于是，所谓的完整的偏心率是 MV 而不是 MC）。

显然，引入偏心匀速点等于完全违背了柏拉图公理。事实上，如果 $\angle E_0VE$ 随时间均匀变化，而 $\angle E_0CE$ 或弧 $\angle E_0E$ 并非如此，那么 E 并非在均轮上均匀运动。然而，如果以 V 为中心描出一个圆，它与 VE 交于点 F，那么 F 的确在这个所谓的偏心匀速圆（*circulus aequans*）上均匀运动，于是柏拉图公理仍然可以从形式上得到满足。然而，这看起来像是在拯救公理而不是拯救现象。

74. 偏心匀速点的引入清楚地表明，希腊天文学家试图将理论与观测事实精确协调起来。古人最接近于带来科学繁荣的方法的地方莫过于越来越精致的天文学世界图景。

上述内容尚不足以显示这种精致会达到何种程度，因为我们有意没有解释月球和行星的黄纬运动必然会出现的复杂情况。这又会给此前的平面运动图景加入一个新的维度。对外行星而言，需要假设均轮平面与太阳轨道平面成一定角度，本轮平面又与均轮平面成相同角度，使之再次平行于太阳轨道平面。对内行星而言，结构则更为复杂：均轮平面在黄道面两侧在一定范围内振动。

75. 希腊天文学家几乎只关注太阳、月亮和五大行星（水星、金星、火星、木星和土星）的运动。在他们看来，恒星只不过意味着不动的背景，我们从地球上将这七个天体的运动投射于它之上，天文学家的任务就是对此做出完整而精确的描述。托勒密通过给1022颗恒星编目而免除了这项任务，这些恒星按星座归类，每一颗恒星都给出了黄经、黄纬和星等。然而通过与早先的观测相比较，希帕克斯时代的天文学家就已经知道，恒星的黄纬在不断增加。后来,人们认为这一现象是春分点沿着与黄道十二宫相反的方向移动所致,被称为"岁差"或"二分点进动"(precession of equinox),希腊天文学家认为它是由恒星天球沿着黄道十二宫的方向缓慢移动所致;这就是为什么当早先的假设被春分点作逆行运动的假设所取代时,我们仍然说"进动"的原因。

二、托勒密的宇宙体系

76. 鉴于托勒密体系对于天文学以及整个思想史的重要历史意义,我们这里对其结构作了总体概述。然而,这样一种概述实际上并不足以揭示该理论的实质内容和真正价值。所有天体的运动都要复杂得多,由此获得的与观测事实的符合程度要远好于我们基于这种概述所做的预想。其中不仅略去了所有偏心率和偏心匀速点,而且比如对于月亮,既没有考虑月球轨道与黄道的倾角,也没有考虑交点线的逆行运动,以及月球轨道运动的各种不均等性。事实上,在与匀速圆周运动的所有偏离中,这种概述唯一准确描述的只有行星运动的第二不均等性。

然而,这种对系统的极度简化也清晰地显示出一个独有的特征,它后来成为改造天文学的主要动机。事实上,五大行星的运动似乎都以某种方式与太阳的运动相关联,这表明太阳不单单是相对于恒星运动的七个发光天体中的一个,而且在行星体系中发挥着至关重要的功能。行星运动与太阳运动的关联是这样的:对于水星和金星这两颗内行星来说,本轮中心总是位于日地连线上;而对于火星、木星、土星这三颗外行星来说,从本轮中心到行星的矢径总是平行于日地连线。于是,金星和水星看上去总是在一定范围内绕太阳振荡；而外行星虽然可以与太阳成任何距角，但它们在本轮上的运动却与太阳绕地球的运动联系在一起。

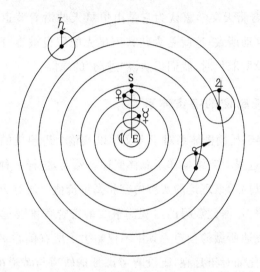

图 6　托勒密的宇宙体系（因忽略了所有偏心率和偏心匀速点而大大简化）。
　　　　对于水星（☿）和金星（♀）这两颗内行星，本轮中心的矢径与日地连线
　　　　重合；而对于火星（♂）、木星（♃）和土星（♄）这三颗外行星，本轮中的
　　　　矢径与日地连线平行。此图没有按比例绘出。

三、数理天文学和物理天文学

77. 数理天文学将天体看成光点，将天体的视运动分解为匀速圆周运动的组合（该程序在方法上类似于将复杂的周期运动分解为一系列谐振动）。与高度发达的数理天文学相反，古人在现在所谓的物理天文学方面几乎毫无建树。天体的物理构成从未被追问，天体运动学也没有通过探究运动可能的动力因而演变成天体

动力学。两者都受到了当时流行的宇宙论观念的束缚：天体本身要么被视为神灵，要么被认为由神圣的存在所推动。因此，追问天体的物理构成或者根本没有被想到，或者像在亚里士多德那里一样，导致一种在地球上经验不到的假想物质——以太——被引入。追问运动的原因也没有什么意义；我们已经说明(Ⅰ:53)斯多亚派如何得出了最为纯粹的推论：神圣的存在能够找到自身的路径。

不过，希腊人的确区分了数理天文学和物理天文学：数理天文学仅仅是构造一些运动学系统以拯救现象，而不关心这些系统是否以及如何在天的实际结构中得到实现；而物理天文学则必须设法从天体的本性、性质和能力出发导出天界现象。因此，如果数理天文学家既可以用一个偏心圆，也可以用一个本轮来拯救现象（在Ⅰ:71中我们已经说明，这在原则上总是可能的，托勒密有时会用两种方法来处理同一现象），那么他没有必要考虑这两个假设中哪一个更符合天体的本性；他甚至可以认为地球在运动，倘若这样假定会比认为地球静止更有利于他解决问题。然而，物理天文学家能够凭借一般的自然哲学洞见做出判断，他会被问及，真实情况到底是怎样的。他必须判定地球是否静止，比较地球与宇宙的尺寸，指定地球的位置，并说明它为什么必须呈球形。

78. 从科学方法论的观点来看，数理天文学家和物理天文学家之间的这种任务分工值得充分注意。首先，它说明了为什么希腊人的数理天文学会对后来的思想发展做出重大贡献，而物理天文学却会阻碍而非促进这种发展。数理天文学的基础是通过精确测量确立的观测事实（即使自然哲学的观念有所改变，它们仍然可以保持价值）和数学理论（这些理论只是以一种简洁明了的方式概括出这些事实的要素,并将其表达出来,我们可以由此得出结论和做出预言)。而从天体本性出发的物理天文学虽然受制于一种未获经验自然研究充分支持的自然哲学,却认为可以凭借着形而上学思考,在很大程度上给出这种研究的结果。

这种关于科学与自然哲学之间关系的观念对天文学产生了强烈影响,总体上起阻碍作用。这里有一个突出的例子,它再次说明了数理天文学与物理天文学之间的差异,同时也是对我们所概述的希腊人在这两个领域所获成就的必要补充。历史上曾经有人试图构造这样一种世界图景,其中地球被赋予了一种或多种运动。这种观念可以按照不同的精致程度和历史准确性归之于几位天文学家。据说毕达哥拉斯主义者菲洛劳斯曾经提出,地球作为一颗行星围绕着中心火赫斯提亚(Hestia)①旋转;假设地球每天绕轴自转一周来解释天的周日运动,据说可以追溯到希克塔斯(Hicetas)和埃克番图斯(Ecphantus);赫拉克利特很可能支持一个纯粹的日心宇宙体系,其中地球不仅绕轴周日自转,而且还绕日周年转动;而据阿基米德说,萨摩斯的阿里斯塔克(Aristarchus of Samos)肯定传授过这样一个体系。

79. 因此,地球可能运动的想法显然没有逃过希腊天文学家的视野,但只是一种有趣的思想可能性而已。事实上,它根本不可能被当成一种至少在原则上表示了宇宙真实结构的理论(即使是最具数学头脑的天文学家也已经受够了物理学家或哲学家把这当成他的最终目标),因为它与亚里士多德物理学的基础相抵触:地

---

① 赫斯提亚是希腊的灶神,宙斯的姐姐,掌管万民的家事。——译者注

球的圆周运动与地界元素的实体形式不相符。因此，即使是绕轴自转（这一假定使得地球至少能够保持它在宇宙中的中心位置）也是不可能的。

因此，托勒密虽然很清楚，要想解释天的周日运动，既可以假设地球在绕轴自转，也可以假设恒星天球本身在旋转，但还是基于物理理由拒绝了前者。他还通过一系列特设性（*ad hoc*）论证来支持这一结论，它们在未来的数个世纪里一直被当作决定性的论证：假如地球果真绕轴向东旋转（这是为了解释天球的向西运动），那么竖直上抛的石头必定会落在抛出点的西边，因为在抛射体上升和下落的过程中，地球又向东旋转了一段距离；我们理应看到云彩和飞鸟总是以极大的速度向西运动，因为它们不可能跟得上地球的旋转速度；地球也会把所有未与之缚在一起的物体甩出去，就像旋转的水车把轮缘的水滴甩出去一样。

这一论证不仅对于天文学史很重要，而且也加深了我们从亚里士多德那里获得的对希腊物理科学的印象。它再次表明，希腊人完全不了解物质倾向于保持已经获得的运动，即物质的惯性。这显见于亚里士多德动力学的基本定律：当引起运动的力停止作用时，运动本身就会停止。现在，它再次被古人的信念所证明：与地球的连接一旦被切断，稍早前参与地球假想的运动的石头就会立即失去这一运动。

80．既然亚里士多德物理学的权威已经排除了地球周日自转的可能性，那么地球绕日周年运行就更是一种不可能的事情，它只能作为一个奇特的悖谬存在于天文学家的头脑中，因为太阳不可能处于宇宙的中心，那将与亚里士多德的世界图景中天与地的根本对立完全冲突。然而,天文学家不能对太阳在整个宇宙中的核心地位视而不见(这不是因为它的位置,而是因为它的影响),不能把太阳与月球和其他行星列为同一等级。斯多亚派已经明确表达了这一点:太阳不仅会影响地球上的生命(这是非常明显的),而且是主宰整个宇宙并为之赋予活力的力量;太阳使整个宇宙处于恒常秩序之中(根据天文学家克利奥梅蒂斯[Cleomedes]的说法,斯多亚派哲学家波西多尼奥斯就是这样认为的);如果太阳离开自己的位置或者完全消失,那么万事万物就将陷入紊乱和衰亡。① 这种态度使我们能够理解,为什么在托勒密的体系中,所有行星的运动在某种意义上均由太阳的运动所支配。正如西蒙・斯台文(Simon Stevin)后来所说,它们"就像听命于国王一样听命于最为尊贵的行星的运动,并相应地运行"。②

81. 任何设想地球运动的天文学理论都会因为物理理由而遭到拒斥,这种拒斥同时也使之不可能被当成一种纯数学的描述;至少,没有任何迹象表明有过这种尝试。这说明,数理天文学与物理天文学之间的方法论差异在实践中并不像理论所要求的那样严格。这并不奇怪,因为人自然渴望知道事情实际是如何发生的;天文学自称可以通过假设太阳描出一个偏心圆来拯救太阳运动的现象,同时又补充说,假设太阳作本轮运动也可以同样好地拯救现象,那么这时,无偏见的求知者立即会追问,太阳到底是如何运行的。于是我们不难理解,为什么使希帕克斯和托勒密取得如此成

---

① Cleomedes Ⅱ 1;156,24-30.
② Dijksterhuis (6) 159.

功的偏心圆理论和本轮理论，没有被继续当成只对技术天文学有意义的对天体运动的纯数学描述，为什么不断有人试图确定这一理论能在多大程度上表示宇宙实际的物理结构。

要想让这种理论得到接受，只需要它所导出的结果与观测事实相一致。然而，一旦拿物理学的基本原理去检验这一理论的基本假设，对其价值的判断就会相当不同。特别是，它与亚里士多德的自然哲学有一个无法解决的矛盾。亚里士多德认为，自然的圆周运动只能围绕不动的宇宙中心进行，甚至要求有一个不动的中心物体在场，这里指的是地球。同心球理论满足了这一要求；偏心圆运动的假设与之不符；而假定天体在本轮上运动，即围绕一个本身同样在运动的数学点旋转，与它的冲突就更加明显。据亚里士多德的评注者辛普里丘(Simplicius)说，天文学家索西吉尼斯基于这些理由认为本轮和偏心圆理论在物理学上是站不住脚的。

当然，他基于亚里士多德物理学的理由对希帕克斯天文学的批评反过来也同样适用。我们再次从辛普里丘那里了解到，哲学家克塞纳科斯(Xenarchus)用天文学的论证来反对亚里士多德的第五元素学说，并由偏心圆和本轮的（显然被认为无可争议的）物理存在推出亚里士多德的原理是站不住脚的，即自然圆周运动必须始终以地心为中心，而且需要有一个不动的中心物体。亚里士多德物理学与托勒密天文学之间的这种冲突在古代从未平息。我们将会看到(Ⅱ：141及以下)，它在中世纪继续进行，直到两个体系均遭到科学抛弃才算了结。

82. 受此争论的激励，托勒密天文学的拥护者考虑了在物理上实现偏心圆和本轮体系的可能性。他们把《天文学大成》（又译

《至大论》[*Almagest*]）的抽象数学结构用机械模型表现出来，希望以此回击物理学家对自己思想的反驳。德西利德斯（Dercyllides）和阿德拉斯托斯（Adrastus）已经拿希帕克斯的体系做了尝试，托勒密则力图将他本人的数学行星体系用一套机械装置表现出来，熟练的仪器制造者可以用木头或金属做出一个模型，从而在小范围内呈现天上发生的事情。

《天文学大成》并未提及对托勒密体系的这种物理阐释。在这部著作中，作者坚持纯形式的观点，认为自己的任务是用数学方法来表示天体的运动。在这一点上他十分一致，以至于忽略了柏拉图基于宗教理由和亚里士多德基于物理理由对可允许的辅助手段所做的限制。事实上，偏心匀速圆几乎是不加掩饰地表明，他拒绝接受被这两位权威神化的那条公理：所有天体都作均匀运动。

此外，托勒密还明确宣称，他唯一的任务就是通过纯粹的运动学假设来表示现象：只要可能，就使用简单的假设，只有在必要时才使用复杂的假设。他认为自己没有义务思考它们在物理上是否可能实现。当他把行星的轨道运动设想成若干圆周运动协同运作的结果时，他的做法实际上与现代物理学家用数学处理抛体运动、将其投影到两个坐标轴的做法别无二致。偏心圆和本轮在物理空间中并不存在，就像对于飞动的抛射体来说，具体坐标系（抛射体的投影在其中运动）的轴不存在一样。

但托勒密是一个充满矛盾的人。在写出严格的科学-天文学论著《天文学大成》之后，他又撰写了伟大的占星学手册《占星四书》（*Tetrabiblos*）；同样，在后来的一部论述行星运动的著作《行星假说》（*Hypotheses Planetarum*）中，他对天文学假说的物理实在

性的看法与《天文学大成》非常不同。他现在力求完成曾被他彻底
漠视的物质实现。

83. 为了对他的这种物质实现有一个印象,我们将简要概述
控制外行星运动的机制。如图 7,两个球面以宇宙中心 C 为中心,
另外两个球面以另一个点 C_1 为中心。以太经它们划分,留下了一
个空的球壳 D(物质化的均轮),其中包含着携带行星 P 的球 E。
外天球 S 作天的周日旋转,并通过以太物体 A 和 a 将这种运动赋
予 D;同时又为 D 提供了它参与这种旋转所需的位置。D 凭借自
身的运动法则围绕 C_1 旋转,同时也携带着球 E;E 绕自身的轴旋
转,从而使 P 描出一个大圆;这是真正的本轮,但有时也把构成其
实现的球 E 称为本轮。通过将本轮包含在一个仿佛是中空的旋
转管道中,托勒密希望避开别人提出的那些反驳,即鉴于以太的同
质性,一个旋转的均轮在圆周某处携带着一个本轮,势必会破坏和
扰乱天界。

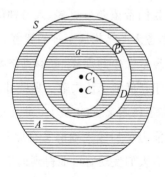

图 7　托勒密《行星假说》中对外行星运动机制的描绘。

84. 在晚期希腊哲学家中,普罗克洛斯显然同意托勒密在《天
文学大成》中所持的观点:单一的行星视运动被分解成的诸种运动

仅仅是数学的虚构,它们只存在于做这种分解的天文学家的心灵中;唯一的实在便是视运动;在分解的若干种可能性中,应以简单性为选择标准(事实上,在用数学处理抛射运动时,坐标系的选择也是为了使方程尽可能简单);构造天文学理论的唯一目标就是能用它来计算天上的现象。

在对天文学理论的目标和范围作这种评价时,普罗克洛斯的观点实际上已经与学园的创始人相去甚远。的确,在柏拉图看来,行星的视运动分解成的匀速圆周运动拥有一种比合成运动更高的实在性。他无疑会同意,这些匀速圆周运动只存在于做计算的天文学家的心灵中,但恰恰是这一点赋予了它们所有真正的实在性。要想达到更高的认识等级,只有通过直觉地理解巨匠造物主的思想,这些思想遥远而幽冥地反映在行星的视运动中。

然而,在把赋予行星理论的纯数学描述特征看成有限的人类心灵所不可避免的后果时,普罗克洛斯又与他的老师心意相通;理智的谦逊应当阻止我们希望获得更多;人与神的智慧之间存在着不可逾越的鸿沟,洞悉天的结构属于神的智慧。

正如科学史上经常发生的那样,普罗克洛斯在天文学领域听任于实证主义就等于仓促地承认失败。那些甘愿宣称人类心灵无能的人,无异于剥夺了科学宝贵的动力。对天文学而言,好在其他人仍然认为自己有能力更加深入地洞悉自然事件的因果性,这无论如何是一件幸事。人们发现有可能得到远比普罗克洛斯所设想的更多的东西。即使经过进一步批判性的思考,这些原本认为的对事物本性的理解仍然只是对其行为的数学描述,但如此获得的成就并没有白费。

85. 当然,就像当今的新托马斯主义者无法接受新实证主义一样,亚里士多德的追随者那时也无法接受普罗克洛斯的观点。亚里士多德的学说是与思想的放弃格格不入的。姑且不论所有的知识论,在现实中行星竟然会以非均匀运动在空间描出一条曲线,这已经与其整个学说的基础发生了冲突。

因此,在古代晚期,亚里士多德的评注者辛普里丘和菲洛波诺斯又回到了数理天文学与物理天文学的方法论区分,这使人们有可能认识到托勒密体系的实际价值,而不必与亚里士多德自然哲学的基本原理发生冲突。天文学家可以自由地设计数学的运动体系,只需结果与观测事实相符;而物理学家则必须决定是否有某个体系代表着天上真实发生的事情;理论与观察相符这一事实本身无法保证理论就是真理。物理学家已经事先排除了所有那些与既定科学原理相冲突的假设;因此,天文学家可以仅限于匀速圆周运动,但它们的中心不必是宇宙中心。随着最后的这个让步,辛普里丘证实了他对纯粹亚里士多德主义是否有能力获得一个令人满意的天体运动理论的疑虑,这一疑虑是有充分事实根据的。

第四节　　物理学(一)

86. 当今物理学家或化学家对其专业在希腊历史阶段的发展状况的看法非常不同于数学家或天文学家。数学家或天文学家会认为其古代先驱正处于他们所走道路的初始阶段,而在物理学家或化学家看来,过去存在的只是一些徒劳的四处游荡,永远也不可能导向目标。这种区别显见于我们今天所学的基础课程:几何学仍然在本着欧几里得的精神被讲授；天文学入门教科书的前几章看起来仍然类似于盖米诺斯（Geminus）和克利奥梅蒂斯留传下来的古代天文学导论。而在物理学和化学中，思想方式和方法从一开始就与古代完全不同，在这里甚至没有仿效数学和天文学的可能，因为希腊科学文献中的教科书和手册虽然包含数学和天文学，却不包含物理学和化学。

亚里士多德某些著作的标题似乎与这种说法不符。事实上，它们包括《物理学》($\varphi v \sigma \iota \kappa \acute{\eta} \grave{\alpha} \kappa \rho \acute{o} \alpha \sigma \iota \varsigma$)、《气象学》(*Meteorology*)、《论生灭》(*On Generation and Corruption*)，这些标题难道不在暗示它们是一些自然科学论著吗？然而，如果理解了其中的内容，就会迅速打消这种印象。《物理学》主要包含关于空间、时间、运动、连续性和因果性的哲学思辨。即使在讨论纯物理主题，比如力的效应或下落与抛射现象时，也只是因为哲学论证引向了对它们的思考而附带提及，而不是为了物理学问题本身。提出元素说的《论生灭》也是以形而上学和哲学为导向，而不是今天所说的物理学或化学著作。虽然《气象学》主要关注物理学（特别是地球物理学）主题，但这里的整个讨论方式也同样受到了亚里士多德自然哲学的严重影响，以至于它与现代物理学家和化学家认为不可或缺的经验方法几乎没有什么关联。因此，今天的物理学家在这里同样无法看到一个大有希望的开端，而数学家或天文学家在阅读古代著作时却时常会有相反的美好印象。

87. 其实，如果更深入地理解亚里士多德的科学著作，就会看出它们有更大的价值。只要不带偏见地阅读这些著作，就必定会承认，作为自然的研究者，亚里士多德拥有关于物理现象的广博知识,对解释它们有极大兴趣,并力求基于纯粹的物理理由给出这些解释。如果将他与柏拉图进行比较,便立即可以看出,《蒂迈欧篇》所传递的那种通过预想的原理构建一个想象中的自然的倾向,现在被一种纯经验的态度所代替,因为它基于这样一种认识,即真正的自然知识只有通过认真收集经验材料才能获得。

然而,与后世取得的成就相比,亚里士多德在物理学领域取得的诸多成就在量上依然不够多,在质上也有根本不同。为什么如此,这还需要进一步解释,但不宜诉诸单一的解释原则。要想理解古代物理学和化学为什么发展程度不高,必须考虑各种因素的影响。

88. 首先,虽然亚里士多德认识到,经验在研究自然中起着至关重要的作用,感官必须提供材料供思想作进一步加工,但他和其他希腊思想家依然低估了收集可靠的经验知识以及对其进行解释所涉及的困难。对于亲眼所见或道听途说,他们缺少一种批判态度,没有意识到表面上极为简单的物理现象背后的极端复杂性。

然而,他们既没有对感觉证据保持一种健康的不信任,也不愿和没有能力验证在有意创造的条件下得出的结论,从而检验解释性的假说是否有效:对自然的经验态度尚未发展成为一种实验态度,虽然认识到了观察的重要性,但尚未得到实验的必要补充。

89. 这一点应当如何解释?这个问题不仅涉及亚里士多德的著作,而且涉及一般的古代自然科学。我们同样无法给出单一的回答。首先,消除干扰因素(然而必须首先假定这些干扰因素的确存在,并对其进行规定),使自然现象在某些预定条件下发生,从而迫使自然回答某个清晰界定的问题,这种观念对于从小就学会将物理学和化学同实验观念联系起来的现代人来说也许是简单而自明的，但对古人来说却并非如此。科学史表明，普遍接受和实现这种观念需要漫长的时间；其次，即使认识到了实验的必要性，实验的实现一般也要求使用专门为此设计的仪器，因此，是否可以对科学进行实验研究是与技术的发展密切相关的；反过来，要想满足实验所提出的要求，技术的发展也必须能够依靠科学知识（比如改善真空泵，发展出玻璃吹制技术，对于近代物理学相当重要）；再次，实验的实现预设了理论的存在，理论提出了某些有意义的问题，导出了可以用实验检验的具体命题，使特定的测量成为必需。毕竟，实验不可能在没有任何理论指导原则的情况下随意进行，而没有实验的持续帮助和控制，这种指导原则也不可能得到发展；最后，正像纯粹的启发性实验对于科学的意义要低于确证性实验一样，纯粹定性的实验的重要性也无法与定量实验相比。定性实验只是为了显示某一现象是否会发生，而定量实验则是为了检验或寻求某些量的相互依存关系，并对这些量进行测量；对于科学来说，测量要比确立事实更重要。

90. 现在应该很清楚，为什么科学中的实验方法在希腊物理学中没有什么生命力，那就是缺乏与技术以及一种卓有成效的理论的相互作用；此外，与毕达哥拉斯主义和原子论相反，亚里士多德的质的物理学虽然在理论上并不必然排除量的方法的使用（后来人们甚至还要学习使质成为可测量的），但它的确阻碍了这种应用，因为在进行测量的实验成为可能之前，必须先解决质能否测量以及如何测量这样的问题。

然而，即使是亚里士多德这位极具经验头脑的研究者，也没有形成一门独立的物理学，这其中的复杂因素仍然尚未厘清。我们还需要知道，为什么经验研究与理论之间、科学与技术之间应有的相互作用未能发生。

91. 缺乏第一种相互作用显然表明，构成理论出发点的基本原理有什么地方出了问题。虽然大家对这一点可能都会赞同，但对于什么是这种源头的缺陷（*vitium originis*），却可能再次莫衷一是：这是由于亚里士多德体系中科学与一般哲学原理（特别是潜能与现实的理论）之间的紧密关联？还是由于对这一理论所基于的基本物理假设选择不当？在我们看来，第一种情况的阻碍效应似乎是偶然的而非本质的；一种把变化当作实在、力求使之可以理解的形而上学，不可能被认为从根本上不适用于科学理论；虽然我们已经指出，物理学由此获得的质的特征使定量实验研究的发展变得非常困难。

而第二个因素，即把四元素说以及它所基于的原初性质理论当作基本假设，必定会导致非常不利的影响。亚里士多德把这种只能得到少量经验支持的理论、连同元素数目与原初性质数目之间的准逻辑关联当作解释自然的基础，而对它的正确性从未产生怀疑。我们事后可以确定地说，他所走的道路使科学前景黯淡，而且充满危险。

92. 仅仅凭借着某些表面的感觉经验（特别是触觉），他和前人就轻率地构造出一种如此一般的理论，而他的继承者也迫不及待和不加批判地接受了这一理论，这再次说明，他和一般希腊思想家都低估了研究自然的困难。无论是否对自然持经验态度，他们无一例外地高估了不加约束的思辨在自然科学中的力量；他们不了解那种往往迷失在琐碎细节中的艰苦费力的工作,而做不到这一点,就不可能获得对自然的任何理解。当爱奥尼亚哲学家们言之凿凿地谈及纷繁复杂的自然现象都能归于唯一的本原时,哲学才勉强开始致力于此。巴门尼德振振有词地宣称一切变化都是不真实的。柏拉图知道巨匠造物主如何创造了宇宙。基于极少的事实,原子论者也号称在没有质的原子和虚空中找到了适用于天地万物和灵魂肉体的充分的解释原则。

或许是被同样年轻的数学的巨大成功所激励,希腊人的早期科学思想沉迷于虚无飘渺的思辨。虽然其中无疑经常包含着真理的萌芽,但它们对实际现实关心太少,以致无法获得卓有成效的理论。年迈的埃及祭司在《蒂迈欧篇》中对梭伦(Solon)说,希腊人总如孩子一般,[①]这话并非毫无根据。

第五节　技术[②]

93. 我们已经谈到希腊物理学发展缓慢的两大原因:一是基本理论假设的不当阻碍了理论与实验必要的相互促进,二是缺乏技术与科学的相互激励。今天,技术与科学的相互作用已成为理所当然之事,这给我们理解古代造成了一个困难,这个困难就像我们前面碰到的今天看来再明显不过的理论与实验的关系一样。我们会不自觉地设想,既然可以认为技术成就以某些科学发现为基

---

①　Plato (1) B 22.
②　Farrington (1) (2),Schuhl.

础,那么无论在什么地方,它们都会指向这些发现。这种想法一般来说是站不住脚的,这可以通过一个非常简单的例子来说明:希腊人无疑知道(在古埃及必定已经为人所知),将一个重物沿斜面提升要比将它垂直提起更省力;然而,没有一位古代科学家成功地找到力与斜面上重物之间的关系。在这些情况下,希腊人还只是停留在纯粹的经验($\dot{\epsilon}\mu\pi\epsilon\iota\rho\dot{\iota}\alpha$)层面,即只是运用经验规则,而没有对整个过程作更深的物理理解。虽然在某些情况下,这种理解无疑是存在的(比如希罗[Hero]有一种关于简单机械的理论,认为所有机械都可以归结于杠杆,而杠杆理论是阿基米德曾经传授过的),但古代展现出极高的技术才能,却没有对实际发生的事情有任何科学理解。

这样一来,技术对物理学可能产生的帮助就大大减小了,它本可以通过制造工具或仪器来帮助研究物理学的。毕竟,如果不明白工具的效用,就不可能拿工具来做实验;如果不知道能够拿它和希望拿它研究什么,就不可能制造物理工具。

94. 诚然,自然科学后来一直是促进技术发展的一个重要因素,但肯定不是最显著的因素。相反,科学与技术在相互作用的过程中,都受到了社会(尤其是工业)实际需求的激励。因此,要想正确理解希腊科学和技术的命运,最重要的是能够清楚地看到,这种激励影响虽然在古代并非完全阙如,但它的程度要比在近三百年来的西方文化(我们就是它们的直接继承人)中小得多。

希腊的知识和技能中潜藏着多少未被实现的可能性,从亚历山大里亚的机械师希罗的两部著作中可以很好地体现出来。希罗在书中描述了或是得自于前人,或是亲自发明的气动机械和自动机。他的著作展示了大量物理学原理,对这些原理如何运作也有或深或浅的理解,并以惊人的技巧将其应用于机械和工具。希罗不仅非常了解五种基本机械:杠杆、轮轴、楔子、螺旋和滑轮组,以及由此组合成的大量更复杂工具的运作,而且非常熟悉流体静力学和气体静力学的原理,特别是虹吸管的效用。他还利用了受热气体的膨胀以及压缩气体和饱和水蒸气的膨胀力。他所掌握的物理的和技术的可能性足以同18世纪那些发动了工业革命的发明家相媲美。我们不禁会好奇,为什么希罗没有做出与他们类似的工作,为什么他只是制造了一些没有任何实际功用的工具?

的确,希罗制造出来的只是一些完全多余的玩具,虽然往往比较昂贵,而且总是构思巧妙,但都不是为了协助人的工作,而只是为了吓唬、逗乐和捉弄那些无所事事的看客。它们都只是一些戏法儿($\theta\alpha\acute{\upsilon}\mu\alpha\tau\alpha$,mirabilia),比如注水之后鸟儿开始鸣唱的装置;一个木偶剧场,当木偶们处于特定位形时帷幕自动关闭,不久又重新拉开,上演新的一幕;自动洒圣水的机器;当火在某处点燃时庙门会自动打开的装置等等:精巧、琐屑、乏味、多余。①

事实上,只有一个领域利用了现成的技术可能性,那就是战争。为了攻城术和防御术,强大的弹道机被设计出来。但和平时期的劳作从未从技术中受益。

95. 以实用经济目的为导向的技术的缓慢发展——这一现象出现在黄金时代的希腊城邦-国家已经引人注目,而出现在国际性

---

① Hero (1) I,*c.* 15-16;31,38-39. (2) *c.* 22-30.

的贸易和工业中心亚历山大里亚则更是令人惊讶——无疑与奴隶制有关，虽然奴隶制在多大程度上能够充当解释并不容易说清楚。奴隶制盛行于整个古代，甚至连柏拉图和亚里士多德这样的思想家都认为它完全正常。无论如何，假如能够随心所欲地使用这些有生命的机器，定会减少对无生命工具的需求，加之没有从人道主义角度着眼，要求充分利用这些工具，更是加剧了这一后果。不过，如果因为拥有奴隶而认为机器是多余的（现代意义上的效率并非希腊的理想），那么一个恶性循环必定已经形成：因缺少机器而不能离开奴隶。

　　然而，奴隶制还可能以另一种方式阻碍了实用技术的发展：它导致任何旨在提高物质福利的自身努力都会被古代社会的领袖视为有失社会地位。即使奴隶制不是导致这种状况的唯一原因，至少也促进了它的持续。至于体力劳动是否因为由奴隶完成而遭到鄙视，或者因为被认为低人一等而留给奴隶做，这里很难说清楚，因为这里似乎又出现了一种致命的相互影响。事实上，任何要求纯粹脑力劳动即后来所谓的"自由技艺"（*artes liberales*）的东西都被视为远高于手艺、工艺和工程（以上可称为"机械技艺"[*artes mechanicae*]，无论是否借助机械）以及雕塑。机械技艺并不适合于自由的希腊人；任何使人过于接近物质的活动都会有辱人格。自由公民的生活应由"闲暇"（σχολή，*otium*）来标志；与此相比，与劳作缚在一起的"忙碌"（ἀσχολή，*neg-otium*）则更为低劣。

　　这种对后来的科学产生有害影响的观点（因为在科学中，接触物质不可避免，体力劳动必不可少）在许多最权威的作家那里都有明确表述。在《法律篇》(Leges)中,柏拉图禁止公民从事机械工作。[①] 当他在《高尔吉亚篇》(Gorgias)中指出,工程师的工作对于城邦是多么有意义时,他并没有忘记强调,这些工作对于社会并不重要。[②] 亚里士多德也不愿把工匠接纳为理想国家的公民;[③]在《尼各马可伦理学》(Ethica Nicomachea)中,他认为沉思的生活要高于最高形式的实践活动。[④]

最有启发性的说明也许是普鲁塔克(Plutarch)[⑤]对阿基米德观点的记述。阿基米德不仅是卓越的数学家,而且还是著名的机械师,以其行星仪、水力风琴、螺旋提水器(cochlias)以及帮助叙拉古抵御罗马的强大战争器械而闻名。据普鲁塔克说(但可能受到了他本人带有强烈柏拉图主义色彩的信念的加工),阿基米德把所有这一切仅仅看成"意在消遣的几何学的副产品",他只是按照希罗王(King Hiero)的意愿才做了这些事情。他认为"制造工具以及任何出于实用目的而从事的技艺都是龌龊而可耻的",应当只追求那些"因其美妙和卓越而与生活需要脱离一切接触的东西"。即使这种说法表达了普鲁塔克本人而非阿基米德的看法,它仍然是一种似乎为希腊学者普遍接受的典型观念。

只是在有些时候,这种判断才变得有所和缓:斯多亚派的波西多尼奥斯虽然将机械技艺列于自由技艺之下,但仍然认为它远远

① Plato (3) VIII 11；846.

② Plato (2) 512 BC.

③ Aristotle，*Politica* IV 3.

④ Aristotle，*Nicomachean Ethics* X 7.

⑤ Plutarch (1) XIV 4. XVII 4.

高于像烹饪术那样完全与荣誉和美德无关的庸俗技艺；根据他的说法，技术技艺先由聪明人发明出来，但他们随后便把其实际运用留给了下等人。然而，记载波西多尼奥斯这些想法的他的同胞哲学家塞内卡（Seneca），甚至连这种让步都不愿做出：一个人不能同时仰慕哲学家第欧根尼（Diogenes）和神匠代达罗斯（Daedalus）①；不应把心灵手巧的发明家视为仰望苍穹的伟大精神；他们的心灵和肉体都俯向大地。②

第六节　审美的、价值论的和目的论的观点③

96. 对于自由技艺和机械技艺的差别极大的社会评价只是希腊人习惯的诸多典型表现之一。希腊人习惯于通过价值对立来思考，总想决定两种可比较的活动、特征或性质中哪种更高、更好、更高贵或更完美。我们已经看到，毕达哥拉斯派认为有限高于无限，奇高于偶，正方形高于长方形，雄高于雌。柏拉图总是不失时机地指出，理型不知要比现象高多少；亚里士多德则将地界的不完美与天界的完美对立起来。此外，匀速运动要优于非匀速运动，正多面体也比任何其他多面体具有更大的价值，但本身又比不上球体。

这种价值区分的倾向所产生的后果对于科学十分重要（这种倾向是如此极端，我们甚至可以说它是一种唯价值论[axiologism]）。

---

① 代达罗斯，希腊神话中的建筑师、雕刻家和发明家。据说曾为克里特国王弥诺斯（Minos）建造迷宫，里面放置一只人身牛头怪物弥诺陶洛斯（Minotaur）。——译者注

② Seneca, *Ep.* 88. Ⅰ, 411-24. *Ep.* 90. Ⅱ, 16.

③ Haas (2).

一般而言,它似乎更多地取决于审美的和目的论的观点;一种事物被看得比另一种事物更高,是因为它更美或更合目的。与此相关的是一种乐观主义观点,认为自然($φύσισ$, natura naturans[产生着的自然])总是努力适应于人的考虑。这种观点有许多变种,其中之一是,自然总是试图与人为善,于人有益,努力实现最好的可能,不做任何不合理之事,从不徒劳地或漫无目的地($μάτην$)行事,且总能借助最小的努力取得最大的成就。这里哪些东西被视为美的,主要通过算术或几何标准来判断:3、5、10 被认为优于其他数,几何形式越是规则,地位就越高。

97. 表面看来,将自然(这里是"*被产生的自然*"[*natura naturata*])视为一件有着美好目的的艺术作品的信念,也许恰恰排除了价值对立的思想。然而,虽然的确存在着一种朝向美和完满的趋向,但总有一些起反作用的力量或多或少阻碍了它的成功。这些力量潜藏于质料之中,因此亚里士多德不仅把潜能、适宜性和合目的性等原初特征赋予质料,而且也把抗拒性归之于它。形式在给质料赋形方面并非总能成功,失败的可能性总是存在。在柏拉图主义和新柏拉图主义那里,质料甚至成了一种显然起反作用的本原,世界灵魂不得不与之抗争,完满而纯净的太一的流溢最终在质料的反衬中发现自己已经变得晦暗不明,污秽不纯。普鲁塔克说,逻各斯以几何形式制约着质料,质料则一次次试图摆脱它。因此,自然中的确存在着对立;地球可以作为某种低劣的东西对立于完满的天界,月亮则构成了过渡;它与地界物体相比很美,但如果放在那些距离我们更远、更近乎神圣、因而更为纯洁的物体旁边,月亮就会显得低劣而可怜。

　　根据审美和目的论所做的价值判断对古代物理学的影响不能被简单地视为有害。在某些情况下无疑是如此,特别是它导致了天界物理学与地界物理学之间的根本区分以及天永恒不变的教条。但在其他方面,价值论作为物理思想的指导原则无疑产生了好的影响,就像后世的类似观念经常会产生好的影响一样。首先,它使得球形地球的观念在希腊思想中扎下根来,尽管存在着似乎相反的感官证据。在几何光学中,它使一条重要原则受到重视,那就是将眼睛透过平面镜与镜中所见物体相连的光线——根据流传最广的古代视觉理论,这便是视线所走的路径——选择了最短的路径。由此,后来力学的极值原理的原型已经确立。在数学中,它引起了对所谓"等周问题"(isoperimetrical problems)的关注,这类问题源于一个命题,即在所有几何体中,对于给定的体积,球的表面积最小;对于给定的表面积,球的体积最大。宇宙和所有天体的球形在这个用最少的材料获得最大成功的例子中获得了新的例证。而球体天然适于旋转,这也使得一切天体都作圆周运动的信念变得无可置疑。

　　98. 无论审美和目的论的自然观念在古代占有多么重要的位置,有一个思想学派一直明确拒绝它:原子论的世界里没有美,目的概念毫无意义。这里自然的确在漫无目的地行事,以极大的耗费实现着她的结果。

　　因此毫不奇怪,原子论在古代并没有多少追随者:任何以柏拉图主义、亚里士多德主义、斯多亚主义或新柏拉图主义的方式思想的人,必定因其世界观的本质本能地对它退避三舍,出于审美和伦理动机对它心生厌恶。原子论在解释自然现象方面所取得的成就尚不足以使学者们因为理论中明显的真理要素而克服这种厌恶。

　　一般来说,机械论思想并不适合希腊人;即使它以后来的形式显示出来,将宇宙描绘成由超人的智慧构造出来的一台完美而实用的机器,一经发动便自行运转,希腊人也同样不会赞同(当然德谟克利特、伊壁鸠鲁和卢克莱修不会如此)。因为那样一来,宇宙就成了一个没有灵魂的东西,大多数希腊思想家都竭尽全力反对这种假设。希腊宇宙论的各个发展阶段都会显示出一种信念,即宇宙是一个有生命、有灵魂的整体。事实上,有生命比无生命更强大,有灵魂比无灵魂更高贵,因此(这里价值论的观念再次产生影响),说宇宙是死的实在令人难以置信。于是,泛灵论在科学上获得了无可辩驳的地位,它作为唯价值论的一个极端推论有其逻辑基础,而实际上则是源于一种深刻的情感需要。泰利斯早在公元前 600 年就已经在两个命题[①]中表述了这一点:万物充满了神灵;磁石似乎有灵魂,因为它可以吸引铁。在希腊思想的最后阶段,泛灵论仍然构成了新柏拉图主义的一个关键要素。

第七节　物理学(二)

　　99. 前面关于希腊物理学的讨论主要是为了显示它的精神,而不是列举它所取得的具体成果。不过,我们也曾提及这些成果,因此并不需要增加太多内容。不过,还有几点需要补充。

　　首先,亚里士多德关于下落和抛射的理论在古代并非没有受

---

① Thales. Diels 1 A 22.

到质疑。亚里士多德的评注者菲洛波诺斯基于经验的理由否认物体越重,下落就越快,因为重量差别不大的物体通过同样距离的时间的确无甚差别。他还拒斥那种在周围介质中寻找与分离的抛射体(*projectum separatum*)相邻接的推动者(*motor conjunctus*)的理论;他主张,抛射者在抛射时传递给抛射体一种非物质的推动力,正是这种推动力被视为相邻接的推动者。[①] 我们在经院哲学的冲力理论(impetus-theory)那里还会再次碰到这种观点(Ⅱ:111)。

100. 拜占庭的菲洛(Philo of Byzantium)和亚历山大里亚的希罗这两位机械师借助物理实验来反对虚空的可能性。为此,他们利用了古代已知的各种气动现象(即实际上由大气压力所造成的那些现象),这些现象还将支配相关主题的讨论数个世纪:吸液管(水钟)、医生用的吸杯以及虹吸管的作用。在所有这些装置中,液体都会逆着本性上升,他们认为,这证明空气与水之间不可能形成虚空。他们对液体上升的物理解释是:水和空气由于本性相近,会以交界面同属于两者的方式彼此相邻;于是,水和空气就好像被一层胶黏着,当吸液管吸入空气时,水便不得不跟从。古代的亚里士多德评注者正是在这种意义上理解吸液管和虹吸管的作用的,但他们认为没有必要再以这种方式证明虚空的不可能性,因为在他们看来,亚里士多德已经基于哲学理由充分证明了这一点。菲洛和希罗作为实践者,虽然力图尽可能好地解释他们所关注的现象,却不怎么为他们的物理思想体系费心;因此,他们虽然与亚里士多德一样拒绝了大虚空,但又无所顾忌地从原子论者那里接受

---

① Dijksterhuis (1) 36-45.

了小虚空概念。反过来,根据天文学家克利奥梅蒂斯的说法,斯多亚派的波西多尼奥斯则接受了大虚空,拒绝了小虚空。

101. 各种试图解释视觉的理论构成了古代物理学的一个重要方面,我们这里略作考察。[①] 根据流传最广的视线理论,射线由眼睛发出,就好像扫描了知觉对象,从而产生对它们的印象。原子论者认为,我们之所以能够看到物体,是因为它们发射出一些微像($\dot{\epsilon}\dot{\iota}\delta\omega\lambda\alpha$,*simulacra*),透入我们的眼睛产生了感觉。而根据另一种原子论,透入眼睛的不是这些像本身,而是它们在受太阳影响而凝缩的空气中产生的印记。柏拉图在这方面同样继续着恩培多克勒的工作,他在关于视觉的融合(synaugeia)理论中,让眼睛发出的射线与物体流射出的射线融合在一起;于是,知觉对象与视觉器官之间便形成了一座桥梁,它受知觉对象的影响,在视觉器官中产生感觉。

亚里士多德第一次打破了必须有某种物理的东西在对象与眼睛之间移动的观念;按照他的说法,视觉是对象通过透明介质的中介对视觉器官的作用,不过要实现这种功能,必须首先用发光物质(火和以太)将介质变得透明。然后,这种实际上透明的介质才可将对象的颜色效果传到眼睛;这些颜色是使物体可见的真正原因,而照明只是为此创造了必要的条件。

根据斯多亚派的一种理论,从灵魂的中央器官(即所谓的$\dot{\eta}\gamma\epsilon\mu o\nu\iota\kappa\acute{o}\nu$)会产生一种视觉精气(*pneuma*),它透过瞳孔向外发出,在空气中引起了对象与眼睛之间的一种张力($\tau\acute{o}\nu o\varsigma$)。借助于

---

① 　Haas (1).

这种张力,眼睛扫描了物体,从而接收到关于其形状的印象。

新柏拉图主义者最终对视觉作了完全精神性的解释:眼睛与对象之间存在着一种共感(sympathy),因此灵魂无须射线、像或介质等中介便可在自身之中看到对象。感觉是一种意愿行为。

因此,古代留下了各式各样的视觉观念,后世在讨论相关问题时将一再回到这份遗产。

在光学方面,还应当提到由阿波罗尼奥斯、狄奥克勒斯(Diocles)、托勒密和安特米乌斯(Anthemius)提出或记述的凹面镜和抛物面镜理论,以及托勒密关于折射的实验研究。借助于配有两个彩色标记的刻度盘,托勒密在 $\frac{1}{2}$°的精度范围内测量了由空气进入水或玻璃以及由水进入玻璃的光线的入射角和折射角,但他没有成功找到相应角度之间的函数关系。[①] 有几个简单的演示实验流传甚广,更说明了对折射现象的了解;不过,大气折射对天文观测的影响尚未被考虑。

第八节　化学[②]

102. 初看起来,谈论古代化学似乎不大可能,因为古代好像没有任何东西特别类似于后来的化学,以至于配得上这个名字。

---

　①　英译本在这里插入了这样一段话:"与一系列入射角 i 对应的折射角 r 的值构成了一个等差级数,它非常精确地满足 $r=ai-bi^2(a=0.825;b=0.0025)$ 这样一个数学关系,以至于我们禁不住怀疑这些角度并不是实际测量出来的,而是计算出来的。"这段话在荷兰文原文和德译本中均未出现。——译者注

　②　Van Deventer,Lippmann,Read.

如果我们只关注所获得的结果，那么事实的确如此，但如果考虑其意图，情况就不是这样了。关于不同物质如何由元素构成、元素的相互转化以及元素复合物所经受的实体变化，这些理论在形式上无疑属于化学，关于物质处理的经验技术知识也是如此，比如希腊人在冶金方面所掌握的知识。在公元后的最初几个世纪，古代关于物质的基本自然哲学思想被埃及人的技术经验所丰富，形成了炼金术士的理论，揭开了化学史的序幕。

特别是在 19 世纪，人们往往从另一个角度来审视炼金术与化学的关系。不同的命名得以保留已经表明了这一点。炼金术没有被看成化学的一个发展阶段，而被视为对化学的否定；他们认为，炼金术遗憾地脱离了正轨，炼金术的历史是一种幻觉的历史，最好不要过分关注。这种观点在很大程度上自然要归咎于当时许多化学家都相信，曾经作为炼金术唯一目标的金属嬗变是无法设想的。另一个原因是，炼金术逐渐蜕变为一种利欲熏心的骗术。

然而，这种观点是站不住脚的。诚实的幻觉和狡猾的欺诈不应掩盖一个事实，即炼金术最初的基本观念可以从重要的希腊哲学思想中直接导出，因此至少应当受到与后者同样的重视。此外，不要忘了，任何能够激励经验自然研究的理论，无论最后被证明多么站不住脚，都对科学发展做出了积极贡献。自然知识并非与生俱来，也不能在书斋里等着它从天而降，而必须通过艰苦的研究去获得，因此科学史完全有理由对任何使人尽这份力的思想方式给予高度评价。有一则古老的故事说，父亲临终时告诉儿子们，葡萄园里藏有财宝，他们便把地翻了一遍。虽然期待的财宝并没有找到，但他们的确间接获了益，因为通过劳动，土壤的肥力增加了。

这在化学发展史上有完全的对应：炼金术士梦想能够造出黄金，这驱使一代代研究者对自然物质做各种物理和化学处理，由此积累的经验最终成就了某种比黄金更可贵的东西——现代化学。

炼金术的理论基础是一种被普遍接受的哲学观念，即所有物体都是由一种原始物质构成的；也就是说，存在着一种没有性质的基质，各种物质都是通过在其中植入不同性质而产生的。阿那克西曼德（Anaximander）说，整个物质世界均由"无定"（ἄπειρον）构成；柏拉图在《蒂迈欧篇》中也说到"接受器或基质"（ἐκμαγεῖον），[①]即那种铸模材料，柏拉图将它比作用来制作香膏的没有气味的物质，或者雕塑家用于塑形的没有形式的柔软物质。当我们想起这些时，哲学与炼金术的关联便自然会产生。原始物质与亚里士多德原初质料的关联要小一些，原初质料严格说来并不是物质，而是一种抽象的形而上学本原。只有通过思想，才能将它与同样无法独立存在的、印在某个实体中的形式区分开。然而，在更偏向具体事物的斯多亚主义哲学中，这种难以捉摸的概念很快就获得了与前苏格拉底哲学家赋予其"始基"（ἀρχή）即物质本原的相同的本质特征。不仅如此，现在性质本身被当作某种物质性的东西，既可以添加到原始物质中，也可以从业已成形的实体中抽离出来。而这样一来，嬗变的观念，即实体之间的相互转化，便有了坚实的基础，只待有人将它表述出来：如果有可能将一块物质的特定性质悉数剥离，并为由此获得的原始物质赋予必要的新性质，就可能制备出任何想要的物质。

---

① Plato (1) 50 C-E.

接着,这一观念被特别用于金属的精炼,也就是将铁、铜、铅、锡等贱金属转化成贵金属金和银,由此确立的目标此后被视为炼金术独有的目标。

虽然炼金术的理论基础与原始物质的哲学概念之间存在着紧密联系,但单凭这一点还不足以揭示实践炼金术所特有的气氛。要理解这种气氛,还必须关注始终渗透在除原子论之外的整个希腊自然哲学中的泛灵论精神;斯多亚派所大力宣扬的宇宙共感(cosmic sympathy)观念和大宇宙与小宇宙之间的平行论(parallelism);从东方传入希腊化世界的魔法和占星学观念;以及所有实际工序的神话外衣,因为占星学起源于埃及。

103. 显然,不能指望可以用清晰的概念和精确的术语说清楚这种气氛。因此,很难对炼金术的理论基础和工序作普遍有效的描述。常见的看法似乎是,贱金属首先要在所谓的黑化(μελάνωσις或 μέλανσις)过程中被还原为黑(nigrido 或 chêmî)的原始状态,随后它还要在着色过程中获得贵金属所特有的颜色:如果要制备银,就是白色;如果要制金,就是黄色;于是,黑化之后必须跟着白化(λεύκωσις)或黄化(ξάνθωσις)。颜色被看成真正典型的和决定性的性质;如果一个人成功地制备出某种比天然黄金还要黄的东西,那么他会确信自己拥有了某种更为高贵和贵重的东西。因此会经常谈及染色(tinctures)或赋予颜色的精气(pneumata),贱金属正是通过它被精炼的。

104. 然而,显然是在魔法观念的影响下,一种精炼剂的思想逐渐发展为炼金术的核心概念,也就是说,如果把这种精炼剂加入贱金属(用炼金术的术语来说就是:在贱金属上加点金石粉),它就能把贱金属转化为银或金。人们认为，这种神奇的精炼剂就像发酵剂或胚芽那样，只需很少一点就能发挥作用。它有许多名称，其中大概以"哲人石"(*lapis philosophorum*)最为著名。对它的描述多种多样，但大都把它说成是一种重的粉末，可能以不同的完美等级出现，白色粉末把金属变成银，红色粉末则把金属变成金。事实上，它完成了金属在地球上为干扰因素所中断的自然生长过程，根据亚里士多德的说法，这些金属是由干(土)和湿(水)的蒸发而形成的。自然所追求的最终目标永远是金；贱金属中止在了通往这一目标的道路上。这与一般的亚里士多德观念相吻合：自然中的一切事物都追求一种更加完满的形式；这再次表明，炼金术在很大程度上是希腊哲学思想的产儿。

对化学史来说，尤其重要的是，对金属和矿物在地球中如何产生的思辨逐渐造就了这样一种理论：真正构成所有地球物质元素的并不是亚里士多德所说的干湿蒸气，而是硫和汞。[①] 不过，硫和汞并不是指这些名称所对应的经验物质，而是指所谓的"哲人硫"(sophic sulphur，也称为硫的精神、胚芽或精髓)和"哲人汞"(sophic mercury，有活力的汞或哲学家的汞)。通过移除土质的不完美和提纯，硫和汞分别可由金银制备出来。再经由密封容器中的一个神秘过程，便可由它们制得哲人石。

对化学而言，由此引入的两种假想的纯粹原始组分此后将充当所有物质的元素，而不是原初的亚里士多德意义上的元素(硫和汞也是由这些元素构成的)。它们都是某些物理化学性质的承载

---

① 　Hooykaas (2).

者:硫有可燃性和颜色,汞有金属性和可熔性。这里清楚地显示出一种彻底的质的自然观的典型特征:每一种性质都要求有物质承载者。甚至到了18世纪,这一思路还致使人们引入燃素作为可燃性的本原。

105. 希腊科学有一种泛灵论倾向,而且希腊人总是通过各种二元对立来思考,并用类比把这些对子关联在一起。与此完全相符,硫与汞的区分被等同于确定雄与雌、主动与被动、精神与有形物质的区分。于是,汞逐渐被看成原初质料,它因各种精气(*spiritus*)的作用而受精(硫被视为精气[spirits],不过根据斯多亚派的观点,它依然是物质)。这自然使得炼金术士制备哲人石的事功(Work,*magisterium*)与人的有性生殖之间建立起一种对应:哲人石对黑化(*nigrido*)的作用就类似于交合和受孕,金属趋向完美性的生长则类似于胎儿的发育。

106. 由此观点看,炼金术与占星学之间早已存在的紧密联系就很清楚了。正如交合、受孕和胎儿发育的恰当时间由星辰的位置所决定,要使这项事功稳获成功,也必须考虑行星和星座的位置。这甚至更为必要,因为根据一种巴比伦的理论,人不仅认为行星与各种金属之间存在密切关联,而且认为炼金术的各种工序与黄道十二宫之间也存在着相互对应。

由于人被看成小宇宙,认为炼金术对医学极为重要也就不足为怪了。哲人石不仅可以治愈金属的不完美,而且可以治愈人体的不完美。它是万灵药(panacea),是使人长寿、身体健康的长生不老药。

于是,支脉芜杂的炼金术构成了古代晚期科学乃至中世纪科学的一个极为重要和典型的分支。炼金术最清楚不过地显示了那种泛灵论的质的倾向，它还要在漫长的时间里推动科学朝某个方向发展，这一方向与后来科学大获成功的方向截然相反。事实上，它与数学的和机械论的自然观相抵触，暂时帮助挫败了进一步发展这些观念的所有企图。

　　到目前为止，我们还没有提及任何古代炼金术士的名字。我们现在还不准备这样做，不过这里必须提到一部著作集，其中包含了他们的大部分思想，那就是所谓的赫尔墨斯（hermetic）[①]著作。它是一部炼金术理论的汇编，得名于传说中的埃及人三重伟大的赫尔墨斯（Hermes Trismegistus）。这些著作包含了前面提到的一些炼金术思想动机，特别是斯多亚派所特有的那种对纯精神力量的唯物论构想、大宇宙与小宇宙的对应以及普遍共感学说。

第九节　　占星学[②]

　　107. 占星学与天文学的关系不同于炼金术与化学的关系。化学是从炼金术研究中逐渐发展起来的，而天文学却排斥和拒绝占星学。然而，占星学对天文学的贡献和炼金术研究对化学的贡献一样大。正如对财富、健康和长寿的渴望诱使人用金属进行实验，渴望预见未来也促进了对天象的研究，这两种情况下收集的经

---

　　① "hermetic"的字面意思是"of Hermes"。这里指的并非作为信使的希腊神赫尔墨斯（Hermes），而可能是一位摩西时代的埃及祭司，他在中世纪被等同于那位神通广大的赫尔墨斯，于是被称为 Hermes Trismegistus（"三重伟大的赫尔墨斯"）。传说他是各种炼金术和魔法著作的作者，所以"hermetic"一词后来便大致同义于"alchemical"（炼金术的）。——译者注

　　② Bouché-Leclercq，Wedel.

验材料最终将使科学受益。

在概述古代科学时，之所以必须对占星学作简短讨论，并不仅仅是出于这个原因；占星学在晚期希腊思想中占有至关重要的位置，这也使它不容忽视。诚然，占星学并非真正起源于希腊，它很晚（约公元前 300 年）才从东方传入，但希腊哲学很快就为这套相当芜杂的思想和操作方法提供了一种哲学基础。古代思想家对系统化情有独钟，没过多久就把这种半宗教、半技术的东西变成了一种至少在形式上具有科学特征的学说。

占星学（astrology，这个词实际上意为关于星辰的知识，因此后来所说的天文学本应使用这个名称，而且直到中世纪一般都是这样使用的）可以定义成这样一种信念，认为天体（无论是恒星、星座还是行星）在特定时刻的位置会对地球上的事件产生影响，甚至可以完全决定这些事件，因此有可能借助某种技艺来预测天的力量对人的命运的操控。

108. 公元前 3 世纪之前，这种特定意义上的占星学几乎还不见诸希腊文化。天候学（astrometeorology）倒是有的。这是一门独立发展的科学分支，它基于观察到的规律性，试图找到天象与气候之间的关联，以便为农业和航运提供有益的忠告。

然而与此同时，哲学家已经在营造一种思想氛围，使得关于星辰影响的学说能够蓬勃发展。柏拉图的《蒂迈欧篇》一直是所有自然神秘主义的源泉，它认为天体是神圣的，天体对于地球上生命的产生，对其进行维护和引导方面起着至关重要的作用，这些思想只等有朝一日转化为占星学理论。虽然亚里士多德总体上并不倾向于神秘主义，但他说，月下世界的运动受制于天体在神的影响下的运动（Ⅰ：44），因此同样有助于这些理论为人所接受。

　　不过，旧斯多亚派和中斯多亚派在更大程度上为占星学观念的渗透铺平了道路。斯多亚主义认为世界是一个有生命的东西，它有理性和感情，为四处弥漫的普纽玛所充满，从而在万物之间产生了一种完美的"共感"（συμπάθεια，指生命之间的相互联系）。人是一个小宇宙，是巨大整体的一个微像，若非与这个整体本质上相似，他就不可能知道这一点。正如后来马尼留斯（Marcus Manilius）有诗云："若非凭藉天助，孰能知天？若非分有诸神，孰能识神？"（*Quis coelum possit nisi coeli munere nosse et reperire Deum nisi qui pars ipse Deorum est*①）②星辰是有生命的，其精神力量远远超过人的力量，通过宇宙共感影响着人的命运。地球本身也是一个生命体，诸星辰受其呼气（exhalations）的滋养。纯物理的潮汐现象与月球运动之间的紧密关联已由波西多尼奥斯确立，它令人信服地表明了天对地的影响。

　　在浸润着这种思想氛围的文化环境中，难怪古老的巴比伦占星学观念会被热情接受。关于天上的神灵直接操控人的命运的学说，使得宇宙共感的信念深入人心；斯多亚派的"命运"（Εἱμαρμένη）

---

① 　Manilius II 115-16.

② 　歌德 1783 年在《片言集》（*Brockenbuch*）中写下的正是这些诗句，从中可以看出其自然哲学的一种关键要素：

Wär nicht das Auge sonnenhaft，若非太阳似于目，

Die Sonne könnt' es nie erblicken；眼睛何能见太阳；

Läg' nicht in uns des Gottes eigne Kraft，若非神力存于心，

Wie könnt' uns Göttliches entzücken？ 神性何能使心醉？

——《温和的警句》第三卷（*Zahme Xenien III*）

观念在这里得到了具体运用。

109. 巴比伦占星学传入希腊主要归因于贝勒神(Bel)的祭司贝罗索斯(Berossus),他于公元前 3 世纪初移居科斯(Cos)岛,在其著作《巴比伦大全》(Βαβυλωνιακά)中讲解了流行于巴比伦的占星学理论。①

贝罗索斯展示给希腊人的内容不可能非常连贯,因为巴比伦占星学并不是一种清晰界定的学说。占星学的预言始终含糊不清:它关注的是整个社会面临的大事,而不是个人的命运。此外,天体崇拜(astrolatry),即对化身为行星的神灵的崇拜,也占有重要位置。到了迦勒底(即晚期巴比伦)时期,又出现了关于行星与地球动物、植物、石头、金属之间关系的理论,其中融合了有关占卜术和魔法的观念。

110. 希腊人的思想更为清晰,而且热衷于科学体系。没过多久,他们便将这种大杂烩变成了一门建立在少数基本命题基础上的真正学问(μάθημα),这些基本命题很快就有了不容置疑的公理特征。它们首先包含这样一个论断:星辰借助于流射会普遍影响地球上的活动和个人的命运,而且这种影响并非取决于某一个天体,而是取决于整个天界的格局。此外还有一些补充,它或者是择时占星学(κατάρχαι)②,认为星辰在任一时刻的联合影响会对特定

---

① Schnabel.

② 择时占星学的希腊文 κατάρχαι 源自ἀρχή(开始、开端、始基),意为"由开始所决定的",对应的拉丁文是 electiones,英文是 catarchic astrology 或 electional astrology,指试图确定在什么时间开始做某件事最吉利。它与后面所说的生辰占星学(genethlialogy)不同,生辰占星学认为,命运完全由出生时的星辰位置所决定。——译者注

活动造成一种有利或不利的态势;或者是一种根本不同的体系,即所谓的生辰占星学(genethlialogy),后来也被称为神判占星学(judicial astrology),它认为人的命运由出生或受孕那一刻的星辰位置所决定。

除了这两种理论,占星学观念也在医学和炼金术中找到了根据。在医学中产生了一种关于黄道十二宫或 36 个十度分度(decani)对应于人体各个器官的观念:黄道的每一个部分都被赋予了某种星辰力量(stellar force),能够作用于相应的人体器官。对人体正常运作的干扰源自行星相对于这些黄道部分的位置。在炼金术中,行星与特定地球物质之间的关联发挥着重要作用。

111. 这里没有必要对所有这些技巧进行描述。不过,我们应当就各个希腊哲学流派对这些观念所持的态度作一些补充说明。雅典人对它们并不总是心怀善意。中期学园派的领袖卡尼阿德斯(Carneades)坚决抵制这些思想。(他强烈反对斯多亚派,据说曾放言:卡尼阿德斯就是专为克吕西普[Chrysippus]①而生的。)他的论证注定会成为后世反复重温的经典:其中提到,赋予黄道各宫和行星的名称本来纯属偶然,而占星学却基于有这些名称的事物的性格特征和特性而把极为重大的后果与这些名称联系在一起;无法解释占星学家为何从未绘出动物的天宫图;尤其是,无法解释为何双胞胎的命运经常截然不同。伊壁鸠鲁派也坚决反对占星学,但与学园派的理由不同:伊壁鸠鲁派和学园派对生命的看法使得

① 克吕西普(约前 280—约前 206),公元前 232—前 204 年任斯多亚派领袖。——译者注

一切带有前定、预见和命运特征的东西都变得不可接受。

占星学虽然不为两个重要的雅典学派所赏识，但在埃及却大受青睐，无论是本地人还是在那里生活的希腊人。很快，埃及人仿佛忘记了这个陌生的思想世界源自巴比伦，就好像它是古埃及祭司的智慧果实似的。他们编了一部多卷本的希腊手册《占星学大全》('Αστρολογούμενα)，佯称这本书出自古代的埃及法老尼凯普索(Nechepso)和祭司佩托西里斯(Petosiris)之手，并将其内容归于托特(Thoth)神（希腊语称其为赫尔墨斯）。

虽然斯多亚派的帕奈提奥斯仍然持怀疑态度，但他的学生波西多尼奥斯却全力支持占星学。这有助于占星学渗透到罗马的统治阶层，赢获众多追随者。在皇帝奥古斯都统治时期，甚至是在他的鼓动下，诗人马尼留斯写出了占星学教诲诗《占星学》(Astronomica)，而后又有了维蒂乌斯·瓦伦斯(Vettius Valens)[①]的汇编著作，以及再后来尤里乌斯·弗米库斯·马特努斯(Julius Firmicus Maternus)的多卷本著作《占星学》(Mathesis)。

112. 后一著作的标题［即 Mathesis］表明了同时发生的名称变化。再过几百年（这表明最优秀的希腊文化成果正在被遗忘），mathesis 所指的将不再是数学，而是占星学。反对 mathematicians 的禁令频频出现，它们所针对的不是欧几里得、阿基米德和阿波罗尼奥斯工作的继承者，而是占星学家。这种禁令成为必要（实际上，占星学家的公开活动自然会导致欺骗行为），本身便是由星辰

---

① 维蒂乌斯·瓦伦斯(120—约175)，希腊占星学家。他最重要的著作是九卷本的《汇编》(Ανθολογιαι, Anthology)，它可能是当时内容最全面的一部占星学教科书。——译者注

预测未来这一幻觉在人的心灵中挥之不去的一种征兆。

　　由一个几乎难以置信的事实可以更清楚地看到这一点：伟大的天文学家托勒密在其纯科学著作《天文学大成》中总结了希腊人的精密数理天文学的最高成就，这部标准著作的权威性在 13 个世纪里从未动摇过。然而接着，他又在其《占星四书》(*Tetrabiblos*，后来拉丁文译为 *Quadripartitum*)中编纂了一部同样完备的占星学手册，在占星学内行看来，这部著作的重要性就如同《天文学大成》在天文学上的重要性。在《占星四书》中，托勒密以完美的技巧阐述了一般占星学和生辰占星学，前者教人如何预言战争、瘟疫、地震和洪水，后者则讲授如何预知一个人的职业、家庭、健康和财富。所有这些都有方法可循。我们只是感到不解，像《天文学大成》的作者这样的卓越人物，在教导了如何通过精确观测和数学构造来发展天文学之后，竟然会整理出这样一个由肤浅的类比和毫无根据的断言所组成的体系。

　　113. 在结束对占星学的讨论之前，我们还应提到一项重要的意见分歧，它在古代天候学中已经引起了思想分裂，那就是：天体到底是凭借自身的影响作用于地球上的事件，还是仅仅充当着预示这些事件的预兆。也就是说，应当把肇因($\pi o\iota\epsilon\tilde{\iota}\nu$)归于它们，还是把预兆($\sigma\eta\mu\alpha\acute{\iota}\nu\epsilon\iota\nu$)归于它们？关于这个问题的种种回答，这里就不去讨论了。然而应当指出，有些思想家认为，人的性格和命运受天体的影响，这与他们相信人的自由意志和责任不相容，但却无法或不愿放弃天界事件与地界事件之关联的理论，因为这一点已经被普遍接受，而且得到了权威们的支持，所有这些思想家都可以通过接受预兆($\sigma\eta\mu\alpha\acute{\iota}\nu\epsilon\iota\nu$)功能来调和他们的不同观念。于是，普罗提诺对于纯粹的物理过程承认肇因，但在生辰占星学中只承认预兆。

第四章　自然科学与基督教

114. 我们对希腊科学思想的概述早已跨越了基督教时代的开端,此时异教哲学正在走向衰亡,而早期基督教则作为一种新兴的精神力量日益壮大起来。这是一支具有普世意义的力量,要求对人进行全面控制,因此它既关注人的理智诉求,也关注人的宗教需要和伦理行为。

就这样,一个新的要素融入了思想史,它带来了一种前所未有的限制。在古代的异教世界,至少在希腊化时期,科学实际上已经能够独立于宗教生活而发展。虽然斯多亚派的克里安提斯(Cleanthes)提出,天文学家阿里斯塔克应当因其不虔敬($\alpha\sigma\epsilon\beta\epsilon\iota\alpha$)而受到惩处,因为他认为地球连同中心火赫斯提亚都在运动,[①]但没有迹象表明这一提议产生了什么后果,这种想法能够被特别记载和流传开来本身就已经暗示它是多么不同寻常。此外,希腊宗教缺少一套刻板的、公认的教义,这几乎已经使它避免了与科学的冲突。于是,科学总是能够径直遵从其本身的内在法则,除自律的理性外,不需要承认任何权威。希腊思想家已经意识到了创造性的精神力量,他们曾经满不在乎地将它视为自己的财产,甚至是自

---

① Plutarch (2) *c.* 6.

己的优点。

现在则有了与此完全不同的看法：基督教认为人是无助的，人凭借自身的力量既不能正确地行动，也不能正确地思想，前者需要上帝持续的帮助，后者则需要上帝对心灵的照亮；基督教使得上帝对人的心灵的启示在一切生活领域都具有权威性，这其中当然也包括科学。

这种全新观念带来了一个问题，它将不断占据和扰乱人的思想，并导致难以估量的困难和无休无止的争论，那就是宗教与科学的关系问题。我们将一再见证它所导致的困境，听到这些争论的回响。现在我们来讨论教父著作中体现的科学与基督教的第一次相遇。

115. 我们暂不考虑个人的意见分歧，而是先把教父作家对科学的看法总结如下：有些东西比世俗科学更需要认真对待，基督徒应当首先关注自己灵魂的救赎，因此对自然奥秘的探究不应超出《圣经》的要求和许可。

对科学研究的这种看法见诸大量著作：例如，圣巴西尔（Basil）指出，较之地球是球体、圆柱体还是圆盘，抑或如扬谷器一般在中间有一个孔，谦卑而敬畏的基督徒有更高的关切和更深的牵挂；[①]德尔图良（Tertullian）也有名言：“对我们来说，耶稣基督之后不必再有好奇心，福音之后不必再有探究。”（*nobis curiositate non opus at*, *post Christurn Jesum*; *nec inquisitione*, *post Evangelium*）[②]；

_____

① Basilius, *Homilia in Hexaemeron* Ⅸ. PG. ⅩⅩⅨ 187-8.（2）140.

② Tertullian, *Liber de Praescriptione Haereticorum*, *c.* 7. PL Ⅱ 20-21.

圣奥古斯丁（Augustine）则在《忏悔录》（*Confessions*）中提醒人们警惕《约翰一书》（2：16）中谈到的"眼目的情欲"（*concupiscentia oculorum*）①，并将它解释为对知识本身的渴求。②

这种观点不仅与古代异教的理解有很大不同，与后世虔诚的科学家对科学与宗教的看法也有本质不同。不过不难理解，为什么基督教刚刚兴起时会采取这种立场。教父们相信，既然人类在耶稣基督中得到真正救赎的奥秘已经得到揭示，因此除了让人普遍接受这一福音之外，目前没有其他关切；《圣经》已经尽可能地用人的语言给出了启示，其中不仅有人所需要的最高知识，而且也包含着对于人的救赎来说既必要又充分的关于较低事物的信息。

116. 然而，由此便断定教父们原则上反对研究自然却是错误的。认为某种事物比较多余，在某些情况下甚至很危险，并不意味着对它完全拒斥。圣奥古斯丁虽然经常语重心长地强调它的多余和可能招致的危险，但同时也毫无保留地承认，世俗的事物只要得到正确理解，未必会使人背离显示于世界之中的上帝。他强调说，自然在数的秩序中也能揭示永恒的智慧，因此他不可能从根本上谴责一切科学。③

但是，科学应当始终服从《圣经》的权威，后者超越了人的心灵的一切能力。圣奥古斯丁仿佛代表所有教父强调了这一原则，从

---

① 《约翰一书》（2：16）："因为凡世界上的事，就像肉体的情欲，眼目的情欲，并今生的骄傲，都不是从父来的，乃是从世界来的。"——译者注

② St. Augustine (1)，*Confessions* X，*c.* 35. 相关看法见 *Enchiridion de Fide*，*c.* 9 and 16. PL XL 235，238-9. *De Genesi ad Litteram* Ⅱ，*c.* 9. PL XXXIV 270。

③ St. Augustine (3)，*De libero arbitrio* Ⅱ，Ⅺ-ⅩⅥ. Gilson，Haitjema.

而为科学探究设置了限制,影响长达数个世纪之久。①

　　然而,一旦接受这种限制,教父们就开始对科学另眼相看。在颇具影响的《创世六日》(*Hexaëmeron*)布道集中,圣巴西尔建议信众们注意研究自然,把自然视为造物主留下的作品。巴西尔去世后,他的朋友纳西昂的格列高利(Gregory of Nazianze)在一篇悼文中强烈反对许多基督徒诋毁科学,因为我们可以根据自然中的目的性推出造物主的存在;需要防范的只是崇拜自然而不再崇拜造物主。②

　　117. 虽然教父们都主张研究自然是基督徒的义务(它后来成为众多虔诚的自然探索者的灵感来源),但还是以保留和警惕的态度为主。这在一定程度上当然是出于论辩和护教的目的:希腊科学与哲学的关系过于密切,以致无法逃过人们对哲学家的罪恶之都的总体攻击,其正面成就也无法使其得到特殊礼遇。然而,更大的影响却是源于这样一个事实,即除基督教信仰外,最著名的教父作家的看法在很大程度上都是由柏拉图主义或新柏拉图主义的哲学观念所决定的。在这两个思想学派中,对自然的研究从未占据有利地位;物质性的东西在柏拉图那里无关紧要,而在普罗提诺那里则有明显的负面价值。

　　不难理解,为什么与后世不同,古代对基督教思想的影响在这一时期主要源自柏拉图主义及其后代新柏拉图主义。新柏拉图主

---

① 例如参见 *De Genesi ad Litteram* Ⅱ,c. 5. PL XXXIV 267。与所有人的天赋能力相比,《圣经》当然具有更大的权威。(*Maior est quippe Scripturae hujus auctoritas, quam omnis humani ingenii capacitas.*)

② Brunet et Mieli 984. 参见 Basilius (2) 5-6。

义正是几位教父作家生活的时代的哲学。奥利金（Origen）是阿莫尼奥斯（Ammonius Saccas）的学生，正是阿莫尼奥斯将普罗提诺引入了哲学的大门，从而一般被视为新柏拉图主义学派的真正创始人。而圣奥古斯丁则是通过研读普罗提诺的著作才从最初的摩尼教信仰转向了基督教。此外，在所有异教哲学中，柏拉图的学说必定最能吸引基督徒。《蒂迈欧篇》所描述的巨匠造物主创造世界与《创世记》对创世的描述惊人地相似。有人提出，这种相似性表明，柏拉图（雅典的摩西）已经在埃及了解到七十子希腊文本圣经（Septuagint），并曾与先知耶利米有过接触。这一观点被欣然接受，虽然圣奥古斯丁注意到，柏拉图的出生对于七十子希腊文本圣经来说太早，对于耶利米来说太晚。[①]

理型世界的超越性与基督教的上帝观念非常和谐；可以把理型本身自然地解释为上帝的思想，地球上的事物都是理型的不完美实现。由此便建立起基督教与柏拉图哲学之间的一种紧密关联。只要奥古斯丁主义仍然是基督教思想的主要潮流，这种关联就会持续下去。当时尚未有人料到未来将会有一个时代，为基督教教义提供哲学基础的不是柏拉图，而是亚里士多德。

于是，所有事物都共同维系着心灵领域与物质领域之间尖锐的价值对立，它一直不利于科学的发展。那种认为所有造物都在一定程度上分有了上帝的完美，因此值得去赞叹和关注的想法，此时还不可能出现；这也在很大程度上解释了，为什么根据基督教的

---

① St. Augustine (1), *De Civitate Dei* Ⅷ, c. 11. PL XLI 235. 圣奥古斯丁尚未排除一种可能性，即柏拉图有可能通过某位诠释者而熟悉摩西五经。

创世观念以及世界与造物主的持久关系,科学理应备受重视,而实际上并非如此。虽然世界已经因人的堕落而光辉不再,从而失去了纯净质朴的美,但圣保罗在《罗马书》(1:20)中的话①依然有效,即应当借着造物去认识和观照上帝不可见的本质。

118. 基督教思想家的这种典型看法在很大程度上可以追溯到异教哲学家的影响。以后我们还将多次看到,尽管基督教与异教在宗教伦理领域尖锐对立,但基督教一直乐于从哲学角度利用异教的宝藏。对于那些认为这很奇怪或者不值得基督徒去做的人,圣奥古斯丁为这种借用作了辩护:②异教徒虽然拥有这些宝藏,但并非其正当拥有者;它们理应属于基督徒,正是基督徒才第一次正确地利用了它们;当他们将这些宝藏为己所用时,不过是像犹太人那样,在走出埃及时,在上帝的许可下拿走了埃及人的金瓶、银瓶、珠宝和贵重衣物,以便可以更好地利用它们。如果有人惊讶,为何未受启示之光的人竟有如此出众的智慧,那么只要看看《约翰福音》(1:9),经上说:"那光是真光,照亮一切生在世上的人。"

119. 要想正确理解教父们对希腊科学的态度,还必须注意,希腊科学在公元3、4世纪的水平早已不是那些大科学家所达到的高峰。古代几乎不可能再有一个与阿基米德、阿波罗尼奥斯、希帕

---

① 《罗马书》(1:20):"自从造天地以来,神的永能和神性是明明可知的,虽是眼不能见,但藉着所造之物,就可以晓得,叫人无可推诿。"——译者注

② St. Augustine (1), *Confessions* Ⅶ,*c.* 9. *De doctrina christiana* Ⅱ,*c.* 40. PL ⅩⅩⅩⅣ 63."异教徒的良言转而为我们所用。"(Ab ethnicis si quid bene dictum, in nostrum usum est convertendum.)

克斯和托勒密等人的著作相当的普遍文化水平,无论如何可以断定,目前这一时期肯定达不到那个水平。此时的思想文化应该被看作一种奇异的混杂,繁荣时期希腊科学的残余与来源各异的东方迷信和臆想罕见地混在一起,现在基督教的自然观念又为其引入了一种新的导致混乱的因素。

如果注意到不同教父作家对基本天文学问题所持的观点,那么也许可以理解为什么会有纯粹科学领域的衰落。与托勒密同时代的奥利金似乎还很熟悉像岁差这样的技术性问题,[①]而拉克坦修(Lactantius)则甚至否认大地是球形,早在希腊天文学的繁荣时期,球形地球的观念就已经是天文学的要素之一;他嘲笑对跖人(antipodes)的想法,认为那样一来,这些人就好像要头脚倒置,看到天悬得比地更低。[②](不要忘了,普鲁塔克也有过类似说法。[③])尤其在叙利亚学者当中,存在着一种普遍倾向,希望回到旧约的大地观念,认为大地是一个圆盘,天空如帐篷一般笼罩于其上。当公元 6 世纪的地理学家科斯马斯(Cosmas Indicopleustes)[④]在其影响深远的《基督教世界风土志》(*Topographia Christiana*)中肯定这一点时,它便再次成为风行数个世纪的观点。

人们感到有义务把《圣经》中关于科学的说法当成关于自然的神启,必须照字面将其接受为真理,科斯马斯的著作[⑤]正是一般地

---

① Origenes,*Commentaria in Genesim*. PG XII 80.
② Lactantius,*Divinae Institutiones* III. *De falsa sapientia philosophorum*,c. 24. PL VI 425-6.
③ Plutarch (2) *c*. 7.
④ 绰号"Indicopleustes"字面意思为"曾至印度的航海家"。——译者注
⑤ Cosma Indicopleustes,*Topographia Christiana*. PG LXXXVIII.

说明了由此产生的复杂情形。科斯马斯基于《圣经》的基础（始于亚历山大的克雷芒［Clement of Alexandria］和安条克的提奥菲鲁斯［Theophilus of Antioch］）完成了大地理论。他从《创世记》中的创世记述、《约伯记》、《以赛亚书》和《诗篇》中借用了论证。大地四面环海，如一堵墙朝北方升起；天使每天推着太阳绕这个高地朝它升起的地方运行。大地必定不可能是球形，否则另一边的人就无法看到主在审判之日透过云层的降临。

120. 当然，拉克坦修和科斯马斯不能被视为教父科学发展的代表。像圣奥古斯丁这样的思想家不会犯这种初级错误。然而即使是他，由于必须顾及《圣经》中的说法，研究自然也不得不面临相当大的困难。一个例子是他对对跖人问题的看法。虽然他认为大地是球形，但他否认有人生活在地球与我们相对的那一面；然而，他这样做不是基于拉克坦修的原始论证，而是因为他认为这与人类的统一性不相容。[①] 要想理解这一论证，就必须从当时流行的信念出发，即从北方是无法到达南半球的温带的，因为中间的热带地区十分炎热。因此，在这一地区居住的居民必定都是土著，而这是不可接受的，因为如《圣经》所说，所有人都源于亚当和夏娃。另一个论证来自《罗马书》（10:18），它这样说传福音的人："他们的声音传遍天下；他们的言语传到地极。"既然他们肯定没有拜访过对跖人，所以对跖人也不可能存在。

121. 这个例子之所以有启发性，还有另外一个原因；它显示

---

　　① St. Augustine (1), *De Civitate Dei* XVI, *c.* 9. PL XLI 487. *De Genesi ad Litteram* II 9, *c.* 9. PL XXXIV 270.

了教父们关注科学问题是多么不可避免,以及坚称对这些问题的
回答实际上并不重要是多么困难。因为即使人并没有那种无法遏
制的求知欲,单单是解释《圣经》本身(这被视为他们最重要的任务
之一,他们都为此而殚精竭虑)也会迫使其致力于这些问题。《创
世记》的第一章已经提出了许多科学问题:在提到天地分开之前,
1:1 中就说"天和地"由神所造;1:6 中提到水有穹苍以下和穹苍以
上之分;1:3 中谈到第一日对光的创造,而直到第四日才出现天上
的光体。这些都是《圣经》诠释者不得不解决的一些问题。在许多
情况下,知道他们是如何解答的很有历史意义,因为在其中经常可
以辨识出早先希腊观念的影响以及熟知的中世纪观念的起源。不
过我们不宜作更详细的讨论,那样会离题太远;这里只是指出,到
处都能明显看出《蒂迈欧篇》的影响;教父们的宇宙论似乎主要来
自斯多亚派对《蒂迈欧篇》的评注,其中也融入了亚里士多德的元
素说。不过就我们的目的而言,最重要的一点是,被视为科学研究
新的知识来源的《圣经》(鉴于这本书的重要性,这种看法相当一
致),必定会使这些问题变得更加尖锐和复杂。加之科学本身早已
陷入衰退,我们不难理解,在教父时期无法指望科学能够复兴。

122. 教父对异教科学往往采取敌视态度(圣奥古斯丁承认研
究异教科学的可取之处是带着辩论的意图,希望使基督徒敌得过
那些异教对手,并且不致由于不了解这些理论而被迷惑[①]),这最
鲜明地体现在与占星学的斗争中。虽然生辰占星学对于斯多亚派
的宿命论来说是可以接受的,但对于那些相信人有选择善恶的自

---

① St. Augustine (1),*De Genesi ad Litteram* Ⅰ,*c*. 19. Ⅱ,*c*. 1. PLXXXIV 261,264.

由意志的基督徒来说，却是不可接受的。于是，圣奥古斯丁（这里仅以他为例）列举了所有传统论证（我们已经从卡尼阿德斯那里看到了），其中他似乎特别重视孪生子论证，因为在他看来，这个论证甚至连认为星辰是预兆而非肇因的温和观点也可以驳斥。①

123. 无论圣奥古斯丁对占星学的拒斥是多么坚定不移，但进一步考察就会发现它有一些弱点，它们对于基督教与占星学关系的进一步发展并非无关紧要。首先，他的谴责并没有延伸至关于星辰影响纯物理过程的学说；和古代的其他思想家一样，圣奥古斯丁也不得不承认，地球上的自然现象与某些天体的位置和运动之间显然存在着相互依赖（季节交替与太阳的位置有关，月亮与潮汐的影响有关），他也无法抗拒那种古老的民间信仰，即地球上的生长过程与月相变化之间存在着关联；这样一来，至少原则上可以承认占星学有医学上的价值。然而其次，就像奥利金②和拉克坦修③一样，他清楚地认识到，占星学家企图由星辰来解读人的命运，这与其说是一种徒劳的努力，不如说是一种罪恶的狂妄。这与他认为不可能预知未来（*praescientia futurorum*）的观点很不一致；西塞罗大概认为不可能预知未来，对此圣奥古斯丁予以强烈谴责。圣奥古斯丁认为，信仰一个神，同时又想否认神至少可以知道未来，这是再明显不过的癫狂。④

但是人不应擅自刺探神的奥秘，而这正是占星学家企图做的

① St. Augustine (1), *De Civitate Dei* V, *c*. 2-7. PL XLI 142-8.

② Origenes, *Commentaria in Matthaeum* XIII, *c*. 6. PG XIII 1107-8.

③ Lactantius, *Divinae Institutiones* II. *De Origine erroris*, *c*. 17. PL VI 336.

④ St. Augustine (1), *De Civitate Dei* V, *c*. 9. PL XLI 149.

事情。这样做何罪之有？回答不仅令人惊讶，而且很典型：他只有在魔鬼即上帝的敌人的帮助下才能获得成功。因此，即使占星学不被允许，其可能性也未被排除。因为如果魔鬼能够由星辰读出未来，并把这些知识告知求助于它们的占星学家，那么未来必定以某种方式写在星辰中，否则连魔鬼都不可能从无中读出什么东西。显然，我们还不能认为这个问题已经得到解决。的确，基督徒应当对占星学持何种观点还会被反复讨论和发生变化。

124. 教父们不仅无法否认有可能在魔鬼的帮助下从事实用占星学，而且承认可以在魔鬼的帮助下实际施展魔法。但正因为如此，基督徒才应当戒绝它。随着基督的降临，与撒旦及其魔军的斗争已经开始；异教徒还可以随意利用它们的帮助，但基督徒却不能这样做。魔法技艺(magic art)以东方三博士(Magi)的身份(这是德尔图良的解释①)臣服于救世主的马槽边，这种放弃表现在，三博士沿着与来时不同的路线返回了自己的国家(《马太福音》[2:12])。②

---

① 　Tertullian, *De Idolatria*, *c*. 9. PL Ⅰ 672.

② 　《马太福音》(2:12)：“博士因为在梦中被主指示，不要回去见希律，就从别的路回本地去了。”——译者注

Ⅱ　中世纪的科学

第一章 过渡时代

第一节 古代传统的维护者

1. 古代文化的衰落同时也是依照希腊人所奠定的基础从事哲学和科学研究的终结。在南欧和西欧，科学思想的发展所必需的连续性要素受到了严重威胁。在罗马帝国统治时期，虽然有许多古希腊思想遗产被保存下来，因此后来继承和发扬这些遗产的西方国家，已经在一定程度上熟悉了其中隐藏的宝藏，但是在黑暗时代，随着西罗马帝国的灭亡，对思想成就的兴趣已经下降到极低的水平，以致与过去的联系有全部割断的危险。

在外在形势如此不利的情况下，那些维系古代文化火种不灭的人的工作就有了一种历史意义，这种意义远远超出了他们科学成就的实际价值。

这方面首先要提到的是波埃修（Boethius）——最后一个罗马人和第一个经院学者，他曾立志将柏拉图与亚里士多德的全部著作翻译成拉丁文。虽然这项宏伟事业没能完成，但他完全配得上"中世纪早期的导师"这一尊贵称号。正是由于他的翻译工作，亚里士多德《工具论》(*Organon*)的部分内容，即《范畴篇》(*Categoriae*)

和《解释篇》(*Interpretatione*),还有波菲利为《范畴篇》写的导论,才能在修道院里得到研究。在未来的数个世纪里,修道院将成为主要的文化中心。而波埃修关于算术、几何、音乐的著作也使得希腊数学知识没有完全遗失;特别是,他通过《算术》(*Arithmetica*)一书而将毕达哥拉斯学派和新毕达哥拉斯学派的思想介绍到西方。

除了波埃修,还应当提到卡西奥多鲁斯(Cassiodorus)。他所创立的维瓦利姆(Vivarium)修道院为修士们从事科学研究的世俗传统打下了基础,而他的《神圣学识指导》(*De Institutione divinarum*)和《论自由技艺和知识》(*De artibus ac disciplinis liberalium litterarum*)①则引入了一种教学方法,其原则将在整个中世纪得到保持。

他的基本想法是,应当把研究世俗科学作为研究《圣经》(这永远是修士的主要目标)的准备。前面提到的两部著作中的第二部正是以研究世俗科学为主题,它把自由学识(*liberales literae*)分为技艺(*artes*,即语法、修辞、辩证法)和知识(*disciplinae*,即算术、几何、音乐、天文),从而为后来将"七种自由技艺"或"七艺"(seven liberal arts)分为"三艺"(Trivium)和"四艺"(Quadrivium)的传统铺平了道路。

----

①   这两本书实为卡西奥多鲁斯最著名的著作《圣俗学识指导》(*Institutiones Divinarum et Saecularium Litterarum*)的前后两卷,第一卷即为"*De Institutione divinarum*",讨论的是《圣经》经文的研读,强调了在追求精神真理的过程中研究七艺的必要性;第二卷即为"*De artibus ac disciplinis liberalium litterarum*",分别介绍了语法、修辞、辩证法(即逻辑)、代数、音乐、几何、天文这七艺的内容。——译者注

2. 波埃修和卡西奥多鲁斯的著作主要是为了维护科学研究的基础,而西班牙主教塞维利亚的伊西多尔(Isidore of Seville)和英格兰修士可敬的比德(The Venerable Bede)的百科全书著作则保存了一些古代科学成果。伊西多尔通过他的著作《论事物的本性》(*De Natura Rerum*)和《词源》(*Origines* 或 *Etymologiae*)影响了中世纪的思想文化,其中摘录和选编了罗马作家的作品(尤其是塞内卡的《自然问题》[*Naturales Quaestiones*])和一些教父的著作,如圣安布罗斯(St. Ambrose)的《创世六日》(*Hexaëmeron*)。比德不仅以伊西多尔的著作为依据,而且还利用了普林尼(Pliny)的《博物志》(*Naturalis Historia*)。凭借一部同样名为《论事物的本性》(*De Natura Rerum*)的著作,比德并不逊于伊西多尔,甚至犹有过之。在以后的数个世纪里,这部著作将成为自然知识的一个异常宝贵的来源。

对于伊西多尔和比德等人的著作,首先应当重视的自然是其历史价值,其次才是其内容的科学价值。认为这些著作只是汇总了一大堆幼稚的观念、错误的主张和站不住脚的观点,从而让这些可敬的作者听任那些因缺乏历史训练而变得狂妄自大的后人嘲笑,再没有什么比这更容易和廉价的了。称他们为开拓者也是同样错误的。他们值得我们尊重,是因为在一个思想极度匮乏的时代,是他们帮助保存了古典科学。

在这些作者看来,科学同样从属于神学:《圣经》中的说法无论在科学意义上还是神学意义上都是同样不容置疑的真理,因此他们将《圣经》中所有关于自然的说法都看成科学陈述,并使之与专业科学的结果相一致。不过,他们对研究自然的看法与教父仍然有一些细微差别。仅仅是告诫说,好奇心的满足无助于人的救赎,并不能永远抑制人天生的求知欲。对自然的兴趣似已再度浮现,它希望超出解释《圣经》所限定的范围。虽然教父们的物理学和天文学观念只能得自于那些标题本身("创世六日")已经表达了科学与《圣经》之间密切关系的著作,但"物性论"这个[由卢克莱修传下来的]标题现在被重新使用,这让人想起了古代的科学论著,显示出一种为渴求知识本身而研究自然的渴望。

3. 比德的活动体现了在英格兰和爱尔兰修道院确立已久的传统,即在研究神学的同时不应忽视对世俗科学的研究。6世纪时,爱尔兰的克罗纳德(Clonard)、班戈(Bangor)和爱奥那(Iona)修道院已经有了三艺和初等的四艺。7世纪时,教皇维塔里安(Vitalianus)遣派的两名修士塔尔苏斯的提奥多尔(Theodore of Tarsus)和非洲人阿德里亚努斯(Adrianus Africanus)在英格兰促进了对古老语言的研究。在院长本尼狄克·比斯科普(Benedict Biscop)的领导下,坎特伯雷的圣彼得修道院成为重要的学术中心,而在他所创立的韦尔茅斯(Wearmouth)修道院和贾罗(Jarrow)修道院(比德在这两个地方都生活过一段时间)以及约克郡的主教学校,也有人从事世俗科学研究。完整的四艺已经出现,讲授的科目包括算术、几何、博物学和天文学,还有历法计算(*computus*)作为必需的基础,它可以用来确定复活节的日期以及所有依赖于复活节的教会年历日期。

发端于这些中心的不仅有基督教化,而且还有欧洲的思想教育。780年,曾在约克学校学习和任教的阿尔昆(Alcuin)被查理大帝(Charlemagne)召到法国。在那里,他组织了由矮子丕平

(Pepin the Short)所发起、并为查理大帝所大力推进的文化复兴，通常被称为加洛林文艺复兴(Carolingian Renaissance)。782 年，阿尔昆成为宫廷学院(*Schola Palatina*)的院长，这是一个隶属于教会的半学校半大学的机构。796 年，当他退隐于图尔(Tours)的圣马丁修道院时，法国已经为后来集中的学术研究打下了基础。

4. 在德国，阿尔昆的学生拉巴努斯·毛鲁斯(Rabanus Maurus 或 Hrabanus Maurus)完成了类似的工作。他是富尔达修道院的院长，后来成为美因茨大主教，因其在百科全书和教育方面的大量产出而被称为"日耳曼第一教师"(*Primus Germaniae praeceptor*)。和阿尔昆一样，他强调神职人员应当研究七艺，所以要熟悉异教哲学家特别是柏拉图的思想。为此，他在《论万有》(*De Universo*)中收集了大量科学和医学知识，这部卷帙浩繁的著作主要取自伊西多尔和比德的百科全书，也编集了古代文化末期所保存下来的东西。这种对留存资料的纯粹接受性的吸收是当时唯一能做的事情；西方世界思想力量的发展还远不足以进行独立的科学工作，古代的史料也没有丰富到可以展示古代科学的方方面面。

5. 按照本书的安排，这里我们无法详细讨论科学在这一时期的发展了；因此，我们无法更为深入地考察上述著作的内容，弄清楚有哪些古代知识经由它们传到了西方。这里只能泛泛地说，这些知识主要是希腊宇宙论和气象学的零星内容。但有一个流派，虽然当时似乎并不重要，但后来却产生了相当重要的影响。那就是古代原子论，经伊壁鸠鲁的加工并通过卢克莱修而广为人知的德谟克利特的学说。伊西多尔和拉巴努斯似乎都很熟悉原子论，并往往用它来解释自然现象。

奇怪的是,这些备受中世纪早期学者重视的古代思想家的理论早已被斥为无神论和唯物论,一些教父在谈及它们时也毫不隐讳自己的厌恶。有三个原因可以帮助我们理解这一点。

首先,由于卢克莱修强烈反对崇拜古老的异教神,谴责其祭司的行为,捍卫世界的非永恒性,早期的基督教护教士认为可以把他视为盟友,与尚存的异教做斗争。他被阿诺比乌斯(Arnobius)和拉克坦修多次引用(有时提到名字,有时没有);至于后来见诸圣奥古斯丁、圣哲罗姆(Jerome)和圣希拉略(Hilarius)著作的那些对他的激烈反对,开始时还不存在。[①]

渐渐地,在与斯多亚派和新柏拉图主义的斗争中,卢克莱修被认为是一个有所妥协的盟友,从而开始遭到反对。不过(这是前面提到的三个原因中的第二个),此时所反对的是伊壁鸠鲁派的伦理学而不是物理学。事实上,对于那些要求不多,只是满足于将困难从大宇宙转移到小宇宙的人来说,古代原子论为大量熟知的物理现象提供了貌似合理的解释。例如,圣哲罗姆在其释经著作中已经利用了这一点。由于一般习惯于只是加以引用而不提出处,所以这个古代已知的最反宗教的教派的各种物理学和宇宙论思想都可以顺利地保存于基督教作家的著作中。

第三个原因是,德谟克利特和伊壁鸠鲁的自然观念出乎意料地交了好运,因为卢克莱修这位伟大的诗人受其影响写出了一篇不朽的诗作。这里我们不去讨论如何对这种看似奇特的主题选择

---

① Philippe.

做出心理解释。① 不过显然,只要在研究拉丁文学时细读卢克莱修的诗,就必定能够觉察到,他在把伊壁鸠鲁这位"希腊人的荣耀"(*Graiae gentis decus*)②称为自己的导师时充满了近乎宗教崇拜的感情,而且还从伊壁鸠鲁那里获得了一些纯粹唯物论的理论。

6. 除了拉克坦修,对中世纪了解伊壁鸠鲁思想做出最大贡献的是伊西多尔。伊西多尔在谈到伊壁鸠鲁时固然带着非常鄙夷的态度,称其爱好虚荣而非智慧(*amator vanitatis non sapientiae*),并且按照古已有之的传统骂他是猪(*porcus*),但仍然认为伊壁鸠鲁很重要,在其简要考察著名历史人物的《年代志》(*Chronicon*)中是一个不容忽视的人物,他还在一些地方心怀感激地利用了原子论所提供的诸多方便的解释可能性。③

拉巴努斯也是如此,这与比德和阿尔昆很不相同。比德只是在很少几个地方利用了原子论观念,而阿尔昆甚至警告不要引用卢克莱修的著作。在对《圣经》作隐喻解释时(为此他耗费了极大心力),拉巴努斯大量借用了这首著名的拉丁教诲诗;在《论万有》中,④他详细讨论了原子概念,在讨论人与自然的关系史、金属的发现及其用途、感觉理论以及气质(temperaments)学说的历史时,他也基本上遵循了卢克莱修的思想;甚至在讨论天使的本性和肉身的复活时,伊壁鸠鲁的影响也明显可见。然而没过多久,东正教就开始反对把原子论无所顾忌地接受为一种科学理论。

---

① 关于这一点,读者可参考 Rozelaar。
② Lucretius, *De Reum Natura* III 3.
③ Philippe.
④ Hrabanus Maurus, *De Universo* IX, *c.* 1. PL CXI 262.

第二节　欧里亚克的热尔贝

7. 以上讨论的学者的工作主要都是接受性和保存性的，而 10 世纪时有一位著名人物因其更为独立的科学活动而卓然不群，那就是欧里亚克的热尔贝（Gerbert of Aurillac），即后来的教皇西尔维斯特二世（Sylvester II）。与后来 12 世纪的许多学者一样，他也曾因在西班牙逗留而从东方文献中汲取了知识。除了研读古典文学（他曾受过欧里亚克的本笃会修士的训练），他还亲自研究了数学和天文学。通过在兰斯学校的活动以及在那里做大主教所进一步产生的影响，他对神职人员思想水平的提高做出了重要贡献。

欧里亚克的热尔贝对数学发展的贡献这里就不去讨论了；除非放在 10 世纪数学的黑暗背景下来看，它似乎是微不足道的。热尔贝当然基本上仍被禁锢于这种黑暗之中；他的数学比罗马的土地测量员（*agrimensores*）好不了多少，因此只是黯淡地折射出阿基米德和阿波罗尼奥斯时代的光辉。在算术领域，他运用了罗马人不完善的算术技巧及其笨拙的数字和不实用的分数记号。在几何方面，他只是列举了一些定理，而没有进行任何逻辑推演或证明。不过，借助于在西班牙获得的知识，他成功地改良了算盘这种常用的计算工具。虽然这并没有立即带来计算技巧的大幅改善（这是极为需要的），但它在数学史上很重要，因为这是将印度-阿拉伯数字引入西方的第一个征兆。

在天文学教学中，他力图通过适当的模型和仪器来说明主题，同时也泛泛地强调，研究自然可以平衡辩证法或逻辑的过分兴盛对教育造成的危险。

　　与众多有强烈科学兴趣的中世纪学者一样,热尔贝也有擅长魔法的名声。在他去世后的一个世纪里,有传言说,他的一切成就和所得,包括荣登教皇圣座,都是在撒旦的帮助下完成的。在中世纪的思想中,数学、自然科学与魔法还要在很长时间里维持一种密切联系,而且随着自然科学研究更多地借助于仪器来进行,这种联系还会愈加紧密。虽然今天初看起来,这似乎有些奇怪,但实际上并不难理解。不要忘了,即使在中世纪最有教养的人看来,魔法也是真实不虚的;他们相信魔法有各种显现形式,就像相信各类预言术有效力一样。然而,他们必须避开两者,因为这些东西只有在魔鬼的帮助下才能施展,而基督徒是不能乞灵于这种帮助的。不过,经验自然研究容易沉迷于魔法实践,这已为炼金术所清楚证明,于是我们不难理解,为什么做实验或天文观测的人很容易招致怀疑,因为他与魔鬼世界进行着明令禁止的沟通。事实上,当代有一位权威的美国中世纪科学史家就在其多卷本著作的标题中将魔法与实验相提并论。[①]

　　8. 欧里亚克的热尔贝播下的种子在 11 世纪显然结出了硕果,那就是对数学的兴趣大大增强。然而,为了能够公正地评价科学在后来几个世纪的发展,应当清楚地意识到,即使是那时主要的文化承载者的思想水平也是多么低下,要使西欧能够达到可与古希腊相媲美的水平还需要发生多么大的变化。这一点我们可以从 11 世纪上半叶两个学校的领导者之间保存下来的通信中清楚地

---

　　① 　Thorndike. 关于中世纪的魔法,另见 Rydberg。

看出，这两个人是科隆的拉吉姆博尔特（Ragimbold of Cologne）和列日的拉道夫（Radolf of Liège），他们彼此之间以及他们和一个署名为 B. 的修士之间就数学主题进行了通信，这些主题注定会更广泛地传播开来。[①]

它显示，与对算术的粗浅掌握（通信者知道波埃修的《算术》，也善于用算盘进行计算）相对照的是对几何领域的完全无知。欧几里得的名字闻所未闻；也没有任何迹象表明他们知道毕达哥拉斯定理。即使是波埃修在亚里士多德《范畴篇》评注中所引用的最简单的欧几里得命题似乎也很难理解。自 9 世纪之后被归于波埃修的一部几何著作《论几何学》（*Geometricum*）一再困扰着通信者：比如在谈到一个三角形的外角（*angulus exterior*）和内角（*angulus interior*）时，他们挖空心思去猜测这些术语可能的含义：是指一个钝角和一个锐角，还是指三角形平面之外的一个角和之内的一个角？他们也无法理解尺（*pedes recti*）、平方尺（*pedes quadrati*）和立方尺（*pedes solidi*）的意思。他们就正方形边长与对角线之比交换观点，但似乎都没有想到这个比可能无法表示成整数比。他们认为几何学是一种经验测量术，试图通过折裁纸张和运用圆规来找出长度或面积之间的关系。

9. 从各方面来看，这都不是一个关于无知的个例，而是反映了当时数学发展的一般水平。乌得勒支的主教阿德尔伯尔德（Adelbold）在 998 年问热尔贝，为什么边长为 30 英尺的等边三角形的面积不等于数字 1 到 30 之和（事实上，在波埃修所引入的希

---

① Tannery.

腊算术中,这样一个和被称为三角形数)。热尔贝还必须向他保证,当半径增加一倍时,球的体积将会变为原来的八倍。

11 世纪最著名的数学家是列日的佛朗科(Franco of Liège),他与拉吉姆博尔特和拉道夫相隔一代,写了一本关于求圆面积的书,这本书将在数百年里为他赢得很高声誉。但即使是他,水平也高不到哪里去。他发现波埃修提到了这个著名问题,并误以为在《论几何学》中给出的圆面积与圆外切正方形的面积之比 11：14 是亚里士多德发现的精确值。对他而言,圆的求积问题就相当于构造一个正方形,使它的面积等于长宽分别为 11 和 14 英尺的矩形,从而等于一个直径为 14 英尺的圆的面积。《论圆的求积》(*De Quadratura Circuli*)的各卷正是致力于这一问题。

第三节　沙特尔学校

10. 可以说,热尔贝在兰斯的教学中灌注了一种以强烈的数学和科学倾向来护持古代文化的精神,这种精神在热尔贝的学生富尔贝(Fulbert)所领导和发扬光大的沙特尔座堂学校(cathedral school)继续保持着。富尔贝有很高的教学天赋,被学生们称为可敬的苏格拉底(*Socrates venerabilis*),他在那里建立了良好的四艺传统,沿用了热尔贝讲解数学和天文学的方法和仪器。

在沙特尔的贝尔纳(Bernard of Chartres)和他的兄弟沙特尔的蒂埃里(Thierry of Chartres)的先后领导下,沙特尔学校在 12 世纪发展到高峰;它是当时的一个学术生活中心,那个时代几乎所有在科学史上有影响的学者都与它有某种联系。

　　沙特尔学校的科学研究方式清楚地表明,柏拉图主义哲学在中世纪这一时期仍然起着支配性影响。然而,人们只知道卡尔西迪乌斯(Chalcidius)对柏拉图《蒂迈欧篇》的拉丁译文片段和评注,以及古代作家或教父作家对柏拉图著作的进一步引用。不过,还有一种内容宏富的间接的异教传统和基督教传统。异教传统由以下内容构成:西塞罗和塞内卡的一些表述,奥卢斯·格利乌斯(Aulus Gellius)的《阿提卡之夜》(*Noctes Atticae*),瓦列里乌斯·马克西穆斯(Valerius Maximus)的《名事名言录》(*Memorabilia*)①,卢奇乌斯·阿普列尤斯(Lucius Apuleius)的一部关于柏拉图的著作②,马克罗比乌斯(Macrobius)关于西塞罗《西庇阿之梦》(*Somnium Scipionis*)③的评注,尤其是波埃修的著作,其《哲学的慰藉》(*De Consolatione Philosophiae*)有许多地方都洋溢着柏拉图主义的精神;特别是这部著作的散文中插入的第九首诗歌——献给造物主的一段祷文——波埃修几乎是照搬了《蒂迈欧篇》的语言来谈论世界的创生,它无可避免地会使基督教读者想起上帝。

　　基督教传统首先是通过圣奥古斯丁对柏拉图的一些详细讨论而建立起来的。我们已经看到,圣奥古斯丁认为柏拉图及其追随者是距离基督教最近的异教哲学家;根据他的说法,他们甚至好像已经透过贫乏的想象力瞥见了三位一体的奥秘,主要区别仅仅是

---

　　①　此书原名为 *Factorum ac dictorum memorabilium libri IX* [nine books of memorable deeds and sayings]。——译者注

　　②　指 *De dogmate Platonis*。

　　③　《西庇阿之梦》是西塞罗《论共和国》(*De re publica*)第六卷中的一部分。——译者注

道成肉身。[①] 克劳狄阿努斯·马莫图斯(Claudianus Mamertus)在《论灵魂的状态》(*De Statu Animae*)中的说法[②]也有类似倾向。

11. 沙特尔学校在 12 世纪的繁荣构成了中世纪科学史上一个非常有魅力的时期。此时还没有滋生出后来的经院哲学易于陷入的那种烦琐,也不必以哲学为基础、在神学的监督下对一切思想进行严格规范,并为自然科学规定明确的任务。《蒂迈欧篇》的自然幻想的魅力仍然很新鲜,人们对宇宙的理性秩序欢欣鼓舞,而不必过多关注教义问题。

这种精神状态的典型成果便是沙特尔的蒂埃里的《创世记》评注,他在其中试图调和创世记述与柏拉图-卡尔西迪乌斯的哲学。[③]以圣奥古斯丁为依据,他总结了世界产生的各种原因:上帝是动力因,四元素(上帝首先从无中创造出它们)是质料因,圣子或神的智慧是形式因,圣灵(被等同于柏拉图的世界灵魂)是目的因。

但蒂埃里觉得还不够,仅仅把创世的各个阶段看成上帝之言的结果也不能使他满足;他想从物理上解释万物是如何起源的,为此他遵循了《蒂迈欧篇》的指导。天在初次旋转时,最上方的元素火通过气的中介烧热了土和水;水汽上升形成上层的水,从而与下层的水相分离。下方的土以岛屿的形式从水中升起,在来自上方的热的影响下长出草木。火的区域中的水形成了天体;它们又产生了新的热,并由此产生了更高级的生物。

这是一种以内在自然力量的作用为基础的物理创世理论,蒂

---

① St. Augustine (1),*De Civitate Dei* X,c. 9. PL XLI 286. *Confessions* VII,c. 9.

② Zimmermann.

③ Liebeschütz 110-14.

埃里将它同一种受波埃修影响的新毕达哥拉斯学派的数字思辨联系起来，以解释如何由一个神产生出世界的多样性。除了这些算术上的考虑，他还希望利用几何、音乐和天文学来获得关于造物主的知识，但他的著作《论创世六日》（*De sex dierum operibus*）保留下来的部分并不包含任何这样的内容。

不过在这里，与其说我们关注的是蒂埃里创世理论的细节，不如说是想通过一个突出的例子表明，那种源于教父作家的传统在这一时期仍是多么活跃。他们乐于将柏拉图纳入基督教教义（*doctrina christiana*），认为柏拉图主义与基督教密切相关，研究柏拉图的思想和观点被认为不可或缺。经过了13世纪新的来源的滋养，这一传统将不间断地贯穿于整个中世纪，最终与文艺复兴时期的人文主义连接起来。①

12. 与柏拉图主义哲学在12世纪的重要性相比，亚里士多德哲学显得微不足道。亚里士多德主要被看成一位逻辑学家。12世纪初直接为人所知的只有后来被称为"旧逻辑"（*logica vetus*）的那部分《工具论》，即《范畴篇》（以及波菲利的《〈范畴篇〉导论》[*Isagoge*]）和《解释篇》（*Interpretatione*）。然而到了1150年前后，"新逻辑"（*logica nova*），即《前分析篇》（*Prior Analytics*）和《后分析篇》（*Posterior Analytics*）、《论题篇》（*Topica*）和《辩谬篇》（*De sophisticis elenchis*）也传到了西方，沙特尔的蒂埃里在关于七艺的教科书《七艺手册》（*Heptateuchon*）中已经能够利用完整的《工具论》。总的说来，关于亚里士多德哲学和科学著作的间接

---

①　Klibansky.

知识在这一时期迅速增长，这为他在 13 世纪占据统治地位铺平了道路。

　　沙特尔学校在历史上之所以重要，很大程度上是因为它能够接触到新的知识来源，而这是通过越来越密切地接触阿拉伯和拜占庭文化而实现的。虽然在 12 世纪，西方与拜占庭东方还没有直接进行交流，但是经由南意大利修道院的中介，间接的接触至少已经发生。阿拉伯科学开始沿着这条通道以及经由西班牙大举渗透。在深入这一话题之前，首先需要交代一下，自古代文明结束以来，东方的情况是如何发展的。

第二章　伊斯兰的贡献①

13. 公元 529 年,雅典异教哲学的最后一个学园被罗马皇帝查士丁尼(Justinian)关闭,差不多在同一时间,亚历山大里亚失去了它的文化中心地位,照亮科学的古代光源完全熄灭。然而,光本身并未消失。它早已到达其他中心,有朝一日将会重新照亮那些地方。

在这些中心当中,拜占庭首屈一指。希腊知识在那里得以保存,大量手稿免遭厄运,后来将使古代重新焕发生机。倘若这些手稿当时流落到一些文明程度不高的地区,很可能就不会这么幸运。然而,拜占庭人的功劳几乎仅仅是保存。尽管指责他们毫无建树可能有些夸张,但从希腊文化结束到 1204 年都城君士坦丁堡被十字军攻陷,他们并没有在哲学或科学领域做出任何实质性推进。

眼下,我们应把更大的历史意义归于希腊文化在近东的保存,这是基督教在这些地区传播的直接结果。在公元后的几个世纪,基督教会对神学的发展主要依靠希腊思想家,至少是受过希腊语教育并用希腊语写作的思想家,所以,无论基督教传播到哪里,都会带来它的教义以及希腊和希腊化文化。

---

① De Lacy O'Leary, Mieli, Sarton I, II.

在尼西亚会议（council of Nicaea，325 年）之后不久，安条克（Antioch）和尼西比斯（Nisibis）出现了一些希腊学校，波斯人征服尼西比斯（363 年）后，这里的学校转移到了埃德萨（Edessa）。又因为基督教的聂斯脱利派（Nestorians），即 431 年被废黜和放逐的君士坦丁堡牧首聂斯脱利（Nestorius）的追随者，在这里建立了他们的科学中心，所以埃德萨的重要性大大提高。489 年，反聂斯脱利运动在东部教会的复兴致使东罗马帝国皇帝弗拉维乌斯·芝诺（Flavius Zeno）下令关闭了这所学校，于是它又搬回到尼西比斯，使得在波斯的统治下也建立了一个带有纯粹希腊倾向的研究中心。在这些学校，起初带有神学导向的课程不可避免会朝着世俗的方向发展。研究希腊神学著作需要熟悉亚里士多德的逻辑和辩证法，为此，《工具论》的部分内容以及波菲利的《〈范畴篇〉导论》被译成了叙利亚文供学生使用。

在有着强烈亲希腊倾向的波斯国王考斯劳（Husraw Anûširwân，希腊文名：Chosroes）统治下，尼西比斯学校研究的世俗部分在贡迪萨波(Ğundî-Sâpûr)大学得以继续。在那里，不仅聂斯脱利派学者，而且被查士丁尼逐出雅典的异教哲学家们——比如亚里士多德评注者辛普里丘和新柏拉图主义者达马斯基奥斯——也可以发挥作用。为了服务于医学院的教学，一些希腊医学著作被译成叙利亚文；贡迪萨波大学还拥有一个观象台，数学作为天文学的一门辅助科学得到研究。

对希腊文化的传播做出贡献的还有基督一性论派（Monophysites），不过他们敌视聂斯脱利派，在劝人改宗方面与之竞争。属于这一派别的有：医生和哲学家雷塞纳的塞尔吉乌斯

(Sergius of Resaina),他于 6 世纪初将大量希腊哲学和科学著作译成叙利亚文,其中包含盖伦的一些著作;大约一个世纪后,肯奈斯雷(Qennešrê)的主教塞维乌斯·塞伯特(Severus Sêbôht)翻译了亚里士多德《工具论》的部分内容,还写了关于地理学和天文学主题(比如星盘)的著作,其内容源自希腊。

14. 然而与此同时,在这些国家,伊斯兰教作为一种新兴力量已经开始在各个领域渗透(先是在宗教领域,然后在政治领域,最后在哲学和科学领域)。阿拉伯人在大举扩张政治版图的同时,还表现出一种显著的能力,那就是吸收被征服国家更为古老和丰富的文明。阿拉伯科学在短时间内就达到了很高水平,暂时使西欧难以望其项背。

这种科学被称为阿拉伯科学,并不是说它实际产生于阿拉伯国家,也不是说它完全是由阿拉伯人创造的,恰恰相反:巴格达、大马士革、科尔多瓦、托莱多等阿拉伯科学发展的主要中心都位于别的地方,对其做出贡献的学者分属不同国家,也并不都是穆斯林。他们唯一的共同之处是都把阿拉伯语作为媒介,从而使阿拉伯语对于这一文化圈获得了拉丁语对于基督教欧洲的那种意义。

起初,伊斯兰的科学活动是纯粹接受性的。来自希腊和印度的知识必须首先被译成阿拉伯语才可能被一般人读懂。由于这种语言此前从未服务于这一目的,因此必须先作相应调整。

15. 公元 8、9 世纪,曼苏尔(Al-Mansûr)、哈伦·拉希德(Hârûn al-Rašîd)和马蒙(Al-Ma'mûn)等阿拔斯(Abbasid)王朝的伟大的哈里发们热情地承担了这一任务,此后又有较小的王室和富裕的个人将它进一步推进。起初引起兴趣的主要是医学和占星学著作,但没过多久,天文学也引起了王侯们的特别关注。建立天文台、建造测量仪器和精确的观测不断被提及。不久,数学和哲学著作也被翻译过来。到了 9 世纪末,可以说保存下来的希腊哲学科学文献以及印度数学和天文学的最重要的部分都已被译成阿拉伯文,并且被伊斯兰文明所吸收。与此同时还发展出了一种独立的阿拉伯科学,它能将来源各异的异质要素结合在一起并加以发展。

在把希腊文翻译成阿拉伯文的过程中,(特别聂斯脱利派所从事的)叙利亚科学再度发挥了重要作用,因为叙利亚语起初被当作桥梁。在马蒙统治时期,巴格达建立了一个由侯奈因·伊本·伊沙克(Hunayn ibn Ishâq)领导的翻译机构,它将大量希腊文著作直接译成了阿拉伯文。

16. 这里只能简要提及几位阿拉伯学者,他们对于古代文化传入中世纪西欧文明特别重要。阿拉伯科学本身的意义无法通过这种方式得到揭示,这些内容出了本书的范围。我们没有给出完整的阿拉伯人名的转写,而只给出了最常见的名字和西方流行的拉丁化写法。

(1) 花拉子米(Al-Khuwârizmî),9 世纪的数学家和天文学家,后来也被称为 Algoritmi 或 Algorismi。他根据希腊和印度文献编写出一种阿拉伯所特有的数学,其中使用了有效的印度数字记号(即我们今天仍在使用的印度-阿拉伯位值制[positional system]),代数(algebra)的名称和概念也因此被传播到西欧。他还使印度的天文表为人所知,其中使用了正弦和正切三角函数。

(2) 哲学家金迪(Al- Kindî),对亚里士多德作新柏拉图主义解释的奠基人,这种解释将一直代表着阿拉伯人对亚里士多德体系的典型理解。他还写了几部物理学方面的著作(关于气象学、比重的测定、潮汐、光学)。

(3) 数学家和天文学家萨比特·伊本·库拉(Thâbit ibn Qurra)。他在历史上之所以重要,不仅是因为他翻译了大量希腊数学著作,而且也因其著名的岁差理论。他认为,岁差并不像希帕克斯和托勒密所认为的那样,是由于恒星不断沿同一方向共同运动,而是源于一种围绕中间位置的周期性摇摆。这种所谓的颤动(trepidation)理论虽然没有根据,却意外取得了成功。

(4) 天文学家法加尼(Al-Farġanî 或 Alfraganus),根据《天文学大成》写成了《天文学纲要》(*Elements of Astronomy*),这部著作对欧洲天文学研究影响甚大,一直到 15 世纪。

(5) 天文学家巴塔尼(Al-Battânî 或 Albategnius),因其精确的观测而著称,这使他能够给出一些更准确的天文学常数值(如黄道倾角和岁差常数)。他发现了太阳轨道拱点线的运动,而这一点连托勒密都没能察觉到。他还编写了一部重要的天文学手册,直到 16 世纪,其权威地位都无可撼动,三角学也在其中得到进一步发展。他还为托勒密《占星四书》写了一部评注,这表明天文学与占星学仍然存在着密切关系。由此,他与马萨拉(Mâšallâh)和阿布·马沙尔(Abû Maʿšhar 或 Albumasar)等其他阿拉伯占星学家共同保存了希腊的生辰占星学。

(6) 数学家、医生和天文学家阿尔哈曾或伊本·海塞姆(Alhazen 或 Ibn al-Haytham)。他写有几部著作,后来闻名欧洲的主要是一部讨论晨昏现象和大气高度的短论《论晨昏》(*De*

crepusculis）和一卷大部头的《光学宝鉴》（*Thesaurus Opticae*）。特别是后一著作，超出了希腊人在理论光学和实验光学领域的所有成就，他也因此对 16、17 世纪以前的欧洲物理学非常重要。在一部讨论取火镜［即凸透镜］（burning-mirror）的著作中，他在希腊学者工作的基础上，详尽而准确地讨论了关于球面镜和抛物面镜的数学理论，以及眼睛的结构和运作。他的名字一直与所谓的"阿尔哈曾问题"相联系，即确定球面镜上的一点，使一束从特定光点发出的光线能够经由该点反射到眼睛。由这个问题引出了一个倍二次方程，他通过希腊方法借助圆锥曲线用几何方式解决了这个问题。

（7）天文学家比特鲁吉或阿尔佩特拉吉乌斯（Al-Bitrûǧî 或 Alpetragius）提出了一种不同于欧多克斯和托勒密的行星运动理论，它在中世纪并非没有追随者。这一理论的内容我们将在以后讨论（Ⅱ：142）。

（8）阿维森纳或伊本·西那（Avicenna 或 Ibn Sînâ），他对于医学思想和一般哲学思想特别重要。其《医典》（*Canon of Medicine*）在中世纪获得的权威地位几乎无可撼动，因为这部著作被认为调和了希腊医生盖伦的体系和亚里士多德的哲学。他的《亚里士多德〈物理学〉评注》（*Sufficientia*）等哲学著作对经院哲学产生了深刻影响。他更多是一个柏拉图主义者，而不是亚里士多德主义者，他为亚里士多德思想赋予了一种柏拉图主义色彩。从长远来看，这阻碍了对亚里士多德体系的正确理解。

（9）最后是亚里士多德的评注者阿威罗伊或伊本·鲁世德（Averroes 或 Ibn Rušd），从历史的观点看，他也许是最重要的阿拉伯思想家；后来中世纪把阿威罗伊称为"那位评注者"（the Commentator），就像把亚里士多德称为"那位哲学家"（the Philosopher），把圣保罗称为"那位使徒"（the Apostle）一样。阿威罗伊对经院哲学的影响极大，以至于有些思想学派以他的名字命名，我们以后还会多次提到这种影响。不过眼下，我们只提及他作为哲学家的两个典型特征：

①阿威罗伊力图使哲学摆脱与神学的一切联系，更不要隶属于神学；因此他对神学家持攻击态度，神学家也把他斥为理性主义者。

②阿威罗伊对亚里士多德无比崇敬，称其全知全智。在此后的数百年里，人们将一直这样看待亚里士多德。自然创造了亚里士多德，是为了显示人可能获得的完美的极致。天赐予我们亚里士多德，是为了让我们知道什么是可知的。他的学说是至高真理，他的心灵是人类智慧之巅。

17. 当我们泛泛地考察阿拉伯科学时，它主要显示为一种以东方要素为补充的希腊科学的翻版。在大多数领域，它的功能都是保存而不是创造。只有数学和几何光学是例外，特别是在代数和三角学方面，它得出了全新的成果，在某些几何成就方面也追平甚至超过了希腊人。但是从历史的观点来看，这种保存功能（它在任何方面都超过了拜占庭）至关重要。它成为使希腊科学传播到西欧的最重要的桥梁，因此，12、13 世纪发生的伟大的思想复兴首先应当归功于求知若渴的拉丁基督教获得了来自阿拉伯的知识和智慧财富。

如上所述，在意大利南部的两西西里王国，西方能够同时接触到拜占庭文化和阿拉伯文化。早在中世纪早期,那里就已经有了藏有希腊文书籍的拜占庭修道院,出于宗教原因逃离东罗马帝国的僧侣们在那里找到了避难所。到了 8 世纪,随着撒拉森人(Saracen)①的统治,阿拉伯人的影响也渗透了进来,这种影响在北欧人统治时一直持续着。因此毫不奇怪,在这一地区产生了最早的欧洲科学中心:那不勒斯湾的萨莱诺早在 9 世纪就有了一所著名的医学院,它受益于直接保存下来的希腊医学以及对阿拉伯医学的借用。迦太基的非洲人康斯坦丁(Constantinus Africanus)于 1070 年前后定居在这里,他曾在东方长时间游历,其间收集了大量阿拉伯文手稿。通过在卡西诺山(Monte Cassino)修道院等地的翻译活动,他使得阿拉伯-希腊科学第一次实质性地进入西方。

到了 12 世纪,英格兰人巴斯的阿德拉德(Adelard of Bath)也采用同样方法,在游历过程中收集手稿。他曾于 1120 年前后将《几何原本》从阿拉伯文译成拉丁文,由此西方第一次知道了欧几里得的《几何原本》。也正是因为他的工作,西方才知道了花拉子米的《算术》(*Arithmetica*),其中讨论了印度—阿拉伯数制等内容。他还使一些天文学著作为人所知,并且在他本人的一部著作中扮演了一个角色,这部著作我们将在后面讨论(Ⅱ:25)。

18. 不过,最重要的接触地是西班牙。穆斯林的统治瓦解之

---

① 在西方的历史文献中,"撒拉森"最常用来笼统地泛称伊斯兰的阿拉伯帝国。在早期的罗马帝国时代,撒拉森只用以指称西奈半岛上的阿拉伯游牧民族。后来的东罗马帝国则将这个名字,套用在所有阿拉伯民族上。特别在 11 世纪末的十字军东征后,欧洲人普遍用"撒拉森"来称呼所有位于亚洲与北非的穆斯林。——译者注

后,仍有大批讲阿拉伯语的人留在西班牙北部;而在西班牙南部,13 世纪前的科尔多瓦和 15 世纪前的格拉纳仍然是伊斯兰文化的堡垒。然而,最重要的传播中心是托莱多,它虽然已经在 1085 年被基督徒征服,但仍然是东方科学的中心。在大主教雷蒙德(Raymond)的推动下,这里出现了一批翻译家,他们的工作对于西方科学的发展极为重要。翻译工作通常由两位学者合作完成,其中一位懂阿拉伯语和西班牙语,另一位懂西班牙语和拉丁语。于是,多明戈·贡迪萨尔沃(Domingo Gundisalvi)与一个皈依基督教的犹太人塞维利亚的约翰(John of Seville 或 Johannes Hispalensis)合作翻译。还有一些人在托莱多或西班牙和法国南部的其他城市以同样方式工作或直接翻译,比如蒂沃利的普拉托(Plato of Tivoli)与犹太人萨瓦索达(Savasorda)的组合、卡林迪亚的赫尔曼(Herman of Carinthia 或 Hermannus Dalmata)、切斯特的罗伯特(Robert of Chester,Robert de Rétines 或 Robertus Ketinensis)、布鲁日的鲁道夫(Rodolph of Bruges)、桑塔拉的乌戈(Hugo of Santalla),以及最多产的克雷莫纳的杰拉德(Gerard of Cremona),仅杰拉德一人就把 92 部阿拉伯文著作译成了拉丁文。在同一时期,舰队司令巴勒莫的欧根尼乌斯(Eugenius of Palermo)在霍亨斯陶芬(Hohenstauffen)皇帝腓特烈二世(Frederick II)在西西里的宫廷担任翻译。而稍后不久,被称为魔法师的著名的苏格兰人迈克尔(Michael Scot)在漂泊一生之后,也在这里完成了他最重要的翻译工作。

与本书通常的做法不同,这里我们较为完整地列举了 12 世纪的翻译家。这些名字过于陌生,我们通常很少能够充分认识到他们对西方文化极其重要的贡献。他们的辛劳并不只是将一个熟悉的主题转换成一种已经拥有所有必要技术术语的相关语言,而是慢慢探入一个陌生的思想世界,那些思想是用一种译者绝非熟悉的语言表达出来的。他们必须创造出新的术语,将这些新的观念重新用拉丁语表达出来。这些西方的翻译家,以及在几个世纪以前不得不用阿拉伯文表达希腊著作内容的阿拉伯学者,在任何欧洲科学发展史中都应当提到。

19. 通过他们的共同努力,众多著作终于展现在西方人面前。引人注目的是,其中有许多占星学著作。有几种拉丁文名为 *Quadripartitum* 的《占星四书》的译本,以及同样被归于托勒密的《金言百则》(*Centiloquium*)的译本,还有马萨拉和阿布·马沙尔等阿拉伯占星学家的著作。有许多天文学著作与占星学著作相关联,而且并不总能严格区分,它们经常讨论那个时代普遍使用的观测仪器——星盘;但也有内容完备的天文学教科书,比如托勒密、花拉子米、法加尼和巴塔尼的纯天文学著作都已经为人所知。除了占星学著作,关于魔法、预言术和炼金术的论著似乎也很受欢迎。纯数学著作绝不在少数。前面我们已经提到,巴斯的阿德拉德使欧几里得的《几何原本》为人所知;通过克雷莫纳的杰拉德的努力,还出现了欧几里得的《已知量》(*Data*)、阿基米德的《圆的面积》(*Dimensio Circuli*),也许还有阿波罗尼奥斯的《圆锥曲线》(*Conica*),当然还有几部阿拉伯数学家的原创著作。巴勒莫的欧根尼乌斯翻译了托勒密的《光学》(*Optica*)。最后,希腊和阿拉伯学者的自然哲学著作构成了一个非常重要的类别。克雷莫纳的杰拉德翻译了亚里士多德的《物理学》、《论天》、《气象学》和《论生

灭》,于是亚里士多德的主要哲学著作中只有《形而上学》仍然不为
人知。不过眼下,人们更加关注的是被归之于他的《原因之书》
(*Liber de Causis*),它就是我们已经提到的普罗克洛斯的新柏拉
图主义的《神学原本》(*Elementatio theologica*),还有属于同一领
域的《亚里士多德的神学》(*Theologia Aristotelis*)。阿维森纳、法
拉比(al-Fârâbî)、阿维塞卜洛(Avencebrol 或 Avicebron)、加扎利
(Al-Gazzâlî)等阿拉伯学者的著作也进一步为人所知;这里,亚里
士多德主义也越来越多地传播开来,虽然披着新柏拉图主义的外
衣,但阿拉伯人正是这样了解亚里士多德主义的。

第三章 12世纪的科学^①

第一节 孕育中的科学

20. 这些终于重见天日的知识文献的鲜明科学特征与12世纪沙特尔学校所特有的那种精神相当契合,难怪我们可以在沙特尔学校自己的科学作品与翻译家的工作之间找到某种关联或相似性。卡林迪亚的赫尔曼是蒂埃里的学生,他翻译的托勒密的《平球论》(*Planisphaerium*)便是献给蒂埃里的,也许是在蒂埃里的敦促下,他前往西班牙旅行。巴斯的阿德拉德在翻译的同时写出的哲学论著《论同与异》(*De eodem et diverso*)与沙特尔的贝尔纳的学生孔什的威廉(William of Conches)的著作之间也存在着明显的相似性。

这两位学者都是12世纪科学的典型代表。他们都对物理问题有强烈兴趣,并试图通过独立的思考和探究来解决这些问题。他们并没有取得太多实质性的成就,只要我们设身处地体会一下

---

① Baumgartner,Duhem(6)III, Liebeschütz, Picavet(1), Reuter II, Taylor, Thorndike II, Werner, Willner.

他们那个时代的精神,意识到科学发展依然困难重重,而且在未来的数百年里仍将如此,就不会感到奇怪了。在讨论巴斯的阿德拉德和孔什的威廉的著作之前,我们必须就这些困难再说几句,因为只有正确估计了困难的严重程度,才可能对其成果做出公正评判。

21. 这些困难可归于三种原因:(1)科学研究者所固有的一般精神态度;(2)当时的知识和技术水平;(3)自然科学本身的特征。

为了正确理解第一点,我们必须用心体会中世纪思想家对传统权威的敬畏,认识到这种情绪对自然知识领域的主导就像对信仰领域的主导一样强烈。在信仰方面,人们不加批判地接受了教会的权威;而在自然知识方面,他们也几乎同样有把握地接受了希腊思想家的权威,就好像后者已经得到了教会认可。正如启示已经在《圣经》和教会的评注中一劳永逸地给出,所以人们也很自然地认为,自然知识的本质内容已经在古代伟大科学人物的著作中完全给出。自然科学并没有被视为某种必须不断加以更新和阐释的东西;人们确信它已经在那里,至少是曾经存在过,只需重新发现它就可以了。

无论如何,这是流行的看法。但有足够多的例子表明,有个别思想家并不这样看。中世纪学者曾经多次指出,在世俗事务中不能诉诸权威。在目前讨论的这一时期,巴斯的阿德拉德宣称,他从他的阿拉伯导师那里学会了在自然知识方面应把理性置于权威之上,古人之所以现在能够获得权威性,恰恰是因为运用了自己的理性。① 里尔的阿兰(Alanus de Insulis 或 Alain de Lille)则谈到权

---

① 　Thorndike Ⅱ 28.

威的蜡鼻,可以被捏成各种形状;他还推论说,应当依靠每个人自己的理性洞见。①

不过,最清楚地表明希腊哲学家拥有内在权威性的莫过于这样一个事实,即那些强烈反对诉诸希腊哲学家权威的学者同时也深受其思想的影响,他们就像最忠实的追随者那样,未经批判就从希腊哲学家那里接受了物理世界图景的本质基础。他们与同时代那些不加批判的人的物理理论的不同与其说在于内容,不如说在于如何从心理上解释这种对古代观点的接受;他们接受是因为他们确信这些观点为真,其他人接受则是因为这些观点的来源。

22. 导致一种独立的中世纪科学没能产生和发展起来的第二个原因是数学的发展水平极低,以致任何定量的物理理论暂时都不可能出现。即使能够摆脱希腊传统的束缚而重新开始,这种情况也改变不了多少。我们甚至可以反过来说:倘若整个希腊和阿拉伯数学都已经为人所知,并且(这是一个更强的条件)被中世纪思想完全吸收,这种困难就会小得多。虽然希腊和阿拉伯数学还不懂得如何在数学上处理量的依赖关系和可变性,但如果真正认真考虑把数学概念用于处理物理现象,那么通过与 12 世纪正在发展的物理科学的相互作用,就有可能像在 16、17 世纪那样从古代的比例论中发展出这些思想。这一点实际上已经有所表述。《智慧篇》(*Sapientia*)中说的上帝以量度(*mensura*)、数(*numero*)和重

---

① Baumgartner 28. "因为权威有蜡鼻,能够在各种思想中被弄弯,为想法所强化。"(*Sed quia auctoritas cereum habet nasum, i. e. in diversum potest flecti sensum, rationibus roborandum est.*)

量（*pondere*）来安排世界①当时已经很流行，还可以补充一句圣奥古斯丁的话，即主宰着自然秩序的数本身又遵循着属于永恒真理的法则。② 然而，在一个关于量度和秩序、数和重量的最基本的科学原理仍然有待学习的时代，我们如何能够指望这一基本洞见能够产生效果呢？

这样一来，自然会产生如下问题：技术发展的缺乏应在多大程度上为物理思想的缓慢发展负责？如果对希腊数学有足够多的了解，那么这个因素和缺乏一种数学的可变性理论一样，似乎都不是决定性的因素。和物理学与数学一样，物理学与技术也是在相互作用中发展的。物理学需要借助技术来制造研究仪器，但又会回馈以新的发现和激励。此时万事俱备，只欠开端。一个能够建造彩色玻璃窗大教堂的时代无疑有足够的技术能力为物理学提供最初的仪器；只要能够感受到需求，无论是伽利略的斜槽还是托里拆利（Torricelli）的玻璃管，在技术上都不是不可能的。

23. 第三个原因触及了问题的根本，那就是这种需求没有被感受到。这是因为学者们还不知道应当如何以正确的方式研究科学，实现其双重目标，即深入了解自然的运作方式，并学会控制由此显示出来的自然力。事后来看，既然已经确定科学探索并未误入歧途，那么接下来要做的似乎很简单：集中注意力，精确地观察，孤立出现象，提出假说进行解释，通过有意制造的新现象来证明其推论；接下来：测量，用数学表达结果，为预言的定量证实做准备；

---

① 《智慧篇》（*Liber Sapientiae*）11：21. [《智慧篇》只保留在天主教《圣经》中，这句话的思高本译文是："但你处置这一切，原有一定的尺度、数目和衡量。"——译者注]

② St. Augustine (2)，*De libero arbitrio* II. XI-XVI.

最后:提出一套数学概念,以一种理想化的形式来描述所研究的自然现象领域,这也许是人的心灵所能达到的对自然的最高理解。

然而,这种看似显然的方法论洞见却要经过漫长的艰苦探索才能获得,在我们目前讨论的这一时期,这种探索在中断了几百年之后才刚刚重新开始,还有许多几乎无法避免的错误需要克服。

24. 其中一个错误在于高估了思想本身的力量,认为不借助经验就能在自然科学领域取得成就。那位在12世纪影响最大的希腊哲学家柏拉图,便是以一种近乎荒诞的方式深受其害,这种高估在他那里乃是源于心灵的一种片面的数学态度。人的心灵相信(这在多大程度上是幻觉,我们这里不讨论),不必借助经验,仅凭自身的力量就可以创造出数学,这容易使人的心灵以为,大概也可以通过同样的方式获得自然知识。然而,自然是一种外在于我们的冷冰冰的实在,那些确信能够通过自己的思辨来理解自然的人都会受到惩罚,他们的工作将是徒劳的。用弗朗西斯·培根的一个比喻来说,①数学家就像蜘蛛,用自己的东西织网,而物理学家则必须像蜜蜂,通过从外界辛勤收集来的东西酿蜜。

和数学一样,物理学也需要有自己的方法。虽然希腊人成功地找到了数学的方法,但这并不能保证他们也能找到物理学的方法。

显然,他们没能做到这一点,其中的原因我们在讨论他们的自然科学时已经部分列举了,前面也已经再次提到。这一切都归因

---

① Francis Bacon, *Redargutio Philosophiarum*. *Works* Ⅲ 583. 参见 NO Ⅰ 95. *Works* Ⅰ 201。

于他们缺乏科学研究所必需的那种思想规范。仅仅凭借着少量经验材料,他们就建立起包罗万象的理论,过分希望使人的理论世界图景有一种条理清晰的结构和令人愉悦的和谐,并且使他们的科学思想与宗教观念过于紧密地纠缠在一起。

如果他们的理论周围笼罩着传统权威的神圣光环,它几乎具有教义在宗教事务中的那种权威性,那么刚刚起步的西欧科学没能立即意识到,希腊人并未教给他们关于自然的最终真理,也就不足为奇了。为了找到这一真理,必须遵循完全不同的方法。

第二节　巴斯的阿德拉德与孔什的威廉

25. 现在回到 12 世纪的科学,我们将简述巴斯的阿德拉德[①]和孔什的威廉[②]的著作所揭示的世界图景,还会提到法国柏拉图主义者贝尔纳·西尔维斯特(Bernard Sylvester)的著作。[③]

除了前面已经提到的《论同与异》,巴斯的阿德拉德还写了一部对话体著作《自然问题》(*Quaestiones Naturales*)。对话在作者和他的侄子之间展开,作者刚刚旅行归来,对阿拉伯科学的印象依然历历在目,他的侄子则在法国受过经院教育。除了关于柏拉图《蒂迈欧篇》的著名评注,孔什的威廉还写过《世界的哲学》(*Philosophia Mundi*),其内容与他后来写的《自然哲学对话录》(*Dragmaticon Philosophiae*)基本一致,只有几个地方存在一些

---

①　Thorndike Ⅱ,Willner.

②　Werner.

③　Thorndike Ⅱ 99. Sarton Ⅱ 198.

有趣的差别，对此我们还会进一步讨论。贝尔纳·西尔维斯特写了一部带有强烈占星学色彩的论著《论世界的整体性》(*De Mundi Universitate*)，在中世纪流传甚广。在三位学者这里，我们能够深刻感受到柏拉图自然学说的影响，它通过在中斯多亚派的《蒂迈欧篇》评注中与亚里士多德的元素说相融合而发展起来。这种解释自然现象的方式的影响现在又一次被强烈感受到，不仅是因为它仍然活在教父的宇宙论中，而且也因为阿拉伯科学文献产生了明显影响。通过非洲人康斯坦丁的中介，盖伦的著作尤为西方所知，为了给源自医学经验的盖伦体系建立哲学基础，非洲人康斯坦丁使用了教父们用于《创世记》评注的那些资料。两种潮流的融合现在使人希望能够从物理上解释物质世界的创生和构成。

目前的情况与自然科学在16、17世纪的样子仍然相去甚远（正如已经指出的那样，我们不能指望还能是别的样子），但在某种意义上，我们甚至比13世纪更接近它，因为在13世纪，科学探究受到了亚里士多德物理学的影响，对事物本质的追问取代了对其作用的追问。而我们眼下所讨论的著作只运用了物理的而非形而上学的解释原则。例如，孔什的威廉把大气现象分为气类的（风和风暴）、水类的（云和雨，彩虹也被讨论）和火类的（雷和闪电、流星、彗星和电击发光），试图借助大气中的运动和它的组分吸取或放出热量而经历的变化来解释所有这一切；他还基于元素的性质提出了一种人体生理学，虽然其中包含的许多观念被后来的科学证明是不充分的，但并没有什么东西需要从根本上斥之为非物理的。这一点也同样适用于巴斯的阿德拉德和孔什的威廉对物质结构的看法；显然，他们都认为物质世界的变化源于各个微粒不同的排列组合。孔什的威廉认为这些微粒在质上是单纯的，在量上是最小的(*simpla ad qualitatem*，*minima ad quantitatem*)，但并没有称它们为原子。它们也不是德谟克利特或伊壁鸠鲁意义上的原子，因为它们可能在质上彼此不同。

26．孔什的威廉的世界图景有一种典型的柏拉图主义特征，那就是他并没有把人和野兽的创造归于造物主本身。这里的造物主就像《蒂迈欧篇》中的巨匠造物主那样，把这项任务交由他业已创造出来的星辰和灵智来执行；他本身只是为以自然方式形成的肉体赋予灵魂，使之成为活物。这种看法有两个重要结果：首先，可作纯科学解释的领域被大大拓宽；其次，对物质自然的强烈影响被归于星空。

前一个结果显见于孔什的威廉对《创世记》中造人记述的阐释：亚当被从尘土中创造出来应当理解为，他的身体出自物质的一部分，在这种物质中，元素的性质已经被恰当地结合起来；而夏娃出自亚当的一根肋骨就意味着，她是通过自然力的作用，由并非与亚当完全不同的另一部分物质产生的。孔什的威廉在这里预先为自己可能受到的自然主义指责作了辩护，这种指责会说，他把实际上来自于上帝的所有东西全都归于独立运作的自然；而这并非他的意图：自然之所以起作用，是因为上帝赋予了它这样做的能力。

然而，在对某个事件给出科学解释的时候，不应援引上帝的全能。巴斯的阿德拉德也表达了同样的观点，于是他们都给出了中世纪最优秀的思想家一直遵循的一条原则：无论他们的世界观是多么以神为中心(theocentric)，无论在万物之中和背后可以多么强烈地感受到上帝的存在和影响，在科学问题中都不能直接向上帝乞援,那里是弱者的避难所(*refugium miserorum*)。在这方面,孔什的威廉还告诫他的读者,不要让《圣经》涉足科学问题:《圣经》并没有讲述万物在世界创生时如何发生,而只是用隐喻性的语言描述了创世的结果。

27. 在当时的思想气氛中,神学特征占统治地位,面对这种情况,中世纪的自然研究者往往心情复杂,孔什的威廉便是典型的例子:科学思想不可能不进入神学掌控的领域,这容易与捍卫教义纯洁性的人发生冲突,他们往往把科学看成一种令人生疑的、近乎异端的活动。这些困难孔什的威廉也不能幸免:圣蒂埃里的威廉,即圣蒂埃里修道院的院长,在一封致明谷的贝尔纳(Bernard of Clairvaux,他对自然现象的科学兴趣并无太多好感)的信中首先反驳了那种柏拉图主义理论,即上帝只把灵魂赋予了肉体。在他看来,这种思想似乎与摩尼教教义相去不远,摩尼教认为,肉体被魔鬼创造出来,只有灵魂源自一个善的神;他进而抗议孔什的威廉把能力、智慧和意志这三种性质分配给神圣的三位一体的三个位格,这种看法与把圣灵等同于柏拉图的世界灵魂(这是激活无生命的物质世界的要素)相关联;最后,他强烈谴责孔什的威廉提出了《圣经》只字未提的原子论理论:他在其中看到了伊壁鸠鲁的影响,并且毫不退缩地指责孔什的威廉为异端。

后一反应显示了自拉巴努斯·毛鲁斯以来对原子论的严重不信任又再次产生;这或许与清洁派(Cathari)和阿尔比派(Albigenses)等异端教派偏爱原子论观念有关。在整个中世纪,微粒理论的拥护者都容易受这种指责,即使他们的观点与原子论者有根本不同。孔什的威廉的观点就是如此:他那里的最小部分并不是一种没有性质的原始物质微粒,而是在质上各不相同的元素的最小单元;我们已经看到并将再次看到,这种观念其实并非与亚里士多德和经院学者的基本原理不相容。孔什的威廉所遵循的传统并非德谟克利特和伊壁鸠鲁的传统,而是希腊医学诸派别的传统,很难判定这些派别在多大程度上源于伊壁鸠鲁、柏拉图或亚里士多德的学说。

28. 顺便说一句,圣蒂埃里修道院院长的指责并没有导致严重的冲突。在《自然哲学对话录》中,孔什的威廉不再提及《世界的哲学》中被认为与教会教义或《圣经》相冲突的观点;关于创世记述,他现在信守《圣经》的本文,而且不再把能力归于圣父,把意志归于圣灵,因为这一点并没有《圣经》的根据;不过,他依照圣保罗的说法,仍然坚持把智慧归于圣子。他坚决否认自己的微粒理论就是伊壁鸠鲁的原子论。在这样使自己的内心得到宽慰之后(他指出,语词并不制造异端,而是制造辩护[1]),他继续以第一部著作的风格做哲学,但与此同时,他不声不响地放弃了把圣灵等同于柏拉图的世界灵魂。

因篇幅所限,这里不容许更详细地讨论孔什的威廉有趣的人格了。不过,有必要提到他的科学态度的一个典型特征:他认为语言研究是不可或缺的,只有这样才可能参考原始资料。至于他是否懂得希腊语和阿拉伯语从而实践了这一原则,我们已经不得而知,但索尔兹伯里的约翰(John of Salisbury)称他为那个时代继沙

---

① *Verba enim non faciunt haereticum, sed defensio.* Reuter II 300.

特尔的贝尔纳之后最出色的语法家,看来他对拉丁语非常精通。[①]

29. 巴斯的阿德拉德在思想上很接近孔什的威廉。他完全同意孔什的威廉来自柏拉图《蒂迈欧篇》的信念,即地球上的物理现象受天体的支配。巴斯的阿德拉德的《论同与异》的标题本身就让人想起柏拉图对"同"($\tau\alpha\dot{\upsilon}\tau\acute{o}\nu$)与"异"($\theta\acute{\alpha}\tau\epsilon\rho o\nu$)的区分[②],从而显示了《蒂迈欧篇》的影响。巴斯的阿德拉德把天体称为神圣的生物,它们是所有较低事物的本原和原因。如果掌握了天文学,那么不仅可以理解地界事物的现在,而且也可以理解它们的过去和将来。这些天界生物的身体虽然由四种地界元素所构成,但在它们的组成中,占统治地位的组分是那些最有益于生命和理性的东西,特别是一种友善而无害的火;正因为此,也是因为它们具有完满的球形,它们才与人的理性如此和谐,仿佛是一种精致而纯净的理性。既然在我们这个黑暗无序的世界中,理性已经可以预见到这么多东西,那么凭借其确定不变的运动,它们显然能够展示出更多的智慧。

巴斯的阿德拉德认为天体在引导地界事件方面起着很重要的作用,这使他危险地接近了一些若进一步发展便可能惹来麻烦的神学观点。因此,当他的侄子在那篇谈话中问,那个固定不动的东西($\ddot{\alpha}\pi\lambda\alpha\nu o\nu$),即恒星天球之外的固定区域是否可以被称为上帝时,他的回答是,在某种意义上这也许是对的,但在另一种意义上却很糟糕,所以对此还是不发表意见为好。

---

①　Johannes Saresberiensis, *Metalogicus* I, *c*. 5. PL CIC 832.

②　Plato (1) 35 A.

30. 孔什的威廉和巴斯的阿德拉德的理论对占星学的强烈偏爱在贝尔纳·西尔维斯特那里达到了顶峰，他的观点更像是出自于一个 16 世纪文艺复兴的思想家，而非 12 世纪的经院学者。他认为，星辰主宰着自然，预示着未来。那些慎思明辨的人可以从星辰中读出他将要遭遇到的许多事情以及别人的许多情况。占星学还可以给出有关人的性格、疾病、健康、福利、土地的肥沃、海洋和空气的状况，以及贸易和旅行等信息。这里距离彻底的生辰占星学只有一步之遥。

这些出现在 12 世纪的思想竟然没有遭到任何神学反对，这着实令人吃惊。在给明谷的贝尔纳的信中，圣蒂埃里的威廉丝毫没有提及孔什的威廉著作中明显的占星学倾向，其他柏拉图主义者似乎也没有因此而感到不安。显然，与教父时代相比，基督教神学家已经渐渐变得更能与占星学达成和解了。

第三节　里尔的阿兰[①]

31. 如果说有一个时期，柏拉图主义是在中世纪科学思想中占主导地位的古代思潮，那么可以说，这一时期在里尔的阿兰的著作中告一段落。就在亚里士多德主义大举侵入的前夕，那些直到今天仍在统治自然科学的观念在他的著作中再次得到总结。与沙特尔学校一样，里尔的阿兰也无限崇敬柏拉图，这同样完全基于他对卡尔西迪乌斯翻译和评注的《蒂迈欧篇》片段的了解。除此之

---

① Baumgartner.

外,他只知道《斐多篇》(*Phaedo*)的名称和一般大意。对于我们的主题来说特别重要的是,他把自然作为一种主宰一切的、赋予法则的、赋予形式的力量置于上帝和世界之间。在他看来,自然与世界同时被上帝创造出来,自然现在代替上帝来管理世界的进一步发展,她是造物主的代理和恭顺的学生。自然本身并不创造什么,她关心的是现成的物质。属于她的领域的并非神圣和不朽的东西,而是有朽的物质。虽然她隶属于上帝,但却把无限的力量施予世界;特别是,她塑造了人的肉体,上帝随后为其赋予了灵魂。

里尔的阿兰的这种自然源于柏拉图的世界灵魂,卡尔西迪乌斯、索尔兹伯里的约翰和孔什的威廉(孔什的威廉区分了"造物主的作品"[*opus creatoris*]和"自然的作品"[*opus naturae*])已经为其打好了基础。然而,这两种观念的区别是,在柏拉图那里,世界灵魂就好像无意识地起作用,因为它不再关注巨匠造物主在整理世界时紧紧盯住的那些永恒理型,而里尔的阿兰的自然则被赋予了关于一切事物的知识。

里尔的阿兰所引入的这种自然概念将会有一个伟大的未来,它认为所有的自然力、其运作的规律性以及它们的相互关系都已经在自然中被实体化。它简洁地表达了物质现象背后的普遍力量。然而随着时间的推移,预想的事情发生了:如果上帝把对物质事件的操控完全留给自然,那么就很容易把执行法则的代理看得比立法者更重要。于是,对于自然的研究者而言,自然不仅容易成为他的研究对象,而且容易成为他的崇拜对象。

32. 通过引入自然这个本体,里尔的阿兰能够澄清信仰与科学的关系这个对中世纪来说相当棘手的问题。根据他的说法,科学研究的是自然的活动,科学通过研究世俗事物的本性来了解较低的原因,但却无法凭借自身的努力发现更高的原因,参透神的奥秘。里尔的阿兰在他的诗歌《反克劳狄安》(*Anticlaudianus*)[①]中隐喻性地表达了这一点:智慧女神(*Prudentia*,人的智慧的化身)可以凭借自身的力量穿过地界的空间,但是当她到达苍穹的边界时,便会茫然而止。要想穿过更高的区域到达上帝的宝座,她还需要神学(*Theologia*)和信仰(*Fides*)的帮助。因此,宗教与科学是截然分离的,但这并非因为它们彼此冲突,而是因为它们在两个完全分离的领域中运动。

里尔的阿兰让科学自己来确定她对神学的看法[②]:"关于大多数事物,我们的观点不是对立的,而是不同的。我通过理性来信仰,她通过信仰来理解。我因为知道而赞同,她因为赞同而知道。我为了能够信仰而必须知道,她为了能够知道而信仰。信仰是通过不晓得原因的赞同而获得的一种对事物的理解。"信仰之所以落后于科学,正是由于这种对原因的缺乏了解,而不是因为信仰所提供的确定性或所涉及对象的价值。里尔的阿兰带着赞许引用了格列高利一世(Gregory I)的一句话:把人的理性已经提供了证据的东西拿来信仰并非功劳。[③]

33. 明显地偏爱毕达哥拉斯主义的自然概念是 12 世纪自然

---

① 这一标题并不意味着它是反对克劳狄安的;它只是为了表明,这部著作不同于克劳狄安的诗歌《反鲁菲努斯》(*In Rufinum libri II*).后者开篇便列举种种恶行以诋毁鲁菲努斯(Rufinus),而阿兰则援引各种美德以塑造一个幸福的人. PL XXC 483-4.

② Alanus, *Liber de planctu Naturae*. PL CCX 446.

③ PL LXXVI 1197.

哲学的柏拉图主义的一个典型特征,对此里尔的阿兰有多次生动论述,在孔什的威廉、巴斯的阿德拉德和圣维克多的于格(Hugh of St. Victor)的著作中也能见到。通过波埃修的中介,所有人都受到了尼科马库斯(Nicomachus of Gerasa)数的思辨的影响,他们喜欢详细论述数在形而上学和宇宙论领域所起的关联和组织功能。数是一切生成中的事物的本原和目标,原型和印记;神正是以数为样板赋予了物体和世界以形式。数是复合体统一的基础,它把诸元素结合在一起,把灵魂与肉体结合在一起,推动星辰,统治世界。

与这种新毕达哥拉斯主义观念相关联的是对算术和音乐的高度重视;里尔的阿兰还以毕达哥拉斯主义的方式提出了一些二元对立,对奇与偶的不同价值评价在其中再次得到反映。

第四章　13世纪的科学

第一节　对亚里士多德主义的接受[①]

34. 虽然在公元1200年以前,古希腊对西欧思想产生了巨大影响,但仍有两种强大的古代思想因素仅在部分程度上产生了作用:一是亚里士多德的哲学和科学,它将在13世纪变得极有影响,本章将专门讨论它;二是希腊数学,它的重要性直到16世纪才会显示出来。

公元1200年以前,亚里士多德在西欧并非不为人知。从最早可以称得上西方思想文化的时代开始,通过波埃修的中介,部分《工具论》已经可以看到,而到了12世纪,整个《工具论》都已经为人所知。同样是由于波埃修的努力,亚里士多德的一些哲学和科学思想经由卡尔西迪乌斯和科学百科全书家们传入了西方。然而,他的著作尚未为人尽知,所以此时还感觉不到他的整个体系后来产生的那种魅力。大致可以说,13世纪是亚里士多德体系被接受和加工的时期。于是,13世纪也就成了一个思想焕然一新的时

---

① Kleutgen,Mandonnet,Sassen (2),Ueberweg-Geyer.

代,就像公元前 4 世纪诞生了柏拉图和亚里士多德体系,希腊数学达到顶峰,17 世纪经由数理自然科学的发展而发生了彻底的思想变革一样。

35. 这里再次显示了伊斯兰文化的伟大历史意义,因为同样是由于阿拉伯人的努力,亚里士多德主义才得以保存下来,并被传播到西方世界。一些阿拉伯思想家,特别是阿维森纳和阿威罗伊,认真研究和阐释了亚里士多德的哲学体系。当他们的著作经由西班牙传到西欧时,这一体系引起了哲学家的高度重视。我们已经说过,所传播的并非纯粹的亚里士多德体系。阿拉伯人从未读过亚里士多德著作的原始文本,而是只读过叙利亚文的译本;西方基督教世界现在又得到了阿拉伯文版本的拉丁文译本。此外,阿拉伯人的解释受到了新柏拉图主义的影响,加之亚里士多德的表述往往极为简练和不完整,所以对经院学者来说,他的思想的真正含义是什么,必将成为一个严重的问题。他的著作实际上很需要评注,这方面的著作的确从来也不缺。

36. 亚里士多德体系之所以会对西方文化产生如此重大的影响,是因为他对世界的看法内容全面、综合性强。虽然里尔的阿兰可能仍然把他看成纯粹的逻辑学家,但是到了 13 世纪,人们很快就认识到,决不能把他看成某个知识分支的研究者。他的哲学包含着一切可作科学讨论的内容,其中既有像动物学这样的具体学科,也有像存在论这样的一般学科。因此,它对所有思想家都很重要,无论是自然科学的研究者,还是哲学家和神学家。

亚里士多德的哲学也许对于神学家是最重要的。一旦经院学者了解了亚里士多德的《形而上学》,其中最敏锐的人就会立刻直觉地感到,这正是基督教从诞生之初就一直在寻找的东西:一种可与基督教信仰相协调的哲学体系,从而为教义学提供理性基础,为护教提供武器。

这显示出对亚里士多德哲学本质特征的极为敏锐的洞察。因为从表面上看,也许很容易产生一种印象:从基督教的观点出发,这个体系远比柏拉图的体系更难接受,到目前为止,柏拉图的体系一直在力图为基督教教义提供哲学基础。柏拉图教导说,世界并不是从虚无中创造的,而是由一个仁慈的巨匠造物主构建起来的;而亚里士多德却认为,世界亘古以来就已经存在,他还违反基督教的观念教导说,未来也是永恒的。可以把柏拉图的理型自然地解释为上帝的思想。虽然巨匠造物主在勾画了世界结构的基本特征之后便返回到其自身的存在方式,让受造的力量来完成和引导他的作品,但宇宙仍然处于神的监督之下。我们已经看到,世界灵魂与圣灵的一致在基督教思想家看来是多么自然。与此相反,亚里士多德的神是一种奇特的抽象存在,他具有如此绝对的超越性,以致几乎不能满足任何宗教需要:他完满而自足地居于世界(他并没有创造世界)之外,与世界只有一个接触点:他是一切不完美的尘世之物向往和追求的最终目标。此外,至少根据阿威罗伊对其体系的解释,既然亚里士多德已经免除了人对其尘世活动的个人责任(据阿威罗伊说,亚里士多德否认个体灵魂的存在,认为每个人的精神生活都是包含着所有个体意识的同一个智慧的表现),所以在伦理方面,亚里士多德主义似乎也比柏拉图的学说更远离基督教,柏拉图教导说,人死后将被要求对其尘世的生活负责,人可能会因其曾经的过犯而受到惩罚。

因此,拉丁基督教世界对亚里士多德的接受并非没有受到教会的阻力。洪诺留三世(Honorius III)、格列高利九世(Gregory IX)和乌尔班四世(Urban IV)三位教皇都曾颁布通谕,要么完全禁止,要么大大限制讲授亚里士多德的形而上学;只有经过长期斗争,才能克服这种阻力,并且建立起这样一种信念:教会再也找不到比亚里士多德更忠实的盟友和更坚定的支持者了。

37. 事实上,到了13世纪末,亚里士多德已经不再被视为一位可疑的异教哲学家,而是被看成基督在自然领域的先驱(*praecursor Christi in naturalibus*)。他在哲学和科学领域的权威堪比教父在神学领域的权威,这主要是由于圣方济各会和多明我会修士们的工作,在13世纪初这些修会成立之后不久,他们就开始积极投身学术生活。这实际上远非当初成立这些修会的意图,它们在存在之初,曾经反复提到研究世俗科学的禁令。但各个修会所蕴藏的巨大思想能量不会局限于宣教和护教的工作,这种工作起初曾是其唯一的目的,但那些作为托钵修会起家的修会很快就有了"研究修会"(*ordines studentes*)之名,并且参与了创立不久的大学的活动。①

第二节　托马斯主义的综合和自然科学②

38. 基督教教义与亚里士多德哲学之间的伟大综合得以实现,首先要归功于三位思想家,一位是英格兰的圣方济各会修士黑

---

① Felder,Mandonnet.
② Kleutgen,Mandonnet.

尔斯的亚历山大（Alexander of Hales），还有两位是多明我会修士——德国人博尔施泰特的阿尔伯特（Albert von Bollstädt），后来一般被称为大阿尔伯特（Albertus Magnus），以及意大利人托马斯·阿奎那，即后来的圣托马斯。至于他们如何成功地做到这一点，如何把阿威罗伊所阐释的亚里士多德学说中的危险因素变得无害，以及如何阐明那些能够充当基督教哲学基础的内容，这里暂且不谈。然而，他们取得成功这一事实在任何科学发展史中都不能不提，因为这对科学的影响极为深远。

事实上，既然哲学与神学有如此紧密的联系，亚里士多德体系中科学与哲学之间的密切关联也就成了科学与神学之间的一种关系，它比以往的教父时代或中世纪哲学的柏拉图时代结合得更为紧密。那时，只要不涉足神学领域，科学就可以肯定自己，独立于神学向前发展。但是现在，几乎任何领域都处于神学直接或间接的监管之下：纯科学问题、天文学问题、落体和抛射体的运动问题、对气压现象的解释问题等等，几乎总是会触及亚里士多德哲学的基本观点，这些观点对于神学也极为重要。在科学与哲学的交界地带，比如对物质构成和宇宙结构的研究，比以往任何时候都更触及宗教教义。

39. 通过这种方式，宗教世界观与理智世界观的统一、信仰与科学的统一显然达到了空前的高度。但同样明显的是，这种紧密联系对宗教与科学都构成了威胁。托马斯主义综合建立之后（在托马斯·阿奎那之后这样称呼，对黑尔斯的亚历山大和大阿尔伯特并非不公平），当教会进而赋予它对整个亚里士多德体系的权威时，它实际上保护了两种价值完全不同的要素：一方面是一种哲

学,千百年来,它使诸多思想家在思想上得到满足,今天新托马斯
主义的繁荣便是明证;另一方面则是一种自然科学,它在兴起时也
许值得大书特书,但随着科学研究不断向前发展,它在一些关键点
上被发现是站不住脚的。教会接受了哲学,甚至将其神圣化,这并
不有损名誉;但准许科学(这也实属无可奈何之举,因为科学与哲
学有着密不可分的联系),却着实使其颜面无光。质形论
(Hylemorphism)这种思考自然的方式永远不会立即被事实无可
争议地驳倒:没有人曾经用实验证明,物体不是由形式和质料构成
的;但地心世界图景、四元素说、关于落体和抛射体的理论、动力学
的基本定律以及对虚空的否认却很容易遭到反驳。科学错误的发
现对亚里士多德权威的每一次打击都会间接地撼动教会,因为教
会把亚里士多德的权威等同于自己的权威。

　　科学面临的危险也同样严重。通过亚里士多德哲学的中介,
科学问题所牵涉的结果会直接触及基督教信仰,因此实际上属于
神职人员的科学家们都很容易面临良心上的冲突,这种冲突破坏
了科学工作所必需的自由。宗教与科学的关系问题必定深深困扰
过许多中世纪的思想家;他们弄不好会因此而受到审判,所以往往
不得不沿着曲折的道路进行规避。毫无疑问,这大大阻碍了更加
合适的自然观念的产生。

　　40. 当然,在 13 世纪的某些时候,上述考虑也会被当作毫无
根据的担忧,这已经得到了历史的充分证实。特别是在阿奎那完
成了他的两部伟大著作——《神学大全》(*Summa Theologica*)和
《反异教大全》(*Summa contra Gentiles*)时,情况必定是如此。在
其和谐人格及鸿篇巨制的影响下,必定会出现这样一种印象,仿佛

神学、哲学和科学此后可以不受干扰地合作发展,科学研究的结果可以自然地纳入一般的哲学框架,两者都有助于实现人的所有思想努力的最终目标:在准许范围内尽可能多地获得关于上帝的理性知识,并且基于启示的力量爱他和顺从他。

41. 在这种情况下,将理性思考隶属于神学这门神圣学说(*sacra doctrina*)就必须被看成自然而然的:当哲学被称为神学的婢女(*ancilla theologiae*)时,"婢女"一词应当被理解为一种荣耀而非卑下,它表达了能够服侍一位如此尊贵的女主人的特权。虽然人的智慧必然导出的结果仍然要受教会的监管,但这不应被看作讨厌的障碍,而应看作一种预防谬误的有益措施;受教会当局谴责的思想家可以(至少在理论上)平心静气地放弃自己的观念,就像下级法官接受上级所做的不同裁决一样。①

42. 亚里士多德-托马斯主义体系所造成的秩序与和谐的印象必定会得到进一步加强,这一方面是由于宗教与科学领域在研究方法上的严格分离,另一方面则是因为对待亚里士多德权威性的无偏见的态度(即使不是实际上持有,也是原则上意图)。阿奎那明确指出,与依靠天启的权威性进行论证相反,诉诸人的权威进行论证是所有论证中最弱的。② 阿威罗伊派的布拉班特的西格尔(Siger of Brabant)称,弄清楚亚里士多德就某一特定主题说了什么是自己的目标,③阿奎那则反对说,科学的任务不是要弄清楚人

---

①　Kleutgen,Mandonnet.

②　Thomas Aquinas (1) *Qu.* Ⅰ;*art.* 8 *ad* 2. *Opera* Ⅳ 22.

③　Siger of Brabant,*Quaestiones de anima intellectiva.* Mandonnet Ⅱ 153-4.

对某件事情有过什么想法,而是研究事物实际是如何发生的。①
也不应当认为(这不同于那种流行的观点,即科学过去已经存在,
只需将它再次找回),所有智慧是现成的,科学研究可以在某个地
方碰到它。② 由于所有科学研究者的共同努力,思想得以缓慢前
进。因此,我们应当了解古人的观点,但不要以为它们就是定论,
而是要去伪存真。应当感谢那些将科学推向前进的人,但也要感
谢那些误入歧途的人,因为他们的错误可以教给我们许多东西。③

　　阿奎那对宗教与科学之间的内在和谐颇为自信,他完全不反
对让理性思考在自身的领域中不受干扰地进行。布拉班特的西格
尔干脆承认,通过理性思考发现的东西可能与启示的真理相冲
突,④阿奎那则认为这种冲突是无法设想的,他提出了罗马天主教
会今天仍然赞同的一个论证⑤:必然导出的结论为真,反之则为假
和不可能。因此,倘若认为通过人的理性获得的不容置疑的结论
与启示相抵触,那就等于表达了对启示真理的怀疑,而这是一个天
主教徒所不能做的。这实际上已经表明,天主教徒永远不可能造
成这种对立。

　　43. 这里设定的信仰与理性之间的和谐(同时也能使信仰者
安心)只可能有助于科学的繁荣:信仰上的坚定必定会激励探索者
和思想家的活动,对救赎的渴望只会激起他们对研究的热忱。

①　Thomas Aquinas (3) I,*c*. 10. *Lectio* XXII,8. *Opera* III.

②　Thomas Aquinas,*De substantiis separatis*,*c*. 7. (4) 100.

③　Thomas Aquinas (5) I,*Lectio* II,*c*. 30.

④　Siger of Brabant,*Quaestiones de anima intellectiva*. Mandonnet II 153-4.

⑤　Thomas Aquinas,*De unitate intellectus contra Averroistas Parisienses*. (4) 69.

因此，与占主导地位的教父观点完全相反，阿奎那在《反异教大全》第二卷的开篇就表达了研究科学的必要性：[①]它为信仰提供指导，有助于消除谬误。上帝的作品彰显了他的智慧和力量。因此，研究受造物将会加强人对上帝的爱。通过认识造物，上帝在我们心中的形象会得到完善：当我们被信仰照亮，真正认识上帝和造物时，我们的精神将会变成神的智慧的一个形象。谬误也将因此而得到避免：如果认识到受造物自身的本质，即它的本质依赖性时，我们就永远不会犯下把自然与上帝混淆起来的错误，也不会把只属于上帝的东西归于受造物，比如预言未来、创造奇迹或无中生有的能力。通过研究自然，人也将更好地理解他在宇宙中的位置，从而不会持有与他的尊严不一致的看法，比如认为灵魂有朽，随意为星辰指定影响，或者像异教徒那样恐惧天兆。因此，不要以为只要正确地思考上帝，思考受造物就是不重要的：对受造物的错误理解会导致对上帝的错误理解，使精神远离他。甚至《圣经》也告诫人们要研究上帝的作品，揭示以这种方式获得的结果（《德训篇》[42：15][②]）。《诗篇》作者难道没有警告那些既不留心主所行，也不留心他手所做的人吗？（《诗篇》[28：5][③]）

我们看到，这里需要的显然不是对自然的虔诚沉思，而是对它的科学研究，这将有助于消除迷信，促进对信仰真理有更加深刻的

_____

① Thomas Aquinas (2) Ⅱ,*c*. 2，3. 136-7.

② 《德训篇》只保留在天主教《圣经》中，42：15 说："现在，我要提念上主的化工，要称述我见过的事迹：上主的化工因自己的话而完成，他的教训是他恩宠的作为。"——译者注

③ 这里原书和英德两个译本均误为 27：5。28：5 说："他们既然不留心耶和华所行的，和他手所作的，他就必毁坏他们，不建立他们。"——译者注

理解,使基督徒有能力为之辩护。

44. 在阿奎那清明广博的心灵中,这种关于自然科学在人的精神生活中的位置的看法笼罩着一种理想的光芒,如果在这种理想的光芒中进行观照,而不去过多考虑它在中世纪科学中付诸实践的程度,那么就必定会承认其崇高性。这里追求的目标也许远远超出了人可能达到的程度,但肯定不能说这不值得追求。阿奎那永远不可能满足于这样一种科学,它宣称自己只能尽可能精确地描述自然的组织和运作,因此要么认为自然存在和发展的意义问题无法回答,要么斥之为一个假问题。对自然力的纯技术控制的理想也不能使他满足。他所铭记的目标是智慧,是理解生命和造物的意义和目的,最终的理想是认识上帝。

45. 如果考虑到这些观念所营造的精神氛围,认识到阿奎那赋予人的理智能力的巨大价值——他不是教导说,尽管道路艰险,理性也可以像神秘主义者的感受那样通达上帝吗?——那么似乎很奇怪,科学的大繁荣并没有在13世纪发生,特别是因为亚里士多德观念已经超过了柏拉图主义观念而占据上风,这必定从根本上提高了对感觉经验的评价。亚里士多德-托马斯主义的知识论明显是"感觉论的":所有知识都来源于我们在现实生活中经由感官获得的经验,没有任何知识是天生的或者来自于前生。有许多说法鲜明地表达了新思路中基本的经验态度。这些表述不仅见于阿奎那本人,更见于他的前辈和老师大阿尔伯特。大阿尔伯特在漫长的一生中,花了大量时间、精力和财力为研究自然而收集经验材料,竭力推进这项研究。

46. 在19世纪,中世纪往往被描述为由先入为主的教条演绎出关于自然现象的知识的时期。虽然这一成见早已为事实所反驳,但似乎仍然很顽固。因此,我们也许有必要引用大阿尔伯特有关自然科学的目标和方法的一些原则论述:①

在科学中,我们无须研究造物主如何通过他的自由意志用其造物创造了奇迹,以显示他的能力,而是要基于自然中的内因来探究自然事物可能发生的事情。

科学不在于简单地相信被告知的东西,而在于探究自然事物的原因。

与感官证据不一致的结论不能相信;与感觉经验不符的原理不是原理,而是它的反面。

必须把对自然的探究贯彻到个体事物;关于事物一般本性的知识只是初步的知识。

要想把实验设计得天衣无缝,需要花费很多时间;事实上,不应只用一种方式做实验,而应在所有可能的情况下做实验,从而为这项工作找到可靠的基础。

在科学中,基于感觉经验的证据是最安全的,它优于没有实验的推理。

---

① 文中引用的段落依次取自大阿尔伯特的:

*De Caelo et Mundo. Liber*Ⅰ. *Tract.* Ⅳ, *c.* 10. Jammy Ⅱ b 75.

De Mineralibus. Liber Ⅱ. *Tract.* Ⅰ,*c.* 1. Jammy Ⅱ e 227.

Physica. Liber Ⅷ. *Tract.* Ⅱ,*c.* 2. Jammy Ⅱ a 339.

De Natura Locorum. Tract. Ⅰ,*c.* 1. Jammy Ⅴ 263.

De Animalibus. Liber Ⅺ. *Tract.* Ⅰ,*c.* 1. Jammy Ⅵ 321.

*Ethica. Liber*Ⅵ. *Tract.* Ⅱ,*c.* 25. Jammy Ⅳ 250.

De Mineralibus. Liber Ⅱ. *Tract.* Ⅰ,*c.* 1. Jammy Ⅱ e 223.

De Mineralibus. Liber Ⅱ. *Tract.* Ⅱ,*c.* 1. Jammy Ⅱ e 238.

他一再重复自己的座右铭：我在场，并且看到它发生（*fui et vidi experiri*）。

47. 然而，尽管有所有这些看似有利的情况，但 13 世纪并没有太多科学进步的迹象。因此，大概还有一些更为强大的不利因素在起作用。我们将尝试指出其中几点：

（1）未经批判考察、没有借助仪器进行支持和纠正的感觉经验不能为科学概念的形成提供充分基础。在认识论方面对感觉经验的高度关注不能与经验的或实验的自然态度混为一谈。如果继续认真对待这一原则，即当与感官证据不一致时，就不应相信结论，那么科学就不会取得很大进步，特别是永远不会摆脱地球静止于宇宙中心这一信念。科学研究无疑需要运用感官，但对它们表面上提供给我们的东西，同时还要有一种方法上的怀疑；必须始终充分领会马赫所表述的那条真理：感官并不撒谎，只是不说出真相（*die Sinne lagen nicht，sie sagen nur nicht die Wahrheit*）。

（2）我们已经看到，亚里士多德以及整个希腊物理学由于低估了研究自然的困难而深陷歧途。他现在在西欧所享有的崇高威望使得避免他的错误变得极为困难，即使是那些试图从根本上摆脱他的魔力的人也是如此；更何况这并非细节问题，而是整个体系的科学基础问题。

（3）中世纪的教学完全旨在促进对古典作家的研究，激发对其权威的敬畏。它压制怀疑和批判的思想，对不带偏见的自然研究不太有利。由于论辩在教学中占主导地位，这种教学又容易进一步迷失在每一次讨论所不可避免的副产品——诡辩中。

（4）像大阿尔伯特和阿奎那这样的著名人物的看法并不代表

13 世纪大多数学者的思想水平，罗吉尔·培根（Roger Bacon）曾经称他们为"平庸学者"（*vulgus studentium*）。

（5）13 世纪的托钵修会中酝酿的理智渴望遭到了修会中保守派成员的极力批评和反对。认为对自然的好奇心无益于基督徒灵魂的拯救，这种观点从未消失，而且一再以新的方式表达出来。有一个对大阿尔伯特来说很典型的故事，他曾经告诉康坦普雷的托马斯（Thomas of Cantimpré），撒旦曾装扮成多明我会修士在巴黎拜访过他，想让他放弃对研究自然的爱好；[①]毫无疑问，来访者确有其人，是大阿尔伯特修会的一个成员，大阿尔伯特把他的话看成是魔鬼的怂恿。同样有意味的是，他曾经一改平日不动感情的论证方式，就其本人所在修会不由自主地剖明心迹："有无知的人想尽一切可能来反对哲学研究，特别是在多明我会中，当他们像愚蠢的野兽一样怒斥他们并不理解的事情时，那里没有人反抗他们。"[②]

（6）最后是所有因素中最重要的，那就是一些内在困难阻碍了有效科学方法的产生，我们已经在 II：21-24 中详细讨论了。

48. 这些困难中有些是时代造成的，是偶然性的，但大多数则是本质性的。它们对于 13 世纪来说非常难以克服，这可以从英格兰圣方济各会修士罗吉尔·培根的工作中得到最清楚的说明。他比大阿尔伯特和阿奎那更积极地倡导研究自然，强调它是以理性和神学为导向的世界观的一个不可或缺的组成部分。培根自认为

---

① Cantipratensis Thomas,*Bonum universale de apibus* II 57. Mandonnet I 35.

② Albertus Magnus, *In Epistolas B. Dionysii Areopagitae*, *Ep.* VIII 2. Mandonnet I 36，n. 1.

比他们更多地摆脱了权威的影响,因此他的说法似乎更具有显著的科学特征。然而,即使是他也没能成功地赋予科学以动力,将其真正提升到比古希腊更高的水平。接下来我们就来谈谈罗吉尔·培根。

第三节　罗吉尔·培根[①]

49. 罗吉尔·培根是一位富有争议的非凡人物。要想对他形成正确的印象很是困难,因为对他的描绘往往极不真实。不难从他的作品中找出一些说法,表明他尖锐地批判了整个中世纪的科学观念,倡导一种数学-经验的科学,是16、17世纪自然思想复兴的先驱。他因为与修会长老发生冲突而遭到长期监禁,从事科学研究的机会也被剥夺,这让许多人视他为科学的殉道者。但从另一个角度看,他又是一个地地道道的中世纪思想家:他认为神学在精神生活中占有绝对核心的地位,其宇宙论观念也是中世纪的,他无法充分摆脱亚里士多德主义的影响,从而获得一种独立的无机自然观。

50. 他性格中的这两个似乎无法调和的方面可以归因于一种思考历史的习惯:人们倾向于把当今物理学家可能赞同的任何科学观念都看成非中世纪的,特别是认为经院哲学不可能认识到数学方法和经验方法对于物理学的价值;认识到这一点的人会被认为生得过早,在这种于他不相宜的环境中注定一事无成。然而,这

---

　　① Roger Bacon, Carton, Hoffmann H., Little, Thorndike, Vogl.

种判断并不公平:我们不能仅仅指责当时的思想阻碍或延缓了科学的发展,而不同时看到业已获得的富有成果的观念,否则便会低估中世纪精神生活的多样性。在以神为中心的基督教世界观的共同背景下,人们曾就许多议题进行激烈的争论,在共同范围内仍然可以有不同的观点。

51. 也许可以首先交代一下:罗吉尔·培根并不比他的同时代人为数学或自然科学做出更大贡献。他研究了光学、气象学、大气现象和炼金术,保存了从阿拉伯文献或他的老师罗伯特·格罗斯泰斯特(Robert Grosseteste)等人那里得来的关于这些学科的知识,但并没有为之增加内容。长期以来,人们认为他的重要性远不止于此,因为他喜欢幻想数学—经验科学在未来可能取得的成就,①而且其中有许多东西已经变为现实(望远镜、汽车、飞机和飞艇)。然而,如果不指明如何能够实现它们,那么这些人类自古以来就有的梦想对科学发展的意义实际上是非常小的。如果基于这些理由就声称罗吉尔·培根在科学史上占有一席之地,那么代达罗斯和儒勒·凡尔纳(Jules Verne)也当如此。

52. 然而,培根的确是中世纪科学史上的重要人物,不过是出于完全不同的理由,即他对当时通行的科学活动的批评以及改进科学方法的建议。他的这些批评往往惊人地正确,他所建议的方法在几个世纪之后果真结出了硕果。

培根有时会落入他针对其同时代人的工作所指出的那些错

---

① Roger Bacon, *Epistolae de secretis operibus artis et naturae*, *et de nullitate magiae*, *c.* 4-6. (2) 532-8.

误,而且没能通过运用他所建议的方法取得显著进步,这也许有损于其工作的意义,但这并不意味着他只是对未来有一些梦想,这些梦想后来不依靠他的帮助便偶然成真。首先要有对方法的批评和改进方法的建议,而后才能有科学研究的变革;提出这种批评和建议的人与那些幻想科学的可能结果的人在相当不同的意义上为科学发展做出了贡献。

培根对当时科学活动的批判性考察可以从他的著作的两个地方得到概括:一是他在其主要著作《大著作》(*Opus maius*)的开篇列举的对思想发展的诸种障碍(*offendicula*)[①];二是在其《小著作》(*Opus minus*)[②]中指出的神学研究中的六宗罪。前者包括:

(1) 敬畏可疑的、不再值得尊敬的权威;

(2) 固持根深蒂固的传统;

(3) 看重流行的偏见;

(4) 故弄玄虚以掩盖无知。

后者中需要特别提到的有:

(1) 哲学在神学研究中占主导地位,高估逻辑和辩证法等学科的重要性;

(2) 神学家对语言和自然科学一窍不通;

(3) 拉丁文《圣经》和亚里士多德著作译本错误百出。

53. 培根用最激烈的语言批评了所有这些弊病。他不仅轻蔑地嘲笑众多平庸学者(*vulgus studentium*),而且也奚落像黑尔斯

---

① 　Roger Bacon,*Opus Maius*,*Pars* I,*c.* 1-32. (1) I.

② 　Roger Bacon,*Opus Minus*. (2) 322-59.

的亚历山大、大阿尔伯特和阿奎那这样的著名学者。他的判断经常有失公允(比如通行的译本并不像他所声称得那样糟糕①),夸大其词(比如他曾抱怨说,要是亚里士多德的著作从未被翻译过,而不是译得如此糟糕,那倒更好些②)。不仅如此,他对别人的批评还每每适用于他本人,比如他通过诉诸权威来反对依赖权威;③在轻信方面,他也并不逊于其同时代人,甚至把这些迷信的东西多多少少提升为一种理论体系;④最后,他的论说往往因为有失品位的自我吹捧(比如高估其思想的原创性)而引起反感。⑤

　　但是,如果忽视所有这些令人不安的次要情况,那么就不能否认,培根清楚地揭示了中世纪科学的弱点。如果其同时代人能够按捺心中的怒火,接受那些逆耳忠言的话,那么甚至连他们也不得不承认这一点。他热情地倡导复兴科学思想,其格言式的雄辩已经让我们想起了三个世纪后与之同名的弗朗西斯·培根(Francis

---

　　① Felder 414,n. 4.

　　② Roger Bacon,*Compendium Studii Philosophiae*. (2) 469. 稍后,培根说,如果有可能,他将把亚里士多德的所有著作付之一炬;这段话有时被用来说明他反对亚里士多德体系。但事实绝非如此,因为紧接着他又说:"因为亚里士多德的工作是所有智慧的基础(*Et quoniam labores Aristotelis sunt fundamenta totius sapientiae*···)。"在另一些地方,亚里士多德则被称为"最伟大的哲学家"(*summus philosophorum*)。*Opus Tertium* (2) 6.他所愤怒的仅仅是亚里士多德著作的糟糕译本。

　　③ Roger Bacon,*Opus Maius*,*Pars* I,*c.* 2. (1) I,4-6.

　　④ Roger Bacon,*Opus Tertium* 8. (2) 24. *Opus Maius*,*Pars* VI,*Exemplum* II. (1) II,211.关于埃塞俄比亚智者惯于骑乘的飞龙,以及用龙肉来延寿益智的故事,见 *Opus Maius*,*Pars* VI,*Exemplum* II. (1) II,202,219。

　　⑤ Roger Bacon,*Compendium Studii Philosophiae*,*c.* 1. (2) 397-8.

Bacon)的名言。[①]

54. 然而,在所有这些方面,培根仍然是他那个时代基本观念的忠实追随者。试图在他与他的历史情境之间造成一种根本对立是没有根据的,这体现于他在批评的同时会反复强调自己追求的目标,同时也解释了他为何会热衷于在大学中组织神学研究。事实上,他甚至认为,一切科学和哲学最终都必须服务于神学,[②]因此,在探讨这些学科的研究方式和教学方法时,必须始终把它们对于上帝的教会、解释《圣经》、使不信仰者皈依、与不听教诲者作斗争方面的作用看成最重要的。

自然科学的价值主要取决于它对于解释《圣经》能有多大帮助。事实上,培根在各个方面都是圣奥古斯丁忠实而热情的追随者,他完全同意圣奥古斯丁的观点,确信《圣经》中包含了一切知识,因此,即使是关于自然,《圣经》可以教给我们的内容也超出了人的智慧凭借自身的力量所能获得的东西。然而,真理并非只要说出来就显而易见,而只能通过对《圣经》叙述的隐喻解释才能揭示。为此,神学家必须有一定的科学训练,就像他需要语文训练才能阅读原始文本一样。[③]

---

① “越年轻越有远见”(*quanto juniors tanto perspicaciores*),*Opus Maius*,*Pars* I,*c.* 6. (1) I 13,这一说法(尽管出自塞内卡)预示了弗朗西斯·培根所说的“古代是世界的童年”(*Antiquitas saeculi juventus mundi*,Ⅳ:184)。

② 关于这一点有大量证据,比如:
Opus Maius,*Pars* II,*c.* 14. (1) I 56＝III 69 (*c.* 15).
Opus Maius,*Pars* II,*c.* 17. (1) I 64＝III 79 (*c.* 19).
Opus Tertium,*c.* 5,15,24. (2) 20,53,82.

③ 神学研究中的七宗罪(*Opus minus* (2) 322-59)以“神学家应当知道一切”(*Oportet theologum scire omnia* (358))这项要求为最。

　　然而,除了这种完全以宗教目的为导向的科学观,在其他地方还可以看到一种更加世俗的观念。纯粹为了哲学或科学的思想本身来研究它们不仅毫无用处,而且有害,它会导致"地狱的盲目"(infernal blindness)。如果科学对神学没有用处,那么它应当对人的生活有用。因此,最重要的科学是炼金术,它可以延长寿命;此外,还可以预期以实验为基础的农学能够提供许多好处。[①]

　　55. 在培根对科学方法的大量详细讨论中,最让现代读者感兴趣的大概是对运用实验和数学的热情呼吁。他引入了一门特殊的实验科学(*Scientia Experimentalis*)[②],它在整个科学中应当排在仅次于神学的最重要的位置。其任务是检验所有其他科学分支的结果,在这些结果中,有些是通过纯粹思辨的方法获得的,有些是通过不完整的经验获得的;只有这样,心灵才能达到绝对的确定性。除此之外,这门实验科学也可以独立运作,产生其他科学即使追求也无法实现的东西;例如,培根提到了延长寿命和减轻老年疾病的长生不老药(*elixir vitae*),[③]以及如何以自然方式使(由一位数学家设计的)星盘开始运动并使之保持下去。[④] 此外,它还能为其他科学设定特殊任务,从而激励它们;比如它会要求数学设计出一种能够从远处点燃敌营的取火镜。[⑤]

---

　　① Little 304.

　　② Roger Bacon, *Opus Maius*, Pars VI. (1) II 167-222. *Opus Tertium*, c. 13. (2) 43-47.

　　③ Roger Bacon, *Opus Maius*, Pars VI *Exemplum* II. (1) II 204-13.

　　④ Roger Bacon, *Opus Maius*, Pars VI *Exemplum* I. (1) II 203.

　　⑤ Roger Bacon, '*Opus Minus*. An Unpublished Fragment', ed. Gasquet. *English Historical Review* XII 494-516. Taylor II 535. 参见 *Opus Tertium*, c. 13. (2) 45.

没有证据表明,培根曾经在这门实验科学上取得过任何明确成果;他虽然提出过用它来解释彩虹,但这并没有超出气象学在他那个时代已经取得的成就。①

56. 在一般的中世纪文献、特别是在罗吉尔·培根的著作中,我们必须小心 *experientia* 一词,不要把我们今天所说的"实验"(experiment)含义赋予这个词或通常与之同义的 *experimentum*。今天所说的实验是指在有意选择的情况下尽可能隔离发生的自然现象。一般来说,*experientia* 和 *experimentum* 的意思差不多就是指经验(或者以经验方式获得的东西),无论在何地、以何种方式获得。其间也许会用到仪器,但绝非必需。培根似乎认为,未经仪器帮助且未受特殊训练的感官对于人世间的目的来说已经完全足够。②

此外,需要注意的是,培根明确区分了 *experientia* 的两种含义:一种是人的或哲学的经验,它基于感知觉,提供关于世俗对象的知识;另一种是内在的光明,因神的介入而产生,它既可以涉及物质,也可以涉及精神。例如,正是通过这种方式,基督教的创始者和先知们才洞悉了自然和人间的本质,而我们无论怎样努力都无法达到这种认识。③

57. 培根对这种内在的光明作了详细讨论。他区分了七个阶段,从纯粹的科学灵感一直到极度的狂喜。这些想法与当时关于如何解释亚里士多德的"主动理智"(*intellectus agens*)的激烈争

---

① 　Roger Bacon,*Opus Maius*,*Pars* Ⅵ,*c.* 2-12. (1) Ⅱ 173-201.

② 　Roger Bacon,*Opus Maius*,*Pars* Ⅵ,*c.* 1. (1) Ⅱ 169.

③ 　Roger Bacon,*Opus Maius*,*Pars* Ⅵ,*c.* 1. (1) Ⅱ 169.

论有关,阿奎那认为它是人的理智在认知行为方面的一种特殊活动(主动的理解力),而阿威罗伊则认为它是一种普遍理智,每个人在思想中都或多或少地分有它。培根遵循圣奥古斯丁的看法,认为人的心灵被上帝直接照亮;主动理智首先是上帝本身,其次是照亮我们心灵的天使。[①]

58. 培根对 *experientia* 的思考与他对占星学、炼金术和魔法的看法密切相关。他和他的同时代人都把这些看作真正的科学,尽管对基督徒来说,这三门科学并非以同样的程度被允许。他期待能够用实验科学来清除它们之中的大量欺骗和错误,将其引上正确的道路,获得所期待的结果——更准确的预言、更纯净的黄金、更灵验的魔法。

因此,每当我们在中世纪文献中遇到 *experientia* 或 *experimentum* 时,往往都会接近隐秘的(occult)领域。一部名为 *Experimentarius* 的著作讨论了占卜术的各种形式;*Liber experimentorum* 是对据说已经得到试验的药方的收集;奥弗涅的威廉(William of Auvergne)在其著作中称,印度是一个有着许多 experimentalists 的国度,因为魔法在那里很盛行。[②] *experientia* 通常是一种带有强大魔力的处方;培根所谓的实验(experimental)天文学似乎只是一种占星学。[③] *experimentum* 与今天所说的科学实验之间的区别就如同 *mathematicus*(＝占星学家)与真正的数学家之间的区别。

---

①　Roger Bacon,*Opus Maius*,*Pars* Ⅱ,*c*. 5. (1) Ⅰ 38-39. *Opus Tertium*,*c*. 23. (2) 74.

②　Thorndike Ⅱ 751.

③　关于培根的占星学思想,见 *Opus Maius*,*Pars* Ⅳ. (1) 238-69,376-404。

　　那么,到底什么是实验科学呢? 培根越想界定它,它的身份似乎就越不确定。不过,有一点是肯定的:它是某种与科学研究的实验方法完全不同的东西。它有时也被称为"秘密实验的知识"(*scientia secretorum experimentorum*)或"实验术"(*ars experimentalis*),因此似乎是一种高度隐秘的技艺或技巧,而不是一种停留在理性领域的活动。它拥有一种完美的经验(*experientia perfecta*),其价值既高于纯粹思辨的推理,也高于有缺陷的日常经验。

　　培根并没有说实验科学是一种未来的理想:与人的所有知识和能力一样,它已经存在;学者的任务就是去找到它。有一些鞑靼民族已经掌握了它,他们是同样擅长于它的敌基督(Antichrist)的先驱。因此,基督徒也需要掌握它;它既会带来丰厚的物质回报,也将有利于其宗教目的的实现。有一位同时代人已经掌握了它,培根称他为"实验大师"(*dominus experimentorum*),而且高度评价了他在光学、医学、炼金术和占星学领域的非凡成就。如果他愿意,他可以名利双收,但他宁愿去完善他的技艺,为达此目标不辞辛苦,不惜代价。① 他在这里谈到的可能是他在另一处所说的彼得大师(magister Petrus),他也许就是马里古的皮埃尔(Petrus of Maricourt),一部磁学短论的作者,对此我们将在 Ⅱ:79 中讨论。

　　59. 除了热情地宣扬实验科学,培根还称赞数学是自然科学不可或缺的帮助,也向来受人关注。但培根的本意并非一目了然——是想再次强调力学、天文学、光学之类在希腊人手中蓬勃发展的科学分支无不受惠于数学,还是说物理学必须学会借鉴数学

---

① 　Roger Bacon,*Opus Tertium*,*c.* 13. (2) 46-47.

才能很好地发展？换言之,究竟是追忆过去,远绍阿基米德与托勒密的成就,抑或展望未来,预示伽利略、开普勒、惠更斯、牛顿的方法？

　　或许两者都不是。更有可能的是,他正在谈论从他的老师格罗斯泰斯特那里了解到的一个主题——种相(species)的传播,格罗斯泰斯特已经沿着同样的思路对此作过思考。然而,由于这一主题并非专门涉及培根,我们将在后面光学的一般语境下来讨论它(Ⅱ:72)。

　　60. 我们之所以用整整一节讨论培根,是因为他充分表明了13世纪的科学发展所面临的特殊困难,这是当时普遍的学术氛围所导致的。培根这样的人自认为有义务批评这种气氛,措辞激烈,直言不讳,但他自己似乎仍然深陷其中,以致无法通过一些正面的科学成就来区别于那些缺乏反叛精神的同时代人。由此,我们必定会认识到,科学思想要想摆脱束缚还需要多么漫长的斗争。

　　61. 关于培根,还有一点需要注意,那就是修会长老对他的监禁处罚迫使他不得不在晚年保持沉默。我们提到这一点与其说是出于人物生平上的兴趣(因篇幅所限,这种兴趣在整本书中只能割爱),不如说是为了弄清楚,我们这里是否已经遇到了因上述原因而导致的科学与信仰的冲突的一个例子。

　　日期为1370年的《24位修会长老年代志》(*Chronica XXIV Generalium*)①(虽然这份文件的可靠性有时会受到质疑,②但它毕

①　*Analecta Franciscana* III (1897) 360.

②　G. Delorme in *Dictionnaire de Théologie Catholique*, T. II, *s. v.* Bacon.

竟是培根的传记作家们所能见到的唯一资料）所提供的事实如下：

> 修会长老阿斯科利的哲罗姆（Jerôme of Ascoli），在
> 与几位托钵修士商议后，因为某些可疑的新奇观点拒绝
> 和谴责了罗吉尔·培根的学说。于是培根本人被判监
> 禁，所有修士被责令不得信奉这一学说。

　　是什么可疑的标新立异竟会使修会长老对于一位已经很有名
气的修士做出如此严厉的处罚？对此自然有很多猜测。有人认
为，真正的动机是培根对自然科学的研究。不过现在看来，这种可
能性几乎不存在。培根在这方面的大多数观点，他的老师、林肯郡
主教罗伯特·格罗斯泰斯特（他是教会的一根支柱）都曾表述过，
但没有任何迹象表明格罗斯泰斯特遭到了教会当局的反对，这一
事实已经表明这是不可能的。此外，许多 13 世纪的学者都喜欢研
究光学（这是培根作为物理学家主要涉及的领域），威特罗
（Witelo）、弗赖贝格的迪特里希（Dietrich of Freiberg）和佩卡姆
（Peckham）等人都曾致力于它而没有遭到任何对其正统信仰的怀
疑。实际上，即使是最多疑的神学家，要想在这门学科中确切地发
现任何可能与信仰相悖的东西也是非常困难的。
　　当然，培根之所以引起上级怀疑也许是因为他研究那些隐秘
的科学；特别是魔法，这是基督徒禁止涉足的领地，因为它只有在
魔鬼的帮助下才能进行。设若如此，《年代志》似不应称其为"学
说"（doctrina），因为魔法关注的更多是一些实践活动。
　　修会长老进行干预的真正动机也许是，培根极其无理地对待

那些最伟大的人物,无论多明我会还是方济各会的学者,概莫能外(培根曾自豪地说:"我不放过任何修会。"[*Nullum ordinem excludo*][①])。1277 年,培根被判监禁,而就在此前不久,两大修会的长老刚刚达成和解。若非培根的行为可能会危及和解,考虑到这两个修会之间频繁爆发的斗争,他也许不会因为对多明我会的态度而遭到如此严重的谴责。他攻击黑尔斯的亚历山大的方式可能也起了决定性的作用。或许是有人为了更加有把握地打击他,严格审查了他的著作,在其中发现了一些并非完全正统的说法(对于一个如此热忱和富有攻击性的作者来说并不很困难)?然而这也未能解释培根为何会遭到监禁 15 年的严重处罚,假如仅是立说有失,只要责令他保持沉默就可以了。

因此,整件事情仍然迷雾重重,我们从中得不出任何有关 13世纪教会对待科学态度的明确结论。

第四节   虚空[②]

62. 对罗吉尔·培根著作的讨论使我们可以重新回到古代的虚空理论,谈谈经院学者对虚空是否存在的问题以及与此相关的气动现象的讨论。由于这些观念在中世纪几乎没有什么发展,所以在这一考察中,我们可以心安理得地把培根前后的时期也包括在内。

---

① Roger Bacon, *Compendium Studii Philosophiae*, *c*. 1. (2) 399.
② Duhem in Little X. De Waard (2).

我们说过(Ⅰ:47,100),在希腊人那里实际上有两个关于虚空的问题,一个与大虚空有关,另一个与小虚空有关。关于它们的实在性有各种看法:原子论者两者都承认;亚里士多德两者都否认;克利奥梅蒂斯和波西多尼奥斯否认小虚空,承认大虚空;菲洛和希罗否认大虚空,承认小虚空。同时我们也了解到一些最重要的气动现象,它们似乎否证了大虚空存在的可能性。

63. 这些实验事实似乎引起了阿拉伯人的强烈兴趣。有一部著作的作者是被称为"穆萨的儿子"(Banû Mûsâ)的三兄弟,他们都擅长数学、天文学和力学,这部著作中描述了一百多个实验,表明不可能形成虚空;这也许是汇编了一些希腊学者关于这一主题的讨论。1200年左右,著名神学家加扎利(被许多人称为阿拉伯人中的阿奎那)仍然在引用菲洛和希罗的实验来证明虚空不存在。阿威罗伊似乎也很熟悉这些内容,虽然他未对虚空是否存在发表明确看法。

从第一次接触阿拉伯科学开始,经院学者就一直表现出对该主题的强烈兴趣:吸杯、各种吸量管(pipette)(特别是 *cantaplora*,一种带有上行管的圆柱形容器,底部有一些小口)、虹吸管、吸液管、两块紧压的玻璃平板等等多有提及和讨论。学者们还就亚里士多德评注者阿弗洛狄西亚的亚历山大和特米斯修斯对以下现象的不同解释展开争论,即如果把一根内有燃烛、顶端封闭的管的底端浸没在水中,水很快便会上升。

64. 有各种术语把这些现象同虚空问题联系起来:有时人们会说自然"逃避虚空"(*fuga vacui*);之所以会有这些现象发生,是为了"不形成虚空"(*ne fieret vacuum*)或者"需要[避免]虚空"(*de*

necessitate vacui)。最著名的是约翰·卡诺尼库斯（Johannes Canonicus)的表述，即自然"惧怕虚空"(*horror vacui*)（以及"自然厌恶虚空"[*natura abhorret vacuum*]）。反对中世纪物理学的人喜欢抓住这些表述不放，拟人化的表达方式沦为他们的笑柄。

即使在今天，这种由气动现象推断出虚空不可能的带有上述名称的理论，仍然会遭到廉价的嘲笑。"惧怕"暗示自然是一种有感情的东西，这一点会让一些人感到好笑，但他们往往忘记了，即使是现代物理学也在不断使用同样拟人化的表述。我们不是也在毫不在意地谈论金属在溶液中释放离子的倾向吗？当听到有人说起力偶或力试图做某事，或者自然中似乎存在着一种偏爱时，有谁会反对呢？

因此，我们完全可以在一定程度上欣赏"惧怕虚空"理论。如果认为一种物理理论的首要目标是将各种不同现象整合到同一种观点之下，并且清晰地界定这种观点，那么就不能否认，"惧怕虚空"理论的确满足这一要求。也许有人会反驳说，它并未揭示自然以何种方式运作以避免可怕的虚空，但他们不得不承认，在现代物理学中同样可以提出这种反驳（如果它是一种反驳的话）。比如有电流通过的初级线圈相对于次级线圈运动，并且在其中产生感生电流，当我们利用该运动所做的功来解释感生电流的电能时，也完全没有解释这里的机械能是通过何种机制转化为电能的。一般说来，借助于能量原理的解释（也可以表述为自然惧怕能量损失）总是很容易让人想起基于"惧怕虚空"的推理。

这种理论真正的缺陷（伽利略第一次试图纠正这种缺陷）在于，它并未试图测量自然为避免虚空所付出的假想的努力有多大，也没想弄清楚这种努力是否存在着限度。此外，就像中世纪的许多理论一样，错误不在于它的提出，而在于它被维护得太久。当这种理论在一些事实面前无法自圆其说时，人们就试图基于传统和权威来维护它；它遭到嘲笑和鄙视也就不足为奇了。但在 13 世纪，人们必须认真对待它。

65. 中世纪的人一般都欣然相信自然中并不存在虚空。这一事实只能看成源于一种柏拉图主义观念，即巨匠造物主把自然设计得美妙异常，其中不可能有任何东西来破坏整体的和谐。在相当长的时间里，这种信念一直是鼓舞人心的因素；只不过，应当把什么看作混乱和不和谐，这一问题在数个世纪中有各种不同的回答。在中世纪学者看来，空虚空间的观念必定就属于这种混乱和不和谐。

如果以为经院学者满足于这样一种（无论如何是相当省略的）描述，即某些现象之所以发生仅仅是因为虚空不存在（*ne sit vacuum*），那么这将严重低估他们对一种逻辑无误的表达方式的努力。罗吉尔·培根①指出，虚空由于是无，所以不能充当原因；虚空肯定不会是动力因，但也不可能被当作目的因。目的因必须被看作对自然秩序的维护。然而，根据一般的经院哲学观点，仅仅给出目的因是不够的，还必须给出能够实现目的的动力因。于是，一些学者试图给出气动现象的动力因；但由于他们对实际起作用的原因缺乏了解，所以这种尝试不可能成功。

---

① Roger Bacon, *Quaestiones naturales*. Duhem (3) 256. 培根进一步讨论了这一主题 *Opus Maius*, *Pars* Ⅳ, *c.* 9. (1) Ⅱ 148. 参见 *Opus Tertium*, *c.* 43-45. (2) 153-167. *Communia Naturalium* Ⅰ, Pars Ⅲ, *c.* 4-6. (3) 206-24.

66. 为了用肯定表述取代"虚空不存在"这一否定表述,一些学者引入自然物体的普遍连续性作为解释原则:任何物体都必须始终与其他物体相连接。巴斯的阿德拉德用这种方式(显然来自阿拉伯文献)解释了吸液管的作用,罗吉尔·培根和他的一个学生或追随者(《哲学大全》[*Summa Philosophiae*]的作者,这部著作曾被归于格罗斯泰斯特)又进一步发展了这种思想。①

这也体现了一条一般原则,即所谓的普遍本性总是高于物体的特殊本性。凭借其特殊本性(源于其实体形式),水在气中倾向于下落,以到达它的自然位置。然而,必须始终与其他物体相连接,这是所有物体的普遍本性。正因为此,才会有与重物的特殊本性相反的静止状态(如果顶部封闭,水不会流到吸管外)和运动(如果吸这个吸管,水会上升)。《哲学大全》的作者进一步把普遍本性界定为在受造的理智(created intelligence,在里尔的阿兰那里被称为"自然")中有其位置;个体对象从中导出了自己的特殊本性,但如果是为目的所需,特殊本性可能会因普遍本性而失效。

罗马的吉莱斯(Giles of Rome 或 Aegidius Romanus)②也提出了类似的观点。除了产生重性和轻性的能力,他还赋予天球一种保持普遍连续性的能力,他(同样极为省略地)称其为"被虚空拖动"(*tractus a vacuo*),即一种旨在阻止虚空形成的牵引力。

---

①   *Summa Philosophiae*, c. 118, 181, 244, 245. Baur (1) 417, 510, 590, 591. Adelard of Bath in *Quaestiones Naturales*. Thorndike Ⅱ 37.

②   Duhem (3) 273.

第五节　　13世纪的光学[①]

67. 讨论希腊科学时我们已经指出,除了力学,最早作为独立物理学分支发展起来的学科是光学。这种特权地位在阿拉伯人那里仍然保持着,而在经院学者那里,光学是最受关注、研究最为系统的学科。这一方面固然是因为希腊人重视光学,但另一方面也是当时的有利因素使然:可以运用简单的几何学;大气中的光学现象非常引人注目;眼睛的构造和机制要比其他感官更受人关注;有可能发生奇特的光学错觉。此外,在新柏拉图主义的影响下,它还与某些形而上学观念相联系,我们在下面还会进一步提到。

下面我们将概述光学在13世纪的发展状况,这是与弗赖贝格的迪特里希、罗伯特·格罗斯泰斯特、罗吉尔·培根、约翰·佩卡姆和威特罗的工作分不开的,不过我们这里不去讨论他们关于眼睛构造和机制的理论。在这方面,他们继承了阿拉伯学者的看法,而后者的知识又主要源自盖伦;然而,要讨论盖伦的思想,就必须更详细地描述古代生理学,而这是我们的篇幅所不容许的。因此,我们将仅限于纯物理的主题和前面提到的光的形而上学。

68. 对反射光学(catoptrics,关于反射的理论)的讨论依靠的是欧几里得、托勒密和阿尔哈曾的学说。只要有入射角与反射角相等的知识,就可以彻底解释平面镜成像,但对于凹球面镜和抛物面镜成的像,数学困难却是无法克服的障碍。学者们尚未想到可

---

　　① Baeumker,Krebs,Vogl,Wiedemann,Würschmidt.

以将球面镜问题简化，只考虑曲率很小的一小部分镜面，并且作某些近似。因此，虽然对平面镜来说，只要构造一束从给定点光源发出、经由反射到达眼中的光线，这个问题就很容易得到解决，但在这里却会立即引出一个倍二次方程，我们在讨论阿尔哈曾的工作时已经提到过它。中世纪学者虽然有阿拉伯文译本，但却缺乏必要的数学技巧读懂它们，这种数学低水平大大限制了他们在物理学领域的成就。因此，他们的理论处理模糊不清，无法令人满意。没有任何证据表明，他们曾经尝试用实验研究获得关于成像事实的知识。

69. 至于折光学（dioptrics，关于折射的理论），我们已经提到，希腊和阿拉伯物理学家并未成功找到入射角与折射角的关系。因此，即使人们已经知道托勒密和阿尔哈曾的研究，对折射现象的讨论可能也会遇到严重的困难。然而，这似乎并不是事实。格罗斯泰斯特称这一主题尚未有人触及和知晓，罗吉尔·培根也不知道阿尔哈曾用何种仪器仿效托勒密测量了入射角与折射角的相应值。因此，值得一提的只是对一些折射现象的定性讨论：如果知道偏离法线的折射与偏向法线的折射之间的区别，就可以解释物体为何在水中看起来位置有所上升等简单的折射现象。培根讨论了球形取火镜（*corpus urinale*）的机制，这是一个实心玻璃球或充满水的空心玻璃球，阳光照射其上。[①] 如图 8，sol 是太阳，阳光发散地落在球形界面上，平行地通过球体，出射后汇聚于一点。

格罗斯泰斯特和培根也知道玻璃截球体的放大效应，并提出

---

①   Roger Bacon, *De multiplicatione specierum*. （1）Ⅱ 471.

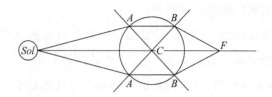

图 8　Roger Bacon, *Tractatus de multiplication specierum*, Pars Ⅱ, c. 3
中描绘的球形取火镜。太阳光平行地通过充满水的球体, 出射后
汇聚于燃点 (*punctum combustionis*) F。

弱视者和老年人可以借助它来提高视力。[①] 他们设想, 通过把合
适的介质前后放置, 就可以在远处读出小字, 计数沙粒, 使孩童看
上去像巨人, 大人看起来像高山。[②] 培根提出, 在高山上安装镜
子, 有可能使我们看到远处发生的事情。正是由于他的这些观念
和构想, 有一则流传甚广的说法称, 培根已经知道了望远镜。

　　70. 在大气光学现象中, 自古以来最引人关注的是虹。无论
是希腊人、阿拉伯人还是中世纪学者, 在撰写自然科学著作时, 都
没有忽视这个主题。随着时间的推移, 出现了各种不同的理论, 它
们可分为两组。根据第一组理论, 虹是由于太阳光在大量小水滴
(亚里士多德) 或者凹形云团 (塞内卡, 也许是根据波西多尼奥斯的
说法) 的反射下形成的; 而根据以卡迈勒丁 (Kamâl al-Dîn) 等阿拉
伯人为代表的第二组理论, 这其中既有折射也有反射。亚里士多
德已经知道, 虹的顶点高度取决于太阳高度, 而且这种现象可以发
生在秋分与春分之间白天的任何时刻, 但却不会出现在夏半年的

---

① Roger Bacon, *Opus Maius*, Pars Ⅴ, Dist. Ⅱ, c. 4. (1) Ⅱ 157.
② Roger Bacon, *Opus Maius*, Pars Ⅴ, Dist. Ⅲ, c. 4. (1) Ⅱ 165.

中午。他对霓的现象也很熟悉。

格罗斯泰斯特[①]显然也希望结合折射与反射进行解释,但他的工作逊于弗赖贝格的迪特里希。[②] 迪特里希似乎第一次依照折射、水滴表面的反射、再次折射的序列解释了虹的形成,他对霓的理解从原则上讲也是正确的。奇怪的是,他说虹的顶点的最大高度是 22°,并说这个值是他用星盘测量出来的,而真正的值是 42°。

古代和中世纪的光学研究者都没能解决虹的颜色问题。亚里士多德认为,最偏斜的入射光偏折最强,由此便产生了红色。弗赖贝格的迪特里希则依据他本人的一种颜色理论,虽然这种理论本身没有什么价值,但他至少能够解释为什么霓的颜色次序与虹的相反。同样的解释还可见于威特罗。

除了普通的虹,迪特里希还讨论了白虹(即太阳周围的晕,他给出了正确的日晕直径 22°)、幻日和北极光。关于北极光,他只是谨慎地作了猜想;也许它根本无法作光学解释,而是属于上帝用来预示某些即将发生的重要事件的自然现象。在其物理知识范围的边缘,他不得不躲进了弱者的避难所(*refugium miserorum*)(Ⅱ:26)。

71. 在中世纪的物理光学中,一些理论试图在亚里士多德自然学说的框架内解释光的本质。和亚里士多德一样,所有经院学者都倾向于认为光是透明物体(the diaphanous)的一种性质,是透明介质的一种属性,而非实体。他们问,为什么在有光亮物体存在的情况下,透明物体会获得这种性质。

---

① Baur (2) 119-30.

② Krebs.

弗赖贝格的迪特里希对此有一种奇特的理论,在我们看来有些偶因论(occasionalistic)色彩:透明物体已经从它的产生者(generans,即不能进一步指明的使之存在的原因)那里获得了某种倾向或偶性的潜能(potentia accidentalis),以进入一种更加完满的状况,即变得光亮。假如有光亮物体存在,透明物体会立刻显现这种更完满的形式(forma perfectionalis)。然而,光亮物体决不能充当施动者(agens),它更像是产生者让更完满的形式出现于透明物体的一个信号。

这里是亚里士多德—经院哲学解释自然的独特领域,它与经典物理学对自然过程的机械论看法形成了奇特反差。关键在于,根据亚里士多德派的观念,物体的所有变化都是内在的,或是自发,或是类似于对信号、命令或刺激的心理反应,因此总有些像生命体内部发生的过程,而机械论则只晓得一块块死的物质,被外力盲目地推来推去。

72. 格罗斯泰斯特和培根的理论则非常不同,在某种意义上更接近于后来的观念。他们认为光的传播是这样的:光源在临近的透明介质层中产生光,这里的光又在临近的介质层中产生出新的光,依此类推。为了更好地说明这一点,培根使用了对于中世纪来说极为重要的"种相"(species)①概念。现在我们来更详细地讨

---

① "species"是中世纪经院哲学中极为重要的一个概念,这里把它译成"种相",主要是基于以下考虑:"species"源自拉丁词 *specere*(看),"相"即取此义。此外,"species"实际上就是柏拉图所说的 *eidos*,即我们前文所说的形式或理型,在这个词的诸多译法中,有人把它译成"相",也是为了体现它在希腊文中原本的"看"的含义。"种相"中的"种"则是取"species"的现代译法,而且"种"本身也有反映事物本质即"形式"的意思。——译者注

论这个概念。

种相概念源于亚里士多德所构想的一种关于如何通过感知觉来认知事物的理论,阿奎那又对它作了详细阐述。例如,当我们看到一个对象时,尽管它全然独立地存在于我们之外,但在某种意义上它也存在于我们的视觉器官之中,这种存在方式被称为"可感种相"(*species sensibilis*);该对象的物质性已经失去,但其本质依然保持着。如果这个可感种相现在受到主动理智(*intellectus agens*,托马斯主义认为这是思维官能的一种主动力量)的作用,就会产生所谓的"理智种相"(*species intelligibilis*),它的存在就意味着对外在对象的意识到的知觉。在这种理智种相中,物体在某种意义上内在于我们;它是被认知者在认知者之中的存在方式。

73. 培根①一般用"种相"来表示所有起作用的事物(不论是实体还是偶性)影响其他事物所凭借的力量。对于一个起作用的实体来说,这种力量是精神性的还是物质性的并不重要。施动者本身的特征当然在这种力量中有所揭示;"种相"在某种意义上类似于施动者,因此就其起源来说也被称为"似相"(*similitudo*)或"形相"(*imago*)。"种相"之名是就其与感官或认知官能的联系而言的,它也可以被称为"意相"(*intentio*)或"形式"(*forma*)。种相决不能理解成伊壁鸠鲁意义上的"小像"(*ἐίδωλον*);太阳的种相并不是一个小太阳,而是太阳光(*lux*)在透明介质中造成光亮(*lumen*)状态所凭借的力量。

---

① Roger Bacon, *De multiplicatione specierum* (4). *Opus Maius*, Pars Ⅳ, Dist. Ⅱ, *c.* 1. (1) Ⅰ 109 ff. *Opus Tertium*, *c.* 31. (2) 107 ff. Grosseteste. Baur (2) 99.

施动者试图借助它的种相而同化承受者：火会把木头变成火，热的物体会使其他物体变热。如果承受者已经被种相同化于施动者，那么承受者又会产生新的种相。于是，太阳通过其种相在周围唤出光明，而它所照亮的每一点又会成为其自身周围的光源。这种观念后来成为惠更斯光论（Ⅳ：284）的理论基础，即物理学中所谓的"惠更斯原理"。例如，太阳光并非被月球表面反射，就像弹性球被墙弹回来那样，而是太阳光的种相（应当理解为阳光在那里施加的影响）使月球表面本身发光（当月食发生时，太阳光斜着入射，所以种相太过微弱，无法造成通常的光亮，因此月亮呈现灰白色）。

74. 种相以不同方式对我们的感官发生作用：所受的物理作用（阿奎那所说的可感种相）被我们的理智活动（阿奎那所说的主动理智）提升到一种更具精神性的层次。不过这里需要指出，有些感觉并非由种相所引起，比如大小、形状、位置、运动，一般而言为通感（*sensus communis*）①所知觉的所有东西。

培根的看法与亚里士多德和大多数经院学者相反，他认为，实体不仅通过其性质作用于我们，而且也直接通过其自身的种相作用于我们。不过，这种作用既不通过感官，也不通过通感，而是经由某种心理过程而发生，就像羊认识到狼是其天敌并且逃离它一样。狼的种相会使羊的评估能力（*facultas aestimativa*）感到不

---

① 虽然人有触觉、味觉、嗅觉、听觉和视觉等五种感觉，每一种感觉都有其特定的对象，如视觉的对象是颜色，听觉的对象是声音，但也有一些原始的可感对象，如运动、静止、形状、大小、数目等等并不只是一种感觉的对象。要把不同渠道得来的印象结合起来，就必须依靠通感。在这个意义上，通感接近于意识，是人"统合"各种感觉材料的能力。它使我们的五官共同作用，并保证我们见到的、触摸的、品尝的、嗅到的和听到的是同一个对象。——译者注

适,而另一只羊的种相却会使它感到惬意。使羊推断出有狼在场的并非听觉、视觉和嗅觉印象,而是"狼"这一实体的种相所产生的总印象。

75. 培根反复强调,不应把种相的传播(*multiplicatio*)[①]视为微粒的发射。这种发射的确可见于一些有强烈气味的物质,比如麝香和熏香,它们一边散发气味一边发生分解;而光的发射却完全不同,因为发光最多的天体恰恰是不可朽的。

关于种相是如何从一点传到另一点的,有各种各样的看法,光的传播构成了这些思想的原型。格罗斯泰斯特和罗吉尔·培根先后对此作了认真研究。在一束光线中,没有任何有形的东西从一处移到另一处;这里只有介质状态的持续改变,因为介质的主动潜能一再被实现;以一定速度传播的正是这种改变。

也许是在一种非常正确的方法洞见的指导下,格罗斯泰斯特和培根感到并且指出,对光的传播中所体现的种相传播(*multiplicatio specierum*)进行精确研究,包含了理解一切物理的力运作的关键,这种研究应当通过数学手段进行。然而,他们能够运用的数学概念仅限于初等几何光学,因此这种用数学来表示种相传播的努力不可能很成功。尽管如此,我们仍然有必要了解一下格罗斯泰斯特在其著作《论线、角、形》(*De lineis, angulis et figuris*)中对这一问题的讨论。[②] 它的标题已经给出了关于力的

---

① "multiplicatio"对应的英文词为"multiplication",既有"繁殖"、"增加"的意思,也有"传播"的意思,这里其实有双重含义,因为种相在传播过程中的每一点都可以自我复制为新的种相源。或可译为"传殖"。——译者注

② Baur (1).

传播的两种观点：一种是沿着线和角(*super lineas et angulos*)，即沿着直线传播，但直线可能由于反射或折射而改变方向；另一种则要结合种相传播所具有的几何形态来考虑，比如从中心向外发射所形成的球形，或者在接收种相时，不同作用线汇聚于承受者上某一点所形成的锥形。

我们现在来详细讨论这里提出的各种可能性，关注效力如何随着与力源的远离而减弱，以及与入射角的依赖关系。这种讨论并不试图在数学上进行精确界定，而是停留在定性水平，即只是指出某个量在何种意义上发生变化，而没有给出变化的具体量或速度。这又是典型的中世纪讨论方式。

76. 读者们或许已经注意到了，种相传播所沿的"作用线"的观念与后来描述力场结构的"力线"概念显然关系密切。然而，格罗斯泰斯特和培根似乎并没有想到把种相概念运用于磁现象(至于电现象，13 世纪自然还不会考虑)。

现在可以来回答 Ⅱ:59 中的那个悬而未决问题，即培根在指出数学对于科学具有根本的重要性时，他所想到的首先是数学的哪种可能应用：必须学会用数学方式来把握在种相传播中出现的线、角和形；用现代术语来说，物理学正在静候一种关于力场的数学理论。

77. 在结束对 13 世纪光学的讨论之前，我们再简要评论一下以格罗斯泰斯特为主要代表的光的形而上学观念，它通常被称为光的形而上学。[①]

---

① Baeumker 357-437.

长期以来，各种宗教和哲学体系一直在借用光的隐喻来说明纯精神的概念。柏拉图试图将善的理型在理智世界的重要性类比于太阳在经验世界的重要性，以阐明善的理型。《约翰福音》认为光象征着超越了整个感觉世界的上帝的存在。为了阐明流溢概念，普罗提诺把流溢类比于不可耗尽的光源的发光；为了说明三大本体的相互关系，普罗提诺又把三大本体分别对应于光、太阳和月亮。

在格罗斯泰斯特的光的形而上学中，原始存在（Primordial Being）不仅被类比于光，而且就等同于光。真正的光乃是理智之光（intelligible light），由它流射出可见的东西，这种流射不是物质意义上的，而是动力学意义上的，即一种力的流射。世界理性与世界灵魂被看成从中心的太一流溢出来的光源。

这种观念似乎主要来自伪狄奥尼修斯（Dionysius the Areopagite 或 Pseudo-Dionysius），他的哲学思想依赖于普罗克洛斯。在犹太-阿拉伯哲学中，它被欣然接受。在阿维塞卜洛那里，流溢和影响的概念完全被当作光的发射来讨论，光这个概念范围很广，既包括理智之光，也包括可感的光。阿拉伯哲学给新柏拉图主义赋予了一种亚里士多德的含义，它开始把精神当作最高原则，并由此发展出一种由灵智（intelligences）、精神领域、灵魂和物质领域所组成的丰富的等级系统，其中较高者总是对较低者产生影响，这一过程也被视为一种理智之光的传播。特别是在阿维森纳的著作中，光已经成为天界影响地界的承载者。

在西欧，只要有奥古斯丁传统或狄奥尼修斯传统的地方，这些思想就会被热情接受。这可见于奥弗涅的威廉（是从阿维塞卜洛那里搬来的)、亚历山大的黑尔斯、圣波纳文图拉(St. Bonaventure)和博韦的梵尚(Vincent of Beauvais)等人的著作。阿奎那则反对这些观念,因为他不接受圣奥古斯丁所说的真正的光是精神之光,而是赞同亚里士多德的观点,认为光是一种偶性,即透明物体的一种性质。因此他否认力的作用(即影响的施加)可以通过光的中介而发生。

正如我们已经说过的,格罗斯泰斯特以及受其影响的罗吉尔·培根完全赞同这种观点。它实际上贯穿于格罗斯泰斯特的整个哲学之中,从认识论到宇宙论莫不如此。在他看来,光是那种有形性(*corporeitas*),即原初形式,通过与原初质料相结合,便构成了可以感知的物体。虽然这两种组分本身是无形的,但是它们结合起来以后,通过在三维空间中的膨胀(可以用吹肥皂泡来模拟),便形成了可见的宇宙。其最外层的边界区域的完满度最高,随后便通过收缩而凝聚成彼此相继的天球和元素区。

78. 以上对 13 世纪光学的概述再一次清楚地说明了对物理现象和过程的思考在中世纪和近代思想中所起的不同作用。今天的物理学家从现象进入深层,旨在通过实验获得关于该现象的精确的定量认识,然后建立一种概念体系来描述现象;再后来,他一方面用这种概念体系来追踪同样可做实验确证的新现象,另一方面也追问,是否可以把它付诸实际应用,比如帮助人劳动,或者为自己提供消遣。中世纪学者则想一步登天;在有足够的时间和精力去透彻考察所观察到的现象之前,他已经陷入沉思,并且被引向思辨思想的最高峰。

这种思想取向的差异对应着从事思想活动的地点差异:一方面是现代的实验室,另一方面则是中世纪的修士室。两者都有独特的

魅力,也都容易招致特定的危险。在精确思想的严格规范下,实验
室中的化学家并未失去炼金术士的热情,力图在他的职权范围内攫
取自然的奥秘,但只关心物理过程潜藏着被物质奴役的危险。而在
经院学者的修士室中,对永恒的渴望比世俗的思考更强烈地鼓动着
他;精神既容易升腾,也容易沉迷于毫无根据的、无法确证的思辨中。

第六节　　磁学

79. 前文已经指出,当中世纪文献谈到实验和实验者时,我们
并不能事先肯定这些术语就是现在所说的意思。不过,经过更进
一步的考察,有时会发现这样称呼它们是完全恰当的。例如 13 世
纪的自然研究者马里古的皮埃尔(Petrus of Maricourt)关于磁学
的研究就是如此。他更常见的名字是彼得·佩里格利努斯
(Petrus Peregrinus),此人可能就是被罗吉尔·培根(他的赞颂和
责难可能同样夸张)誉为他那个时代最伟大的实验家的人。

自古以来,磁吸引铁一直是最奇特的自然现象之一。在中世
纪,它被看作奇迹的典型,通常与魔法活动相联系,而且引出了各
种荒诞的说法。而在 1269 年写成的《论磁书信》(*Epistola de
Magnete*)中,彼得·佩里格利努斯在系统研究的基础上,以完全
客观和严格的科学方式对基本的磁现象作了探查和描述,这不由
得使我们更加赞叹。[①] 该论著所包含的主题差不多就是今天初等

---

① Petrus Peregrinus. 我没能参考 G. Hellmann 在 *Rara Magnetica* 中的现代重
印版。Picavet (2), Schlund, Wenckebach.

物理课程的出发点:北极与南极的区分,同性相斥、异性相吸,与磁体摩擦而使铁磁化,磁针碎成小段后又成了磁体,磁感应,磁体可被用做指南针,其中甚至还谈到了用"小磁球"(*terrellae*)[①]做实验,这是一种磁化了的小球,后来吉尔伯特曾在其地磁研究中用到了它。整部论著显示出一种真正的科学精神,即使作者尝试借助于磁体而造出永动机(考虑到当时的时代),也无损于这种印象。

假如彼得·佩里格利努斯果真就是培根大加赞叹的那位"实验大师",那么他必定对实验科学有强烈的兴趣。培根赞扬他不看重荣誉和金钱,全身心地致力于科学研究,力图通过与实践者(不仅有金属工、矿工、猎人、土地测量师,而且还有魔法师和巫师)交谈,而从他们的实践经验中获益。

80. 一般认为,可旋转的或漂浮在水上的磁针指向正南正北(彼得确信它恰好在子午线上;他的书信中有一段提到了磁偏角,这必定是后来补充的[②]),这一事实确证了地界与天界现象之间的紧密关联。彼得认为,磁体的力量来源于天极,并且在此基础上希望,"小磁球"能够与天[③]一同旋转,从而构成一种天文钟。这一时期已经有人试图用磁学来解释天象,后来开普勒在更大程度上重复了这种做法。无论如何,奥弗涅的威廉曾把外层天球把动力传到内层天球与磁感应现象相类比。[④]

81. 长期以来,对磁性的解释一直是一种挑战。我们已经看

---

① 字面意思为"小地球",指用天然磁石制成的球形磁体。——译者注

② Wenckebach.

③ 这里英译本误为"地球"。——译者注

④ Duhem (6) III 259.

到,这促使泰勒斯为磁体赋予了灵魂,持这种观点的人一直不在少数;磁体能够穿过玻璃或铜起作用,磁体的力量在逐渐减弱,这些事实都被看作支持的证据。中世纪经院哲学的正统解释(基于阿威罗伊的权威,经院哲学把这种解释归于亚里士多德)避免了泛灵论术语,但本质上仍然遵循着相同的思路,它指出,磁体在铁中唤起了一种性质,它竭力与磁体相结合,从而附带地产生位置运动。

就像在讨论古代科学时那样,我们这里也必须关注占星学和炼金术。此外,由于魔法与物理实验密切相关,所以魔法也不能忽视。

第七节　占星学[①]

82. 在关于教父科学的那一章中,我们已经看到(Ⅰ:123),尽管教父们强烈反对生辰占星学的活动,但并没有极端到否认星辰对地界有任何影响。不过尽管如此,他们对占星学的谴责暂时产生了强大的影响,至少阻止了在基督教国家中公然进行占星活动。

然而在伊斯兰世界,部分是在犹太人的影响下,占星学却蓬勃发展起来。到了12世纪,人们以极大的热情将阿拉伯文占星学著作译成了拉丁语,这充分表明,西方世界对它一直怀有隐秘的渴望。没过多久,到了13世纪,甚至连亚里士多德的自然哲学也为占星学理论留出了余地,人们可以引用亚里士多德的明确说法来支持它。对于这种强大的普遍思潮,教会采取了一种和解的态度。

---

① Thorndike,Wedel.

圣奥古斯丁虽然要求毫不妥协地维护自由意志学说,但也承认星辰对人体的影响。基于他的这些说法,人们发现有可能达成某种和解,由此有相当一部分占星学被准许,而另一部分则被明确排除。简言之,人们无条件承认天体的纯物理影响,也不否认天体可以通过物体的中介对人的精神生活,对人的思想、情感和意志产生间接影响,但却根本否认这种影响的运作是出于一种无可避免的必然性。这种对占星学的承认产生了深远的影响:虽然主张人受星辰随意摆布的宿命论的生辰占星学遭到禁止,但认为人有能力从星辰预示的命运中摆脱出来(*sapiens homo dominatur astris*:智慧的人主宰星辰)的托勒密体系却被接受。此外,整个医学占星学(利奥一世[Leo I]曾经强烈抨击过它)得以保全,甚至带有强烈迷信色彩的择时占星学体系(*electiones*,确定做某件事情的正确时刻以及区分吉凶日期的规则)和质询占星学体系(*interrogationes*,回答关于丢失物品、追查窃贼等具体问题的占星学规则)也没有遭到反对。

83. 教会之所以会容忍那些宿命论色彩并不明显的占星学理论和实践,是因为它们所属的整个思想领域非常符合中世纪对自然的看法。柏拉图主义、亚里士多德主义和新柏拉图主义的观念在这里共同起作用,普遍的基督教观念,即天体由天上的灵智所推动(实际上只不过是基督教对视天体为神圣的希腊观念的改编),与此完全一致。甚至连大阿尔伯特、格罗斯泰斯特和阿奎那等13世纪最正统的神学家,都持一种带有强烈占星学色彩的世界观。

在大阿尔伯特①看来，虽然自由意志的教义必须得到维护，但这并不意味着要绝对地拒斥生辰占星学：星辰所预言的未来并不是一种强加于人的必然性；虽然星辰会沿某一特定方向驱策他，但他未必要服从这一要求；他的行动既不取决于自己，也不取决于命运甚或神意。阿奎那在这一点上更为严格，他谴责对人的未来行动作任何预言。正如我们一再看到的那样，之所以会有这种谴责，并非因为人们确信这种预言是不可能的，而是因为它是罪恶的。

由方济各会士英吉利人巴托洛梅（Bartholomeus Anglicus）写的《论事物的属性》（De proprietatibus rerum）可以看出占星学世界观已经被普遍接受。这是一部流传甚广的通俗百科全书，在 15世纪曾多次重印。它参照着阿拉伯学者的详细说明，讨论了一般的占星学理论，即地球完全受制于天界的影响；而作者甚至认为没有必要提出异议，以防范宿命论的危险和对自由意志的怀疑。

84. 就像所有那些与宗教有关联的科学一样（实际上，所有科学都与宗教有关，因为整个思想生活都有一种极为显著的宗教特征），占星学中也有一些微妙的边缘问题处于危险地带：首先，基督在地球逗留期间是否也会受星辰的影响；其次，如何解释伯利恒之星。大阿尔伯特对第一个问题持否定看法：道成肉身并不受星辰的影响，因为它是自愿的。而罗吉尔·培根却认为，由于耶稣的诞生是一个自然事件，他本质上是人，所以星辰会对道成肉身产生通常的影响。关于伯利恒之星，普遍的看法是（教父们已经提到这一点），它没有产生任何影响，而只是预示了基督的诞生（在希腊词

---

①　Albertus Magnus, *Summa Theologiae. De Fato*. Thorndike Ⅱ.

σημαίνειν[预兆]的意义上，这个词在 13 世纪已经再次被 ποιεῖν[肇因]所取代)。

85. 占星学在宗教领域的独特运用可见于由阿布·马沙尔提出、罗吉尔·培根所接受的一种理论，它涉及伟大的宗教运动的兴起与出现特定的行星会合之间的关联。[①] 于是，基督教与水星和木星的会合相联系，伊斯兰教与金星和木星的会合相联系。另一方面，由于天文现象的周期性一再鼓励了斯多亚派关于宇宙事件定期重现的观念，难怪有人会提出这样一种理论(在布拉班特的西格尔的著作中)，[②]认为基督教已经出现过无数次，也消失过无数次。这种思想也会涉及基督受难的定期重现，它显然会被正统神学家斥之为可恶的异端邪说。

认为罗吉尔·培根的观念在危险的宗教占星学领域属于可疑的标新立异，从而为他受到谴责提供了动机，这当然不是不可能。但鉴于占星学已被正统思想普遍接受，他所持的占星学信念根本不可能使他受到谴责。

第八节　魔法[③]

86. 魔法所包含的范围非常广，它与宗教和自然科学都有关系，这里我们只关注后者。然而，我们也不可能完全忽视前者，因

---

①　Roger Bacon, *Opus Maius*, *Pars* IV. *Judicia Astronomiae*. (1) I 254-69. *Pars* VII. (1) II 371. Cassirer (2) 113. Thorndike II 672. Wedel 73.

②　Mandonnet 171.

③　Rydberg, Thorndike.

为关于魔鬼的存在和本性的看法植根于宗教思想。根据一般的基督教教义，魔鬼是与撒旦一起堕落的反叛天使。上帝赋予他们有限的行动自由，他们现在用这种自由来对抗上帝。除了最高天（即天使和死而复生的义人的居所），整个世界都是善恶力量相互抗争的舞台。中级的堕落天使（统治天使、道德天使和掌权天使）企图阻挠灵智主导行星；居于月下世界的下级的堕落天使（权天使、大天使和普通天使）渗透于所有元素，总想使人堕落。

这些观念在中世纪基督教思想中具有重要地位，因此众多学者才会如此关注魔法的各个分支；事实上，魔法是最能彰显魔鬼活动的领域，魔鬼尽管已经堕落，但仍然具有超自然的能力，魔法可以最好地展示他们的力量。然而，与罪恶的黑魔法（black magic）相对立的是得到准许的白魔法（white magic）或自然魔法，白魔法或自然魔法运用了内在于某些自然产物之中的神奇的隐秘力量；但由于这些力量当然也要听命于魔鬼，所以这两者有时并不容易区分。

87. 这里应当谈谈经院学者著作中经常出现的"隐秘"（occult）一词的含义，这个词的使用往往与中世纪的观念和解释方式有关。一般说来，物体的隐秘属性或力量是指，人无法基于物体的"结合体"（complexio）即物体的元素构成方式来解释的一种东西。于是，鸽子血祛除眼睛斑点的能力并非隐秘属性，因为它可以通过这种血的热和湿来解释；而磁体吸引铁的能力则是隐秘的，因为它无法由铁的构成推断出来。药物和宝石也有各种隐秘的力量，它们不能归因于构成元素的性质，而只能通过实验来确定，它们只能因为星辰在这些物质形成期间的影响而产生。

　　虽然这是"隐秘"（occult）一词在中世纪术语中最常见的含义，但它并非唯一含义。例如，罗吉尔·培根曾把它用做"明显"（manifest）的对立面，这里的"隐秘"是指"无法直接感知到"，属于一个无法借助感觉经验而只能通过理性来通达的领域；在这个意义上，例如，物质的实体形式便是一种隐秘的属性。在其他地方，这个词只是指"奇特的"、"不熟悉的"，比如有一处提到"*causa valde occulta et adhuc inaudita*"（一种非常不熟悉的原因，迄今为止闻所未闻）。

　　如果遵照这个词的第一种含义，那么这里的概念定义显然是相当主观的，因为它只是排除了人们自认为基于假设的物质构成（由亚里士多德假想的各种元素所构成）便可以理解的那些东西。然而客观地讲，这对任何属性都是不可能的，所以一切属性实际上都可以被称为"隐秘的"；于是，这个词只是表明，我们无法合理地解释为什么某种物质以这样那样的方式行为，为什么糖是甜的而雪是白的。在这个意义上，我们今天仍然可以使用这个词，因为由一种物质的化学结构或物理状态不可能导出任何一种可知觉的性质，比如我们无法理解为什么波长为 5890 埃的光在我们看来会是黄的，以及为什么当两个频率之比为 2∶1 的音同时发声时，我们会知觉到八度音程。至于为什么鸦片会有催眠作用，尽管莫里哀作了无情的嘲讽，我们最终还得用那位学士（Baccalaureus）的话来回答："因为在它之中有一种催眠的力量，会使感觉麻痹。"（*quia est in eo virtus dormitiva cuius est facultas sensus assoupire*）[①]；只不

────────────────

　　①　这句话源自 17 世纪法国喜剧作家莫里哀的戏剧《无病呻吟》，Baccalaureus 是其中的一个人物。——译者注

过这个问题今天已经不再有人提了，我们现在说，鸦片是一种催眠剂，或者列举它所包含的那些能够起催眠作用的成分。

88. 因此，自然魔法只不过是收集关于植物、草药、石头等天然物质的属性知识的经验科学。奥弗涅的威廉在其著作《论万有》(*De Universo*)中详细讨论了自然魔法与黑魔法的区别，他说这些属性往往奇妙异常，以至于会给无知者一种印象，仿佛它们是神灵或魔鬼的作品；而实际上，这些属性是丰饶的世界以自然方式创造出来的。因此，这种自然魔法也不包含任何可能冒犯造物主的东西，除非将它用于邪恶的目的。许多所谓的实验书(experimentation-books)都讨论了这种魔法，其中记载了所收集的事实材料。

这里，我们再次看到了中世纪收集科学事实的强烈倾向，但必须同时指出，中世纪学者之所以没能在此基础上建立一门真正的、哪怕只是通过经验获得的科学，很大程度上是因为他们过分轻信别人，不假思索地信任古人的权威或来自异国的说法，所有这一切皆因缺乏必要的科学标准而加剧。于是，当奥弗涅的威廉提到自然魔法的例子时，我们完全进入了中世纪奇迹故事的领地：比如他谈到了蜥蜴目光的致命影响，海胆(echinus)附着在大船上的精神力量，通过蛇肉来延年益寿等等。

尽管如此，自然魔法的观念仍然是一种有根有据的构想：它表达了对奇迹，即无法进行逻辑解释的自然现象特征的承认；它表明，研究这些现象并非罪恶地企图闯入人的思想禁区，而是对天然求知欲的一种完全正当的满足。

奥弗涅的威廉也把所谓的自然感觉(*sensus naturae*)或自然占卜的能力归于自然魔法，比如这样一些现象：人可以感觉到他人就在附近,秃鹫似乎知道什么时候战斗即将来临,羊老远就能察觉到狼的存在等等。

89. 如前所述,白魔法与黑魔法很难区分开来。例如,当所谓的观镜占卜者(*specularii*)通过长时间凝视镜面来预言未来时,这其中是否有魔鬼的帮助？这类问题对教会生活实践非常重要,难怪奥弗涅的威廉会十分关注它。事实上,存在着一种教会魔法,尽管它从外表来看与黑魔法有些相似,但二者实在有着天壤之别。在驱魔术中,在敲响圣钟以使风暴平息时,在用圣水和盐驱魔时,教会魔法会起作用。当教皇给羔羊的蜡像祝圣时,羔羊便以最正当的方式免遭雷雨的侵袭。然而,倘若奈科坦尼波(Nectanebo)果真能够通过把船的蜡像扔到水中而使船沉没,那么这必须在魔鬼的帮助下才能完成。

由于区分白魔法与黑魔法异常困难,所以过分关注这一主题一直很危险。例如,大阿尔伯特必定经历过这种危险,他对自然的浓厚兴趣也促使他研究了魔法的奇迹,并因此获得了魔法师的声誉。①

大阿尔伯特同意一般的看法,认为魔鬼的魔法非常真实地存在着。但他主张,魔鬼所完成的惊人成就必须被解释为大大加速的自然过程,这些过程可以因星辰的影响而诱发。于是,法老的魔法师把棍子变成蛇应当理解为朽木中产生蠕虫的加速形式。不过,他和奥弗涅的威廉一样都承认自然魔法,其中可能也有星辰的影响在起作用;例如,*imagines* 就是如此,它们是星座形成特定位

---

① 他享受着"魔法中的大师,经验丰富的魔法大师"(*magnus in magia*, *in magicis expertus*)的名声。

形时雕刻在石头上的图像,可以作为护身符佩戴。

在获准的魔法与有罪的魔法之间划清界限的困难最清楚地体现于大阿尔伯特。一个有探索精神的人自然会检验魔法师的说法,以使魔法与实验科学之间的关系更加紧密;但也可以理解,多疑的神学家会在进行无害的实验时想到魔法。因此,自然的研究者们经常被指控从事魔法。我们已经提到,欧里亚克的热尔贝便是如此。与学生阿奎那相反,大阿尔伯特在中世纪一直没有被封为圣徒(直到1931年才被封圣),这也许是原因之一。

无论如何,我们必须提防一种看法,认为对魔法的任何指责都只是由于它对实验活动作了恶意的或愚蠢的解释,而这些实验活动本应在后来的科学中占有合法的一席之地。事实上,现在被誉为科学的先驱者或开拓者的那些人(大阿尔伯特和罗吉尔·培根是两个著名例子),都在一定程度上擅长诱人的魔法技艺。至于他们所实践的魔法是白的还是黑的,是基督教的还是恶魔的,这里姑且不去讨论了。

第九节 炼金术

90. 关于这一学科,我们这里只需作简短的讨论,因为中世纪在炼金术领域实际上并无新的建树。一般而言,大概可以说,炼金术的基本思想被无条件地接受了,比如通过原始物质(*materia prima*)而发生嬗变,以及直接提炼金属的可能性。因此,追求哲人石及其作为万灵药或长生不老药的功效,被视为经验自然研究的一个崇高和正当的目标。此外,中世纪学者的轻信以及他们对流传下来的古代或阿拉伯著作的极度尊崇,导致他们未经批判或经验确证就接受了各种炼金术的幻想,这些幻想又不无扭曲地传给了后人。不仅如此,江湖骗术和对金钱的贪婪一直在不断增长,这也不利于这门职业的声誉。炼金术原本与一般的哲学和科学思想非常相合,理应受到一定的理解和赞赏,而如今却越来越堕落为一种对科学的相当不光彩的讽刺。要想认真研究它,必须对思想病理学感兴趣,或者像荣格(C. G. Jung)那样,把这一主题与现代的精神分析学思想联系在一起。

91. 不过接着又出现了困难,那些包含着中世纪炼金术知识的著作的真实性受到多方质疑。以前人们曾认为,13 世纪至少有六位重要的经院学者(大阿尔伯特、阿奎那、博韦的梵尚、罗吉尔·培根、雷蒙德·鲁尔[Raymund Lull]、维拉诺瓦的阿诺德[Arnold of Villanova])留下了一些论著,由此可以发现他们从阿拉伯文献中借用了什么,他们本人对炼金术持什么看法。然而,当今的历史学家感到有必要怀疑所有这些论著的真实性,他们认为在大多数情况下,作者都名不副实。事实上,将科学文献悄悄托名于更早的著名学者,这种事情在炼金术中最为常见。于是,厘清中世纪混乱的炼金术理论这项本身已经吃力不讨好的工作,现在的吸引力变得更小。

第十节 哲学与神学的冲突①

92. 根据托马斯主义的观念,哲学和与之相关的专门科学必须从属和服务于神学,不过由于这种服务,它们也得到了犒赏,那

---

① Duhen (2),Mandonnet.

就是保证不会偏离真理的道路。哲学和专门科学无疑经常因这种婢女-女主人（ancilla-domina）关系而得到促进：对救赎的渴望间接激励了理智的努力。另一方面也不奇怪，这种关系实际上并不总像理论所说的那样诗意。的确，正如我们已经指出的那样，由于特定的神学论证在哲学中不被容许，所以哲学思想是独立的；但在遵循自己的道路时，有时哲学必定会得出一些被神学家视为谬误和危险的结论。

到了 13 世纪末，这种情况以戏剧性的方式发生了。教皇约翰二十一世责成巴黎主教唐皮耶（Etienne Tempier）调查巴黎大学所持的哲学学说，并审查其正统性。唐皮耶往往被描绘成一个专横跋扈的人，他似乎从这项命令中获取了权力。1277 年，他以禁令的形式颁布了他与一个神学博士委员会和其他内行协商之后得出的结论。他在其中谴责了杂乱无章的 219 条哲学和科学命题，责令宣布或拥护其中任何一条谬误的人都要向他报告，以接受惩处。

唐皮耶禁令的自以为是的评价从一开始就饱受争议，特别是多明我会提出了强烈反对，因为大约有 20 条受谴责的命题源自阿奎那，甚至涉及其体系的本质特征。于是，教廷很快就命令唐皮耶停止行动，等待进一步的命令。

此后，虽然教会并未就此事发表意见，1277 年禁令也于 1325 年被撤销，但唐皮耶的裁决仍然对巴黎大学的哲学研究产生了重大影响，并且间接地影响了英国和德国的大学，也明显干预了科学思想的总体发展。

关于唐皮耶禁令的后果，我们这里无法讨论个中细节，而只能谈谈它的一般特征和与科学相关的几个要点。

93. 该禁令的一般趋向反映了明显带有奥古斯丁导向的传统神学的一种回应，它所针对的是独立的人的理性在哲学和科学中过分鲁莽和随意地使用。支持对亚里士多德哲学作阿威罗伊主义解释的人(尤其是布拉班特的西格尔和他的学派)持双重真理论，他们主张，某种事物可能在神学意义上为真，而在理性思想的意义上却为假，反之亦然；在这种理论的外衣下，他们宣扬一些与宗教教义相抵触的观点，并以亚里士多德物理学的名义，给上帝的全能设限：所有这些必定会被正统神学家视为眼中钉。一旦许多在正统信仰看来无法接受的观念开始得到关注，人们便在其他著名的同时代人的著作中找到了这些观念。我们已经看到(现在听起来几乎难以置信)，甚至阿奎那也没有免于谴责，奥古斯丁主义者罗马的吉莱斯同样没有得到豁免，罗吉尔·培根的思想必定遭到了众多批评。

唐皮耶的裁决在一种较窄的意义上与自然科学有关，这主要涉及那些本身就与信仰密切相关的宇宙论问题，比如世界的起源及其时空界限的问题。对以下命题[①]的谴责将会产生巨大的历史影响：

49 (＝M. 66). 上帝不可能让天沿直线均匀运动；对于这一命题可以论证说，如若不然便会留下虚空。

---

① 这里给出的是原始编号，根据 Mandonnet II 175-91，以 M 标记。

在天文学领域,对以下命题的谴责也有重要意义:

> 92(=M. 73). 天体由一种内在的本原或灵魂所推动。

以及永恒轮回的理论:

> 6(M. 92). 当所有天体又都回到同一点时(每36000 年发生一次),同样的事件将会再次发生。

许多裁决明显反映出一种反亚里士多德的倾向:绝不能认为,人的意志受制于天体的力量(162=M. 154);也不能认为,推动天的灵智会影响理性灵魂,天体会影响人体(74=M. 76),黄道十二宫能够决定人在思想禀赋和世俗方面的状况(143=M. 104)。

无论这一切被多么强烈地拒绝,唐皮耶和他的顾问们都无法完全摆脱占星学思想的魅力。在以下命题被谴责为谬误之后:

> 207(=M. 105). 在一个人的出生时刻,由于更高和更低事物的原因的运作,在他的身体和灵魂中会出现一种倾向,把他导向特定的行为或事件,

接着又补充了如下限制:

> 除非这可以理解为自然事件,且通过倾向的方式。

其确切含义目前尚不清楚,但不容置疑的是,它倾向于承认星辰在人的出生时刻会产生具有永恒意义的影响。

在下文中,我们必须特别注意命题 49(M. 66)[①]所涉及的问题:宇宙做直线运动的可能性和虚空的可能性。对这两个问题的回答彼此密切相关,对这一命题的谴责促使几位经院学者更加深入地研究了这个问题。由于宇宙做直线运动的可能性涉及对位置运动概念的哲学讨论,虚空的可能性涉及对气动现象的解释,所以两者对于自然科学的发展都有历史意义。

这一讨论主要在 14 世纪进行。在讨论它之前,应当首先谈谈这个世纪的科学。

---

① 命题 49 说:"上帝不可能推动天[或世界]作直线运动,因为这会留下虚空。"——译者注

第五章　14 世纪的自然科学

第一节　批判与怀疑[①]

94. 在哲学史上,13 世纪,特别是大阿尔伯特和阿奎那的时期,通常被称为经院哲学盛期,以区别于之前的准备期和之后的衰落期。这是非常合理的:由于整个亚里士多德哲学的传播和伟大的"博士们"(doctores)对它的利用,13 世纪的思想水平已经远远超过了以往,后来的经院学者也并未能成功地将这一水平进一步提高。而 14 世纪则以批判和怀疑的精神而著称,它甚至连阿奎那的和谐体系也不放过,随着时间的推移,它必将危及盛期经院哲学的宏伟大厦。

然而,我们不要误以为让历史学家扼腕叹息的哲学-神学的衰落也伴随着自然哲学和自然科学的衰落。恰恰相反,在巴黎大学任过教或受过教育的一些思想家那里,中世纪与 16、17 世纪物理学最为接近,这些学者包括让·布里丹(John Buridan)、萨克森的阿尔伯特(Albert of Saxony)、尼古拉·奥雷姆(Nicole Oresme)

---

① Michalsky.

和英根的马西留斯(Marsilius of Inghen)，他们都可以看成 14 世纪经院哲学的核心人物——奥卡姆的威廉(William of Ockham)的学生或追随者。

95. 至于神学-哲学的衰落与科学进步之间为何会有这种巧合，有一种解释似乎最容易想到。我们已经提到过 14 世纪思想所特有的那种怀疑和批判精神。这种精神对于信仰与知识之间托马斯式的和谐或许是灾难性的，但却为科学创造了一种氛围。虽然这种氛围本身并不足以推动科学的发展，但却有助于消除科学发展的障碍。如果对未经检验和分析的日常自然经验不加约束地予以接受，那么就很容易误入歧途。倘若这种不加约束的态度被系统化为一种亚里士多德式的哲学，便很难走出这种歧途。在中世纪科学中，怀疑和批判必须首先完成破坏性的工作，然后才能在废墟上建立起新的科学观念大厦。

然而，仔细考察就会发现，这种对问题的解释似乎过于简单。我们在谈起怀疑和批判时，首先要问：这种怀疑和批判所针对的是什么？对于 14 世纪来说，它所针对的既不是 13 世纪的自然知识有什么不足，也不是研究方法有什么不当，而是构建体系的博士们（在其继承者看来）在其神学思想中赋予了人的理性太过崇高的地位。这种批判首先针对的是托马斯主义综合的理智主义特征，它声称人的理性能够凭借自身的力量洞悉至少一部分信仰真理；因此，这种批判抨击了人在理智上的自负，告诫人要更加谦逊地运用自己的理性能力。我们有理由追问，这样一种批判态度是否真的有助于科学。

尽管如此，它终将带来科学思想中的一种有利转向，这可以从心理学上加以解释。首先，阿奎那曾经设想，人的理性可以做到许多事情，比如证明上帝的存在性、唯一性和无限性等等，从而可以假定信仰与理性完全分离。对人的理性是否可以做到这些事情的怀疑免除了理性的一项困难任务。由此理性可以释放出精神能量，更成功地解决理性范围内的其他问题；其次，科学虽然没能从亚里士多德哲学的束缚中一劳永逸地摆脱出来，但至少摆脱了与超自然事物的间接关联，这种关联正是源于对亚里士多德哲学的依赖；最后，对思想的批判态度一旦觉醒，如果它所针对的仍然只是信仰的理性基础，而没有被导向哲学和科学方面的成就，那将是很奇怪的。因此，我们开始时就经院哲学的衰落对科学发展的有利影响所给出的解释也不无道理。

96. 不过，也许可以从另一方面来补充这种解释。奥卡姆的威廉①的工作标志着经院哲学思想方式的顶峰，其各种形式一般统称为"唯名论"（nominalism）。这里无法详细讨论所谓的共相（universals）问题，唯名论便是这个问题的一种解决方案，也无法详细讨论用来解决这一问题的其他理论，它们统称为"实在论"（realism）。我们只需指出，唯名论反对实在论所表达的哲学倾向，即赋予普遍概念某种形而上的实在性。正是这种倾向使得柏拉图提出了他的理型论，只要有柏拉图的影响存在，中世纪就会见到其最极端的表现。而在亚里士多德主义占统治地位的地方，这种倾向又会大大减弱；然而在唯名论者看来，即使在这里，人们也过分地认为通名（general term）指的是存在于不同事物之中的那

---

①　Maier (3), Michalsky, Moody, Moser, Taylor.

种实在性。根据唯名论者的看法,这种实在性完全存在于我们的心灵中,赋予它外在于心灵的存在性是多余的重复,这违反了经济思维原则:"若无必要,勿增实体。"(*entia non multiplicanda praeter necessitatem*)

　　我们可以用一个简单的例子来说明。比如考虑"狗"这个概念,它指的是我们心灵中某种一般的表象,根据这种表象(在模棱两可的情况下会有困难),我们把"狗"这个名字赋予了某些特定的生物。根据奥卡姆的观点,"狗"这种概念是我们说"这是狗"的所有那些动物的一个自然标识(*signum*)。"狗"的自然标识不同于被书写或言说的"狗"这个词,前者是我们的意识内容(*intentio animae* [灵魂的意向]或 *conceptus* [概念]),后者则是约定的记号。真正的问题是,"狗"这种概念可以充当多个动物的共同记号(*universale in significando* [指称的共相]),并使我们对所有这些动物说"这是狗"(*universale in praedicando* [谓述的共相]),除了它,我们是否还需要假定一种"存在中的共相"(*universale in essendo*),它是一种存在于我们心灵之外的"狗"。极端的实在论者持肯定的看法,认为这种"先于个体事物的共相"(*universale ante rem*)或者是一种柏拉图主义的理型,或者是上帝心灵中的一种原始意象(范型);温和的实在论者则认为,所有的狗都有某种共同的东西(*universale in re* [事物中的共相]),即"是狗"(being-a-dog),正是这种东西说明它们是狗,这在他们看来是"存在中的共相"。他们对唯名论者的反驳是,倘若真的没有共同之处,我们就没有理由用一个共同的名字来称呼各种事物。

　　就前面讨论的奥卡姆的立场而言,称它为"概念论"(conceptualism)

要比称它为"唯名论"(nominalism)更恰当;因为"唯名论"会暗示这样一种观点(也许更多是作为思想的可能性而不是作为真实的学说被提出来):真正的共相只是名字,我们用它来指称多个事物。然而,奥卡姆反对这种看法。

97. 奥卡姆的概念论无疑创造了一种思想氛围,它在某些方面与后来特别是近代科学的思想氛围有许多相似性。它不关注事物到底(即在先验的存在方式上)是什么,而是指出,我们在特定情况下用特定的名字来指称它们。今天,我们不再问电到底是什么,而只是在某些现象发生时使用"电"、"电的"这类词,这与奥卡姆的思路相当符合。

当然,我们不能对这里所说的相似性估计过高。不过,它的确存在着,而且可以得到经验证实:每当我们在14、15世纪经院学者的著作中看到一种与今天的物理观念相协调的说法时,作者都被证明是奥卡姆这位"可敬的开创者"(Venerabilis Inceptor)的学生或追随者。这也证实了一个假设,即他所引入哲学的精神将有助于自然科学的发展。

然而,这至多意味着14世纪存在着某些状况,倘若还有其他各种因素共同起作用,就有可能在当时产生两个世纪之后的那种复兴。但在目前,要对自然进行自由研究还有太多障碍。

98. 在这些障碍中,最重要的当属大学教学的僵化。它过度使用一些教学惯例,后者虽然从原则上讲是健康有益的,但长期使用却会导致不利影响。事实上,自12世纪以降,经院哲学的一个传统便是运用所谓的"是与否"(sic et non)方法,它主要由阿贝拉尔(Abelard)所提出。其原则是,在讨论某一特定主题时,所有已经提出的观点和所有可能用来支持或反对某一观点的论证都要尽可能详尽地列举和讨论。这种方法也可以被称为"赞成与反对"(pros and cons),但如果掉转顺序,把"反对"(cons)放在前面,则更符合实际情况:作者或说话者先是列举出所有他认为错误的观点;在反驳了所有这些观点之后,他才会提出自己的看法。但在最终提出正面论点之前,他又会先反驳所有那些可能针对它提出的反对意见。这种方法当然有很多优点,它代表着对客观性的诚挚追求,防止某种思想在提出后不久便被人遗忘。但是显然,如果过分彻底地运用这种方法,其弊端必定会更加突出。

早已遭到反驳的站不住脚的理论不断被提出来,为的是再次遭到反驳和拒斥。一般说来,这容易培养一种面向过去而非未来的精神态度。由于科学真理过去均已知晓,唯一要做的就是去重新发现它们,这恰恰会把研究者引上错误的道路。殊不知,科学永远是一种未来的事情。

99. 第二个缺点是口头论辩在教学实践中占据着突出位置。在这里,过度使用一种本身合理的观念,即口头交换思想的启发性和澄清作用,再次导致了事与愿违。学生的职业取决于论辩的成功,大量论辩(*militare in scholis* [学派论争])不可避免会导致为了引人注意和打赢对手而进行论证,而追求真理反倒成了次要的东西。一般来说,中世纪大学的教学方法有严重不足,它太容易激起人的虚荣:用著者在理论方面的渊博学识及其反驳技巧使读者感到震惊;渴望有所成就的年轻学者不得不在论辩中表现出众。

100. 这种不加节制的论辩所导致的一个致命后果是,作者的确切想法往往很难弄清楚。双重真理论在 13 世纪所导致的困难在这里再次出现：当 14 世纪的作者因其可疑的神学观点而被教会责问时，他们辩解说，他们只是"为了练习"(*gratia exercitii*)、"似真地"(*probabiliter*)或"因为论辩"(*disputationis causa*)而为这些观点作辩护，并不想断言(*asserere*)它们为真，其实他们丝毫没有背离教会规定他们相信的东西。于是，我们总是无法确定他们对论辩的喜爱在多大程度上实际起了作用，在这些出于担心而给出的辩解背后，在多大程度上隐藏着一种怀疑，这种怀疑所针对的不再是信仰的可证明性，而是其真理性。

无论如何，事实情况是：一旦 14 世纪的经院学者宣布，他所要说的不应被当作真陈述，而应被看成一种可以用"赞成和反对"来论证的意见，一旦他宣称自己愿意服从教会关于这个问题的决定，他就敢于质疑一切，以致我们经常会以为自己正在面对的是一个 18 世纪的理性论者或 19 世纪的不可知论者，而不是一个中世纪的思想家。上帝的存在性、独一性、全能性、全知性、全善性，世界的有限性，外界实体的存在性，因果链的有限性，所有这一切他都会去论辩，而且会否认可能证明所有这些东西。他宣称自己愿意相信所有这些陈述都为真，但会强调，他只是相信，而并没有认识到它们为真。[①] 人们公开宣布信奉传统主义的信仰观。霍尔科特(Holkot，与阿奎那同一修会的托钵修士)说："哲学家就此写的东西是从法律的颁布者或者更早的人那里照搬来的，我们的祖先关于上帝认识的某些模糊痕迹在他们那里被保存下来。"[②] 而旨在调

---

① 大量例子可见于 Michalsky (2) 61-81。
② Michalsky (5)。

和信仰与科学的托马斯主义理想并没有留下什么。现在的问题不再是如何协调亚里士多德的学说与基督教,而是如何将它们尽可能尖锐地对立起来:哲学家的上帝与信仰的上帝是不同的。

第二节　欧特里库的尼古拉①

101. 前面概述情况的一个突出例子是欧特里库的尼古拉。1346年,巴黎大学责令他收回若干认识论的和科学的论题,它们因其怀疑倾向而引起了反感。他也辩护说,他只是论辩性地(*disputative*)捍卫这些受到指摘的观点,而实际上并不认为其中任何一条为真,因此非常乐于收回它们,并且在大庭广众之下亲手将自己的著作付之一炬。如果说当局打算防止进一步传播他的思想,那么他们没有考虑到经院学者对系统收集的热情,因为这些论题不久就作为"谴责条目"(*articuli condemnati*)出现在彼得·隆巴德(Petrus Lombardus)《箴言四书》(*Sententiae*)的附录中。《箴言四书》被普遍用于神学教学中,在这方面它实际上已经取代了《圣经》,这些论题也因此而变得更加广为人知。

欧特里库的尼古拉所持的观念(我们这里不去追问他在多大程度上相信它们为真)典型地例证了一种怀疑倾向,这种倾向逐渐出现是经院哲学烦琐的辩论术愈钻愈深的自然结果,同时也说明了为什么欧特里库的尼古拉有时会被称为"中世纪的休谟"。

在认识论领域,他的观点无异于说,唯一确定的认知手段就是

---

① Lappe,Weinberg.

间接或直接地运用矛盾律（*principium contradictionis*）。本体论形式的矛盾律说，同一种属性不可能既赋予一个事物，又不赋予一个事物；逻辑形式的矛盾律说，一个命题和它的矛盾命题不可能同时为真。一个结论只有当已经蕴含在前提中时才是真正可靠的，用现代术语来说，它相当于重言式。所有基于这一原则的结论都具有相同程度的确定性——比如在数学中，所有得到证明的命题都是如此，不论它们距离公理有多远。正是基于这种想法，欧特里库的尼古拉才认为一个事物的存在性不可能由任何其他事物的存在性确定地推出，也不能证明一个事物比另一个更完美，或者一个事物是另一个事物的目的或原因。因此，我们永远无法确定地证明，我们之外存在着引起我们感觉的物质实体。我们既不能由果溯因，也不能由质和关系等偶性推出任何实体的存在，更不必说推出精神实体或抽象实体，即那些不能为感官所知觉的东西了。

由以上可以清楚地看出，欧特里库的尼古拉的看法必定与亚里士多德主义—托马斯主义科学截然相反。事实上，他嘲笑那些终生研究亚里士多德和阿威罗伊的人。认为探究自然能够使我们了解其本质，这乃是一种幻觉。我们只能发觉现象的相继出现。不过，只要研究者将精力用于事物本身，而不是用于研究亚里士多德及其评注者，那么他不用多久或许就可以大有收获。

信仰与认知之间存在着一个不可逾越的鸿沟。关于上帝存在的一切所谓证明都毫无价值，不论是从运动的事实推出第一推动者，从原因的存在推出第一因，从世界明显的目的指向推出造物主，还是从完美性的不同推出一个最完美者。曾被阿奎那赋予极大价值的理性的自然之光在这里完全失效，剩下的只有信仰的确定性。

102. 虽然欧特里库的尼古拉怀疑物质和精神实体的存在，不信任所有非重言式或事实的说法，但这并不妨碍他自称德谟克利特原子论的追随者，这又加剧了他的认识论思想所招致的反对。他宣称，所有自然过程都是由质上无法区分的原子的位置运动构成的，物体的生灭只不过是原子的分分合合罢了，它们的变化也可以归结于原子的运动。

被谴责为虚假、错误和异端的不仅是这些说法，而且还有他的光论，他认为光是明亮物体所发出的粒子流。由于这些粒子的运动需要时间，所以欧特里库的尼古拉认为，光和声音一样都不是瞬时传播的，尽管所需的时间短到无法觉察。

103. 欧特里库的尼古拉的例子表明，中世纪有许多观念后来会出现在哲学和科学中，但在亚里士多德主义统治时期却没有机会得到应用。值得指出的是，在他不得不撤回的论题中，有一个是：我们无法确定地证明，自然中一个事物要比另一事物高级。这显然与对事物进行价值排序的原则相抵触，而在古代和中世纪的自然哲学中，这一原则是被普遍接受的。与之相抵触的还有圣奥古斯丁的观点——光是一切可感事物中等级最高的；普罗提诺和圣波纳文图拉的观点——地球是"元素的渣滓"（*faex elementorum*），是一切自然物中等级最低的；以及源自毕达哥拉斯学说的观点——上高于下，右高于左，雄高于雌，奇高于偶。

由于接受了原子论思想，所有科学史著作都会提到欧特里库的尼古拉，但相对于他那个时代的思想，他往往被描绘成一个异数。然而，无论是怀疑信仰真理是能否被证明（以及由此导致的信仰与科学的截然分离,对亚里士多德主义—托马斯主义自然哲学的绝对拒斥),还是倡导对自然现象进行更加没有偏见的观察,他都算不上非常特别。哲学与神学的分离甚至是 14 世纪经院思想最典型的特征之一。这种任务划分不像阿奎那那样是出于思想纯粹性的方法论考虑,相信两者本质上能够导出相同结论,而是为了表明它们彼此毫不相干,满足的是完全不同的思想职能。人们不再试图在信仰中找到任何理性的东西。于是,西多会修士(Cistercian)米尔库的约翰(John of Mirecourt,亦称"白修士"[Monachus Albus],经院思想史家把他描绘成一个完全变质的唯名论者)宣称,在人类理性的自然之光中,每一条信仰似乎都是谬误,而谬误倒往往像是真的;反过来,与信仰相冲突并不一定会减少某种说法的可能性,它甚至可能比与之相冲突的信仰说法更有可能。[①]

104. 只有重言式和事实(比如"我觉得暖和","我感觉很高兴")才能被称为绝对的真,而严格证明只有在重言式的情况下才能谈及,这种由欧特里库的尼古拉明确提出,同时也被他的一些同时代人或多或少明确接受的观念,自然导致了真陈述与似真陈述的区分;似真陈述无法证实,只能通过辩证推理或说服(*persuasio*)变得可信一些。但由于话语可能会导致错误看法,而严格证明并不必然确立直觉信念,所以还要在陈述之间再作一种四重区分:既真又可信(即为真且被看作真)的陈述、既真又不可信的陈述、既假又可信的陈述、既假又不可信的陈述。于是,除了允

---

①　Michalsky (3) 65.

许似真陈述的"或然论"(probabilism),又产生了"较大可能说"(probabiliorism)①,它满足于声称一个陈述比另一个陈述更有可能。②

几乎不用说,在整个思想气氛背后潜藏着太多的危险,对保证自然科学思想有更好未来的那些观念的发展不利。随着经院哲学的进一步发展,正是朝着所谓机巧(*subtilitas*)的倾向,对精巧敏锐的推理以及愈发微妙的区分的偏爱,一再将中世纪学者引入思想的迷宫。

因此,虽然欧特里库的尼古拉关于自然可知性的看法与许多现代物理学家的新实证主义观念之间有显著的相似之处,但我们不应把14世纪的科学当成古典物理学和近代物理学的前奏。就目前而言,有两个关键因素的真正意义还远未被认识到,那就是实验和数学表达。

不过,低估14世纪科学的价值同样是错误的。理解自然和控制自然力是一个漫长而艰难的过程。在这一发展过程中,每一个尝试和实现过新事物的阶段都值得我们重视和赏识。从这个角度看,14世纪科学无疑有权在科学史上占有独特的一席之地。

---

① 较大可能说是一种神学道德论,认为在上帝诫命、教会法规和国家法律前遇到多种不同可能性时,应视何者更可能符合道德而定,且按较大可能者行事。——译者注

② 关于这些思潮在犹太人—阿拉伯人(加扎利、迈蒙尼德)影响下的发展,见Michalsky(2)。

第三节　14世纪的物理学

105. 我们现在要针对四个特定的科学主题考察中世纪的相关看法。这样，14世纪在何种程度上占有独特的一席之地就很清楚了。我们将依次讨论：

一、位置与运动

二、下落与抛射

三、奥雷姆与质的强度变化的图形表示

四、物质结构

一、位置与运动[①]

在位置理论方面，同样是阿拉伯人维系了古代（I：45-46）与中世纪之间的连续性。阿维森纳继续了阿弗洛狄西亚的亚历山大的工作；阿维帕塞（Avempace）则继续了特米斯修斯的工作，一个区别在于，特米斯修斯所认为的偶然定位（localization），阿维帕塞认为是本质定位。阿威罗伊将亚里士多德的观点更加精确化，并特别强调，天球的旋转总是预设了一个不动的中心物体。这对于天文学特别重要，因为它构成了对托勒密偏心圆和本轮理论的关键反驳；每个圆都需要有一个新的不动的中心物体，于是这个中心物体必须总是另一个地球。阿威罗伊认为，第八层天球的位置（一个"出于偶性"的位置）就是地球。

---

① Duhem (2). Maier (2) (3) (4).

在 13 世纪,大阿尔伯特持阿威罗伊的看法,而阿奎那、格罗斯泰斯特、司各脱和罗马的吉莱斯的思想则与达马斯基奥斯更为相似。(Ⅰ:46)

格罗斯泰斯特和阿奎那区分了两种意义上的位置:一种是最终的包围者(*ultimum continentis*),另一种是确定物体方位的一组几何量;但他们认为,这种方位确定不是相对于达马斯基奥斯的完美有序的宇宙,而是相对于整个第八层天球(*secundum substantiam*)。阿奎那称第二种意义上的位置为理性位置(*ratio loci*),罗马的吉莱斯则称此区分为形式位置(也被称为方位[*locus situalis*])与质料位置(也被称为表面位置[*locus superficialis*])的区分,后者即为物体最终的包围者。在亚里士多德所讨论的船在流水抛锚的情形中,虽然物质位置在不断变化,但形式位置却没有变。

托马斯主义占星学思想的一个典型特征是,阿奎那不仅把第八层天球称为第一个包围者(*primum continens*)和定位者(*locans*),而且还称它为保存者(*conservans*)。与此相关的是,他区分了月下物体的自然运动与天球的自然运动。月下物体的自然运动增加了完美性,因为它把物体运送到因本性所属的位置;而月下物体自然运动的原因是天球的自然运动,因为一般认为月下现象是由天体引起的。

106. 唐皮耶的禁令(Ⅱ:93)中宣布了一条与第八层天球的定位相关的裁决,此时对位置问题的讨论获得了新的意义。我们已经表明(Ⅰ:45),阿奎那等人所接受的偶然位置的概念能够避免第八层天球旋转所涉及的困难;但阿威罗伊主义者又提出了一个问题，即上帝是否可能沿直线平移第八层天球，从而平移整个宇宙。对这个问题的回答是否定的，因为这样一种运动必定会在宇宙先前所在的位置留下虚空。神学家们大概发觉这种回答蕴含着对上帝全能的怀疑，于是就有了上面提到的唐皮耶的第49条裁决。

显然，这里提出的问题很重要。只有当虚空概念蕴含着逻辑不可能性时，诉诸虚空的不可能性才是令人信服的，因为即使上帝是全能的，他也不会让逻辑矛盾的事情发生（比如他不能创造一个方的圆）。然而，如果虚空的确可以设想，只不过尚未在实际的自然秩序中实现，那么这一论证就不再适用。因此，这里不仅涉及关于第八层天球位置的天文学问题，而且也涉及关于虚空存在性的物理问题。在那些感觉受到唐皮耶裁决限制的人看来，正确的看法是，必须承认虚空是可以设想的，但实现它需要无限的力量，那超出了人的能力。

107. 不可否认，无论唐皮耶的行动在许多方面多么有争议，它都在一定意义上刺激了自然哲学，因为它迫使哲学家更加深入地反思位置、时间和运动概念。

在这种反思的结果中，我们对所谓巴黎词项论者（Terminists）①发展出来的理论特别感兴趣。不过，这里我们必须先来介绍大阿尔伯特提出的一个与运动概念有关的哲学问题，它在13世纪经院哲学中已经占有重要位置。它涉及对运动本性的两种不同理解，

---

① 在中世纪晚期，布里丹学派通常被称为"词项论者"，但这一术语的含义并不十分清楚。[这也许是因为他们特别强调对语词的分析和语词逻辑。我们在后文中碰到"terminist"一词时，仍然按照通常对布里丹等人的归类把它译成"唯名论者"。——译者]

分别被称为"流动的形式"（*forma fluens*）和"形式的流动"（*fluxus formae*）。①

　　这场争论非常微妙，而且所使用的术语并未以特征性的方式描述这两种观点，以致对它的解释变得愈加困难；这些术语有时似乎可以同样好甚至更好地用于相反观点，甚至连经院学者也容易弄混。简要地说，这里涉及的问题是，运动是否属于它所发生的范畴。例如，质的变化本身是一种质吗？量的变化本身是一种量吗？假设一个物体正处于变黑的过程中，那么这个过程，这种"变黑"（*nigrescere*），是否本身就是一种黑，它与最终获得的黑的唯一不同就在于，它是一种"运动中的黑"（*nigredo in fluxu*），而不是一种"静止中的黑"（*nigredo in quiete*）？抑或"变黑"是某种与"黑"（*nigredo*）本质上不同的东西，因为它是朝向黑的过程？大阿尔伯特把前一看法归于阿威罗伊，称它为"流动的形式"；而说后一看法可见于阿维森纳的著作，称它为"形式的流动"。

　　"流动的形式"这一说法会产生误导，因为它容易给人这样一种印象：形式（这里是"黑"）可以是某种流动可变的东西。这实在并非其意图。按照经院哲学家的看法，形式就像柏拉图的理型或亚里士多德所理解的数一样绝对不变：形式就像数（*formae sunt sicut numeri*）。② 可变的形式不存在，就像数学中不存在可变的数一样（虽然"可变的数"有时被用来指一个数可以从某个数集中任意选取）。流动变化的不是形式，而是基体（subject）对形式的分

①　Borchert, Maier (4).

②　Aristotle, *Metaphysics* H 3; 1044 a 9-11.

有（*participatio*）。

把运动定义为"流动的形式"，也相当于把"运动"（*motus*）等同于"运动的终点"（*terminus motus*）或通过运动获得的形式（*forma acquisita per motum*）。

根据这种表述，我们现在可以说，"流动的形式"概念对于位置运动到底意味着什么。在任何时刻，运动的终点就是刚刚到达的那一点。于是，把运动定义为"流动的形式"就等于把位置运动等同于运动者（*mobile*）所占据的所有位置的集合；它还或隐或显地意味着，运动者不会同时占据两个位置。这种看法通常被（相当误导地）表述成"位置运动即运动物体"（*motus localis est mobile quod movetur*），奥卡姆由此得出结论说，"运动"（*motus*）仅仅是一个词，一个声音（*vox*），它指两种肯定的东西，即运动者和相继占据的位置，以及一种否定的东西，即没有两个位置被同时占据。使用这个词是为了表达的优雅（*propter venustatem eloquii*），而不是出于需要（*propter necessitatem*）；它在我们的心灵之外没有任何实在的对应。

这种极端的唯名论观点在 14 世纪所引起的反对（很奇怪，它竟然在巴黎唯名论者那里引起了反对，他们毕竟被视为奥卡姆的追随者）引出了这样一个问题：位置运动的本性能否通过"流动的形式"概念得到充分说明，位置运动是否是外在于我们心灵的一种物理实在，一种"形式的流动"。

108. 第八层天球直线运动的问题正是在这里被牵涉进来，通过唐皮耶的裁决，它已经成为正统学说的一块试金石。必须承认，这种运动是可以设想的，而"流动的形式"概念显然不适用于这种运动:第八层天球没有位置,因此它的运动不能等同于所有被占据的位置。正因为此,邓斯·司各脱(否则他会支持"流动的形式"概念)承认,这种情况下的运动是一种绝对的形式,即可以不依赖于位置和运动者而存在;这一让步实际上等于接受了"形式的流动"理论,它又被巴黎唯名论者拓展到一般的位置运动。他们把运动定义为一种"时时有内在不同的行为"(*intrinsece aliter et aliter se habere*);运动是一种与运动者截然不同、但又内在于运动者之中的实际状态,不能归入亚里士多德的某一范畴;我们无法进一步确定它的本质,但根据经验,我们只能认为它存在。

　　然而我们后面会讲到,运动最类似于一种质,因此会被奥雷姆以质的方式处理。在 Ⅱ:127-131 中我们将会看到,这种观念会引出哪些重要思想。

　　这里我们只需注意到,和往常一样,奥卡姆在这个问题上同样最接近于在很大程度上把运动概念相对化的现代科学,而他的后继者,即巴黎唯名论者,则为牛顿明确提出的绝对运动学说铺平了道路。在今天的科学看来,运动的确只是一个声音(*vox*),它既可以用来谓述任何运动的东西,也可以用来谓述任何不动的东西,因为它的坐标是否变化以及如何随时间变化,都取决于参照系的选择。而对于唯名论者来说,运动是某种绝对的东西,我们可以用运动来谓述运动物体,而不必考虑它与其他物体的关系。"流动的形式"概念的另一个现代特征是,它并不试图从直观上或概念上阐明运动物体从一个状态到另一个状态的转变;它只是说,不同状态对应于不同时刻。这样就避免了爱利亚的芝诺针对运动提出的思想困境。

二、下落与抛射[①]

(1) 落体运动的原因

109. 正如 Ⅰ:30-39,99 所述,亚里士多德对下落与抛射现象的处理留下了几个问题,虽然在这些方面他已经给出了明确看法,但他的理论还是招致了许多怀疑。所以毫不奇怪,对科学问题有浓厚兴趣的经院哲学家也对此作了广泛讨论。

我们今天之所以仍然知道中世纪思想家的那些观念,首先要归功于法国物理学家和历史学家皮埃尔·迪昂(Pierre Duhem)的开创性工作,他的大量研究手稿帮助我们理解了中世纪科学的许多方面。然而,虽然几十年前他的著作是那些没有机会研究一手手稿的人获得信息的唯一来源,但自那以后,米哈尔斯基(C. Michalsky)和安内莉泽·迈尔(Anneliese Maier)又对大量手稿做了研究。不幸的是,米哈尔斯基的研究成果很难利用,因为他的作品是用波兰文写成的,而且一般只能看到法语概要。而迈尔的研究成果却发表在一些德语著作中,由于她对中世纪手稿的丰富了解和深刻论述,如今已经成为经院科学最重要的信息来源。

回到落体运动的问题。根据亚里士多德的说法,要维持运动,就必须有相邻接的推动者,但在下落过程中,到底什么东西构成了这样一个相邻接的推动者,却从来没有说清楚过。的确,所列举的种种下落原因(Ⅰ:31),即作为远因(*causa remota*)的产生者(*generans*),作为动力因(*causa efficiens*)的实体形式,作为偶因

---

① Duhem (4) (6),Dijksterhuis (1),Maier (3).

(*causa accidentalis*)的移除障碍(*removens impedimentum*)，还可以加上作为目的因(*causa finalis*)的自然位置，这些都说明了为什么重物释放后会开始下落；但它并没有帮助在因果性问题上一丝不苟的经院学者理解下落是如何保持的。如果对关于这一问题的深入研究结果作广泛考察，我们可以区分出 13、14 世纪关于这一问题的六种不同理论：

110.（1）根据阿威罗伊的看法，是落体所在的介质(它本身也在运动)拖着重物一起下落。然而，即使是他的忠实追随者布拉班特的西格尔和让丹的约翰(John of Jandun)也不同意他的看法。

（2）根据亚里士多德提到的一种理论(他可能发现这是柏拉图的《蒂迈欧篇》(63E)所持的看法)，大多数学者都认为，使落体开始运动的原因也是使运动得以持续的原因。在经院学者看来，这一结论绝不像我们现在倾向于认为的那样明显。事实上，这一结论违反了亚里士多德的一条运动原理，即对于无生命的物体(*corpus inanimatum*)来说，推动者和运动者必须不同，也就是说，两者必须分别存在。然而，在 13、14 世纪，这一观念发生了巨大变化：大阿尔伯特、阿奎那和布拉班特的西格尔仍然认为产生者是真正的推动者(它毕竟是还总是一个他者[*aliud*])，实体形式和重性仅仅是从属的工具因(*causae instrumentales*)，但在后来的学者(阿尔维尼亚的彼得[Petrus of Alvernia]、方丹的戈德弗雷[Godfrey of Fontaines]、彼得·奥利维[Petrus Olivi]，特别是邓斯·司各脱)看来，重性是直接起作用的原因，观点分歧仅仅在于，这种重性是通过产生者(*virtute generantis*)起作用，还是通过实体形式(*formae substantialis*)起作用。这种观念的新的特征是，除了一直被接受的被动的运动本原（重物适合于向下运动，它不会阻碍下落），还有一种主动的内在本原，即重物寻找自然位置的固有倾向。重物的行为在一定程度上开始类似于生命体；但是一般说来，生命体所固有的自主运动（*motus a se*）与重物的自行运动（*motus per se*）还是有区别的。除了这里无法讨论的某些细微不同，修正之后的观念也被奥卡姆和巴黎唯名论者所接受。

值得注意的是，引入运动的内在本原蕴含着与机械论观念的偏离，机械论观念认为，物体无法自行做任何事情，而只能被推动。在某种意义上，亚里士多德在这方面比 14 世纪的经院哲学更接近机械论，他认为推动者与运动者截然分离。

（3）根据亚里士多德提到的一种理论，重物之所以下落，是因为这样可以与本性相似的整个物体结合在一起。亚里士多德明确拒绝了这种理论：如果把地球置于月球，这时在地球附近释放一个重物，那么它还会落向宇宙的中心，因为这是它的自然位置。在经院哲学中，这种理论（就像已知的所有理论一样）也再次被讨论；它被奥雷姆提及而没有遭到拒斥，奥雷姆似乎给回到自然位置的倾向加上了"回到相似者的倾向"（*inclinatio ad suum simile*）。在后来的发展阶段，该理论特别是因为被哥白尼接受而在历史上变得重要。

（4）第四种观点支持者很少，但却为圣波纳文图拉所接受，它认为物体下落的原因完全或部分在于天球的推斥。拒斥这种理论通常是因为不可能设想有超距作用，另一种反驳是，那样一来，落体的速度将不得不在开始时最大：超距作用将会随着距离的增大而变弱，这被认为是自明的，由此可以结合亚里士多德动力学的基本定律断定,速度将不得不减小。

(5) 最后,有些人设想自然位置会产生某种吸引力。这种看法同样违反了超距作用的不可能性,但它却符合下落运动加速这一事实。然而,根据作用力强度与距离之间默认的关系,重物将会随着与自然位置的接近而变得更重,而根据一般信念,重物在火球层最重,到达运动的最终目标(这里是自然位置)时将会完全没有重量。这似乎是回到自然位置的倾向即重性概念的逻辑推论。这种引力理论可见于圣波纳文图拉(他让所有可以设想的原因同时起作用)和米德尔顿的理查德(Richard of Middletown)的著作。

(6) 第六种观点与前面五种有根本不同,它可见于罗吉尔·培根的著作和《哲学大全》(Summa Philosophiae)中,后者通常被归之于格罗斯泰斯特,用“场论”来称呼它似乎最为恰当。这种观点认为,在整个月下世界,由于一种非物质的天界的力(virtus caelestis),某种形式(即今天所说的“状态”)围绕中心沿球形扩展,其强度随着距离的增加而减小,它将重物向下推到各处。然而,这种观点是与另一种观点交织在一起的:罗吉尔·培根也让这种天界的力在重物中诱发一种非物质的形式(即一种不像实体形式那样为物质赋形的形式,而是被设想成一种理智能力),作为真正的推动者;他还在其他地方谈到了一种吸引。自然位置,也是通过分有这种天界的力,可以作为(qua)位置吸引临近的重物,但他并没有通过场的意象更详细地阐明这是如何发生的。

当我们回顾关于落体运动原因的各种理论时,我们也许会注意到,第一种理论在介质中寻找假想的动因,接下来两种是在重物本身中寻找,之后的几种分别是在天球、宇宙中心和整个月下区域寻找。吸引概念的地位并不很突出。今天的读者往往会觉得出人意料,他们容易将重力与引力紧密联系起来,但这仅仅是因为他的思想背景。中世纪的学者将会嘲笑借助于引力来解释运动这种想法;他可能会称之为纯粹的文字游戏,今天的物理学家也常常以同样方式责备经院哲学家。

在进而讨论经院哲学对落体加速问题的处理之前,我们有必要先谈谈抛射体,并引入在历史上最重要的经院科学概念之一,它也适用于落体。

(2)冲力理论①

111. 我们曾在 I:99 中讨论过菲洛波诺斯为了改进抛射体理论而引入的一种内在的推动力概念,在经院哲学中,它被称为"冲力"(*impetus*)和"印入的力"(*vis impressa*)。据说,抛射者(*projiciens*)将这种力赋予了运动者,构成了与其相邻接的推动者。

13 世纪的一些经院学者讨论过这种理论,其中有些人赞同,有些人不赞同。至于这种新的观念是从阿拉伯人那里得知的(法拉比使用了与冲力非常相似的"倾向"[*mayl*]概念,很有影响的阿维森纳学派似乎也持类似的理论②),还是西方对亚里士多德人为的抛射体理论做出的一种自发反应,我们这里不作进一步探讨;不过,它在 13 世纪的确被当作一个熟知的问题来讨论。阿奎那在关于《物理学》和《论天》的评注中拒斥了这种理论,称它由一种内在本原所引起,这与受迫运动概念相抵触,但在另一处,他又三次引

---

①   Duhem (4)(6),Dijksterhuis (1),Maier (2)(3).

②   Pines.

用它来说明一个形而上学问题，而没有表现出任何批判态度。

　　将阿奎那导向这种理论的思考表明了经院哲学从哲学讨论中引出科学问题的典型方式，这里值得多说几句。事实上，三次引用中有两次都与中世纪经常讨论的一个问题相关，即人的胚胎是如何被赋予灵魂的：是通过上帝的创造行为直接发生的，上帝把可感灵魂（*anima sensibilis*）加给了自然形成的纯物理的胎儿？还是灵魂经由精液源于父亲的灵魂？在后一种情况下，精液中必须有一种力作为工具起作用。而根据亚里士多德派的看法，一旦精液与（作为其推动者的）父亲的灵魂相分离，这就将变得不可能。作为比较，这里可以援引分离的抛射体（*projectum separatum*）作为说明：就像抛射体从抛射者那里获得了一种内在的推动力（*virtus movens*）那样，父亲精液中的这种力（*virtus in semine patris*）或许也是一种持续存在的内在力量。阿奎那只是在著作中附带提了一下，而没有提出分离的抛射体这一问题。

　　有少数几次，"冲力"（*impetus*）一词甚至已经见于阿奎那的著作；[①]它还可见于大阿尔伯特和罗吉尔·培根的著作，不过他们（以不同方式）指的都是介质中的一种推动力。到了13世纪末，与培根同属一个修会的彼得·约翰·奥利维（Petrus Johannes Olivi）讨论了抛射问题。虽然他没有提及"冲力"一词，而且他的思考与14世纪冲力理论的最终形式有一些细微差别，但可以认为这些思考促进了冲力理论的发展。[②]

---

① 　Maier（3）198 n. 1；（7）133 n. 4.
② 　Jansen.

第一位完全赞同这一理论的人是意大利的司各脱主义者——马奇亚的弗朗西斯科(Franciscus of Marchia)。他在讨论圣餐起作用的方式时提到了冲力概念(称它为"遗留的力"[*vis derelicta*]):圣餐之所以起作用,是由于其中有一种内在的次级的力产生了恩典,还是由于上帝通过恩典手段(means of grace)的位置运动直接介入了进来? 为了阐明前一观点,弗朗西斯科在冲力理论的意义上对下落与抛射作了详细说明;这种观点是否会被接受,将取决于是否认为分离的抛射体中有一种内在的力。

值得注意的是,弗朗西斯科虽然对这个问题作了肯定回答,但丝毫没有与亚里士多德进行争论;他认为最重要的是,他同时也把抛射体的持续运动归之于次级推动力的作用,而不是星空运动的直接影响。他似乎认为,这种力不在抛射体本身当中,而是在介质中,这只有次要意义;他甚至认为,介质无论如何会获得一些这种力。下面这些观点也很重要:

(1) 次级推动力并非源于抛射体在与抛射者接触期间的运动,而是直接源于抛射者所赋予的推动力;

(2) 次级推动力的本性也由抛射者赋予的推动力所决定:一种情况下可以维持抛射体的上升运动,另一种情况下维持抛射体的侧向运动,第三种情况下维持抛射体的圆周运动;

(3) 即使没有外界阻碍,次级推动力也将在短时间内自行消失,就像火赋予水的热会再次逐渐消失一样。与弗朗西斯科观点相近的司各脱主义者尼古拉·博内(Nicolas Bonet)强调,即使在虚空中,运动也将由于这种冲力的衰减而停止。

弗朗西斯科尚未基于冲力理论而完全排除维持天球运动的灵

智;它们仍然是真正的推动者,但其功能是通过在天球中引起一种冲力而实现的,这种冲力才是天球运动的直接原因。尽管如此,这仍然是至关重要的一步:将这种因界界的受迫运动而引入的冲力概念应用于天体的自然运动,第一次违反了亚里士多德的天地对立学说,该学说是亚里士多德世界图景的典型特征。

正如我们所预料的,对于抛射体运动是被介质维持、还是被抛射体中的冲力维持这样一个问题,奥卡姆的观点很独特。他并不认为运动是一种可以与运动者相区分的实在,也不把运动归之于某种原因。抛射体就是其自身的推动者。

我们暂且不去考虑这种说法的确切含意,而是继续追溯冲力理论的历史。

112. 冲力理论在所谓的巴黎唯名论学派中发展成熟,可以说让·布里丹(John Buridan)是其核心人物。明确区分他的观点与其主要追随者——萨克森的阿尔伯特和英根的马西留斯——的观点超出了本书的范围,我们只是简要论述他的著作中关于冲力的思辨,这些内容大体可以看成唯名论者的典型思路。

当我们把一个物体竖直抛出、水平抛出,或使之沿圆周旋转做受迫运动时,便把冲力赋予了它,这种冲力使物体在脱手之后能够继续运动。抛射体所含的原始物质越多,运动越快,冲力就越大。与冲力相抗衡的是介质阻力,对于上抛物体来说,起作用的还有重力,它倾向于把物体带回到自然位置。由于介质阻力的作用,运动的石磨或陶轮放手后会停止下来;介质阻力和重力共同使上抛的物体很快到达最高点,然后重力又使之下落。把一根张紧的弦带离平衡位置并释放,它将围绕这个平衡位置振荡,这也是由于它所获冲力的作用。天体的运动也可以借助冲力来解释。如果认为上帝在创世时给每个天球都赋予了某种冲力，那么它们就可以无须灵智的持续介入而保持运动，因为没有阻力阻碍这种运动，天球内部也没有任何沿另一方向运动的倾向。

　　冲力理论还可以解释落体运动为什么会加速。起初只有重力起作用，它不仅使物体下落，还赋予它一种冲力，这种冲力与重力一起推动物体运动；于是，运动将越来越快，冲力也因此而增加；由于受到恒定的重力和持续增加的冲力作用，物体会运动得越来越快。

　　113. 在布里丹相当含混的表述中，冲力依赖于物质的量（quantity of matter）和速度。如果我们先于历史的发展，把这种关系写成质量和速度的更加精确的比例形式（我们将在 Ⅱ：120 中看到，对于 14 世纪的经院学者来说，这虽然不是唯一的可能性，但肯定是最容易想到的可能性），那么立即可以看到，这个经院哲学的概念与伽利略所说的"动量"（*momento*），笛卡尔所说的"运动的量"（*quantite de mouvement*），牛顿所说的"运动的量"（*quantitas motus*）以及后来力学所说的"动量"（momentum）的关系是多么密切。自从迪昂最先注意到这一点以来，冲力概念在唯名论者的运动学说中的应用一般被视为动量概念首次在历史上出现；此外，学者们还经常把布里丹及其学派的思想理解成经典力学惯性原理的起源。[①]

----

　　① 英译本这里还加了一句话："我们的确可以找到一些段落证明这种想法似乎有一定道理，比如布里丹在亚里士多德《形而上学》的评注中指出，如果不因阻碍而减小，也不被引起相反运动的东西所抵消，则冲力将一直持续下去。"但在荷兰文原文中并没有这句话。而且英译本接下来的五段话与荷兰文本不符之处甚多，这里按照德译本译出。——译者注

　　针对这种看法,最近有一些权威学者提出了严肃的反驳意见。迈尔①指出,经院哲学与经典力学关于运动本性、力、质量和阻力的看法有本质区别,因此从一开始就不能把冲力等同于惯性:首先,经院学者认为,惯性是物体保持静止状态或者受到干扰后回归静止状态的倾向,而经典力学却认为,运动物体中的惯性恰恰是维持运动的因素;其次,这种看法之所以没有根据,还因为如果让布里丹更加精确地表述他那含混的说法,他或许会认为,冲力与速度的关系是布雷德沃丁用于取代亚里士多德动力学基本定律的那种更为复杂的关系(Ⅱ:122);最后,经典力学中的惯性是保持匀速直线运动的能力,而布里丹却用一种沿圆周起作用的冲力来解释轮子或陀螺的转动。

　　然而,这些论证虽然有说服力,但并非没有弱点。首先,为达到反驳的目的,这里所表述的理解要比其支持者的看法强得多。例如,本书作者就没有意识到自己曾经宣称,冲力理论已经表达了经典力学的惯性原理。他只是注意到,这种理论对经典惯性学说的形成产生了重要影响,我们后面概述的从伽利略到牛顿的力学发展清楚地表述了这一看法;其次,由经院学者所定义的被恒定外力推动的物体中的惯性(这里它可以与介质阻力合为一般的阻力),无法推出惯性在“分离的抛射体”情形中的本质和作用,因为分离的抛射体是通过其自身的(一般并不恒定的)内在冲力而保持运动;最后,同样重要的是,牛顿在列举惯性概念的例子时,和布里丹一样提到了旋转的轮子。在这里,就像在其他一些方面一样(比

　　① Maier (2) (7).

如把惯性理解成一种植根于物体中的力），相比于对其自身所创世界的后来发展，经典力学的奠基人要更接近于唯名论者所理解的世界。

所有这些只涉及冲力与惯性的相似程度；但我们在何种意义上可以认为冲力是动量概念的早期形式，这个问题并未因此而得到回答。迈尔同样否认这种可能性。但让人担心的是，这种拒斥态度的背后是一种对于动量概念的误解。她造成了一种假象，仿佛动量根本不是一个独立的力学量，而只是一种对动能的不准确表达，她再转而把这种表达等同于惯性（她的思路很难在这里讨论）。由此，她并没有充分讨论冲力与动量的关系；但她大概注意到，这两个概念有原则区别：质点的动量是其运动的结果，而冲力则必须被看成运动的原因。

如果不考虑把动量不太恰当地称为运动的结果（这就好比把一个人的年龄称为他生命的结果，或者把树的高度称为它生存的结果），我们当然可以承认，这里在本体论上（即在事情的本质上）实际上存在着一种原则性的区别：动量（就像速度、能量等等一样）是运动的特征，而不是运动的原因；而根据唯名论者的看法（本质上仍然是正统的亚里士多德主义看法），冲力是相邻接的推动者，它把分离的抛射体继续向前推进。

但同样清楚的是，在现象上，即就它被利用或可能被利用的方式而言，这两个概念毫无区别。无论是把 mv 看成质点运动的特征，还是看成维持运动的主动原因（可以称它为一种力，如果不把这个词理解成经典力学中特定意义上的质量与加速度的乘积的话），这对它的使用绝对没有影响；如果持第二种看法的现代新托马斯主义物理学家作计算(其中出现了 mv),其结果将不会与持第一种看法的实证主义物理学家有什么不同。

114. 当我们进一步考虑唯名论者对落体加速的解释时([Ⅱ:112]已经简要提及),冲力概念的实用性最为明显。初看起来,它似乎包含着一种循环论证(*circulus in probando*),因为冲力既被看成一个结果,又被看成落体运动的一个原因:物体运动得越快,冲力就变得越大,而由于冲力变得越来越大,速度也会不断增加。

然而,这种推理乃是基于一种恰当的想法:假如从物体释放时开始计时,那么在时间段 Δt 结束时,落体已经获得了速度 v,于是有了冲力 mv。如果现在重力不再起作用,那么这种冲力(被看成一种内在的动因)将使物体以速度 v 保持匀速运动。但重力也继续起作用;下一个时间段 Δt 和第一个时间段一样也会产生速度 v,于是冲力增加到 2mv,即物体现在能够凭借自身的能力以 2v 的速度做匀速运动。此后,重力还会继续起作用,以此类推。因此,速度将逐步增加。

这里的整个论证完全符合布里丹的说法:"运动变得更快,冲力也变得更大更强,于是,物体被其自然重力和更大的冲力所推动,因此将运动得越来越快。"在任何时刻,冲力都代表已经获得的速度,而重力则不断产生新的冲力。但这是借助运动(*mediante motu*)实现的,自然会牵涉到一个思想上的困难。

事实上,无论 Δt 有多么小,在第一个时间段 Δt 内到底发生了什么,依然是不清楚的;我们无法理解重力究竟如何使物体获得了速度。就像经常看到的那样,这里给出的解释似乎暗示,在小的方面被认为明白易懂的东西,在大的方面必须进行解释。然而,从爱利亚的芝诺开始,我们就已经知道,这是运动概念的一个根本困难:我们无法直观地设想运动的开始;而只能说,在一段时间之后,动点已经不再处于原先的位置。在处理从静止开始的自由落体时,经典力学可以说绕过了这个困难,说恒定的重力引起了加速。要想由此导出运动的属性,这是计算的问题,而不是想象的问题。

我们还注意到,虽然冲力概念与经典力学的动量概念密切相关,但它在作为相邻接的推动者的意义上则完全属于亚里士多德物理学的领域;因此,它与亚里士多德动力学的基本思想非常协调。冲力被认为是引起运动的力,它的确与运动速度成正比。因此,一些经院学者不说冲力,而说偶有重性(*gravitas accidentalis*),即附加的重力,这是很典型的。

115. 虽然布里丹必定想到过前面这种思路,但我们不能把对它的辩护理解成,布里丹已经得知了这种论证的结果,即由静止开始下落的物体的速度与下落时间成正比,所以他已经知道自由落体运动是一种匀加速运动。无论是布里丹还是其他唯名论者,都没有得出这个结论。只有萨克森的阿尔伯特提到了一条落体定律,但和布里丹一样,把他引向这一定律的思考无法纳入经典力学的框架。他的方法是考虑落体速度增加的各种不同方式,使之符合亚里士多德的这样一个前提——如果物体下落无限长的距离,那么速度也将变成无限大。在他考虑的各种可能性中(其中并未包括速度与时间成正比),只有当速度正比于下落距离时才是如此。直到伽利略,这条"萨克森的阿尔伯特的落体定律"经常作为最容易想到的假设而被提到。伽利略也是先被它吸引(Ⅳ：89),

后来才证明这是不可能的（物体甚至无法开始下落）。

三、奥雷姆与质的强度变化的图形表示[①]

116. 本书的目的是深入了解机械论科学的兴起，为此并不需要详细论述物理学思想史。虽然某些人在当时并非不重要，但他们本人并没有对历史发展产生什么影响，无论这种影响是阻碍还是促进。对于这些人，我们也许可以忽略；但对那些我们已经知道或至少可以猜测产生了这种影响的人，则必须详细论述，即使这样做可能会有危险，使他们在那个时代图景中过于突出。

正因为此，我们这里要专门讨论一位 14 世纪的经院学者——尼古拉·奥雷姆（Nicole Oresme）[②]，他和布里丹或可视为巴黎唯名论科学流派最重要的代表人物。

对于这位博学多才的学者的活动，我们感兴趣的主要有两方面：1)他引入和应用了图形表示；2)他关于天文学的思辨。然而，要想理解他对第一个主题的处理，我们必须简要介绍 14 世纪经院哲学所讨论的两种理论，奥雷姆的新方法与它们有密切关系，那就是：质的强度变化问题和所谓的"计算"（*calculationes*）学说。

（1）质的增强和减弱

117. 亚里士多德区分了量的范畴与质的范畴，一方面是离散的多少（multitude）和连续的大小（magnitude），另一方面则是状

---

① 　Duhem (4)，Dijksterhuis (1)，Maier (2) (3) (5).

② 　他习惯上被称为奥雷姆的尼古拉（Nicholas of Oresme），因此奥雷姆被看成一个地名。O. Pedersen (47) 指出这是错误的。各种迹象均表明，奥雷姆是一个姓氏而没有任何地理含义。

况、属性和能力,这种区分很快就把经院学者的注意力引向了量的增大(augmentation)减小(diminution)与质的增强(intensification)减弱(remission)的基本区分。物体变得更热,物体表面变得更亮,人变得更智慧或更正义,这与两个量结合成一个较大的量,或者物体由于有新的物体加入进来而体积增大完全不同。我们不能把许多冷物体加在一起而得到一个热物体,几个傻瓜合作也生不成智慧。

到底应该如何理解质的增强(*intensio*)和减弱(*remissio*),这个问题在13、14世纪引发了争论。这些讨论异常细致,而且与其他许多问题相关联,我们这里甚至连简要描述都做不到。因此,要对这一主题作更为深入的研究,我们给出了专业文献,这里只是提及几个特征,它们对于正确理解奥雷姆的工作至关重要。

经院哲学在所有如此持久地关注质的强度变化问题,主要是因为它与一个神学问题有关;我们已经看到(Ⅱ：111),这种与神学的关系如何能够激励人去研究对于科学史很重要的问题。事实上,在彼得·隆巴德的《箴言四书》中已经提出了这样一个问题:人之中的圣爱(*charitas*,被视为由圣灵所产生)①是否可以变化,也就是说,它在不同时刻是否可以有不同强度。

前托马斯主义的经院哲学尚未将这一问题与可感的质(sensible qualities)的强度问题明确联系起来;然而从阿奎那开始,这种做法就屡见不鲜了,任何要谈论《箴言四书》(要想获得神学博士学位,都必须研读它)的人都不得不讨论强度量(intensive

---

① *charitas* 是对希腊词 *agapē* 的拉丁文翻译,指基督教所说的爱,表示神对人的爱,人对神的爱,或者人对他人的爱。这里译为"圣爱"。现一般指对其他有需要的人的慷慨帮助。——译者注

magnitudes)的增强和减弱。

他们主要关注两个问题。首先,发生强度变化的是什么? 是质(物体的热、被照亮表面的明亮、味道、声音、气味)本身在变化? 还是拥有质的物体(*quale*)分有这种(被认为不可变的)质的程度在变化? 抑或原先的质消失,被另一种质所取代? 用经院哲学的话说:增强和减弱是依据本质(*secundm essentiam* 或 *essentialiter*),依据分有(*secundum participationem*,后来也称 *secundum esse*),还是如同日日更替(*sicut dies*)?

只有在抛弃对这一问题的第三种回答,并且进一步思考强度变化如何发生时,第二个问题才会出现。主要问题是,能否把这种变化设想成添加或消除一种类似的质。如果质的强度增强,那么原先强度较弱的质显然不再能够显示出来(而量的增加却并非如此)。因此,如果我们认为强度的增强是通过添加(*per additionem*)来实现的,那么就必须试图理解新加入的质如何可能与原先的质融为一体(*unum fieri*)。

118. 即使不去讨论对这些问题给出的不同回答,上述内容也已经清晰表明了 13 世纪经院思想典型的本体论特征,即总是追问事物的真实本质,弄清楚当它们变化时到底发生了什么。然而,14 世纪的唯名论又用一种更加唯象的(phenomenological)观念取代了这种本体论理解,认为只要对事件做出正确描述就足够了。于是,奥卡姆首先不再问质的增强和减弱是如何发生的,而是寻求一种标准来决定什么时候能把一个词与"强"或"弱","大"或"小"连用。他举了"正义"和"白"的例子来说明这一点;一种白可以比另一种白更强,但也可以更大,即当一个更大的表面变得更白时。

倘若奥卡姆知道现代科学术语,那么他也许会指出,我们说势能、温度或能级的高低,但却说电荷、热量或水量的大小。当被问及为什么会有这种区别时,他给出的是一种典型的唯名论、实证论、经验论回答:"我说,这里的原因仅仅在于,一种事物的本性是这样的,另一种事物的本性又与之不同。"[①]

就像在讨论运动概念时,奥卡姆并不认为运动是一种不同于运动者的独立实在(运动只是一个词,表示运动者并不总是处于同一位置)一样,他现在把质(*qualitas*)等同于具有质的物体(*quale*);颜色并不是某种不同于有色物体的独立存在的东西。但这样一来,什么是增强和减弱的承载者的问题就失去了意义。在奥卡姆的哲学中,我们一再感到那种将在 16、17 世纪数理科学中充分发展的倾向:13 世纪经院哲学所提出并冥思苦想的问题并没有得到解决,而是通过引入一种完全不同的看待事物的方式而不再受到关注;人们认为它们是不真实的,通过拒斥来回避它们。

奥卡姆主义对强度问题的看法有一个典型特征很有历史意义,那就是:它在质的增强减弱与位置运动的速度变化之间建立了紧密的类比;如前所见,运动概念被理解成纯现象的、即运动学的概念。这种比较人们曾经尝试过;事实上,类比是一种至关重要的经院思想方式。不过,把增强和减弱对应于运动本身,也就是把强度改变对应于位置改变,这并没有导出什么结果。而把质与瞬时速度(被看作运动的强度)相关联,并把质的增强对应于加速,却是一种富有成果的想法,有朝一日它必定可以结出硕果。

---

① Maier (2).

（2）"计算"①

119. 有一种流行的看法认为,经院物理学与新物理学之间最典型的区别之一就是,经院物理学完全是定性的,新物理学则主要是定量思考。如果它说的是,相比于尽最大可能把质的差异还原为量的差异的经典科学,质的概念在亚里士多德科学中的位置要重要得多,那么这无疑是正确的;但如果它是指,经院哲学没有作过任何努力,试图在充分保持质的独立意义的情况下通过定量方式来处理质,那么至少就 14 世纪而言,这是有失公允的。关于质的强度的增强减弱的整个理论都迫使思想朝这个方向发展,还有我们马上就要谈到的"计算"（*Calculationes*）学说,甚至可以理解成这样一种努力,它不仅要把算术和代数的论证应用于科学问题,而且还要应用于一般的哲学和神学问题。

显然,这里所说的"代数"不能理解成表示所有存在量的一套完整的字母系统,不论它们是常量还是变量,是已知量还是未知量。这只有到 17 世纪才能实现;在目前的语境下（代数方程仍然被排除在外）,只有变量才能用字母来表示。比如亚里士多德曾经在其动力学基本定律中这样做过。

在 14 世纪,这种表达方式（所谓的"用词项"[*in terminis*]来表达）起初更多是一种简短的说话方式,而不是为一种计算方法做准备:把某种东西称为 a,是为了固定思想,使得将来能够简洁地指称它。但渐渐地,人们开始用字母来代表量或在一定程度上可以视为量的概念,还用字母来计算。由此产生了一个经院哲学分支,它通

---

① 　Maier（6）,Lamar Crosby,Wilson.

常被称为"计算"，主要集中在牛津大学默顿学院（Merton College）。

这种科学很快就在各个方面超出了其自然边界；它的实践者开始用根本不能作定量确定的概念进行计算，比如罪、爱和恩典，或者用至少在当时还不能定量化的概念进行计算，比如热和其他质的强度。因此，甚至在隆巴德《箴言四书》的评注中也插入了完整的数学论述。迈尔提到了一个例子，神父能否责成一个内心反对阅读《圣经》的人这样做，这样一个问题导致了对最大（*maxima*）和最小（*minima*）学说的偏离。对于这种奇特的经院思路，我们总是感到很陌生。

当然也有一些领域，运用"计算"是非常正当的。首先就是从原因方面考虑的位置运动学说。在这一领域，"计算"方法获得了正面的历史意义；和静力学、光学一样，运动学一直被视为最适合作数学处理的科学分支。和奥雷姆的工作一样，14 世纪"计算者"（*calculatores*）在运动学领域做出的成就也被视为对 16、17 世纪力学的准备。

120. 迈尔曾经注意到"计算"在力学领域中的一个例子，它试图以一种奇特的方式给出亚里士多德动力学基本定律的数学表述。这种尝试见于英国数学家托马斯·布雷德沃丁（Thomas Bradwardine）1328 年的著作《论运动速度的比》（*Tractatus de Proportionibus velocitatum in motibus*）①。这个问题是，一个物

---

① 这部著作一般简写为 *Tractatus de Proportionibus*，这里给出了全名。戴克斯特豪斯给出的拉丁文书名是 *Tractatus Proportionum*，不确。布雷德沃丁严格区分了"比"（*proportio*）和"比例"（*proportionalitas*），英文一般把它们分别译为"proportion"和"proportionality"，其实这里的"proportion"对应着我们一般所说的"ratio"，而"proportionality"对应着我们一般所说的"proportion"。所以标题中的"*Proportionibus*"（原形为 *Proportio*）应译为"比"而不是"比例"。——译者注

体由于推动力 F 克服了阻力 R 而发动起来，那么物体的速度 V 如何随 $F:R$ 的变化而变化。

这如何可能还是一个问题，并非一目了然。亚里士多德对此有详细论述，如果不考虑时代误植，那么我们大致可以把他的表述（Ⅰ:35）概括为

$$V = c \times F/R, \text{且} F > R \qquad (1)$$

虽然 14 世纪还不可能有方程（1）中所用到的符号，但仍然可以用语词说，V 与 F 成正比，与 R 成反比。奇怪的是，布雷德沃丁完全不接受这一命题，这出于两个原因：首先，由它推不出当 F 和 R 同时变化时会发生什么（他显然还缺少复合比例的概念）；其次，它将导致任意小的力都能推动任意重的物体。但日常经验非常清楚地告诉我们这不是事实。人们还不可能知道，在这样一个领域，诉诸日常经验非但不能澄清，而只会产生误导；根据经典力学，任意小的力的确能推动任意重的物体，但这不能通过让小孩推卡车来检验。

在布雷德沃丁看来，真实的情况是，速度的变化"遵循着"（*sequitur*, follows）力与阻力之比；在今天的读者看来，他所说的东西要么是完全不确定的（如果"遵循着"的意思仅仅是存在着一种依赖关系），要么与亚里士多德的表述相同（如果认为这种依赖性是指成正比）。然而，他的意思并非其中的任何一种。要想弄清楚这一点，必须先说说中世纪比例论的术语，[①] 与今天的表达习惯相比，它显得非常奇怪和令人困惑。

---

① Dijksterhuis (6) 89-91.

121. 关键在于,说两个比相加,实际上是指把表示这两个比的分数相乘;而说一个比与正有理数 n 相乘,实际上是指把表示这个比的分数升至 n 次幂。于是,$a:b$ 与 $c:d$ 之和为 $ac:bd$,而 n 倍的 $a:b$ 则为 $a^n:b^n$。更奇怪的是,我们发现,虽然说两个比相乘没有意义,但却可以把两个比相除;进一步说明这一点超出了本书范围,我们也不打算去说明所有这些似乎古怪的表达,它们植根于欧几里得比例论的术语特征。

上述表达方式一直保持到 18 世纪,它一直给后来的读者造成误解,他们总是弄不清楚为什么 3 的二倍是 6,而 $3:1$ 的二倍却是 $9:1$。至少就 14 世纪而言,这种误解甚至更为严重,因为人们完全弄不清楚用数来表示物理量到底是什么意思。于是,他们会说速度 2 或速度 3,而意识不到这些也是与速度单位之比;他们把这些值完全当作抽象的数来处理。

122. 在作了这番介绍之后,我们可以理解布雷德沃丁所说的,速度遵循着力与阻力之比是什么意思了。事实上,他说的是,当力与阻力之比变成原有的 n 倍时,速度也会变成原有的 n 倍。这意味着,要得到 n 倍的速度,就必须把 $F:R$ 升至 n 次幂。用现代记号来表示,这就等价于

$$V = c \times \log F/R \tag{2}$$

其中和亚里士多德的公式(1)一样,也要假定 $F>R$。我们接下来将把方程(2)称为布雷德沃丁的关系。

布雷德沃丁认为,与亚里士多德的公式相比,这个关系的一大优点在于,一旦在给定 F 和 R 的情况下开始运动(即当 $F>R$ 时),则 $F:R$ 可以除以任何正有理数 n,而不会出现不运动的情

况。因为

由 $F/R > 1$　　总能推出　　$(F/R)^{1/n} > 1$。

如果 $F : R$ 按照这种方式变化，那么就可以赋予速度任何可能的值；特别是，当力与阻力之比趋近于 1 时，速度将趋于零。然而，对于给定的 F，由亚里士多德的关系（1）出发，要想得到小 n 倍的速度，R 必须大 n 倍；但如果 $n \times R > F$，这个关系就不再适用了。布雷德沃丁本应通过这样方式就亚里士多德的观点提出第二种反驳，而不是把前面引用的那条陈述归于亚里士多德：任意小的力都能推动任意重的物体，因为这只有在忽略附加条件时才能由方程（1）导出。

　　虽然这里涉及的是对一条无效的自然定律的凭空想出的数学表述，但布雷德沃丁的论证却绝非没有历史意义。它显示了对假定函数关系的数学表述的寻找和摸索，表明了对精确把握自然中假想的规律性的需要。它帮助我们认识到，在能够用数学语言描述自然现象之前必须克服多么巨大的困难。

　　123. 由前述内容可以看得很清楚，这些困难不仅是由于错误的物理前提，而且也是因为数学语言的特点和缺陷。事实上，这里的数学语言仍然是欧几里得《几何原本》的语言，这种表达方式非常特别，往往不够灵活，而且在哲学观念的影响下，它因为某些严格性要求而受到严重束缚。举例来说：今天的数学家说速度是距离与时间之比，他这样说的意思是，距离和时间值都可以按照分别选定的单位表示为一个数，这两个数的商即表示以速度单位表达的速度值。然而，在欧几里得数学中，只能谈论两个同类量之比，即其中任何一个量的倍数都能超过另一个量。因此，虽然布雷德沃丁可能考虑了推动力与阻力之比，但却无法找到作为距离与时间之比的速度。在未来数百年里，这种欧几里得限制仍将阻碍力学发展出自己的表达方式。

124. 上述内容源自布雷德沃丁的《论运动速度的比》，它曾经在中世纪晚期流传甚广，产生了巨大影响。布雷德沃丁在牛津默顿学院的学生们进一步阐述了他的思想和方法，他们的著作将一直影响数学和物理学到 16 世纪。特别是理查德·斯万斯海德（Richard Swineshead，他被蔑称为 Suiseth 或 Suisset）①，因其《算书》（*Liber Calculationum*）的影响，在接下来的几个世纪里，他将像圣保罗被称为"那位使徒"（*the* Apostle），亚里士多德被称为"那位哲学家"（*the* Philosopher），阿威罗伊被称为"那位评注者"（*the* Commentator）一样而被称为"那位计算者"（*the* Calculator）；以及威廉·海特斯伯里（William Heytesbury），他的《解决诡辩的规则》（*Regulae solvendi sophismata*）②在 14、15 世纪被广泛阅读，产生了大量评注；还有一位不知名的作者写了同样有影响的著作——《论六种不当》（*Tractatus de sex inconvenientibus*）。他们都用布雷德沃丁所确立的动力学关系来表示可能出现或设想的一切函数依赖性，无论是在一般亚里士多德意义上的运动领域，还是

---

① 荷兰文原文只写了 Suisset，英译本加注了他的原名 Richard Swineshead。——译者注

② 荷兰文原文写的是 *De motibus*，不确。英译本改成了这里的正确书名。——译者注

在心理学、伦理学和神学领域。①

125. 因篇幅所限,我们无法论述牛津计算者关于一些逻辑和数学问题的讨论;这些讨论往往极为精细,有时甚至与 19 世纪上半叶的数学家在为微积分奠定严格基础时所做的论证很相似。不过,我们有必要谈谈他们在运动学方面的贡献。

我们之所以对这些内容有兴趣,主要是因为它们与位置运动有关,从而构成了现在所说的运动学的一部分。他们不仅区分了匀速运动与非匀速运动,而且在非匀速运动中又区分了匀变速运动和非匀变速运动。

匀速运动被定义为在相等时间内走过相等距离的运动,无论这一时间有多长或多短。补充的这句“无论时间有多长或多短”(或它的某种等价表述)特别重要。事实上,伽利略在《关于两门新科学的谈话》(Discorsi)中特别引入它作为对传统定义的改进,因此它经常被当作伽利略本人对运动学的一个贡献。然而,14 世纪似乎就已经使用它了。

关于匀变速运动,他们证明了一个命题:在一定时间内走过的距离等于以该匀变速运动中间时刻的速度在相同时间内走过的距离。由这一命题可以导出一些推论,比如对于速度从零开始均匀增加的运动,后半段时间走过的距离等于前半段时间的三倍。长

---

① 　最后这句话英译本只是稍微概括了一下,这里按照德译本译出。接下来荷兰文原文还有一段话,英译本没有译出,可能是内容不太可靠。而且英译本又补充了第 125 小节,因此本章接下来的小节号全都变了。改动内容主要是出于内容安排的考虑,同时也补充了一些新的研究成果,的确对原文有所改进。所以我们这里和下一节大体按照英译本译出,改动之处不再一一注明。——译者注

期以来,这些发现也被归于伽利略本人。

在讨论非匀速运动时,"某一瞬间的速度"被定义为:如果从这一时刻开始,动点继续以同一方式运动所产生的匀速运动的速度(即单位时间所走过的距离)。这显然是一种循环定义(*circulus in definiendo*),因为对于什么是"以同一方式",所给出的回答只能是:"以这一瞬间的速度",而这恰恰是所要定义的对象。然而不要忘了,即使开普勒和伽利略也无法提供更好的定义,而且即使到今天,在初等物理教育中,我们依然只能这样定义。事实上,只有借助于微积分才能给出精确描述。当然,常用的加速度概念也不可能有精确定义。但这并不妨碍计算者们提出了一些关于匀加速运动或非匀加速运动的正确命题。

(3) 图形表示[1][2]

126. 由于奥雷姆的工作,计算者们原本纯算术—代数的科学中出现了一种全新的元素:他引入了一种对质的强度变化的几何表示,且不说他借此在相关领域所取得的成果,仅凭这种方法本身,他就已经丰富了科学。这种图形表示极为重要,但其历史意义却很难高估。就目前所知,他最先通过沿给定方向画出的线段,表示了质的强度或运动速度在物体的任何一点或时间段的任一时刻的变化,从而第一次给出了图形表示。由于他所使用的方法在某些方面与我们今天仍然普遍使用的方法相同,而在另一些方面又有根本不同,所以我们必须更为深入地讨论他的理论。

---

[1]　此处的标题原文为"幅度理论",英译本改为"图形表示"(Graphical Representation),更符合本小节的内容,所以这里按照英译本译出。——译者注

[2]　Duhem (4) Ⅲ, Durand, Dijksterhuis (1), Maier (2) (3) (5), Wieleitner.

　　奥雷姆的《论质与运动的构形》(*Tractatus de configurationibus qualitatum et motuum*，亦称 *Tractatus de configurationibus intensionum* [论强度的构形]或 *De uniformitate et difformitate intensionum* [论强度的均匀性与非均匀性])这部著作首先是为了直观地表示早已为计算者所熟知和运用的质或速度的均匀性(*uniformitas*)和非均匀性(*difformitas*)概念。他首先讨论了质在物体(*subjectum* [基体])上任一点都有确定强度的情形；用现代数学术语来说，他把这种强度当作位置的函数，或者用经院术语来说，是"相对于部分"(*quoad partes*)或"相对于基体"(*quoad subjectum*)。当强度在各处都有同样的值时，它被称为"均匀的"(*uniformis*，均匀分布)，否则称为"非均匀的"(*difformis*，非均匀分布)。

　　现在设想基体中的一条直线段——"长度"(*longitudo*)①，在它的每一点都作一条被称为"幅度"(*latitudo* [字面含义为"宽度"])的线段来表示该点所对应的强度值，"幅度"与"长度"垂直，位于"长度"所在的某一特定平面上。这样便做出了一个平面图形，被称为线质(linear quality，即沿直线可变的质)的"质的量"(*quantitas qualitatis*)。当我们研究平面各点的质时，也可以用同样方法得到一个立体，被称为"'面质'(*qualitas superficialis*)的

---

　　①　这里之所以把 *latitudo* 和 *longitudo* 分别译成"幅度"和"长度"，而不是按照英文对应词译成更有几何直观意义而且也更流行的"纬度"和"经度"，有以下两个原因：首先，这里不牵涉地理学的概念，与"纬度"和"经度"没有任何关系；其次，*latitudo* 的本义就是"宽度"，*longitudo* 的本义就是"长度"，只不过奥雷姆这里利用的是牛津计算者那里已有的"形式幅度"学说，既然先前已经把 *latitudo* 译成了"幅度"，这里理应沿用，而先前没有出现过的 *longitudo*，我们则按字面意思将它译为"长度"。——译者注

量(*quantitas*)"。将这一方法扩展到一个立体的所有点,将得出一个四维的量(*quantitas*)。奥雷姆认为这是不可设想的,他只是给立体的无穷多个截面分别赋予了一个三维的量。为简单起见,接下来的讨论将仅限于线质和平面幅度图形(*latitudo*-figures)。

值得注意的是,奥雷姆在表示可变强度时,首先想到的是由画出的所有幅度所组成的平面,只是到后来才也提到了包含其所有端点的曲线——顶点线(*linea summitatis*)。此外,虽然"幅度"的确可以充当坐标系中的一个可变坐标,但"长度"却不能当成可变的横坐标;"长度"是基体的整个线段;也就是说,对应于无穷多个"幅度"的只有一个"长度"。

显然,均匀的质会产生一个长方形的量;如果它是均匀地非均匀的(*uniformly difform*),即如果强度变化正比于沿"长度"的位移,那么得到的就是一个三角形或梯形;而对于所有其他情况,顶点线都是高低不平的直线或曲线。奥雷姆对各种可能性作了广泛分类,我们这里就不去讲了。

更重要的是这样一个问题:他引入这样一种图形表示到底目的何在? 只是想直观地表示出这种也可以作算术处理(而且也已经这样处理)的依赖关系? 抑或所获得的图形(*figuratio*)或构形(*configuratio*)对他还有别的意义? 实际上,后一种看法是正确的;[1]构形被赋予了独立的物理意义。奥雷姆本人是这样说的:正如古代原子论者把不同物质特定的作用方式归之于原子特殊的空间形式,比如把火的灼热归之于火原子的锐利,所以量的几何构形

[1]　这种关于奥雷姆图形意义的新洞见完全归功于 Maier (2)(3)(5)。

也构成了所表示质的特定行为的原因。它并不仅仅是对质的强度沿"长度"变化的图示。在某种意义上，即就外在形态而言，它就是作为整体的质本身。因此，长方形的质与其他形状的质起作用的方式是不同的。长方形的热（这种悖论式的语词搭配现在已经清楚了："长度"在每一点上都有相同的温度）与三角形的热或边界不规则的热对触觉会有不同的影响。

　　和质的作用方式一样，物体对外界影响的反应也同质的构形联系起来。一般来说，因相反的质不断侵入原先的质而引起的不规则幅度构形会比规则构形更容易使物体发生变化。动植物的特殊能力，药草和石头的隐秘力量都可以这样来解释；各种质的价值差异源于其构形的审美差异。复合物（*mixtum*，化合物）的属性不仅依赖于构成它的原初的质的强度之比，而且还依赖于它们的构形；因其构形的差异，元素构成相同的物体彼此在性质和完美程度上会有显著不同。爱与恨、友谊与敌意等情感以及像磁吸引这样的自然现象都可以归结为质的构形是否相似。

　　127. 很难对这种理论做出恰当的判断；我们太容易用新科学的观念来看它，然后在其中发现这些观念的萌芽。特别是，关于复合物的评论暗示了现代化学的结构理论和同分异构体概念。因此像赫南（P. Hoenen）[①]这样的学者才会认为奥雷姆提出的观念是一种卓越的思想，要实现它还要再等五百年。

　　如果严格按照它自己的时代来考察这个理论，问它是否基于事实，在多大程度上推进了自然科学，我们就会做出完全不同的判

---

　　① Hoenen（2）.

断。那样一来，我们将更倾向于强调这种观念完全思辨的特征，不满于奥雷姆对它纯粹空想的、牵强的应用。试图通过体热的构形差异来解释狮子、鹰、马在特征、倾向、行为方面的差异，这很难让我们相信面对的是一种严肃的科学理论。

最适当的似乎是走一种中间路线，认为这种观念中包含着后来用大小、形状和运动等可作数学表述的概念来处理一切自然现象的倾向的萌芽，但同时指出，这种观念既非源于经验事实，也没有得到其支持，暂时还不会在科学中得到任何有成果的应用。

128. 到目前为止，我们还没有谈到奥雷姆的新观念真正富有成果的领域——运动学。《论质与运动的构形》直到第二部分才开始讨论它，那里考察的不是任意的质，而是运动速度，它或者依赖于运动者的位置（*secundum partes mobiles*［根据运动者的部分］，比如旋转），或者依赖于时间（*secundum partes temporis*［根据时间的部分］）。我们只讨论第二种情况。这里，均匀与非均匀的一般区分变成了匀速运动与非匀速运动的区分，而均匀地非均匀的质这一重要的特殊情形变成了匀变速运动。"长度"现在代表运动发生的时间段，"幅度"则变成了瞬时速度，它被看作运动的强度。

和质的情况一样，这里的构形也被赋予了一种意义；它必须解释一个事实，即物体运动的影响可能会根据运动是规则的还是间歇性的而有所不同。奥雷姆举例说，有些鱼能够透过渔网袭击渔民，它们的这种能力就是因为其速度的构形，即速度图的形状。不过，他对这一主题的思考以及同样包含在第二卷中的音乐理论和魔法技艺（*ars magica*）不能在这里进一步讨论了。对于希望完整了解奥雷姆科学人格的人来说，所有这些内容的确非常有趣，也很有帮助,但它们与使奥雷姆在科学史上占有一席之地的运动学成果关系不大。

129. 这些成果可见于第三卷的五至七章,它所关注的主题是我们已知的"质的量"(quantitas qualitatis)概念;这里它特别涉及幅度构形(latitudo-figure)的面积(mensura),或者运动情况下的速度-时间图。

按照当时流行的数学方法(遵循着古代传统,而且还要继续沿用几个世纪),这个面积并未表示成若干面积单位,而是通过比例命题定义的。于是,均匀速度的面积并非把"长度"乘以恒定的"幅度"值而获得的速度构形所包含的单位面积的数目,而是说,两个面积(不太精确地说,是两个质)之比是把"长度"之比与"幅度"之比相加。在今天的读者看来,这种表达方法非常奇特,不过我们已经在 Ⅱ:121 中解释过了。

为了能把非均匀的质或速度的面积相互比较,必须先把它们的量变成长方形;这里有一条规则(见图 9):均匀地非均匀的质或匀变速运动所具有的量与这样一个均匀的质或匀速运动相等,其恒定的幅度等于该非均匀的质或运动在中间时刻的幅度。这就是迪昂所谓的"奥雷姆规则"(rule of Oresme),现在通常被称为"默顿规则"(Mertonian Rule)。[①] 如果特别把它用于在 t 个单位时间内速度由 V_0 均匀变化到 V_t 的位置运动,则它给出的面积值是

$$\frac{V_0 + V_t}{2} \times t$$

---

① 　说"它现在通常被称为'默顿规则'",这句话是英译本加的。相应地,图 9 中荷兰文原文为"奥雷姆规则",而非"默顿规则"。——译者注

如果 V_m 表示该时段中间时刻的速度,则面积为 $V_m t$。如果奥雷姆知道在这种情况下,面积代表时间 t 内所走过的距离,那么我们就可以把匀变速运动的基本命题归功于他,即我们今天的公式

$$S_t = \frac{V_0 + V_t}{2} \times t$$

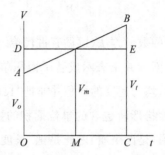

图 9 默顿规则:速度由 V_0 均匀增加到 V_t 的匀加速运动在一定时间
       内走过的距离,等于这样一个匀速运动在相等时间内走过的距
       离,其速度等于该匀变速运动在中间时刻的速度。

对此很难提出合理的质疑,奥雷姆的确拥有这种洞见。虽然对它的明确证明或表述并不容易,但他的确把这一规则当作某种完全自明的东西运用于运动学问题中。自从迪昂关于 14 世纪巴黎经院哲学的研究问世之后,这项成果在科学史著作中已被公认为对力学发展的重要贡献,也正因为此,奥雷姆才在科学史中占有荣耀的一席之地。

130. 然而不久前,这种一致赞同受到了挑战,迈尔在她关于 14 世纪自然哲学的一项研究中对此作了批判。[①] 她认为,迪昂高

---

① Maier (3).

估了他着重与奥雷姆联系起来的命题的重要性，力学史过分轻信了他的看法。迈尔的观点很值得我们注意。

正如迈尔所指出的，所谓的奥雷姆规则只不过是一个在14世纪被广泛讨论的广为人知的命题，即一个均匀地非均匀的质对应着中度（middle degree）。还有人则认为它对应的不是中度，而是终度（final degree）。她合理地指出，虽然这个命题可以在经院哲学中得到解释，但它并没有连带的物理意义，我们也绝不能赋予它这种意义；在大多数情况下，它对于科学的历史发展没有任何意义，无论接受的是这个命题还是与之相反的命题。

而对于匀变速运动的情况，这种物理意义的确是存在的：在匀变速运动中所走过的距离，等于以其中间时刻的速度做匀速运动所走过的距离。然而，奥雷姆根本不可能证明，在这种情况下这一规则有这种含义。他只能把瞬时速度理解为运动在该时刻的强度，但那样一来他便不可能知道，"幅度的量"所表示的所有这些强度的集合代表着所走过的距离。为此，他必须把速度定义成微商，那么对面积的确定就成了一个积分，结果是有效的。但实际情况是，将面积等同于所走过的距离是不允许的。

131. 迈尔论证的第一部分，即均匀地非均匀的质对应其中度与对应其终度一样没有什么物理意义，这或许立即可以接受，但必须指出，奥雷姆并不是因为这个一般命题而受到高度评价的。然而，该论证第二部分的说服力并不强。毕竟，奥雷姆把均匀地非均匀速度的面积解释为所走过的距离。我们不能通过主张他没有权力这样做，因为他无法以一种让今天的数学家满意的方式逻辑地解释它，就抹杀这一事实的重要性。这种情况在数学史上屡见不鲜:数学概念经常——甚至可以说一贯如此——在能够完全精确定义之前很久就已经被直觉地运用了,基本命题往往在得到严格证明之前就被直观地认识到了。如果我们把所有不够精确的阶段排除出去,不把当时所认为的知识看作真正的知识,那么数学的历史发展将完全是另一种样子。那样一来,微积分、极限理论和无穷级数理论在 19 世纪之前根本就不存在,几何学的公理化也只有几十年的历史。事实上,由于精确的数学论证所要满足的要求会随着时间而改变,在后人看来,我们今天的数学中也可能有相当一部分内容完全不存在。这种观念的推论反驳了它自身。

我们完全可以同意迈尔的看法,认为奥雷姆也许并没有察觉他的规则的实际意义,也没有预见到他所引入的图形表示会有怎样的未来。但这是否贬低了这样一个事实的重要性:他表述了这条规则,并通过图形来直观地表示它?

在论证自己的看法时,迈尔还注意到,[1]无论是奥雷姆还是他的同时代人,都没有想到把这条规则运用于自由落体运动,虽然他曾在另一语境下暗示,这也许是一个均匀地非均匀运动的例子。这的确很奇怪。如果奥雷姆当时已经认识到了多明戈·德·索托(Domingo de Soto)在大约一百年之后作为已知事实提到的东西,即要想计算自由落体运动在一定时间内所走过的距离,可以把它替换为以中间时刻的速度所做的匀速运动,则他的功绩无疑会更大。然而,即使这些结果没有被用于自然现象,运动学研究依然有它的价值。

---

① Maier (3).

132. 然而,自迪昂的著作问世之后,关于牛津默顿学院的运动学成果已经有了许多研究,它们对"奥雷姆规则"提出了严肃的反驳。我们固然可以不去深究奥雷姆在多大程度上熟悉牛津学者的成果,但毫无疑问的是,奥雷姆规则所阐述的观念在 14 世纪(甚至更早)非常流行,以至于将他的名字与这种观念特别联系在一起是不恰当的。奥雷姆曾是已知的第一位运用这一规则的 14 世纪学者,但不作进一步研究便认为他也第一次阐述了这条规则,却是严重的方法错误。同样错误的是,将引入图形表示说成是奥雷姆的一项原创性贡献。我们只能说,到目前为止,没有证据表明还有比他更早的学者使用和讨论过这种几何图示。而另一方面,我们也必须承认,奥雷姆的确认识到了它的重要性,并通过其著作使其广为人知。[①]

133. 奥雷姆的工作标志着一种发展的开始,它对于近代科学的产生至关重要。不过,我们将在后面讨论图示思想的未来命运。这里只是指出,奥雷姆借助于他和其他巴黎经院学者都接受的冲力理论,解释了抛射体初始加速的现象,这种现象在经院哲学中甚至很久以后一直都被视为真实发生的事情:事实上,根据由炮弹和抛射体得来的某些经验,人们必定会认为,竖直或水平射出或抛出的物体只有在受迫运动开始之后一段时间才能达到其最大作用(被认为与速度成正比)。奥雷姆对此的解释是,当抛射体仍然被抛射者本人所推动时,速度和加速度(大致可以理解为速度增加的

---

① 英译本的本段内容与荷兰文原文或德译本不一致,但由于综合了较新的科学史成果,内容要更丰富一些,所以这里按照英译本译出。——译者注

速率）都在增加。因此，运动的第一阶段结束时，不仅产生了与速度成正比的冲力，而且也产生了加速度，这种加速度既不能突然降到零，也不能突然出现，而是必须经历所有居间的值。第二个阶段是加速度减小的阶段，但这种加速仍然会引起冲力，虽然进度在不断减小。当加速度变为零时，冲力达到最大。在第三阶段，冲力将由于物体的重力而慢慢减小到零，此后物体开始自然下落。当运用于斜抛运动时，这一理论导出了一个长期普遍持有的信念，即抛射体在前两个阶段之后将竖直下落。

四、物质结构[①]

（1）复合物问题

134. 在亚里士多德评注者因为亚里士多德语焉不详而必须面对的无数问题中，有一个问题我们在 I：28 中已经触及，那就是在真正的复合物（*mixtum secundum veritatem*，而不是 *mixtum ad sensum*［普通混合物］）中，其构成元素是否存在以及如何存在。这是一个非常实际的科学问题，它依然保留在现在所谓的经典化学中；亚里士多德所说的真正的"复合物"，在经典化学中被称为"化合物"，虽然"元素"一词不再指土、水、气、火，但问题依然没有变。在今天的初等化学课上，如果把硫和铁按照一定比例混合并加热，我们便得到了一种新的物质，它既不是硫，也不是铁。于是很有理由追问，硫和铁在所形成的化合物中是否依然存在。

我们已经说过，亚里士多德既否认元素在复合物中实际存在，

---

①   Hooykaas (1) (5), Maier (3).

又认识到它们的 $\delta\acute{\upsilon}\nu\alpha\mu\iota\varsigma$ 依然保存着。然而，这里有一个困难，因为他的真实意思绝非一目了然：既可以把 $\delta\acute{\upsilon}\nu\alpha\mu\iota\varsigma$ 译成"潜能"（*potentia*），指一种潜在的继续存在，它仅仅意味着，产生复合物的元素还可以重新从中获得；也可以把 $\delta\acute{\upsilon}\nu\alpha\mu\iota\varsigma$ 译成"力"或"力量"（*virtus*），则这句话意味着，虽然元素本身并不存在于复合物中，但它们仍然以某种有待研究的方式发挥影响。事实上，两种译法都有，但最常见的表述是，元素的"力量"保存在复合物中（*salvatur virtus eorum*）。

135. 要想理解经院哲学对元素潜在地留存于复合物中的不同解释，首先需要意识到，这里只涉及元素的实体形式（简言之：元素形式）及其性质，而不涉及由元素形式所赋形的质料。毫无疑问，复合物和元素都是由同一种原初质料（*prima materia*）构成的。但复合物有其自身的实体形式，这种形式把原初质料现实化为这种新物质；而构成它的每一种元素也都有其自身的实体形式；问题是，这些元素形式在多大程度上以及以何种方式继续存在于这种复合物的形式（*forma mixti*）之中。

如果仅考虑基本特征，而不去考虑细微差别，那么对这一问题的回答大体可以分为三组，其代表人物分别为阿维森纳、阿威罗伊和阿奎那。

根据阿维森纳的看法，元素形式在复合物中继续存在，但质却发生了强度减弱（*remissio*）。由此，它们融合成一种结合体（*complexio*），使质料倾向于接受一种与结合体相应的新的实体形式。这种理论的支持者主要是医学家，而哲学家却一致反对：复合物的同质性将要求所有四种元素形式存在于复合物的任何部分；

但根据业已确立的亚里士多德原理，不同的元素形式永远也不可能同时为同一质料赋形；一种形式只有在另一种形式消失后才能占据质料。

根据阿威罗伊的看法，元素的质和实体形式都发生了一定程度的强度减弱，从而使元素的实体形式能够融合成复合物的形式（*forma mixti*）。当然，这与亚里士多德的学说相抵触，即实体形式不可能发生任何增强和减弱。我们曾在 Ⅱ：107 中提到了亚里士多德的表述："形式就像数。"比如一个数可以是 3，但不能是更大的 3 或更小的 3；如果它不是 3，那么就会是 2 或 4 或别的东西。同样，一个东西要么是人，要么不是人，但不能是更高程度或更低程度的人。为了避免这一反驳，阿威罗伊假定，元素形式并非真正的实体形式，而是某种介于实体形式和偶性形式之间的东西。

而根据阿奎那的看法，当元素形成复合物时，元素形式失去了，元素的质只是在如下意义上还保持着：它们通过相互影响而产生一种中间质（*qualitas media*），使质料倾向于接受复合物的形式。由于先前元素形式的影响仍然能在元素的质中感受到，即潜在地（*virtualiter*）继续存在，所以阿奎那的理论证明了亚里士多德的命题"元素的力量保存于复合物中"的合理性。在某种程度上，阿奎那提出这种理论与亚里士多德的做法如出一辙：后人都必须判断他们到底是什么意思。问题在于，当元素的质消失（就好像被复合物的形式所取代）时，由元素的质所产生的中间质是继续存在，还是随同元素形式一起消失，如果是后者，那么复合物的质只是对应于中间质，在数值上并不等同于它。

136. 在这三种看法中，人们之所以总是提到阿维森纳，只是为了驳斥它。阿威罗伊的看法有各种支持者,他们在进一步解释元素形式的强度减弱时产生了分歧。有些人说它与质的强度减弱类似:正如热可以变得更强或更弱,但仍然是热一样,实体形式也可以表现出程度区别。而罗吉尔·培根等人则认为,减弱的元素形式是从潜能存在缓慢过渡到现实存在的一个阶段。弗赖贝格的迪特里希也出于不同的理由认为,存在着这样一种介于潜能与现实之间的阶段。他的理论还有一点值得注意,那就是他不仅赋予了形式和质(通常作为唯一的解释原则)以功能,而且还赋予了原初质料某种功能。他不满于把元素和原初性质当作物质世界的最终本原,而是在这之后还假设了原初质料的四重分化(quadruple differentiation),使原初质料可以倾向于四种元素中的任何一种。在这四种带有某种精神特征的“考虑”(respectus)中,任何时候都有一种起主导作用,它决定着原初质料在哪种元素中被现实化。这种精神性使得相互渗透成为可能:正如两种性格特征可以同时存在于一个人之中,这四种“考虑”也可以不加区别地存在于任何一点。因此,各元素可以在复合物中完全相互渗透,以至于实际上形成的是一种同质的新物质。

这种理论之所以有趣,不仅是因为它试图理解化合的本质,而且也因为它再次表明,亚里士多德的追随者坚持把原初质料看成纯粹的潜能是多么困难;他们一次次地试图把它变成一种已经拥有某种实体性的原始物质。用圣奥古斯丁的话来说,虽然它近乎无(prope nihil),但只要它本身是某种东西,它就已经有了某种形式特征。任何认为它在化学过程中会起某种影响的尝试都会强调这种特征。

　　阿威罗伊的追随者与阿威罗伊都谈到了元素形式的减弱（不过弗赖贝格的迪特里希没有这样做），他们的意见分歧主要集中在，复合物的形式仅仅是减弱的元素形式的结合，还是一种独立的附加形式，那些减弱的元素形式仿佛充当着它的质料。复合物是否带有附加的复合物形式（*mixtio sine* or *cum forma mixti superaddita*），这个问题直到16世纪还在使意大利的阿威罗伊派发生分裂（III：67）。

　　在这个问题上，意大利的司各脱主义者马奇亚的弗朗西斯科似乎实现了彼得·欧雷奥利（Petrus Aureoli）的想法。通过对元素继续存留于复合物中的各种方式进行认真思考，他得出了这样的结论：必须考虑潜能存在与现实存在的一种奇特混合，我们不能将它归结为已知的存在方式，因此需要为它引入一个新的术语——"融合的现实"（*actus confusionis*）。阿威罗伊的看法在这里实际上导向了这样一种认识：化合是传统思路无法理解的一种现象，虽然我们可以用一个新名字来称呼它，但却无法用现有的原则来解释它。

　　137. 托马斯主义观点认为，元素在复合物中潜在地继续存在，司各脱则更加精确地定义说，所谓"潜在"，只是意味着某种一致或相似。为了说明这一点，他提出了这样一个问题：某种中间质（*qualitas media*）与极端质（*qualitates extremae*）之间的关系是什么？比如红、黄、绿与黑白的关系。根据亚里士多德的看法，这些中间质是由极端质组合而成的，而且包含极端质。然而，这不应理解为中间质实际上由极端质混合而成，就好像极端质作为组分实际地（*realiter*）存在于中间质之中；而应理解为，在中间质与极端质之间有一种自然的一致性(*convenientia naturalis*)或相似性：红并不包含黑和白作为组分，但它有一定程度的黑和一定程度的白。因此，红被说成潜在地(*secundum virtutem*)包含黑和白。复合物与元素之间的关系也是如此：在某种意义上，复合物就类似于任何一个中间质。沃尔特·伯利(Walter Burley)把这类比于骡子潜在地(*in virtute*)包含于马或驴中；骡子类似于马和驴，但既没有马的形式也没有驴的形式。

元素如何在复合物中继续存在——虽然我们将会看到，这是一种被大大弱化的存在形式——还可以用另一种方式来说明。司各脱主张，较高复合物(higher *compositum*)的实体形式并不直接赋予质料形式，而是借助于较低复合物(lower *composita*，即元素)，使较低复合物的形式先于较高复合物的形式。当我们说较高复合物包含较低复合物时，这并不是说较高复合物与较低复合物同时存在，而是说元素形式先于较高复合物而存在。

如果绕过这些经院术语，那么问题的实质在于，必定有元素先于复合物而产生，复合物与每种元素都有一些相似之处。如果考虑到司各脱和许多中世纪学者都在一种超自然力量的影响下(有些人认为是神的直接干预，另一些人则认为是推动天球的灵智的作用)寻求复合物的"产生者"(*generans*，复合物的形式就是被它引入的)，那么很难说他认为复合物果真在物理意义上由元素构成。所以无论是亚里士多德的复合物学说，还是阿威罗伊传统的捍卫者，都不能指望能够推进化学。

138. 奥卡姆原封不动地接受了司各脱主义解释，但巴黎唯名论者在这一点上却没有遵从奥卡姆，而是把阿奎那提出的复合物理论更多地解释成中间质和元素的力量（*virtutes*）实际地继续存在。布里丹问，说复合物由元素组成是否有意义？它直接由原初质料和复合物的形式组合而成，不就类似于元素直接由原初质料和元素形式组合而成么？布里丹对这个问题的回答与司各脱思路相同：与元素形式相反，复合物的形式只有在质料凭借其他物体的质和力量而倾向于它时才能获得。然而，一旦复合物已经产生，根据布里丹的看法，说它仍然包含着元素并没有多少意义；由于元素本身也是合成物（*composita*），所以实际上并不能把它们看成物质世界的最终结构单元；能被这样看待的东西只有原初质料，它在这里显然被视为一种原始物质。这里我们不去深入探讨布里丹的理解与奥雷姆、萨克森的阿尔伯特和英根的马西留斯之间的微妙区别。只是要注意，奥雷姆明确提到上帝本身就是实体形式的"产生者"：人们给出的所有其他原因，元素及其力量或天界的灵智，都只能被看作工具。于是，甚至连这位与后来的科学距离最近的中世纪思想家也是通过承认科学的某种无能——诉诸上帝——而结束了对化合本质的探究。

（2）"自然最小单元"理论①

139. 如Ⅰ：29所说，亚里士多德的希腊评注者把他在具体语境下提出的一种观念拓展成这样一种理论，即每一种物质在量上都有其自身典型的最小单元（*minima*）；如果在思想中把由这种物质构成的物体分成越来越小的部分，那么到了最小单元就不可能再分下去了；如果超出了由此设定的限度，则这种物质本身便不复

---

① Hooykaas（5），Maier（7），Van Melsen.

存在。

这里只涉及思想中的分割,还没有说所假定的最小单元是否真的可能出现。然而,在阿威罗伊那里,这似乎已是事实,经院学者就是通过他的论述来了解这种理论的。根据阿威罗伊的看法,物体产生时最先出现的东西以及物体消亡时最后失去的东西都是这种实现了的最小单元。因此,他似乎认为,化学过程在最小单元之间发生。后来的评注者明确指出,起反应的物质首先被分成它们的自然最小单元,然后两种物质的最小单元被并置在一起发生相互作用,从而形成化合物,这似乎只是更为精确地表述了阿威罗伊已经表达的一般看法。

值得注意的是,这种自然最小单元的亚里士多德—阿威罗伊理论与德谟克利特—伊壁鸠鲁派原子论者关于物质结构和化合本质的看法有根本不同。它们之间有四种基本区别:(1)不同物质的自然最小单元彼此之间有质的区别,它们的属性可以在由这种物质构成的宏观物体中知觉到;而德谟克利特的原子彼此之间只是在量的特征上有所不同;(2)对于每一种物质,最小单元都有特征尺寸;而在德谟克利特那里,原子在低于可见极限的范围内有各种可能尺寸;(3)关于最小单元的几何形态没有任何设定;而原子的几何形态却发挥着重要作用;(4)虽然这两种理论都认为,化学过程发生在起反应的物质所分解成的小微粒之间,但在原子论者看来,这种反应仅仅是小微粒位形的改变;它们的彼此位置与先前不同,这种改变了的位形构成了新产生的物质;而根据亚里士多德的看法,现在被并置在一起的不同最小单元发生了相互作用,从而引起内在的性质改变,共同产生了中间质,正是这种中间质使物质倾向于接受复合物的形式。

　　可以预料,在 13 和 14 世纪,最小单元理论并非仅以阿威罗伊所阐述的形式出现。阿奎那也原封不动地接受了它,但罗吉尔·培根却对它进行了改造,他认为,虽然同质的被赋形的物质无限可分,但低于某一限度,微粒就不再能够发生作用了。大阿尔伯特也有同样的看法,他甚至想用这种方式来解释德谟克利特的原子论。布拉班特的西格尔拒绝接受这种"操作上的最小单元"(*minima secundum operationem*)理论,他认为,亚里士多德只是说,某种物质的微粒小于某一尺寸就无法存在;如果将它们与所属的同质整体分离,由另一种同质介质所包围,它们就会转变为周围的物质,就像亚里士多德本人经常举的例子,一滴酒落入一大桶水中就会变成水。因此,这种形式的理论只涉及所谓分离的最小单元(*minima separata*),而不涉及属于整体的微粒。于是,物质连续体可以保持无限可分性。

　　在司各脱主义者那里还有一种看法,认为异质的有组织的物质有最小单元,而同质的物质却没有。身体的一部分,比如眼睛或手臂,要想存在和发挥功能,就必须有一个最小尺寸,就像它也不能超出某个最大尺寸一样。萨克森的阿尔伯特和英根的马西留斯等人认为,最小单元的尺寸不能由物质种类确定,而是也取决于小微粒所处的外在环境。此外,到底是只有量的最小单元(*minima quantitatis*),还是也有质的最小单元(*minima qualitatis*),即物体的变热或变色的过程是否连续,对这个问题的意见也存在分歧。

　　后面(Ⅲ:66,73;Ⅳ:252)还会回到最小单元理论的命运及其与原子论者的关系。

（3）化学家的观念

140. 以上关注的只是中世纪哲学家根据形而上学原理对物质结构的思考。但我们也有必要听听这样一些人的声音，他们不仅反思了化合的本质，而且还实际处理了物质，生产出化合物或把它们分解成各个组分。可以预见，虽然他们的说法并不总像哲学家的说法那样，有深刻的理论基础和逻辑一致性，但这种缺陷却因为一个事实而得到弥补，即他们的知识来源于经验，虽然经常是一种不完整的或理解不当的经验。因此，我们必须转到炼金术士，这倒不是因为他们是唯一有能力处理物质的人，而是因为完全以实践为导向的技工虽然也这样做，但通常并没有把他们的发现记录下来。

我们感兴趣的是炼金术士的观念，至于其目标，即制造黄金，在这里并不重要。实际上，将炼金术与化学相区分的唯一手段就是它们为自己设定的目标。如果此处与这种目标无涉，我们完全可以不作名称上的区分。

亚里士多德认为，化合就是发生了变化的组分合而为一。对于这种观点，从事化学实践的人似乎很少同意，他们并没有绞尽脑汁去思考元素以何种方式在复合物中继续存在。根据实际的或被信以为真的经验，他们接受了一条公理：由某些基本物质产生（*ont*staat）的化合物也由这些物质所构成（*bestaat*），它还可以重新分解成这些物质。然而，这已经标志着他们是前亚里士多德希腊物理学家关于物质结构的一种微粒理论的追随者。在 Ⅰ:7-13 中，我们在讨论亚里士多德的看法之前就讨论了这些观念。既然我们已经了解亚里士多德的看法，为清晰起见，我们再次把关于化合本质的不同可能性罗列出来，以方便比较。在这样做时，我们认为关于自然最小单元的经院学说已经精确表述了亚里士多德的看法。

141. 这里所有派别都关注复合物由不可见的小组分所构成的问题。关于这些组分的类别，可作如下假定：

A. 它们在质上彼此等同。

B. 它们有质的差异，差异的类别有限。

关于小的组分以何种方式存在于复合物中，可作如下假定：

I. 它们未经变化地实际存在于复合物中，所以它们存在于复合物中的某个地方。

II. 它们只是潜在地（virtually）存在于复合物中，"潜在"一词取前面区分过的一种含义；因此，它们不存在于复合物中的任何地方。

通过组合，我们可以得到三种可能看法：

基本粒子是	A：质上相同	B：质上不同
I：实际存留	德谟克利特的	恩培多克勒的
II：潜在存留	—	亚里士多德的

A—II 组合似乎从未出现过。

这种概括再一次清楚地表明，恩培多克勒的看法（B—I）介于德谟克利特的看法（A—I）与亚里士多德的看法（B—II）之间。因此，如果把两种理论 I 都称为微粒理论，那么就有可能过分强调 B—I 与 A—I 的相似性，而忽视 B—I 与 B—II 的相似性。为了避免这种情况，人们有时把德谟克利特的看法称为机械论的微粒理论，而把恩培多克勒的看法称为质的微粒理论。但这并没有使问题得到缓和,因为这样一来,机械论的概念就被理解得太窄了:它在这里不仅意味着,所有宏观现象都源自不发生质变的微粒的位置改变,而且还意味着,这些微粒彼此之间不能有质的不同。然而,这并不是对"机械论"一词的通常理解,它必定会造成混乱。因此,我们接下来宁愿称其为德谟克利特的微粒理论和恩培多克勒的微粒理论。

142. 现在大致可以说,中世纪化学家对化合物结构的看法属于恩培多克勒式的 B—I,但在所假设的组分的种类上,它们不同于或许由恩培多克勒所持有的理论。关于组分的种类,虽然也是两种 B—理论所认为的四种元素,但根据中世纪流传甚广的古已有之的金属构成理论(I:104),金属是由所谓的次级粒子(secondary particles)即硫和汞所构成。虽然硫和汞本身也由四种元素所构成,但这并不妨碍它们作为独立组分以未经质变的形式实际存留于化合物中,就好像是基本粒子一样。随着时间的推移,关于金属粒子参与构成金属化合物,甚至出现了一种类似的看法:它们作为不发生变化的第三级粒子(tertiary particles)继续存在于化合物中。金属的硫—汞理论因其 B—型而与亚里士多德关于合成物看法的相似之处在于,硫粒子和汞粒子都是某些性质的承担者;硫赋予金属可燃性,汞则赋予金属的特性、光泽和熔性。

当然,不能指望化学家始终严格坚持以上概念区分。他们必须在实验室中提出理论,尽其所能来解释他们所看到的东西。为了解释某些现象,他们诉诸微粒的极小或规则排布,这时,他们显然不会再注意这些微粒的性质,从而遵循纯粹德谟克利特的方式。而当他们说,某些铅化合物仍然是铅;只不过偶性有所改变时,他们显然是受到了阿维森纳所解释的亚里士多德观念的影响(Ⅱ：133)(虽然这种看法被哲学家一致拒斥,但却被化学家和医生欣然接受);他们认为,铅的实体形式在化合物中依然继续存在。

第四节　中世纪的天文学[①]

一、亚里士多德与托勒密的分歧

143. 在中世纪科学的各个分支中,天文学占据着优先地位:它受到普遍关注,引起了广泛兴趣,其总体发展水平要比数学和物理学的其他分支高很多。这有几个原因:首先,天文学在古代就已经非常繁荣,宇宙论自古以来就在自然哲学、哲学和神学中占有重要位置。其次,它对于年代志至关重要,特别是对占星学起着无可替代的作用。自从预备性科学教育开始之后,天文学就成了四艺的一部分。虽然它从未超出初等球面天文学的水平,但鉴于作为教学科目的数学的发展水平非常低,天文学能够达到这种水平已经很让人惊讶了。

和所有其他科学一样,西方对天文学的了解也要归功于阿拉伯学者对希腊文化遗产的保存,以及12、13世纪价值无法估量的翻译活动。在天文学领域,阿拉伯人的工作特别重要,因为他们从对希腊科学感兴趣的那一刻起,就特别关注天文学研究,并对其进行补充和改进。阿拉伯人认真地做了大量观测,虽然由此积累的

---

① Dreyer, Duhem (6) Ⅲ.

经验数据并没有引起世界图景的根本改变,但它的确使得理论与经验更好地结合在一起。

关于天文学理论的目的和后果的不同看法曾经造成希腊天文学家的分裂,这些分歧也不可避免地出现在这里:伊斯兰教也有纯技术的天文学家,他们认为自己的唯一任务就是用托勒密的偏心圆和本轮体系来编制星表,以从中读出太阳、月亮、行星在任一时刻的位置。因此,他们拒绝对天的运动图景的物理实在程度作任何思辨。虽然他们遵循着《天文学大成》中的那个托勒密,但不满于对天文学目标作这种实证主义限制的人却注意到了托勒密在《行星假说》中给出的那种思路。于是,伊本·海塞姆,即我们在讨论光学时所说的阿尔哈曾(Ⅱ:16,68),构造了一个精致的行星运动力学模型,它将在随后几个世纪引起伊斯兰世界和西方的那些认为有必要具体实现天文学思想的人的兴趣。纯天文学家的数学倾向,以及构造由他们的体系所启发的模型,再次招致了亚里士多德物理学忠实信徒的反对。除了围绕一个不动的、包含着宇宙中心的中心物体而旋转,他们拒不承认任何自然转动。

144. 由此重新激起的托勒密天文学与亚里士多德科学之间的争论(Ⅰ:81)主要发生在12、13世纪科学氛围浓厚的西班牙。托勒密天文学依据的是价值无可争议的实际结果,而亚里士多德科学则要求相信其基本原理是无懈可击的。阿维帕塞(Avempace或 Ibn Bâǧǧa)和阿布巴克尔(Abubacer或 Ibn Tufail)最先提出了亚里士多德主义者的异议,阿威罗伊是其主要代言人。通过阿威罗伊的著作,这种异议很快传到了拉丁西方。与此同时,它也出现在生活在埃及的犹太哲学家迈蒙尼德(Maimonides)的著作中。

比特鲁吉将它变为现实,构造了一个与亚里士多德原理相协调的新的行星体系,希望借此推翻托勒密体系。虽然这种希望被证明是一种幻觉,但此时新的理论已经广为人知,直到哥白尼的世界图景被引入,它作为解释宇宙结构的一种尝试仍然吸引着天文学家的注意。

145. 比特鲁吉的体系[①]并非完全原创,而是显然受到了希腊知识的启发。它的常用名"螺旋运动理论"(spiral-motion theory)不是很恰当,其原初的名称 *laulabia*,即"螺旋理论"(screw-theory),则可以更好地描述它;可惜的是,它从来没有被完全理解,也没有定量到能被经验证实。因此,他的追随者们从未完成中世纪天文学理论的首要任务,即编制星表。这是它没能成为托勒密理论有力竞争者的一个原因。接下来,我们对其内容作大致描述。

比特鲁吉遵照亚里士多德主义原理,在其体系中只用了同心球,它们绕着通过宇宙中心的轴旋转。然而,他所需要的同心球的数目远少于欧多克斯、卡里普斯和亚里士多德的古代理论所用的数目(Ⅰ:42)。在他看来,九个天球就足够了:七个用于太阳、月亮和行星,一个用于恒星,还有一个空的第九层天球,包围着这八个天球。不过,他让第八层天球同时绕两个轴旋转,甚至让前七个天球同时绕三个轴旋转。

第九层天球以略大于恒星日的周期每日绕天轴均匀旋转。对于它所包含的所有八个天球来说,这种旋转既是所要遵循的典范,又是其力量源泉;它驱使这八个天球仿效它,并从中获取力量;然

---

① Dreyer,Duhem (6) Ⅱ,Gauthier,Munk,Sarton.

而,这种力量只能以衰减的形式到达它们,因为它会随距离的增加而减小。于是,第八层天球只有很少的滞后,旋转周期为一个精确的恒星日;而月球的每日滞后最大,它需要近25个恒星时才能旋转一周;太阳和行星的滞后介于第八层天球与月球之间。

到目前为止,我们只是谈到了自东向西的运动,所有这些运动都是由一个推动者引起的。如果(就像大阿尔伯特等人通常所做的那样)仅限于上述思考,那么该体系的确具有一种简单性,能够吸引许多人。然而,它显然把情况过于简化了:就好像太阳、月亮和行星都沿着赤道或平行于赤道相对于恒星运行,没有逆行发生一样。而实际上,该体系必定要复杂得多。不过这里我们不去考虑了。

146. 阿拉伯天文学主要在12世纪通过拉丁文翻译而为西欧所知。此前虽然也有一些著作传到了西方,讨论当时的宇宙观测仪器——星盘,而且早在公元10世纪末,欧里亚克的热尔贝就写了这样一部著作,但直到在西班牙工作的翻译家们把法加尼、巴塔尼、花拉子米和贾比尔(Jābir ibn Aflah 或 Geber)的天文学著作和星表翻译过来之后,人们才知道希腊人和阿拉伯人在这一领域所取得成就有多么深广。除了上述著作,沙特尔学校还了解托勒密的星表和他关于星盘的著作——《平球论》。

《天文学大成》是所有这些的基础,它直到1175年才被译成拉丁文。译者克雷莫纳的杰拉德为其补充了一部简编——《行星理论》(*Theorica Planetarum*)。考虑到《天文学大成》内容的复杂和困难程度以及12世纪的数学水平,需要这样的简编并不奇怪。

起初,西方人感兴趣的似乎是托勒密天文学的实际结果,而不是它的理论基础或世界图景的物理实在程度。他们最初主要谈论一些行星运动表,许多地方都根据当地的地理经度和基督教年代志对其作了调整,还有计算规则(canones),可以由这些星表计算出行星的位置;而编制星表所依据的理论充其量只在导言中讨论。对托勒密体系有效性的怀疑还没有出现。阿拉伯人对它的修正,比如二分点的颤动(II：16),并没有对基础有任何改变。

147. 然而,随着亚里士多德的《论天》和阿威罗伊的评注在13世纪初为人所知,比特鲁吉的天文学著作在1217年被苏格兰人迈克尔译成拉丁文介绍到西方,情况发生了变化。托勒密与亚里士多德之间的争论始于希腊,在西班牙继续进行,现在也开始引起拉丁经院学者的怀疑:《天文学大成》是否是无懈可击的。

第一位明显受到比特鲁吉影响的学者是奥弗涅的威廉,他在其百科全书著作《论万有》中声明拥护这一理论,但没有显示出对它很熟悉。不过,他还没有把新理论与亚里士多德物理学关联起来。当时人们还在怀疑,基督教科学是否可以接受亚里士多德,柏拉图是否还是唯一一个可以让人放心接受的异教哲学家。于是,在奥弗涅的威廉那里,从比特鲁吉的第九层天球辐射出来的推动力维持着整个宇宙的运动,这让人想起了柏拉图:奥弗涅的威廉把这种力等同于《蒂迈欧篇》中的世界灵魂,这生动地反映出经院哲学接受这种观念时的渴望。

从此以后,这种新的理论在宇宙论讨论中屡有提及,虽然在大阿尔伯特的极为简化的形式中,除了把太阳、月亮和行星的固有运动解释成一种减缓的周日旋转的结果,它所基于的观念所剩无几。在专门的天文学著作中,它所受到的关注要少得多;事实上,这一理论没有产生任何新的星表,因此恰恰没能为专业天文学家和占星学家提供他们唯一要求的东西。

二、数理天文学和物理天文学

148. 与此同时,在比特鲁吉的著作以及阿威罗伊批判性思想的影响下,人们开始对关于天文学宇宙体系认知价值的古老争论感兴趣。这可见于阿奎那晚年在关于亚里士多德《论天》的评注中所讨论的数学观念与物理观念之间的区别;[①]在科学史上,这种讨论变得非常重要。

我们可将其简要总结如下:一种理想的物理理论必须能够由不容置疑的科学原理导出天的结构,而一种理想的数学理论则必须能够提出结果与观测一致的运动学假说。前者使我们能够理解宇宙结构,后者则对它进行描述。现在虽然有某些不可动摇的天文学思想基础(比如所有天体运动都是匀速圆周运动),但这些原则都过于一般,无法解决天文学所提出的具体的物理问题;因此,如果不为基本原理补充假说,就永远不可能解决这些问题。不仅如此,学者们也从未成功地选择出能够获得天文学家一致赞同的补充,并由此导出一种与观测相一致的世界图景。虽然数学方法得出了令人满意的结果,但这是以极其复杂的运动假说为代价的,它们漫无头绪,在物理上无法设想。因此,两种方法都没能满足要求,这时只取决于认为哪一种缺陷更大。天文学家和数学家首先看重的是经验证实,因此偏爱数学描述,而物理学家(*naturales*)则

---

① Thomas (3) I, *Lectio* XVII. *Opera* III. Duhem (6) III 354.

希望理解事物的本性，因此更倾向于探究世界图景的真实性有多少。但我们必须小心，不要以为数学方法借助于运动假说在拯救现象方面取得成功就能保证这一假说能够有足够的真实性，以至于受过哲学训练的物理学家可以把它当作基础。能够描述所观察到的事实，预言准确，这并非理论正确性的最终依据；我们始终可以设想，同样的结果也可以基于其他假设来获得。

今天的科学家虽然仍然可以接受这种对数学方法的评价，但却不会那么甘心接受对物理方法的判断。因为即使他愿意承认存在着一些不容置疑的基本自然观念（完全可以想象他不承认这一点），他也一定会感到惊讶，阿奎那竟然如此坚定地接受了亚里士多德的第五元素理论以及由此得出的天体作匀速圆周运动的假设。

同样清楚的是，阿奎那所说的关于科学理论的本质、目标和价值的这种意见分歧，绝不只是对于他所关注的特定学科，或者恰好引起这门学科注意的特定时期才有意义；这个问题适用于任何时期和任何能够作数学处理的学科。它仍然活跃在今天的原子结构理论中，就像活跃在古代和中世纪的宇宙结构理论中一样。

149．任何基于亚里士多德原理的天体运动物理理论都会有不足之处（这种理论必须总是使用同心球，因而永远无法解释天体与地球距离的变化），这自然使注重经验的经院学者陷入了进退维谷的境地：亚里士多德有很大权威，但也正是这位亚里士多德教导说，不要把任何违背感知的东西当成真的。

为了领会由此造成的思想困境，我们可以看看弗赖贝格的迪特里希的天文学思辨。① 他承认,任何只假设同心球的理论似乎在结果上(*per efficaciam*)都站不住脚,但他没敢由此反对这一理论背后的物理基础。他宁愿借助天文学结果把亚里士多德解释成,阿威罗伊对托勒密体系提出的反驳是不成立的;但这种成功只是以违反亚里士多德学说的某些基本原理为代价取得的。

　　同样的困境致使罗吉尔·培根在结束对这一棘手问题的讨论时,没有在两种观点中做出明确选择。托勒密体系与观测相符合,但与亚里士多德的科学原理相冲突;比特鲁吉的体系建立在这些原理之上,但导出的结果不符合经验的教导。假如培根果真坚定拥护科学研究的经验方法,就像人们根据他对实验科学(*scientia experimentalis*)的赞美而经常认为的那样,那么他在这里应当有机会毫不含糊地证明这一点:无须承认托勒密体系是业已确立的真理,但必须指出比特鲁吉的体系是站不住脚的。然而,在这关键时刻,他没敢迈出这一步:

> 　　更好的做法似乎是接受物理学家的观点,即使这样做无法解决某些因感官而非理性所导致的诡辩(*sophismata*)。他们(物理学家)说,最好是维持自然秩序以对抗感官,感官常常会误导我们,尤其是在远距离处;即使无法解决某个困难的诡辩,也不要建立一门违背自然的科学。②

---

①　Duhem (6) III 383-96.

②　Roger Bacon, *Communia Naturalium*. (3) *Fasc*. IV,443-4.

正如"诡辩"一词所显示的,培根将一些无法纳入亚里士多德物理学框架的经验结果与论辩和诡辩地使用逻辑所导致的众多著名悖论同等看待:正如爱利亚的芝诺并不能使我们动摇自己的直观信念,即阿基里斯终将追上乌龟,射出的箭毕竟在飞;所以,似乎表明天体与地球距离可变的观察也不能动摇我们这种基于亚里士多德的信念,即距离保持不变。

在这里,我们又一次看到了亚里士多德哲学对中世纪学者的巨大影响力。人们会说,这是一个常识。的确,这样说很正确,但只有当我们不只是重复这句话,而且也能将它不断与具体事例联系起来时,才能认识到它的影响;只有那时,我们才能真正理解阻碍近代科学兴起的心理障碍。这就是为什么罗吉尔·培根的说法在历史上非常重要的原因:这里说话的是一个骨子里充满叛逆,以藐视权威为荣的人;但到了紧要关头,他却没有做出完全正当的批判,因为他的整个思想都不自觉地受制于一种影响,该影响使他不可能做出这种批判。这里不涉及哪个现实的人的权威,使他觉得必须压制自己更好的洞见;他所自愿服从的是真理本身的权威。

这的确是一种悲剧的盲目。更为悲剧的是,犯下这种盲目的大哲学家本应是最先谴责它是一种完全错误的科学态度的人。

150. 在亚里士多德物理学与托勒密天文学的冲突中,与培根同一修会的凡尔登的贝尔纳(Bernard of Verdun)采取了与他完全不同的立场。① 在《论整个天文学》(*Tractatus super totam Astrologiam*)中,他再次列举所有观察事实,表明天体并不总是与

---

① 　Duhem (6) III 442-60.

我们有相同距离，并且由此毫不犹豫地得出结论说，必须拒绝同心球假说；他认为，这意味着必须接受托勒密的理论。如果说第一个结论是合理的，那么第二个结论就是没有道理的。假如贝尔纳听从了阿奎那明智的话，他也许会说，鉴于现有的科学情况，托勒密体系是唯一能够拯救现象的体系；但这样一来，自然就留下了一种可能性，即还有其他尚未提出的理论也可以同样好甚至更好地拯救现象。但他恰恰对这种保守态度予以坚决反对：如果托勒密理论的出发点是错误的，那么它将无法拯救现象，因为差之毫厘，谬以千里。

　　凡尔登的贝尔纳并非唯一坚定支持这一观点的人。西方文化最重要的科学中心巴黎大学的学者似乎一致认为，托勒密体系仍然作为唯一正确的体系被讲授，而比特鲁吉的体系则被看成错误的对立观点（*opiniones contrariae*），由于经院学者追求准确，所有被拒斥的观点都被保存下来，只是为了加以反驳而需要首先提到。

　　学者们普遍接受托勒密体系并不意味着看不到它的缺陷。一些人发现自己的测量结果与星表所给出的位置不一致，朗根施泰因的亨利（Henry of Langenstein，Henricus de Hassia）甚至列举了对托勒密学说的 24 条反对意见。其中最重要的是，根据《天文学大成》的理论，月球和行星视直径的波动范围必定比实际情况大得多。然而，即使他也只是小心翼翼地尝试提出一种不同的理论。[1]

---

[1]　Zinner（2）82.

三、地球运动学说

151. 在了解了中世纪天文学研究所引起的一些基本问题之后,我们没有必要深入讨论它在这一时期的历史发展了。和其他任何科学分支一样,天文学也没有走上全新的道路。然而,在天文学上也有一些显著的迹象表明,未来会产生某些根本性的变化,这再次见于巴黎的唯名论学派。

从某种意义上讲,这些迹象只有在事后才能考虑。例如,把冲力概念应用于天体运动就是如此,我们现在可能认为它预示了后来让天界现象服从地界的力学定律,但当时的人可能并没有把它看成全新的东西。

然而,14 世纪提出的另一种理论却无疑是全新的,敏感的同时代人必定已经感受到它指向了未来的可能性。这种理论通过以下假定来解释天的周日运动:不是天每天绕着天轴自东向西旋转,而是地球每天自西向东旋转一周。地球的这种旋转并非我们的直接经验,而是因为实际不动的星空看上去在旋转。在《论天和世界》(*Traite du Ciel et du Monde*)中,奥雷姆明确阐述了这种理论,用正面论证来支持它,并通过驳斥一些可能的反对意见而为之辩护。[①] 除了我们前面对他的叙述,这再次证明了这位思想家伟大的历史意义。

奥雷姆先是列举了通常的反证:假如地球自西向东旋转,我们应该会持续感到一股猛烈的东风;竖直上抛的石头将会落到起点

---

① Duhem (3).

的西面。但奥雷姆指出，空气和水都参与了这种旋转。虽然我们清楚地看到天在旋转，但这同样不是理由：当两艘在海上行驶的船只能看到对方时，是不能判定谁在运动的。因此，无论是观察还是逻辑推理，都不能反驳地球运动的假定。反对者也许会说，土元素的自然运动是直线运动，所以旋转只能是受迫运动，因此不能持久，除非有维持运动的力。对此奥雷姆回答说，虽然地球的各个部分离开自然位置时会因本性而直线运动，但整个地球恰恰会因其本性或形式而旋转，就像铁因其本性会朝磁体运动一样。他还注意到了当时已经很流行的说法，认为地球运动会违背《圣经》。在相关段落中，《圣经》显然按照通常的说法作了调整；而实际上，约书亚想让地球停下来而不是想让天停下来。这也是合理的：当上帝施行奇迹时，他喜欢尽可能少地打破自然的一般进程；因此，他会让小小的地球停下来，而不会让整套天球都停下来。

152. 我们也许会感到惊讶，像奥雷姆这样一个坚信运动概念相对性的人，竟然会明确支持地球在旋转，反对天在旋转，而不是得出结论说，不可能判定地球和天到底哪个在行动。但他为此提出了正面论证。其中最重要的论证是基于一种在任何时候都被认为无可辩驳的确定性，即自然要尽可能地简单、合目的和合理。现在，假定从中心的地球到恒星天球的宇宙万物都沿同一方向（自西向东）以逐渐减小的角速度（地球是每天旋转一周；恒星则是 3.6 万年旋转一周）在不动的天空中旋转，无疑要比假定地球静止，然后是以逐渐减小的角速度自西向东旋转的天球，最后是以大得多的角速度每天自东向西旋转一周的恒星天球，更为合理和简单。

地球旋转学说也更好地满足了我们对等级秩序的感受。对他者有所求的东西必须自己运动去得到它,所以地球必须运动,才能接收到光、热和天的影响。烤肉叉难道不是在火上旋转,而不是火绕着烤肉叉旋转吗? 同样合理的是,由最卑下的元素组成的地球在运动,而天静止不动,因为静止要比运动更高贵。

奥雷姆最后还语出惊人,说地球运动学说之所以非常重要,还因为它提供了论证,使我们能够反抗对宗教的攻击:事实上,它似乎和信仰条目一样违背自然理性;因此,如果它被证明是正确的,那么就不能因为表面上的不协调而反对信仰。

153. 两个世纪之后,哥白尼在其伟大著作《天球运行论》(*De Revolutionibus Orbium Caelestium*)的第一卷中,未经任何修改地重复了《论天和世界》中的这些不同寻常的说法。因此,地球运动的观念在 16、17 世纪将要面临的反对,这里已经原则上出现过了。事实上,就其源于物理学家而言,这种反对所针对的与其说是日心世界图景本身,即反对太阳位于中心,不如说是针对地球运动。但是当人们(他们甚至没有想到日心世界图景,但保持了地球的中心位置)开始把天的周日运动当作地球自转的反映时,地球不动的思想已经被放弃。

鉴于所有这些,我们似乎完全有理由把奥雷姆列为地球运动概念的坚定支持者。然而,我们必须始终警惕完全从理性的观点来判断经院哲学,而忽视它对信仰的巨大依赖。虽然奥雷姆以令人信服的方式为地球运动学说作辩护,但这并不能保证他在内心深处也相信其真理性。事实上,[①]他在讨论结束时再次得出结论

---

① Hooykaas (6) 121-5.

说,无论是从经验还是从理性,都不能导出反对地球运动假定的论证。虽然的确有理由认为天空静止,但他却以一个令人意想不到的"然而"作结:"然而,所有人都主张,而且我也相信,是天在运动而不是地球在运动:世界就坚定,不得动摇(《诗篇》[93:1];《拉丁文圣经》[92:1])。"①因此,最终做出裁决的仍然是《圣经》的证词。

我们对此应该怎样看呢?他是否是因为害怕冲撞教会而正式拒绝了一种自己极力辩护的意见,认为所提出的看法无疑会造成这种结果?的确有可能,但这种解释也许过于现代了。唯名论者的确非常重视理性,但只要它可能与启示发生冲突,最终失败的终究是理性。因此,奥雷姆在整部著作结束时宣称,②他是以极度谦卑的精神和对天主教信仰应有的尊重而做出所有断言的,我们完全没有理由怀疑这种说法的诚意。③

在14世纪的经院学者中,熟知地动观念可能性的绝非只有奥雷姆一位。在关于《论天》的评注中,布里丹从物理学、天文学和形而上学等各个方面对它进行了说明,④虽然他对这一观念的偏爱不像奥雷姆那样显著。在得出结论时,影响布里丹更多的似乎是亚里士多德的物理学,而不是地球自转假说所允许的简单世界图景的吸引力,因此,他最终仍然把地球看成固定不动的中心物体。他做出这种选择是完全可以理解的:在当时,认为地球在旋转是一个至关重要的决定,因为运动概念尚未充分相对化,使得说一个物

---

① Oresme Ⅱ 144b;Menut and Denomy Ⅱ 279.
② Oresme Ⅲ 203b;Menut and Denomy Ⅲ 231.
③ 以上两段是英译本补充的。——译者注
④ Bulliot.

体是静止还是运动,只是取决于参考点。这里牵涉的不是细节,而是与亚里士多德科学的基础紧密相关。任何做出这一决定并想保持一致的人,都不得不拒绝当时的整个自然哲学和宇宙论,而无法用任何东西来取代它。天文学家有条件享受这种奢侈,可以因为新理论的简单性而接受它,不考虑它对现有世界观的影响;而哲学家则必须从形而上学和实证科学两方面来考虑问题,不能指望他们能合理地这样做。

在讨论这一问题时,布里丹遵照经院传统提出了大量支持和反对地球旋转的论证,这造成的印象是,这个问题早已经常被讨论;当然,关于《论天》的评注为讨论它提供了自然契机,因为亚里士多德本人曾经讨论过它(*De Caelo* II,14)。于是,萨克森的阿尔伯特在解释这部著作时说,他的一位老师过去经常提到它,然后得出结论说:地球的不动性无法得到证明。阿尔伯特本人不同意这种观点:在他看来,假定地球旋转就不可能理解行星的合与冲,以及日食和月食。当然,他在这里是错误的,但其评论很有意思,因为它使我们可以追问:这位老师是否也谈到了地球可能绕太阳作周年运转;事实上,很难想象周日旋转会给解释相关现象造成困难,但可以设想,假设地球像行星一样绕太阳运转起初倒会令人迷惑不解。[①]

梅罗纳的弗朗西斯(Francis of Meyronnes)有一种说法甚至比萨克森的阿尔伯特还要早,可以追溯到 1322 年以前。[②] 他说,有一位博士过去常说,如果假定地球运动而天空静止,世界图景将会更加令人满意。

① Duhem (7).
② Duhem (7).

Ⅲ　经典科学的黎明

第一章 人文主义和文艺复兴哲学对科学的意义

第一节 人文主义

1. 在欧洲,古代与中世纪之间有一段思想的停滞期。在此期间,古代遗产被伊斯兰世界所保存。在这一间断期之后,突然出现了13世纪的第一次科学复兴。然而,中世纪科学与经典科学之间的时期却没有这样清晰的界限,它预示了即将到来的思想复兴,并为之作了准备。13、14世纪已经有某些迹象预示了15、16世纪的第二次文艺复兴。因此,很难精确定出本章所讨论的时期应当从什么时候算起。

之所以单独讨论这一时期,并不只是为了方便地划分主题。事实上,当15、16世纪越来越清晰地显示出科学思想复兴的迹象时,这并不能证明始于14世纪的发展是连续的。恰恰相反,在此后一段时间,从巴黎唯名论者那里获得的促进力量虽然没有完全消失,却也没有显示出任何引人注目的结果。更重要的是,除了由大学中的经院科学研究所代表的思想力量,新的影响也开始发挥作用,并最终使其黯然失色。

2. 传统上认为,这些影响中的第一个便是人文主义运动。这种思想运动期望通过直接研究古典时期而获得进步,而陷入衰退的僵化的经院哲学不可能带来这种进步。虽然这种新思潮在艺术和哲学领域特别重要,但在数学和自然科学领域,古代著作希腊文原本的重见天日必定有利于这些知识分支,就像研究古代文学带来了文学的繁荣,古代建筑实例有益于建筑一样。同样重要的是,占统治地位的人文主义哲学是柏拉图的哲学。虽然在经院哲学中变得过于强大的亚里士多德主义并没有因此而消亡——毕竟,人文主义也力图了解纯正的亚里士多德著作——但其影响力的确受到了限制。

然而,进一步思考就会看到,人文主义对科学发展的影响并不足以带来整个科学的复兴;人文主义甚至并不像对文艺复兴的传统描述有时所宣称的那样,在任何方面都有利。

之所以如此,也是因为在人文主义者看来,古典时期是人类历史上的一个值得尊崇的理想时期。他们认为,这一时期在思想领域具有权威性,就像亚里士多德在经院哲学中占统治地位一样。但对于科学事业来说,这种面朝过去的导向一般来说并不见得有利。科学并不想重构和模仿,而是要研究未知事物。那些在古代并非一直取得成功的知识分支尤其如此。希腊文献的重见天日自然会有益于数学和天文学,欧几里得、阿基米德、阿波罗尼奥斯、帕普斯、丢番图和托勒密的著作的确对思想产生了有益的影响;但对于物理学和化学,却不能指望有这样的结果;虽然力学和光学可能通过重新接触古代文献而受益,但希腊人的物理宇宙论、气象学和炼金术却不能使即将复兴的自然科学完全得到滋养。

此外，绝大多数人文主义者都不真正看重对自然的科学研究。这是因为，他们与那些遭到猛烈抨击和鄙视的经院学者有许多共同特质：社会等级的傲慢、片面的思想导向（对于他们是语文学，对于经院学者则是形而上学）、蔑视体力劳动、缺少数学教育。事实上，这距离他们的近代子孙开始在一定程度上拒绝这种态度并不需要很长时间。

3. 我们之所以倾向于把人文主义当成对科学发展完全有利的因素，这很容易通过它对经院哲学的敌视来说明。认为经院哲学对于自然科学研究毫无价值，这无疑是一种流传甚广的看法。持这种观点的人会不由自主地认为，一个鄙视和嘲笑经院学者想法的思想流派（尽管是出于美学或语文学［比如野蛮的经院拉丁语］的理由），必定可以用来支持受到经院哲学阻碍或干扰的任何其他流派。然而，我们必须提防一种幻觉，以为共同的敌人必定预设了和谐统一，从而指望像菲奇诺（Marsilio Ficino）和伊拉斯谟（Desiderius Erasmus）这样的人会促进自然科学的发展，只因为前者抨击帕多瓦（Padua）的经院学者，后者嘲笑巴黎的经院学者。

如果思考一下，人文主义哲学以柏拉图为导向是否真的会比经院哲学思想遵从亚里士多德更有助于研究自然，那么指望人文主义与科学之间会结成反对经院哲学的自然联盟，会更让人感到失望。对于将对自然科学的复兴将变得极为重要的经验要素来说，这种联盟必定不是事实。事实上，把感官经验看作根本知识来源的是经院学者的守护神（亚里士多德），而不是人文主义者的圣人（柏拉图）；而且，虽然在我们看来，经院学者并没有充分重现这种方法论理想，即对自然的实验研究，但我们不要忘了，这对人文主义者来说根本就不是理想。

认识到这一切,当然并不意味着无视人文主义对科学复兴的正面价值。迪昂等人认为它只是"一种对古人的迷信崇拜"(*un culte superstitieux des ancient*),[①]这是忘记了发现希腊数学和天文学的原始文献所带来的激励作用;他们忽视了像枢机主教贝萨里翁(Bessarion)这样的人物所产生的影响,还有普尔巴赫(Peurbach)和雷吉奥蒙塔努斯(Regiomontanus)等学者坚持的天文学与人文主义的紧密关联。关于柏拉图在这一时期的影响,如果只把柏拉图说成一个带有反经验倾向的物理学家,那也不是定论;因为他还是一个毕达哥拉斯主义的数学家,凭借着这种能力,他的确能够推进自然科学。毕竟,科学除了经验的一面,还有本质上数学的一面。

4. 在文艺复兴时期,从中世纪科学到经典科学的过渡得以完成。然而,即使我们仅仅关注它对这一过渡的意义(在本书中,我们必须从一般文化史、特别是哲学史的角度持续关注这个方面),除了大学中持续不断的经院科学研究以及人文主义者重新转向古代,文艺复兴时期也有其他许多方面。

主要是,它拥有一种哲学。虽然这种哲学与中世纪和古代哲学有许多关联,但它有诸多典型特征,鲜明地体现了人的精神面貌的转变,以至于可以把它看成哲学史上的一个独立时期。我们现在首先要追问,这种文艺复兴哲学能够在多大程度上促进经典科学的发展。

---

① Duhem (2) XIII (1908) 275.

在这方面引起我们注意的第一个人也是其最早的代表：那就是德国思想家库萨的尼古拉（Nicholas of Cusa），其拉丁化的名字"库萨努斯"（Cusanus）更为人所知。这个人在许多方面都很重要，我们这里只能就其著作对科学史有意义的部分进行讨论。

第二节　库萨的尼古拉[①]

5. 库萨首先是一位形而上学家。然而，他与数学和物理科学有双重关系。在他的形而上体系中，数学的概念和思想方式起了重要作用，同时又包含了对自然科学来说意义深远的结论。其意义是如此深远，以至于如果各门科学的研究者能在 15 世纪接受它们，并将其付诸应用，那么很可能会引发思想革命。虽然这终究没有发生，但我们并不因此而减少对其非凡思想的兴趣。

从他最有名的著作《论有学识的无知》（De docta ignorantia）的开篇，数学观念的影响便已体现出来。他在那里提出，任何关于未知事物的研究都在于注意到它与已知事物的相似和差异；他在数学比例的构造中发现了这两个特征，并以其论证所特有的倒转（reversal）方式总结说，一切认知都在于对比例的确定，因此不借助于数就不可能有认知。开篇的和弦即为这部著作的内容定了调：那是一种我们所熟知的柏拉图-毕达哥拉斯主义调子。

由上述关于认知的定义立即可以得到，由于无限与有限之间不成比例，所以无限是我们所不能认识的；在这方面，我们仍然是

---

① 　Cusanus,Hoffmann,E.,Rotta,Uebinger.

无知的。然而,这种无知可以用形容词"有学识的"(*docta*)来修饰,因为一个人对其无知认识得越深刻,就越可以被认为有智慧。

　　然而,这种认识绝不意味着不可知论。虽然无限不能为我们的理性所直接认识,但我们有一些间接的手段,就像从镜中去看它,或者象征性地研究它(*symbolice investigare*)一样。正是数学提供给了我们这些手段。虽然数学讨论的是有限的形体,但对其属性的沉思却可以开启一条通往无限的道路。

　　想象一个圆,它的半径无限增大,则圆的曲率将不断减小,变得越来越像一条直线。在人的理性思维看来,直线和圆、直和曲仍然是对立面,但更高的理智能力却可以使我们把无限长的直线看成半径无限大的圆。由于建立在不容置疑的数学基础之上,这种更高的理智能力必须被称为超理性的,而不是非理性的。存在于有限领域的对立现已消失;对立统一(*coincidentia oppositorum*)在无限领域中得到实现。因此,无限长的直线就是一个圆,但同时也是一个顶角已经拉成 180 度的三角形,这个三角形也是一个圆;同样,无限长的直线也是一个四边形、五边形等等。

　　这便是数学提供给我们的镜子和象征;正如在无限长的直线中,有限形体之间的对比已被消除,所以在上帝那里,知觉和观念世界中所有已知的对比均已消除。在这个"他者"(*alteritas*)的领域,没有任何事物不与其他事物联系在一起,没有任何概念不与其他概念的秩序联系在一起,没有任何数不与其他数的序列联系在一起。与此相对的是作为"非他者"(*Non Aliud*)的上帝,他是绝对的独一,可以同时是一切事物,因为他超越了我们的逻辑公理,即一个东西不可能同时是别的东西。只有在上帝的无限中,才会有宇宙的对立统一：这里人与狮子没有区别，天与地也没有区别。因为在他那里，不再有确定世界事物相互关系的比例问题。他之于世界，就如同绝对之于相对，一之于多。由于无限不能比较，所以没有什么东西比它更大，也没有什么东西比它更小。他既是绝对的最大，同时也是绝对的最小。这些概念也必须在超理性的意义上去理解。但在这里，数学又为我们提供了理解这一点的线索：无限长的直线是最大的直和最小的曲。或者更一般地说：最大就是最大的大，最小就是最大的小；如果我们忽略大和小，不考虑量，那么剩下来的就是"最"（*maximitas*）；在这个意义上，甚至对理性思考而言，最大和最小也在包含两者的极值概念中相统一。

6. 我们现在可以由这种数学，或如库萨与伪狄奥尼修斯（Pseudo-Dionysius）所说的圆周神学（circular theology）[1]，推出一些宇宙论性质的结论。它们都蕴含在一种简单的考虑中，即宇宙不包含绝对者。因此，宇宙既不可能有中心，也不可能有包围的边界。上帝既是其中心，又是其圆周，不过这是在超越的意义上来谈的。除了上帝（同样是在超越的意义上），任何东西都不能在其中处于静止。此外，其中也没有等级差别：任何东西与绝对者的距离都是无限远；各种事物可以通过不同方式分有绝对者，但其分有程度彼此之间无法比较，不成比例。

具体说来，认为地球静止于宇宙中心，宇宙本身也被一个无所不包的最外层天球所包围，各种元素都有其自然位置，它们之间存在着等级差别，特别是天地之间有根本区别，地球是宇宙中最卑

---

[1]　Cusanus (1) Ⅰ 21.

下、最可鄙的部分，这些都是不正确的。地球是一颗与所有其他星辰同样高贵的星辰，和它们一样在运动。我们绝不能被地球的黑暗所误导：如果我们可以从近处看太阳，那么同样可以看到太阳中心有一个黑暗的地核；而从外面看，我们的地球也将由于周围的火球而显得明亮。

绝对者只能在无限即上帝那里找到，这种观念的后果还不止这些。由它还可以推出，世界上没有绝对的同一，因此度量或构造是不可能完全精确的。后来，莱布尼茨把这一洞见表述为"不可区分即同一"（*axioma identitatis indiscernibilium*）；它在库萨那里的形式是：非同一者定可区分。任何看起来的同一都只是相似，而且可以无限相似下去。地球是球形的，星辰绕天轴划出圆，但地球并非完美的球体，圆也不是正圆，这些情况都不能达到最大的完美。精确者从来不是实在的实际组成部分。数学概念和数学关系的世界只能是经验世界的一种理想形象。

7. 当然，这也许会造成一种假象，即宇宙因为边界是某种绝对的东西而被赋予的无界性，恰恰使它获得了上帝所特有的那种绝对性。但我们必须做出区分：宇宙的无限是指像自然数一样没有终止。正如每一个数都可以被更大的数超过，宇宙中的每一段距离也都可以被更大的距离超过。由于这种不可度量性，数和距离无疑都与上帝类似；但由于它们的无限只是缺乏性的（privative）无限，即只是意味着没有终止，所以它们仍与上帝有本质不同。因为在上帝那里，无限是一种内在的完美，不能由度量或计数的无终止来规定，不在于更大或更多，而是从一开始就摆脱了所有度量。假如库萨知道现代数学术语，他也许会把宇宙称为无限的,而把上帝称为超限的。

8. 宇宙因其不可度量而被称为类似于上帝,这不仅仅是单纯的类比,因为上帝以其超越的一(oneness)而承载着宇宙的多(plurality)。上帝是宇宙的叠合(*complicatio*),而宇宙则是他的展开(*explicatio*)。数学再次表明了这一点:通过展开,由点产生了线,由线产生了面,由面产生了空间,由现在依次产生了日、月、年,由静止产生了运动。上帝展开成宇宙(不能理解成新柏拉图主义意义上的流溢,因为它并没有建立等级差别,绝对者不能被任何等级的存在所趋近),一如人的心灵展开成概念世界。这里也有叠合着的一分解为多,分解为十个范畴,分解为自然数序列,解体为概念的多。通过区分和比较,组合和划分,心灵以自身的方式进行着创造:它的一是思想世界的多的基础,就像上帝无限的一是宇宙的基础一样。尽管无知,但这个思想着的心灵却分有了上帝的无限。

无知也没有剥夺这个产生知识的思想者的价值和意义。的确,人的理性是有限的,因为它无法将对立面统一在一起,而理智作为形而上学器官却可以做到这一点:理性在理智看到统一性的地方做出区分;但就其特定职能而言,理性圆满而独立地完成了任务,而没有受制于更高的力量。理性所获得的洞见也许永远不会变成绝对真理,但这些洞见却可以开启一条道路,使我们能够理智直观到绝对的一。然而,在科学研究中必须注意三点:第一,必须力图摆脱感觉现象的影响,比如它会诱使我们认为地球是不动的;感知到的一切都只是一些需要得到解释的符号;其次,必须把定量标准应用于任何地方:对于一展开成多的过程来说,量的范畴是天然的思想工具;最后,必须始终认识到,宇宙是上帝的展开,上帝的创造活动在于他是万物(*Creare Dei est esse omnia*);我们的心灵就好像在思想中模拟着这种创造活动。

9. 中世纪的神秘主义在伪狄奥尼修斯的影响下发展,并且在埃克哈特(Eckhart)那里达到顶峰。在许多方面,库萨的形而上学体系都与它很相似,特别是只能通过否定特征来确定绝对者和神圣的东西,只能通过超越一切有限的大小和比例来接近。但另一方面,库萨的体系又不同于中世纪的神秘主义,因为在库萨这里,理智支配着情感要素:人的心灵与上帝的相似表现于理智直观(*visio intellectualis*),这并不是一种迷狂(ecstasy)状态的体验,而是源于一种理性思考能力的运作,这种思考能力超出了其自然界限。考虑一个趋近于极限的变量,比如内接于圆的正 n 边形的面积。随着 n 无限增大,这个面积将越来越接近于圆面积。但无论 n 有多大,它都不会等于这个值。我们只能通过取足够大的 n,使两个面积之间的差尽可能小。如果我们现在说,圆是有无限条边的多边形,那么我们似乎已经通过一次超理性的飞跃(*transcensus in infinitum*)而把无限带到了理智认知的领地。因此,尽管我们的理性有局限,但我们仍然可以获得对上帝的理智认知(不过,这种认知依然是无知)。库萨并没有在现代数学意义上使用"极限过渡"概念(在现代数学中,根本谈不上实际过渡到无限,而是只涉及不等),而是在半理性、半神秘的意义上使用它,这种意义上的概念一直到 18 世纪还在使用。即使是 19 世纪的数学也不乏这样一些概念,库萨必定会乐于把它们看成其理智直观的象征,甚至可能会建议把对它们的反思作为其神学的预备教育:根据他的类比,康托尔(Cantor)的超限数可以实现今天的极限概念不再能够实现的功能。

10. 如果我们还记得,库萨神学中的理性主义要素与神秘成分和谐地结合在一起(就像数学史教给我们的,理性主义与神秘主义离得并不远),记得他把量的范畴视为最好的思想工具,帮助我们尽可能地理解世界,那么当我们听说,这位伟大的形而上学家建议把称量(weighing)当作研究自然的正确方法,我们就不会感到奇怪。这出现在《论用秤实验》(*De staticis experimentis*)的文本中,它是《门外汉》(*Idiota*)这部著作的一部分。《门外汉》由四篇对话组成(两篇为《论智慧》[*De sapientia*],一篇为《论心灵》[*De mente*],另一篇为《论用秤实验》),讲一个门外汉没有经过专门训练,但正因为此,精神也没有受到臆想知识的扭曲。他与代表经院书本知识的一位雄辩家(后者对于听到新看法倒是来者不拒)讨论他关于绝对神圣的事物、人的心灵、定量实验研究的意义等想法。智慧的声音响彻街市;[①]我们可以在市场上分有它,那里可以看到数钱,称量货物,计量油等原料,因此人的理性在那里发挥着其最基本的功能:度量(measurement)。

这再次表明了前面提到的库萨思想的基本特征:在他看来,任何比较,任何对比例和关系的确定都是度量;他甚至会使用一些在严格意义上不可能谈及度量的词:他称上帝为宇宙的量度(measure),称无限长的直线为有限线段的量度,甚至坚持说(大阿尔伯特已经提到了这一词源)"心灵"(*mens*)一词与"度量"(*mensurare*)

相关联。

11. 于是,门外汉解释说,确定重量比例,将使我们能够就事物的隐秘性质做出可能的猜测[①](用今天的说法来说:通过度量,我们可以获得关于自然现象的合理假说)。理性没有更好的方法可以帮助思辨的理智在多中认识一,在相对中认识绝对,在有限中认识无限——简言之,在世界中认识上帝。

《论用秤实验》讨论了一门基于度量的基础物理科学的帮助和应用。所讨论的议题包括:比重的确定,浸没在液体中的物体所受的浮力,以及以此为基础的试金法。所有实验都是通过秤进行的,这并不妨碍其中还涉及许多时间测量:事实上,要想比较两个时间段,可以确定在此期间从大罐中流出的水的重量之比。于是,我们可以比较不同人在不同情况下的脉搏频率,作落体实验,比较不同的水深(把一个物体沉到水中,使之触底时释放另一物体,水深可以通过该物体浮到水面所需的总时间来判断),测量船的速度。还可以用这种方式作天文测量,确定一天中的时辰,甚至一年中的某一天。它还谈到了对磁力以及人或发射器所能产生的力的度量。从吸湿材料(如棉球)的重量增加可以推算出空气湿度。最后,它甚至可应用于数学。我们可以这样来确定 π 的近似值:拿两个容器,其中一个的横截面是直径为 d 的圆形,另一个的横截面是边长为 d 的正方形,分别灌入水,使水平面高度齐平,则只需测定水的重量之比就可以了。

大多数的实验都是纯粹虚构的,因此是用条件式描述的:通过

---

①　Cusanus (3) 120.

如此这般的方式,可以度量如此这般的事物,于是也就没有给出数值结果。此外,所建议的实验的技术难度被大大低估,其效果则被严重夸大(这是实验物理科学尚处幼年的表现)。库萨甚至希望通过在 3 月称量水和谷粒来预测庄稼的质量。

但所有这一切并不影响《论用秤实验》在历史上的重要性。首先,它是在整个中世纪一直持续的实验传统的一个例子,我们已经注意到这种传统的迹象;其次,这也是库萨的一个显著特征,表明他是一位非凡的思想家。

12. 以上概述当然只是略为勾勒了库萨在《论有学识的无知》等著作中建立的哲学体系的范围和深度;但它足以表明,倘若唤起这些想法的思想力量在科学研究者那里激起类似的精神,或许 15 世纪就会发生科学思想的变革。作为井然有序、等级分明的中世纪社会的象征,整个亚里士多德—托勒密宇宙体系将被一举摧毁:原先的体系非常稳固和清晰地介于静止的中心地球和同样静止的最外层天球之间,静止和运动被精确地指定和分配于其中,任何事物都知道自己的等级,知道哪个位置是其凭借本性所应有的位置;现在,取代这个体系的则是一个令人困惑的观念:一个无限的宇宙空间,没有任何一点是固定的,万物都在以自己的方式运动,根本谈不上等级秩序。虽然这一观念令人困惑,但它未必会引起后来帕斯卡面对无限空间的永恒沉默所感受到的那种战栗,[①]因为这个世界图景与一种无所不包的哲学—神学体系不可分割地联系在一起,它也满足了人的宗教需要。

---

①　Pascal,*Pensées* 206. (1) 428.

实际情况是另一副样子。在本章所讨论的过渡时期,库萨的思想影响并不大。当科学的复兴来临,他的许多基本观念被实现时,这是以一种完全不同于他所设想的方式发生的,他的著作没有用上。虽然他通常被称为哥白尼的先驱,但通过对哥白尼著作的讨论(IV:2—19)可以清楚地看到,除了都谈及了地球的运动(而且是以完全不同的方式),库萨的宇宙论观念与《天球运行论》提出的天文学体系没有任何相似之处。在布鲁诺那里,库萨找到了一位热情支持者,在某种意义上也是一位继承者,但无论是布鲁诺还是库萨本人,都没有对科学发展产生过值得一提的影响。那时,科学已经开始从思辨哲学中解放出来,沿着自己的道路前进。于是我们会问:哲学是否还是科学的驱动力。这个问题我们还会经常谈到,等我们收集到更多材料时再来谈它(IV:243)。

13. 在结束对库萨的讨论之前,我们再就他的一段注释说几句。这段话可能是他在写完《论有学识的无知》之后不久,在刚刚购得的一部天文学和占星学手稿的空白页上写的。[①] 在这段注释中,他针对天文学宇宙体系的结构提出了一些想法。由于他没有关于这一主题的专门著作(他似乎在去世前两年写过一部,但后来遗失了),这段话通常被认为概括了他的思想。

在这段话的一开始,库萨说,第八层天球没有固定的极点,但不断会有其他点来充当极点,所以星体会相对于极点移动。然后他说,第八层天球在一天之内围绕极点旋转两周,而地球在同一时间内围绕它们旋转一周。如果认为这两种旋转都是自东向西进

---

①   Klibansky,Appendix to Hoffmann,E. 41-45.

行,那么从地球看去,第八层天球会作与托勒密体系相同的周日运动。也就是说,库萨并没有像奥雷姆和哥白尼一样,用地球相对于不动的星空自西向东旋转来解释它。至于为何要让天与地同时旋转,当然是出于这样一种考虑,即宇宙万物都不能保持静止。在一天之内,太阳围绕同一根轴的旋转略小于两周。这里的想法似乎是,正如比特鲁吉所说(Ⅱ：145),太阳相对于恒星的周年运动不是因为自西向东的固有运动,而是因为滞后于天的自东向西旋转。然而,假如真是这样,那么太阳的周年运动就必须沿赤道进行。因此,库萨还假定了更多的运动:第八层天球和地球一天之内在赤道平面上围绕两极的旋转均略小于一周;距离其中一个极点大约23°的太阳被这种运动所携带,它每天会落后圆周的 1/365,因此每年会落后一天。正是由于这种滞后,才会有沿黄道的运动。

很难把这段注释与什么意义联系起来。假如天地同时以同一角速度绕相同的轴旋转,那么地球居民将什么也察觉不到;因此,假定在赤道上绕极点转动只是为了解释太阳沿黄道的运动,但说不出这一目标如何能够实现,因为黄道的极点不在赤道上。

关于这一注释已经有过许多讨论,也许是过多了。它的重要性或许被高估了,而且无论如何,由这个在他去世之前很久匆匆写下的、偶然保存下来的注释推论出他的天文学观念,这对库萨是不公平的。在破译这一便笺方面所投入的热情可能有些过度了。

也可以想象,库萨从未把他的观点整合成一个完整的体系。在这方面,《论追求智慧》(*De Venatione Sapientiae*)中有一个说法作了暗示。他说,地球位于宇宙中心附近(他没有说,一个无限的世界空间的中心是什么),既不向两边,也不向上下(即朝着某一个极点)偏移。① 于是,这里说的地球像其他星体一样运动,似乎只涉及围绕天轴的周日运动;任何地方都没有提到地球围绕太阳的周年运动。

第三节　文艺复兴哲学②

14. 关于文艺复兴哲学对经典科学产生的影响,现在有一种观念,简单固然是其优点,但也正因为此,它让人心生怀疑。根据这种看法,思想家对科学复兴所起的作用取决于他对亚里士多德的敌视程度。在意大利北部的大学,15、16 世纪的学者继续热情地研究和阐释亚里士多德的著作,因此那里被视为保守落后的据点;而那些标题预示着新道路的著作,比如帕特里齐(Patrizzi)的《万物的新哲学》(*Nova de Universis Philosophia*)和泰莱西奥(Telesio)的《论依照自身原理的事物本性》(*De Rerum Natura iuxta propria principia*),或者其中对信任一般权威(特别是亚里士多德)提出抗议的著作,则很容易被认为沿着正确的新道路前进。

然而,进一步思考就会发现,情况似乎并没有那么简单。首先,绝不能忘记,15、16 世纪在帕多瓦大学和意大利北部其他大学所讲授的亚里士多德主义,不同于自 13 世纪初在巴黎培育出来的经院亚里士多德主义。在巴黎,由于受到托马斯·阿奎那的强大

---

① Cusanus, *De Venatione Sapientiae*, *c*. 28. Uebinger CVII 78.
② Kristeller-Randall, Randall (2), Maier (3).

影响,亚里士多德主义与基督教教义的关联一直很突出,在艺学院
(Faculty of the Arts),阅读亚里士多德的著作曾被当作神学研究
的准备。这往往使所有阿威罗伊主义思想倾向有些可疑:世界永
恒和运动永恒的学说与创世教义相抵触,理智统一性与相信人的
不朽相冲突;虽然在涉及阐释亚里士多德的问题上,阿威罗伊仍被
视为伟大的权威,但这并不意味着他从教义的观点看是安全的。

　　而在帕多瓦,阿威罗伊主义占统治地位,它所碰到的任何反对
意见与其说是来自托马斯主义者,不如说是来自亚历山大主义者
(Alexandrists),他们是希腊亚里士多德评注家——阿弗洛狄西亚
的亚历山大的追随者。在他们看来,亚历山大的解释才是真正的
亚里士多德,而不是阿威罗伊的新柏拉图主义解释,或者阿奎那基
督教化的解释。当然,这两个学派可能会与基督教神学发生冲突,
但他们通过持双重真理论(从托马斯主义的观点看应受谴责)来维
护自己的主张。在肯定任何似乎与教义相抵触的结论时,他们都
会保证自己只是作为哲学家才这样做,作为基督徒,他们当然会无
条件地接受教会要求他们相信的结论。

　　此外,帕多瓦大学最重要的学院并不像巴黎大学那样是神学
院,而是医学院,所以艺学院的预备教育在这里也有另一种更为自
然主义的特征。人们把重点放在亚里士多德的科学著作,借助于
阿拉伯人的评注结合医学问题对其进行研究。于是在帕多瓦大
学,亚里士多德研究仿佛被世俗化了,而且由于人文主义者的活
动,这里可以找到比以往任何时候更为纯正的文献。

　　最后,如果我们考虑前面多次提过的那个说法,即在希腊科学
中,亚里士多德倡导独立的经验研究和收集经验材料,在他看来,

整个自然现象世界所拥有的实在性比他的老师柏拉图所认为的更高,那么我们显然不应事先排除意大利大学为经典科学的产生做出自己贡献的可能性。

15. 大约 20 年前,克里斯泰勒(P. O. Kristeller)和兰德尔(J. H. Randall Jr.)在一篇论文中提出,这不仅仅是一种可能性,阿威罗伊主义和亚历山大主义的确为思想的复兴做出了积极贡献。他们承认,我们对引发 15、16 世纪哲学思潮的思想家仍然不够了解,不足以详尽描述,但他们依然相信,可以认为存在着一个有组织的、累积增长的观念世界,其顶点是意大利为科学复兴做出的最大贡献——帕多瓦教授伽利略的工作,而不是像通常所认为的,是对科学复兴的否认和拒斥。

16. 帕多瓦学派讨论了许多重要的科学问题,其中一个具体例子是,帕尔马的布拉修斯(Blasius of Parma)与蒂内的加埃塔诺(Gaetano of Thiene)在 15 世纪进行的由斯万斯海德的“计算”(II:124)所引发的争论,即实体的原初偶性是量还是质;翻译成现代术语就是,自然科学更多是用量的关系来描述现象的发生,还是借助于质、形式和力对其进行解释。这种意见分歧一直持续到 16 世纪末,然后又在伽利略与克雷莫尼尼(Cremonini)之间展开。

第二个长时间讨论的主题涉及科学研究的两种方法,扎巴瑞拉(Zabarella)的著作最终对这一讨论作了清晰总结。这两种方法在伽利略那里被称为分解法(*metodo risolutivo*)与合成法(*metodo compositivo*),分解法是猜测性地追溯现象的原因,合成法则是证明由这些原因可以实际产生该现象。这种区分的确切含义不妨通过一些经典科学的例子来说明:我们观察到,密闭空间中的气体会产生压力,我们问,为何会有这种压力。分解(*resolutio*)将会列出各种可能性:气体的粒子作用于彼此的推斥力,运动粒子对墙的冲击等等。而在合成(*compositio*)中,则必须由这样一个假定导出压力的事实及其所遵从的定律。另一个例子是:通过分解,我们推测各种流体静力学现象(连通器原理、流体静力学佯谬、阿基米德原理)可能都源于一条基本原理,即流体所受的压力沿各个方向均匀传播;而在合成中则恰恰相反,所有这些现象都必须由这条基本原理导出。

17. 扎巴瑞拉就此指出,分解法的运用可以有不同的精确度:我们可能会诉诸非常一般的、离得很远的解释原则,比如原初质料或第一推动者(或者当今的一个例子:"这是电的作用"),还可能诉诸我们经验中熟知的更近的原因,即使其最终本性仍然不明(例如,电流计偏转是由于电流流过了悬挂在磁铁两极之间的线圈)。此外,必须假定所研究的领域有一种可理解的结构,由它可以产生所知觉到的现象。如果这一假定得到满足,就没有必要研究所有个例。在观察了一定数量的现象之后,我们确信这种关联的必然性,便会做出一般表述,相信它也适用于未经观察的事例。

在这之前,阿威罗伊主义者阿戈斯蒂诺·尼福(Agostino Nifo)曾经在他关于亚里士多德《物理学》的评注中强调,我们永远也不能完全确定,我们所认为的现象原因是否真是它的原因,即使已经通过合成法由这种原因成功地推出这一现象。通过感知,我们可以确定地知道这种现象存在,但认为它是以如此这般的方式引起的,却仍然只是一种猜想。

关于分解法和合成法的思辨还包含一个对科学思想至关重要

的区分,那就是亚里士多德逻辑中所谓的"由果及因的证明"
(*demonstratio quia*)和"由因及果的证明"(*demonstratio propter quid*)(这里的 *quia* 对应于希腊语 *το ὅτι*,即"某某事实";而 *propter quid* 则对应于 *το διότι*,即"由于某某事实")。前者是由果溯因(比如气压升高是由于气压计指数已经上升,即我们知道气压升高是由于水银已经升到更高位置);后者则是由因及果(比如气压计指数上升是由于气压增加)。

18. 帕多瓦学派自 14 世纪初做的所有这些逻辑和方法论思考(可以认为始于彼得罗·达巴诺[Pietro d'Abano]的《调停者》[*Conciliator*],经过弗利的雅各布[Jacopo of Forlì]、锡耶纳的胡戈[Hugo of Siena]、威尼斯人保罗[Paulus Venetus]、阿戈斯蒂诺·尼福、阿基利尼[Achillini]和齐玛拉[Zimara],到扎巴瑞拉的《论逻辑的本性》[*De Natura Logicae*]和《论方法》[*De Methodis*]),构成了自然研究的一套完整的经验—归纳法[1]理论,它令人欣慰地补充和澄清了亚里士多德在《后分析篇》中关于证明性科学(demonstrative science)结构的教导。亚里士多德的论述给人造成了这样一种印象:通过分解(*compositio*)追溯到的解释原则(在演绎合成[*compositio*]中被用做公理)虽然是由感官经验获得的,但此后,它们可以而且必须被看成自明的(Ⅰ∶49)。帕多瓦人并不承认这一点,于是他们比亚里士多德本人更加清晰地揭示出自然科学与数学之间根本的方法论对立。

因此,在他们的论述中,即将被经典科学自觉用来解释自然现

---

① 这里英译本误为"假说-演绎法"。——译者注

象的方法（无论何时何地，人们在解释观察到的现象时，都会自然运用这种方法，而没有给出说明）实际上已经得到极为清晰的表述。这样一来，最终撑起科学大厦的两大支柱之一已经完成；但要竖起另一根支柱，即数学的处理方法，帕多瓦学派的贡献似乎只是帮助保存了对牛津"计算"和奥雷姆图形表示的记忆。无论如何，扎巴瑞拉对科学方法的最终表述缺乏这样一点，即通过分解追溯到的解释原则必须能够用数学表达；在这方面，他的例子主要来自亚里士多德的生物学著作，这很能反映其特征。

此外，提出科学研究的方法论原则是一回事，将这些原则正确地付诸实践则是另一回事。亚里士多德的物理学仍然统治着科学思想，其仓促的分析导出了不当的基础。改善其基础，同时维持其方法，是必须完成的艰巨任务。然而，帕多瓦学派在这方面并没有贡献；和所有科学领域一样，物理学也在等待天才来彻底改造它。

19. 于是，一方面，16世纪的亚里士多德主义者对于酝酿经典科学并非毫无贡献，但另一方面，那些对传统方法持批判态度的哲学家的工作并非完全有利于这种准备。在两个方面当然是如此：他们对当时亚里士多德科学活动的批判在大多数情况下非常合理，即使我们事后可以看出，亚里士多德物理学所基于的方法论原理中有一个真理的内核，这些批判也不失其存在的合理性；其次，对亚里士多德的反对同时也意味着，柏拉图—毕达哥拉斯主义要素贯彻于思想中，这不可避免会加强科学所需的数学基础。

但是，亚里士多德主义对那些自觉敌视它的人的影响是如此巨大，以致他们试图实现的更新仍然处于他们想要摆脱的领域；而柏拉图—毕达哥拉斯主义所固有的数学思想方式则不可避免会带来一个弊端，即数秘主义对思想的控制会超出一种基础稳固的自然科学所要求的程度。

20. 前者的一个例子可见于泰莱西奥的著作，由于在新原理的基础上建立了自己的自然哲学体系，他有时会被列为新科学的奠基人。但这些新原理是：热是天界的基本性质，冷是地界的基本性质，它们相互冲突产生了物质；而自然现象则是由于热造成了物质的膨胀和稀疏，冷造成了物质的收缩和凝聚。

然而，与假定了两对而非一对相反性质的亚里士多德学说相比，很难说这种显然受到了巴门尼德教诲诗第二部分启发的理论提供了更好的科学前景。在文艺复兴哲学家中，我们经常可以注意到越过亚里士多德回到前苏格拉底观念的倾向；但并非所有这些观念都像当时仍然遭人遗忘的原子论那样有很大的发展可能性。泰莱西奥进一步在斯多亚派一元论的意义上建构了他的体系，从而构成了泛神论发展链条中的一环；[①]但这对于哲学史比对科学史更有意义。

至于第二点，数秘主义和与之相关的魔法和占星学，还有那些论述大宇宙（宇宙）与小宇宙（人）之间平行关系的理论，在文艺复兴时期的思想中总是占据着突出位置。诚然，正如开普勒的例子（IV：25—29）所要表明的，这并不一定会危及科学，甚至在某些特殊情况下，比如当它所引发的灵感被强大的思想规范所约束时，还会有利于科学。但这种结合并未出现在任何一位16世纪的哲学家那里；当缺乏这种结合时，一种趋向神秘主义和神秘学（occultism）

---

① Dilthey 289.

的精神态度固然可能会令人满足,但却不会有利于科学的繁荣。

21. 关于数秘主义与占星学之间密切关系的上述评论似乎与下列事实相矛盾:有一位最典型的文艺复兴哲学家既热衷于魔法和玄说,同时也强烈地反对占星学。他就是乔万尼·皮科·德拉·米兰多拉(Giovanni Pico della Mirandola),他把原本打算在巴黎捍卫的 900 条论题中的 71 条称为隐秘玄奥的结论;在其他方面,他也持有那些对占星学一直有促进作用的思想态度,但在其《反占星学论辩》(*Disputationes contra Astrologos*)中,他却对占星学发起了前所未有的猛烈攻击。

皮科对占星学的批判也部分适用于亚里士多德的物理学,因为他不认为仅被理想数学概念规定的东西会产生任何具体的物理影响;而这的确是占星学所假定的,它把对地界事件的影响归之于行星在黄道某一宫的驻留,或者从地球到两个行星的视线所成的角度;但亚里士多德在他关于元素自然位置的理论中本质上就是这样做的。

皮科甚至不能赞同那种通常被匆忙接受的妥协意见,即天象只是预示了(*significare*)地界事件,而不是其成因。"天不可能是某种不以它为原因的东西的标记。"(*Coelum non potent eius rei signum esse cuius causa non esti*)[①]

或许我们只能像卡西尔(Cassirer)那样,用对人的尊严的感受来解释皮科的暧昧态度,这种感受可见于所有文艺复兴思想家,但

[①] Pico della Mirandola, *Disputatio contra Astrologos*, Ⅳ, *c*. 12. Cassirer (2) 121-6.

在他那里特别显著；皮科认为，生活仅仅取决于自己的力量，因此个人要承担全部责任，他无法忍受自己的生活竟然取决于任何更高的力量。"命运是灵魂的女儿"（*Sors animae filial*）；[1]决定人生轨迹的不是宇宙的力量，而是人自身的能力。

22. 比起皮科这样热衷于臆想的人对占星学持绝对拒斥的态度，像彼得罗·彭波纳齐（Pietro Pomponazzi）这样的理性主义批判思想家竟会从根本上接受占星学，这着实令人惊奇。[2] 虽然彭波纳齐对实际应用占星学基本原理持保留态度，但他认为这些原理本身是毫无疑问的。他确信自然中存在着一种不能为神力或魔力所中断的普遍因果性，它由天体所决定。如果天体不发挥这种影响，则它们在世界中的功能就完全不能理解。通过把这种信念扩展到精神生活，皮科得出了占星学对一般历史特别是宗教史的看法。

23. 上述内容只是关注了文艺复兴时期的意大利哲学家。但在意大利之外，还有类似的思想流派。在反对亚里士多德主义的统治方面，法国数学家和哲学家彼得·拉穆斯（Petrus Ramus）的举动远远超出了在意大利所做的一切。1536 年，他用简练的语言总结了对亚里士多德的看法：亚里士多德所说的一切都纯属捏造。[3] 由于拉穆斯所宣扬且部分实现的科学复兴主要属于逻辑和辩证法领域，所以我们这里关注的更多是他的工作的一般倾向，而

---

① Pico della Mirandola, *Disputatio contra Astrologos*, Ⅳ, c. 4.

② Cassirer (2) 108 ff.

③ Petrus Ramus. *Omnia quae ab Aristotele dicta essent, commentitia esse.* Cantor Ⅱ 546. Graves 26.

非思想细节。不过,有两个事实值得一提:首先,他在猛烈抨击传统经院科学,力图进行教育改革时,还把希腊数学包括了进来,以言过其实、不尽公平的方式批评欧几里得;拉穆斯把严重的方法论错误归罪于欧几里得,甚至认为他的一部分工作,尤其是《几何原本》第十卷对无理量的精确处理毫无价值;较之几何推理,拉穆斯更看重市场上商家的日常计算。他认为几何推理过分严格了,他把希望更多地放在当时取得长足发展的代数上,而不是坚持希腊数学原则。① 其次,他主张对没有假说的天文学进行研究,②他这样说无疑是指,不应再为了拯救现象而构造运动学世界图景。虽然他在各个方面都与古代科学相对立,但他并没有成功地用更好的东西来取代它。

24. 西班牙人卢多维科·比韦斯(Ludovico Vives)同样尖锐地批评了亚里士多德科学;③但是同样,当他要求赋予独立观察以更高地位时,他所攻击的与其说是原始的亚里士多德,不如说是已经腐朽的经院哲学对亚里士多德的看法。他呼吁摒弃轻视手工劳动的传统态度,主张研究手艺和技术,这种论调让我们想起了库萨,这尤其在英格兰(比韦斯在那里生活了很长时间)得到了反响。人们不应羞于走进商铺和作坊,请实践者传授经验;比韦斯期望,通过系统地收集一切可能得到的经验材料,将使科学最大限度地获益。

---

① Petrus Ramus,*Prooemium mathematicum* (1567),reprinted as the first three books of *Scholae mathematicae* (Basle 1569). Quoted and contested by Kepler,*Harmonice Mundi* Ⅰ(2) Ⅵ 16.

② Petrus Ramus,*Scholae mathematicae* Ⅱ 50,contested by Kepler,*Astronomia Nova*,reverse of title-page. Kepler (2) Ⅲ.(3).

③ Dilthey 426. Houghton (1) 33.

第二章 技术作为自然科学的一个来源

25. 在 16 世纪,似乎并没有多少经院学者、人文主义者和哲学家认真关注比韦斯的建议。不过,他要求注重工匠和其他技师在平日与物质打交道和使用工具时获得的关于自然及其规律的实践经验,这仍然是正确的。然而,即使没有正式关注,这些经验也已经得到充分的重视。我们完全有理由猜想,在古典科学的准备阶段,技术是一种与理论思考同样重要和有影响的力量,它与社会制度的重大变化相互作用而迅速发展。

我们也许会问,在这种相互作用中,最终决定科学发展的是否从来不是社会状况的变化,对科学发展的说明是否与其说是一个社会学问题,不如说是科学史内部的问题。对此我们或可回答说,即便如此,研究由技术发展所构成的次要原因也将永远保持其正当性和价值,与此同时,我们还会饶有兴致地期待社会学能够对首要原因有所揭示。不过,迄今为止在这一领域所取得的成果并不使我们感到非常乐观。

26. 于是,伯克瑙(F. Borkenau)①试图把机械论科学——我们姑且采用这一术语,虽然他用这一术语所要表达的确切含义还

---

① Borkenau.

未确定——的兴起解释为中世纪的手工业体系被所谓的产品制造（manufacture）体系所取代的结果。根据这种生产方式，若干工人被集中在一起，在共同控制下协同工作。这种把工作划分成若干无须培训就能完成的、被认为彼此等价的简单操作，据说导致了抽象的同质社会劳动概念。通过这种抽象的劳动单元进行计算，据说促使人把同一思想框架运用于自然。根据西美尔（Simmel）的说法，是早期资本主义新兴的货币经济唤起了对宇宙作一种精确数学解释的理想。[①]

　　但在我们看来，这种建构未必能使科学史丰富起来。即使伯克瑙关于产品制造的观点对于经济史是正确的（这是有争议的[②]），只要还没有显示出这一因果关系如何可以觉察到，并且用实例表明，科学思路的确受到了那些经济因素的激励，那么就必须把产品制造与科学发展的关联视为毫无根据。然而，这项任务似乎还没有开始。此外，试图通过早期文艺复兴资本主义的社会影响来解释数理科学的发展，总会陷入这样一种错误，就好像以前从未有过对宇宙作数学解释的尝试。与中世纪的封建制度相比，成长中的资本主义社会制度是某种全新的东西，但数理科学自古以来就存在着，即使在某些方面，它已经由于经院哲学的不同倾向而退居次要地位，但它所代表的认知理想在天文学中一直未被削弱，它相对于社会状况的独立性是很明显的。倘若把货币经济与意大利人的崛起、复式簿记或商业算术的发展联系起来，这似乎还有些

[①]　Simmel 473-474.

[②]　Grossmann.

道理;但如果假定自然科学也是由它激发起来的,目前看来理由还不够充分。

社会学家阿尔弗雷德·冯·马丁(Alfred von Martin)的论证与伯克瑠和西美尔一样没有说服力;他们都没有证明,意大利文艺复兴时期的经济状况对近代科学的发展有什么重大影响。[①] 冯·马丁认为,社会结构的变迁,作为主导社会力量的贵族和教士阶层为金钱和知识分子所取代,导致了自然法概念的独裁统治和理性力学的兴起。他谈到了中产阶级从贵族和教士的统治中解放出来在科学领域的反映,说商业完全为了满足需求而取代了中世纪的生产原则,可以说是为了商业而商业,它在科学中的对应乃是这样一种探索,其目的不再是满足具体的知识渴求,而是为了追求知识而追求知识。

冯·马丁的思考虽然很精彩,并且似乎说服了不少读者,但它们有一个根本缺陷,那就是没有得到科学史事实的支持;引证这些事实似乎也不可能。[②][③]

因此,接下来我们将完全不去考虑近代科学发展可能有的社会学背景——即使是齐尔塞尔(E. Zilsel)[④]等学者的那些基础更加牢靠的思考——而是只关注技术发展对于科学发展的意义,不论技术发展本身是如何产生的。

27. 在15、16世纪,各个国家出现了一批实践家,即使这些人

---

① Von Martin.

② 关于冯·马丁思想的更为详细的探讨,见 Dijksterhuis (7)。

③ 以上两段是英译本加的。——译者注

④ Zilsel (1) (2).

并未亲自研究科学问题，但其工作的性质却激发了其他人对这些问题的兴趣。这批人首先是艺术家-工程师、画家、雕塑家和建筑师，同时也建造运河和船闸，设计和建造防御工事，发明新的工具。意大利可以举出布鲁内莱斯基（Brunelleschi）、吉贝尔蒂（Ghiberti）、莱昂·巴蒂斯塔·阿尔贝蒂（Leon Battista Alberti）、莱奥纳多·达·芬奇（Leonardo da Vinci）和本韦努托·切利尼（Benvenuto Cellini）等人，德国则有阿尔布莱希特·丢勒（Albrecht Dürer）。其次是仪器制造者，他们为航海者、天文学家和音乐家提供所需的仪器和乐器。接下来还有钟表匠、制图员和军事技术员。对于所谓的文艺复兴现象，他们的工作与人文主义学者和有教养的艺术家的工作同样重要和不可或缺。事实上，根据布克哈特（Burckhardt）的说法，这里涉及的是"世界和人的发现"（Entdeckung der Welt and des Menschen）；这种限定的前一部分暗示着探险航行、天文学研究的复兴、进一步深入有生命自然和无生命物质的奇迹等等。为此，仪器的帮助是必不可少的，所有那些制造出航海和天文学仪器，绘制出地图，以及后来发明望远镜和显微镜的人，都为此做出了贡献。

当然，这些人所展示出的许多专业知识和技能仍然是纯粹经验性的，但不断与难以驾驭的物质打交道，不能不激起因果解释的愿望，努力设计出更为理性的工作方式。由此可以理解，实现这一复兴的第一个科学分支便是力学（暂时仍是一门与工具机械有关的科学）。在这里，经验知识无须特意寻求，而是从技术行业中自然产生，缺少的只是理论思考，而它已经为此做好了准备，因为没有哪个物理分支比力学更需要数学处理，并把自己如此自然地交给数学。因此,经典物理学的基本要素,即数学处理和经验基础,在这里同时自发地产生出来。

　　除了力学,促使人们认识到数学不可或缺的因素必定还包括在技术上要求严格的民用和军事建筑,它在意大利(数学的发展正是起源于该国,并且发挥了最大影响)极大地耗费了 15、16 世纪艺术家的精力。数学的这种功能在很大程度上表现为测量距离和角度,计算长度、面积和体积。把数学运用于艺术作品所带来的成果甚至更多。它使得透视从一种基于直觉或模仿的手工技巧提升为一种基于理性思考的艺术。同时,它还为比例、对称及和谐概念提供了科学基础,正是在这个时候,这些概念开始在绘画、雕塑和建筑中占据重要地位。

　　28. 于是,我们发现在 15 世纪的意大利,人们越来越意识到数学能够充当一切技术和艺术活动的基础或重要帮助;这种意识在 16 世纪得到持续,并且在两个世纪产生了重要著作。它发端于 15 世纪初的布鲁内莱斯基,体现在阿尔贝蒂的《论绘画》(*De Pictura*)和《论建筑》(*De arte aedificatoria*),皮耶罗·德拉·弗朗切斯卡(Piero della Francesca)的《绘画透视法》(*De Prospectiva pingendi*),弗朗切斯科·迪乔治·马尔蒂尼(Francesco di Giorgi Martini)的《论建筑》(*Trattato dell' Architectura*),卢卡·帕乔利(Luca Pacioli)的《数学大全》(*Summa de arithmetica, geometria, proportioni et proportionalita*)和《神圣比例》(*Divina Proportione*)中,还可以加上几位不太出名的作者写的一些实践几何学著作。

　　《神圣比例》讨论的是黄金分割(*sectio divina* [神圣分割],后

来也被称为 *sectio aurea*），以及部分以此为基础的正多面体的构造。它也体现了人文主义者与技师（*artefici*，这个词既指艺术家，也指工匠，从而说明了前者的社会地位）活动之间的某种合流。总体上说，这两个社会阶层截然不同。除了阿尔贝蒂，所有 15 世纪的艺术家都来自平民；他们很早就拜师学艺，在艺术和技术方面惊人地多才多艺，但他们仍然是"粗人"（*senza lettere*），缺乏古典教育。而在真正的人文主义者看来，这是思想文化唯一的真正标志。但是现在，他们走到了一起，都热衷于古代的比例与和谐理论。菲奇诺和他那个直接源自《蒂迈欧篇》的佛罗伦萨学院①从算术出发，经由数秘主义和音乐理论达到它；在他们看来，和谐是心灵的眼睛看到的或谛听的耳朵听到的美妙比例。而艺术家则通过几何学来接近它；他们与帕乔利都认为眼睛是比耳朵更高贵的器官，寻求正确比例的美，寻求肉眼可以看到的"匀称"（*concinnitas*）。

两种潮流的一致显示了柏拉图主义以其毕达哥拉斯倾向和欧多克斯倾向发挥着越来越大的影响。这最明显地表现于人们对柏拉图立体即五种正多面体重新产生的兴趣。人文主义者再次潜心研究它们作为原子形式对于物质结构的意义；艺术家则把它们用做装饰，他们是通过重印于帕乔利《神圣比例》中的弗朗切斯卡的一篇文章而了解这些正多面体的。

29. 在对这一时期不同科学分支的命运作更详细讨论之前，我们还想指出，这些艺术家和技师的著作都有一种普遍倾向，试图

---

① 佛罗伦萨学院由菲奇诺创建，主要讨论医学和宇宙论，主要任务就是翻译、研究和重新解释柏拉图主义和新柏拉图主义的著作。——译者注

用本国语取代经院学者和人文主义者一直当作科学语言使用的、地位无可撼动的拉丁语。[①]　其动机是显而易见的:作者本人一般并没有为某种科学职业受过传统的预备训练,即使他们精通拉丁语(比如阿尔贝蒂),也必须要面对那些通常并不懂拉丁语的读者。此外,随着技术的不断发展,许多新的概念涌现出来,作者们更愿意用与科学研究同步发展的、活着的民族语言来表达它们,而不是用拉丁语来强行表达这样一些思想,它们在古代和中世纪或者不存在,或者不是科学讨论的对象。

然而,在 15、16 世纪,这种运动获得的基础要比产生它的实践需要更为广泛和深入。在为数众多的富裕的市民阶级中,有一个问题被越来越迫切地提出:那些有学识的人,不论是经院哲学家还是人文主义者,有什么权力不与那些不懂拉丁语的人分享他们的财富。随着人们愈加怀疑,正规科学是否与现实生活有足够多的接触,是否为社会提供了足够多的服务,是否通过在现实生活中汲取的经验而大大获益,这个问题显得更加突出。因此,反对拉丁语充当学术界的唯一语言便与反对这些学者的孤芳自赏相一致。

在 15、16 世纪,这种斗争以多种方式进行。那些认为只能用拉丁语进行表达的学者,那些只能通过肆意窜改它而做到这一点的人,是意大利讽刺喜剧中的常见角色,比如帕多瓦的人民诗人鲁尚特(Ruzzante)的剧本中,它们后来让伽利略忍俊不禁。在斯佩罗尼(Sperone Speroni)的著作中,这个问题成了一个需要进行严肃科学讨论的问题。在《关于语言的对话》(*Dialogo della Lingua*,

---

① Olschki (1).

1547)中,他指出迫切需要用本国语来撰写科学著作,这不仅是考虑到许多没有学过拉丁语的人的需要和权利,使他们不致因此而无法接触到科学,而且也是因为,如果习惯于用一门通过不自然的方式来掌握的昔日文化的语言来表达思想,就会危及思想的独立性和无偏见性——更何况,根据斯佩罗尼的说法,那种文化相对于当今文化的优越性是值得怀疑的。

30. 通过用本国语撰写科学著作,当然能够最有效地打击拉丁语。然而在这里,不仅废除拉丁语作为学者的共同语言有诸多不利,使用本国语也会带来明显困难。科学的国际性受到了损害,将其表达方式民族化并不是每个人都能做的。本国语缺乏逻辑论证、哲学反思和数学推理所必需的技术术语和特殊短语。重新锻造所有这些术语需要一种很少有人拥有的语言天赋。于是没过多久,他们又必须再次用拉丁语或希腊语来表达它们,结果是,他们常常以最野蛮的方式将古典术语点缀于本国语之中,然后再对其作语法处理,仿佛他们仍然在书写拉丁语或希腊语一样。

直到今天,我们仍然无法完全避免把古代语言用做科学表达的媒介,我们需要直接从这些语言大量借用技术术语,或者用其中出现的语词人为地构造术语,这种做法在数学、物理学和医学中最为常见。但这种习惯只会受到人们的欢迎。事实上,它在很大程度上弥补了科学语言得到国际理解所带来的损失,这种损失又由于精心使用被普遍认可的数学符号而得到进一步补偿。不过在16世纪,这样一种符号还几乎没有被谈到。当然数字是有的,但即使是相等和最基本的算术运算,也仍然缺少符号,数学推理完全用语词来进行。

31. 在这种情况下,毫不奇怪,决定本国语是否适合作为科学交流的语言,颇费了一番气力。直到 18 世纪末,严格的科学论著一般仍用拉丁语写成。让所有阶层的人都能阅读科学著作,以便激发他们对科学的兴趣,动员一切可能有助于科学发展的力量,这种完全正当的努力——17 世纪末,荷兰的斯台文(Stevin)便主张积极推进这种努力(Ⅳ:62)——起初只获得了很小的成功。当然,在每一个国家,很快就有了用本国语写成的完全实用的书,即算术书和完全面向特定技师阶层的著作;但对于更具科学性的著作,这仍然是一个例外。我们这里无须进入细节,只要提到几个名字就够了。首先是 14 世纪的一个先驱,又是那位杰出的奥雷姆,他应法国国王查理五世之邀,将亚里士多德的一些著作译成法文,并用母语撰写了《论球》(*Traité de l'Espère*)和关于亚里士多德《论天》的评注——《论天和世界》(*Traite du Ciel et du Monde*)。在 15 世纪,最重要的例子是意大利数学家帕乔利。16 世纪初,德国第一位提倡本国语的是帕拉塞尔苏斯(Paracelsus),他曾用德语写作,而且作为巴塞尔大学教授,他用德语演讲引起了轰动;但他的著作也见证了用一种从未服务于此的语言来写作科学主题所遇到的巨大困难。

除了帕拉塞尔苏斯,特别值得注意的是丢勒。在同一时期的意大利,塔尔塔利亚(Tartaglia)和邦贝利(Bombelli)也用他们自己的语言写作,但主要是算术和技术著作。此后,荷兰文的斯台文、意大利的布鲁诺和伽利略,才第一次真正把本国语运用于纯粹的科学和哲学领域。

经过这些一般性介绍,我们现在可以更为详细地描述一些特殊科学分支在这一过渡时期的历史了。为此,我们选择了力学和与此相关的几个具有物理和化学特质的学科。

第三章　过渡时期的力学

第一节　约达努斯学派：技术的影响

32. 如前所述，本章所讨论时期的开端并非总能精确界定。在所有科学分支中，最难做到这一点的是力学。事实上，如果想考察力学的唯一一个可以真正被视为独立科学的分支——静力学之前的发展情况，我们必须回到12、13世纪的欧洲，那里有源自希腊的阿拉伯文著作，并且最终仍然回到古代——亚里士多德《机械问题》中对杠杆原理的推导，阿基米德对杠杆原理和重心的公理化处理，以及希罗的简单机械理论。这些知识在中世纪被称为"重量科学"(*Scientia de Ponderibus*，斯台文后来称之为 *Weeghconst*——称量术)，它们传到欧洲时并非没有改变。在这里，它不仅被吸收，而且也被13世纪数学家尼莫尔的约达努斯(Jordanus Nemorarius 或 Jordanus de Nemore)的学派进一步发展。直到今天，我们对约达努斯这个人也不是很了解。

33. 古代对基本杠杆原理的处理有两种本质上不同的方法，即《机械问题》中更为直观的方法和阿基米德的严格公理化方法，它们一并留存下来，有时或多或少交织在一起。然而，前者不再与亚里士多德动力学的基本定律有联系。其推理基于一条通常被称为"约达努斯公理"的公设:能将荷载 L 提升高度 h 的某种东西也能将这一荷载的 n 倍提升这一高度的 n 分之一。这个"某种东西"到底是什么,暂时还不清楚。直到更晚,经典力学才给出了精确表述,说两种情况下需要做相同的功,或者说两种情况下必须提供相同的能量。

借助于这一公理,杠杆原理在一部通常被归于约达努斯本人的著作中被推导出来,名为《证明重量的约达努斯原理》(*Elementa Jordani super demonstrationem ponderis*)。[1] 它所遵循的方法明显受到了《机械问题》的启发,但又避免了后者的固有缺陷。在图 10 中,假定有一根没有重量的横杆绕 O 旋转,A_1 和 A_2 分别悬挂重物 W_1 和 W_2,它满足关系:

$$W_1 : W_2 = OA_2 : OA_1 \qquad (1)$$

假定重物 W_2 从 A_2 落向 B_2,能把 W_1 从 A_1 带到 B_1;现在不考虑弧 A_1B_1 和 A_2B_2,而是考虑竖直位移 B_1C_1 和 B_2C_2,它们之比等于 OB_1 与 OB_2 之比,根据方程(1),我们得到

$$W_1 : W_2 = B_2C_2 : B_1C_1 \qquad (2)$$

现在假定 $OA_3 = OA_2$,并且不是在 A_1 悬挂重物 W_1,而是在 A_3 悬挂重物 W_2,在假设的转动过程中,A_3 移到 B_3,即走过竖直距离 B_3C_3。由于方程(2),我们得到

$$W_1 : W_2 = B_3C_3 : B_1C_1$$

因此,如果 $W_2 = n \times W_1$,则 $B_3C_3 = B_1C_1/n$,根据约达努斯公理,能

———————————

① Duhem (1) I 122.

够把 W_1 提升至 B_1 的作用于横杆的推动力,将能够把 W_2 提升至
B_3。如果 A_2 的重物 W_2 能把 W_1 提升至 B_1,则它也能把 W_2 从
A_3 提升至 B_3。但后者显然没有发生,因为如果悬挂在杠杆两侧
与 O 等距的重物重量相等,则杠杆必定保持平衡。

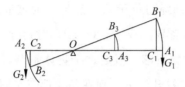

图 10　《证明重量的约达努斯原理》中对杠杆原理的推导

　　这种推理已经清晰地呈现出虚位移原理或虚功原理,即在虚
位移(即可能位移)的情况下,作用力所做的总功为零。一般来说,
这些位移必须被看成无穷小,但在这里,它们可以是有限的;正因
如此,上述推理才是成功的。根据最后的表述,没有必要采用归谬
法;虚位移并非由作用力引起,而是无重量横杆(被视为以一条直
线)上的点 A_1 和 A_2 的纯数学位移。但在这一点被明确认识到之
前,这种方法一再受到斯台文等人的反对(Ⅳ:62):由假定运动发
生,即力的不平衡,导出力的平衡条件,这是荒谬的。因为我们恰
恰认为运动没有发生。

　　34. 比这种关于杠杆原理的推导更重要的是基于同样原理对
斜面定律的证明,因为由此可以证明一个命题,它超出了希腊数学
家的视域。这一证明见于 1565 年出版的《约达努斯论重性的小著
作》(*Jordani Opusculum de Ponderositate*),不过它的作者或许不
是前一著作的作者。虽然我们不知道作者的身份,但无论如何,他
必定属于约达努斯学派;迪昂曾经称他为"莱昂纳多的先驱",这并

不令人满意,因为"莱昂纳多的先驱"并未指明其生活年代或出生地。

　　作者设想(图 11),斜面 AB 和 AC 以同一高度 AD 倾斜。假定 $AC > AB$。一个重量为 W_1 的物体被置于 AB 上的 E 点,经由通过 A 点滑轮的细绳与位于 AC 上 F 点的重量为 W_2 的物体相连。这一命题说,当 $W_1:W_2 = AB:AC$ 时,会产生平衡。若非如此,便会有一个重物下落。假定这个物体是 W_2,它从 F 落到 G,在此过程中将 W_1 提升至 K。现在想象第三个斜面 AC_1,其倾角与 AC 相同,从而 $DC_1 = DC$,将 W_2 置于它上面的 L。L 与 E 位于同一高度。假定 $LM = EK = FG$。现在需要证明,如果 W_2 能将 W_1 从 E 拉到 K,那么它也能将 W_2 从 L 拉到 M(而由于对称性,这当然是不可能做到的)。设 KN 和 MP 分别为 K 和 M 高于水平线 LE 的距离,则我们得到:

$$MP/LM = AD/AC_1, \quad KN/KE = AD/AB$$

由于 $LM = KE, AC_1 = AC$,所以

$$MP/KN = AB/AC$$

但由于也有 $W_1/W_2 = AB/AC$,所以 $W_1/W_2 = MP/KN$。

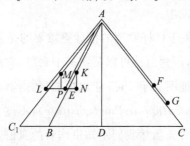

图 11　《约达努斯论重性的小著作》中对斜面定律的推导

因此,如果 $W_1 = n \times W_2$,则 $KN = MP/n$;于是,只要假定 AC 上的 W_2 能够提起 W_1,则它也能拉动 AC_1 上的 W_2。这样便给出了证明。

这一推理之所以值得注意,是因为它清晰地认识到了虚位移原理;同样引人注目的是,连同约达努斯学派著作中的其他推导,它体现了从古代就已经为人所知的用数学方法来处理力学的努力。它提出了一般公理或原理,虽然它们不像几何学公理那样给人如此自明或不容置疑的印象,但也非常合理——符合公理的原义:公设或要求——以至于读者不得不接受它们。不仅如此,这个问题被当作纯粹的数学问题来讨论。当然,这之所以可能,仅仅是因为条件很容易被理想化:光滑的平面,柔软的细线,只是用来改变力的作用方向的无摩擦、无重量的滑轮。于是,力学在西欧从一开始就有了介于数学与物理之间的独特的居间位置,这始终构成了力学的主要问题:虽然处理的是物理现象,但它通过彻底的、很容易实现的理想化,预先避免了其他物理分支无法摆脱的经验方法;它受到了数学家的关注,而且在大多数情况下,其结果似乎并没有得到日常经验的证实。然而,正是这种日常经验提出了问题,并且不断激励着力学研究。

35. 在 15、16 世纪,这种数学力学似乎越来越引起技师的注意,他们为工业制造机械,为战争制造火器,从事民用和军用建设,或者制造仪器。力学因为他们的付出而得到了厚报,因为它极大地受益于通过实际应用而获得的经验。力图尽可能经济地利用现有能量,需要对工具的运作方式作更精确的分析,而迄今为止未知的现象则会提出新的问题。最强烈的动机无疑是由于采矿业和钢铁业越来越多地使用水力,以及火器的发展,特别是制造出越来越大的火炮。

在这两种应用中,水力仍然属于对力学机械的传统处理,它只关注力与负载保持平衡的极限情况,也就是说,虽然机器在运转,但仍然没有离开静力学领域。而火器的使用和对其结果的观察,引起了对运动现象的特别关注,从而开辟了在古代几乎没有触及的动力学领域。炮弹的轨道曲线,以及炸药的量、火炮的仰角、炮弹的重量与射程之间的直观联系所引发的研究对物理学的发展极为重要。此外,观察到的现象也使得经验范围大大拓宽,因为它会涉及比古代大得多的速度。这里如果有怀疑,那么必定会针对亚里士多德的抛射体理论是否正确,根据这一理论,炮弹的运动只被介质所维持,同时,人们对空气阻力的影响也有了更大兴趣。经济需要进一步刺激了理论研究:使用大炮极为昂贵,因此有充分的理由来研究(就像比林古乔[Biringuccio]①试图做的那样),是否可以通过一种更加合理的设计来节省制造、运输和使用的开支。

在16世纪,还有一个重要的影响出自钟表和行星仪的制造;其制造者都是有技艺天赋的熟练的力学家,他们学习如何利用下落重物和弹簧的动力,并且研究了运动传递的各种可能性。

36. 以下事实充分证明了阻碍数学力学以及经典物理学发展的巨大困难,即所有这些追求理论力学知识的活动所产生的有用结果在15、16世纪还比较少,直到17世纪,所获得的经验才可能被充分利用,形成科学概念。我们以前说过,从偶然的经验看,亚

---

① 比林古乔(Vannoccio Biringuccio,1480-约1539),意大利冶金学家。——译者注

里士多德动力学似乎很合理,所以这种现象并不难理解:运动现象的物理实在与理论动力学的思想观念之间隔着很大距离,以至于后者的结果(比如单一的力使一个质点作匀变速运动,任意小的力对于任何尺寸的物体都能做到这一点)显然与物理实在的经验事实(其中不可能有质点或单独起作用的力)完全相抵触。因此毫不奇怪,技师们并不容易从经验成功过渡到理论。此外,下落、抛射和碰撞这三组最重要的运动现象恰好都发生得很快,以至于不借助于仪器,感觉几乎派不上用场。亚里士多德科学——至少就前两种基本现象而言——已经造成了很大的误导,以至于由它获得的少量知识不再能被直接接受。

就本书的目的而言,这里没有必要去探讨完整的科学思想史不应忽略的一些内容:比如过渡时期的不同作者对力学现象的思考在多大程度上仍然是纯粹亚里士多德式的,彻底怀疑或根本反对的精神是否已经开始出现,他们在某些情况下是否已经成功找到了新的途径,或者至少是开辟了新的前景。这里只要就几个典型问题进行说明就够了。

为此,我们将首先讨论这一时期最有趣的人物之一——意大利艺术家达·芬奇对力学发展的贡献。由于他的生活既独立于大学的主流科学,也独立于人文主义者的传统,他对一切与自然相关的东西都有浓厚的兴趣,在技术方面特别有天分,我们甚至可以期待他能够第一次综合各方来源,对自然现象怀有一种不带偏见的、原创性的观念。如有可能,即将到来的复兴必将在这里出现。

第二节　莱奥纳多·达·芬奇①

37. 对于达·芬奇科学思想的内容和意义,我们很难形成比较明确的看法。他在阅读别人著作或自己思考时习惯于在笔记本上记下各种评论,这些笔记固然包含了许多关于物理和技术主题的内容,但这些内容往往过于松散而零碎,解释起来很困难,以致研究它们并不容易形成关于其科学个性的清晰图像。起初,我们一方面对其中所涉问题的繁多和论述的一再中断感到困惑,另一方面也被其丰富的思想、生动的风格、图像特征以及通篇透出的明显天才气息所倾倒。即使经过持续阅读克服了这些障碍,我们也仍然很难对所读内容的科学和历史价值做出公正评判:经由那些模糊的表达方式(有时会过渡到激越的抒情),我们往往无法洞悉作者最深层的思想。我们总是无法确定他赋予各种常用词的含义,而且往往弄不清楚关于同一主题的不同评论之间的逻辑关系。最后,在尽最大可能避免了对达·芬奇科学工作的无数颂扬的影响之后,②我们想知道这些通篇的情感流露、思考和问题的实际结果到底是什么,它们对于科学发展有什么正面贡献,这时便很难避免这样一个结论:这些贡献在数量和重要性上都要小于我们根据

---

① Duhem (4),Dijksterhuis (1),Hart,Herzfeld,Léonard de Vinci,Marcolongo,Olschki (1).

② Olschki (1) 252,n. 1:"论述达·芬奇科学研究的文献主要是一些夸张的盛赞言辞。"(*Die Literatur über Leonardo's wissenschaftliche Forschung besteht zumeist aus Hyperbeln und Superlativen.*)

作者通常享有的声誉而可能做出的预期。

38. 根据他的笔记的性质和内容,我们难以赞同目前流传甚广的一个说法,即假如它们及时为人所知,那么经典科学就有可能提早 100 年或 150 年诞生。这些笔记中交织着天才的想法和对常见著作的普通摘录,它们终生由作者保管,只是在他死后才通过各种渠道为人所知。很难相信,这些杂乱的笔记在他人手中能比现在这种情况更有效地提高科学的一般水准。再或者,假如达·芬奇亲自系统整理自己的思想,并以书籍形式发表它们,那么经典科学是否有可能提前诞生呢? 在这种情况下,必须假定,他本人可能或者已经对科学有足够清晰和全面的理解,从而能将材料解释成一个丰满而系统的整体。但由于这些笔记杂乱无章,包含许多矛盾和模糊术语,缺乏逻辑秩序,所以这一假定几乎是不可能成立的。因此,我们也不能像有人认为的那样,[①]既然笔记本中记录的是一些草图和笔记,只有将其加工成一本书,才能形成逻辑连贯的整体,所以不能对笔记本内容提出任何批评。一本书固然不只是构成它的笔记和草图的堆砌,但这是否意味着,它将包含一些在这些笔记和草图中无迹可寻的观念呢? 说达·芬奇做这些笔记只是为了留作己用也不正确:当他 1508 年 3 月 22 日在佛罗伦萨开始写作现存于大英博物馆的编号为"Arundel MS. 263"的手稿时,他一开始就面向读者说话。[②] 同一思想经常会出现不同版本,以至于几乎可以肯定,它们是用做出版的草稿。他的朋友,数学家帕

---

①　Hart 12,76.

②　Leonardo-Lücke Ⅶ. Leonardo-MacCurdy Ⅰ 43-44,62.

乔利,提到了他试图完成的一部关于位置运动、碰撞和重量以及所有其他力的著作。[①] 这部著作从未出版,这无疑典型地反映出其科学思想的结构。

39. 我们当然很清楚,这种把达·芬奇的活动写成科学实践的做法不同于对其功绩的通常评价。如果这种不一致是基于可作理性讨论的解释上的不同,那么我们以后还会谈到它。但也有一些看法,假如我们与这些观点的提出者有同样的特殊能耐,能够看出其历史关联,那么就只能表示赞同。例如,我们肯定会由达·芬奇所说的"任何重物都力图以最短的路径落向中心"看出牛顿引力理论的核心,发现笔记中写的"不依赖于时间的几何来论述时间的本性"暗示了后来爱因斯坦所要采取的方向。[②]

在科学领域,达·芬奇更多是一个永不停息的探索者,而不是为他人指明道路的清晰的思想者。然而,这也使他对本书来说非常合适。要想认识到从亚里士多德科学过渡到经典科学是多么困难,最清楚的莫过于看看像他这样一位天才、勤奋、好学、技术高超的人如何与力学基础所面临的根本困难角力。

40. 如果从这种角度看达·芬奇,那么自然会有一种危险,即过多地注意他没能克服的那些困难,而不怎么关注他对科学的推进。为了避免这种危险,我们首先必须强调机械技术在他的生命中始终占据着重要位置。虽然他现在主要以画家而著名,但实际上,他更多是工程师,而不是艺术家,无论在民用方面还是在军事

---

① Luca Pacioli-Winterberg 33,181.
② MacCurdy (Ⅰ 18,26,82)成功做到了这一点。

领域。1483 年,他给米兰大公卢多维科·斯福尔扎(Ludovico Sforza)写了一封信,希望为之效力,信中列举了他相信自己有能力完成的 10 项事情,其中有 9 项都与军事有关。[①] 他一生中曾经多次为了水利工程和机器制造而完全忽视艺术。他的笔记包含着大量机械草图,其中最引人注目的是飞机的设计。为此,他单纯从力学角度详细研究了鸟的飞行。[②]

他的这些活动并非孤立,而是与一种中世纪的技术传统相关联,而这种传统又受到了古代技术传统的滋养。显然,这些活动使他的科学兴趣不可避免地延伸到经院自然研究所处的哲学界限之外。这些界限一方面非常狭窄,另一方面又非常宽广:宽广是因为思想力图涵盖从最深基础到最外层边界的整个宇宙,狭窄则是因为在如此崇高的目标的指导下,人们仍然看不到许多自然日常现象的意义和社会的实际需要。但是现在,科学正准备弥补古代和中世纪所忽视的东西;它开始渐渐意识到,技术对于科学以及科学对于技术可能意味着什么。

41. 在谈到达·芬奇对科学发展的正面贡献时,还必须提到他对静力学的研究。诚然,他在这方面的笔记只是对约达努斯及其学派著作的节选,但另一方面也表明,他把源自这些著作的理论进行了拓展,并把它们用于新的问题。例如,他显示了如何用杠杆原理来确定系在两悬点之间的绳子的张力,如果有一个重物悬挂在绳子上任意一点;他给出了对四面体重心的推导,并且大致确定

---

① 　Mentioned Olschki (1) 241. 原文见 E. Solmi, *Leonardo da Vinci* (Florence 1900) 48。

② 　*Codice sul Volo degli Uccelli* (1505),有 Hart 的英译。

了扇形的重心；还画了极为直观的实验草图来检验斜面定律，并且解决了关于简单机械和复合机械的几个问题。然而，所有这些都有一个突出特点，那就是他对不同概念和命题之间的逻辑关系、对理论体系的构造无动于衷。阿基米德及其阿拉伯评注者以及约达努斯学派对此极为关注，但似乎并没有引起他的兴趣；他关心的似乎只是能够用来解决具体问题的规则，他仿佛更多是从技师的角度，而不是作为理论的自然研究者和数学家来看待这一切。

　　然而，我们必须始终认为，技师包含艺术家，正如他作为画家和雕塑家的活动也同时包含技师的活动一样。在他看来，不仅有一种美能够令其感官陶醉，而且也有一种美能够满足他的技术感觉和对创造能力的感受。他认真研究解剖不仅是为了忠实地描绘眼睛所看到的静止或运动的人体，而且也是为了学会把它当作力学工具作深入理解，以至于这种描绘在技术上也是正确的。他之所以对用理论和实验方法来确定重心感兴趣，虽然主要是因为他不知疲倦地尝试制造飞机，但也是因为他希望获得一种技术上准确的画法。

　　42. 我们这里把达·芬奇更多地看成一位旨在拥有实用性知识的技师，而不是一名寻求理性基础和逻辑秩序的理论家，这似乎与他在一些警句中热情颂扬数学是不可缺少的力学基础相矛盾。他像第二个柏拉图那样宣称，不是数学家的人最好不要读他。[①]然而，这是一个类似于罗吉尔·培根的例子：抽象地主张数学是科学的基础是一回事，具体地知道在某一特定领域运用数学可以得

----

① Leonardo-MacCurdy Ⅰ 88-90. Leonardo-Lücke 494.

到什么好处则是另一回事。事实上,数学既可以用于构造理论,又可以作实际应用,或许达·芬奇想到的主要是后者。这样我们也就理解他所说的:"力学是数学科学的天堂,因为通过力学,我们收获了数学的果实。"①

值得注意的还有,数学推理在达·芬奇的笔记中仅仅占据着不太重要的位置。带着对他的要求而开始阅读这些笔记的读者,在穿行于作者掩饰而非显示自己想法的语词湍流时,总是希望碰到一些数学论证或精确的函数关系。就数学方法的实践运用而言,我们获得的印象是,达·芬奇在这方面的能力并不很强。

43. 当我们在力学中过渡到基础动力学领域,即古代科学过渡到经典科学的主要领域时,我们发现达·芬奇完全陷入了理解的挣扎中,这使他这个人物在我们看来非常有趣。有两组笔记特别需要我们注意,其中一组论述 *forza*[力]这个概念,另一组则论述自由落体运动定律。②

在第一组笔记中有许多带有神秘颂歌特点的评论,它们把 *forza* 定义为

一种精神能力,一种不可见的非物质的力量,它通过偶然的强制由有感觉的物体所产生,并被植入无感觉的物体之中;它赋予这些无感觉的物体以生命的样子和奇迹般的活动,迫使每一个受造物改变形式和位置,疯狂冲

---

① Leonardo-MacCurdy Ⅰ 628. Leonardo-Lücke 473.
② 其原文以及进一步的解释见 §§ 43-45 in Dijksterhuis (1)。

向其自身的毁灭,并根据情况产生不同的结果。慢使之
强,快使之弱;它生于强迫,死于自由。越大,消耗就越
快。它粗暴地驱赶一切阻碍其毁灭的东西;努力征服和
杀死阻碍它的原因,并在这种征服中毁灭。它遇到的阻
力越大,就会变得越强。万物都渴望逃脱死亡。当受到
强迫时,万物都施加强迫。没有它,什么都运动不了。有
它产生的物体的重量和尺寸都不增长。它所产生的运动
都不持久。它通过努力而生长,通过静止而消失。有它
进入的物体被剥夺了自由。它往往借助于运动而产生新
的 *forza*。

　　称颂达·芬奇的人惯于引用这段话作为典型例子,以说明他
那灵动的风格和对科学发展的重要性。但他们一般都不去解释,
科学思想到底在何种程度上被这种情感流露所澄清和丰富。其中
有些人的确给出了解释:比如迪昂认为,达·芬奇显然遵循了巴黎
唯名论者的思路,他的 *forza* 就等于他们所说的冲力。然而,很难
看出这种观点如何与上述文字协调起来。当达·芬奇谈到物体由
于强制而脱离其自然存在方式时,我们会不自觉地想到被提升的
重物或张紧的弓弦。这种运动赋予它的 *forza* 趋向于摧毁自身,
这也许意味着石头试图回到其自然位置,弓试图放松自己。在这
个过程中,*forza* 必定会消耗自身,而冲力却恰恰会增加。

　　似乎更恰当的不是想到冲力,即在一定程度上与动能有关的
某种东西,而是想到物体被迫移出其自然静止位置所获得的潜能。
然而这样一来,他说 *forza* 遇到阻力越大就变得越强,越大消耗就

越快,其含义仍然模糊不清。万物都渴望逃脱死亡,没有它,什么都运动不了,这也不适用于 *forza*;后一说法更让人想起冲力,而在其他地方重复的说法,即慢使之强,快使之弱,则无疑暗示了所谓"力学的黄金规则"(Golden Rule of Mechanics),即在使用工具时,在距离中失去的,在力中获得;远小于负载的力必须同时在大得多的距离上起作用,即更快地起作用。

不过,我们不再进一步探讨 *forza* 一词可能的含义了。关键在于,这仍然是一个问题,所给出的 *forza* 的定义并没有说清楚应当如何理解这个词,读者们面临一个需要解决的谜团,但并没有线索能够帮助他澄清思想。而人们期望从一段被誉为科学发展史上的重要论述中找到的恰恰是这样一条线索。

44. 不过尽管如此,这段话在历史上依然重要,这倒不是因为它对力学的发展有所贡献,而是因为它能够帮助我们理解力学发展所面临的困难。达·芬奇显然希望构造一个概念,它能为日常语词 *forza* 所唤起的模糊观念赋予精确的形式,同时也能与今天我们在非科学意义上使用的"力"有联系。事实上,力学早已学会区分"力"一词所指涉的许多不同概念。我们既说推拉某物所用的力,也说物体相互碰撞的力,试图保持自己运动的力,气体的膨胀力,流水的力或水被截流的力,运动物体的活力(*vis viva*),正在运转和不在运转的机器的力,以及不止一种意义的电力和磁力。经典科学早已知道,这些情况中严格说来只有少数几种才允许使用"力"这个词;对于其他情况,它创造了"惯性"、"冲量"、"压力"、"功率"、"能量"、"电荷"、"磁强"、"场强"等术语,以避免"力"这个词的各种不同含义所可能导致的混乱。我们现在来看,这是长期发展的结果，但在达·芬奇的时代，这必定才刚刚开始。

我们所引用的这段话，以及定义了 *peso*［重量］、*percussione*［碰撞］、*potenza*［力量］、*gravità*［重力］等术语，或者未经定义而使用它们的其他段落，表明达·芬奇为了澄清术语的含义，在这方面做出了多少努力。虽然他事实上并没有成功，我们必须尝试猜测他对力学技术术语的可能理解，但这绝不能阻止我们高度评价他的努力。无论如何，达·芬奇的观点很新，他独立思考，相信自己的判断，既不被正规科学传统所支持，也不受它的阻碍。

45. 达·芬奇尝试解决力学概念所涉及的基本困难，另一例可见于前面提到的两组动力学笔记中的第二组，他在其中探讨了自由落体运动的时间、速度与距离之间的关系。一些学者由这些笔记得出结论说，达·芬奇认为速度与时间成正比，所以在这一点上，他已经做出了后来经典力学所证实的发现。接下来，我们将简要说明，为什么这个结论是不对的，为什么应当把他的意思理解成，从静止开始自由下落的物体在相等时间段内走过的距离成连续自然数比。

同一组笔记之所以能够作两种完全不同的解释，同样是因为难以确定达·芬奇对常用的运动学术语到底作何理解。我们前面看到的 *forza* 一词的不确定性，现在可见于他对 *moto*［运动］和 *velocità*［速度］等术语的使用。

他经常提到 *un grado di moto*，即"1 度运动"。然而，这个译法本身是无意义的；要想让人理解它，必须首先进行解释。如果像迪昂那样，把 *moto* 等同于后来的动量（*quantitas motus*）概念，即物体的质量与速度的乘积，那么根据达·芬奇在一则笔记所说的，自由下落的物体在 1 度时间（*grado di tempo*）内获得 1 度运动（*grado di moto*）和 1 度速度（*grado di velocità*），也许的确可以推出，自由落体的速度与下落时间成正比。然而，要想得出这个结论，还必须作两条假定：(1)达·芬奇所说的速度是指瞬时速度，而不是某一时间内的平均速度；(2)他未经说明地运用了一条公理，即如果不考虑外界干扰，速度一旦获得就会被保持下去。

然而，在把速度与时间的正确关系归于达·芬奇所基于的三条假定中，第一条假定（即 *moto* 指动量）与其他几段文本明显矛盾，它们与可能推出速度与时间成正比的段落属于同一语境；而另外两条假定至少也十分可疑。事实上，我们发现 *moto* 经常被用来指通过的距离，因此，"1 度运动"似乎指某一特定距离。此外，虽然 *velocità* 可能无疑指瞬时速度，但它也被用来指特定时间内或走过特定距离的平均速度。虽然的确有几段话暗示达·芬奇对保持运动的能力有所理解，但没有一段话足够清晰地表述了惯性原理，以至于应当认为，他在表述落体定律时已经悄悄把惯性原理当作基础。

无论如何，达·芬奇的说法还可以作完全不同的解释：考虑 n 个相继的相等时间段（*gradi di tempo*，1 度时间）Δt，由静止开始的自由落体在第一个时间段内走过的距离是 Δs，在随后时间段内分别走过距离 $2\Delta s, 3\Delta s, \cdots$ 因此，在每一个时间段内都会增加这样一段距离（*grado di moto*，1 度运动）。于是，相继时间段内的平均速度分别为：

$$\Delta s/\Delta t, 2\Delta s/\Delta t, 3\Delta s/\Delta t, \cdots$$

因此，每一个时间段都比前一个时间段增加 1 度速度（*grado di*

velocità）。

论述落体运动的一系列笔记所做的最终表述是：

> 下落重物在每1度时间内比前1度时间多获得1度
> 运动，也比前1度运动多获得1度速度。

如果这段话的意思是指，在第 n 个时间段所走过的距离单位数（$n\Delta s$）比前一时间段的序号多1，速度单位数（$n\Delta s/\Delta t$）比前一时间段所走过的距离单位数多1，则上述解释就得到了证实。而达·芬奇认为瞬时速度与下落时间成正比，似乎的确可以在下面一段话中找到明显证据：

> 在任一加倍的时间量中，它[下落物体]的下落距离
> 和运动速度都加倍。

倘若忽略"下落距离"，并把"速度"解释成"瞬时速度"，那么似乎的确如此。但是，如果整句话不变，把"速度"理解成"平均速度"，这种观点无疑就不成立了。它的意思似乎是：如果把从运动开始时算起的时间段加倍，那么在这一时间段的后半段所走过的距离和平均速度将等于前半段的二倍。

当然，不难看出，距离与时间的这种关系在现实中不可能存在；的确，所寻求的关系不应依赖于所选择的时间段 Δt 的大小，但这里无疑是依赖的。事实上，如果把它的值选为原先的一半，那么在原时间段的两半中所走过的距离之比将为（1＋2）：（3＋4），而

不再是 1:2。直到一百多年后,惠更斯才以这种方式证明,整个一组落体定律都是不可设想的。

达·芬奇在表述了所谓速度与时间成正比的定律之后,并没有试图寻求距离与时间的关系,这往往让人感到奇怪。其实,只要接受上述解释,就不会感到惊讶:达·芬奇的落体定律说,在连续的相等时间段中所走过的距离成连续整数比,它同时指定了在那些连续的相等时间段内所走过的距离和速度;但这个速度是平均速度,瞬时速度并没有谈到。

46. 我们之所以详细讨论达·芬奇关于自由落体的看法,不仅是因为尽可能准确地理解他的思路很重要,而且也因为,它清楚地表明,力学在能够成为数学物理学的基础之前必须要克服一个最重要的困难。这个困难是,必须为依赖于时间的量找到确切定义,以确定它在某一时刻如何发生变化;这里需要说明的是,应当如何理解某个运动在某一时刻的速度。

倘若涉及的只是匀速运动,这并不是困难。这里可以谈论速度,只需把它定义为单位时间内所走过的距离,或者距离与所需时间的商就可以了。而非均匀运动就不是这样了,因为单位时间内走过的距离并不相等,距离与时间之商既依赖于时间段的长度,也依赖于该时间段的起始时刻。在这种情况下,只可能有商 $\Delta s/\Delta t$,其中 Δt 是从时刻 t 开始的时间段,Δs 是在这一时间段所走过的距离,并称它为该时间段的平均速度;现在,这个速度既依赖于 t,又依赖于 Δt。但是,如果我们保持 t 不变,让 Δt 趋近于零,则对于力学中出现的所有运动,差商 $\Delta s/\Delta t$ 似乎都趋于一个极限;这被称为 s 在时刻 t 相对于 t 的微商或导数(写做 ds/dt),或 s 的流数(写

做 $\hat{s}$），这个值现在被定义为瞬时速度。于是，它并不表明在开始或终止于 t 时刻的单位时间内走过多少距离，而是表示 s 在 t 时刻如何变化。

47. 虽然这种思路现在看起来很初等，但力学经过很大努力才在 17 世纪学会了它，直到 19 世纪，数学才成功地为它提供了严格基础。由此获得的思想上的澄清对于科学发展的价值无可估量，堪称最重要的科学思想成果。然而，当达·芬奇把这些笔记写在纸上时，还根本谈不上这种精确理解：平均速度和瞬时速度尚未区分，将两者混淆是司空见惯的事情。

显然，不只是那些依赖于时间的量才有如何用数来刻画瞬时变化率的问题。当我们在坐标系中用一条曲线来表示依赖于自变量 x 的量 y 时，曲线在某一点的斜率涉及一个完全类似的问题。事实上，可以把曲线在该点的斜率定义为该点的切线斜率，后者由 $\lim_{\Delta x \to 0} \Delta y / \Delta x$ 确定，它的极限也写做 dy/dx。在数学上，曲线的切线问题等同于运动的速度问题。

不难理解，为什么解决这些问题需要花费很长时间。希望说明一个量在某一时刻或在某一点如何变化是有些悖论的，因为变化概念必然要求经过一段时间，点移动一段距离。人们一直试图避免这一困难，比如说应当考虑无穷小的时间段，或者曲线上点的横坐标发生无穷小的变化，但他们未能成功地解释这些词的含义。直到引入极限概念，并为之赋予严格基础，这个问题才得以澄清，使用无穷小量才成为多余。人们之所以仍然在使用"无穷小"一词（说一个趋近于零的量变成了无穷小，就是说它可以小于任意给定的正数），是因为数学家习惯于继续用当初只有模糊观念时所使用的术语来称呼这些已经找到确切定义的概念(比如代数中的"无理的"和"虚的")。从逻辑的角度讲,这种习惯是完全正当的,但对于门外汉来说,却经常会引起误解。

48. 根据以上所述,现在我们可以认识到,奥雷姆引入的图形表示(Ⅱ:126—132)在导数概念刚刚出现时对力学的实际意义有多么重大。事实上,在表示距离 s 是时间 t 的函数的图形表示中,瞬时速度 ds/dt 获得了几何意义,即曲线上横坐标为 t 的点的切线斜率。较之分子、分母都趋于零的商的极限值,切线及其方向现在可以更直观地加以设想。由此,图形表示可以使我们用几何方法直观地说明瞬时速度概念,理解用分析方法无法理解的运动现象。这非常重要,因为在当时,实现微积分所不可或缺的代数符号化才刚刚开始。

这种东西或可称为关于可变性的数学,从奥雷姆到牛顿和莱布尼茨,它在这一时期的逐步引入意味着走上了一条背离古代数学领域的不归路。它第一次暗示,人们正在慢慢摆脱古代的限制,数学思想虽然曾经因此而免于许多危险,但也丧失了许多机遇(即开辟新领域的机遇)。严格的古代数学脱胎于柏拉图哲学的精神,根据这种哲学,真正的实在由不变性来刻画,对变化本身的科学处理被认为是不可设想的。在吸收了古代数学知识之后,文艺复兴思想需要面对的一大任务就是,打破它给数学发展所造成的壁垒,从而不仅把数学本身提高到前所未有的高度,而且也使它能够服务于自然科学。

49. 到目前为止,我们讨论的都是达·芬奇笔记中关于动力学主题的原创性内容。但除此之外还有一些部分,就像他对静力学的研究一样，构成了一条发展长链的环节，而不是崭新的开始。
事实上，虽然我们必须把达·芬奇看成一个自学成才的思想家，但
他绝非土生土长。他曾经读过很多东西：在静力学领域，他熟悉阿
基米德和约达努斯学派的著作；在动力学方面，他对亚里士多德及
其评注者了然于心，比如他引用过萨克森的阿尔伯特的名字。

　　他的著作充分表明了他所受的各种影响。令人惊讶的是，他
无条件地接受了推动物体运动的力与它获得的恒定速度之间的关
系，即通常所说的亚里士多德动力学的基本定律(I：36)。我们已
经指出(I：35)，从日常经验来看，这条已经被新科学揭露为力学原
罪的定律会显得十分合理；虽然达·芬奇能够独立思考，没有因科
学教育而形成思维定式，但像他这样的人竟然毫无怀疑或批判地
接受了它，这再次清楚地证明了这一点。他曾多次抄写这条定律，
由于函数关系的数学发展相当不完善，在当时和今后很长一段时
间，物理学家不得不用冗长的语句表述它：如果一个力在某一时间
内推动物体走过某一距离，则同样的力将推动半个物体在相同时
间内走过两倍距离，或者同样的力将推动半个物体在一半时间内
走过同样距离，或者一半的力……如此等等，多达七个命题，后人
将它们概括为这样一个关系：

$$F = c \times R \times V$$

其中 F 代表推动力，V 代表速度，R 代表与重量成正比的阻力，物
体用它来反抗任何使之运动的努力。

　　50. 因此，在这一点上，达·芬奇和整个经院哲学(以及 17 世
纪之前的所有物理学家)都遵循了亚里士多德原初的学说。在抛
射体理论中，他似乎是偏离了正统亚里士多德主义的冲力理论的

追随者，但他沿着库萨的尼古拉在《论球的游戏》（*De Ludo Globi*）中提出的动力学思路对其作了改造。他和唯名论者都区分了竖直上抛或平抛的抛射体运动的三个阶段，第一个阶段完全由所赋予的冲力所支配，第二个阶段则由冲力与重力的冲突所支配，但在处理第三阶段时，对于在地面上抛出的物体来说，他接受库萨的看法，认为决定路径的是抛射体的几何形式。[①]

第三节　巴黎学派的力学传统[②]

51. 经典科学产生于对亚里士多德权威的反抗精神，这种权威据说产生了一种压制性的力量。因此，在研究其预备时期时，我们主要关注这样一些经院理论的命运，在它们当中已经出现了对亚里士多德科学思想的批判态度，或者已经发展出了不为原有体系所知的想法。

如果从这种观点来考察冲力理论的传统，我们将会发现一些令人惊讶的因素。首先，唯名论者的同时代人以及他们后来的追随者似乎并不像后人那样，认为他们关于分离的抛射体如何能够继续运动的看法是如此具有革命性。了解后续历史的人会不自觉地把它们看成对亚里士多德的反抗。冲力理论既有支持者，也有反对者。前者在口头和书面讨论中赞同它，后者则把它列为需要反驳的观点，并用强有力的论证来反驳它，这在经院哲学中司空见

---

① 　Dijksterhuis (1) 152.

② 　Duhem (4) III，Maier (2) (3).

惯:大学的运行依赖于完整地提出思想以供讨论。冲力理论在 14 世纪建立的各所德国大学中传播,其第一批倡导者在巴黎接受了训练;在 16 世纪初,它甚至在其发源地还有过一次复兴。在此期间,14 世纪冲力理论奠基者的一些著作得以出版。不过,其内容并没有明显发展。

与此同时还出现了一种引人注目的现象,它将在 16 世纪一再显示出来。大学的官方科学开始逐渐吸收了这个乍看起来似乎显著偏离了正统亚里士多德主义的理论,并最终把它看成经院科学的组成部分。人们以各种方式寻求妥协,甚至说,亚里士多德的确教导我们,有一种推动力被印入了抛射体。当斯卡利格(Scaliger)把冲力定义为一种被赋予运动物体的形式,它在脱离原始推动者之后仍然可以保持在物体之中时,这听上去已经完全是亚里士多德的学说了。到了 16 世纪末,这一理论被西班牙和葡萄牙的耶稣会士所接受,并且在苏亚雷斯(Suarez)和科英布拉派(Conimbricenses)等人的权威著作中讲授,这时它似乎已经成为学校教学的重要部分。

52. 奥雷姆"形式幅度"(*latitudines formarum*)学说的命运则有所不同。其原始形式(构形本身被赋予了一种现实意义)几乎完全不为人知,事实上,他的一般作品似乎都不大受人关注。而 14 世纪的论著《论形式幅度》(*De latitudinibus formarum*)却广为流传,首先是以手稿形式,后来则付印成书。它忽略了所有思辨内容,只是概述了奥雷姆工作的纯数学部分。作为论述幅度的作者(*Auctor de latitudinibus*),这位不知名的作者比奥雷姆更出名。经过安内莉泽·迈尔的最新研究,这位作者的身份已经确认:保存了奥雷姆方法的这个人是意大利的一位奥古斯丁会隐修士——那不勒斯的詹姆斯(James of Naples 或 James of St. Martinus)。

从他的论著问世,到伽利略、贝克曼和笛卡尔第一次把它所讲授的内容卓有成效地付诸应用,幅度理论没有任何发展,也没有在任何方面帮助推进科学。

这并不奇怪。图形表示虽然适合作理论处理,而不依赖于所表示的是什么,但这要求数学有一定程度的发展,而这在 15、16 世纪还远未达到。虽然人们可以用它来表示可度量的函数关系,用几何方法来解决用分析方法无法处理或很难处理的问题,但人们必须首先有这样的关系可以支配,并且能够提出这样的问题。而且,物理学在定量的经验方面发展得还不够,还远不足以用数学处理。此外,问题的解决以意识到问题存在为前提,新科学所提出的那种问题仍然超出了一般的科学视野。

所有这些都没有改变一个事实,即奥雷姆的幅度学说以那不勒斯的詹姆斯赋予它的形式留存了下来。在一些大学中,它即使不属于考试科目,也被列入了课程内容。此外,众多手稿和后来的印刷著作都伴有一些插图,似乎正是奥雷姆教读者画的那种图。它们只不过是些插图,对于这些书来说并非不可或缺;即使没有这些图,与之伴随的论证和计算也可以很好地进行。就像在动力学中那样,这里也在等待天才将其潜在的思想财富挖掘出来。

第四节   16 世纪的力学[①]

53. 在对冲力理论观念的留存及其与亚里士多德自然哲学的逐渐融合作了一般评论之后,我们没有必要具体确定在不同学者对落体和抛射体基本运动现象的解释中,它和正统亚里士多德观念(在经院哲学中,什么是正统亚里士多德观念,这本身又是引起众多解释讨论的主题)各占多少成分。因此,这里仅就 16 世纪对这些现象的处理略作一般评论。这个主题的确值得关注,因为落体和抛射体学说比其他学说更能决定不久以后发生的彻底革新所处的科学情境。

关于落体运动学说,重要的不是知道解释下落和探寻速度增加的原因有哪些不同尝试,而是理解有哪些根本困难阻碍了近代更正确的观点的产生。

这方面的困难主要有两个,它们是彼此相关的。第一个困难是一种看似合理、实际上完全错误的观念,即物体因为重而下落,所以物体越重,下落就越快;第二个困难看上去同样显而易见,但从方法论上却是致命的,即总是通过在偶然的日常观察中所显现的全然的复杂性来研究落体现象,所以介质的影响被视为一种必不可少的组成部分,而不只是干扰因素。

在这两个方面,人的思想仍然被亚里士多德科学体系的沉重负担所压迫,认为下落速度与落体重量成正比,与介质密度成反

---

① Dijksterhuis (1).

比。这一原理并不是只与物理学有关的孤立的经验定律,发现错误后可以用另一条定律取而代之,而是一个无所不包的、植根于最深哲学基础的自然图景的重要组成部分。

54. 如果我们能够预知未来发展,把亚里士多德的这些观念与最终被认为正确的科学观念对立起来,那么我们可以看得很清楚,这两种观点之间有很深的鸿沟,将其弥合需要付出极大努力。经典物理学告诉我们,首先应当考虑质点在虚空中的下落(这对亚里士多德哲学来说已经是一个不可能的要求,因为虚空不存在);然后确定,这里的下落速度(完全违背日常观察)与质点的重量无关,这可以通过假定质点的质量(一个固有的量,决定着作用力所产生的效果)与重量成正比而得到解释(这是一种令人费解的关系,它将一再导致质量与重量相混淆);然后表明,大小恒定、方向不变的力作用于质点并不会引起亚里士多德动力学所说的匀速运动,而是会引起匀变速运动,这可以由内在于质点的一种保持运动的能力而得到解释。这种思想与亚里士多德哲学的因果性概念截然对立(后者要求任何运动都有一个有别于运动者的推动者),但通过把这种保持运动的能力看成一种被印入质点、充当其内在推动者的冲力的结果,则可以在一定程度上与之和解;最后是用数学方法导出,由静止开始自由下落的物体所走过的距离与下落时间的平方成正比。

只有在这之后,经典物理学才会谈论介质中的落体运动,把它看成物体在介质中受到的浮力与介质阻力在理想下落现象中所造成的干扰的结果。然而,考虑这种阻力将立刻导致严重的数学困难。事实上,阻力依赖于瞬时速度,瞬时速度的大小又依赖于质点在所有先前时刻所受到的阻力，而这些阻力又依赖于在这些时刻所获得的速度；这个问题一般来说是无法解决的，只有当假设阻力与瞬时速度之间有某种关系时才能作数学处理。此外，不要忘了，到目前为止落体一直被看成质点，所以我们虽然知道其重心会发生什么，但却不知道物体围绕这个重心会作什么运动；研究这方面需要有刚体动力学的知识。于是，我们可以看得很清楚：首先，我们每天看到的周围的自然现象是极其复杂的；其次，科学只能向我们展现一幅关于这个实在的极端简化的图景，其中已经排除了各种干扰因素；最后，16世纪的物理学在面对这样一个问题时显然十分无助，它所采取的方式（用语词讨论，依照全然的复杂性和具体的规定性来研究现象，把干扰因素看成本质性的）必定会导向与最终的正确理解截然相反的方向。

55. 缺乏经验研究当然也是一个重要因素；只是对下落现象作肤浅的观察（将树叶飘落与石头下落相比较），可能会造成重物比轻物落得快的印象，而假定下落速度与重量成比例则是完全没有根据的。实际上，任何明眼人都不会相信，两倍大的石头会在一半时间内下落同样距离。

于是，随着时间的推移，这一断言一再遭到反驳。早在公元6世纪，菲洛波诺斯就已经基于实验断然否认它的正确性。我们还知道，在16世纪，又有一些人在伽利略之前很久（根据一个流传已久的传说，是伽利略最先做出了这项发现）就指出，亚里士多德在这个问题上完全错了。但这一发现并没有引出像今天的物理学家所认为的那种影响深远的结果。指出一块松动的墙砖并不能攻陷一座堡垒，同样，要想推翻亚里士多德，注意到他的某一条错误陈述也远远不够。难怪在这个刚刚开始对其权威产生怀疑的时代，正规科学竟会对与他的体系明显相冲突的事实无动于衷。这个体系牢牢植根于事物的本性，以至于像发现美洲这样的事实，连同它所包含的一切后果（这在我们看来对于地理学、地球物理学、人种学甚至是当时的神学是如此具有毁灭性），就像观察到（这本应使亚里士多德力学痛苦不堪）铅球并不比同一时刻从同一高度释放的木球先到达地面一样，都被平心静气地接受和忽视。推翻亚里士多德科学不能只靠孤立的事实，而要通过从根本上改变研究自然现象的方法。

56. 可以肯定地说，对于落体和抛射体来说，这种转变是伽利略完成的；不过对于前一现象，它在威尼斯数学家乔万尼·巴蒂斯塔·贝内代蒂（Giovanni Battista Benedetti）的《数学物理杂思录》（*Diversarum Speculationum mathematicarum et physicarum Liber*）中已经有所预示。这本书针对亚里士多德的落体定律提出了原则性反驳，虽然作者背离亚里士多德的程度并不像他本人认为的那样大（即使伽利略受亚里士多德的影响也比他愿意承认的大），但它还是包含了一些要素，证明科学研究的精神正在转变，而且沿着克服上述基本困难的方向迈出了第一步。

这一步可见于一则著名推理，它被错误地归于伽利略的原创。在一个思想实验中，通过这一推理可以证明，具有相同比重的物体在真空中下落的速度并非与重量成正比。为此，贝内代蒂想象有两个材料相同的全等物体并排下落一段距离，它们当然会在相同时间内完成下落。现在用一根重量可以忽略的线将它们连成一个物体。不可设想，它们的下落会因此而有任何改变。然而，由于它们连在一起,构成了一个两倍重量的物体,所以根据亚里士多德物理学,它必定会在一半时间内走过同一距离。这个简单而巧妙的推理最显著的特征也许是正确地认识到,它只适用于相同材料的物体;因此,不能用这种方式来证明伽利略后来所做的假定,即在真空中下落给定距离所需的时间不可能与比重成反比。

　　就力学的进一步发展而言,我们还应注意到,贝内代蒂的工作明确表述了布里丹借助于冲力理论对落体加速的解释:冲力(被认为与速度成正比)逐步增加,因为内在于物体之中的运动原因不断产生新的冲力,而且——这是证明结论所需的默认假定——冲力一经获得就会被保存下去,除非空气阻力等外部原因使之减小。这种思路已经比较接近经典动力学的基本观念,即恒定的力会产生匀变速运动;唯一的区别是,经典动力学认为力是一种外在的影响,而不是内在的推动力。如果想到,这种对落体运动加速的解释出现在 16 世纪中叶的完全受亚里士多德传统影响的斯卡利格那里,而几十年后,又在经典科学时期的著作中发现了它,那么显然,有一条连续的线索将巴黎唯名论者与新物理学联系起来。值得注意的还有,贝内代蒂第一次明确指出,被印入物体的冲力总是使之沿直线运动,于是不可能再像此前那样,区分引起旋转的冲力和引起直线位移的冲力。贝内代蒂提到了系在绳子上的石头来回转动的例子;当石头离开投石器的那一刻,被印入石头的冲力将驱使它继续沿着起先通过的那个圆的切线做直线运动,其路径之所以没有一直是直线,只是因为石头重力的影响现在也开始体现出来。由于这一评论,贝内代蒂在经典力学惯性原理的发展史上理应占有一席之地。

57. 贝内代蒂的另一项伟大功绩是,他第一次认识到物体在液体或气体中受到的升力会导出什么结果。在此基础上,他抛弃了亚里士多德在重物和轻物之间所做的区分,并且回到了古希腊的观念,认为所有物体都是重的,物体之所以看似为轻,是因为它的升力超过了重力。在这种情况下,他认为亚里士多德反对虚空的论证并没有什么价值。他还认识到,有必要区分两种力:一种是介质对处于其中的物体所施加的升力,另一种是介质对下落物体分开它所产生的阻力,尽管在考虑后者的影响时,他只能表述一种条件,确保它在各种情况下都相等。不过,虽然他经常强烈批判亚里士多德,但他仍然在相当程度上受到亚里士多德思想的影响,这清楚地表现在,他认为下落速度正比于重力与升力之差。

58. 我们已经说过(Ⅲ:35),15、16 世纪火器在大炮中的使用对于力学的发展非常重要,因为它引起了人们对于弹道形状的关注,而且提出了关于炸药量、炮弹重量、大炮仰角和射程之间关系的问题。关于弹道形状的流行看法我们已经在讨论达·芬奇时说过(Ⅲ:50),知道运动分为三个阶段。1537 年出版的瑞士人瓦尔特·赫尔曼·里夫(Walter Hermann Ryff)的《几何枪炮制造术》(*Die geometrische Büxenmeisterey*)一书中有关于这三个阶段的非常清楚的图示。[①] 在这幅图中,中间一段是通常认为的圆形,第三个阶段则是直线运动,这时最初的冲力已经完全消失,重力使物体自然下落。

在这样一个在其他方面完全经验的科学分支中,整个三阶段

① 　Walter.

理论构成了一个奇特的思辨要素。它典型地例证了，人们基于一种理论，盲目地接受了这种完全无法得到经验证实的断言。或许，它还表明了科学与实践之间仍然相当松散的关联，科学可以肆意断言一些实践无法证实的东西，因此可以不去理睬。这方面的典型表现是，虽然这部著作清楚地说明了三阶段路径，但其标题页上有一幅图，描绘了被炮火围攻的城镇，其中炮弹的曲线轨迹完全可以看成抛物线。

不过，冲力理论在抛射体运动中的这种应用也有值得称道的地方，那就是对冲力与重力相互对抗的第二阶段的讨论指出了一种方法，使我们至少可以部分理解这一现象，尽管关于上述各个参量之间关系的所有经验数据必定还无法处理和理解。16 世纪的意大利数学家塔尔塔利亚（Tartaglia）在代数史上占有重要位置，他在《疑问和发明种种》（*Quesiti et Inventioni Diverse*，1546 年）中已经得出结论说，由于这种对抗是持续进行的，所以整个路径必定是弯曲的。这里还应当提到一种流传甚广但尚未有根据的信念，即水平面上的最大射程在仰角为 45°时达到，这一结果后来被正确的真空弹道理论所证实。

第四章 过渡时期的天文学[①]

第一节 天文学

59. 在讨论天文学在这一过渡时期的命运时,必须区分两类学者:一类是沿着比特鲁吉和库萨的尼古拉的道路,对宇宙结构进行思辨的学者,另一类则是通过观察和星表计算来检验主流理论与经验之间是否一致,并且在必要时对其加以改善的学者。

初看起来,第一类工作似乎比第二类工作的精神层次更高。前者作宏观描画,通常与形而上学和自然哲学的一般观念和原理相关联,而后者作艰苦的细节工作,往往被生产和处理必需的仪器时碰到的大量具体困难所阻碍。但实际上,天文学在这一时期的发展完全归功于后者,而与前者无关。无法获得经验证实的宇宙论思辨是一种轻率而徒劳的活动,而在看似平凡的观测工作中,天文学却保留了自古以来所拥有的名誉,它先于所有其他自然科学认识到,对自然的真正认识只有通过系统收集精确的经验事实才能获得,而对于提出解释性或描述性理论所必需的构造性幻想却

---

① Dreyer (2),Zinner (2).

只会把学者引入歧途,除非他们从这些事实材料出发,把所获结果再次毫无保留地付诸经验检验。

60. 在中世纪科学与经典科学之间的过渡时期,思辨宇宙论领域中出现的所有新事物都与托勒密体系截然对立,阿威罗伊、阿布巴克尔、阿维帕塞和比特鲁吉等在西班牙活动的亚里士多德主义哲学家以亚里士多德自然学说的名义对托勒密体系提出了反对(Ⅱ:143—147)。有几位基督教思想家也认为,偏心圆和本轮使世界图景变得过于人为,在他们看来,把它设想成物理实在将会面临极大困难,以致无法把在它基础上建立起来的宇宙体系看成对现实结构的正确再现。16 世纪上半叶,吉罗拉莫·弗拉卡斯托罗(Girolamo Fracastoro)、乔万尼·巴蒂斯塔·阿米柯(Giovanni Battista Amico)以及稍后的乔万尼·德尔菲诺(Giovanni Delfino),都曾试图借助于同心球体系来摆脱这一困境。但他们都没有充分制定出其理论的基本思想,使之能够得到经验证实,从而与托勒密体系相媲美。后者仍然是唯一能够认真要求拯救现象的体系。

61. 把天的周日运动看成地球绕轴周日自转的反映,这种思想也时不时地出现在这一时期。正如我们已经看到的那样,从托勒密开始,这种观念在天文学上的可能性已经被普遍认识到;自古以来针对它提出的反驳一直是物理的,因此,只有新的物理观念才能在这个问题上开辟新的可能性。切利奥·卡尔卡尼尼(Celio Calcagnini)虽然在 1525 年出版的一部短篇著作中假设地球在宇宙的中心绕轴旋转,天是静止的,但他并没有发展这种观念。此外,还有一个原因使他的著作没能具备应有的价值:他不仅认为地球的周日自转无法解释天的周日运动,而且还想借助于一个含糊不清的补充假说，即地轴有时偏向这边，有时偏向那边，而推出太阳、月亮和行星相对于恒星的运动以及月相。

62. 在15、16世纪，观测天文学主要在德国进行。1383年，朗根施泰因的亨利（Henry of Langenstein），也被称为黑森的亨利（Henry of Hesse 或 Henricus de Hassia the Elder），出于政治原因被迫终止在巴黎的大学职业回到祖国，帮助筹建维也纳大学。在那里，他凭借其天文学工作为天的精密观测传统奠定了基础，这一传统在不少德国城市都有继承。在维也纳，它甚至在普尔巴赫和雷吉奥蒙塔努斯这两位非常重要的天文学家的工作中引出了前哥白尼天文学的高潮，如果不是因为英年早逝（前者是38岁，后者是40岁），他们很可能会把科学再往前推进一大步。其主要成就是，通过解释，他们澄清了托勒密体系，使之为一般人所知，但与此同时，他们通过观测清楚地表明，托勒密体系无法与经验事实充分符合。

同时，这两位天文学家也说明，虽然人文主义总体上并没有促进科学的发展，但在它的一些代表那里，却可能会与认真的自然研究出色地结合起来。普尔巴赫起初在维也纳讲授拉丁语诗歌，而且因其拉丁语诗歌而著名；他只是后来才开始研究天文学，并作为人文主义者一直在这一领域耕耘。那是1460年，热衷于复兴古代科学的希腊裔枢机主教贝萨里翁（Bessarion）请他为《天文学大成》撰写评注。1461年，他因过早去世而没能完成这项工作，雷吉奥蒙塔努斯接过了这项任务，人文主义与天文学之间的纽带也变得更强。雷吉奥蒙塔努斯用了很多年在意大利与这位枢机主教解释《天文学大成》，同时四处搜罗和破解古代学者的著作手稿。此后，作为印刷术的一个先驱,他在其纽伦堡的印刷作坊印制了自己的老师普尔巴赫的《行星新论》(*Theoricae novae Planetarum*)等天文学著作,这部著作反映了普尔巴赫在维也纳的授课,它使希腊天文学在西方科学思想中获得了前所未有的突出位置。在这个意义上,他的工作堪比 15、16 世纪帮助把希腊智慧和美引入西方文化的许多哲学家和文学家。然而,它们之间又有原则不同,因为他本人的天文学工作表明,在天文学上,决不能把希腊科学视为值得效仿的理想典范,而应把它看成一种不足的尝试,激励他们对其加以改进。

雷吉奥蒙塔努斯没能获得他如此期待的改进。我们最多可以认为他对所要寻求的方向有某种预感,因为他特别指出,所有行星的运动都在某种程度上受太阳引导:三颗外行星的本轮矢径总是平行于太阳在绕地轨道的矢径,而两颗内行星的本轮中心则总是位于日地连线上。但这种想法顶多只是对太阳在哥白尼体系中获得的那个中心位置的预感。

1475 年,雷吉奥蒙塔努斯离开纽伦堡,被召到罗马为历法改革做准备。他在那里所做的天文观测工作由纽伦堡贵族伯恩哈特·瓦尔特(Bernhard Walther)继续进行。

第二节　测角术与三角学[①]

63. 在此期间,有一门数学分支得到高度发展,它与天文学有着不可分割的联系,源出于天文学的需要,又反过来促进其发展,

---

①   Von Braunmühl.

它将被证明对于天文学及其在其他自然科学中的应用至关重要。
这就是三角函数论及其在平面和球面三角学中的应用,它源于印
度和阿拉伯,通过阿拉伯文著作的翻译而为欧洲人所知。

　　当希腊人对于天文学所需的球面几何学的处理已经从狄奥多
修(Theodosius)时期的纯几何阶段过渡到计算阶段时,人们发现
在计算时需要不用角和弧,而是用确定它们并为它们所确定的线
段来计算。为此,希腊几何学家选择了圆弧所张的弦,他们在弦的
计算方面的确成功创造了理想的三角学工具。但印度数学家后来
发现,如果不用所张的弦,而是用两倍弧所张的弦的一半来代表
弧,计算技巧就可以得到简化。这条线段后来有了一个拉丁文名
字——sinus(正弦;图12)。新的计算方法在三角学中的应用又进
一步使得,对于每个弧引入了二倍弧的补弧所张弦的一半(后来被
称为余弦)作为函数。

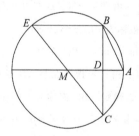

图12　从弦的计算过渡到测角术。弧 AB 在弦的计算中由弦 AB 代
　　　表,在测角术中则由 BD(正弦)或 MD(余弦)表示。[今天,我们
　　　认为弧 AB 的正弦(余弦)是 BD(MD)与圆的半径之比,圆的半
　　　径以前被称为"完整正弦"(sinus totus)]。

　　64. 独立于这一思路,某些观测仪器引出了通过线段来测角的其他方法。事实上(图 13(a)),如果 *AB* 是给定长度的一根垂直的杆(日晷指针),太阳在水平面上投下影子 *BC*,则 *BC* 的长度就是太阳高度 α 的量度,它被称为 α 的直影(*umbra recta*)或延影(*umbra extensa*)。后来 *BC* 被称为 α 的余切,而今天的数学则用余切这个名字称呼 *BC/AB*。也可以使杆水平(图 13(b)),测量它在与之成直角的垂直平面上的影子,影长 *BC* 现在被称为高度 α 的转影(*umbra versa*),后来被称为 α 的正切。

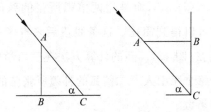

　　图 13　(a) 太阳高度 α 由日晷指针 *AB* 在水平面的投影 *BC* 之长确
　　　　　　 定。*BC* 被称为 α 的延影(*umbra extensa*),后来被称为 α
　　　　　　 的余切(如今 $\cot \alpha = BC/AB$)。
　　　　　(b) 太阳高度 α 由日晷指针在与 *AB* 成直角的垂直面的投
　　　　　　 影 *BC* 之长确定。*BC* 被称为 α 的转影(*umbra versa*),
　　　　　　 后来被称为 α 的正切(今天 $\tan \alpha = BC/AB$)。

　　用这四个函数(正弦、余弦、正切和余切)进行计算的方法由一些阿拉伯数学家阐述和系统化为我们现在所说的测角术和三角学,其中特别值得一提的是巴塔尼、阿布瓦法(Abu al-Wafâ)、纳西尔丁·图西(Nâsir al-Din al-Tûsî)。到了 14、15 世纪,随着阿拉伯科学被接受,它成了西方天文学家的共同财产,但暂时还没有发展到它在东方阿拉伯人那里到达的水平。直到普尔巴赫,特别是雷吉奥蒙塔努斯,才将它再次提高到这个水平。

65. 如果没有三角函数表可用,那么测角术和三角学的实际应用是不可能的。这些表已由阿拉伯学者编写出来,并由他们传入西欧。起初,人们是把圆的半径(*sinus totus*)进行六十进制分割来做三角函数表的,即用半径的 1/60、半径的 1/60 的 1/60……来表示测角线段,就像我们今天仍然遵循巴比伦人的传统对角和弧所做的分割那样。然而,这种在测角术中坚持的习惯违反了我们的数系结构,是雷吉奥蒙塔努斯使数学摆脱了这种习惯。他第一次用 10^n 来表示半径 R(图 12),其中 n 可以从 5 变到 15;这等于说,他以 $R/10^n$ 为单位来度量正弦和正切。现在,这些函数可以用整数足够精确地表示,不过只有知道了 n 的值,这些整数的值才能确定。例如,如果在一个表中,我们读取角 φ

$$\sin\varphi = 3432756,$$

当 $n=7$ 时,用今天的记号来表示,这意味着:

$$\sin\varphi = 0.3432756。$$

于是,n 的值决定着所给出的函数的小数位数。

显然,这种表示方式中蕴含着那种俗称小数分数(确切地说,是用位值制书写的小数分数)的观念。然而直到 16 世纪末,西蒙·斯台文才注意到这一点,他给出了一种能够不提到 n 而指示每个数字的值的方法,证明了起初只用于测角术的新分数记号可以普遍适用,并且传授了由此而成为可能的计算技巧。通过这种方法,计算过程得到大大简化,这对数理科学也非常有益。

第五章　过渡时期的物质结构理论[①]

第一节　"自然最小单元"理论

66. 经典科学准备期的结束当然是由它开始产生的时间确定的。但在试图作一种有条理的历史描述时,我们碰到了一个严重障碍:虽然对于某些科学分支可以非常精确地给出这一时间,但对于另一些却只能非常含糊地定出,而且不同分支的起始时间相差很多。天文学有一个真正的奇迹年,一个明确无误的新生命的起点,那就是 1543 年;流体静力学是 1586 年,力学中的一部分也在 1586 年,另一部分在 1638 年。但对于后来部分归入物理学、部分归于化学讨论对象的物质结构理论,却很难给出一个特定的年份作为新观念的起点。因此,本章关于这部分内容所给出的时间界限肯定远不如此前所讨论的那些学科清晰。

然而,这一领域最终也出现了革新,那就是古代微粒理论的复兴及其进一步发展和应用。因此,我们将把这些理论产生最终突破的故事留到下一部分再讲,这里只讨论这样一些学者,他们或者

---

① Hooykaas (5), Van Melsen.

根本不遵守这些理论,或者只是有助于为它们最终被普遍接受做准备。

67. 和中世纪一样,对于过渡时期,也应当区分哲学家和化学家对物质结构的看法:哲学家的观点完全基于哲学思考,而化学家虽然会受到流行理论的影响,但也会关注他们在实验室获得的经验,他们主要致力于使自己的观念符合这些经验。

文艺复兴时期的经院学者仍然在讨论与中世纪同样的问题,主要是化合的本质,以及元素形式在复合物中是否继续存在的问题。帕多瓦学派在这方面以及其他问题上都遵循阿威罗伊的看法(Ⅱ:135),认为元素形式似乎以降低的强度继续存在,但却沿两个不同方向展开这一观念:一方认为,复合物的存在形式只不过是各个组分的降低了的存在形式的聚集(aggregate);另一方则认为复合起来的减弱形式使质料倾向于接受它自身的存在形式。这两种观念通常分别被称为"不带复合附加形式的复合物"(*mixtio sine forma mixti superaddita*)和"带有复合附加形式的复合物"(*mixtio cum forma mixti superaddita*)。前一学说以扎巴瑞拉为代表,后一学说则以齐玛拉(Zimara)为代表。

在帕多瓦学派,阿威罗伊根据亚里士多德的一些相当含糊的说法提出的"自然最小单元"理论(Ⅱ:139),也得到了更为精确的表述。目前尚不完全清楚它在中世纪的发展过程,但至少可以断言,在阿戈斯蒂诺·尼福的著作中(Ⅲ:17),它表现为一种关于物质结构和化合过程的清晰界定的理论。在他之前,人们一直不太清楚,最小单元是否只是一种只能在思想中达到的理论上的分割极限。现在尼福明确指出,最小单元实际存在着;当物质发生化学相互作用时,发生反应的正是其各自的最小单元,并由此形成了化合物的最小单元。

68. 这里,我们当然可以针对行将结束的经院科学问这样一个问题,即这些观点严格说来到底是纯粹的亚里士多德观念,只是到现在才得到正确阐释,还是说,经过数百年的评注,亚里士多德的真实说法逐渐拥有了在古代从未有过的内容。不过,这对于评价16世纪的历史境况并不是很重要。即使可以证明,新科学对亚里士多德科学发动的斗争并非针对真正的亚里士多德,而是针对经院哲学的亚里士多德神话,这种斗争也依然很现实。何况我们也很难给出这样的证明:亚里士多德的著作中充斥着大量模糊的说法,没有评注往往很难理解,因此,学者们进行比较的总是两种解释,而不是其中一种解释与原始文本。

我们已经指出(II:139),虽然16世纪对亚里士多德"自然最小单元"理论的解释在许多方面都类似于德谟克利特和恩培多克勒的微粒理论,但它们有一个根本区别:根据"自然最小单元"理论,化合物的最小粒子并非其组分的最小单元的聚集,而是必须假定这些最小单元之间有一种相互作用,使之发生内在变化,由此才产生了化合物的存在形式。至于化合物的存在形式与元素的存在形式之间是何种关系,人们或许有不同观点,但只要化合物的属性并非只是其组成元素的属性的总和或平均,亚里士多德理论就永远无法与以下假设调和起来,即元素的最小单元在化合物中实际保持不变,就好像能够单独指出来一样。这清楚地表现在科英布拉派(Conimbricenses)论著的一段话中,它说,亚里士多德攻击原子论者并不是因为他们断言,"诸元素为了彼此结合而相互打破,以小粒子的形式碰在一起，一种元素的粒子附着在另一种元素的粒子之上"，而是因为他们"曾说，诸元素的复合仅仅是由于最小粒子并置在一起；而实际上，诸元素还必须发生一种相互作用，使原初性质发生减弱，为产生复合物形式创造适宜的条件"。[①]

　　显然，愿意原则上接受亚里士多德观点，同时也希望顾及实验室经验结果的化学家，总是很难坚持这一基本原则；然而，一旦开始忽视它，他们就不可避免地接近了恩培多克勒的微粒理论，在微粒性质无关紧要的情况下，甚至接近了德谟克利特的原子论。

　　在用几个例子来说明这一点之前，我们最好先来了解一位化学家，他完全不依赖于亚里士多德的流派。

第二节　　帕拉塞尔苏斯[②]

　　69. 16 世纪上半叶，帕拉塞尔苏斯的工作开创了化学史上的一个新时期，即所谓的医疗化学（iatro-chemical）[③]时期。于是，化学成为医学的辅助学科，开始为一个比大多数炼金术士的追求更崇高、更实际的目标服务。通过这种相互作用，化学本身的受益并不比医学少。不过在这里，我们的兴趣与其说是化学本身的进展及其辅助功能的效用，不如说是它在这一时期产生的物质结构

---

　　① 引自 Tilmann Pesch 149，n. 2。

　　② Hartmann，Hooykaas（5），Van Melsen.

　　③ 医疗化学（派）是 16、17 世纪流行于欧洲的一种医学理论及学派，认为医学和生理学是可用化学原理加以解释的学科，主张用化学配剂替代草药医治疾病。——译者注

观念。

　　带着文艺复兴思想家所特有的独立性和对自己精神力量的无限自信,帕拉塞尔苏斯对他那个领域的一切权威均持敌视态度。这表现在,1526 年,他在巴塞尔大学初登讲台就当众烧毁了盖伦和阿维森纳的著作。当然,他的自恃并不妨碍他从古代思想中汲取灵感;只不过他并不追随亚里士多德,而是与文艺复兴时期的一般哲学精神相一致,遵从受新柏拉图主义和斯多亚主义影响的赫尔墨斯学说。大约在同一时期,神秘主义自然哲学家内特斯海姆的阿格里帕(Agrippa of Nettesheim)的著作系统阐述了赫尔墨斯学说。

　　70. 我们在前面讲过赫尔墨斯思想的基本原理(Ⅰ;106),即大宇宙与小宇宙的平行论、宇宙共感以及万物有灵的观念。这种平行论不仅体现在让人的精神-灵魂-肉体三分对应于大宇宙的逻各斯-努斯-宇宙三分,而且它也被拓展到金属,人们假定金属中存在着类似于精神、灵魂和肉体的元素。不过根据斯多亚派的观点,所有这三者都被认为是物质性的。这一思路进一步得到基督教神学三位一体关系的支持,它使得帕拉塞尔苏斯不再像亚里士多德那样认为四元素是所有物质的组成部分,也不赞同炼金术士关于金属的硫-汞理论,而是认为所有物质都建立在"汞"、"硫"和"盐"三要素(principles)的基础上。在本体论上,汞代表主动的精神要素,盐代表被动的肉体要素,硫则代表在两者之间进行调解的要素。在物理化学表述中,汞是在燃烧时变成烟的物质组分,硫带来可燃性,盐则作为灰烬留下来。人体也建立在这三要素的基础上:硫促进其生长,汞决定其流动的内容,盐则赋予它形式和坚固性。

我们这里碰到了帕拉塞尔苏斯医疗化学观念的基础,由此可以理解他的信念,即化学应当揭示自然隐秘的运作。人的健康取决于三要素之间的平衡;当这种平衡受到干扰时,可以通过药物将它重新建立起来;化学所讲授的正是如何由这些要素合成药物。化学关于低级世界教给我们的一切,在一定程度上揭示了高级世界。

71. 这三个要素在它们所形成的化合物中保持不变。帕拉塞尔苏斯认为显然,根据先前引述的化学公理(Ⅱ:140),进入了化合物、并且可由它再次产生的东西必定存在于化合物之中。但他也感到,只是把各个组分简单并置在一起,无法解释新产生的物质的独立性和它自身的特征。正是这种考虑,在亚里士多德主义那里导致了复合物的存在形式与元素形式之间的关系问题。然而,任何质形论(hylomorphic)思路对于帕拉塞尔苏斯都是格格不入的,他必须另辟蹊径:对于每一种物质,除了汞-硫-盐三种物质性要素,他还假定有一种更具精神性的要素——元气(Archeus),不过,它仍然被看成一种精细的物质。它是规范性、组织性的要素,把本来只是单纯聚集的东西连成一个整体,同时也是内在的发展要素,引导和控制着化学过程。由于拥有元气,物质被置于与生命体同样的层次,在生命体中,三要素也通过一个生命要素融合在一起,从而本身不可见。帕拉塞尔苏斯把这一组织要素的作用比作颜色的作用,它掩盖了对象的物质特性:"我们为上帝所雕刻,被植于三种物质中。随后为生命所涂盖。"(wir sind geschnitzlet von Gott und gesetzt in die drey Substantzen. Nachfolgent übermahlet mit dem leben.)

72. 我们这里不去讨论帕拉塞尔苏斯的物活论(hylozoism,

即万物都是有生命的)与亚里士多德的质形论之间无疑存在的巨大区别了。对我们的目的而言,更重要的是注意它们的共同特征:两人都愿意将质料($hyle$,在帕拉塞尔苏斯那里表现为三种物质要素,在亚里士多德那里则表现为将要变成实体的原初质料的纯粹潜能)与另一种赋予生命和形式的组织要素(即帕拉塞尔苏斯所说的元气和亚里士多德所说的存在形式)对立起来。尽管有分歧,但他们都拒绝接受纯粹的微粒理论,因为它无法解释整体如何可能不同于部分之和。

然而,这两种今天或可称为整体论的观念,都无法阻止其力图抵制的理论获得最终胜利。元气学说没有产生什么影响,这很容易解释:虽然帕拉塞尔苏斯的确在化学上开辟了新的方向,但他具有神秘主义倾向,思想混乱,其最具个性的观点鲜有追随者。更加引人注目的是,形式理论(form-theory)虽然是当时仍占主导地位的哲学的重要组成部分,但从长远来看,它无法阻止这样一种观念,即化合物是继续以不变的形式存在于其中的基本组分的聚集。通过忽视亚里士多德复合物观念最本质的特征,这种形式理论本身的追随者似乎也帮助给了它致命的打击。

第三节　对亚里士多德主义的背离[1]

73. 我们看到,比如在斯卡利格那里,复合物概念被大大扩展,以致所谓的"酒水"($crama$,一种水和酒的混合物)也被包括进

----

[1]　Hooykaas (5), Lasswitz, Van Melsen.

来,尽管他也承认,水和酒的粒子在其中实际上保持不变。不过他警告说,他这里所指的并不是那种被简单并置的德谟克利特的原子,因此,酒水迥异于谷粒与豆子那样的干物质的混合。事实上,斯卡利格把不同组分粒子之间边界的消失看成复合物的典型特征;由此产生的统一性是一种连续性意义上的统一性。不过,这应当如何理解,目前尚不十分清楚。如果它是指彼此之间的一种连续过渡,就像色谱中的颜色那样,从而不再能说水粒子在哪里终止,酒粒子在哪里开始,那么我们就几乎无法谈及不变的持续存在;如果连续性仅仅是指,就像干谷粒的混合那样,两种物质粒子之间不存在其他东西,而是紧密临接,那么它与通常所说的谷物堆积(*acervus*)似乎并没有多少不同。无论如何,斯卡利格既没有提到酒水的内在变化,也没有提到酒水自身的存在形式,因此有些话完全可能使人以为是持某种微粒理论的人说出来的。

74. 纯粹的亚里士多德主义者发觉自己身不由己地踏入了恩培多克勒和德谟克利特的领地,这清楚地表现在,德国医生和化学家森纳特(Sennert)费了很大精力试图证明,亚里士多德的“自然最小单元”学说与微粒理论并不像通常认为的那么不同。作为化学家,他的论证是纯粹恩培多克勒式的:带有质的不同的元素原子在其所构成的化合物中保持各自的本性和存在形式。不过为了使他的哲学良心稍感宽慰,他又补充说,这些不变的存在形式在化合物中已经隶属于一种更高的形式;正如 16 世纪的医生费内尔(Fernel)所说,它们“因为存在一种更有价值的形式而被裹住、束缚和禁锢”。这本质上是阿维森纳的观点(Ⅱ:135),因为与微粒观念太过相似,它一直遭到经院哲学家异口同声的拒绝,但却得到了医学家的尊崇。森纳特确信,这差不多就是德谟克利特的看法,德谟克利特不可能相信那些被归于他的关于原子和万物起源的愚蠢观念。当然,这其中包括了把复合物看成聚集的观念,但它实际上也被森纳特所采纳。因为关于元素的存在形式隶属于更高的复合物形式的主张仍然与他的实际科学思想完全隔离。一种新的双重真理论正逐渐发展起来:一方面,某种观念虽然可能无法满足一个人批判性的哲学理解,但却能够用于实际的科学工作,并且可以相当随便地使用;另一方面,能被接受的观念可能无法对实际科学产生影响。

75. 在 17 世纪,这两个领域的分野已经如此之大,以致人们把形式概念从化合理论中完全消除,并以实证科学的名义完全拒斥一般的亚里士多德哲学。1631 年,医生巴索(Basso)发表了一部著作,它的标题——《反亚里士多德自然哲学的十二卷书》(*Philosophiae naturalis adversus Aristotelem libri XII*)已经摆明了他对亚里士多德的看法,他在书中提出,必须完全回到更早的希腊思想家来理解物质结构。四元素的粒子在化合物中保持不变,甚至像金属粒子这样的合成粒子也拥有这种属性。他说:"为何我们几乎感觉不到它们的个体特征,这并不会让我们感到困惑。无论我们是否愿意,关于物质分解的经验使我们不得不认为,它们未经改变地继续存在。"[①]这一时期的其他学者也有过类似说法,化合物作为纯粹聚集的思想迅速发展起来。

在很长一段时间里,人们仍然试图将这一观念仅限于可以在

---

① Hooykaas (5) 80.

实验室人工制备的物质,并认为自然合成物有其自身的存在形式。但是当这种区分实际上无法维持下去时,人们又试图区分可以实际分解和不可以实际分解的物质;但这显然只是一些不可能成功的努力。

76. 迄今为止,我们讨论的只是元素粒子在化合物中是否继续存在的问题,因为这样可以充分说明这个问题的实质。但为完整起见,我们注意到,还可以针对所谓的次级粒子(比如关于金属合成的炼金术理论中的硫和汞)甚或三级粒子(比如金属自身的粒子)提出这个问题(而且的确被提了出来)。次级粒子和三级粒子都是由元素构成的,但它们的构成都很坚固,以至于在形成化合物的过程中,它们表现得和元素本身的不可分割的粒子一样独立;在这两种范畴中,我们很容易看到后来分子概念的原初形式。

77. 在结束讨论过渡时期的物质理论时,我们注意到,虽然化学家拒绝用亚里士多德的形式概念来解释合成物与其组分之间的区别,但他们的确已经意识到(虽然有时很模糊),这个问题本身并没有因此而被消除。因此,尽管他们明确反对亚里士多德的看法,认为化合物仅仅是一种聚集,但此后他们又试图在微粒理论中寻找方法,说明化合物毕竟要比纯粹的聚集更多。实际上,这些方法自从德谟克利特就已经有了,即(几何形状意义上的)形式、位置、排列和运动状态,所有这些都是可以在数学上确定的特征。巴索认为,元素的具体影响并非源于它们的存在,而是源于粒子的运动状态。他通过各类粒子自行运动所产生的彼此干扰来解释化合物形成过程中出现的新属性。除了这种运动方案,他还特别引入排列这一静态概念作为解释原理。巴索认为,两种相同组分、相同比例的化合物可能由于基本粒子的不同排列而有不同属性;于是,就像他之前的奥雷姆那样(Ⅱ：127),他表达了一种假说,后来化学在发现了同分异构现象之后将把它确立为事实。结构概念则充当了更加一般的解释原则,这里所说的结构是指一组粒子的可以在数学上确定的所有静态特征。然而,由于引入了这个涉及物质结构的概念,它对经典科学的作用无异于形式概念对亚里士多德科学的作用,我们已经跨越了一个新时代的门槛,所以我们的讨论必须暂时告一段落。

78. 我们这里只是想说,不能因为个别学者对亚里士多德学说持批判态度,就认为亚里士多德主义在大学科学研究中的统治地位正在被削弱。亚里士多德的自然哲学在那里仍然占据着统治地位,异议观点甚至没有机会被听到。一个典型例子是,1624 年 8 月 24 日和 25 日,三位学者宣布公开捍卫一系列反对亚里士多德和帕拉塞尔苏斯的命题,巴黎议会就此通过了决议。[①] 这个计划遭到挫败,煽动者受到惩罚,甚至以死刑相威胁,正式禁止主张或讲授任何与古代作者相左的原理,只能赞成神学院的博士们所支持的那些信条,而不能作任何争辩(*de tenir ni enseigner aucunes maximes contre les anciens Auteurs et approuvez, ni faire aucunes disputes, que celles qui seront approuvées par les Docteurs de la dite*

---

① Lasswitz I 482 ff.

Faculte de Théologie）。①

　　该法令无疑在相当长的时间里阻碍了人们公开讨论较新的科学观念；当然，它们在此期间仍然能够继续秘密发展。法令所显示的力量只会帮助人们看到一个政权的内在弱点，它不得不采取此种措施来维持它的权威性。

---

①　Hooykaas（1）191.

Ⅳ 经典科学的演进

IV. 名地旅学旅游地

导　言

1. 我们终于到了前面所说的那些"奇迹年"(anni mirabiles)。在这一时期,自然科学的各个分支真正开始复兴。这一复兴拉开了经典科学的序幕,从而为近代的发展做准备。世界图景的机械化也在这一时期开始出现,本书所描述的正是它的兴起。

我们现在讨论的这个时期有明确的界限。它开始于 1543 年哥白尼的《天球运行论》(De Revolutionibus Orbium Coelestium),结束于 1687 年牛顿的《自然哲学的数学原理》。它极大地推进了人类的知识和能力,彻底改变了人类对生活和世界的看法;因此,它构成了一个明确的分水岭,一边是古代和中世纪,另一边则是我们所处的尚未命名和归类的时期。

相比于前面讨论的时期,我们对这一重要时期的讨论甚至更加不完整,因为我们越来越需要对材料的选择做出限制。而且由于本书面对的是一般读者,所以我们必须把讨论集中在这样一些内容,理解它们不需要有特殊的数学或自然科学训练。

每个自然科学分支都有自己特殊的历史发展线索,但其中某些线索会不断汇合到某个伟大的科学人物身上,有如聚成一个交点,而这一时期的科学伟人真可谓众星云集。这便导致了一个方法上的两难:如果我们从头到尾分别追溯这些线索中的每一条,那么便会切断交点,无从获得那些科学人格最值得描述的研究者的明晰的整体图像;然而,倘若只描述这些伟人,又会对个别学科的发展不公平。这两种情况都无法充分考虑这些学科的相互依赖性。

因此,我们将力争把两种方法结合起来,最大限度地扬长避短,同时呈现两种方法都无法给出的一些东西。只是到了故事的结尾,这种方法才变得不再必要。所有线索都会聚到艾萨克·牛顿这个卓越的人物上,经典科学的基础由他最终确立。因此,我们一开始先完全不提牛顿,最后再专门讨论他。

现在,我们先专注于天文学的发展,而不考虑其他学科。我们将把主题材料围绕三位主要人物展开:哥白尼、第谷·布拉赫和开普勒。

第一章　从哥白尼到开普勒的天文学

第一节　尼古拉·哥白尼[①]

2. 保守与革新的结合典型地刻画了科学思想发生彻底变化的方式，通常使用的"革命"一词根本不能完全概括它。在科学史上，没有一个伟人比哥白尼更清楚地显示了这一点。一个新的时代由他开始，但这绝不是说，他把天文学长期以来使用的概念和方法清除干净，就好像直到他才第一次能够以不偏不倚的态度去思考星空。在他的工作中，旧特征远比新特征显著，那就是希腊天文学的整个传统风格，它表述问题的方式，以及解决这些问题的方法。只要阅读他的著作就会知道，这虽然是一位普鲁士天文学家1543年出版的著作，但除了三角学计算方法的应用，我们发现其中所有内容都可以在公元2世纪由托勒密的一位追随者同样好地写出来。经过了大约14个世纪的停滞，在亚历山大里亚停滞不前的天文学又开始在弗劳恩堡(Frauenburg)继续前行了。

哥白尼给托勒密体系带来了两个原则性转变，它们实际上等

---

① Armitage (1) (2),Copernicus (1) (2) (3),Dreyer (2),Prowe,Zinner (2).

于回到了早先的希腊观念:他认为地球在运动,并且认真对待柏拉图的准则,即天体现象只能通过匀速圆周运动来拯救。托勒密基于物理理由拒绝了前者,尽管承认它在天文学上是有用的(I:79)。虽然有物理上的反对,但是当托勒密发觉引入偏心匀速点(equants)有可能改进理论与观察之间一致性时(I:73),他并未受制于柏拉图的准则;而哥白尼虽然使物理观念适应了地球自转学说,但也因此而愈发拒斥与天体运动的均匀性有任何偏离,如偏心匀速点(*punctum aequans*)理论本质上包含的那种偏离。

现在看来,前一种修正似乎要比后一种变化重要得多:在前者那里,我们看到了一种具有持久价值的思想,只要谈到激进的观点变革,就会想到它;而在后者那里,我们看到的只是一种过时理论的技术细节。但哥白尼本人的看法却有所不同:他在晚年再次回顾一生的工作时,认为自己给天文学带来的最大收获并不是太阳在宇宙中的位置改变和由此产生的世界图景的简化,而是偏心匀速点的废除,[①]这是对托勒密不幸反对柏拉图哲学精神所做的精神赎罪。要想真正理解哥白尼的思想,就不能忽视这一声明,就像在研究歌德时,不能忽视以下事实一样:歌德在晚年似乎认为自己在颜色理论方面的成就要比其文学作品更有价值。[②]

3.《天球运行论》由两部分组成,它们在目标、特征和意义上都非常不同。在构成整部书的六卷中,第一部分为第一卷。它是为一般读者所写,对新的宇宙体系给出了非常清晰且高度简化的

---

① Rheticus (Prowe II 317). 参见 Copernicus (3) 143,147,(1) Ⅳ,*c*. 2。
② Goethe on 19 February 1829 to Eckermann.

概述,同时也陈述了它所依据的哲学理由。第二部分包括第二卷到第六卷,是为专业天文学家所写;它以严格的科学形式给出了该体系极为复杂的细节,因此阅读难度与《天文学大成》不相上下(哥白尼最初把《天文学大成》用做自己著作的典范)。

当然,第二部分不能在这里详细讨论,但如果只谈第一部分,又会使我们严重低估哥白尼的成就,对在他之后必须完成的天文学工作产生误解。因此,在讨论了这一体系的简化形式之后,我们还必须对它的实际实现略作说明。

4. 第一卷的开篇完全以亚里士多德—托勒密精神证明宇宙、天体、地球均为球形。有一个观念虽然新鲜,但仍然完全属于希腊的观念,那就是,球形物体会凭借本性围绕它的一根直径均匀旋转。于是,促使柏拉图只允许天体作匀速圆周运动的宗教动机(任何不规则性都将违背神的本性)和促使亚里士多德接受这种要求的物理动机(第五元素的存在方式蕴含着匀速圆周运动)现在被一种数学动机所取代:运动状态源于几何形状。

于是,对哥白尼而言,地球绕轴周日自转与它的球形不可分割地联系在一起,就像对托勒密而言,地球静止于宇宙中心与地球的物理构成联系在一起一样。两种说法同样有价值,因此毫不奇怪,哥白尼攻击《天文学大成》的推理所用的论证只有对那些已经相信这些论证的人才有说服力。托勒密曾说,如果地球在旋转,它必将由于巨大的转速而分崩离析。但哥白尼反问,那托勒密的天球会如何?其上的点将会有更大的速度,它能否承受这种旋转呢?此外,我赋予地球的运动并不像使转轮旋转一样强加于它,因此不必担心轮子所表现出的离心现象。对此托勒密当然可以反驳说,那样一来,我们也没有理由担心旋转的天球,它其实也是依照本性在旋转,而且并非由地界物质所构成。

哥白尼逐一讨论了托勒密反对地球绕轴周日自转的假设所提出的论证(I:79),它们涉及云、鸟和上抛物体的行为:大气内层随地球一起旋转,它内部所包含的一切事物自然会参与地球的运动。而最外层则随天一起静止不动,故而处于其中的彗星会像真正的天体一样升落。

这两种立场的等价性也反映在双方对重力的理解上:在托勒密那里,就像在亚里士多德那样一样,重性是一种回到宇宙中心的倾向,而在哥白尼那里,重性则是一种与相似者结合在一起的倾向。在托勒密那里,重物之所以会落向地球,是因为它这样可以尽可能地接近它力图到达的宇宙中心。而在哥白尼那里,重物落向地球,却是为了与它所属的整体合而为一。如果把地球移至月亮天球,在其附近释放一个重物,那么根据哥白尼的看法,它将落向处于新位置的地球,而不会像亚里士多德所断言的那样,落到现在无地球的宇宙中心。

5. 至此,《天球运行论》中的所有内容都可以在奥雷姆的《论天和世界》中找到,甚至在说明确实可以用地球绕轴周日自转来解释天的周日旋转时,哥白尼也没有超出这位经院前辈。但是当哥白尼开始讨论地球的周年运动时,情况就不同了。他当然无法证明地球周年运动的存在,充其量只能通过类比推理来表明:既然在托勒密体系中,太阳、月亮、行星等所有因重力(指与相似者合而为一的倾向)而呈球形的天体能够作若干种圆周运动,为什么地球除了绕轴自转不能也作其他运动呢? 如果现在假定,地球每年绕太阳运转一周,水星、金星、火星、木星和土星等行星也分别以各自的周期每年绕太阳运转一周,那么我们似乎就得到了一个比托勒密体系更简单、更和谐的宇宙体系,这两种特征是其真理性的有力保证。

哥白尼只是非常简要地阐述了,通过这种新的假说,较之托勒密体系,太阳和行星运动的最显著的现象实际上可以同样好甚至更好地得到拯救。如果我们仅限于托勒密体系的简化形式(Ⅰ：76),并且利用第一卷中描述的同样简化的哥白尼体系,那么可以按照下述方式来理解两种体系相互转换的可能性。

6. 首先要说明的是,通过引入两条补充假说,托勒密体系便获得了一种形式,它可以被视为过渡到哥白尼体系的中间阶段。为此,我们回想起托勒密体系中行星运动与太阳运动之间存在的特殊关联,雷吉奥蒙塔努斯不久前才再次注意到这一点:内行星的本轮中心总是位于日地连线上,而外行星的本轮矢径则总是平行于日地连线。此外,虽然通过观测可以确定本轮与均轮半径之比,但并不能确定它们的绝对值。因此,我们仍然可以自由选择本轮半径与均轮半径之中的任何一个;这可以利用以下两条辅助假说:

(1) 内行星的本轮中心与太阳中心重合(均轮半径的选择)。

(2) 外行星的本轮半径等于太阳的轨道半径(本轮半径的选择)。

第一条假说只不过是昔日赫拉克利特所提出的假说,在整个中世纪一直被称为“埃及假说”(Egyptian hypothesis)。它只是说,内行星绕太阳旋转。当我们在新的情况下描绘外行星时,第二条假说的重要性就会显示出来。在图 14 中,设 E 是地球,S 是太阳,C 是本轮中心,P 是行星。根据该假说,$CP \underset{=}{/\!/} ES$,四边形

$ECPS$ 是一个平行四边形,于是也有 $SP /\!/ EC$。因此,我们也可以这样来描述行星的运动,说它描出了一个半径为 SP 的本轮,太阳轨道是本轮所属的均轮。因此,外行星也围绕太阳旋转。我们将会看到,这种介于托勒密体系与哥白尼体系之间的中间形式在天文学史上的确出现过,不过是在哥白尼之后;事实上,它是第谷·布拉赫所提出的(同样简化的)世界图景形式(Ⅳ:21)。

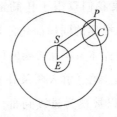

图 14　托勒密行星体系到第谷行星体系的转变。不是太阳 S 围绕地球
E 运转,行星 P 围绕中心 C 运转,描出一个围绕 E 的圆,而是 S
围绕 E 运转,P 围绕 S 运转。

当我们认为,无论是 S 围绕 E 描出一个圆,还是 E 在同一时间内围绕 S 沿同一方向描出同样大小的圆,这看起来并没有什么两样时,到哥白尼体系的最终转变就发生了。的确,在图 15(a)中,如果地球 E 看到太阳 S 在时刻 t_1 和 t_2 相继位于恒星 St_1 和 St_2 的方向,则太阳将看到地球在同样时刻相继位于恒星 St_1' 和 St_2' 的方向。然而,同一结果也可以在地球绕太阳转的图 15(b)中获得。

于是,我们已经得到了简化的哥白尼体系:地球与诸行星一起围绕太阳运转;地球和诸行星一样也是天体。

显然,这种观点转变意味着对行星运动的极大简化,虽然对太阳来说并非如此。事实上,它一举拯救了所有行星运动的第二不

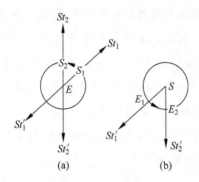

图 15(a)和图 15(b)　　由地心观点转变为日心观点。不是太阳 S 围绕地球 E
运转，而是地球在同样意义上围绕 S 描出一个圆。

均等性，从而消除了其最显著的不规则性——周期性重复的逆行。
托勒密用于解释这种不规则性的本轮运动，似乎只是地球像行星
那样围绕太阳作周年运动的反映。

7. 对哥白尼而言，如此获得的世界图景的简化似乎是其理论
真理性的决定性证据。太阳是宇宙的中心，这是由行星在不动的
外层天球内部的有序排列所保证的：它们全都沿同一方向在同心
轨道上运动，随着与中心距离的增大，角速度逐渐减小。较之行星
天球以不断减小的角速度在恒星天球内部自西向东旋转，而恒星
天球又以大得多的角速度自东向西旋转，这种观念要更为和谐，更
富有美感，因此也更接近真理。

在第 10 章的一段著名的话中，哥白尼再次阐述了，在这个结
构优美的宇宙体系中，太阳只有位于中心才最有尊严：

位于所有天体中央的是太阳。在这个华美的殿堂

里,谁能把这盏明灯放到更好的位置,使之能同时照亮一切呢? 的确,有人把太阳称为宇宙之灯、宇宙之心、宇宙之主宰,这都没有什么不妥。三重伟大的赫尔墨斯(Hermes Trismegistus)把太阳称为"可见之神",索福克勒斯(Sophocles)笔下的埃莱克特拉(Electra)则称其为"洞悉万物者"。于是,太阳宛如端坐在王位上,统领着绕其运行的行星家族。

8. 如果我们只读《天球运行论》的第一卷,认为这就是哥白尼体系,那么就很容易欢呼日心假说给天文学带来的巨大简化,惊讶于为什么并非所有人都乐于把新的宇宙体系看成唯一正确的体系。然而,只要思考片刻便会知道,第一卷只是给出了一个粗略的纲要,真正的天文学工作,或者说用数学来表示所观测到的运动,还没有开始。首先是太阳:第一卷中所给出的观念,即地球在一年内绕太阳均匀运转一周,这等价于希腊天文学的假定,即太阳在一年内绕地球均匀运转一周。然而,希腊人在托勒密之前的几个世纪就已经发现,这一假定并不符合事实:因为那样一来,四季的长度将会相等,而事实并非如此。所以希帕克斯才会引入太阳的偏心运动。显然,哥白尼也不得不用一个更为复杂的假说来取代他的简单假说。

至于行星,通过假设地球绕太阳运转,行星运动的第二不均等性已经得到拯救,但第一不均等性还没有得到解释。然而,为了解释后者,托勒密不得不违背柏拉图的公理,引入偏心匀速点,这实际上等于允许了非均匀运动。哥白尼原则上拒绝了这一方案。那么，他是如何拯救第一不均等性的呢？

最后是月亮。对它而言，是太阳绕地球旋转，还是地球绕日旋转，这是无关紧要的，因为月亮无论如何都将绕地球旋转。为了用数学表达这一运动，托勒密不得不求助于希腊天文学最精细的手段。虽然他为此设计了极为复杂的运动体系，但也只是取得了部分成功。现在，哥白尼面临着同样的任务。

9. 然而，关于所有这些内容，第一卷只字未提。因此，将这其中所描绘的理想世界图景的和谐简洁与托勒密实际体系的全然复杂性对立起来是极不公平的。基于托勒密体系，我们可以计算出关于太阳、月亮和行星运动的众多星表，并且由此导出它们在天上的位置。当哥白尼说他能够避免《天文学大成》中几乎无数个圆时，他对这种不公正难辞其咎。^① 将地球的绕日运动引入，从来没能成功去除五个以上的本轮。只有当我们知道哥白尼体系如何运作，理解他在计算星表方面所取得的一般成就时，将两个体系进行比较才有意义。如果新计算的星表比基于托勒密体系的阿方索星表（Alphonsine tables）更好，这不会是因为日心说本身，而只会因为新体系的细节质量更好。事实上，引入一套不同的坐标系，虽然可以使观测到的运动的数学表示更加简单，但并不能使之更准确。

10. 我们看到一些论述天文学历史发展的文献作者表示了震惊、失望或愤怒，认为哥白尼在摆脱了托勒密的桎梏，去除了其古怪结构种种徒劳的烦琐细节之后，自己却"重蹈覆辙"，再次使用了

---

① Copernicus (1) I, c. 10. (2) 27. (3) 112.

本轮①(偏心圆通常不太受人批评,因为它们被认为比较自然,即更容易在力学模型中实现)。这其实完全是误解。首先,托勒密体系并不像 16 世纪的亚里士多德物理学那样是一种桎梏,而是一种非常成功的尝试,试图通过地心坐标系对观测到的天文现象作数学表示;此外,哥白尼体系尽管作了简化,但在拯救行星运动的第二不均等性方面几乎与托勒密体系同样复杂,这也是可想而知的,因为实际需要表示的运动极不规则;最后,16 世纪的数学虽然在三角学领域超越了古代,所以球面三角的计算可以变得更容易,但几何学尚未达到以前的水平,代数则远不足以给出任何迹象,暗示能够借助于级数展开给出天体运动的解析式。

11. 因此,偏心圆和本轮在第二卷至第六卷中再次出现并不奇怪。更令人惊讶的是,哥白尼在开始讨论太阳、月亮和行星之前,通过假定地轴的两种独立的振荡运动,花了很大精力去拯救引出了颤动理论的岁差的不均等性(Ⅱ:16)以及所认为的黄道倾角的振荡,虽然这方面可资利用的事实数据还没有完备和准确到能够保证如此精细的构造。然而,他的确将其实现了出来,这典型说明了他对其天文学前辈的准确和诚实充满信任;②虽然哥白尼在认为有必要时敢于拒绝他们的理论,但从来都不敢怀疑他们观测的准确性。因此,他所表述的理论必须与所有传统观测相符合,这使他平添许多不必要的麻烦,特别是在岁差问题上。只是到了生命的最后,哥白尼才提出了并非没有根据的怀疑,即托勒密有时可

————————

①   Bertrand 26,35.

②   哥白尼在一封写给 Wapowski 的信中明确表达了这种信心。Prowe Ⅱ 177.

能对观测作了某种改动,以更好地符合自己的理论。[1]

我们这里不可能去追溯哥白尼天才的岁差理论的细节,也不可能论述他如何通过偏心圆和本轮来表示地球、月球和行星的运动。

12. 然而必须指出,在这一体系中,太阳绝非占据哥白尼在第一卷第十章中用崇高的言辞所描述的那种主导位置。行星轨道的所有拱点线相交会的中心点似乎是地球轨道的空的数学中心。太阳位于旁边某处,它只是照亮了整体。"日心说"并不能像"地心说"表达托勒密体系那样表达哥白尼体系的真实特征。

人们有时会说,太阳是恒星天球的中心,所以"日心说"得到了证明,但详细评注并热情捍卫过哥白尼体系的西蒙·斯台文已经注意到,[2]这种说法是没有意义的。事实上,我们可以立即针对日心说提出一种合理的反驳:地球围绕太阳的周年转动必定会在恒星和行星的行为中有所反映,于是,我们应当看到恒星每年描出封闭的轨道(这种所谓的恒星视差现象后来的确被发现,遂对该体系构成了强有力的支持)。为了避免这一困难,哥白尼不得不假定,恒星天球距离我们相当遥远,以至于我们觉察不到这一现象。于是,相比于恒星天球,地球轨道就像是一个点,但那样一来,把地球轨道内部的这个点而不是那个点看成恒星天球或宇宙的中心就没有任何意义了。

13. 尽管关于可允许的构造手段存在着意见分歧,但构想《天

① Rheticus (Prowe Ⅱ 391).

② Dijksterhuis (6) 158.

球运行论》时所处的整个思想氛围与《天文学大成》十分相似，以致我们在阅读它时会提出托勒密著作所唤起的那些问题：所有这些经过巧妙设计的运动体系的真正目的是什么？是对天体行为方式的数学分析吗（借用现代数学的说法，把观测到的运动分解成简单组分，就类似于把任意函数表示成正弦函数之和）？抑或作者是想宣称，空间中实际上有我们看不见的机制在起作用，在主导着我们所描述的运动，而我们只看到了最终的结果？

这个问题托勒密也曾碰到过，但现在变得更为紧迫。以前它只涉及我们通过直接经验无从知道的天界，而现在却适用于地球，我们自身的居所。在这种情况下，它陷入了一种无法摆脱的困境：所假定的地球运动是一种数学的虚构，抑或哥白尼真的相信，地球并非静止于宇宙中心，而是在绕轴自转和绕日公转？

14.《天球运行论》最初的读者无须为这种困境费心，因为这部著作本身之前有一篇序言，题为"与读者谈谈这部著作中的假说"，其中指出，作者只是想完成天文学家的任务，使我们可以借助假说来计算天的运动，但这些假说并不意味着断言它们为真或可能为真。关于这一点，天文学无法为我们提供任何确定的东西。如果有人把它为了别的用处而提出的想法当作真理，那么当他离开这门学科时，相比刚刚跨入它的门槛，他俨然就是一个更大的傻瓜。

后来人们发现，这篇序言其实出于负责监印这部著作的路德宗神学家奥西安德尔（Osiander）之手，他显然想通过这种方式先行应对这一新的体系可能面临的反驳，并试图避免它可能导致的冲突。哥白尼的地球运动理论被说成一种不要求任何实在性的数学虚构,而不是对真实事态的描述,这引起了哥白尼的忠实追随者的极大愤慨。因此,奥西安德尔立即被冠以"骗子"的污名,这种名声一直持续到 20 世纪。人们认为他出于不可告人的目的,肆意歪曲了这部托付给他照管的著作的作者的真实意图。

15. 但是现在,人们对他的判断已经有所不同：[①]首先,其思想所基于的数学—物理理论的目标和意义是完全站得住脚的；事实上,我们很有理由认为这种理论实现了人们对它的期待,它成功地构造出一个数学思想体系,其结果符合已有测量,并且被新的观测所证实；其次,哥白尼本人是否会像他的朋友们那样,在他死后义愤填膺地驳斥奥西安德尔的序言,这一点绝非确定无疑。那个写出《天球运行论》第一卷的哥白尼也许是如此,他似乎坚信,说太阳静止而地球运动是有意义的,而且认为他确切地知道地球以何种方式运动；但写出第二卷至第六卷的哥白尼却很难宣称他所提出的理论与奥西安德尔的有什么不同。的确,他有广泛的自由度,只要添加一个本轮就可以挽救所观察到的现象与简单理论的偏差；他还解释说,同样的现象有时可以通过完全不同的假说来拯救,甚至并不试图判定这些假说中哪一个在物理上最有可能；最后,特别是在水星那里,他的运动组合变得极为复杂,以致不可能认为它们能够在空间中物理地实现出来。我们可以一边阅读这些卷的内容,一边想着奥西安德尔的说明,这时我们丝毫不会感到矛盾。

这里富有意味的是,哥白尼似乎并没有响应奥西安德尔的建

---

① 比如 Koyré 在 Copernicus（3）13 中就是这样说的。

议,在出版的著作中加入一篇依照上述思路所写的序言。[①] 而且,他可能怎样回答？因为他很难要求地球运动拥有物理实在性,他显然没有把这种实在性赋予他对其他行星运动的构造。开普勒已经注意到,进行思辨的哥白尼与进行计算的哥白尼完全不同;[②]我们前面对第一卷的作者与其余各卷的作者之间所做的区分正在于此。[③] 然而,整个这件事有很大的不确定性,我们并不清楚哥白尼是否知道他的书中包含了奥西安德尔的序言。的确有报道说,[④]当《天球运行论》的第一个副本被运到弗劳恩堡时,他已经到了弥留之际,失去了知觉,所以无法亲眼看上一看。但后来又有报道称,[⑤]他一年前就已经拿到了校样,其中含有奥西安德尔的序言;据说他对此感到愤怒,但没有证据表明他责令将其取消。

16. 无论如何,对于奥西安德尔写作这篇序言所可能有的意图,我们除了承认,很难有其他感觉。地球双重运动的观念与植根于信仰和科学的通行宇宙观严重冲突,就它不只是一种为了简化天文学计算而作的数学虚构而言,它所能获得的有说服力的论证少得可怜,一旦为职业天文学家以外的人所知晓,成为讨论对象,便会面临巨大困难。先让职业天文学家研究它,再把其结果与观测结果相比较,这样做只有好处。其最有效的实现方式莫过于暂时强调严格的技术-天文学特征,毕竟,新学说无疑拥有这种特征。

---

①　Kepler in *Apologia Tychonis contra Ursum*. (1) I 236-76.

②　Kepler in *Astronomia Nova*, c. 33. (2) III 237. (3) 222.

③　从这里开始一直到本段结束,均为英译本所加。——译者注

④　Letter from Tiedemann Giese to Rheticus (Prowe II 419-21).

⑤　Zinner (2) 252. Letter from Praetorius to Herwart of 1609. Zinner (2) 454.

在读到《天球运行论》开篇致教皇保罗三世的献辞时，我们的印象是，这必定与作者的意愿相一致。事实上，在这篇献辞中，他说自己预见到他的理论会被斥之为荒谬，所有没有能力作判断的人都会加入进来讨论，因此，根据毕达哥拉斯学派的习惯，他曾考虑只对少数门徒公开它，而且即使这样也只是口头传授。只是在他的朋友的怂恿下，他才决定出版这部著作。在"数学的〔即天文学的〕东西是写给数学家的"（*Mathemata mathematicis scribuntur*）这句名言中，他清楚地表明了他希望写给什么样的读者。奥西安德尔的序言只会促进这一愿望的实现。

17．最后，我们要讨论两个经常针对哥白尼的工作提出的问题：其工作的原创性有多大，其著作的出版导致了什么后果。

关于他的原创性，今天我们有时会听到一些怀疑的说法。[①]寻找所谓的先驱者一直是科学史学家所热衷的活动，这有时似乎会加强这种怀疑。在这方面，人们转向认为地球在运动的毕达哥拉斯主义理论，转向赫拉克利特和阿里斯塔克，转向奥雷姆、库萨的尼古拉、达·芬奇，甚至会提到卡尔卡尼尼，并且在雷吉奥蒙塔努斯和博洛尼亚天文学家诺瓦拉（Domenico Maria da Novara）的著作中看到了天文学思想即将复兴的迹象（哥白尼在意大利求学期间与后者结识）。这种研究当然总是有价值的，即使由此得出的结论并不总是有足够的证据。属于这种结论的例子无疑包括，阿里斯塔克认识到，通过地球的双重运动可以拯救天的周日旋转以及太阳和行星相对于恒星的某些运动现象（I：78）；同样可以确定

---

① Russell 21.

的是,哥白尼不需要再对奥雷姆处理地球绕轴自转的方式进行改进(Ⅱ:151)。

但是,在哥白尼这里,这种对先驱者的研究所得出的最终结论与许多其他情况没有什么两样:每当我们发现一个新的先驱者虽然持类似看法,但并没有将其实现,那么完成了这项工作的人的功绩就显得更大。天才的想法对于科学的进步当然是不可或缺的;思考解释现象或构造理论有哪些可能方式始终很重要,而且经常富有成效。但不应忘记,使科学得以发展的成就源自这样一些人,他们经年累月地艰苦工作,力图克服把一种幸运的想法变为一个完整的思想体系时不可避免会遇到的困难,力图将自己的想法变成完备的理论,并把可能性转化为现实。与他们相比,先驱者们虽然的确预见到应当采取何种进路,但出于种种原因并没有这样做,或者过早地停止下来。

18. 哥白尼的工作所导致的后果极为深远,首先是对天文学,其次是对一般自然科学,最后是对整个人类思想。① 人们总是直觉地将他视为最卓越的革新者,有时甚至没有意识到,他在思想的一般风格和一些具体观念上仍然强烈地依附于过去,没有充分区分他本人和那些继续和完成这一革新的人的工作的影响;他虽然发起了这种革新,但并未将其完成。自康德以降,②"哥白尼革命"已经成为表达激进的观点转变的固定说法。在科学史上,1543 年也被当作划分中世纪与近代的实际年份。

---

① Natorp.

② Kant, *Kritik der Reinen Vernunft*,第二版前言。

19. 然而,如果我们回到 16 世纪,那么很快就会发现,哥白尼的成就无论在后来的影响有多么大,起初却不太受人注意,直到他去世后大约半个世纪才开始有了显著影响。虽然没过多久,一些国家就有了自称哥白尼追随者的天文学家,但与此同时,仍然有人继续拒斥他的体系,这些人作为天文学家并不必然逊色于哥白尼的追随者。还有一些人虽然因为哥白尼在天文学上的成就而对其大加称赞,并乐于使用伊拉斯谟·莱因霍尔德(Erasmus Reinhold)曾经基于他的理论而计算出的所谓"普鲁士星表"(Prutenic tables),但并未宣称拥护日心观念。在讨论了《天球运行论》两部分之间的对比之后,我们看得很清楚,这种态度是完全可能的。也许听上去有些奇怪,它甚至符合哥白尼原本打算遵循的做法;事实上,他虽然打算计算和出版新的星表,但并未提及编制星表所基于的假说。①

实际上,普鲁士星表是出版《天球运行论》的唯一直接成果,也是第一项受到普遍关注的成果。在许多方面,它都优于阿方索星表,但如果我们没有正确地设想历史情况,误以为天文学的复兴在几乎还没有开始时便已经完成,那么其优越程度肯定达不到我们这种不自觉的预期。我们已经部分解释了为什么会这样:引入日心世界图景本身并不能使星表更精确;要想达到这一点,只能通过设计出运动体系来更好地表示观测到的位置,或者改进这些位置本身来实现,对于后者来说,还需要新的更加精确的观测。然而在这些方面,在著作开始时,哥白尼并非明显优于托勒密,而他本人也绝非亲自去弥补缺陷的观测者。这同样可能与他的科学自然观

---

① 　Rheticus in *Encomium Borussiae*. Prowe II 373.

的本性有关。他深信宇宙结构的简单与和谐,满足于用最低限度的观测来确定理想运动体系。这一方面产生了激励作用,另一方面却阻碍了必要的经验态度。

由此,哥白尼之后的天文学最需要什么就很清楚了:更多、更精确的观测数据,以及为了收集这些数据而改进天文观测方法。幸运的是,丹麦天文学家第谷·布拉赫出现得恰逢其时,他同时满足了这两个要求。

第二节   第谷·布拉赫[①]

20. 第谷·布拉赫在其位于汶岛(island of Hven)的天文台天堡(Uraniborg)度过了 20 个年头。借助于改进的或新的仪器,凭借着无与伦比的观测禀赋,他把观测天文学提高到前所未有的水平,这也是望远镜发明之前的最高水平。由于技术性过强,我们无法详细讨论他的仪器[②]、测量方法和所做的观测,就像无法对哥白尼作深入的理论探讨一样。因此,我们只对他所取得的成果略作介绍。这包括改进若干天文学常数,发现月球运动的两种新的不均等性,编制了精度更高的月亮和太阳星表、含有 1000 颗恒星的带有新测量的经纬度的目录以及大气折射表,证明彗星并非普遍认为的大气现象,还收集了大量行星位置的观测数据。当他 1597 年离开汶岛时,这些材料仍然有待加工整理。第谷对我们这

①   Dreyer (1),Gade,Zinner (2).
②   Tycho Brahe (2).

种列举肯定不会满意，他还会另外补充一条作为其首要成就，那就是一种新的理论世界图景，它结合了托勒密体系和哥白尼体系的优点，同时又避免了两者的缺点。因为虽然第谷在仪器制造和观测方面的禀赋要比构造理论大得多，但他总是对后者情有独钟，认为自己的真正使命就是，不仅通过他的观测为实现天文学目标做准备，而且亲自去践行这一目标。

21. 第谷是感觉异常敏锐的天文学家，当然知道接受日心观点会给世界图景带来多大简化；但他仍然受制于亚里士多德的观念，还无法摆脱反对地球运动的论证的影响。托勒密给出了这些论证(I：79)，但奥雷姆和哥白尼对此作了反驳(II：151；IV：4)。在与哥白尼派天文学家罗特曼(Rothmann)的通信①中，第谷补充了一个即将变得非常有名的论证：倘若地球自西向东旋转，那么向西射出的炮弹要比向东射出的炮弹射程更远。因为在前一种情况下，地球就好像与炮弹相向前进，而在后一种情况下，炮弹则必须赶上地球。至于有人反驳说，大炮和炮弹都会参与地球的自然运动，他用亚里士多德自然观中的本质性内容加以回应：我们无法设想这种自然运动和火药所引起的极端受迫的运动会互不干扰地彼此共存。

最后，和当时大多数人一样，第谷也认为哥白尼体系违背了基督教信仰。他希望能够找到一条出路以走出困境，那就是在用哥白尼体系取代托勒密体系的过程中只走一半，停在我们在 IV：6 中所描述的中间阶段：与哥白尼相同的是，他让行星围绕太阳旋转

---

① 　Tycho Brahe，*Epistolarum astronomicarum Liber*．(1) VI 218 ff.

（更确切地说，是围绕太阳附近的中心旋转）；而与托勒密相同的是，他保留了地球的中心位置。

22．第谷从未将这个他非常珍视的体系成功地发展到超出一种天才的可能构想的程度，这类似于欧多克斯、赫拉克利特和阿里斯塔克的体系。他从来没能像托勒密和哥白尼那样，把它加工成一种关于太阳、月亮和行星运动的完备理论，在此基础上编制出新的星表，以观测结果相比较。这或许可以部分归因于他的理论天赋不足，但还有另一种影响在起作用，使得借助于古代天文学的方法，用偏心圆、本轮和重新受到重视的偏心匀速点来拯救现象越来越困难。这种影响源于他本人：只要天文学家的最高理想是哥白尼式的，即把行星的位置限制在 10 弧分的精度之内，那么理论与观测之间的许多偏差便可掩盖起来。但是，当第谷把测量精度减小到两弧分，有时甚至减小到 1 弧分或 30 弧秒时，他必须把理论体系框架与观测数据之间的符合程度保持在同一精度，因此运动表示变得愈发困难；他很快就意识到，必须设想行星轨道的偏心率是可变的，并让它们的轨道尺寸振荡着发生变化，但即便如此，这一体系也没有能够符合事实。第谷所追求的理想因其本人的工作而变得越来越难以实现。为了打破这种恶性循环，必须有一位更年轻的天才出现，他较少受传统束缚，想象力更为丰富，思想上更加无畏。幸运再次降临天文学，这个人适时地出现了。我们后面会详细讨论这位天文学家，那时将会看到，利用第谷所收集的数据，他所完成和宣扬的不是第谷本人的理想，而是哥白尼的理想。

23．这再次表明了第谷命运中的一个奇怪特征，即通过他的天文学工作，他直接或间接促进了观念的胜利，帮助摧毁了他所处的流行思潮。他1572年观察到新星,1577年观察到彗星,后来又证明这些现象都发生于天界,由此动摇了亚里士多德关于天界不变的教条。在努力改进现有行星体系的过程中,他证明那种在他看来唯一可以设想的方法是错误的。最后,他为开普勒提供了必要的武器,使一个他所拒绝的宇宙体系战胜了他本人的体系。

24. 即使是简要概述第谷的科学人格,也不能不提他的炼金术和占星学思想。其具体情况不必在这里讨论,但知道他有这些思想,却有利于我们理解他的天文学成就。他怀疑,研究地界物质的属性与研究星辰的属性从根本上说是一致的。因此,他一直进行着化学研究,有时甚至不惜牺牲其天文学工作。他在天堡不仅有一个天文台,而且还有一个化学实验室。他还确信,天界现象与地界事件之间存在着重要关联。因此,虽然他强烈指责占星学的实际做法,但在一种理想的意义上,他一直是占星学的追随者。他思想中的这两个方面显示了那种源于斯多亚派的根深蒂固的宇宙论信念,相信宇宙万物之间存在着内在关联,这构成了许多大科学家的灵感来源。

第谷本人在两幅装饰图中富有意味地描绘了这种信念,分别印在他某部著作的标题页和末页。在一幅图中,他靠在一个地球仪上,手拿罗盘,仰望天空,旁边写着“仰视的我向下看”(*Suspiciendo despicio*)。在另一幅图中,他的目光转向化学仪器,手臂上缠着一条蛇(象征着医学,也受占星学信念的支配),旁边写着“俯视的我向上看”(*Despiciendo suspicio*)。[①] 用现代的话说:天文学有助

---

① Tycho Brahe,*Astronomiae instauratae Mechanica*.(1)Ⅴ 3,162.

于理解原子论,原子论则有助于理解天界发生的过程。

第三节 约翰内斯·开普勒[①]

25. 1600 年,开普勒成了第谷的助手。其间,第谷离开天堡到了布拉格,为神圣罗马帝国皇帝鲁道夫二世(Rudolpf II)效力。此时,开普勒已经是一位知名的天文学家,这主要是因为他 1596 年出版的著作《宇宙的神秘》(*Mysterium Cosmographicum*)。在这本书中,他试图根据哥白尼的学说发现行星体系的规律性,并说明行星为什么恰好是六颗(已知的五颗外加地球)。

由哥白尼的假说可以推出,如果已知诸行星与太阳的距离之比,便可根据正确的比例构造出一个行星体系模型。这显然是可能的。我们知道,在托勒密体系中,每颗行星的本轮与均轮半径之比都可由观测导出,只要让内行星的均轮与太阳绕地球的轨道重合,并使外行星的本轮与太阳绕地球的轨道全等,就可以用哥白尼体系取代托勒密体系。于是,内行星的本轮半径与外行星的均轮半径都可以用日地距离表示出来,这样便知道了所有行星与太阳的距离。

1595 年,开普勒获得灵感,想到行星之所以有六颗,是因为恰好有五种正多面体。行星与太阳的距离必定与这些多面体的内切球和外接球的半径有关。在这一灵感的启发下,他对体系结构作了如下构想:

---

① Caspar in Kepler (2) (3) (4).

　　如果把一个六面体内接于土星天球（即以太阳为中心的球，土星轨道位于球上），那么这个六面体的内切球将是木星天球。再把一个四面体内接于木星天球，则该四面体的内切球将是火星天球；以同样的方式进行下去，则十二面体、二十面体和八面体的内切球将依次为地球天球、金星天球和水星天球。行星之所以有六颗，恰恰是因为六个同心球提供了五个居间空间，可以依照上述方式嵌入五个正多面体。开普勒确信这绝不可能出于偶然，认为他已经部分揭示了上帝的创世设计的奥秘。

　　26. 我们自然会问，这种精神氛围的实质到底是什么。开普勒确信宇宙结构可以用数学来描述，在神学上相信上帝在创世过程中以数学思考为指导，坚信简单性同时也是真理的标志，数学的简单性等同于和谐与美，最后，恰好有五种正多面体，这样一个引人注目的事实满足了规则性的最高要求，因而必定与真实的宇宙结构有某种关系：这些都是毕达哥拉斯-柏拉图世界观的典型特征，在这里表现得和以前一样生动。这是《蒂迈欧篇》的思想风格，经由一种若隐若现但从未中断的传统，它在整个中世纪公然藐视亚里士多德主义的统治，在 16 世纪又再次显示出来。

　　27. 然而，此时还有一种新的因素加入进来，只有它才能使这种思想风格充分实现对科学发展的价值。对自然内在机制的直观把握一直蕴含着一种危险，它虽然富有魅力，但往往徒劳无功。这其中是否真的包含某种真理，只有通过经验验证才能知道；对于科学所不可或缺的想象，我们永远不能不以怀疑的眼光来看待。现在，也许从来没有一位科学研究者像开普勒那样有如此丰富的灵感，同时又对灵感有如此批判的态度。他虽然浮想联翩，但头脑一直十分冷静。他固然为想象所吸引，但事后又会清醒而耐心地检查想象所展示的东西是否真的站得住脚。正是通过灵感与严格的这种结合，才能使毕达哥拉斯主义真正富有成果，使数学神秘主义服务于科学。

28. 事实证明，开普勒对行星体系与柏拉图立体之间关系的想象是站不住脚的，就像柏拉图在其中四种立体与四元素的原子形式之间建立的关联一样（Ⅰ：17）站不住脚。不过，天文学却得益于两位天文学家卓有成效的接触。在实现自己的灵感时，开普勒发现不得不考虑行星轨道的偏心率，所以必须用同心球壳来取代他最初依次嵌入各个多面体的数学天球，其球壳厚度恰好能够容纳与两个界面相接触的偏心轮。然而要想做到这一点，他需要有这些偏心率的精确值。在这方面，没有人比第谷更能帮助他，而作为观测家，第谷在整个欧洲一直享有盛名。于是，正是开普勒的自我批评和精确性促成了这种关系，从而使天文学最终发生变革。

29. 在本书中，我们只能将有关个人生平的内容忍痛割爱，无法讨论权威的第谷和比他年轻得多的助手之间所面临的困难。这两位名人很不相同。开普勒虽然外表谦和，但到紧要关头却惊人地自信。我们只讨论阻碍他们合作的纯科学的意见分歧。首先，开普勒对哥白尼的学说深信不疑，所以对第谷的折中体系毫无偏爱，而第谷却对它十分珍视，以致临终时还将它推荐给开普勒。①此外（我们必须回到当时人的想法，认识到意见分歧的影响），开普勒强烈反对太阳在第谷体系和哥白尼体系中只占据次要地位。第

---

① Gassendi, quoted Kepler (3) 401.

谷和哥白尼都让所有行星轨道的拱点线交于太阳附近的一个数学点,太阳只具有一种光学功能,即照亮行星体系,而不是支配行星体系。这个例子再次表明,即使在最严格的科学中,超理性观念也会产生巨大的影响。而开普勒则基于宗教理由无法接受它,这是对太阳的尊崇使然。在他看来,太阳不仅是世界的光源,而且也是其力量之源;行星的运动不仅绕太阳进行,沐浴在它的光芒下,而且还由太阳所引起。他用带有神秘意味的语言表述了这种思想,把太阳、恒星天球和居间的宇宙空间比作三位一体:太阳作为静止的中心和力量之源对应于圣父;为行星运动提供空间的静止的恒星天球对应于圣子,它同时也产生和维持创造过程;弥漫于宇宙空间内部的太阳的推动力对应于圣灵。

这或许显得有些牵强附会、徒劳无益和无关紧要,但问题与其说是这种思辨向今天的读者传达了什么,不如说是它们对开普勒本人的思想意味着什么。神秘主义、数学、天文学和物理学在他的思想中有密切关联,可以说是纠缠在一起。他从世界图景过渡到神的三位一体不费吹灰之力,我们很可以设想,他在两者之间看到的相似性启发他提出了最有成效的一种观念,那就是把太阳看成行星运动的动力因。

30. 不过,开普勒暂时还没有阐述这一想法。他面临着一项具体任务,那就是根据第谷对火星位置的观测设计出火星的运动体系。关于他完成这项工作所要克服的困扰他多年的巨大困难,我们已经深有了解。他向读者倾诉了使他得出最终结论的所有思考,而且事无巨细,不厌其详:关于他开始时怎样误入歧途,后来又如何回归正路,并最终发现真理,任何细节都没有遗漏。在这方面,开普勒的习惯完全偏离了古代数学传统。

特别是在其伟大的著作《新天文学》(*Astronomia Nova*)中,开普勒极为详细地描述了自己发现火星运动真实状况的过程。它讲述了一个引人入胜的故事,其中贯穿着憧憬和失望,新的努力和新的失望,苦恼于原本是愚蠢的想法,艰苦难耐的计算工作和持之以恒的顽强毅力。那些有勇气悉心研读它的人将会坚信,有朝一日,美妙而简单的真理一定会从第谷的一串串数字中浮现出来:这真是一场与天使的角力,天使最终也赐福于他。它导向了当时科学的最高领域,这里无法重述。不过,这是思想史上最重要的事件之一,甚至是本书所述变革主题的真正转折点。因此,我们将尝试至少给出研究的大体思路,从而使读者大致有个印象,在第谷去世的 1601 年(开普勒终于可以自由使用火星观测数据了)与新天文学诞生的 1609 年之间,开普勒那个既火热又冷静、既富于幻想又明察秋毫的头脑中到底发生了什么。

31. 初看起来,这一切似乎很简单:观测数据足够多,所要采用的方法也已知晓。开普勒必须尝试设计出一种与观测到的位置相符合的偏心运动。如果未能成功,就必须再次使用二分的偏心率,即也假定偏心匀速点(I:73)。这是一项计算量极大的工作,但这并没有吓倒开普勒,他希望能在几个月内完成。没过多久,希望便化为泡影。首先,他必须克服一些技术困难,这与他和第谷关于太阳位置的意见分歧有关。但即使是在此之后,计算也显得艰难异常(当时必须在完全没有对数的情况下完成),以致他费了几年时间才提出一种假说,可以将他利用的火星位置精确到 2 弧分。他所设计的图景是这样的:在图 16 中,行星描出一个带有二分偏心率的偏心圆。圆心为 C,太阳位于 S。偏心匀速点 A 位于拱点线上,使得 $CS/CQ=0.11332, CA/CQ=0.07232$。远日点位于狮子宫 $28°48'55''$ 的位置,即太阳看到点 Q 位于黄经为 $148°48'55''$ 的点上。[①]

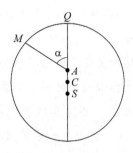

图 16　开普勒对火星运动的第一次表示(*hypothesis vicaria* [替代假说])。
　　　 C:轨道中心。S:太阳。A:偏心匀速点。M:火星。行星通过远日点 Q 之后,$α$ 的变化与时间成正比。$\lambda_Q = 148°48'55'', CS/CQ = 0.11332, CA/CQ=0.07232$。

32. 这一结果或许已经可以满足最苛刻的天文学家,而且已经超出了哥白尼的最高预期。但开普勒从未满足于此,其本能总是警告他,不要过早地认为目标已经达到。虽然他所运用的所有火星位置都已经得到足够精确的表示,但它们全都或位于某一拱点附近,或与之相距大约 $90°$。为此他作了核对,针对距离为 $45°$ 或 $135°$ 的情形把计算出的位置与观测到的位置作了比较,发现有 8 弧分的差异。这已经足以使他放弃整个理论。在托勒密和哥白尼那里,精度达到 10 弧分,他们可能会毫不迟疑地认为这 8 弧分

---

① 狮子宫为黄道第五宫,黄经从 $120°$ 到 $150°$。——译者注

已经能够证明他们的假设是正确的,但是,正如开普勒在第十九章结尾的一段名言中所总结的:

> 既然神明出于仁慈赐予我们第谷·布拉赫这样一位认真细致的观测者,而他的观测结果揭示出托勒密的计算有 8 弧分的误差,那么我们理应怀着感恩的心情去接受和享用上帝的这份恩赐。因此,最后让我们费些力气,根据那些证明了所作假设是错误的证据,去探寻天体运动的真实形状。我本人将尽我所能去做这件事……所以,仅仅这 8 弧分就已经为天文学的彻底变革指明了道路;它已经成为本书大部分内容的基本材料。

33. 此后,开普勒暂时离开了对火星轨道的构造,开始细致地研究地球绕太阳运动的实际路径。根据哥白尼的理论,这种运动反映在行星运动的第二不均等性中,所以地球运动理论的不完美就好像要蔓延到行星运动理论中一样。借助于一种确定日地相对距离的卓越的新方法(想象从火星轨道上的一个固定点观察地球轨道),开普勒表明,对于地球来说,偏心率也必须二分,即地球轨道也有一个偏心匀速点。如果图 17 中字母的意义同上(只不过行星现在被地球 E 所取代),那么现在有:$CA = CS$,$CS/CQ = 0.018$,[①]远日点 Q 位于黄经 $95°30'$。

34. 到这里为止,所有内容在《天文学大成》中都包含了。但

---

① 英译本误为 $CS/CQ = 0.009$。——译者注

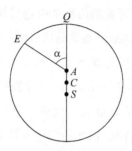

图 17 开普勒对地球运动的表示。S：太阳。A：偏心匀速点。C：轨道中
　　心。E：地球。$CS=CA$。α 在地球通过远日点 Q 之后随时间变化。
　　$\lambda_Q=95°30'$。$CS/CQ=e=0.018$。

开普勒现在敢于引出一个托勒密本可以得出但没敢得出的结论。
托勒密在利用偏心匀速点时（见 Ⅰ:73），试图通过引入偏心匀速圆
来掩盖一个事实，即他已经引入了一种非匀速圆周运动，从而严重
违背了柏拉图的公理；而开普勒却毫无顾忌地接受了这一结果，宁
愿研究行星在沿轨道运转时速度如何变化，而不是对速度变化的
事实视而不见。他首先近似地证明，行星在近日点和远日点的线
速度与这些点到太阳的距离成反比，然后又把这个简单的结果大
胆但却无端地推广到轨道上的任何一点。就这样，他得到了被认
为对所有行星普遍适用的关系，即半径与速度成反比。接下来，我
们将把这个（错误的）定律称为距离定律。

以上结论可以归结为如下两个命题：

（1）行星描出带有二分偏心率的圆。太阳位于偏心率线段
（AS）的一个端点。

（2）行星沿轨道的线速度反比于它和太阳的距离。

35. 到目前为止,开普勒的整个构造都是纯运动学的;它既能与奥西安德尔所主张的数学观念相容(即对假说的唯一要求就是,由它所导出的结果应当与观测相一致),又能与实在论观点相容(即它必须描述天体的实际运动)。开普勒到底持哪种观点,阅读其著作的人很快便会心知肚明。他信心十足地持第二种立场,并认为这也是哥白尼的立场,因此他完全不赞成奥西安德尔的序言。假说不仅要与观测数据相一致,而且也必须是真的。如果同一种现象可以用两种不同假说来拯救,那么一定要力图找到物理的或形而上学的论证,以确定其中哪个对应于实际事实,或者表明两者都不是真的。

我们已经知道开普勒借以做出这种决定的一个标准:定量关系的简单性(与和谐同义)是真理的标志;我们之所以认为哥白尼体系比托勒密尼体系更可取,就是因为哥白尼体系所给出的世界图景更容易理解,能够更好地满足我们的秩序感和规则感。

36. 但是现在,《新天文学》对此又有了新的考虑,这部著作的完整标题已经宣布了它。这一标题的相关部分是 *Astronomia Nova ΑΙΤΙΟΔΟΓΗΤΟΣ seu Physica Coelestis*,即"探究原因的新天文学或天界物理学"。此标题蕴含着一种纲领:现在,开普勒不再满足于对天界事件作运动学描述,还试图追溯它们的原因;他将为运动学补充一种关于天体运动的动力学理论。

这种对其任务的构想当然与他关于天文学假说本性的实在论观点密切相关。要想说明某件事情如何会发生,必须首先确切地知道它的确发生了。如果不把某一运动体系看成实在的一种表现,而是当作一种数学虚构,为的是通过计算获得经得起实验检验的结果,那么追问该运动体系的原因是没有什么意义的——除非也把这些原因看成数学虚构;后者是讲得通的,但并非开普勒的观点。恰恰相反,我们越是能够对事实做出更好的因果解释,就越相信运动图景代表了真实事态。

37. 我们将会看到,开普勒没能获得关于行星运动动力学的具有持久价值的结果。不过,他对距离定律所刻画的行星运动的原因所做的思辨在历史上仍然极为重要。因为如果不考虑巴黎唯名论者把冲力概念应用于天球的运动(Ⅱ:112),这乃是朝着天体力学这一经典科学重要成果的方向迈出的第一步。在科学史上,我们很少有机会能够这样近距离地审视思想的彻底剧变,而且是与本书主题密切相关的转变。

至于这种转变源自何处,开普勒最清晰的说法也许可见于他为《宇宙的神秘》第二版(1631年)中为1596年的文本补充的说明。针对行星的线速度随着与太阳距离的增加而减小这一事实,他在第二章写道:[①]

> 因此,我们必须确立以下两个事实中的一个:要么(行星的)施动灵魂(*animae motrices*)随着与太阳距离的增加而减弱,要么只有一个施动灵魂位于所有轨道的中心,即太阳。物体越接近它,它所产生的推动作用就越强,而对于更远的物体,它会因为距离遥远以及(随之的)力量减弱而变得无效。

---

① Kepler (4) 126.

1623 年,他又补充了如下注释:①

> 倘若用"力"(*vis*)这个词取代"灵魂"(*anima*),我们
> 就得到了火星评注(即《新天文学》)中天界物理学所基于
> 的原理。

38. 表面看来,这似乎只是换一个词的问题,但这两个词却代表着完全不同的思路。用"力"来取代"灵魂",意味着放弃一种泛灵论,而采取一种机械论的观念。正如开普勒在另一处所表示的,他将不再把自然看成一种由神赋予灵魂的东西(*instar divini animalis*),而是看成与钟表类似(*instar horologii*)②。

开普勒年轻时曾经非常认真地研读过斯卡利格的《通俗练习》(*Exercitationes Exotericae*)③。起初,追随着斯卡利格的想法,开普勒拥护斯多亚派的观念,认为行星拥有一种理智或精神(*mens*),它使行星能够自行找到穿越天界的道路。中世纪关于天界灵智推动行星天球的流行观念被证明是站不住脚的,因为第谷根据对彗星的观测得出结论说,彗星在这一过程中必须穿越所有这些天球;但经过这种反驳,基本的泛灵论观念却留存下来;正如这里所显示的,人们甚至以更强的形式接受了它。

39. 现在,开普勒和往常一样开始认真研究这样一个问题:行星的这种精神如何能够使其自行完成天文学家所确定的复杂运

---

① Kepler (4) 129.
② Kepler (1) II 84.
③ Kepler (1) I 2. (3) 401.

动。即使是最简单的情形，也已经涉及巨大的困难。如果轨道是
一个简单的偏心圆，即行星（图 18）绕圆心 C 均匀运动，而太阳在
S，那么可以想象，这种起推动作用的精神会不断给出正确的距离
$P_1S, P_2S, P_3S, \cdots$ 只要注意 S 的视直径，它可以成功地使行星与不
可见的数学点 C 保持恒定距离。但是由于偏心率的二分，这要变
得困难很多，因为那样一来，这种精神将不得不把与 S 的可变距离
与可变的线速度结合起来，使与 C 的距离保持不变。对于本轮运
动来说，我们完全无法理解，既然数学的本轮中心不含精神，它又
如何能够沿均轮运行呢（无论运动是否均匀）？

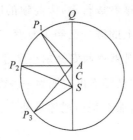

图 18　行星的精神推动行星运动，必须保持与 S 的正确距离，同时保持
　　　　CP_i 恒定，角 QAP_i 必须均匀变化。

40. 所有这些在《新天文学》的第二章中都有详细讨论，但事
情还远没有结束。开普勒还要不断回到它，很不情愿地放弃了他
曾经珍视的想法，只不过在此之前还设想过外援的可能性。之所
以最终会放弃，主要是因为他在距离定律中阐述的可以定量化的
简单关系对他产生了影响，这种关系使我们不由自主地想起了亚
里士多德意义上的杠杆作用。行星与太阳距离越远，运动就越慢，
因此也就显得更重；悬在杠杆上的重物距离支点越远，也会显得越

重(即产生的作用越强)。认为行星、太阳或两者之中存在着一种有意识的灵智,而不把它赋予横杆和悬在它之上的重物,这是合理的吗?假如我们把杠杆的行为归之于某些自然力的作用,造物主已经把这种作用置于造物之中,并维持它们不变,那么我们有什么理由不认为天体的运动也是一样呢?

41. 在亚里士多德的忠实信徒看来,这种论证当然完全不能令人信服:天地迥异,上述类比推理完全不能容许。不太正统的亚里士多德追随者已经不再认同这种反驳:我们已经看到,受地界运动现象的启发,巴黎唯名论者径直把其冲力概念运用于天球的运动。自从哥白尼把地球看成行星,天与地的旧有对立就从根本上被颠覆了。既然空间上的区分已经不复存在,我们还怎么能坚持它们有本质不同呢?既然奥西安德尔在序言中为哥白尼体系附加的保护层已经剥掉,它已经不再被视为一种数学虚构,而是声称给出了宇宙的真实结构,那么哥白尼体系便可清楚地显示出对传统世界观的破坏。

42. 于是,开普勒用"力"取代了"灵魂"。这果真是巨大转变么?在某种意义上当然不是。灵魂是一种未知的动因,假设其存在是为了解释生命体的某种行为。力也是一种未知的动因,假设它的存在是为了解释无生命物体的某种行为。在两种情况下,能够确定的仅仅是行为。给行为的这种未知原因附上一个名字,并不能使我们更准确或更深入地认识它。

在另一种意义上,这种转变又是巨大的。把行星的运动归之于力,而不是灵魂,意味着希望把行星看成无生命的,因此它们服从无生命的物体所遵循的力学定律。谈及杠杆的理智,即表明希望把杠杆看成一个有意识、有生命的东西,因此它将服从适用于生命体的心理学定律。在两种情况下,我们在多样性之处创造出统一性,这也许对科学思想十分有利。在开普勒时代,有一种力学已经发展到敢于着手解决行星运动问题,即使这种勇气被证明是骄傲自大,它不久也会胜任这项任务。但是,尚未有心理学能够处理平衡行为。因此,当开普勒在行星运动理论中开始使用"力",而不是"灵魂"时,他已经朝着正确的方向迈出了第一步。这并不是因为"力"能够比"灵魂"解释更多的东西(事实上两者都没有解释什么东西),而是因为使用"力"这个词预示着一种努力,即考察力学能够在多大程度上帮助我们理解行星运动。

43. 这里我们可以在两种意义上谈论机械化,一种是认为天体运动服从于力学科学,第二种是把宇宙理解成一个被超自然智慧有意构造出来的机器。然而,在开普勒看来,这两种观念都不必然意味着天体是无生命的。至少,他仍然赋予地球一种植物性的灵魂。[①] 而在《新天文学》中,他放弃了这种观点。

44. "力"一词中蕴含的这种行星运动的机械论观念,当然仅仅意味着提出一种工作方案。开普勒需要进一步说明,行星的运动受什么力的支配,遵循什么规律。然而,由于力是未知的动因,要想做到这一点,只能通过指出类似情况,或者引入一种特设性的(*ad hoc*)力。开普勒采用了前一做法。1600 年出版了英国医生威廉·吉尔伯特(William Gilbert,我们将在 Ⅳ:172-182 中更详细地讨论他)的《论磁》(*De Magnete*),在这本书的影响下,开普勒

---

① Kepler, *Harmonice Mundii* Ⅳ, *c.* 4. (2) Ⅵ 237.

提出了一种行星体系的磁学理论。

45. 为此,开普勒接受了吉尔伯特关于地球是一个大磁石的观念,并把它扩展到其他行星和太阳。他设想太阳的磁力沿黄道面聚集成细环。根据格罗斯泰斯特和罗吉尔·培根的光论中的观念(Ⅱ:73),一种非物质的"种相"以射线的形式辐射出来。太阳绕着垂直于黄道面的轴旋转(预示着数年后沙伊纳[Scheiner]发现的太阳的绕轴旋转),使这些种相做旋转运动,旋转的种相作用于行星,拖着行星一起运动,否则行星会因惯性而保持静止。由于行星都是磁体,所以除了轻微的缓慢摇摆,它们的轴在空间中都保持固定方向。由于这些种相仅仅在平面中辐射,所以会在直径越来越大的圆周中传播,而圆的周长正比于直径,所以种相的密度反比于行星与太阳的距离的一次幂,而不是像在空间中传播那样反比于它的二次幂。作用于行星的推动力以相同比例减小。而根据(仍然是)亚里士多德的动力学基本定律,力正比于它所产生的速度,所以行星的速度反比于它与太阳的距离。这样就从动力学上为每颗行星导出了距离定律。

46. 当然,不难证明这种推导是站不住脚的。开普勒把地球的磁极等同于南北极,因此把地轴(除了小的摇摆)在空间中方向不变等同于沿地球上的一个圆行进的磁针方向不变。此外,他没有认识到,一般形式的物质惯性是指对某种运动状态的保持,因此保持静止状态只是惯性的一种特殊形式。最后,他使用了一条错误的动力学基本定律,得出的结果并非普遍有效。最大的问题依然存在:为什么并非每颗行星都以太阳为中心描出一个圆。

然而,我们在这里看到了天体力学的起源,自然科学的这一分支比任何其他分支更能指明整个科学的发展方向。它确立了科学所要秉持的理想，规定了今后笼罩在科学周围的气氛。17 世纪初，对天体现象的动力学讨论第一次摸索着迈出了步子；而到了17 世纪末，它将在牛顿的引领下实现开普勒的目标。

开普勒之所以在这一领域没能继续前进，主要是因为受到了其惯性观念的限制。"惯性"——正是他引入了这个词——在他看来仅仅是通常意义上的惰性：什么也不做，总想保持静止。静止就像黑暗一样，并不需要有原因；它们不是存在，而是存在的缺乏。但运动就像光一样，如果没有原因，就无法产生和维持下去。

47. 这种观念自然会遇到困难。它需要面对人所共知的对地球运动的物理反驳，特别是第谷在讨论中新近引入了关于向东或向西发射的炮弹的论证。开普勒在与天文学家法布里修斯（Fabricius）通信时就面临这一任务。基于自认为的惯性原理，开普勒无法同意哥白尼的观点，即所有地界物体，包括云、鸟、向抛的石头等等，都会自然参与地球的运动；他希望看到一条实际的物理链条驱使它们这样做。现在，地球对所有物体的磁吸引力提供了这种链条。与地球表面相隔一定距离的任何物体都可以被视为一个与地球相接触的锥体的顶点，此锥面内包含了将物体与地球连接在一起的所有链条，迫使物体参与地球的运动。这些链条所施加的力是垂直向下的，因此使物体向上运动需要用力。而如果侧向抛出物体，那么只有一部分链条会起阻碍作用，而另一部分则会起协助作用。由于没有任何一个方向受到偏爱，所以射程将不依赖于方向。如果没有吸引力，那么亚里士多德关于石头上抛后下落的论证已经可以决定性地反驳地球的运动；石头在竖直运动期间之所以会跟着地球走，是因为地球牢牢固持着它。假如石头到了更高的地方，吸引力有所减弱，它就做不到这一点；因此月亮的运行周期要远远长于一天。

48. 还要注意，虽然开普勒总是谈及地球吸引物体的力（添加形容词"磁的"当然没有什么意义，因为这只是赋予它一种比较熟悉的外观），但他有时还想到了相互吸引。① 地球和石头都受一种自然力的影响，这种自然力试图使它们结合在一起。即使这种观念与后来牛顿的引力理论有些类似，它们也有原则性区别，即物体受到的这种力被认为并不相等。它与物体的 *moles* 成正比。虽然 *moles* 这个词指"物质的量"即"体积"，但由于假定物体的密度相等，所以这里也可表示为质量。如果两个物体能够运动，则它们将结合于这样一点，该点将两物体中点之间的连线分成两段，其长度与物体各自的质量成反比。不难看出，导出这一断言的是什么动力学思路：我们注意到，其比例与处于平衡的杠杆相同，这让人怀疑它只是基于这种类比。

49. 上述插话中断了我们关于火星运动的运动学讨论。现在继续进行。开普勒起初仍然使用着已经被发现是错误的 IV：31 中的假说（现在被称为"替代假说"［*hypothesis vicaria*]），因为它至少给出了火星的近似位置。现在，他提出了任何行星理论若要编制星表都必须解决的一个根本问题，即计算行星在某一特定时刻的位置。为此，他必须知道（图 19）行星通过远日点 Q 后描出的

---

① 从这里一直到 48 段最后，英译本的内容与荷兰文原文及德译本完全不一致，这里按照德译本译出。——译者注

弧 QP 与所需时间之间的关系。

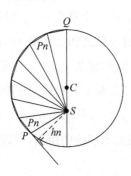

图 19　行星 P 围绕中心 C 描出一个圆，线速度反比于与 S 的距离。可否认
　　　为扇形 QSP 的面积是行星通过远日点 Q 之后所需时间的量度呢？

50. 这个问题远远超出了开普勒以及所有那些还不知道解析几何和微积分的数学家的能力，因此他只能将问题提出来，敦促数学家去寻求解答。然而他毫不畏惧，倘若不可能有精确解答，他就寻求近似解答。他这样想：由于根据距离定律，行星在轨道上 P 点的速度与半径 PS 成反比，所以经过某一轨道单元所需时间必定与 PS 成正比。通过适当选择单位，可以用 PS 来表示这一时间。他现在问：行星通过弧 QP 所需的总时间是否可以通过扇形 QSP 的面积（被看成它的所有半径之和）来表示。为此，他引用阿基米德作为依据，后者曾把扇形看成其所有半径之和。但开普勒是极具才华的数学家，不可能没有认识到这里提到阿基米德是不适当的，因为图 20 中的半径 CA 与圆周垂直，而图 19 中的 SP 则不然。如果在图 20 的弧 QP 中绘出带有 n 条边的规则的折线 p_n 和边心距 r_n，那么扇形 QCP 的面积就是以 C 为顶点、线段 p_n 为底的三角形面积之和，如果 n 趋于无穷大，则为 $\frac{1}{2} n \times p_n r_n$。这个

和可以写作 $\frac{1}{2}\,p_n\Sigma r_n$，于是，说扇形等于它的所有半径之和，就可以看成非严格地表达了这样一个事实：r_n 近似于圆的半径；Σr_n 可以看成近似于很大数目的半径之和。在图 19 中，我们也可以将扇形 QSP 的面积看成顶点为 S、底为 p_n 的三角形面积之和的极限，但这些三角形并不是等腰三角形。如果它们的高为 $h_i\,(i=1,\cdots\cdots,n)$，则这个和就成了 $\frac{1}{2}\,p_n\Sigma h_i$，但现在 h_i 并不趋近于三角形的一条边，而是趋近于从 S 到圆的切线的距离，所以不能把 Σh_i 看成半径之和的近似。

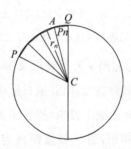

图 20　此图表明在何种意义上（与图 19 不同）可以将扇形 QCP 的面积看成其所有半径 CA 之和。

51. 然而，接下来是一种典型的开普勒式的推理：虽然在数学上站不住脚，但仍可把扇形 QSP 的面积近似地看成矢径从 S 掠过扇形所需时间的量度。这样，开普勒就得到了今天所谓的开普勒第二定律，因为它被视为对第一定律的补充，后者说，行星描出一个椭圆，太阳是它的一个焦点。但事实上，开普勒第二定律是在第一定律之前发现的；对于带有二分偏心率的圆周运动来说，它乃是基于距离定律的精确计算的近似。当开普勒后来得出结论说，真正的轨道形状是椭圆时，他没有再回过头来推导它，并且原封不动地予以接受。

现在，要表示行星通过弧 QP 的时间 t 就变得很简单了。如图 21,我们有：

扇形 QSP 的面积 = 扇形 QCP 的面积 + 三角形 CSP 的面积。

如果令 $CP=1,CS=e,\angle PCQ=\beta$（被称为偏近点角）,则有

扇形 QSP 的面积 = ½β + ½ $e\sin\beta$。

如果行星在时间 t 内通过整个轨道,则有

$$t/T = ½(\beta+e\sin\beta)/\pi \text{ 或 } \beta+e\sin\beta = 2\pi t/T。$$

如果令 $\beta+e\sin\beta=\alpha$,则我们就引入了这样一个随时间变化的量,它被称为平近点角,近似地表示"替代假说"中的 $\angle QAM$（图 16）。

$$\angle QSP = \upsilon,$$

$$PS = \rho$$

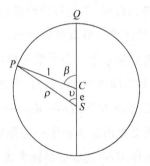

图 21　关于行星 P 通过远日点 Q 后所描出的弧 QP 与通过它所需时间
之间关系的推导。该时间表示为扇形 QSP 的面积。

然而,天文学与其说是想计算出行星到达给定位置的时刻,不如说是相反,即对于给定的时间找出 β 值来确定位置。

由 t 可以推出平近点角 $\alpha=2\pi t/T$。我们现在必须根据 $\beta+$

$e\sin\beta=\alpha$ 确定 β,这一方程在数学上被称为开普勒方程。解这个超越方程的困难远远超出了 16 世纪数学家的能力。但如果设想已经找到了 β 的近似值,那么行星的位置可以根据以下公式确定:

$$\rho = \sqrt{1+e^2+2e\cos\beta} \text{ 以及 } \rho\cos\upsilon = e+\cos\beta$$

根据前一方程可知行星与 S 的距离,根据后一方程可知角度 υ(真近点角),它给出了 S 从远日点 Q 看到 P 的距角,既然相对于日心的远日点经度已经知道,所以相对于日心的行星经度也可以确定。

52. 我们已经看到,开普勒是第一位敢于公开背离柏拉图公理一部分内容(要求所有天体运动都必须均匀)的天文学家。虽然对于该公理的另一部分,即只允许轨道为圆周,他还没有敢于背离,但是当他继续计算时,他发现自己已经不得不如此。事实上,在把上述方法用于确定日地距离时,他可以同时确定火星与太阳的一系列距离,而"替代假说"以足够的精度给出了行星相应的日心位置。现在,由三对这样的值就可以找到远日点的位置和被认为是圆形的火星轨道的偏心率。和往常一样,开普勒对自己的结果不放心,他针对三对不同的值作了计算,发现每次得出的结果都不同。于是他得出结论,火星轨道不可能是一个圆,所以他完全拒斥了柏拉图公理。天文学由此摆脱了一些限制,它们曾经在漫长的时间里产生过积极作用,但现在已经逐渐成为束缚。不过,这种摆脱将使天文学暂时变得有些茫然失措。

53. 现在,开普勒通过艰苦的计算,确定了行星轨道在何种意义上偏离了圆。它表明,行星距离拱点越远,根据观测结果计算出来的距离与根据目前假说计算出来的距离的差异就越大,即轨道两侧有些扁,呈卵形。

　　此时,动力学观念再次出现。开普勒试图从物理上解释一个迄今无法解释的事实,即行星在受到太阳发射出的随之旋转的种相的作用之后,并非以恒定速度绕太阳作简单的圆周运动。他在行星的内在推动力中发现了这种原因,正是凭借这种力,行星才围绕一个绕太阳作非均匀转动的点描出一个本轮。事实上,由此得到的轨道是一个卵形。通过把这一观念再次与"替代假说"大胆结合,开普勒得到了这种卵形的几何结构,但在试图运用面积定律时,他遇到了无法克服的困难,因为这需要计算面积。他用一个椭圆近似地替代了这个卵形(图 22),其长轴与近日点和远日点的连线重合,其短轴则给出了卵形中间的宽度。如果半长轴 a 的值为 1,则半短轴由 $b=1-e^2$ 决定。于是,椭圆与直径为长轴的圆所夹的新月形的最大宽度为 $e^2=0.00858$。

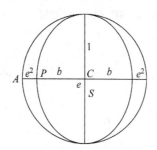

图 22　火星卵形轨道的椭圆近似,其长轴($2a$)为近日点与远日点的连线。
　　令 $a=1$,则短轴($2b$)为 $b=1-e^2$,其中 $e^2=0.00858$。

　　54. 开普勒这次对结果同样不放心,他在火星轨道上尽可能规则地选取了 19 个位置,通过计算火星在这些位置与太阳之间的距离来加以检验。然而,通过与卵形的椭圆近似相比较,只有当新月形的宽度为 0.00429 时,结果才符合。

　　这里,他获得了意外的帮助,这种意外只能降临到一个完全沉浸在问题中的人身上。在根据"替代假说"计算火星位置时,他经常会碰到所谓视差(optical equation)的最大值,即 CP 和 SP 两个方向之间的角度的最大值(图 23)。当行星位于 P_1,$SP_1 \perp CS$ 时,这个角达到最大值 φ,对于火星来说为 $5°18'$。有一次,他需要求这个角的正割,它等于 1.00429,其尾数恰好等于新月形的宽度。开普勒写道,[①]"看到这里,我仿佛从睡梦中醒来,重见光芒,我开始这样来推理":

　　在改进的卵形中(图 22),CA/CP 必须等于 1.00429,[②]这恰好等于 $\sec\varphi$;因此 $CP = CA \times \cos\varphi$。现在设想这一关系适用于(图 24)$S$ 与实际轨道上所有点 Pc 的距离以及位于 SPc 延长线与圆的相应交点 P 的距离,其中 φ 表示任一方向的视差,那么就得到了距离公式:

$$\rho = SPc = SP \cos\varphi = PM = 1 + e\cos\beta$$

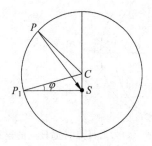
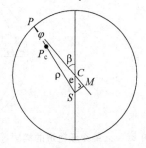

图 23　当 P 位于 P_1,$P_1S \perp CS$ 时,视差　　图 24　对图 22 的近似的改进。

（$\angle CPS$）达到最大值。$\varphi = 5°18'$,　　　　　　$SP_c = SP \cos\varphi$。

$\sec\varphi = 1.00429$。

①　Kepler,*Astronomia Nova*,c. 56.（2）III 346.（3）325.

②　开普勒这里用了 $1/(1-\delta) = 1+\delta$ 的近似。

　　开普勒发现,计算出来的距离与此符合得很好,因此可以确定以下两个关系:

$$\rho = 1 + e\cos\beta \tag{1}$$

$$\alpha = \beta + e\sin\beta \tag{2}$$

　　在用尽各种费时曲折的方法(这里将不去讨论)去确定轨道的真实形状之后,开普勒突然有了一个事后看起来很容易想到的想法,即不是用 $b = 1 - e^2$(给出了二倍宽度的新月形),而是用 $b = 1 - \frac{1}{2} e^2$ 的椭圆来逼近卵形线。他发现,这与观测到的位置符合得很好。但这种关于轨道形状的假说如何与距离公式(1)联系起来,却尚未得到说明。开普勒说自己思考这个问题几乎到了疯狂的地步(*pene usque ad insaniam*),[①]直到有一天他终于恍然大悟,看到公式(1)恰好符合这个椭圆。我们将以简化的形式给出他证明这一点的艰难推理(图 25)。

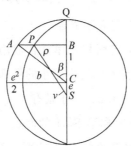

图 25　用一个椭圆最终表示火星轨道,若 $a = 1$,则 $b = 1 - \frac{1}{2} e^2$($e^2 = 0.00858$)。
SA 也应连接起来。

---

　　①　Kepler,*Astronomia Nova*,*c*. 58. (2) Ⅲ 366. (3) 345.

考虑把所有与 QD 垂直的纵坐标以 $b\left(=1-\dfrac{1}{2}e^2\right)$ 的比例减小而获得一个椭圆，将偏近点角 β 解释成 $\angle QCA$，则由图可知，

$$SB = \rho\cos v = SC + CB = e + \cos\beta,$$

$$PB = \rho\sin v = b \cdot AB = b\sin\beta,$$

平方相加可得：

$$\rho^2 = e^2 + 2e\cos\beta + \cos^2\beta + (1 - e^2/2)^2\sin^2\beta$$

如果在 $(1-e^2/2)^2$ 中略去 e^4，则可以得到：

$$\rho^2 = (1 + e\cos\beta)^2,$$

即：

$$\rho = 1 + e\cos\beta$$

现在还需要知道椭圆焦点的位置。如果再次略去 e^4 项，则焦点与椭圆中心的距离为

$$c^2 = 1 - b^2 = 1 - (1 - e^2/2)^2 = e^2$$

因此，$c = e$，即一个焦点与太阳重合。

55. 最后还必须确定面积定律是否适用。为此，把椭圆扇形 SQP 看成把纵坐标按照 b 的比率减小的圆扇形 SQA，便可计算出椭圆扇形 SQP 的面积（图 25）。于是有：

扇形 SQP 的面积 $= b \times$ 扇形 SQA 的面积

$\qquad = b$（三角形 SCA 的面积 + 扇形 QCA 的面积）

$\qquad = b(\frac{1}{2}e\sin\beta + \frac{1}{2}\beta) = \frac{1}{2}b\alpha$。

因此，

$$\frac{\text{扇形 } SQP \text{ 的面积}}{\text{椭圆的面积}} = \frac{\dfrac{1}{2}b\alpha}{\pi b} = \frac{\alpha}{2\pi} = \frac{t}{T}$$

其中 t 是行星从 Q 运动到 P 所需的时间，T 是运行周期。由此可见，扇形是时间的度量，所以面积定律适用。

整个理论最终可以归结为以下方程：

$$\alpha = \beta + e\sin\beta，\text{其中 } \alpha = 2\pi t/T \tag{1}$$

$$\rho = 1 + e\cos\beta \tag{2}$$

$$\rho\cos\upsilon = e + \cos\beta \tag{3}$$

对于给定时刻 t，可以知道 α 的值。于是，由方程(1)必须解出 β。借助于 β，根据(2)可以计算出行星与太阳的距离，然后根据(3)可以计算出真近点角；由此可知日心位置。由此得出的结果可以表述成开普勒的前两条定律：

Ⅰ. 行星描出一个椭圆。太阳位于该椭圆的一个焦点上。

Ⅱ. 从太阳到行星的矢径在相等时间内扫过相等的面积。

这两条定律总结了关于行星运动的整个运动学。

56. 本书当然并不想成为一部关于理论天文学史的手册。不过，我们希望读者至少能对开普勒发现定律的过程有一个印象，因为这里可以看到将古代和中世纪科学思想与经典科学思想分隔开来的那扇门正在徐徐打开，我们可以随同这位开门者一起踏入新开辟的思想领地。

我们在这里看到了什么新东西吗？首先，这些结果并没有严重偏离旧体系；其主要成就是一种显著不同的方法。其主要特征是：

(1) 拒斥所有那些只基于传统和权威的说法。

(2) 科学研究独立于所有哲学和神学教条。

(3) 将数学思想方式不断运用于提出和阐述假说。

（4）借助于一种最高精度的经验论来严格验证由此推出的结果。

还要注意，（2）中说科学独立于哲学和神学，当然不是说人的思想变得独立于形而上学和宗教信仰了，而只是说，不再能够允许它们在科学研究本身当中发挥任何作用。前者意义上的独立性并不存在，这一点没有人比开普勒表现得更鲜明了，他总是在基督教教义和毕达哥拉斯的数秘主义中不断寻找并获得科学工作的灵感。

57. 开普勒发现前两条定律的过程不仅有历史意义，而且在心理学上也很重要，因为它清楚地揭示了理性与非理性因素的奇特混合，伟大的科学发现往往都源出于此。由前面的概述显然可以看出，这一过程并非总是遵循逻辑规则。许多跳跃都是不合逻辑的，数学往往是猜测，想象有时似乎战胜了整个科学思想。但最终，冷静而理性的批判是才决定性的，最后结果就像一幢完工的大厦，之前的那些混乱已经荡然无存，就像从未出现过一样。

或许毕竟还有点什么。提出面积定律之后，开普勒仍然确信距离定律的有效性（事实上，他认为自己已经找到了对它的动力学推导，因此相信其本质已经得到理解），他仅仅把面积定律看作和用做距离定律的一个近似。而实际上，二者的关系正好相反。面积定律可以表述为线速度与太阳到速度切线的距离成反比；但如果偏心率很小，比如所有行星轨道，那么所走过的椭圆与圆只有些微偏离，其焦点几乎与中心重合，所以太阳到曲线上一点的距离可以近似看成它与该点切线的距离。

58. 没过多久，前两条定律就被宣布适用于所有行星，但它们只是给出了关于每颗行星运动的信息。在这些定律发表 10 年之后，开普勒又补充了第三定律，它在行星运行周期与轨道半长轴之间建立了一种关系，最终揭示了支配整个行星体系的原理。它说，所有行星运行周期的平方与椭圆轨道半长轴的立方之比都是恒定的；于是，它在一定程度上回答了不同行星与太阳之间距离的关系问题，开普勒曾于 1596 年在《宇宙的神秘》中提出了这个问题，并且自认为已经找到了答案。

　　第三定律出现在 1619 年出版的《世界的和谐》(*Harmonice Mundi*)中，但严格说来，这条定律与本书的内容关系不大，而且实际上是在开普勒完成该书之后发现的。① 它出现在对行星理论的概述中，这是一篇讨论行星运动与音乐和声体系之间关系的导言。开普勒只是基于第谷的测量作为经验事实给出了这条定律，而没有试图作进一步说明。它并不影响后面的讨论，因为其中虽然谈到了不同行星的运行周期和半长轴的值，但并未提及开普勒第三定律中所表达的这些量之间的关系。

　　59. 对天文学来说，第三定律的发现具有伟大的历史意义。对于开普勒来说，第三定律也格外重要，因为它最终肯定了其推测，即行星体系必定有一种能用数学表示的结构。早在《宇宙的神秘》中，他就已经研究过行星周期与同太阳的距离之间的关系问题，在此后的近 20 年里，这个问题一直困扰着他。和以前一样，新的发现使他陷入了狂喜。他谈到了一种神圣的狂热，一种在洞悉

---

① Kepler,*Harmonice Mundi* Ⅴ,*c.* 3. (2) Ⅵ 302.

天界和谐时所体验到的无可名状的迷狂。① 在其后来的著作《哥白尼天文学概要》（*Epitome Astronomiae Copernicanae*）中，他力图为第三定律寻找一种物理基础，但没有成功。②

　　由于本书的性质，我们无法讨论《世界的和谐》这部著作了。它对源自行星运动的数学和谐作了详尽而富于幻想的思辨，这对于我们理解开普勒多方面的才华以及不可思议的个性极为重要，对于毕达哥拉斯主义世界观的发展史也很有价值，但对本书的主题即经典科学的外观并未造成显著影响。开普勒的占星学理论也是如此。

---

①　Kepler, *Harmonice Mundi* V. (2) Ⅵ 290. Ⅵ 480. 参见 Ⅵ 16。

②　Kepler, *Epitome Astronomiae Copernicanae* Ⅳ, Pars Ⅱ, *c*. 4. (1) Ⅵ 350.

第二章 从斯台文到惠更斯的力学

第一节 西蒙·斯台文 [①]

60. 无论"世界图景的机械化"这一概念的意义为何,它终究与一个被称为"力学"的科学分支紧密联系在一起,后面我们还会试图更精确地定义这种联系。为此,我们先要追溯一下力学这门学科的发展。

我们已经提到,1586 年是力学史上的关键年份。斯台文的《称量术原理》(*Beghinselen der Weeghconst*)于这一年问世,它对静力学的发展特别重要,因为斯台文的著作不仅第一次描述了阿基米德在古代对静力学的理论处理,而且第一次将其发展到同样水平。倘若达·芬奇能够将其零碎的思想组织成一个连贯的逻辑体系,他或许能比斯台文更早做到这一点;但事实上,他并未显著推进静力学的发展。虽然意大利数学家科曼蒂诺(Commandino)和毛罗里科(Maurolyco)已经根据阿基米德的方法对重心作了新的测定,但由此受益的更多是数学而非力学,新的道路尚未开辟

---

① Dijksterhuis (6).

出来。

61. 要评价斯台文所取得的进步,我们必须记住,无论是在 16世纪还是在古代,他们所说的静力学都不同于我们今天的理解,即关于物体所受作用力之平衡的一般学说。以前的学者只处理个别主题,后来则把它们当成更大背景下的特例来讨论。在阿基米德那里,静力学是一门关于重心和杠杆的学说,对于整个古代,还可加上关于简单机械的准静力学理论。但事实上,阿基米德的著作并未明确给出其重心理论的基本原理,他显然假定读者已经熟悉了先前的著作;在《论平面的平衡》(*On the Equilibrium of Planes*)中,阿基米德以欧氏几何的精确性提出了杠杆原理。斯台文实际上延续了阿基米德的工作,但对重心理论的基本原理同样语焉不详,在杠杆平衡方面也没有提出什么新东西。虽然他比阿基米德的处理更为清晰和简单,但在理论的公理化构造方面,他与阿基米德受到了同样的批评。

62. 从阿基米德那里,斯台文学会了如何处理仅沿竖直方向受力的物体平衡问题。但要弄清楚沿任一方向作用力的作用方式,他只能独自摸索。通过著名的"球链"(*Clootcrans*)装置,他天才地导出了斜面定律,成功解决了这个问题。

命题本身并不新鲜,前文已经讲过(Ⅲ：34),约达努斯学派利用虚位移原理证明了它。但斯台文从根本上反对这一方法。他认为,通过构想一种在平衡状态下并未出现的情形(即同时使力和荷载的作用点发生位移)而导出平衡条件,这种做法是荒谬的。就杠杆而言,他用三段论形式作了表述:

Dat stil hangt en beschrijft gheen rondt；

Twee evestaltwichtighe hanghen stil；

Twee evestaltwichtighe dan en beschrijven gheen rondt.

（悬着不动的物体划不出圆；

两个似等重的物体悬着不动；

因此，两个似等重的物体划不出圆。）

由此我们可以注意到斯台文那种奇特的惯用表达方式。在 1585 年用法文出版了一部算术著作之后，斯台文仅用母语即荷兰语写作。这里社会原因是决定性的：他希望每个人不论受过什么训练，都能参与科学推理，从而调动一切可能的力量为科学所用。这时，他在为技术—科学概念寻找恰当表述方面显示出了极高才华。"似等重"（*evestaltwichtig*）便是一例，这个词指的是，两个物体虽然重量并不相等，即按词的字面意思并非"等重"（*evenwichtig*），但通过一个装置却能相互平衡："它们看似等重，但实际则不然，只是看上去如此"（*sij hebben een ghelaet van evenwichticheyt，maer ten is niet eyghen，dan alleenlick na de ghestalt*）。遗憾的是，"*evestaltwichtig*"一词在今天的荷兰语中已经不再有这个意思，它现在指"物体彼此间保持平衡"。

63. 虽然斯台文明确反对虚位移原理，但科学史著作经常将这一原理与他的名字联系起来，这着实令人惊奇。这些著作固然并不总说虚位移原理是斯台文发现的，但至少说是他第一次表述的。显然，这些作者习惯于人云亦云，他们都没有读过《称量术原理》。这种说法之所以流传甚广,也许是因为斯台文在《补遗》(*Byvough*)中曾经运用了"静力学的一般规则"(*ghemeene weeghconstighe reghel*)。《补遗》被收入《数学著作集》(*Wisconstighe Ghedachtenissen*①),列于《称量术原理》之后,并因《数学著作集》这部巨著的拉丁文译本和法译本而广为流传。这条规则说:

Ghelijck weeh des doenders tot wech des lijders

Alsoo ghewelt des lijders tot ghewelt des doenders

(施力者距离与受力者距离之比,

等于受力者所受的力与施力者所施的力之比。)

对于简单机械来说,它可由虚位移原理导出。他显然把这条规则看成了一种导出施力与荷载之间关系的人所熟知的实用方法,但这并不意味着他准备为其理论基础负责。

64. 现在我们回到用"球链"对斜面定律的证明。斯台文设想有一个竖直放置的三角形 *ABC*(图 26),围绕它悬挂着一串球链,每个小球都相同,相邻两球的距离也相等。假设球链能够在 *A*、*B*、*C* 相继滑过固定点 *S*、*T*、*V*。需要证明,球链在 *AB* 的部分与在 *BC* 的部分保持平衡。为此,可以假定球链在 *AB* 部分的"视重"(*staltuicht*)大于 *BC* 部分的"视重",则球链将开始滑动,但随着每一个球取代前一个球的位置,整个系统并未发生改变,球链必定会

---

① 字面意思为"数学回忆"。——译者注

一直运动下去,从而引起持续不断的
运动。斯台文认为这是荒谬的,因此
断定球链会保持静止。而即使对斜
面两侧施加相同拉力的 VS 段球链不
存在,这种静止也不会被打破。因
此,球链的 AB 和 CB 部分将保持平
衡。现在,设想这两部分的小球各自
结合成一个物体,并且被一根悬于 B
点的无重量的线连在一起,那么只要

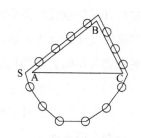

图 26　斜面定律的"球链"证
明,引自斯台文的《称
量术原理》,命题 19。

两个物体的重量与它们所处斜面的长度成正比,二者就能保持平
衡。这样,斯台文便得到了所预期的定律。

65. 这一证明明显带有斯台文推理风格的典型特征。整个论
证完全不需要任何背景知识,因此即使没有受过专业训练也会信
服;这当然与他希望能够让尽可能多的人接受科学教育有关。

整个论证所围绕的核心显然是永恒运动不可能这一假定。这
同时也是该论证最大的问题,因为这种不可能性无法归诸空气
阻力和摩擦等扰动因素,(用现代术语来说,)这些扰动因素会不断
消耗能量,因此如果让一台机器自行运转,经过一段时间之后,它
必定会因此而停止下来。而事实上,斯台文的整个论证都是在后
来被称为"理性力学"的理想化领域进行的:不仅忽略了空气阻力
和摩擦,而且假设绳子绝对柔软、没有质量,链上的小球无穷小。
但在理性力学中,永恒运动并非不可能:单摆便是一个例证。因
此,斯台文不应将永恒运动简单地斥之为无法设想。但这仅仅意
味着其证明的逻辑形式化的一个瑕疵,而不是直觉上的缺陷。单

摆在离开平衡位置时会获得一定量的势能,释放后将转化为动能,
摆回来时又会转化为势能,如此永远往复下去。但"球链"在任何
位置都拥有相同势能,如果把它置于斜面上,而没有沿着两个可能
方向中的某一个去推动它,很难想象它如何能够获得动能以保持
运动。在斯台文时代,科学思想还没有发展到能够有意识地将这
样一种观念明确表述出来,但斯台文似乎已经有了它背后的直觉。

66. 通过推理(这里不再给出),斯台文给出了如下命题:

在光滑的斜面上(图27)放置物体 A(下面被当成一个质点),
重量为 W。垂线 AB 表示 W 的大小。线段 AD 表示为使质点保
持平衡而沿着某一直线 l 对其施加的力的大小,其中 D 是 l 与从
B 点引出的斜面垂线 BC 的交点。

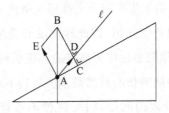

图 27　力的三角形或平行四边形,引自斯台文的《称量术原理》,命题 19。

得到平行四边形 ADBE 之后,所论的命题说,力 W 可以被沿
l 方向的力 AD 和斜面对质点施加的垂直的反作用力 AE 的合力
所抵消。由此可以看出,斯台文已经能够借助于力的三角形或平
行四边形来处理光滑斜面上的质点平衡问题了。

67. 依照这种思路,下述命题表述了斯台文静力学理论关于
有固定点 O 的物体平衡问题的最终结论。如果物体(图28)能够
在大小和方向由线段 AB 表示的垂直向上的力 F 的作用下保持

平衡，则它在大小和方向由线段 AC 表示、沿着直线 l 斜向上的力 F_1 的作用下也可以保持平衡，其中 C 是由 B 点引出的 OA 平行线 BC 与直线 l 的交点。

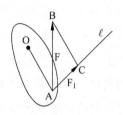

图 28　如果带有固定点 O 的物体可以在垂直向上的力 F 作用下保持平
　　　　衡，那么它也可以在 F_1 的作用下保持平衡，F_1 沿着直线 l 的方
　　　　向，由 $BC \parallel OA$ 所确定。

在我们看来，该命题之所以正确，是因为：三角形 OAB 与 OAC 的面积相等，所以力 F 与力 F_1 相对于点 O 的力矩相等。如果力 F 的力矩等于作用于重心 O 的物体重量 W 的力矩，那么力 F_1 的力矩也就等于物体重量的力矩。这样便证明了命题为真。

通过这个命题，带有固定点的物体平衡的一般条件本质上已经确定了。

68. 斯台文既是纯粹的科学家，又是实用的工程师，既是理论家，又是实践者；他是理论联系实际的真正代表，这些人对于科学发展的重要性我们在前面(Ⅲ:27)已经讨论了。他不仅讨论理论上的理想情形，而且也力图在实际问题上将其洞见付诸应用。然而，理论力学与应用力学之间存在着巨大鸿沟；物理实在要比其理想化的数学图景复杂得多，只有在思想中将其大大简化，才能运用由理论发展出来的方法。这一困难极大地影响了力学的历史发展。正因为此,数学结论无法得到简单的经验验证,而实践经验也很难用于形成理论概念。正如我们已经提到的(Ⅰ:37,Ⅱ:120,Ⅲ:36),这种经验甚至有将理论研究引入歧途的危险。在克服了先前在经验论影响下所犯的错误之后,现在力学开始朝着纯粹的理论方向,更多地发展成一门数学分支而非自然科学分支。

斯台文当然意识到了理论力学与应用力学之间的这条鸿沟,但他也肯定低估了它的宽度。对于某一种机械来说,如果他已经从理论上确定了施力与荷载的理想平衡条件,那么他会认为,哪怕增加极小的力也会使荷载运动。尽管如此,通过大量运用其理论研究(比如用于秤具、起重装置、水磨、马笼头和军事科学),他同时促进了理论静力学和实用静力学。特别是,他关于水磨的讨论堪称理论洞见与实用技巧有效结合的典范。

69. 斯台文在其著作中讨论的力学主题完全属于静力学。对于迫切需要的动力学复兴,他只是顺带着做出了贡献,但并非没有历史价值。他与朋友德赫罗特(Johan Cornets de Groot,格劳秀斯[Hugo Grotius][①]的父亲)合作完成了一项实验,旨在检验亚里士多德落体定律中所蕴含的命题,即从静止开始自由下落的物体通过给定距离所需的时间与物体的重量成反比。为此,他们从 30 英尺高的地方同时释放两个重量相差十倍的铅球,检验重球的运动是否真的比轻球快十倍。然而,两球落地的时间差几乎觉察不出来,落地时就好像只发出一声声响。我们不知道这项实验是哪年做

---

① 格劳秀斯(Hugo Grotius,1583-1645),荷兰法学家、人文主义者和诗人。他的巨著《战争与和平法》(1625)规定了战争行为的准则,是对现代国际法的最早的伟大贡献。他也出版了许多古典学术译著。——译者注

的,但由于它被记载在《称量术原理》上,所以不可能晚于 1586 年。

前文已经说过(Ⅲ:55),这并非第一次用实验反驳亚里士多德的落体定律。但这种实验多多益善:虽然亚里士多德的动力学很早以前就已经变得岌岌可危,但它对于当时力学家和天文学家思想的控制程度之深,远远超出了他们本人的意识和当今物理学家的想象。

第二节 伊萨克·贝克曼[①]

70. 科学思想在 16、17 世纪的复兴主要体现在动力学的变革,而这种变革又体现在关于下落和抛射这两种运动现象的观念的彻底改变。虽然我们每天都能看到这些现象,但却从未有意进行实验。

这一主题的历史的核心人物是伽利略,因此,为了遵循从斯台文到惠更斯的发展线索,我们不得不暂时离开荷兰回到意大利。但现在还不必。在伽利略发表他的成果之前,荷兰人也在落体运动领域做出了重要工作,其结果与这位伟大的意大利物理学家的结果完全不同。虽然它在许多方面都不如伽利略,但在某些方面却有所超越。这可见于多德雷赫特(Dordrecht)拉丁学校的校长伊萨克·贝克曼(Isaac Beeckman)著名的《日记》(*Journael*)。在这部著作中,他记下了自己在阅读或研究过程中的各种想法,其中许多评注不仅证明了他的强烈兴趣,而且也证明他有相当高的科学天赋。

---

① Beeckman-De Waard,Dijksterhuis (1),De Waard (3).

71. 贝克曼在科学方面显示出了与达·芬奇相同的缺陷。他们都缺乏必要的坚韧和专注,从而能够在哪怕一个领域将其研究系统化、完善、记录和发表。就法拉第的座右铭:"工作,完成,发表"而言,他们仅仅牢记了指令的第一项。于是,他们即便对科学有所推进,也比本该起到的作用小得多。

因此,我们这里所要论述的贝克曼的想法并不构成目前这一发展链条中的一环。不过,它们有助于我们了解一位 17 世纪初的天才的科学思想。

72. 关于他的成就,我们最感兴趣是他从动力学上推导出了下落距离与时间之间的关系,这是他在 1618 年与笛卡尔合作发现的,它也成了已知最早的将下落过程与重力作用关联起来的成功尝试。如果概述他关于这一主题的各种说法[①],并且用现代方式来表达,则该推理如下:

现在,设想重力并非连续起作用,而是在某一时间段之后猛拉(jerk)[②]落体。[③] 再进一步假设,只要没有外界因素干扰,速度一旦产生就将保持不变。现在假定运动开始,在一段时间 τ 之后产生速度 γ,于是落体在第一个 τ 内将走过距离 $\gamma\tau$,在第二个 τ 内将走过距离 $2\gamma\tau$(第二次猛拉使速度加倍),在第三个 τ 内走过距离 $3\gamma\tau$,如此等等。因此,在 $t_1 = n_1 \times \tau$ 内,落体走过的距离将为

$$s(t_1) = \gamma\tau(1 + 2 + \cdots + n_1) = \frac{n_1(n_1 + 1)}{2} \times \gamma\tau$$

①　Beeckman, *Journael* I 262.

②　*Sij treckt met kleijne hurtkens*(它以小的猛推进行牵引)。——原注

③　Beeckman, *Journael* I 264.

同样,在时间段 $t_2 = n_2 \times \tau$ 中,走过的距离将为

$$s(t_2) = \frac{n_2(n_2+1)}{2} \times \gamma\tau$$

这些距离之比为

$$\frac{s(t_1)}{s(t_2)} = \frac{n_1(n_1+1)}{n_2(n_2+1)} = \frac{t_1^2 + t_1\tau}{t_2^2 + t_2\tau}$$

随着 τ 趋近于零,这种猛拉式的牵引就变成了一种连续的力的作用,而距离之比则变成

$$\frac{s(t_1)}{s(t_2)} = \frac{t_1^2}{t_2^2}$$

因此,在开始运动之后,自由落体在两个时间段内所走过的距离之比就等于这两个时间段的平方之比。前已说明,在 17 世纪,这一结论还不能表述成

$$s(t) = c \times t_2$$

当然,贝克曼尚不能按照上述方式给出极限近似。不过,他从笛卡尔得知了图示法,从而能够给出几何论证。在竖直的轴上(图 29)标出时间,设 $OA = \tau$, $OC = \gamma$,则该图形便针对相继时间段 τ 给出了上述距离。设 $OA_1 = t_1$, $OA_2 = t_2$,则随着 τ 趋近于零,这些时间段内所走过的距离显然可以用三角形 OA_1B_1 和 OA_2B_2 的面积来表示。两个面积之比等于 $OA_1^2 : OA_2^2$,即 $t_1^2 : t_2^2$。

73. 当然,整个推理过程类似于奥雷姆在其论述"形式幅度"(*latitudines formarum*)的著作中的思路。我们知道,奥雷姆的方法保存在经院哲学著作中(Ⅲ:52),笛卡尔在拉弗莱什(La Flèche)的耶稣会学校学习时,无疑知道这种方法。在这种意义上,贝克曼的推导继续了巴黎唯名论者关于落体的研究工作。但它们之间有

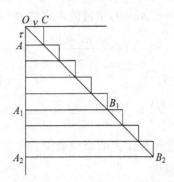

图 29　贝克曼对落体定律的推导，*Journael* I, 262。

一些典型区别。首先，贝克曼从未谈及瞬时速度，也从没有说通过在时间广度（*extensio*）上水平画出的纵坐标来表示瞬时速度；于是，它与质的增强和减弱学说之间的关联完全消失。此外，还有一个新的特征是，阿基米德此时开始产生明显影响。在 16 世纪，他的著作已经通过译本为人所知，特别是他确定重心的方法已经有人仿效。这种方法正是基于上述推导所使用的那种用若干矩形来逼近图形面积的方法。贝克曼或许也是从笛卡尔那里得知了这个想法，但也可能是从斯台文讨论重心测定的《称量术原理》的第二部分中了解到的。

74. 贝克曼对落体定律的推导显示了一种新的惯性观念；这一点也被《日记》中的许多评注所证实，在其中他诉诸这样一条原理：如果不受阻碍，物体一旦运动就会一直运动下去（*dat eens roert, roert altift, soot niet belet en wort*）。① 这种惯性观念与古代的惯

---

① Beeckman, *Journael* I 10, 24-25, 44, 157, 253.

性观念有根本不同，而且已经明显接近于经典动力学的观念。根据开普勒等人完全接受（Ⅳ：46）的古代观念（Ⅰ：35），惯性是指，如果对物体置之不理，它必定会静止下来，一种并非出于本性的运动只有通过外在推动者的连续作用才能维持。我们已经看到（Ⅱ：112），巴黎唯名论者与此的区别是，他们用一种内在推动者即冲力取代了外在推动者。然而，他们的观点与亚里士多德相一致，因为他们也需要一个原因来解释运动的存在，即位置的改变。现在，古代-中世纪的科学与经典科学的一个典型区别是，后者认为根本不需要这样一种因果解释。经典科学家不再说"没有原因就没有位置改变"，而是说"没有原因就没有速度改变"。古代和中世纪学者如果看到物体时而在这里，时而又在那里，他们会问："这是怎么回事？"而经典科学家只有看到物体运动得更快、更慢或者方向改变时，才会问这个问题。

　　这是一种显著的理解差异，尤其值得注意的是，这两种观点中的每一个在其追随者看来都是不言自明的，双方都把它看成因果性原理的直接推论。正如一个亚里士多德主义者会认为，没有原因，物体的位置就不会改变，这是自明的；经典力学的一些支持者也会毫不含糊地认为，除非有一个原因，速度就无法改变。对于一个不受任何外界影响的质点来说，由于无法给出任何这种原因，所以在这种情况下，速度的大小和方向都将保持不变，质点将会做匀速直线运动，这被认为是先验自明的。

　　75. 在这两种推理中，前一推理符合它所基于的亚里士多德自然哲学框架，它将位置看成物体的一种绝对属性，而不是与环境的关系;而后一推理却无法得到经典力学原理的任何支持。我们不明白,在没有外界影响的情况下,为何保持不变的恰恰是速度的大小和方向,而不是加速度,或路径的曲率,或者仅仅是速度的大小。倘若认为,突然去除一切外界影响后,运动物体的速度保持方向和大小不变是自明的,那么同样可以认为,一盏灯在切断电流后会继续发光,这也是自明的。

此时,贝克曼还无法知道哪条惯性原理会被视为自明的。基于足以推出后来牛顿惯性定律的那些理由,他得出结论说,在没有任何外界影响的情况下,直线运动的物体将继续做直线运动,圆周运动的物体也将继续作圆周运动。当然,这并不影响他在推导落体定律时能够正确地运用惯性原理。

76. 最后我们还注意到,贝克曼完全拒绝[①]借助冲力概念来解释抛射体运动,因为他无法想象这种被印入抛射体的推动力到底是什么。这种论证体现了 17 世纪学者在面对经院解释原则时日益常见的典型态度:首先要求的是一种直观的想象,像冲力、形式、质、能力这样的表达被认为仅仅是一些语词而已,它们或许可以用来描述事物,但却无法解释任何事物。

我们后面还会不止一次地看到贝克曼独立而原创的观念,只可惜,这根蜡烛从未立在烛台上。

---

① Beeckman, *Journael* I 24-25.

第三节   伽利略·伽利莱[①]

77. 在整个科学史上,导致观点分歧最大的莫过于伽利略了。的确,虽然没有人能够贬损他在科学上的伟大,或者否认他大概对经典科学的兴起做出了最大贡献,但对于他到底伟大在何处,贡献到底是什么,似乎就莫衷一是了。

在研读关于他的科学史文献时,我们不由得心生困惑。在所有那些肯定研究过他的著作的学者中,一些人认为至关重要的内容,另一些人却认为没那么重要;同样一个观点,既可以引这段话来证明,又可以引另一段话来反驳。这至少部分是因为,他一生中思想发生了巨大转变:比萨时期的伽利略不同于帕多瓦时期的伽利略;《关于两门新科学的谈话》(*Discorsi*,1638)的作者较《关于两大世界体系的对话》(*Dialogo*,1632)的作者年长,但由于前者包含了一些可以追溯到帕多瓦时期的内容,所以这也并非总是事实。

使问题更加复杂的是,除了在研究原著基础上对伽利略所做的真实但往往是片面的描绘,还存在着一种虚假的图像,即目前流行的说法,或可称之为"伽利略神话"。这一图像是由现代物理学的著者们勾画和固定下来的,他们觉得有必要作些历史介绍,但又没有履行精确性的责任,到原始资料中去核验他们的说法。这幅图像是完全错误的,但远比真实的图像生动,致使读者们往往容易满足于它。此外,它把事实大大简化,其光彩使所有次要人物黯然

---

①   Duhem (1),Dijksterhuis (1),Koyré (1) (2),Olschki (2).

失色。它还炮制了一套简单的术语:每当我们需要一个词来刻画经典科学的特征,就会脱口而出"伽利略的"这个形容词。因此可以想见,批评这一理想图像容易激怒别人,一些意大利学者甚至因此而感到民族自豪感受到了伤害。[1]

78. 虽然描述伽利略的任务因此而变得非常困难,但其吸引力并未减弱。倘若伽利略不是从古代和中世纪科学过渡到经典科学的核心人物,上述情况就不会出现。他一方面植根于过去,因强烈渴望与之割断联系而受其束缚,另一方面又在为未来做准备,他的思想所要导出的结论将会远远超出他的预见。因此,要想理解这一过渡,最好的办法是追溯他将新旧事物联系在一起的发展过程。

79. 伽利略的《论运动》(De Motu)写于比萨,但生前并未出版。我们读到他在这部著作中第一次发表的见解时,[2]甚至会以为走进了布里丹的课堂。的确,《论运动》的风格极不符合下面的描述:与经院传统的所有联系均已割断,生动的叙述已经取代了严格的系统论述。但这部著作所表达的思想非常类似于巴黎唯名论者的观念,特别是,他在抨击关于介质参与维持抛射体运动的亚里士多德理论时,所使用的仍然是他们那些论证:可以迎着强风射箭;把船桨从水中拿出,逆流而上的小船仍可继续前行一段时间;光滑的球体可以长时间转动,虽然周围的空气几乎处于静止。巴黎学者那里所谓的"冲力"(impetus),这里变成了"印入的力"(vis

---

①　Mieli 258-9,n. 3.

②　接下来的讨论依据 Dijksterhuis (1)。

impressa），伽利略后来也常常用"冲力"（*impeto*）一词来指代它（不过这个词在其著作中可能有非常不同的含义）。对于竖直上抛的物体来说，它被解释成一种短暂的轻性（lightness），胜过了物体的自然重性（gravity）。即使不受外界影响，它也会自然减小，当轻性减小到与重性相等时，物体便到达了最高点。然后物体开始加速下落，直到余下的"印入的力"完全消失，此时物体在恒定重性的影响下，运动将变成匀速的。因此，由这一理论可以推出所谓"匀速点"（*punctum aequalitatis*）的存在，那时下落变为匀速运动。贝克曼也有相同的概念，[①]但在他那里，运动变为匀速乃是源于随物体速度一起增加的空气阻力，而伽利略则认为起因于被他称为"印入的力"的性质的自发减小；所以在他看来，真空中也存在着"匀速点"。

因此，冲力理论可以通过多种方式进行阐述：布里丹是通过冲力的增加来解释加速下落的，伽利略则是通过"印入的力"的减小来解释的（对于从静止开始的自由落体来说，"印入的力"被认为起初等于重量，所以物体释放后，重量立即占据上风）。于是在布里丹的理论中，速度可以无限增加，而在伽利略的理论中，速度有一个最大值。

80. 和他之前的贝内代蒂一样（III:57），根据物体从介质中获得升力的理论，伽利略也驳斥了亚里士多德区分自然下落的重物与自然上升的轻物的理由。这反映了阿基米德的影响在日益增长。伽利略和贝内代蒂都主张，相同材料的物体在真空中具有相

---

① Beeckman, *Journael* I 263-4.

同的下落速度,而不同材料的物体在真空中的下落速度(指经过某一距离的平均速度)正比于比重,在介质中正比于物体比重与介质比重之差。关于空气阻力,他的理解不如贝内代蒂清晰;我们强烈感到,他没有区分介质对物体穿行所产生的阻力和介质对物体施加的升力。

81. 至于那个从比萨斜塔丢下物体的引起轰动的实验,据说是伽利略在比萨大学当教授时做的,而且给予了亚里士多德哲学毁灭性的打击,但无论是在《论运动》中,还是在他的任何一部更晚的著作中都没有提到这一点。我们有足够的理由不相信这个故事。多年以后,伽利略在佛罗伦萨卷入了一场关于物体在液体中漂浮的讨论,那时他的确谈到过一个从比萨斜塔丢下物体的实验,但据他的一个对手说,他已经做了这个实验,而且自称看到亚里士多德所说的下落速度与物体重量成正比得到了证实。因此,他显然并没有实际做这个实验。一般来说,对于那些有关实验的说法,无论是伽利略说的还是他的对手说的,我们都要有所保留。在大多数情况下,它们仅仅是在思想中完成的,或者只被描述成可能性。

正如我们在谈到斯台文和德赫罗特的实验时所描述的(Ⅳ:69),被归于伽利略的比萨实验以前经常有人做,但并没有引起什么注意。要想打破亚里士多德对思想的统治,需要的远不只是证明某种现象与他的某一断言相抵触。

82. 在《关于两门新科学的谈话》第一天的对话中,伽利略曾把“同样材料的物体在真空中的下落速度与其重量无关”这样一条规则推广到不同材料的物体,因为介质的密度越小,不同比重的落体之间的速度差异就越小;于是可以逻辑地预期,这种差异在真空中将会完全消失。后来,这种预期被付诸实践检验,学者们将物体滚下倾角很小的斜面,并且对两个摆进行观察,其中一个摆锤是木槌,另一个摆锤则是比前者重一百倍的铅锤。

　　修改了真空中的落体定律之后,伽利略又对介质情形作了相应修改。必须使定律满足一个条件:当介质比重趋近于零时,计算出来的落体速度将趋近于真空中的速度。它可以表示如下:

$$v = c \times \frac{S - S_m}{S}$$

其中 v 表示走过某一距离的平均速度(此距离的长度没有给出,表明落体加速并未引起注意),S 是落体的比重,S_m 是介质比重,而比例因子 c 显然指真空中的下落速度。值得注意的是,伽利略现在明确给出了介质阻碍物体运动的方式,虽然他在公式中只考虑了向上的升力。

　　83.　我们看到,到目前为止,伽利略仍然处于新旧科学界线的中世纪一边,尽管他的确强烈反对亚里士多德的位置运动学说。然而,这种对亚里士多德观点的激烈批评并不能掩盖一个事实,即他本质上仍然受到亚里士多德的强烈影响,就像巴黎唯名论者受到亚里士多德强烈影响一样。

　　有两个因素使得这种情况不会一直持续下去:一是其思想的数学倾向,二是哥白尼世界图景的魅力。数学倾向使他很早就受到了阿基米德的影响,当时流行的关于正确科学方法的争论使他偏爱柏拉图派甚于亚里士多德派;柏拉图派认为数学是科学探究必不可少的部分,而在亚里士多德派看来,数学充其量只是一种有用的辅助手段,研究现象的定性方面比研究定量关系更为重要。哥白尼世界图景的魅力则为他设定了人生目标,主宰了他的全部理智和情感:他要让人们相信,日心世界体系并不只是为了简化天文计算而建立的数学虚构,而是包含了关于完美宇宙结构的物理真理。

84. 经过漫长的酝酿,这两种影响的效果才变得显著起来。1609 年,伽利略辞去了帕多瓦大学的教席,回到佛罗伦萨故地做大公科西莫二世(Cosimo II)的宫廷数学家(这是他人生中最关键的一步),那年他 45 岁,但显示其新思想的论著尚未问世,在大学授课时,他一般还讲授着传统教学内容。

这一成熟过程只能通过后来发表的他在帕多瓦时代的笔记和书信中略知一二;其成果体现在后来问世的著作中,尤其是《关于两大世界体系的对话》(1632)和《关于两门新科学的谈话》(1638)。我们这里主要感兴趣它们当中包含的力学内容。只有《关于两门新科学的谈话》才把力学当成一门独立的科学来讨论,而在《关于两大世界体系的对话》中,力学服务于他对哥白尼体系物理实在性的辩护。但除非对于理解他的力学贡献必不可少,这里我们不再深入讨论他的天文学思辨。

85. 伽利略力学的大部分内容都是关于落体和抛射体现象的研究。考虑到这一主题在 14 世纪巴黎经院哲学那里的重要性和文艺复兴时期对它的兴趣,这本身并不奇怪。关键是,他在帕多瓦以一种完全不同于比萨传统的精神作这些研究。事实上,他现在拒绝研究所有关于运动原因的问题,只想尽可能精确地了解运动过程。

　　在《关于两大世界体系的对话》中有萨尔维亚蒂（Salviati，伽利略的代言人）、萨格雷多（Sagredo，机智的门外汉）和辛普里丘（Simplicio，亚里士多德哲学的代表）的一段对话，特别能够体现处理问题的新方式：有人让萨尔维亚蒂指出地球的运动应当归于什么本原（亚里士多德式思维的辛普里丘想知道，这一本原是内在的还是外在的），萨尔维亚蒂说他正准备这样做，只要他的对手问，重物因何下落。回答是："众所周知，任何人都知道那是重性。"萨尔维亚蒂又说："你错了，辛普里丘先生，你应该说：任何人都知道它被称为重性。"[①]他继续说，用某个特定的名字去描述一种经常发生的现象，确实可以使我们想象对它有了一定程度的理解，但我们对自然现象的一切所谓解释最终都是给本质上未知的原因赋予名称："重性"、"印入的力"、"赋形的理智"（*intelligentia informans*，生命体内在的精神的运动本原），"辅助的理智"（*intelligentia assistans*，外在的精神影响）或者一般而言的"本性"。

　　86. 这里说的是一种非常简单的洞见；在今天的许多读者看来，它也许显得过于自明，不值得如此关注。但它以其单纯的清晰性触及了或许是亚里士多德自然哲学中最薄弱的环节，即幻想只是通过赋予名称便可以拓展我们对自然的实际认识。这并不是说——无论如何不应当说——赋予名称不重要。恰恰相反，没有概念，我们就不能思考；如果不通过名字把它们固定下来，我们也不能运用概念。因此，要形成概念，就必须赋予名称，在这个意义上，选择恰当的名称也许是极具价值的精神成就。然而，要形成有

---

　　①　Galileo，*Dialogo* II. Ed. Naz. VII 260.

用的科学概念,需要有关于自然现象的丰富知识,如果这些知识不足或不可靠,或者是按照错误的观点组织起来的,那么形成的概念就会徒劳无益,所选的名称甚至会更加无用;作为指称概念的声音,名称与概念的关系就如同影子与物体的关系。

伽利略由此推出了全部推论:现在是停止谈论、停止赋予名称的时候了。为简洁起见,我们可以继续说,物体下落是因为它朝向地心的内在自然倾向在起作用,只是我们暂时不要过多谈论这一倾向(关于它,我们其他什么也不知道),而是先要试图更好地了解下落本身,这至少还能观察。

87. 伽利略完全知道自己在做什么,于是他将动力学考虑置之一旁,而只去研究运动学方面。他感兴趣的并非运动的原因,更不是运动的目的,而仅仅是运动的方式。他目前关心的不是解释,而是描述。

这种限制是他加给自己的,而不是加给科学的。他自认为是一个先驱者。如果能够精确地知道物体是如何下落的,换言之,如果最常见的运动现象能够达到天文学那样的水平,就像天文学家在一种运动学的世界图景中再现行星位置那样,那么更具探索思想的人或许就能更深刻地洞悉下落的本性及其定律。

因此,关键在于拯救下落现象。我们知道,下落是加速运动;问题在于如何从数学上定义运动,使之符合已有的和未来的观测。分解法(*metodo risolutivo*,Ⅲ:16)已经设定了任务,它将硬生生闯入的、偶然获得的感觉经验进行分解;合成法(*metodo compositivo*)则是要完成任务,其结果所允许和要求的实验验证将提供证明。伽利略极其敏锐地为研究无生命的自然最终确立了科学方法。

88. 我们知道,此前已经有过不少关于下落过程的猜测。萨克森的阿尔伯特(II:115)曾经假定瞬时下落速度与下落的距离成正比,达·芬奇(III:45)也提出过同样站不住脚的关系,认为在连续的相等时间段内走过的距离成自然数之比。我们还看到,奥雷姆曾经提出过一种计算运动距离的方法,认为运动物体的瞬时速度正比于从运动开始时算起所经过的时间(II:129),16世纪的经院哲学著作曾把下落当作这种运动的一个例子加以讨论(II:131)。

伽利略曾在学术兴趣浓厚、注重经院哲学传统的帕多瓦大学待过多年,可以认为他了解所有这些东西;他很可能知道奥雷姆的图形表示(仍然被用于说明性的目的)和所谓的平方定律(law of squares),这条定律说,从静止开始下落的自由落体所走过的距离正比于时间的平方。但同样有可能的是,这些主题在大学教学中并没有受到太多关注:的确,在亚里士多德哲学中,定量关系并不像在经典科学中那样占据主导地位。

89. 无论如何,根据伽利略在信中的说法,可以肯定的是,他在1604年知道了平方定律。他当时正在寻找一种关于物体下落期间瞬时速度如何增加的假说,以作为公理导出平方定律。从他身后出版的一些笔记可以知道,他最先想到的假说与此前萨克森的阿尔伯特的想法一样,即瞬时速度与距离成正比。而比这更奇怪的巧合是,他由这一猜测(他后来在《关于两门新科学的谈话》中证明这是不可能的)导出了距离与时间的正确关系——平方定律,以及它的推论——奇数定律,即在相等时间段相继走过的距离成连续奇数比(因为自然数平方之间的连续差是奇数)。

当然,这一结果并不是通过正当的方法获得的。其推理是完全错误的,若非事先即已确定,正确结果根本不可能得到。

90. 此刻自然产生了一个问题,科学史难道没有比翻找伟人留下的笔记草稿,了解他在研究过程中是否犯了错误更紧迫的任务吗? 当然,这样发问是有些夸张的:问题首先并不在于这些纸上写的东西是否正确,虽然错误推理的确可能最富有教益。此外,必须指出,伟人留下的笔记草稿的确是我们用来重构科学思想发展的最重要的材料,因为它们(除了像开普勒那样的例外,Ⅳ：30)提供了从完成的著作中无法获知的信息,由此可以洞悉这些著作中在逻辑上似乎无懈可击的定义、公理和命题体系到底是如何一步步建立起来的。

因此,这些草稿显示了伽利略必须通过怎样曲折费力的逻辑过程,才能由站不住脚的前提推出正确的结果,它们也能向我们揭示一些更重要的东西。其中之一是在科学史上经常受人忽视的一个原则:假如命题 B(这里是平方定律)果真是由命题 A(这里是瞬时速度与时间成正比)推出的,那么并不应当因此认为,知道命题 B 的人认识了 A 以及 A 与 B 的逻辑关系。由一些片段还可以确定,伽利略在推导中运用了一种图形表示,其中距离为广度(extensio),瞬时速度为幅度(latitudo)。最后,如果考虑他在信中的某些说法,便可证明伽利略神话中的顽固信念是完全没有根据的,即他是通过测量下落物体的一系列距离和时间而发现平方定律的,并由此看出距离与时间的平方成正比。我们关于实验在伽利略科学思想中所占地位的所有了解与这种观念完全不符。

91. 通过把速度与距离成正比的公理推广到从光滑斜面滚下的物体运动,用从起点算起的竖直距离取代走过的距离,伽利略由错误的前提导出了正确的命题,即从光滑斜面滚下的物体的末速度只取决于运动物体竖直下落的距离,而不取决于斜面倾角。

此外,他还证明了一个对于他后来的工作非常重要的命题:从竖直圆(vertical circle,图 30)的不同点同时释放的质点,沿着弦下落到这个圆的最低点 O,将同时到达那里。然而,这一证明需要动力学推理。伽利略从约达努斯的静力学那里借用了一个结论,即重力沿斜面的推动力(*momentum gravitatis*,即重量沿斜面的分量)与整个重量之比等于斜面高度与长度之比(对于斜面 OB 来说即 $BC : OB$)。但由于角 ABO 是直角,所以

$$BC/OB = OB/OA。$$

因此,沿 AO 和 BO 作用的力之比等于走过的距离之比,由于力正比于速度,所以所需的时间相等。

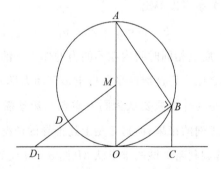

图 30　伽利略的弦定律。从竖直圆上的 A 点和 B 点同时释放的质点将同时到达最低点 O。该证明是动力学证明。

这一证明不再依赖于速度与距离成正比,而是依赖于亚里士多德动力学的基本定律:的确,现在速度被理解成平均速度。

92. 这些推导有可能使读者感到困惑。首先,前提是错误的,

其次,伽利略应用的一个主题是错误的。结果怎么可能仍然正确?

对于第一点,答案是,从斜面滚下的物体的末速度实际上正比于竖直高度的平方根,而不是竖直高度本身。因此,它的确仅仅取决于竖直高度,而不是斜面倾角。

对于第二点,情况则略有不同。根据经典动力学,对于一个质量为 m、受恒定的力 F 作用的质点来说,以下关系成立:

$$F = ma$$

而一个由静止开始的质点在 t 秒钟后获得的速度 $v(t)$ 为

$$v(t) = at$$

这一时间内的平均速度 v_m 为

$$v_m = \frac{1}{2}v(t)。$$

由这三个关系可以得出

$$F \times t = 2 \times m \times v_m \tag{I}$$

因此,对于同一质点相同时间内在不同力的作用下的运动,平均速度之比等于力之比。但这恰恰是亚里士多德动力学基本定律所说的内容。这就是为什么只要认为同一质点的运动需要相同时间,后者就会产生正确的结果;而这正是上述推导的情况。

但是,倘若伽利略曾试图求出从 M(图 30)释放的无初速度的质点通过圆的半径所花的时间之比,则他将会发现,走过 MD 和 MO 所需时间之比等于 MD_1 与 MO 之比,其中 D_1 是 MD 的延长线与通过 O 的水平直线的交点,而实际上这两条线段之比等于时间平方之比。

93. 我们同时也看到,17 世纪(甚至 18 世纪)的人一直用语词形式来表达物理量之间的关系，至多是将其写成两个比相等，而不是写成函数，会给自然科学带来怎样的混乱。也就是说，如果变量 A 的值 $A_1, A_2, \cdots$ 分别对应于依赖于 A 的变量 B 的值 $B_1, B_2, \cdots$，且满足关系

$$A_1 : A_2 = B_1 : B_2, A_1 : A_3 = B_1 : B_3, \cdots$$

则我们说 A 正比于 B，但这并没有写成

$$A = c \times B。$$

如果考虑关系(Ⅰ)，这种差别将变得很明显。它说的是，对于一个给定的质点来说，如果 t 恒定，并且对同一质点在相同时间情况下的运动进行比较，则 v_m 正比于 F。然而一旦写成

$$F_1 : F_2 = (v_m)_1 : (v_m)_2，$$

这种限制条件就不再能够表达出来，从而可能导致许多误解。

94. 我们不知道伽利略什么时候更正确地认识到了速度增加的方式。但在《关于两大世界体系的对话》和《关于两门新科学的谈话》中，伽利略从一开始就假设速度与时间成正比，由于这些著作讨论下落的内容基于一位学者(他似乎就是伽利略本人，而不是帕多瓦的教授)的一篇用拉丁语写成的特殊论文，我们可以认为，他在写成前述片段之后不久就发现了正确的关系。通过诉诸科学研究一直遵循的一条古老原则，即自然总是尽可能简单地做一切事情，他确立了新的出发点。如果我们意识到，确定什么东西最简单有时是多么困难，那么这种诉诸将不再那么令人信服：因为初看起来，假定速度与距离成正比，似乎要比假定速度与时间成正比更明显。

当伽利略再次面临导出平方定律的任务时，他同样运用了图

示法,但这一次,时间充当了广度(*extensio*)。这样便产生了一幅图,它的形状如同奥雷姆用来表示均匀地非均匀的质(*qualitas uniformiter difformis*)的形式(II:129)。

　　然而,值得注意的是,伽利略与奥雷姆的推理方式是不同的。后者(图 31)曾经设想,三角形 ABC 和矩形 $ABGF$ 的面积分别表示匀变速运动和以其中间时刻的速度进行的匀速运动的距离,然后由面积相等导出了默顿规则。而伽利略考虑的不是面积,而是两个图形的纵坐标的总和,他似乎认为这是一种总速度。但由于相对于两个图形中 AB 的中点 M 对称分布的两个纵坐标也相等($cc_1 + dd_1 = cc_2 + dd_2$),他说,速度的总和相等,由于时间也相等,所以距离也必须相等。根据由此导出的规则,他导出了平方定律,再次没有谈及面积,随后导出了奇数定律。

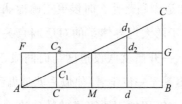

图 31　伽利略对匀变速运动的距离与时间之间关系的推导,
Discorsi III 1(*Opere* VIII 208)。

　　95. 很明显,假如伽利略纯粹以运动学的方式继续下去,他将不会把上述落体定律成功推广到沿斜面滚下的物体。为了避免这一困难,他不仅假定这里瞬时速度正比于时间,而且假定前面导出的定律,即下落给定竖直距离的物体的末速度相等,也是有效的。

　　《关于两门新科学的谈话》第一版问世后,伽利略又发现了对这一性质的动力学证明;这一证明已经作为定理二的附释包括在后来的版本中,它与第三天的纯运动学讨论相当不协调。不仅如此,其表述很是模糊:同一个词 *impeto* 就有两种完全不同的含义,难以理解它的意思。然而,就这一证明是可能的而言,它似乎仍然基于亚里士多德动力学的基本定律,伽利略曾在 1604 年运用这一定律;之所以再次运用它,是为了对持续相同时间的运动进行比较,它这里也会给出与经典动力学相同的结果。

96. 相信伽利略至死仍然认为力与(平均)速度成正比,当然与把他看成经典动力学的创始人的神话相抵触,该神话声称他必定知道经典动力学的基本定律,即力与加速度成正比。但只要看了伽利略本人的著作,而不是二手资料,所有人都会很清楚,他从未有过这种见解。首先,假如他果真在这一点上背离了亚里士多德传统,他一定会在别的地方说到它,不可能不利用这个难得的机会再次挑战亚里士多德,因为这是古代力学与经典力学最重要的差异。其次,我们看不到他的著作中哪里阐述了这种新观念。正如我们已经说过的,他年轻时的动力学论证纯粹是亚里士多德式的。此后,他有意排除了对落体的动力学讨论,而完全采取了运动学观点。然后,到了生命的最后,他再次给出了一个动力学证明,但只有根据纯粹的亚里士多德观点才能对它做出最自然的解释。在所有这一切中,哪里能够产生经典物理学所特有的那种完全不同的动力学观念? 我们不能苛求太多。有时我们会在同一部著作中看到,伽利略先是因为明智地固守于运动学观念而受到称赞,然后又因为通过其落体学说建立了经典动力学而大受吹捧。

97. 详细讨论这一点绝非出于一种卑劣的想法,企图不择手段地贬低这位科学史上的卓越天才无可置疑的伟大之处。这样做仅仅是因为,物理学的实际发展状况与对它的流行表述之间的差异在伽利略这里简直到了一种荒诞的地步,也没有别的例子能够如此清楚地表明存在于业已指出的(Ⅳ:90)历史重建中的原则性的推理谬误:由于在距离地球表面不远处,物体的重力可以看成一种恒力,而恒定的力又会产生恒定的加速度,所以落体运动是一种匀变速运动。伽利略知道,落体运动是匀变速运动,因此他必定知道……如此等等。然而,这种论证尽管错误,但却并不少见;整个伽利略神话便是建立在这一基础之上。

98. 类似的情况也可见于一种流传甚广的看法,它涉及实验在伽利略关于落体定律的讨论中的地位。人们一旦开始相信,从距离和时间的相应值逻辑地推出平方定律在教学上很可取,便自然认为伽利略也必须依照这种方式进行。然而事实上,这种看法不仅错误,而且违背了他的方法论原则。伽利略做实验并不是为了找到自然定律,而是为了验证他此前通过数学推理从多多少少显得自明的假定中已经导出的一种关系。

于是,在导出平方定律之后,他又说自己用一个带有凹槽的略为倾斜的斜面反复进行实验,发现它总是得到证实。他又比较了沿不同倾角的斜面滚下的运动:在提出从同一高度滚下的物体末速度都相等这一假定之后,他描述了一个摆的实验,其摆线只要通过竖直位置,就会被一根钉子拦住,从而摆长减小;然后,摆锤又会沿着不同的圆周轨道(被看成具有不同倾角的一系列斜面)升至同一高度。由此便证明,这一假定似乎是可取的。

99. 因此,在伽利略那里,实验并不是为了发现全新的现象,而是为了验证理论推理的结果,但这丝毫不影响实验在伽利略工作中的重要性;在经典科学和现代科学中,实验同样经常被用来验证有一定根据的假定或在两种可能性中做出判定。但在伽利略那里,实验验证有时似乎只有次要的意义,因为如果先前的推理显得非常有说服力,他便会觉得实验有些多余;于是,或者只有纯粹的思想实验保留下来,或者虽然有关于实验的描述,但实际上并没有做。"我做了一个关于它的实验,但自然理性(*il natural discorso*)事先已经使我相当确信,现象必定会像实际发生的那样发生。"①在《关于两大世界体系的对话》中,有一个情况必定会令那些对亚里士多德和伽利略只有表面了解的人感到惊讶。亚里士多德主义者辛普里丘敦促将萨尔维亚蒂的一个断言付诸检验,但近乎柏拉图主义者的萨尔维亚蒂却认为这毫无必要,因为他很清楚将会发生什么。②

100. 我们已经看到,伽利略如何为竖直落下或从斜面上滚下的物体的运动学理论奠定了基础,但这里无法细致讨论他对体系的进一步阐述了。如果作这种细致讨论,我们一定会赞叹于伽利略的数学才华,把《关于两门新科学的谈话》第三天和第四天的对话看成 17 世纪的一篇伟大杰作。更令人惊叹的是(迄今为止仍然是一个无可超越的榜样),伽利略在这里进入了一个古代没有取得任何成就的领域,一切都必须从头开始构造。然而,由此产生不出能够对自然科学的继续发展有根本意义的任何观点。一旦理论力

---

①　Galileo, Letter to Ingoli. Ed. Naz. VI 545.

②　Galileo, *Dialogo* II. Ed. Naz. VII 171. 参见 the letter to Ingoli, Ed. Naz. VI 546。

学通过研究静止和运动的自然现象而得出它的公理——我们已经
看到并将继续看到,这是一个艰苦的过程——它就将从物理学转
向数学:通过消除所有干扰因素而作彻底理想化,通过简化抽象
(例如把所有垂线都设想成平行的,把物体看成质点)而作同样彻
底的图示化,力学逐渐发展成为一门远离物理实在的自主科学。
虽然这并不排除力学能够基于自身的观念为物理学做出有价值的
贡献,但这的确意味着,力学容易过分沉迷于纯数学问题,而与可
经验的世界脱离所有接触。在 17 世纪是这样,今天也依然如此。

　　101. 这里还可以对第三天讨论的主题作两个评论。伽利略
用纯粹的运动学方法成功证明了前面提到的弦定律,进而比较了
沿着 90°圆弧内正多边形的边 $AC\cdots B$ 下落的时间(图 32)。他现
在可以表明,随着边数的增多,从 A 下降到 B 的时间会变得越来
越短。然而,在表述这一命题时,他曾说从 A 降到 B 最快的路径
是沿着圆弧 AC,这一结论当然不能为方才提到的结果所保证。

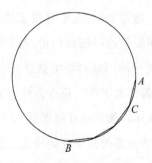

　　图 32　随着边数的增多,沿着弧 AB 内正多边形的边从 A 下降到 B
　　　　　所需的时间会越来越短。最速降线问题首次出现。Galileo,
　　　　　Discorsi III 36 (*Opere* VIII 263).

另一方面,数学家的注意力就这样转到了两点间的最速降线问题
(*brachistochrone*),这个问题后来由约翰·伯努利(Johann Bernoulli)
提出,并由他和哥哥雅各布·伯努利(Jacob Bernoulli)所解决。

　　102. 第二个评论涉及伽利略所显示或者说使之显得可信的
一个命题,即当一个质点沿斜面从 A 下降到 B 之后(图 33),会以
所获得的速度为初速度沿着另一个斜面上升,并到达后一斜面与
A 等高的 C 点。根据马赫(E. Mach)[①]的说法,伽利略神话宣称,
伽利略设想平面 BC 可以绕 B 点旋转,使之趋近于水平面 BD。
于是质点必须一直运动,直到再次到达 A 的高度,由于这在水平
面上永远不会发生,所以它将一直以从 A 降到 B 所获得的速度在
后一平面匀速运动下去。就这样,据称伽利略导出了惯性定律。
然而,我们从他的著作文本中看不出有这一推理的踪迹,我们马上
就会看到,伽利略也不可能以这种方式进行推理。

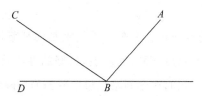

图 33　一个质点从静止开始沿着 AB 下降,并以所获得的速度为初速度
　　　　沿 BC 上升,直至到达后一斜面上与 A 等高的 C 点。

　　现在,为了证明路径的端点 C 与起点 A 等高,伽利略利用了
这样一个命题:"运动物体的速度通过其本性被印入,假如消除了

---

① 　Mach. 131.

引起加速或阻碍的外部因素，它将不可摧毁，这仅对水平面是如此……由此同样可得，水平面上的运动也是永恒的。"[①]虽然这里惯性定律并未得到证明（这也是根本不可能的），但它的确被明白清晰地阐述出来，我们无疑有理由把它称为伽利略的惯性原理。

103. 然而在这里，我们还是想提出这样一种怀疑并且给出理由。表面看来，这似乎有些多余和离题；对于那个聚讼纷纭的问题，即伽利略对惯性的理解是否完备，抑或他只是为之作了准备，使其后继者毫不费力就能得到它，这似乎只是伽利略专家所争议的问题，对科学史的主线没有什么意义。然而，这两种看法都是错误的。事实上，惯性观念的转变，以及对恒力作用于质点所产生结果的新的看法，也许构成了从古代和中世纪科学过渡到经典科学的过程中最重要的因素，这正是本书的主题；此外，惯性定律也并非只是新的世界图景的一个细节，而是该体系最关键部分的一个基础。

惯性观念的这一转变在很大程度上是伽利略带来的，这是不争的事实；因此，要想理解它的发展，最好的办法就是研究他的著作。但这样一来，我们在伽利略思想中看到的局限性、不确定和不一致显然就有了很大的意义：它们表明，在充分理解惯性本质之前必须克服多么大的困难。

104. 现在，我们首先给出惯性定律在这一发展过程中的最终表述，它是牛顿给出的：

---

① Galileo,*Discorsi* III. Ed. Naz. VIII 242.

> 每个物体都保持其静止状态或沿直线做匀速运动的
> 状态，除非有施加的力迫使其改变这种状态。

这种表述显然完全不能满足今天对严格性的要求；被用于物体的"匀速运动"（uniform motion）一词不够明确；我们想知道力是如何定义的，运动相对于什么参照系是直线和匀速的。然而，17世纪末的物理学家却可能认为这种表述非常清楚。倘若从空间中抽离出所有物体，便会留下一个无限大的空的容器；假如上帝现在往这个空间中安放一个质点，推动它，然后不再管它，那么这个质点将一直会沿直线穿过这个空的空间，即先后与这一空间中排在一条直线上的各个点重合。一个20世纪的科学家也许会说这里使用的大多数术语都毫无意义，但这并不会使更早的科学家感到忧虑，因为他已经为这些术语赋予了意义。

105. 这构成了发展链条的终点，而在伽利略这里则是起点。在何种程度上可以认为伽利略已经有了上述观念？

在一个关键点上，这肯定是不可能的。无论伽利略对待各种传统观念的态度多么革命，他始终固持着古代的有限宇宙观。就像哥白尼和开普勒那样，他也把宇宙看成一个有限半径的球体，这仍然与柏拉图、亚里士多德和中世纪的学者的看法一样。他们认为这个半径远远超出了其前辈的设想，位于球心或球心附近的不再是地球，而是太阳；但由于观察不到恒星的周年视差，地球轨道相比于恒星天球半径必定可以忽略不计，所以从地心说过渡到日心说对整个宇宙观念来说没有很大意义。然而，在这个有限的宇宙中，永恒直线运动的想法被排除了，就凭这一点，伽利略也无法接受经典物理学的惯性概念。

　　他通过萨尔维亚蒂之口在《关于两大世界体系的对话》的第一天中明确说出了这一点。[①] 萨尔维亚蒂先是说,在一个方面,他完全同意亚里士多德的看法:

> 我承认世界是一个具有三维空间的东西,因此是最完美的。我还要说,由于世界是最完美的,它就必然是秩序井然的,它的各个部分都是按照最高和最完美的秩序来安排的。

然后,他又说:

> 这个原则既已确定,我们立即可以得出结论说,如果世界上所有的完整的东西本质上都是运动的,那么它们的运动就不可能是直线的,而只能是圆周运动;其理由十分明显。因为任何做直线运动的东西都改变着位置,而且在继续运动时,会距离其起点及其陆续通过的位置越来越远。如果这种运动对它来说是天然适合的,那么它在一开始的位置就不是适当的。这样一来,世界的各个部分就并非处在最完美的秩序中。但我们假定世界各部分的位置是最完美的;那样的话,改变位置就不可能是它们的本性,因而它们也就不可能沿着直线运动。

---

① Galileo, *Dialogo* I. Ed. Naz. VII 43, cf. 56.

因此，像原子论者津津乐道的那种永恒的直线运动，对伽利略来说完全不是一种自然的可能性。天体的永恒圆周运动仍然像主宰希腊人那样强烈主宰着他的世界图景；圆周运动是最卓越的自然运动，如果说有什么保持运动状态倾向的话，那么首先就是圆周运动。

106．这绝不仅仅适用于天体。《关于两大世界体系的对话》的第二天[①]谈到了完全坚硬和光滑的球体的行为，它被置于一个完全坚硬和光滑的平面上，空气阻力和其他外界阻碍忽略不计。这个球会怎样运动呢？大家很快就达成了一致：平面倾斜时它将开始运动，平面水平时它将保持静止。然后萨尔维亚蒂设想，在后一种情况下球被赋予了一种冲力，他让辛普里丘承认，由于这里不存在导致加速或减慢的原因（这与光滑斜面的情形不同），所以球所获得的速度不会变化，它将一直运动下去。但引起斜面上加速或减慢的原因是什么呢？是一切重物与它们所力图到达的中心的距离发生了变化。因此，如果在一个平面上，速度并不改变，那么这个距离也不会改变。这样一个平面是以地心为中心的球面。

地球表面便是这样一个平面的例子，如果把它上面的所有不平坦之处弄平的话；平静的水面也接近于此。因此，在这样一个球面上，如果没有干扰，物体一旦运动，就将以不变的速度继续运动下去。但在与地球表面相切的光滑平面上，速度必然会减小，因为当物体远离接触点时，它与地球中心的距离将会增加。我们看到，必须谨慎对待伽利略的术语：所谓水平面是指以地心为中心的球

---

①　Galileo，*Dialogo* Ⅱ. Ed. Naz. Ⅶ 171.

面,这样一个表面的切面是一个斜面。但同时我们也看得很清楚,他的继承者是多么容易认为,他所说的物体倾向于保持业已获得的运动状态仅指直线运动。

107. 伽利略之所以把惯性理解成一种保持圆周运动的倾向,这与他的哥白尼信念密切相关。和哥白尼一样,伽利略不得不驳斥那些反对地球绕轴自转的人,他们的理由是,重物有竖直落向地心的自然倾向,但却不会绕地轴旋转。伽利略像哥白尼一样反驳说,绕地轴旋转和竖直落向地心同样自然,自然已经赋予了地球各部分一种倾向,使之不仅落向地心,而且每 24 小时自西向东旋转一周。如果从地球上空丢下一块石头,它将遵循这两种倾向。但是从本身参与了旋转的地球表面看去,我们知觉不到任何圆周运动,石头仿佛只是竖直下落而已。

108. 整个论证清楚地显示了新旧观念在伽利略那里的交织混杂。虽然他年轻时就已经猛烈抨击亚里士多德关于自然运动与受迫运动的区分,但他本人直到晚年仍然继续作这种区分。他与亚里士多德的不同之处仅仅在于,他赋予了同一个物体两种不同的自然运动。但这时他也阐述了经典力学的一条重要原理,即质点可以参与不同的运动而彼此互不干扰,通过讨论旋转地球上的石头下落,他明确指出,一个动点所描出的轨迹取决于观察该运动的参照系。

109. 我们很自然会问,在一个能够知觉到两种运动倾向合成结果的地球以外的观察者看来,下落质点的轨迹会是什么样。在图 34 中,假定通过 A 的圆代表地球赤道,AB 是一个塔,从塔顶释放一个物体。经由一种自然不太令人信服的推理,伽利略在《关于

两大世界体系的对话》中[①]得出了一个惊人的结论,即物体最终的
轨迹是一个直径为 BM 的圆,因此,倘若地球可以穿过,物体将会
到达地心 M。从地球上看,下落物体相继位于 a_1,b_1,c_1,…,但伽
利略似乎没有注意到,这与落体定律并不一致。他的结论使他再
次断言圆周运动优越于所有其他运动:自然沿着圆做一切事情。
但这又与伽利略在别处嘲笑亚里士多德哲学区分几何体的不同等
级完全不符。[②]

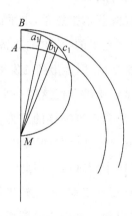

图 34   自转地球上的落体运动。从塔 AB 顶端落下的质点将会沿着直径
        为 BM(M 为地心)的圆周运动。从自转的地球上看,它相继处于
        a_1,b_1,c_1,…。Galileo,*Dialogo* II (*Opere* VII 191).

　　正如我们已经指出的(IV:77),实际上存在着好几个伽利略,
阅读《关于两大世界体系的对话》之所以困难,主要是因为在这部
著作中,这几个伽利略有时会同时说话。不过有一点应该已经清

①　Galileo,*Dialogo* II. Ed. Naz. VII 190.

②　Galileo,*Il Saggiatore*,*c*. 38. Ed. Naz. VI 319.

楚了:在我们迄今所讨论的内容中,并没有牛顿第一定律所表述的那种惯性观念。

110. 然而,阅读《关于两门新科学的谈话》似乎会得出完全不同的结论。在前面提到的位置,伽利略明确谈到了水平面上的持续匀速直线运动,[①]他也在第四天的谈话中证明了炮弹轨道形状是抛物线,它可以由抛射体在水平面上的水平直线运动以及重力所引起的竖直下落运动合成出来。

但后来辛普里丘提醒萨尔维亚蒂,水平面毕竟是一个以地心为中心的球面,因此并不是平的,萨尔维亚蒂承认当然是这样,但可以把它近似看成一个平面,因为炮弹的发射距离相对较近,这种差别并不大。这无疑是正确的。但这样一来,我们不再能够谈及水平的永恒直线运动,那只有当物体的重力在无论多么大的距离情况下都保持固定指向时才会存在;但那样一来,地球必须无限延伸,而这将与整个世界图景相抵触。因此,实际情况是这样的:根据真正意义上的伽利略惯性定律,不受外界影响(请注意,重力不算在内)的质点将保持以地心为中心的圆周运动。在距离不大的情况下,可以把这种运动看成直线运动;随后,距离不大的限制被遗忘,我们说,如果没有外界因素的干扰,质点将一直沿水平面不受限制地直线运动下去。就这样,这种或可称为圆周惯性的伽利略惯性观念逐渐演变成了牛顿第一定律所表述的观念。

111. 虽然伽利略的惯性观念中包含着各种不确定的内容,但我们绝不能忘记,没有任何人比他更能唤起和推进人们对物体保

---

① 英译本这里漏掉了此前的半句。——译者注

持运动倾向的理解。通过详尽而清晰地阐述惯性现象，特别是在《关于两大世界体系的对话》中，他实际上开创了对这种现象的直观理解。他使读者获得了一种甚至开普勒也缺乏的前所未有的惯性观念。

当我们谈论惯性时，几乎不可避免要使用一些术语，它们使人觉得就好像运动物体内部包含有某种推动者驱策它前行。虽然从理论上讲，我们也许的确认为，匀速直线运动（速度为零时称为静止）可以说是质点的自然状态，因此当速度的方向或大小发生改变时，必须寻找原因；但在我们每个人的心中，亚里士多德的观念依然十分强大，它使我们内心固守一条公理："一切运动者均由其他某种东西所推动。"所以我们会不由自主地发问，当外界推动者停止作用时，为何运动没有立刻停止。为什么人在跳下行驶的汽车时会跌倒，为什么骑自行车的人停止蹬车时不会立刻停下来？因为在这两种情况下，他都有一定的行驶速度。这种行驶速度现在被当成某种力，它就是牛顿所谓的"惯性力"（*Vis Inertiae*），即物体在不受外界影响时继续做匀速直线运动的原因；它也就是巴黎唯名论者所说的冲力。因此，在谈论惯性现象时，我们会不由自主地回到 14 世纪经院学者的表达方式，从而也或多或少地回到他们的观念。对于伽利略而言，我们实际上并不能称之为回退，因为他的动力学思想一直局限在冲力理论的范围中。

112. 惯性现象之所以在伽利略的某些著作中占有如此突出的位置，是因为它们在与哥白尼学说的争论中很重要。事实上，所有反对地球运动的论证，不论是古已有之的还是在 16 世纪新提出的，都是由于对惯性缺乏理解：云和鸟似乎必定会一直向西运动，从塔顶丢下的石头必定会落到塔底的西边,一如从航船的桅杆顶部丢下的物体落到甲板上的位置会与桅杆底部有一段距离,它等于船在物体下落期间所走的距离。竖直向上发射的炮弹会回到发射地的西边。向西(逆着地球运动的方向)发射炮弹要比向东射得更远。在反驳所有这些论证时,伽利略把他爱好争辩和好为人师的癖性表现得淋漓尽致。他在《关于两大世界体系的对话》的第二天便是这样做的,还伺机阐述了新力学的其他一些基本原理。

113. 值得注意的是,萨尔维亚蒂起初①完全否认从运动地球的塔顶丢下石头与从航船桅杆顶部丢下石头之间可以类比,因为地球绕轴自转是自然运动,而船的运动却是受迫运动。从塔上丢下的石头有绕地轴自转的自然倾向,因此在下落过程中并不偏离塔。而石头一从船上丢下,就只会遵循其自然倾向,因此并不落在桅杆底部。然而此后不久,另一个萨尔维亚蒂就声称石头的确会落到桅杆底部:船的运动也赋予石头一种保持桅杆顶部圆周运动的倾向,现在似乎的确有一种与石头落向自转地球的类比。

114. 我们在讨论伽利略赋予实验的意义时谈到了这段话②(IV:99)。萨尔维亚蒂先是严肃地责备辛普里丘只是人云亦云,虽然从未见过,却说石头不会落回桅杆底部;但是在被问及他本人是否曾经做过实验验证时,他回答说,这完全没有必要,因为他能够通过纯思想的方式推断出将会发生什么。但辛普里丘也可以这样做。对于那些相信伽利略是伟大的实验家这个神话的人来说,

---

① Galileo,*Dialogo* II. Ed. Naz. VII 168.
② Galileo,*Dialogo* II. Ed. Naz. VII 170.

这段话着实令人难堪。诚然,他曾在给英格利(Ingoli)的信中说,[①]他在运动的船上作过落体实验,但他并没有交代任何细节,也没有在任何著作中给出报告。事实上,直到 1640 年,伽桑狄(Pierre Gassendi)才做了确证性的实验。

115. 伽利略在这里阐述了一条力学的一般原理,那就是前面曾经提过的运动叠加原理。根据亚里士多德的物理学,不同的运动冲动之间总是存在着冲突。正如我们已经看到的(Ⅲ:50,58),16 世纪的人一般认为,抛射运动的第一阶段是直线运动,因为那时冲力占优势,而且完全抵消了重力,第三阶段也是直线运动,因为那时冲力已经完全消失,而第二阶段与其说是冲力与重力的共同作用,不如说它们相互冲突的产物。而伽利略却表明,各种运动彼此独立地发生,我们看到的是其结果,它们共同作用的成果。天文学家当然一直就持有这种观点,但即使在 17 世纪,天界与地界现象之间的鸿沟仍然十分宽广,以致对其中一方有效的结论并不能轻而易举地运用于另一方。萨格雷多还由叠加原理或独立性原理得出了这样一个结论:如果从塔顶水平抛出一个物体,同时释放另一个物体,则它们将同时到达地面。后来西芒托学院(Accademia del Cimento)[②]用实验证实了这一断言(Ⅳ:193)。

116. 这里讨论的现象如今成了初等力学课程的内容。但对于初学者来说,它们仍然显得那样悖论和困难。对于伽利略的同时代人来说也是如此,因此,伽利略认为有必要反复解释它们的新

---

① Galileo,Ed. Naz. Ⅵ 545.

② Cimento 是"实验"的意思,所以 Accademia del Cimento 的字面意思是"实验学院"。——译者注

变种。于是,他设想[①]有一辆行驶的小车,其外侧固定一个斜面,让一个小球沿斜面滚下来。如果该平面沿着小车运动的方向倾斜,则当小球到达地面时,它将滚到小车前面;如果以相反的方向倾斜,则它将可能停在地面上,甚至可能往回滚。所有这些实验都被描述成一些可能性,但显然都没有实际作过。

117. 通过多次观察同一个动点在不同观察者看来所描出的路径差异,伽利略也对深入理解运动概念的相对性做出了重要贡献。然而,这并未排除存在一种绝对运动的信念。诚然,伽利略并没有使用"相对"和"绝对"这些术语,也没有每一次都说明观察运动是相对于什么参照系。但是,假如用所有这些术语来表达他的想法,则可以说,他把相对于原点是太阳、坐标轴指向三颗恒星的坐标系的运动看成真正的运动,在这个意义上,他认为地球自转是实实在在的。

伽利略对地球自转的物理实在性的捍卫涉及一条重要原理,即如果整个系统作共同运动,那么物体相对于彼此的运动现象并不发生改变。显然,这条原理对于最终达成他的目标极为重要。他不可能通过地球上的观测认识到所假设的地球自转。因此,他无法依靠正面的物理论证得知它的存在,而只能通过驳斥别人针对它提出的物理反驳;首先就是,假如地球果真在旋转,我们必定会以某种方式觉察到。对此,他提出了一条一般命题,即构成某个系统的所有物体的共同运动不会对它们彼此的行为造成任何影响,因此永远无法经由系统内部的观察而显示出来。

118. 如果我们把伽利略所特有的任何东西都称为"伽利略

---

①　Galileo, *Dialogo* II. Ed. Naz. VII 188.

的"，并且不把这个形容词当作经典物理学命题的标签，我们就必须把这一断言称为伽利略相对性原理。实际上，这个词今天被用来指一条有限得多的原理，它说的是，如果整个系统作匀速直线平移，则相关的运动现象将继续以同样方式发生。

更广义的、真正的伽利略原理是错误的，而更狭义的、所谓的伽利略原理则是正确的。如果让一个屋子匀速直线平移，则屋中的运动现象不会发生任何改变，但如果这种平移是加速的或曲线的，或者让屋子绕轴旋转，则屋中的运动现象一定会发生改变。但伽利略显然不会满足于狭义的相对性原理：事实上，他恰恰是要表明，我们不可能觉察到共同旋转。现在出现了一种与惯性原理类似的情况：他对相对性原理的运用在很大程度上涉及短距离、短时间的运动，在这种情况下，这些运动发生于其上的地球表面部分的运动确实可以近似看成一种匀速直线平移。因此，他关于相对性的思考虽然在理论基础上不正确，但与那些关于惯性现象的思考实际上有相同的澄清作用。

119. 借助相对性原理，伽利略反驳了第谷关于炮弹向西和向东发射具有不同射程的论证。为了解释这一思路，他设想火炮从运动的炮车先朝运动方向发射一枚炮弹，再朝反方向发射一枚炮弹。在两种情况下，炮弹到达地面时，与当时炮车所在的位置将相隔同样距离。

通过这个例子，我们可以非常清晰地表明亚里士多德力学与经典力学之间的差异。为此，我们把两种推理排列在一起。在图 35a 和 35b 中，P 是炮车在两枚炮弹发射时所处的位置；P_1 是炮弹落地时炮车所到达的位置。车以速度 v 向左运动；炮弹获得

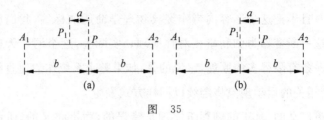

图　35

速度 V；炮弹射出与落地相隔时间 t。炮弹分别落在地上的 A_1 和
A_2。于是有：

根据亚里士多德力学

当炮弹离开炮车时，它们都以所获得的速度 V 前进，在时间 t
内走过距离 PA_1 和 PA_2，它们都等于 $b=Vt$。车子在此期间走过
距离 $PP_1=a=vt$。因此，炮弹落地时与炮车的距离为：

沿运动方向发射的炮弹：

$$P_1A_1 = b - a = (V-v)\,t,$$

逆着运动方向发射的炮弹：

$$P_1A_2 = b + a = (V+v)t。$$

在自转的地球上，必须考虑地球在炮弹发射期间的东移。设
它等于 ct，则炮弹的触地点 A_1 和 A_2 将向西移动距离 ct。因此，
A_2 可能位于 P_1 西边，即向东发射的炮弹可能会落在起点西边。
这再次清楚地说明，地球自转的想法是站不住脚的。

根据经典力学

火炮发射两枚炮弹。炮弹和火炮的共同运动并不影响现象。
因此，在时间 t 内，两枚炮弹都相对于火炮走过距离 $b=Vt$，当它们

落地时,距离为 $P_1A_1 = P_1A_2 = Vt$。自转的地球不会对实验造成影响;整个系统由此获得了附加的共同运动,但无法察觉到它。

此外,双方都没有想到实际去作这个实验或自转地球上的火炮实验。

120. 虽然在这样的例子中,伽利略对相对性原理过于一般的表述并不会影响推理,但在其他情况下,却有可能诱使伽利略得出错误的结论。于是,他不得不去反驳这样一个论证:[①]自转的地球必定会把地表的物体甩出,就像旋转的车轮把轮沿上的水滴甩出一样,建筑将被摧毁,石头、动物和人都会被甩到空中。萨尔维亚蒂先是嘲笑这个论证,因为按照它的说法,就好像那个所有物体都安住其上的地球突然旋转起来一样;因此他更愿意把论证表述成,在旋转的地球上,无法立起任何建筑,任何东西都找不到固定位置。这当然是一种非常合理的论证,因为我们今天知道,确实存在着一个旋转速度,超过它,万有引力将无法提供地上物体绕轴自转所需的向心加速度。如果不作任何定量表述,而只是谈论这一论证,是不能反驳它的。然而,这恰恰是伽利略试图做的事情。他断言,物体不存在被甩出的危险,因此,任何物体在旋转地球上的行为和在静止地球上一样。

更奇怪的是,他很清楚,系在绳索上旋转的物体会对绳索施加一个向外的力,而且他无疑可以确定,到了某个旋转速度,物体将会分崩离析或者绳索断裂。然而,他没有注意到,这个事实与他说

---

①   Galileo, *Dialogo* II. Ed. Naz. VII 214.

地球自转时不会发生这种情况相矛盾。也许他关于所有地上物体都有一种绕地轴旋转的自然倾向的观念在这里同样有效，但那样一来，他也许从一开始就认为，与转轮或系在绳索上旋转的石头相比较是不恰当的。

重力在任何情况下都会阻碍地上的物体甩出去，这可以通过关于无穷小量的相当复杂的思辨来证明，我们不打算在这里解释了。其基本思路是，起初描出的圆的切线在接触点附近与圆的偏离非常小，以至于物体的重力总能阻止物体沿这条切线飞离。

121. 讨论上述内容的对话再次表明，《关于两大世界体系的对话》经常会非常奇怪地将各种论证混合起来：一些论证可以被经典力学原封不动地接受，另一些则与其基本原理相冲突。事实上，当萨尔维亚蒂最开始谈论石头从旋转的绳索甩出时，[①]他说石头获得了沿着圆的切线飞出的倾向，如果重力不把它往下拉，它也将这样运动；抛射体的曲线轨道是由沿切线的运动和下落运动复合而成的。这里并没有像《关于两门新科学的谈话》第四天那样假定初速度一定是水平的，也没有任何地方暗示，物体运动所沿的直线近似于圆。假如上下文中没有谈到保持绕地心的圆周运动，我们很可能会认为，这段话清楚显示了对惯性本质的完整理解。值得注意的是，伽利略这里设想物体不受重力的影响，而在其他地方，他始终把重力看成一种对物体结构不可或缺的内在的构成因素，永远不能不考虑。他从不认为重量是一种从外界作用于物体的力，所以还没有涉及质量与重量的区分。

---

① Galileo, *Dialogo* Ⅱ. Ed. Naz. Ⅶ 220.

122. 在结束讨论伽利略对力学发展的贡献之前,我们还想就两个主题作些评论,它们以后将变得非常重要,而且对它们的研究始于伽利略。那就是摆的运动和碰撞。

我们已经看到,伽利略如何用摆的实验来验证落体运动定律。在《关于两门新科学的谈话》的第一天中,[①]他把摆的运动当作声学讨论的导引,并且提到了这种运动的两种性质:一是振动周期与摆长的平方根成正比,二是等时性,即振动周期与振幅无关。第一个性质(我们不知道他是如何发现这一点的)已被后来的力学发展所证实,而第二个性质被发现只对于小振幅才近似成立。根据萨尔维亚蒂的说法,伽利略关于严格等时性的信念似乎是受了弦定律的启发。关于物体沿着弦滚下的说法显然可以推广到圆弧。萨格雷多评论说,尽管他经常在教堂看到吊灯摆动,但他从未注意到等时性现象,这对他来说似乎是不可能的。这一评论很难证实那个耳熟能详的传说,即伽利略很小就通过在比萨大教堂的观察发现了这一性质。

123. 在那个重要但又极为困难的碰撞领域,伽利略并未获得具有持久价值的成果。他也没能通过《关于两门新科学的谈话》第六天的讨论[②]促进对这一现象的研究,因为这一补充直到 1718 年才出现,那时力学已经大大向前发展,碰撞定律也已经为人所知。尽管如此,理解这一补充仍然很重要,它使我们看到,要想正确理解碰撞现象,必须克服什么样的困难。之所以有这些困难,部分是因为人们起初总是试图称量碰撞时出现的作用力,亦即把它们与

---

① Galileo, *Discorsi* I. Ed. Naz. VIII 139.

② Galileo, *Discorsi* VI. Ed. Naz. VIII 319-346.

像重量这样的连续作用力相比较。然而,这种努力注定是要失败的,因为这里涉及的量有所不同。伽利略最终获得的最重要成果表现在他的一个断言,即碰撞力是无限大的;他想表达的是,如果作用的时间长趋近于零,那么在某一时间段内产生与碰撞相同作用的连续作用力的大小将会无限增长。

第四节　伽利略学派[①]

124. 一些学者继续了伽利略在力学领域的工作,他们大都是意大利人,或多或少可以称为他的学生,包括卡瓦列里(Bonaventura Cavalieri)、巴利亚尼(Giovanni Baliani)和托里拆利(Evangelista Torricelli)等人。如果阅读他们的著作,首先得到的印象就是,伽利略那里的各种犹疑不定都已得到克服。继承者往往更为清晰,这是一种常见的现象。老师付出了艰苦的思想努力,才成功摆脱了早先的错误,在其思想特别是言辞中一直带有挣扎的痕迹;而受其新观念熏陶的学生却能不为过去所束缚,从他止步的地方出发,清楚地表达出在他那里还比较模糊的东西。于是我们看到,伽利略的继任者认为显然不必浪费口舌来说明,为什么沿任一方向发射的炮弹运动是两种运动合成的结果,一是沿初速度方向的匀速直线运动,二是从静止开始的匀变速竖直下落运动。由于这个命题只是附带提及,而不是被当作讨论这一主题的一般原理,我们当然会怀疑他们是否理解了这一认识的影响,但与伽利略那里不同

①　Dijksterhuis (1),Koyré (1) III.

的是，我们不会再怀疑这种认识本身是否存在。

125. 值得注意的是，巴利亚尼问了一个一般问题，即作用于物体的恒定的推动者会产生什么结果；落体研究在这里已经开始发挥作用，其伟大的历史意义便是奠基于此，那就是把力的概念表述成加速的原因，并把重力归于一般的力的概念。巴利亚尼根据布里丹（Ⅱ：114）和贝克曼（Ⅳ：72）所使用的方法讨论了这个问题；即对于每一个时间段，他都设想运动是在该时间段之初存在的冲力与产生同样效果的重力共同作用下产生的，就好像运动刚刚开始一样。不过，他得出结论说，在相等时间段内相继走过的距离成连续自然数之比，这正是我们在达·芬奇那里看到的关系（Ⅲ：45）。因此，他认为必须拒斥奇数定律，但同时又指出，既然在推导过程中使用的时间段必须被认为非常小，奇数定律与他本人的定律之间的差异将小到无法觉察；事实上，如果让时间段的长度趋于零，则他的定律将接近于奇数定律。[①]

值得注意的还有，巴利亚尼正确认识到了冲力概念的模糊性：冲力一方面被当成运动的表征，另一方面又被当作运动的原因。他说，运动实际上会自行保持，但为了方便起见（还可以补充说，为了满足因果解释的需要），我们仍然说冲力驱使物体前行。

126. 托里拆利的力学著作名为《论自然下落重物和抛射体的运动》（*De motu gravium naturaliter descendentium et projectorum*），这一标题让我们看到，下落和抛射现象仍然是当时极为关注的主题。由于托里拆利只是补充和拓展了他老师的理论，这里我们不

---

① 关于此断言的动机，参见 Dijksterhuis（1）330。

去过多讨论。的确,他的著作并无实质性的推进;亚里士多德动力学的基本定律强烈支配着他的思想,就像强烈支配伽利略的思想一样,因此,他的动力学思辨很难说超过了巴黎唯名论者的水平。但这部著作之所以让我们感兴趣,主要是因为它对力学在科学体系中的位置作了原则性的论述,他研究了力学与数学以及与物理学的关系。他结合两条反对意见来讨论这一问题:自从阿基米德的著作为人所知以后,一直有人反对阿基米德所做的两条假设,它们实际上触及了理论科学的基础。

第一条反对意见针对的是用有重量且能够悬挂在秤杆上的几何体进行操作的做法,第二条针对的则是重力作用线的方向被设想成平行线,而实际上重力意味着朝地心运动的倾向。两者都是阿基米德方法的关键因素,它们不仅被用在《论平板的平衡》中以测定重心,而且被用于《抛物线的求积》(后来出现在《方法》[Method]中),以服务于纯数学的目的。[①] 数学和物理学似乎以一种不允许的方式混合在一起。

127. 针对这两种反对意见,托里拆利捍卫了这位希腊数学家。他(以及伽利略)深信,阿基米德是理想的科学人物。正如数学家有权为图形指定一个面积,或者定义一个中心,他也有权为这个图形指定一个重量;只不过这里的重量不再是一种性质或能力,而仅仅是与图形联系在一起的一个维度(dimension,按照托里拆利本人的表述),或者与之相联系的一个矢量(用现代术语来说),其含义需要通过数学定义来确定。重物概念从未遭到反对,但在

---

① Dijksterhuis (4).

力学中,它也是一个被指定了重量的几何图形。除了有重量的线或面,力学也可以研究没有重量的物体。

现在,力学成了数学的一个分支,它也使用重量(后来还使用更一般的力和质量的概念)这个维度以及运动概念等等。由此,第一条反对意见已被驳斥,第二条则自行消失:当然可以把重量的作用定义成,所有作用线都是平行的(竖直的或非竖直的)。不仅如此,还可以设想在物理上实现它,只要在思想中把一个悬有重物的秤移到恒星天球以外距离地心无限远的想象空间就可以了。

这里我们还看到,学生如何能够从老师的言语特别是做法中大胆得出隐含的结论,尽管老师永远也不敢如此公开、不加掩饰地说出它们。这样一种将力学数学化的倾向在伽利略那里显然十分强烈,但他依然把重力过分当成物体朝地心运动的一种内在努力,以至于无法把它看成一个量,经由定义被赋予一个数学物体;他仍然过分圈于有限宇宙的观念,以致无法把异质的物理空间等同于同质的无限几何空间,并使天平朝无限一方倾斜。我们需要一位像托里拆利那样的纯数学家,面对这些想法毫不畏缩。的确,托里拆利摆脱了阻碍物理数学化的一切束缚,把关于运动和力的学说变成了一门理性力学,在伽利略那里有所预示的东西现在成了事实。

128. 现在自然会有这样一个问题,即这种力学与物理实在是否还有什么关系。但这只不过是对数学在自然科学中一般起什么作用这个问题的延伸。这样一个建立在公理和定义基础上因而是精确的、几何力学的理想形式世界,是否是通过进一步抽象所获得的实在的图式化,其中很多关键要素已经丧失,所以它永远也无法给出关于自然的可靠而完整的认识？抑或我们感觉经验的世界只不过是对这个只能由数学来把握的理想的理性力学领域中顽固物质的一种有缺陷和不完美的描绘，因此决不能称为真正意义上的实在？这又是那个贯穿于整个科学思想史的古老争论：是亚里士多德还是柏拉图？

伽利略和托里拆利站在哪一方是毋庸置疑的。连同具体的亚里士多德科学，他们也拒绝了亚里士多德关于物理学与数学之间关系的观点。在《关于两大世界体系的对话》中，[①]辛普里丘回忆起亚里士多德曾经指责柏拉图由于过分专注于研究数学而偏离了健康的哲学，他知道著名的亚里士多德主义哲学家会阻止其学生研究数学，因为数学会使他们的头脑过于钻牛角尖，以致无法理解真正的哲学。对此，萨尔维亚蒂刻薄地反驳说，双方说的都对，因为除了数学，没有其他科学能够更加无情地揭示他们的歪理邪说。这场对话的气氛已经可以感觉到。伽利略进而不失时机地表达了他的形而上学信念，即实在的结构本质上是数学的，我们思想的数学形式对应着感觉世界背后的一种数学秩序，我们所有的学习都是回忆。[②]

　　　　哲学被写在宇宙这部永远展现在我们眼前的大书
　　上，但只有在学会并熟悉书写它的语言和字符之后，我们
　　才能读懂这本书。它是用数学语言写成的，字符是三角

---

① Galileo, *Dialogo* III. Ed. Naz. VII 423.

② Galileo, *Dialogo* II. Ed. Naz. VII 217.

形、圆以及其他几何图形,没有这些,人类连一个字也读不懂;没有这些,我们就像在黑暗的迷宫中摸索。①

按照我们对力学的解放这一主题的安排,我们可以暂时不去讨论它所探究的现象的物理原因问题,不需要关注它的结果在多大程度上被实验所证实;这些内容属于较窄意义上的物理学,后面还会回到它(Ⅳ:130)。我们首先还是待在理性力学的理想领域。

129. 托里拆利对力学的贡献不仅仅是从原则上捍卫了它的存在权利,他还提出了一条卓有成效的一般原理,事实证明,它将有力地推动力学在 17 世纪的进一步发展。这个所谓的托里拆利公理在《论自然下落重物和抛射体的运动》中表述如下:

> 相互连接的重物不可能自行开始运动,除非其共同的重心有所下降。

他合理地指出,这些物体实际上构成了由各部分组成的同一个物体,而除非重心下降,单一的重物不可能单靠自身开始运动;因此,除非重心可以下降,这个由各部分组成的物体将一直保持静止。

在提出这个公理,并且由此导出斜面定律时(当平衡已经建立,两个重物同时移动时,它们的重心仍然处于同一高度),托里拆

---

① Galileo, *Il Saggiatore*. Ed. Naz. Ⅵ 232. 参见 Ed. Naz. Ⅺ 112-13. ⅩⅧ 295. ⅩⅨ 625。

利只是表述了一种洞见，它是从亚里士多德经由巴黎唯名论者、哥白尼、16 世纪的意大利力学家一直到这时的漫长发展的成果。亚里士多德关于重物有朝着位于宇宙中心的自然位置运动的趋势的观念在 14 世纪被更加精确地阐述为一种理论，即任何重物都拥有一个特定的点，即重心（*centrum gravitatis*），其重力可以说就集中在这里，它力争与宇宙中心重合。除了把"宇宙中心"替换成"地心"，哥白尼可以原封不动地接受这一理论，这种形式的理论就出现在伽利略等人那里。即使重心无法到达地心，它也会尽可能地接近地心，而不会自行远离地心，即向上运动。然而，整个理论的模糊之处在于如何确定重心。把它等同于阿基米德在数学理论中所使用的重心是很自然的；但后者从未得到明确定义，所以它的意义仍然不够确定。

现在，托里拆利指出，只有当垂直线被认为平行时，阿基米德及其追随者确定重心的方法才有意义；但那样一来，重力力图把重心带向的中心就被推到了无限远处。因此，他没有再次提到这一中心，但在他的表述中，他保留了重心观念的正确核心。

我们将会看到（Ⅳ:141），这一公理直到惠更斯才最终结出硕果。但在讨论这一点之前，我们先讲完伽利略学派的工作及其在力学史上的位置。

130. 以上对伽利略学生的工作概述可能会使我们以为，伽利略所奠定的基础被普遍接受为正确的，17 世纪的科学家一致同意在它的基础上继续向前发展。然而，这并非总是事实。首先，并非每个人都像托里拆利那样乐意用理性力学的思想的简单性取代物理现象界的经验的复杂性。下落与抛射现象并不是在真空中发生的,假如在运用力学工具时,需要依赖力与荷载之间的理论关系,那么就会感到失望。而那些想要更多了解这些现象的物理事实的人会发现,伽利略在这里决不像在理性力学中那样是一位可靠的向导。虽然他已经通过槽板和摆的实验确证了落体定律,但由此显示的距离与时间的关系并没有回答这样一个定量问题,即物体在一定时间内到底下落多少距离,用现代术语来说就是:已知物体从静止开始按照公式 $s(t)=1/2at^2$ 下落,但其中 a 的数值 g 尚未知晓。虽然《关于两大世界体系的对话》中[①]确实包含这样一条断言,一个 100 磅的铁球从静止开始自由下落,5 秒钟内走过了 100(佛罗伦萨)码,由此得出 g 的值是 8 码/秒^2(约 5 米/秒^2),但是当巴利亚尼探究这个结果是如何得到的时,起初他并没有得到任何答案,直到后来才有了一个不太令人满意的回答。伽利略最后说,所给出的值可能并不完全正确,而在伽利略需要用到它时并没有给出说明。我们得到的印象是,伽利略对这个问题并不很感兴趣。这可能是因为,在我们看来,物理常数是一种纯偶然的因而是非理性的东西;我们不得不接受它的值,而不明白为什么恰好是这般大小;这与从看似必然的公理由数学推导出像平方定律这样的关系所带来的自明感截然相反。

131. 不过,另一些人则非常看重这些物理常数值,就像天文学家向来非常看重它们的基本值一样(年的长度、黄道倾角、天极高度等等)。他们还致力于用实验验证伽利略通过推理得出的一些断言是否正确。因此,17 世纪上半叶出现了大量落体和抛射体

---

① Galileo,*Dialogo* II. Ed. Naz. VII 250.

实验：意大利有里乔利（Riccioli）和西芒托学院，法国有伽桑狄和梅森。其间经常出现的偏差并非总被归于空气阻力的影响和不可避免的观测误差，而是有时会充当论证以反驳伽利略的理论。此外，关于物体在介质中下落的实际过程，伽利略只是说了他早期落体定律中的东西，其中虽然考虑了物体在介质中所受的浮力，但却没有考虑介质对物体穿行造成的阻碍。计算这一阻力远远超出了当时的数学能力。

132. 因此，从物理学的观点看，我们确实有理由不满于伽利略对落体运动的研究；从理性力学的观点看，在某种程度上也可以提出这样的反对，因为关于从某一高度滚下斜面的物体的末速度相等这一假定仍然是该系统发展中的一个弱点。然而，除此之外，还有人坚持一种针对落体定律的毫无根据的反对，即反对《关于两门新科学的谈话》第三天和第四天的整个宏伟大厦的基础。速度与距离成正比的观念仍然在施展着魔力，只不过现在认为仅在经过一定距离之后才有效；因此，与伽利略的落体定律相对立，人们经常提出由这一假定所导出的关系以及其他可能性作为等价的竞争理论。

于是，当梅森（不仅深入研究过落体运动理论，而且还独立作过许多落体实验[①]）1647 年在其《物理数学反思录》（*Reflexiones Physico-Mathematicae*）中评价伽利略的研究时，他仍然在重要问题上发现了不确定，在体系结构中发现了裂隙，甚至怀疑所描述的实验是否真的做过。最后，他发现总结整个问题的最好方法就是

---

① Dijksterhuis (1) 373-82.

引述圣保罗在《哥林多前书》(8：2)中的话："若有人以为自己知道什么，按他所当知道的，他仍是不知道。"

第五节　力的概念的演进

133. 伽利略的后继者并没有长期坚持他对运动学观点的严格方法论限制。虽然这种限制是伽利略强加给自己的，但从他后来试图从动力学上证明末速度相等的假定来看，他本人也没有一直坚持。它也不再有存在的理由：现在，至少在他们看来，落体运动如何进行是完全清楚的，因此需要研究更深入的问题。因此我们看到，巴利亚尼力图理解，在恒定重力的影响下如何可能产生匀变速运动；其他一些学者也认为自己的第一要务就是解释这个看似悖论的结果。对于从亚里士多德科学到经典科学的过渡来说，这种努力的意义不亚于为理解惯性而付出的思想努力。在某种意义上，它甚至超出了后者的历史意义。事实上，这个论题将推翻一种甚至比古代的惯性观念更自然的观念，因为日常经验证实它似乎比证实物体具有保持静止的自然倾向更清楚。落体运动似乎是唯一的例外，因此总让人觉得有问题。我们已经不止一次看到，恒定的运动原因引起匀速的运动，其运动速度是该原因强度的量度，这一切显得非常自明；同时我们也看到，甚至像伽利略和托里拆利这样有洞察力、不畏任何思想革命的人，也无法摆脱这种动力学基本观念所产生的令人信服的影响，即使他们研究的恰恰是那些在我们今天看来必定会导致对它的拒斥的加速运动。

134. 然而，获得新的力的概念不仅要比获得新的惯性理解更难,而且具有完全不同的性质。新的惯性原理在某种程度上已经唾手可得:亚里士多德的抛射体理论已经被证明站不住脚;一旦人们开始认识到,要使运动突然停止需要有力的作用,并且可以通过减小外界阻力而延长运动,那么距离通过理想化而得到这样一条公理就不远了,即如果消除所有外界影响,则运动将一直保持不变。正如我们所看到的,这条公理很快就获得了自明性特征,根据亚里士多德的知识论(I:49),这种自明性是证明性科学所不可或缺的基础。然而,对于力的概念来说,情况却完全不同:力的结果被认为不是速度,而是加速度,这仍然是一个悖论,在17世纪初还不可能把它设定为公理(那时"公理"一词仍然意味着某种自明的东西)。

现代人很容易低估历史发展过程中形成科学概念所遭遇的困难。它似乎如此简单:先通过定义规定,只有当质点拥有加速度时(即除了匀速直线运动的情况下),才能说它受到了力的作用;然后把这个力定义成一个矢量,它等于加速度矢量乘以这个质点所特有的质量标量。既然自由下落的质点有恒定的加速度,它似乎受恒力的作用,我们把这个力称为重力。完全不受力的作用的质点没有加速度,因此做匀速直线运动。

135. 然而,这样一种程序只有事后才是可能的。自然科学不是通过构造定义而建立起来的;它必须确立事实,并且通过引入恰当的概念,找出可以充当逻辑秩序之基础的公理,将这些事实整理成一个逻辑上融贯的系统。公理之所以能被挑选出来,是因为它们已经比较自明,即使不是这样,它们也可以通过长期使用,特别是通过教学暗示而最终变得自明;因此在后人看来,所有这一切似乎从一开始就显得在逻辑上完全透明，至少理应如此。这将导致我们带着藐视的目光，惊讶于前人错误的观念或烦琐的方法。这种反应是错误的。我们应当对先驱者的艰苦工作充满感激，现在每个人都可以享用他们的成果，而无须再作太多努力。

撰写 17 世纪的力学史只不过是对这样一种系统化过程的叙述。对于我们目前讨论的发展阶段来说，惯性公理已经被看成一种可以利用的基础，但新的一般的力概念才刚刚开始发展，仍然在等待融入这个系统。目前，系统化的方向仍然是：试图把力看成一个无须进一步定义的基本概念，借助于惯性公理来证明恒力会产生恒定的加速度。

136. 显然，这种努力注定不会成功。力是一个如此含糊不清的术语，它身上负载了诸多拟人化的联想，如果不加定义，这个词根本无法用于科学推理，除非隐含地使用那些等价于待证命题的未经言明的基本命题（例如，恒定的力在连续相等的时间段内会产生相同的作用，这种作用可以通过速度的改变来判断）。

讨论 17 世纪的科学家实现上述目标的各种努力将使我们离题太远。这里只想简要提到博雷利（Borelli）和惠更斯对落体定律的动力学推导。博雷利利用了贝克曼所使用的观念（Ⅳ:72），把连续力的作用看成频率无限增大的一种周期性冲力作用的极限（贝克曼假设重力以小的猛拉进行牵引被博雷利类比成一个与落体相伴随的快速敲击的小锤子）。惠更斯的推理的特别之处在于，它所运用的公理非常隐蔽，以至于初看上去，平方定律仿佛以一种完全正当的方式被推导出来。然而渐渐地，要想对力的概念进行系统化，似乎只存在一种可能性：必须以某种方式假定，力引起加速,经典科学的力的概念也随之得到了隐含定义。

137. 然而在这里,有必要引入质量概念,并且对质量和重量进行区分。尽管这一区分经常遭到误解,但对经典物理学来说却是至关重要的和典型的。在我们目前讨论的时期,这一切几乎还没有什么迹象。认为重力是一种依赖于物质的量、植根于物体本身之中的能动因素,这完全没有考虑到,这种物质的量还与某种被动性相关联。为此,首先必须认为重力不是一种内在的运动本原,而是一种施加于物体的外在作用(就像贝克曼和博雷利已经做的那样)。不过,我们以后再讨论重力概念的演变。目前只能看到后来质量概念的某些迹象,这些迹象有时相当隐蔽,因为还没有固定的术语来表达它。本来要表示的是质量,人们却往往使用重量。这个概念也许最清晰地表现于巴利亚尼的说法,他解释了为什么在真空中下落的所有物体都具有相同的速度:他区分了作为施动者(*agens*)的重力和作为承受者(*passum*)的物体,并假定它们彼此成正比;物体并不会因为更重而下落更快,因为更大的重力也必须推动更多的物质。此外,我们还经常看到这样一种说法,即给定速度的物体越重,它所包含的冲力的量就越大;当然,这里所说的重量实际上指推动能力意义上的质量。

第六节   克里斯蒂安·惠更斯

138. 在谈到从动力学导出落体定律的各种尝试时,我们提到了惠更斯(Ⅳ：136),同时也提到了他对力学基础的一项早期贡献。我们这里只能讨论一些基本思想,因为就惠更斯而言,我们不可能既对他的工作作比较全面的讨论,同时又不偏离本书的目标。他的大多数成果层次过高;它们属于建筑物本身的一部分,而我们这里只想展示其地基。而且,只有预先假定读者所受的数学训练比本书所预想的程度更高,我们才能阐述他的大多数研究。因此,我们接下来对惠更斯工作的描述并非旨在揭示他对整个 17 世纪科学发展的重大意义。

就我们的目的而言,相关主题有:

一、匀速圆周运动的动力学理论。

二、对托里拆利公理的动力学拓展。

三、完全弹性碰撞定律。

四、运动概念的相对性。

一、匀速圆周运动的动力学理论

139. 在 1673 年的《摆钟论》(*Horologium Oscillatorium*)中,惠更斯就这个主题提出了一些命题,而没有给出证明。(直到 1703 年,他的《论离心力》[*De Vi Centrifuga*]在《遗著》[*Opera Posthuma*]中出版之后,其推导过程才为人所知。)在讨论这些命题之前,我们先来概括一下成熟的经典力学对这个问题的看法。

物体作匀速圆周运动时,虽然线速度的大小保持不变,但方向却一直变化。因此存在着一个加速度。可以证明,这个加速度指向中心,大小可由下列公式表示:

$$a = \frac{v^2}{r},$$

其中 v 是线速度,r 是圆的半径。因此,如果一个质量为 m 的质点沿着圆周运动，必须给它施加一个大小为 mv^2/r 的向心力。这个力仿佛持续将质点拉离切线——如果不受任何外界影响，根据惯性定律，它将沿切线方向运动。

这是在固定坐标系下考虑运动的情况。但如果是相对于与质点一同旋转、与之保持相对静止的坐标系来考虑运动，那么就必须说，沿半径方向向外有一个大小等于 mv^2/r 的所谓惯性力在起作用，它平衡了将质点与中心连接起来的绳子拉力；这个力被称为离心力。

惠更斯在推导过程中采取了第二种角度。[①] 他设想（图 36）有一个巨大的水平轮子正围绕通过中心的竖直轴旋转。固定在轮沿的观察者用细绳拴着一个质点，该质点描出一个半径为 r 的圆。假定在某一时刻，观察者和质点都到达 B 点，且线速度为 v。倘若质点可以从这里沿切线自由运动，则 Δt 秒后它将到达切线上的 D 点，即

$$BD = v \times \Delta t。$$

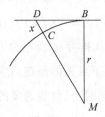

图 36   对作圆周运动物体所施加的离心力的推导。Huygens, *De Vi Centrifuga*（*Œuvres* XVI 253ff.）。

---

①   Huygens, *De Vi Centrifuga*. *Œuvres* XVI 259.

而实际上,观察者和质点都到了 C 点,

$$弧\ BC = v \times \Delta t。$$

因此,如果释放,Δt 秒后质点与观察者的距离将为 CD。可以近似地认为,CD 落在 MC 的延长线上。设 $CD=x$,则有

$$
\begin{aligned}
x &= \sqrt{r^2 + (v \cdot \Delta t)^2} - r \\
&= r\left\{ 1 + \left(\frac{v \times \Delta t}{r} \right)^2 \right\}^{\frac{1}{2}} - r \\
&\approx r\left\{ 1 + \frac{1}{2}\left(\frac{v \times \Delta t}{r} \right)^2 \right\} - r \\
&= \frac{1}{2}\frac{v^2}{r}(\Delta t)^2
\end{aligned}
\tag{1}
$$

现在对比一下轮子上的观察者与另一个用自由悬挂的细绳拴着质点的地面上的观察者的经验。假如该质点可以远离观察者,那么它在 Δt 秒内将竖直下落

$$\frac{1}{2}g(\Delta t)^2 \tag{2}$$

我们将它归因于一个竖直向下、大小为 mg 的力的作用,这个力由向上的绳子拉力所平衡。也可以把旋转的质点相对于轮沿观察者的行为描述为:有一个向外的力作用于它,这个力被指向中心的绳子拉力所平衡。比较(1)、(2)两式的结果可知,这个力的大小为 mv^2/r。这样,我们已经从原则上给出了惠更斯的推理。不过,与 Ⅳ:93 中的说法相一致,他并没有给出公式,而是提出了几条关于比例的命题。由于这些命题比较的是不同运动状态下的同一个质点,所以无关乎质量。或可说,这些命题讨论的其实是离心加速度。

140. 惠更斯对他的匀速圆周运动理论作了许多应用,其中特别要提到圆锥摆,它指的是,悬挂着一个质点的无质量细线描出一个直立的圆锥。他看重这一情形与摆钟的构造有关。对理论力学来说,惠更斯离心力理论的意义主要是,它明确指出,要想保持曲线运动,即使是匀速的曲线运动,也需要有力的持续作用(这里是平衡离心力的绳子拉力)。因此,它决定性地驳斥了一种古老但却从未根除的惯性观念,即质点一旦开始作圆周运动,倘若除去所有外界影响,它将保持这种圆周运动。另一个要点是,可以相对于一个旋转坐标系来考察运动。认识到匀速曲线运动有一个加速度(实际上,这是惠更斯的思路所导出的结果,即使他并没有使用"加速度"一词),乃是因为速度改变(这是存在加速度的条件)可能只是方向的改变;这等于认识到了速度的矢量特征。

二、对托里拆利公理的动力学拓展[①]

141. 托里拆利公理就其来源和类型而言是一条静力学公理;它提出了一个平衡条件。而惠更斯则将其推广为一条极富成果的动力学基本原理。[②]

首先设想把一个质点保持在地球表面上方的高度 h 处。释放后,它将开始运动。过了一段时间,它的高度 h_1 将小于初始位置,但获得了一定的速度。现在假定它能够以这个速度竖直上升,结果上升了 h_2 距离。于是它将处于高度 h_1+h_2 处。现在惠更斯提

---

① 英译本标题误为"对托里拆利公理的动力学运用"。——译者注
② Huygens, *De Motu Corporum ex Percussione. Avertissement. Œuvres* XVI 21.

出公理说,这个高度不可能大于 h。如果假定该运动也可以沿相反方向发生,那么 h 也不可能大于 $h_1 + h_2$,所以必定有

$$h = h_1 + h_2。$$

由于这一推理对任何运动时刻都有效,于是我们也可以说,对于任何时刻来说,实际高度加上速度转为竖直向上时所能上升的高度,它们的和总是恒定的。

假设现在有一个由若干彼此相连的质点所组成的系统,在某一时刻,所有质点都按照上述方式彼此独立地(即当连接断裂之后)向上运动,则它们的共同重心最终将总是回到同一高度。

为了看清楚这条公理的意义,假设这些质点在某一时刻的高度为 h_i,速度为 v_i,质量为 m_i,自由落体加速度为 g,则当所有质点都保持在最高位置时,系统的重心高度(潜在的重心高度)为:

$$\frac{\sum m_i g \left[h_i + \frac{v_i^2}{2g} \right]}{\sum m_i g} \ 或\ \frac{\sum m_i g h_i + \sum \frac{1}{2} m_i v_i^{\ 2}}{\sum m_i g}。$$

这条公理说,这个分数是常数,而由于分母不会变化,所以分子也是常数。因此有:

$$\sum m_i g h_i + \sum \frac{1}{2} m_i v_i^2 = 常数,$$

这正是均匀重力场中的机械能守恒定律。

值得注意的是,虽然在成熟的经典力学中,这个定律是一个可以得到证明的命题,但在我们这里讨论的准备阶段(不要忘了,$F = ma$ 这个基本命题还未被明确提出),惠更斯基于直觉将其表述成一条公理。这种直觉与斯台文作"球链"证明时所依据的直觉一样,那就是:永恒运动是不可能的,从无中产生能量是不可能的。

142. 惠更斯对推广了的托里拆利公理作了巧妙运用,这可见于一个简单的例子,即所谓物理摆或复摆的摆动中心(*centrum oscillationis*)理论,[①]惠更斯由此为经典力学的发展做出了贡献。设想(图 37a)有一条重量均匀、长度为 a 的线段 OA 可以绕 O 点摆动,我们的问题是,与该复摆有相同振动周期的单摆或数学摆(悬在一根无质量细线上的质点 P)的长度 l 是多少? 为此,设想把两个摆从平衡位置移开角度 ϕ。设 P 从最低点 P_1 到达高度为 p 的点 P_0,复摆上距离 O 点为 x 的任一点 C 相对于最低点的高度为 c。于是有,

$$c = \frac{x}{l} \times p。$$

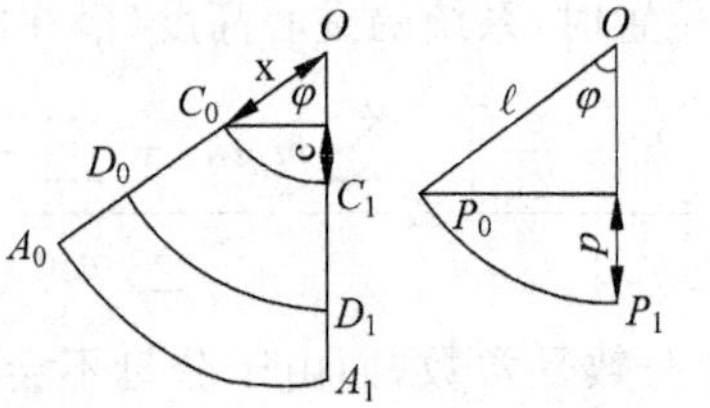

图 37a　对于均匀杆的情形,推导等效的单摆摆长。Huygens, *Œuvres* XVI 420。

现在释放两个摆,让它们开始运动,则一段时间之后,两者将通过垂直线。现在想象 OA 由 n 个相同部分组成,并把这些部分都看成质量为 m 的点;当杆通过垂直线时,想象这些微粒突然彼此分离,并以那时获得的速度竖直上升(惠更斯的思路略有不同,但本

---

① Huygens, *Travaux divers de Statique et de Dynamique de 1659 à 1661. Œuvres* XVI 421.

质上是一回事）。而质点 P 通过垂直线的速度 u 应该等于 P 由静止开始自由下落距离 p 所获得的速度（伽利略关于末速度相等的假定（Ⅳ:95））。于是由

$$u^2 = 2gp$$

可得，如果 $OD=l$，那么 D 将以同一速度 u 通过垂直线。因此，C 的速度为 $\dfrac{x}{l}u$，C 所能上升的高度 h 为

$$2gh = \left(\frac{x}{l}u\right)^2.$$

因此，

$$2gh = \frac{x^2}{l^2} \times 2gp \ \text{即} \ h = \frac{x^2}{l^2}p.$$

为了将 OA 在 OA_0 位置的重心高度 z_0 与潜在的重心高度相比较，应当根据以下公式来进行：

$$z_0 = \frac{\sum m_i z_i}{\sum m_i},$$

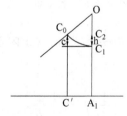

图 37b 对于均匀杆的情形，推导等效的单摆摆长。Huygens, *Œuvres* XVI 420。

其中 z_i 表示每一点相对于给定水平面的高度。如果（图 37b）选择

通过 A_1 的水平面作为基准，C_2 是 C 竖直上升的最高点，则 C 点对位置一的分子所做的贡献为 C_0C'，对位置二的分子所作的贡献为 C_2A_1。现在两边同时去掉线段 C_1A_1，则对于位置一和位置二，可以取相对于路径最低点的高度用于计算。现在，推广的托里拆利公理说：[①]

$$\sum \frac{x}{l}p = \sum \frac{x^2}{l^2}p。$$

这里必须让质点的数目 n 趋于无穷。到后来的数学发展阶段，这可以通过积分演算来解决，但惠更斯仍然需要依靠建立在图形表示观念基础上的更古老的几何方法，它再次显示出对于 17 世纪力学发展的不可估量的价值。事实上，如果在作为广度（*extensio*）的 a 上标出 $y = x/l$ 和 $z = x^2/l^2$ 作为幅度（*latitudines*），则分别可以得到作为顶点线的一条直线段和一条抛物线。

在这两幅图中，$\sum x/l$ 和 $\sum x^2/l^2$ 现在变成了所有纵坐标线的集合，它等于 X 轴、顶点线以及最终的纵坐标线所围成的图形面积。对于图 37c 的三角形来说，这个面积为 $\frac{1}{2}a^2/l$，对于图 37d 的抛物线来说，这个面积为 $\frac{1}{3}a^3/l^2$（借助于阿基米德所证明的一条定理）。于是有

$$\frac{1}{2}\frac{a^2}{l} = \frac{1}{3}\frac{a^3}{l^2}，$$

由此得到 $l = \frac{2}{3}a$。

---

① 详细推导过程原书和英译本没有给出，可参见德译本 p. 415。——译者注

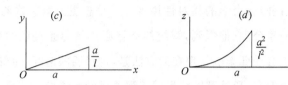

图 37c 和图 37d　对于均匀杆的情形，推导等效的单摆摆长。Huygens，
　　　　　　　　　Œuvres XVI 420。

通过巧妙地运用这一几何方法，惠更斯得出了今天认为必须
用积分演算才能得到的一系列结果。

三、完全弹性碰撞定律

143. 惠更斯 1667 年发现了完全弹性碰撞定律，但直到他的
《论碰撞引起的物体运动》（*De Motu Corporum ex Percussione*）于
1703 年在《遗著》上刊载之后，其证明才为人所知。这一主题之所
以值得我们注意，主要有两个原因：一是完全弹性碰撞定律的推导
巧妙地运用了前面讨论的几条力学原理，二是碰撞现象对于 17 世
纪物理学的世界图景构造具有重要意义。

惠更斯仅限于讨论两个相同材质的、均匀的完全弹性球体的
对心碰撞；[①]所谓"对心"（central），指的是碰撞之前它们沿着两球
心的连线运动。"完全弹性"（perfectly elastic）一词由如下公理定
义：如果两个质量相同的球体以大小相等、方向相反的速度碰撞，
则它们碰撞后的速度皆与初始速度大小相等，方向相反。为了推
导碰撞定律，惠更斯假定碰撞是在沿着笔直海岸匀速运动的船上

---

① 　Huygens，*De Motu Corporum ex Percussione*. *Œuvres* XVI 30-91.

发生的；根据经典力学的相对性原理——是惠更斯第一次将其明确表述成一条公理（他提到，系统的平移必须是匀速直线的）——碰撞现象不会受此影响。现在的方法是：选择船的速度，使得在岸上的观察者看来，所处理的情形属于那些已知的情形。于是，这个观察者知道正在发生什么，船上的观察者很容易由此推出他本人将看到什么。这里我们将用这个方法证明惠更斯所导出的一些命题，但为简洁起见，我们将使用代数符号。

设物体 Ⅰ 和物体 Ⅱ 的质量分别为 m_1 和 m_2，其速度为：

$$\text{相对于船} \begin{cases} \text{碰撞前 } u_1 \text{ 和 } u_2 \\ \\ \text{碰撞后 } v_1 \text{ 和 } v_2 \end{cases}$$

$$\text{相对于岸} \begin{cases} \text{碰撞前 } U_1 \text{ 和 } U_2 \\ \\ \text{碰撞后 } V_1 \text{ 和 } V_2 \end{cases}$$

假定从物体 Ⅰ 到物体 Ⅱ 的球心连线方向为正，且 Ⅰ 在 Ⅱ 的左边，u_1 的方向为正。设船相对于岸的速度为 W，则船上物体相对于岸的速度可由它相对于船的速度加上 W 而得到，反之则是减去 W。于是以上公理说：如果 $m_1 = m_2$，$u_1 = -u_2$，则 $v_1 = -u_1$，$v_2 = -u_2$。

我们先继续假定两物体的质量相同，但速度有不同的绝对值。碰撞的发生要求 $u_1 > u_2$。现在选择 W 等于 $-(u_1 + u_2)/2$，则

$$U_1 = u_1 - \frac{u_1 + u_2}{2} = \frac{u_1 - u_2}{2},$$

$$U_2 = u_2 - \frac{u_1 + u_2}{2} = \frac{u_2 - u_1}{2}.$$

因此相对于岸,公理条件得到满足;于是有

$$V_1 = (u_2 - u_1)/2, V_2 = (u_1 - u_2)/2。$$

但由此可得,

$$v_1 = \frac{u_2 - u_1}{2} + \frac{u_1 + u_2}{2} = u_2, v_2 = \frac{u_1 - u_2}{2} + \frac{u_1 + u_2}{2} = u_1,$$

于是得出结论,两物体的速度发生了互换。

144. 为了处理质量不等的情形,惠更斯现在需要两条新的公理。第一条是,如果质量较大的物体撞上质量较小的静止物体,则前者将传给后者一定的速度,其自身的速度也会减小;第二条公理是,如果两个碰撞物体中某一个的速度绝对值没有因碰撞而改变,则另一个物体的速度绝对值也不变。由第一条公理直接可得,如果一个物体撞上质量更大的静止物体,则它将传给后者一定的速度。要理解这一点,只需选择系统平移的速度 W,使前一物体的速度降到零。

现在惠更斯可以证明如下重要命题:在碰撞过程中,物体的相对速度不会改变绝对值,但会反向。我们先就较大质量的物体一开始处于静止的情形证明这一命题,然后很容易将其推广到其他情形。于是,设 $m_1 < m_2$ 且 $u_2 = 0$,则碰撞后产生的速度 v_2 为正,但小于 u_1(若 $m_1 = m_2$,则 v_2 等于 u_1)。现在选择 $W = -\frac{1}{2}v_2$,则相对于岸的速度为:

碰撞前　　$u_1 - \dfrac{1}{2}v_2$ 和 $-\dfrac{1}{2}v_2$

碰撞后　　$v_1 - \dfrac{1}{2}v_2$ 和 $\dfrac{1}{2}v_2$

因此，物体 Ⅱ 的速度绝对值没有变，而物体 Ⅰ 的也没有变（公理 2），
于是

$$u_1 - \frac{1}{2}v_2 = \frac{1}{2}v_2 - v_1$$

即

$$v_2 - v_1 = u_1 。$$

但我们有

$$u_2 - u_1 = -u_1 ；$$

因此，Ⅱ 相对于 Ⅰ 的速度绝对值保持不变，但方向变了。自然，下
列关系也成立：

$$V_2 - V_1 = -[U_2 - U_1]。$$

145. 在对这种方法有了一些印象之后，这里就不必一步步详
细论证了。不过，我们还要提一些对将来很重要的结论。首先是
这样一个命题：[①]惠更斯证明，如果把物体"运动的量"（*quantitas
motus*）理解为质量与速度绝对值的乘积，那么在碰撞过程中，总的
"运动的量"既可能保持不变，也可能减小或增大。后面我们将会
看到，这一命题对于评价笛卡尔的世界图景很重要。另一个值得
提到的命题是：[②]如果两个物体在相互碰撞中，速度大小与各自质
量成反比，速度方向相反，则它们均会以原速度反弹回去；在证明
这个命题时用到了推广了的托里拆利公理。最后要提到一个定
理，[③]即两个物体的质量与速度平方的乘积之和在碰撞过程中保
持不变；后来人们称其为总动能守恒，并且用它来定义完全弹性。

---

①　Huygens，*De Motu Corporum ex Percussione*. *Prop*. Ⅵ. *Œuvres* ⅩⅥ 49.

②　Huygens，*De Motu Corporum ex Percussione*. *Prop*. Ⅷ. *Œuvres* ⅩⅥ 53-65.

③　Huygens，*De Motu Corporum ex Percussione*. *Prop*. Ⅺ. *Œuvres* ⅩⅥ 73.

146. 值得注意的是,惠更斯在《论碰撞引起的物体运动》中并没有提出对于所有碰撞现象来说都很基本的动量守恒定律——如果以代数方式考虑所有速度,这一定律就适用。由上述结论,他可以很自然地发现这一定律,只需把

$$m_1 u_1^2 + m_2 u_2^2 = m_1 v_1^2 + m_2 v_2^2$$

写成

$$m_1(u_1^2 - v_1^2) = m_2(u_2^2 - v_2^2),$$

并将它与相对速度不变定理

$$u_1 + v_1 = u_2 + v_2$$

联立起来,立即可以得到

$$m_1(u_1 - v_1) = m_2(v_2 - u_2),$$

即

$$m_1 u_1 + m_2 u_2 = m_1 v_1 + m_2 v_2。$$

由惠更斯的笔记可以看出,他很可能知道关于完全弹性物体的这个命题(甚至考虑把它表述成公理),而且猜想它对完全非弹性物体和非完全弹性物体也适用。[1] 他还将此命题表述成:[2]共同重心在碰撞前后以相同速度、沿相同方向运动,完全不受碰撞影响。事实上,如果把两质量之和当成共同重心的质量,则上式两边表示碰撞前后重心的动量:假定在某一时刻,两球球心与其连线上点 O 的距离分别为 x_1 与 x_2,则其重心与 O 的距离 x_0 为

---

①　Huygens, *De Motu Corporum ex Percussione. Appendice* I. *Œuvres* XVI 102. 116. 131.

②　Huygens, *Pièces concernant la question du 'Mouvement Absolu'. Œuvres* XVI 221.

$$x_0 = \frac{m_1 x_1 + m_2 x_2}{m_1 + m_2}$$

即

$$(m_1 + m_2) x_0 = m_1 x_1 + m_2 x_2 。$$

设 u_0 表示重心的速度,则立即可得

$$(m_1 + m_2) u_0 = m_1 u_1 + m_2 u_2 。$$

后来发现,可以把这个命题看成一条一般定理的特殊情形,该定理说:系统内物体的相互作用力不可能改变系统重心的运动。

四、运动概念的相对性

147. 从亚里士多德世界图景到经典物理学世界图景的过渡,涉及自然现象发生于其中的空间观念的根本转变。人们总是把自然现象发生于其中的空间暗自设想为物理空间,以区别于与数学推理相关的几何空间;物理空间由静止的中心地球与包围宇宙的天球所围成;而几何空间则是一种纯理性的东西(*ens rationis*),它本身可以被认为是无限的和同质的,而且不会对物理世界产生影响。

然而到了 16、17 世纪,在宇宙论观念发生转变的影响下,这一区分开始变得模糊。地球失去了作为静止中心的地位,宇宙尺寸的增长也超出了所有人的想象。在地心世界图景中,像上和下那样的绝对优先的方向已经不复存在。

柯瓦雷(Koyré)[1]用"物理空间的数学化"来刻画这一转变。

---

① Koyré (1) Ⅰ 9.

它实际上是指,必须认为自然现象是在空无所有的几何空间中发生的。原先"理性的东西"(*ens rationis*)现在变成了无限的宇宙空间(*spatium mundanum*)。这种转变甚至令开普勒和伽利略畏缩不前,但在惠更斯这里,它已经完成,而无需作过多说明。

148. 然而,在奠定经典力学的基础时,必定会遇到许多思想上的困难。不受外界影响的质点会做匀速直线运动。但这是什么意思? 在讨论地球运动时早已清楚,运动质点的路径在不同观察者看来会完全不同,因此它依赖于环境或参照系。选择不同的参照系,质点的路径就会发生变化。那么,这里说惯性运动是匀速直线运动,是相对于什么环境来说的呢?

17世纪的力学研究者清楚地意识到,这个问题是多么令人苦恼。他们似乎一般会回答说,这个环境不是别的,而正是那个空无所有的宇宙空间本身。正如在亚里士多德看来,运动现象发生在固定的地球和外层天球之间,运动现象现在也相对于那个由宇宙空间所构成的静止背景而发生。

149. 惠更斯认为这种回答完全不能让人满意。[①] 在他看来,说无限空间静止不动或运动都是没有意义的。因为静止和运动是就物体来说的,而不是就物体所在的空间来说的。此外,"位置"[或处所]已经失去了意义:在一个空无所有的无限的同质空间中,无法想象如何能对不同位置加以区分。

因此,不可能赋予"静止"和"运动"这两个词以绝对意义,只有

① Huygens, *Pièces concernant la question du 'Mouvement Absolu'. Œuvres* XVI 213-33.

相对于某个特定的环境，它们才有意义。这种信念可以得到经典力学的相对性原理(IV：117)的支持，惠更斯对它作过许多成功的运用(IV：143)。相对性原理说的是，当整个系统作匀速直线平移时，下落、抛射和碰撞现象并不改变，或者说在所有相对于原参照系作匀速直线平移的新参照系中并不改变。于是，即使是那些起初认为有可能借助于同宇宙空间的关系来赋予"静止"和"运动"以绝对意义的人，现在也不会再坚持这种观点。的确，固定于宇宙空间之中的坐标系，如何区别于相对于这个空间作匀速直线平移的坐标系呢？

因此，惠更斯得出结论说：区分质点的真实运动（即相对于宇宙空间的运动）和相对运动（即相对于正在这个宇宙空间中运动的环境所做的运动）毫无意义。他把这一点简洁地表述成：[①]真实的运动(verus motus)是相对运动。他的意思是说：一方面，如果不指明运动所参照的环境，"运动"一词就无法获得实际意义；另一方面，在各种可能的环境中，没有哪一个有特殊的地位，能够从无穷多种视运动中区分出真实的运动。但由于在反驳他人的观点时，惠更斯经常会在别人接受而他自己并不承认的意义上使用"真实的运动"一词（即把它理解成相对于宇宙空间的运动），所以他这种简洁表述并不总能有助于澄清他的思想。

150. 那么，惠更斯是否意在断言所有参照系都是等价的呢？绝非如此，因为他坚持惯性定律：不受任何影响的质点只能做匀速

---

① Huygens, *Pièces concernant la question du 'Mouvement Absolu'*. *Œuvres* XVI 222, 231.

直线运动。然而，如果这样一个质点是相对于某个特定的参照系做匀速直线运动，那么对相对于这个参照系做匀速直线运动的所有新参照系而言，它无疑也做匀速直线运动。但对于所有以其他方式相对于这个参照系运动的参照系而言，这个结论肯定不成立。他并没有深入研究第一组惯性系如何与第二组参照系相区别，如何知道存在惯性系。这一直是经典力学的一个弱点：必须假定存在着一个惯性系（从而存在着无穷多这样的参照系），而且只能通过近似来给出这样一个参照系；关于惯性定律相对于什么坐标系有效这个问题，经典力学只能回答说，相对于它能够有效的那些坐标系有效。

惠更斯很清楚，[①]惯性定律与经典力学的相对性原理不可分割地联系在一起，因为借助于相对性原理，由所谓"古代的惯性原理"，即完全不受外界影响的质点会处于静止，可以直接导出惯性定律。的确，如果相对于某个参照系是这样的话，那么在相对于该参照系作匀速直线平移的新参照系中，这个质点也会做匀速直线运动；既然平移速度可以任意选择，所以被说成静止的质点无须任何改变就可以说具有任何给定的速度。

151. 这再次表明了经典力学与亚里士多德力学之间的巨大鸿沟；根据亚里士多德力学，运动总是物体的一种状态；物体受到运动的影响，仿佛亲历其中；而在经典力学中，运动则变成了一种与参照系的关系，这种关系既可以称为物体的属性，也可以称为参

---

① Huygens, *Pièces concernant la question du 'Mouvement Absolu'*. Œuvres XVI 216.

照系的属性。物体能够以极大的速度运动而没有任何察觉。两者的差别不仅涉及所得到的结果。我们置身于一种完全不同的精神氛围:实在的物理世界(物体必须在其中努力穿透阻力介质)失去了,取而代之的则是理想的数学世界。在其中,心灵设想有一个数学的质点,它有一个被称为"质量"的系数,在虚空中运动。精确性的获得是以失去同感觉经验的联系为代价的。

　　不幸的是,惠更斯关于运动相对性的思考很零碎,它们散见于他遗留下来的笔记中。这些笔记似乎包含有一部总结性论著的草稿,但这部论著从未发现。因此,许多问题并没有想透彻。比如在物体旋转时所出现的离心现象(如果让物体保持静止,而只是绕着物体走,就产生不了离心现象)那里,是否存在着绝对运动的判定标准。惠更斯确实说,他起初是这样认为的,后来却改变了想法;但他的笔记并没有表明,①是什么动机引起了这种转变。我们将会看到,牛顿极为关注这个问题,他所持的观点恰恰是惠更斯批驳的一种观点(Ⅳ:297)。

　　152. 我们只能讨论惠更斯在力学领域所做的很小一部分工作,而且只是其中比较简单的内容。不过它们已经足以揭示17世纪正在发生的一个重要转变,即科学思想的数学特征大大增强。由于符号代数的产生、解析几何的引入以及微积分的酝酿成熟,数学在17世纪迅速发展,这也把力学提升至更高的水平;反过来,数学也被力学提出的问题所激励。于是,科学家需要远比前人更多

---

　　①　Huygens,*Pièces concernant la question du 'Mouvement Absolu'. Œuvres* XVI
226.

的数学训练。17 世纪初以前,任何科学教育所包含的数学知识一般来说已经足够,任何受过这种教育的人都能参与讨论运动现象和平衡现象。而现在,这已经成了专家的事情,寻找全新方法的任务留给了像惠更斯这样具有很高数学天赋的科学家。数学和物理学与其他科学的疏离在 19、20 世纪达到了惊人的程度,而这在当时已经有所预示,这种发展的不可避免性也已显示出来。对自然现象的研究越来越走向抽象;不仅是日常语言,甚至连哲学的技术性语言都无法表达自然现象。这需要更为精致的工具,而能够提供这种工具的只有数学。

第七节　伽利略与教会的冲突①

153. 读者们也许会奇怪,为什么在本章开篇所谈的天文学发展中,我们讨论了哥白尼、第谷·布拉赫和开普勒的工作,却没有提到伽利略。他作为 17 世纪天文学家的名声并不亚于另外三位。直到今天,在谈到引入日心体系所引发的天文学复兴时,许多人最先想到的仍然是伽利略。之所以当时没有提他,主要是因为,他的功绩在性质上与其他三位天文学家完全不同。无论是天文学事实的系统化,还是精确的观测,伽利略都无法与他们相比。他的活动集中在另一个更具物理性的领域,只有了解了前面所描述的力学发展,才能做出正确评价。我们已经看到,伽利略关于惯性、相对

---

① Bieberbach,Dessauer,Favaro,von Gebler,Grisar,Müller,Sherwood Taylor,Wohlwill.

性和运动合成的思考在很大程度上是为了反驳用来反对地球运动观念的物理论证。当然,通过使哥白尼体系为更多的人所接受,从而为天体力学的产生铺平道路,他在这个领域所获得的成就间接地使天文学受益甚多。然而,这些成就并不属于 17 世纪所理解的天文学。

154. 伽利略用望远镜所做的观测则与此不同。他第一次用这种刚刚在荷兰发明的仪器对天空做出观察;这些发现不仅有事实上的价值,而且对伽利略主观上也很重要,因为它们强化了他对哥白尼体系真理性的信念,并促使他公开捍卫这一体系。随后,这导致了与宗教法庭的著名冲突,这在当时引起了轩然大波。直到今天,人们对它也是倍加关注,众说纷纭。正因为此,伽利略才不仅在自然科学史上,而且也在一般文明史上占有特殊的位置。这里,我们另辟一节来讨论这件事情,同时也可以对其天文学工作略作描述。

155. 1610 年,伽利略《星际讯息》(*Nuncius Sidereus*,根据他本人后来的说明,[①]标题应当理解为"星际讯息"[Sidereal Message],而不是"星际信使"[Sidereal Messenger])一书的出版在学术界引起了轰动。在这本书中,他描述用望远镜做出的天文发现:月球表面显得极不规则,呈现出与地球类似的外观;银河和一些星云分散成一群群小星;木星有卫星。引起轰动是理所当然的。他所报告的事情并非全都闻所未闻。在《论月球外观》(*De facie in orbe lunae*)中,普鲁塔克已经指出月球和地球在物理上相似之处,古代

---

① Galileo, Ed. Naz. VI 389.

也曾有人猜测银河可能由大量恒星所组成。然而,对这些东西做出思辨是一回事,报告说实际见过它们则是另一回事。此前从未有人猜测木星会有卫星。此外,断言月球与地球相似违反了亚里士多德的物理学,根据后者的说法,即使是最低劣的天体,也与地球有本质区别。不仅如此,虽然木星有卫星这一发现本身并不能构成对托勒密体系的直接反驳(在托勒密体系中,既然行星可以绕着作圆周运动的点运转,卫星当然也有可能绕着行星运转),但这的确防止了哥白尼的反对者继续坚持说,地球不可能带着它的卫星月亮一起绕太阳旋转。

　　就在《星际讯息》出版的那一年,伽利略又发现了金星的位相。他还报告说,望远镜中看到的土星似乎由三个部分所组成(这应该是第一次观察到惠更斯后来发现的土星环)。

　　156. 起初,很少有人相信伽利略的说法。这并不像有时通俗读物写的那样不可理喻和不光彩。首先,望远镜是一种完全陌生的仪器,没有人知道它是如何起作用的,甚至连伽利略本人也不够了解。他并非发明了这种仪器,就像在《星际讯息》的标题中所宣称的那样;他对光学的了解还太少,还不理解光学作用所基于的那些原理;他说自己是在折射理论的指导下制造出望远镜的,这可能仅仅是在吹嘘。此外,他曾在博洛尼亚于天文学家马吉尼(Magini)家中作过一次展示,在场者无一能够看到他曾经宣称观察到的木星卫星;如果我们还记得,这种仪器是多么原始,客人们对望远镜观测还完全不熟练,那么要解释这一点根本不需要欺骗自己。于是没过多久,一般人都认为,假如美第奇(Medicean)星(伽利略把这些卫星称为"美第奇星",以称颂那个佛罗伦萨王室家族)能够在望远镜中看到,想必是以某种方式存在于镜片中。

157. 伽利略认为他的发现可以作为许多证据来支持哥白尼体系。客观来看,当然并非如此。所有论证都可以在托勒密体系中得到解释。它们的确可以用来反驳针对哥白尼体系的某些反对意见,在这个意义上,它们与我们前面看到的关于地球运动的物理思辨属于同一类,因为两者联合起来必定能够使人认识到,日心世界图景在科学上是站得住脚的。然而,它们并不能迫使人接受日心世界图景。

然而,地球运动的问题(这才是真正的问题,而不是关于如何用最简单的方式来解释行星运动这一纯粹的天文学问题)不仅只有自然科学的意义;它同宇宙论问题、并因此同神学问题不可分割地联系在一起,所以它远比纯粹的科学问题更能激起人的强烈情绪。

事实上,通过断言地球的运动并非只是一种用来简化天文学家计算的数学工具,而是一种物理实在(这显然是伽利略的看法,奥西安德尔的调和对他毫无影响),伽利略打击了亚里士多德—托马斯主义世界图景的基础。而这种世界图景和基督教教义都植根于同样的形而上学土壤,因此,伽利略不仅会激起那些不能也不愿让科学同宇宙观分离的天文学家的反抗,而且也会激起神学家的反抗。它太过深入地影响到某些似乎对宗教至关重要的观念(只要想一想,地球充当着上帝道成肉身以及救赎人类的舞台),很难指望能够在纯科学的客观气氛中讨论它。

158. 的确,在所有得知这个新宇宙体系的国家中,神学家们都本能地感到自己最神圣的信条受到了威胁,纷纷站出来反对日心观念。由于他们援引的主要是《圣经》中的段落，其中地球静止于宇宙中心似乎明确得到断言（比如《约书亚记》10:12;《诗篇》19:6;《诗篇》104:5;《传道书》1:4),①一个本应基于纯科学的理由进行讨论的问题便与《圣经》诠释问题搅在一起，并因此而陷入混乱以致失控。

在大多数情况下，神学上的反对意见只是在一定程度上延迟了日心天文学的发展，并且给它的拥护者造成了一些麻烦。但在伽利略这里，这些意见却导致了具有重大历史意义的冲突，其原因部分是根本性的，部分是偶然性的。偶然原因涉及因事件发展而引起的个人纷争，在这一过程中，伽利略激烈的争辩态度可能也起了一定作用;根本原因则包括以下事实:作为一个罗马天主教徒，他在教义问题上必须服从教会的权威，作为未受神职的平信徒，他没有资格——像新教徒开普勒那样——自由参与争论关于《圣经》文本的诠释方法问题，更不能用他自己关于涉及地球是否运动的《圣经》文本的解释来取代官方接受的解释。

159. 可以理解，当此事在佛罗伦萨演变成一桩公开的丑闻时，宗教法庭伺机采取了行动。然而，做这件事的方式却表明，他们没有充分认识到这个问题的严重性，所做的决定将会产生怎样的影响。的确，1616 年 2 月 24 日，他们针对两个命题做出了如下裁决，显然认为这已经概括了哥白尼体系的本质:

---

① 《诗篇》的编号 19、104 为英文本《圣经》的编号，拉丁文本《圣经》中的编号分别为 18、103。

第一：太阳是宇宙的中心，完全不作位置运动。

裁决：所有人都说，这一命题在哲学上是愚蠢而荒谬的，在形式上是异端的，因为根据词义，根据通常的解释以及诸位教皇和神学博士所做的诠释，它在许多地方明显违背了《圣经》的说法。

第二：地球并非宇宙的中心，也不可能不动，而是整个在运动，而且还带着作一种周日运动。

裁决：所有人都说，这一命题在哲学上得到了同样的裁决，就神学真理而言，它至少是一种信仰上的谬误。

宗教法庭在做出这一裁决时，必定缺乏神明的指导。提出科学命题（将来既可能被反驳，也可能被证实）与宗教命题（凭借定义既不需要担心被反驳，也不需要被证实）之间的关系，使得自然科学的进一步发展有可能会危及宗教，这种可能性很快就变成了现实。仲裁委员会并不担心他们的决定是否会干涉科学研究（科学毕竟是人的心灵的一种正当的理智功能），但我们决不能因此而责备他们；推进科学并非他们的责任。然而，他们如此鲁莽地拿明确托付给他们保护的宗教去冒险，这在任何时候都使教会的忠实子民——例如布莱斯·帕斯卡——痛心疾首而又无可奈何；而每当他们看到教会的敌人以此为武器攻击教会时，这种愤怒就会变得愈加强烈。

160. 哥白尼的《天球运行论》在等待修订时短暂被禁，伽利略必须放弃受谴责的观点，不得通过口头或书面形式以任何方式持有、讲授或捍卫它们，所有这些裁决都必然会导致上述结果。根据包含这一禁令的记录（其言辞并不很清楚），伽利略接受判决并承诺遵守这一禁令。[①]

假如他当真做出了这一承诺，那么他无疑违背了这种承诺。他在 1632 年出版的《关于两大世界体系的对话》中始终为哥白尼体系作真诚的辩护，其中不时会出现一些因教皇审查之命而插入的说明，说作者并不主张他一直明确宣称的东西，即哥白尼体系包含着真理，只有愚昧无知和因循守旧的人才会否认这一点。这样做的效果与其说是一种妥协，不如说是一种讽刺。

同样可以理解，尽管已经颁布出版许可，但宗教法庭并不甘心出版这部著作。但在 1633 年，教会在处理一个同样复杂而微妙的情况时，比 17 年前做出那个挑起整个冲突的不幸裁决更加失策和缺乏智慧。我们相信，假如宗教法庭由一个像阿奎那那样的人来领导，而不是由教皇乌尔班八世所控制，那么对伽利略的审判可能就是另一副样子了。当然，或许能够找到一种方法，以和解的精神化解这种冲突，从而维护教会始终极为关心的宗教与科学的和谐。但事实正相反，他们强迫一位老人不光彩地撤回自己的说法，责令他收回自己曾经以光辉的思想和热忱的灵魂所宣扬的一切。

161. 伽利略有时被称为科学的殉道者。这样称呼他的人要么是对审判伽利略的过程一无所知，要么是不懂得什么是殉道者。在整个审判过程中，伽利略的所作所为恰恰与殉道者背道而驰；他竭力为自己开脱罪责（由于捍卫哥白尼体系，他无疑在形式上犯了这种罪），而且不惜做出卑屈的自我羞辱。任何人都无权因此而指

---

①　Favaro 60-61.

责他;的确,较之宗教信念,科学信念更不容易激发起英雄主义。但我们决不能混淆范畴,因一种最好为其粉饰的态度而赞美他。而另一方面,有关各方都应当感谢他这种态度:由于被控者不再坚持,罗马天主教会不必做出极端的行动;而在审判之后获赐的几年里,伽利略也为自然科学奉献了他最美妙的思想成果——《关于两门新科学的谈话》。

162. 在整个审判过程中只有一个智慧的人,那就是贝拉闵(Bellarminus)主教。早在 1616 年判决之前,他就在一封给加尔默罗会修士弗斯卡利尼(Carmelite Foscarini)的信中[①]建议弗斯卡利尼和伽利略假说性地(*ex suppositione*)对待哥白尼体系,即只是断言,通过把太阳而不是地球当作宇宙的中心,行星现象更容易得到拯救。鉴于神学家的反对,他认为这是正确的做法,(只要还没有关于地球自转的确凿证据,)它将使天文学研究继续得到推进,保持与宗教的和谐。而伽利略却坚信他拥有这样的证据(我们今天知道,这种信念是错误的),丝毫不为奥西安德尔曾经拥有的这种远见卓识所动。即使他试图依照这种建议行事,他也不可能始终不渝地坚持这种态度。

———————————

① Galileo, Ed. Naz. XII 171.

第三章　17 世纪的物理学、化学和自然哲学

163. 在勾勒了天文学和力学在 17 世纪的发展主线之后,如果能够接着对物理学和化学做类似的讨论,本书的结构无疑会更加清晰。只有在那之后,我们才能描述在同一时期新产生的自然哲学观念,了解人们如何努力构造一种与自然科学结果相符合的世界图景。

然而,事件的发展并不允许我们满足这种对清晰性的需要。虽然流体静力学和几何光学这两个物理学分支都可以用力学和天文学所遵循的方法来处理,但 17 世纪的所有其他物理学分支和整个化学的发展与自然哲学的发展联系得太过紧密,以致无法将它们分开。讨论如何解释空气静力学现象,立刻会涉及真空这一自然哲学问题;在热学理论中,关于热到底是什么,这个问题甚至在研究热现象之前就已经提出了;在磁学理论和物理光学中,唯象的研究与关于现象背后本质的假说不可分割地联系在一起;化学领域的成果之所以让人感兴趣,几乎完全是因为它们与关于物质结构的自然哲学问题密切相关。

因此,我们先根据 17 世纪一直遵循的方法来讨论流体静力学和几何光学(正是这两个学科在古代从哲学中解放出来),然后不

再按照学科划分,而是围绕几个重要人物来组织材料。

第一节　流体静力学

164. 阿基米德的杠杆平衡理论和重心理论为静力学在自然科学复兴时期的发展奠定了基础,因为它们所获得的结果是正确的,所运用的公理化方法与当时的方法论观念相一致。同样,他关于浮体的工作对于流体静力学也有类似的意义。然而,这其中有两个区别:他对浸在液体中的物体所受浮力的基本定律(后来被称为阿基米德定律)的证明缺乏推导杠杆原理那样的说服力,所以前者不可能像后者那样,本质上被原封不动地接受;关于流体静力学现象的理论,确切地说是那些与物体浮在液体中的现象有关的理论,在中世纪已经与亚里士多德物理学的观念紧紧联系在一起,从而导致了许多难以根除的误解。

165. 流体静力学所需的变革主要是从斯台文①和伽利略②开始的。斯台文的《流体静力学原理》(*Beghinselen des Waterwichts*,1586)历史上第一次对这门学科作了公理化处理,证明了阿基米德的基本原理,以至于只需稍作修改,这条原理就可以完全独立于亚里士多德的物理学。此外,他还正确地理解了流体因重量而对器底和器壁施加的力。他表明,对器底的压力只取决于器底的面积、流体的高度和流体的比重,而不取决于流体的体积,他通过一种装

---

① Dijksterhuis (6).
② Dijksterhuis (1).

置(与物理课上使用的演示仪器并无本质不同)用实验证实了这个悖论性的结果。关于对器壁的压力,他所导出的结果等价于这样一个命题,即一小部分器壁所受的压力等于这部分器壁依照其重心高度水平地处于液体中时所受到的力;他还成功地确定了这种力的作用点即压力中心的位置。

166. 伽利略的功绩再次主要表现在:增进了对相关现象的物理学理解,培养了一种正确的物理学直觉,反驳了当时流行的误解。在这些方面,他在力学和天文学领域也获得了重要成果。1611 年,他卷入了一场关于浮体的辩论。随后,在《谈谈浮在水上或在水中运动的物体》(*Discorso delle cose che stanno in su l'acqua o che in quella si muovono*)中,以及在他回应亚里士多德主义者针对它而写的各种论战性著作时,他完成了所有这些工作。

167. 惠更斯延续了从亚里士多德到斯台文的发展线索。在生前没有出版的《论浮在液体上的物体》(*De iis quae liquido supernatant*)①这部著作中,惠更斯先是基于托里拆利公理重新讨论了流体静力学的基础,然后受阿基米德在著作第二部分关于旋转抛物面稳定漂浮位置的复杂研究的激励,他深入研究了关于漂浮的平行六面体的类似问题。和力学的情况一样,一种纯数学的处理方式在这里被提升到很高的高度,它远远超过了实验物理学在同一时期所达到的一般发展水平。

在此期间,流体静力学从整体上看仍然处于一种较为混乱的状态。虽然存在着大量经验材料,也不乏将各种已知事实进行理

---

① Huygens, *De iis quae liquido supernatant*. Œuvres XI 81-210.

论系统化的努力,但仍然缺少一种可以将所有复杂现象(流体静力学悖论、连通器、液压机、液体中的浮力、漂浮、悬浮和沉没)整合起来的一般观点。在帕斯卡的著作中,这种观点的确出现于水静力学,但这样一来,水静力学也被当作一般流体静力学的一种特殊情形来处理,空气静力学现象也可以包含其中。由于我们将在后面讨论空气静力学(Ⅳ:261—277),所以关于流体静力学的讨论这里也必须告一段落了。

第二节　几何光学

168. 伽利略的《星际讯息》(Ⅳ:155)出版之后,有几个人立即意识到,书中所报告的观测结果具有重大价值,虽然尚无机会亲自观测,但还是认为其言不虚。在这些人当中,其中一位正是开普勒,他在《与〈星际信使〉的对话》(*Dissertatio cum Nuncio Sidereo*,[①]开普勒把标题中的"讯息"解释成了"信使")中严肃讨论了这些观测报告,揭示了其伟大意义。然而,他没有忘记向伽利略指出,只有基于一种关于望远镜如何起作用的理论,才能可靠地使用望远镜。于是,开普勒立即着手构造这样一种理论。为此,他只需要继续自己 6 年前在光学领域所做的工作。事实上,他于 1604 年出版了《威特罗补遗,论天文学的光学部分》(*Ad Vitellionem Paralipomena quibus Astronomiae Pars Optica traditur*),[②]在这

---

① Kepler, *Dissertatio cum Nuncio Sidereo*. (2) Ⅳ 281.

② Kepler, *Paralipomena ad Vitellionem sive Astronomiae Pars Optica*. (2) Ⅱ.

本书中,他讨论了透镜作用,解释了视觉过程。1611 年,他在《折光学》(*Dioptrice*)[①]中进一步研究了这个主题,这部著作的副标题明确提到,望远镜的发明是他写这部著作的起因。几何光学的复兴便起始于这两部著作。

169. 正如标题所暗示的,《折光学》只讨论光的折射。尽管作过多次尝试,开普勒仍然未能成功地找到正确的折射定律。不过对于小角度来说,他在《折光学》中使用的关系等价于后来所说的正弦定律。这种关系如下:设与法线成角度 i 的光线从空气入射到一种光学密度更大的介质表面,折射后偏转的角度 D(开普勒称之为折射角)与入射角 i 之比为常数:

$$D = \mu i \text{。} \tag{1}$$

根据正弦定律:

$$\frac{\sin i}{\sin r} = n, \tag{2}$$

其中 r(如今所说的折射角)表示折射光线与入射点处的法线所成的角。对于小角度来说,这一公式可以写成

$$i = n \times r, \tag{3}$$

由于 D=i−r,所以

$$D = \frac{n-1}{n} i \text{。} \tag{4}$$

因此,开普勒的常数 μ 与折射系数 n 之间存在这样一种关系:

$$\mu = \frac{n-1}{n} \quad \text{或} \quad n = \frac{1}{1-\mu} \text{。}$$

---

①　Kepler, *Dioptrice*. (2) Ⅳ 329-415.

对于玻璃和水晶，开普勒给出的 μ 值是 $1/3$，对应的 $n=1.5$。

由于现代基础透镜理论中所运用的近似方法本质上与从方程 (2) 到方程 (3) 的过渡相同，所以可以理解，开普勒能够借助于关系 (1) 对透镜和望远镜的作用作理论解释。事实上，借助于方程 (1)，我们可以导出薄透镜的焦距公式

$$\frac{1}{f} = \frac{\mu}{1-\mu}\Big(\frac{1}{R_1} + \frac{1}{R_2}\Big) \quad \text{或} \quad \frac{1}{f} = (n-1)\Big(\frac{1}{R_1} + \frac{1}{R_2}\Big),$$

以及成像公式：

$$\frac{1}{f} = \frac{1}{b} + \frac{1}{v}.$$

开普勒并没有走这么远，但是借助于方程 (1)，通过研究具体例子中的光线路径，他发现了一些今天可由一般公式导出的特殊结果。特别是，他成功地解释了伽利略所使用的荷兰望远镜的作用方式，还给出了带有凸物镜和凸目镜的望远镜的理论，从而将天文学望远镜引入光学。

170. 直到后来，正确的折射定律才在斯涅尔的一部未发表的手稿[①]以及笛卡尔的《折光学》（*La Dioptrique*）[②]中被提出，后者是《方法谈》（*Discours de la Méthode*）中所附的一篇论文。斯涅尔考虑了这样一个情况（图 38）：水底的点光源 V 射出光线 VR，它在 R 点折射后到达空气中的观察者 O，看上去就好像从 J 点射出一样。通过无数次实验，他得到了 RV：RJ 为常数这样一个经验命题，这个比就等于 $\sin i$：$\sin r$。而在笛卡尔那里（图 39），光线 KB

---

① De Waard (1) 3.

② Descartes, *La Dioptrique*. *Discours* II. *Œuvres* VI 99.

由空气射到空气与水的界面，并继续沿 BJ 运动。他断言，$KM：JG$ 为常数，它显然也等于 $\sin i：\sin r$。不过，斯涅尔和笛卡尔都没有把他们的结果表述成正弦定律，这典型地说明了，几何态度在当时仍然统治着数学思想。

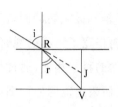

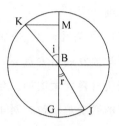

图 38　斯涅尔的折射定律　　图 39　笛卡尔的折射定律，*La Dioptrique*，*Discours* Ⅱ（*Œuvres* Ⅵ 101）。

　　我们已经看到，笛卡尔断言相关的比为常数。但他是如何得到这个结论的呢？这个问题立即把我们置于笛卡尔科学思想（从而也是 17 世纪的大部分科学思想）的问题之中。我们在后面一般地讨论笛卡尔的科学研究方法时还会回到这个问题（Ⅳ：216，217）；这里只是说，他绝不是通过测量而得到这一结果的。他甚至认为没有必要用实验来验证它：实验所要实现的唯一功能就是确定某种介质的折射系数的值。

　　折射定律的提出为几何光学在 17 世纪的进一步发展奠定了基础。我们这里无法继续深入讨论这个问题了，而只是说，由于卡瓦列里（Cavalieri）、惠更斯和巴罗（Barrow）等数学家和物理学家的工作，到了 17 世纪末，透镜和透镜组的成像理论已经达到很高

水平。透镜抛光技术为这种理论讨论提供了必要的补充。不仅是
技师,一些光学理论家和天文学家也都从事这项技术;克里斯蒂
安·惠更斯和他的兄弟康斯坦丁·惠更斯(Constantijn Huygens)热
情地投入到这项工作中,并取得了巨大成功。[①] 不过我们这里也
不能详细介绍了。

171. 作为几何光学发展的成果,望远镜和显微镜的制造对于
经典科学的发展至关重要。它沿两个方向拓宽了人类的视野,从
而使经验材料大大增加。与关于无机自然的科学相比,通过显微
镜所做的微观观察暂时对生物学更有用;而望远镜的使用则和当
初一样继续丰富着天文学。

除了这些实际用处,显微镜和望远镜的观测对于科学思想还
有一种根本的重要意义:它们揭示了人类从未想过的事物的存在,
于是不禁使人猜测,自然的丰饶或许远远超出了人类最无羁的幻
想。因此,它们不啻为一种健康的解毒剂,能够有效地化解这样
一种危险:建立在公理基础上的数学处理在某些自然科学分支
中所获得的成功,有可能会诱导人类试图凭借自己的理性能力
推导出自然知识,先验地构造出它的结构。这种危险绝非危言
耸听,我们在讨论笛卡尔的物理观念时就会看到这一点。但在
讨论笛卡尔之前,我们先来谈谈 17 世纪上半叶英格兰经验自然
科学的发展。

---

① Crommelin.

第三节　威廉·吉尔伯特[①]

172. 1600 年,英国医生威廉·吉尔伯特(William Gilbert)发表了《关于磁石、磁性物体和地球大磁石的新自然哲学》(*De Magnete magneticisque corporibus et de magno magnete Tellure physiologia nova* [简称《论磁》])。这部著作使得 1600 年连同前面提到的 1543 年、1586 年、1609 年和 1638 年一并成为新科学诞生的关键年份。事实上,这部著作与其说是磁学理论本身的开端,不如说是用一种经验方法研究自然的开端,磁学研究便是一个例子。这种经验论不同于哥白尼、斯台文、开普勒和伽利略的经验论(他们的著作分别于 1543 年、1586 年、1609 年和 1638 年问世)。哥白尼、斯台文、开普勒和伽利略关心的是对现有观测材料进行数学处理,或者用实验验证某种数学理论的推论。而在吉尔伯特那里,并不存在与数学和力学的关系;他的实验仅仅是定性的,而没有做出测量。但他相当重视一条方法论准则:由实验所确立的事实出发,不接受任何只是基于权威而未经实验检验的东西。我们还感到,他所描述的所有实验都是他实际做过的;正如我们已经看到的(Ⅳ:116,132),这在 17 世纪并非理所当然之事。

173. 吉尔伯特非常清楚地意识到自己是一个革新者。和当时的许多著作一样,比如帕特里齐的《万物的新哲学》或开普勒的《新天文学》和培根的《新工具》(Ⅳ:185),吉尔伯特著作的标题也

---

① Gilbert,Zilsel (4).

表达了这种意识。1600 年问世的这部著作被称为"新自然哲学"（*Physiologia Nova*）；他去世后还出版了《论我们月下世界的新哲学》（*De mundo nostro sublunari Philosophia nova*），这部著作试图提出一种新物理学和气象学，以取代亚里士多德的科学。由《论磁》的前言我们可以看到，他不仅希望从书本中得到自然知识，而且希望通过亲自与事物打交道来认识自然；不能把诉诸权威当成论证；只有基于反复精心实验，才能断言某种东西。虽然古代的智者应当获得其应有的尊敬，但他却自信地说："我们的时代已经发现和揭示了太多东西，他们如果活到今天，一定会乐于接受的。"[①]他不再怀念传说中的过去，他的语言确实不同于罗吉尔·培根、斯台文等学者对圣人时代做出的猜测（Ⅱ：57），据说那时完满的智慧已经存在，我们必须努力返回它。

174. 如果认为，基于实验的磁学理论是从吉尔伯特开始的，那么就错了；他的工作其实是一种完善和总结。姑且不论他并没有采用公理化方法，他在《论磁》中对磁学的贡献最多类似于帕斯卡在《论液体平衡和空气团的重量》（*Traitez de l'Équilibre des Liqueurs et de la Pesanteur de la Masse de l'Air*）（Ⅳ：261—277）中关于流体静力学和空气动力学所做的工作。事实上，彼得·佩里格利努斯在 13 世纪已经讨论了基本的磁现象；自那以后，罗盘在航海中的使用一直维持着人们对磁学的兴趣，并且激励了进一步的研究。到了 15 世纪末，人们已经知道了磁偏角（通常被称为 variation），而到了 16 世纪，人们不仅发现磁偏角是可变的，而且

---

① Gilbert, *Prae fatio*, conclusion.

还发现了磁倾角(通常被称为 declination)。人们还制造出了测量这两个地磁量的仪器。因此,吉尔伯特在撰写著作时能够利用已有的著作,他的方法所特有的那种经验论倾向在它们之中已经很明显。他特别利用了出版于 1581 年的小册子——罗伯特·诺曼(Robert Norman)的《新吸引》(*The New Attractive*)[①]以及它的附录——威廉·伯勒(William Borough)的《谈谈罗盘或磁针的磁偏角》(*Discourse of the Variation of the Compass or Magnetical Needle*)。[②]

这两部著作都来源于实践。诺曼很早就出海航行,然后开业当了罗盘制造商。伯勒则是一位船长,他曾经指挥战舰抗击过大型舰队。

175. 虽然吉尔伯特在写作时已经掌握了这些材料中的大部分,但这并未减少其著作的历史意义。像诺曼那样的著作与 16 世纪的无数计算著作属于同一类型:它们既是实践者写的,也是为了实践而写,尚未达到正规科学的水平,仍然不为学者们所知。虽然吉尔伯特也属于这群人,但他看到了相关方法以及由此获得结果的科学价值,通过他本人那些完全满足科学要求的著作,他使阅读这些著作的人能够认识和欣赏这些实践者的工作。因此,他属于前面曾经提到的那种科学与技术的调解者(Ⅲ:27)。通过把研究自由技艺的理论家和研究机械技艺的实践家聚在一起,让理论研究为日常生活服务,日常生活又反过来丰富了实践经验,激励了这

---

① *The newe Attractive contayning a short discourse of the Magnes or Lodestone.* Zilsel (4). 这部著作曾多次重印,G. Hellmann 的现代版见 *Rara Magnetica*,1898。

② Zilsel (4).

些研究,这些人对于科学的复兴做出了重要贡献。

虽然航海需要对如何确定船在海上的位置以及制造可靠的测量仪器做出科学解释,但这并不是吉尔伯特获得灵感和著作题材的唯一的实践活动领域。他似乎还大大得益于采矿和冶金领域中的经验;特别是,他曾对铁在冶炼和铸造中的应用作过研究。他不仅熟悉阿格里科拉(Agricola)的基础冶金学著作《论金属》(*De re metallica*),而且可能在这一领域亲自实践过。

176.《论磁》首先包含了对基本磁性的实验讨论,除了场强、力线的概念和数学表述,它与今天的初等物理教科书关于该主题的论述并无本质不同。一个值得注意的区别是,吉尔伯特很少使用磁棒,而是通常使用磁球,尽管他清楚地知道前者更合适。从他称呼这些球体的名字——"小地球"(*terrella* 或 μικρόγη)就可以清楚地看出他这样做的原因。这其中包含着他明确表达的一种新观念,即地球本身是一个磁石。他之所以极为看重这一观念,不仅是因为这使他能够借助于同极相斥、异极相吸的规则来解释自由摆动的磁针为何会大体指向南北,而且还能通过观察小地球来了解地球本身这个大磁石。特别是,他相信这能够解释地轴在天空中的指向为何总是不变:他认为,这种现象与能够旋转的磁针总是指向固定方向没有什么不同,只不过尺度更大而已。

我们必须小心,不要对这种比较作过多诠释。这里并不涉及对一个事实的解释,即在地球绕太阳运转期间,地轴描出的并不是一个圆锥面,而是一个圆柱面。直到斯台文在《数学著作集》中把它当成一种"磁静止"(magnetic rest),这一点才得到理解。吉尔伯特虽然的确是一位哥白尼主义者,但和奥雷姆一样,他只是在一定程度上是如此,他虽然接受地球的周日运动,但并不公开表明自己对周年运动的看法。因此,吉尔伯特断言地轴的指向不变,只是为了反驳博洛尼亚天文学家诺瓦拉的理论,后者宣称,自托勒密时代以来,极点高度已经增加了1°10′。

177. 吉尔伯特磁学理论的一个重要特征是,他从根本上区分了电吸引与磁吸引,区分了摩擦的琥珀对容易移动的物体的作用与磁体对铁片的作用。[①] 他认为电吸引是真正的、单向的吸引,而磁吸引则是两个物体的结合(*coitio*)。这种区分的理由是,磁体能够穿过石头或火焰产生作用,而他显然未能确定,电吸引能够穿过玻璃发生。他甚至强烈否认这一点;他注意到,电吸引既不能穿透致密物体,也不能穿过火焰起作用,甚至附近有火焰时也不能起作用。后一现象显然是因为空气电离使带电物体发生了放电。他一般很少关注电现象,这无疑与电现象缺乏实际应用有关,而磁现象则不同。

这种区分导致必须用两种完全不同的理论来解释磁结合和电吸引。电吸引被归因于散发出一种物质性的流溢(*effluvium*),当这种流溢到达物体周围时,将把物体拉向源头(如何拉并不清楚);而对于磁结合来说,被吸引的铁片必定发生了内在的改变,从而获得了趋近磁体的能力,磁体也以同样的方式发生作用。

178. 吉尔伯特竭力用语词进一步描述了这种能力。他说,这是一种形式的效力,一种特殊的、原初的、基本的精神形式。在谈到它时,我们不应想到亚里士多德哲学的形式因,或者像共感、天

---

① Gilbert Ⅱ,*c*. 4.

界影响或隐秘性质那样的概念。当铁和磁体力图结合时,这并非一个物体猛烈地趋向于另一个物体,不是疯狂盲目的合流,不是强制、争斗或不和的结果,而是和谐的表现。没有这种和谐,世界就将毁灭,这是部分与整体本质上同一的结果。

这些徒然的描述典型地说明了 16、17 世纪的物理学家所陷入的尴尬境地:他们虽然已经抛弃了亚里士多德科学的解释原理,但却仍然需要一种解释,这种需要在中世纪因这些原理而得到满足。关于磁吸引,一种常见的经院解释是:磁体借助于一种沿球形传播的"磁的种相"(*species magnetica*)在铁中唤起了一种性质,借助于这种性质,铁倾向于与磁体结合在一起;然后,这种倾向出于偶性(*per accidens*)引起了一种位置运动。在一个人们不再知道亚里士多德的时代,这样一种解释被当成纯粹的语词游戏(它无疑是的);但取而代之的解释并没有好多少,也不可能好多少,因为它旨在追求同一个不可能达到的目标,即探究事物背后的本性。

179. 吉尔伯特最终诉诸一种泛灵论,[①]从而遵循了另一种悠久的古代传统。泰勒斯已经为磁体赋予了一种灵魂;阿拉伯学者认为,磁体能够穿过铜起作用,并且渐渐失去力量,这说明磁力是一种精神的力量。库萨的尼古拉也说过,铁之中存在着一种与磁体结合在一起的欲望,他认为这种欲望就类似于人的心灵对最高智慧的渴求。[②] 吉尔伯特认为,磁体中存在着灵魂,它必须被看成类似于人的灵魂,甚至在能力上还超过后者,因为它不会被感觉引

①   Gilbert V,*c.* 12.

②   Cusanus,*Idiota de Sapientia*. (3) I.

入迷途,而是会以万无一失的确定性朝目标努力。虽然我们不知道它是如何做到这一点的,但必须设想,它在铁中唤起了一种沉睡着的、与之有同源关系的灵魂力量,使铁能够以磁体中也拥有的那种本能朝着结合而努力。

显然,这并不比经院哲学诉诸一种性质更有助于我们真正理解;它之所以在某种意义上更令人满意,是因为与一种现象的类比已经建立起来,这种现象虽然同样不可理解,但至少可以通过经验(即人与人之间的精神影响)而变得更不陌生,而经院哲学却满足于一种更加抽象的表述。

180. 吉尔伯特无疑是一个受近代科学精神激励的物理学家。但是当我们读他关于磁性的思辨时可以意识到,这种精神在伽利略那里要强烈得多,比如伽利略拒绝研究重力的本性,认为自己的首要目标就是研究由所谓的重力引起的运动的实际过程。如果吉尔伯特拥有同样的方法论洞见,那么他也许会去测量,两个磁极的相互吸引力或排斥力以何种方式依赖于磁极强度和两极距离。

所有这些情况非常有教益,它们表明,用数学方法处理的力学对17世纪科学的诞生是多么重要。吉尔伯特对此并不了解,只是做一些定性实验,他的工作差不多达到了通过定性手段可能做出的磁性发现的极限。只有运用力学概念,才能将定量因素以及解决问题的新方法引入这种理论。

在吉尔伯特那里,磁的有灵论隶属于一种地球活力论。地球是共同的母亲(*mater communis*);地球的内部被认为是一个子宫,在地球之中,金属通过其最深处的呼气的凝聚而生长。①

---

① Gilbert I,*c.* 7.

181. 由所有这些可以看得很清楚，虽然吉尔伯特从来不缺乏实验导向，但是就其思想的情感背景而言，他更像是文艺复兴时期的思想家，而不是《论磁》所帮助开创的时代的机械论科学家。在他看来，把宇宙看成一个巨大的机器，引导无生命物体沿着指定的轨道运动，把上帝看成一个伟大的机械师，把这个机器组装到一起并使之运作，这些想法令人厌恶。如果否认地球拥有灵魂（这种尊严甚至连虫豸和蚂蚁都有），那么地球的状况将是多么可鄙。[①] 宇宙万物都是有灵魂的，其各个部分都有一种整体的归属感，如果分离，它们将努力与之重新结合起来。

这显然就是哥白尼所持的那种重力理论（Ⅳ：4），它与后来试图通过力学方法来解释重力尚无任何相似之处。它与磁性理论没有关系，因为与地球相分离的部分渴望与它重新结合在一起，这并非因为地球是一个磁石。而另一方面，它也并非完全独立于这种理论。无论如何，《论磁》中说，为什么地球会构成坚实的整体，其最深处会连在一起，地球的磁性是其中一个原因。令人惊奇的是，其主要原因被认为是电的。[②]

182. 在与吉尔伯特同时代的伟人那里，《论磁》立即获得了成功。伽利略一般很少读书，但他早在 1602 年就已经研究了这部著作，并且在《关于两大世界体系的对话》中详细讲述了它。[③] 开普勒必定被吉尔伯特理论中的活力论要素深深吸引，他曾在《新天文

---

① Gilbert V，c. 12.

② Gilbert II，c. 2.

③ Galileo，*Dialogo* III. Ed. Naz. VII 426 ff.

学》中多处采用它,比如在导言中[1]把重力解释成相似物体彼此结合在一起的倾向,并说磁吸引是一种类似的现象。然而,他立即作了一个奇怪的补充:于是我们必须说,是地球吸引石头,而不是石头趋向于地球;而他刚刚下的定义以及同磁结合的类比似乎都要求,地球和石头是彼此趋向的。

第四节　弗朗西斯·培根[2]

183. 身为维鲁拉姆男爵(Baron Verulam)、圣奥尔班斯子爵(Viscount St. Albans)和英格兰大法官的弗朗西斯·培根并没有对科学做出任何正面的贡献,他甚至完全认识不到其他人的功绩。难怪柯瓦雷[3]会说,把培根称为近代科学的奠基者是一个拙劣的笑话(*une mauvaise plaisanterie*)。路易斯·特伦查德·莫尔(Louis Trenchard More)[4]虽然赞同这种说法,但却认为,培根作为批评家和理论家仍然称得上是17世纪最具创造力的人之一。

我们这两位同时代人的相反评价表明,关于培根的争论丝毫没有平息。这种争论始于1863年,尤斯图斯·冯·李比希(Justus von Liebig)第一次批判性地探究了培根的科学成就,并且得出了一个颠覆性的结论。[5] 因此,人们经常拿李比希的这个不

---

① Kepler, *Astronomia Nova* (3) III 25. 另见 *c*. 34。

② Frost, Lasswitz, Liebig.

③ Koyré (1) I 6, n. 4.

④ More (2) 191.

⑤ Liebig.

无道理的判断来反对把各种成就归功于培根,比如他批判亚里士多德主义,倡导经验方法,提出了关于科学研究组织化的构想,主张把科学与生活实践更加紧密地结合起来等等。

　　无法达成一致意见充分表明,双方在一定程度上都有道理。前者可能还更有道理一些∶即便把培根和他的所有著作从历史中抹去,科学也不会损失哪怕一个概念或一项成果。他对亚里士多德的批判只不过是 16 世纪的余韵;如果意识到,这位批评家本人仍然深陷亚里士多德派的思维模式当中,那么这种批判还会进一步丧失其重要价值。而他所阐述的科学研究方法从来没有被他本人或其他人真正使用过,所以从未产生什么结果。于是,唯一对培根有利的只有他制定的规划和产生的影响了。

　　184. 这似乎并不足以解释,为什么今天对培根的评价毁誉参半。不过,赞誉之中也含有一些我们尚未提到的东西,那就是他的文风。他拥有极高的文字天赋和卓越的表达格言的才能,能将一些关于正确科学研究方法的观念加以锻造,使之永远留存于人类的记忆中。这些观念早已成为所有独立思想家的共同财富。他的著作几乎每一页都穿插有精妙的格言、生动的术语或解释性的概念。这种高超而娴熟的语言运用能力很容易使读者高估其思想的原创性。有些说法业已成为经典,比如"古代是世界的童年"(*Antiquitas saeculi juventus mundi*),①"只有顺服自然,才能征服自然"(*Natura non nisi parendo vincitur*)②,"真知是知其所以然"

---

　　①　Fancis Bacon, *De Augmentis Scientiarum* I. *Works* I 458. Elaborated NO I 84. *Works* I 190. *Cogitata et Visa*. *Works* III 611.

　　②　Francis Bacon, NO I 3,129. *Works* I 157,222.

(*Vere scire est per causas scire*)。① 经验论者就像蚂蚁,只会收集和使用;唯理论者像蜘蛛,只会凭自己的东西织网;而真正从事科学研究的人却像持守中道的蜜蜂,既在庭园和田野从花朵中采集材料,又凭借自己的能力加以消化和转化。② 令人难忘的还有他所列举的四种假象(*Idola*),③ 即阻碍科学研究的错误观念:(1)"部落假象"(*Idola Tribus*),这是人性中固有的缺陷,比如容易过于草率地判断,高估对自己观点有利的论证,超出正当的界限等等;(2)"洞穴假象"(*Idola Specus*),它源于人的个性差异,在这种假相中,人就好像被锁在一个洞穴里;(3)"市场假象"(*Idola Fori*),它源于不假思索地使用语言,误以为任何名称都必定对应着实际存在的事物,或者混淆语词的本义和喻义;(4)剧场假象(*Idola Theatri*),它源于思想产生的背景,即一个人所拥护的哲学体系,指自己虚构出来的一个幻觉和想象的世界。

185. 收集这些拥有清晰洞察力和卓越表现力的例子并不费力,这种例子比比皆是,可谓顺手拈来。面对着一个写出这些东西的人,我们对他的功绩充满期待,这有什么奇怪的呢? 更何况,他很清楚地意识到自己是一位改革者,与之相比,吉尔伯特那种带来某些新东西的感觉只能算是一种将信将疑。在《新工具》(*Novum Organum*)——单单标题就已经是一种挑战性的纲领,因为"工具论"是对亚里士多德逻辑著作的总称,现在亚里士多德的逻辑这种工具被一种新的工具所取代——的扉页插图上,一艘船已经通过

①　Francis Bacon, NO II 2. *Works* I 228.

②　Francis Bacon, *Redargutio Philosophiarum. Works* III 583.

③　Francis Bacon, NO I 38-44, 52, 53, 58-62. *Works* I.

了赫拉克勒斯之柱（Pillars of Hercules，传说中已知世界的尽头，这里象征着古代科学的界限），正在向新大西岛这个新的精神世界扬帆远航，作者将会像第二个哥伦布那样发现它。他觉得自己正在写一部新的《启示录》：[1]"愿上帝准许我们写出一部启示录，或者真正洞见到造物主留在受造物之上的痕迹。愿他惠允人类获得新的恩典，通过被赋予了同样精神的我们的手和他人的手。"

186. 培根所要带给人类的恩惠并非关于自然的新知识，而是用来获取这种知识的新方法。这种方法将在经验论与理性论之间建立起持久的合法婚姻，它们悲惨的离异和纷争已经摧毁了一切。[2] 然而，要做到这一点，首先需要理智的谦卑：理智必须获得对自然的谦卑和顺从；想在人脑中发现真理是一种傲慢；我们必须让事物自己说话。要想进入在自然科学基础上建立的人的王国，就必须满足与进入天国同样的条件：面对自然，我们必须变得宛如孩童，接受和倾听她所说的话。[3] 理智本身并无能力，一如手没有工具。心灵需要工具来指导思想，使之免于谬误。"脚步靠线索引路"（Vestigia filo regenda sunt）：我们的脚步必须由一种方法来引导，如阿里阿德涅的线（Ariadne's thread）那样防止我们在宇宙的迷宫中迷路。[4]

因此，这种方法首先要求为经验研究留出足够的空间。但要

---

①　Francis Bacon, *Instauratio magna. Distributio Operis. Works* Ⅰ 145.

②　Francis Bacon, *Instauratio magna. Praefatio. Works* Ⅰ 131.

③　Francis Bacon, *Instauratio magna. Praefatio. Works* Ⅰ 133. NO Ⅰ 58. *Works* Ⅰ 179.

④　Francis Bacon, NO Ⅰ 2. *Works* Ⅰ 157. *Instauratio magna. Praefatio. Works* Ⅰ 129.

做到这一点，感官也需要帮助。即使它们的效用被工具所拓展和促进，也存在着两方面的缺陷：它们既可能在某一时刻失灵，也可能会欺骗我们。为了达到目标，现在需要人为地精心设计出实验并完成它们。感官只需要对实验做出判断，而实验却需要对事物做出判断。培根确信，通过解释所有这一切，他已经为人的心灵与宇宙的结合营建和装点了婚房，上帝的善是伴娘，其子孙后代将是能够战胜和克服人类穷困与苦难的各种发明。[1]

187. 现在我们从培根表达方式的崇高的文学层面降至科学论文的冷静与清醒，试图说明他的方法到底是什么。

任何研究的基础都是系统地收集与所研究的现象（用培根的话说：所研究的自然）相关的观察。为此，必须列出三张表：[2]首先是肯定事例表（*Tabula Essentiae et Praesentiae*，本质和出现表），其中没有匆促的思辨，而只是特意混杂地列出现象发生的各种事例；然后是否定事例表（*Tabula Declinationis，sive Absentiae in proximo*，偏离表或近似情况下的缺在表）；最后是程度差异表（*Tabula Graduum*，程度表），给出的是肯定事例在不同情况下如何能够以不同程度被观察到。

比如关于热现象，即在我们心中唤起"热"所指称的那种感受的自然，第一张表将包括太阳光、火、温泉、矿物摩擦以及把水倒入生石灰；第二张表将包括月光、水、冷风以及夏天地窖里的空气；而第三张表将显示，动物热会因费力、发烧、疼痛、饮酒而增加，太阳

---

① Francis Bacon, NO I 50. *Works* I 168. *Instauratio magna. Distributio Operis. Works* I 140.

② Francis Bacon, NO II 11-13. *Works* I 236 ff.

的热与太阳的位置有关。①

通过用一种特殊技巧认真地考察这些列表,现在可以确定培根所谓的"所研究的自然"的形式,它的本质或规律是什么了,简言之,它到底是什么。这一过程应当理解成一种近乎自动的过程,它不需要任何特殊能力,所以任何勤勉的观察者都可以胜任。

对于热这种自然来说,形式或规律是运动,即一种特定类型的运动(培根总共区分了 19 种),②它被进一步规定为一种对物体微粒产生作用的受到抑制的膨胀运动。

读者不应对这一惊人结果感到过分惊讶。首先,热的运动观念在 17 世纪相当普遍,其次,它显然并非通过研究那些列表而获得。

这意味着,由培根的三表法并非总能导出结果。在这种情况下,可以利用一些更强大的帮助手段,其中特别值得一提的就是优先事例表(*Praerogativae Instantiarum*)。这些特例比第一张表中的普通事例更能说明问题。它们共有 27 种,每一种都有自己独特的名称,就像 19 种运动形式都有自己的名称一样。③

188. 关于上述归纳法的本质和价值,以及培根的形式或规律概念相对于亚里士多德的形式(*forma*)和近代科学定律的位置,已有广泛讨论,特别是在培根的哲学获得热烈反响的 19 世纪。这一切对于理解 17 世纪的科学发展并不太重要,因为我们不知道有谁是真正通过列表方法发现了某种未知的东西;培根所引入的形

---

①　Francis Bacon, NO II 11-13. *Works* I 236 ff.

②　Francis Bacon, NO II 48. *Works* I 330-49.

③　Francis Bacon, NO II 21-52. *Works* I 268-365.

式概念似乎也没有得到应用。

实验科学从未以培根所设想的方式得到研究。实验并不是一种机械工具，只需启动就能自动完成任务。实验始终是从一种事先持有的观念、特别是暂时的理论出发的。科学想象是不可或缺的前提；实验决定了它的灵感是否站得住脚。

189. 虽然培根在具体实现他所提出的科学方法方面影响很小，但在理论上，必须给予这种影响很高评价。我们将会看到，培根极大地激励了英国的科学研究，他也通过那些简明扼要的说法向许多大陆学者宣告了新时代的到来。在拒斥亚里士多德主义和注重可靠的方法方面，笛卡尔与他类似，[①]惠更斯显然也非常看重他的思想，[②]但两人都意识到了其彻底经验论观点的片面性。

事实上，在培根所梦想的经验与理性的联姻中，理性在很大程度上是缺陷。培根丝毫没有认识到数学方法在科学中的重要性，而数学方法在他那个时代已经开始大获成功。虽然指责他完全不理解伽利略在力学领域的功绩有失公允（事实上，当伽利略的一些成果发表时，培根已经去世多年），就像经常发生的那样，[③]但可以肯定，即使他真的知道，也不会理解这些功绩。他完全无法理解哥白尼的成就，已经充分证明了这一点。[④]

190. 在培根看来，科学的最终目标是很实际的：改善生活条

---

①　Milhaud 213-27.

②　Huygens, Letter of 16 November 1691 to Leibniz. *Œuvres* X 190. Appendices to the letter of 26 February 1693 to Bayle. *Œuvres* X 404.

③　Kirchmann, *Neues Organon*. Leipzig 1870. Vorrede. Frost 46.

④　Francis Bacon, *Descriptio globi intellectualis*, c. 6. *Works* III 737.

件,减轻痛苦,如果可能的话还要消除贫困、焦虑和悲痛。要想实现这个目标,自然科学是必不可少的:根据《新工具》里的一句格言,人的知识与力量是携手并进的,因为如果不知道原因,就不可能产生结果。[①] 然后是前面引用的那句格言:只有顺服自然,才能征服自然。但他警告说,不要仓促地进行实际应用,也不要急于判断某项研究的用处。正如他在一个动人的隐喻中所说,[②]这是一个干扰赛跑的阿塔兰特(Atalanta)的苹果。[③]

然而首先,科学与技术之间的纽带必须得到加强(对此我们已经耳熟能详了)。建立在科学基础上的技术将比过去几百年内凭借它的三项卓越成就——指南针、火药和印刷术更大程度地改变未来世界的面貌。反过来,技术也能促进科学,因为越是用机械技艺拷问和检验自然,而不是让她自行其是,我们就越能了解自然。[④] 首要的前提是,有识之士不要轻视机械技艺,而应当重视它所能给出的经验知识。那些转化天然材料的技艺尤为重要,比如农业、化工、印染、烹饪、酿酒、玻璃、搪瓷、制糖、火药、烟火、造纸等等。此外还有那些需要手工技巧或使用机械工具的活动,比如纺织、木工、建筑、钟表制造和碾磨等等。[⑤]

---

① Francis Bacon, NO Ⅰ 3. *Works* Ⅰ 157.

② Francis Bacon, *Instauratio magna. Distributio Operis. Works* Ⅰ 141. NO Ⅰ 70. *Works* Ⅰ 180.

③ 阿塔兰特(Atalanta)是希腊神话中捷足善走的美丽猎女,答应与能够追上她的人结婚,但以死亡作为对失败者的惩罚。一个叫希波墨涅斯(Hippomenes)的英俊小伙子在竞走时掷三只金苹果在路上,趁她拾苹果而取胜。——译者注

④ Francis Bacon, *De Augmentis Scientiarum* Ⅱ, c. 2. *Works* Ⅰ 500.

⑤ Francis Bacon, *Parasceve ad Historiam Naturalem et Experimentalem* V. *Works* Ⅰ 399.

191. 在这方面,培根倡导编写一部技艺志(History of Trades),它可以作为造物志(History of Creatures)即通常所说的博物志(Natural History)的对应物;因此,它不是对技艺和手工艺的记录,而是一种百科全书,它必须描述付诸运用的所有过程和获得的所有经验。① 在《博物志和实验志的预备》(*Parasceve ad Historiam Naturalem et Experimentalem*)中,培根便是以此作为开篇的;② 他在 17 世纪的追随者还曾多次尝试执行这个计划,但只是完成了几个互不关联的片段。③

通过特地为此设立的机构,技艺志将在一定程度上补偿有组织的科学研究的缺乏。培根在其《新大西岛》中详细描述了这样一个机构如何能够建立起来。④ 一些合作的学者将以所罗门宫(House of Solomon)为中心以如下方式进行分工:有的人被派往国外了解情况和收集书籍,有的人研究这些书籍,另一些人则报告机械技艺和自由技艺所取得的成就。一群人负责做实验,另一群人把实验结果记录在上述列表中,而这些结果又被另一群人研究,从而为科学和现实生活得出实际结论。第三组人设计并完成新的实验,最终将提出一般公理和格言,我们关于自然的最高认识可以在其中得到总结。

我们不再继续讨论培根对这种科研小组工作的期待。我们将

---

① Francis Bacon, *Parasceve ad Historiam Naturalem et Experimentalem* V. *Works* I 399.

② Francis Bacon, *Parasceve ad Historiam Naturalem et Experimentalem* V. *Works* I 391 ff. 英译本 *Works* IV 251 ff. 这部著作与《新工具》均于 1620 年出版。

③ Houghton (1).

④ Francis Bacon. *Works* III 119-66.

会看到,其中一些不久就会实现,而对未来的其他一些设想,特别是共同制造威力巨大的毁灭性杀伤武器,必须要等到我们这个时代才能实现。

192. 因篇幅所限,我们无法更深入地讨论培根的思想了。但有一点应当已经很清楚:他并不是一个可以随随便便忽视的人物。再没有什么比详述他的各种缺陷更容易了:不公正地判断他人的成就,轻视数学的价值,对促进科学几乎毫无贡献。然而,他在17世纪初发出的强音并没有因此而沉寂,其振奋人心的影响也没有因此而消失。

当雅典人有义务在战争中支持斯巴达时,他们派出的不是士兵,而是跛脚诗人提尔泰奥斯(Tyrtaeus)。要论直接作战,他毫无价值,但他的战歌却极大地鼓舞了斯巴达人,并最终使之获胜。培根就是(用他本人的风格来说)17世纪科学的提尔泰奥斯。他虽然没有亲自用具体的发现来丰富它,但却激励了无数其他人来推进它。

193. 与通常的说法相反,培根一直被尊称为新科学的先知,特别是在他的祖国。17世纪在英国兴起的多少有些官方的各个科学协会——比如格雷欣学院(Gresham College)的集会,沃利斯(Wallis)记述的先是在伦敦、后来在牛津聚会的哈克小组(group of Haak),以及波义耳(Boyle)提到的无形学院(Invisible College)[①]——人们到处都以培根思想为指导原则从事着新的实验哲学。到了1662年,当所有这些个别活动在皇家学会正式结合

---

　　① Florian,Ornstein,Wolf.

起来时，他的思想继续发挥着指导作用。实际上可以把皇家学会视为《新大西岛》中所描述的有组织的科学合作理想的实现。

不久，实验工作的实践自然导致了这样一种认识，即实验无法根据培根在其方法表中所给出的机械程序来进行。哈维（Harvey）不失公正地说，培根就像他所担任的大法官一样写科学。在其观念的健康内核能被善加利用之前，必须首先去除附着在他对运用实验方法的规定之上的那些抽象的、理论的和不切实际的要素。

在 17 世纪的众多英国科学家中，对此做出最大贡献的是后来担任英国皇家学会实验管理员的罗伯特·胡克（Robert Hooke）。在培根那里还是理论的东西，在他这里已经被付诸实践；他杰出的实验才能足以驾驭反复无常的物质，这种难以驾驭阻碍了实验家的工作，在只是在思想中做实验与实际做实验之间造成了巨大鸿沟。他在遗著《概要》（General Sketch）中留下了实验术的指导原则，实验在 17 世纪的发展在很大程度上是由于他的工作。

对实验物理学的兴趣热潮在 17 世纪的英国激励了学者和外行亲自进行观察和做实验，受此影响，其他国家也形成了一批对自然作独立实验研究的机构。在意大利有利奥波德·美第奇（Leopold de' Medici）建立的西芒托学院，它在若干年里非常活跃；1666 年，在柯尔贝尔（Colbert）的倡议下，起初在艾蒂安·帕斯卡（Etienne Pascal）、梅森（Mersenne）和德蒙莫（De Montmor）家中举行的聚会发展成为法国皇家科学院，惠更斯是其中极为重要的成员。

培根的思想构成了所有这些活动的方法论基础，而笛卡尔和伽桑狄的科学思想则显示了如何从理论上解释观察到的各种事实。因此,他们两人对科学发展的影响的重要性必须得到高度评价。实验科学的年轻热情需要被引导,才不致沦为好奇的盲目收集。虽然今天的物理学家可能会说,笛卡尔的观念荒诞不经,伽桑狄的观念幼稚可笑,并把培根仅仅视为一个自吹自擂的人,但这并不能改变一个事实,即他们三人能够提供这种引导。因此,实验物理学在 17 世纪能够繁荣兴盛,既得益于他们的理论思考,又得益于实验家的创造力和技能。

第五节 勒内·笛卡尔①

194. 根据以上讨论的天文学、力学、流体静力学和几何光学的发展,我们可以清楚地看到,数学观念在 17 世纪科学中占据着十分重要的地位。我们也知道,开普勒和伽利略深信,数学占据如此地位是完全有理由的:在他们看来,这与其说是因为数学做出了必要的贡献,不如说是因为外在世界的结构本质上就是数学的,这种结构与人心灵中的数学思想之间存在着一种天然和谐。

可以说,笛卡尔最彻底地贯彻了这种思想,他实际上把数学与自然科学等同起来。说自然科学是数学的,不仅是在较为宽泛的意义上指,数学以某种形式服务于自然科学,而且是在更为狭窄的意义上指,人的心灵以同样的方式由自身产生了自然知识和数学知识。

---

① Dijksterhuis (1) (3),Milhaud,De Vleeschauwer.

　　我们甚至可以更进一步,用这些说法来谈论笛卡尔的哲学。
笛卡尔曾经作过一个著名的类比,把科学体系比作一棵树,[①]物理
学代表树干,植根于形而上学,从中汲取养分长出力学、伦理学、医
学这三个树枝。这里没有提到数学,也没有谈形而上学以什么为
基础。这难道不是因为,构成这一基础的正是数学思想(不是就其
内容而言,而是就其形式而言)吗?

　　我们谈到笛卡尔时,绝不能忽视数学的思想气氛对他产生的
巨大影响。数学论证的明晰性和数学推理的说服力很早就令他着
迷,他感到,这里有某种能够在绝对意义上认识的东西,因为我们
可以完全洞悉它。简而言之,伽利略的那种信念使他深深慑服:数
学家的知识虽然在量上(*extensive*)不同于上帝的知识,但在质上
(*intensive*)却不亚于它。[②] 笛卡尔终生都由衷地惊叹于数学的形
式方法论价值。

　　195. 关于这一点,若想在《方法谈》(*Discours de la Méthode*)
这部当然是在讨论科学方法的著作中找到证据,恐怕要颇费一番
功夫。在提出指导科学思想的四条著名规则之前,笛卡尔说,他无
法在古人的分析和今人的代数中找到他所需要的方法。[③] 古人的
分析过分局限于考虑几何图形,而今人的代数则昏昧不明,数不清
的规则和古怪的符号令人心生困惑,根本无法促进心灵的健康发
展。笛卡尔的第一条规则是,绝不接受任何断言,除非清晰分明
(*clairement et distinctement*)地呈现于心灵,以至于没有任何怀疑

---

①　Descartes,*Les Principes de la Philosophie*. Preface. *Œuvres* IX b 14.

②　Galileo,*Dialogo* I. Ed. Naz. VII 128-9.

③　Descartes,*Discours de la Methode* II. *Œuvres* VI 17.

的可能。虽然这条规则显然受到了数学思想风格的启发，但另外三条规则却表达得十分含糊和宽泛，它们不仅可以作不同解释，而且也不包含任何特别数学的东西。莱布尼茨不无公正地说它们实在是空洞无物，这就如同建议化学家遵循如下方法：用你必须用的东西，做你必须做的事情，你将得到所想要的结果（*sume quod debes，operare ut debes et habebis quod optas*）。[1]

196. 然而要想真正了解笛卡尔的方法，不应先读《方法谈》。它虽然引人入胜，但却是一部漫谈式的随笔，而非论著。我们应该先读他早在 1629 年就已写成，但直到 1701 年才在《遗著》（*Opera Posthuma*）中出版的《指导心灵的规则》（*Regulae ad Directionem Ingenii*）。[2] 它实际上阐述了所谓的"普遍数学"（*Mathesis Universalis*），笛卡尔一直认为这是他最伟大的方法论发现之一，也希望看到它能够应用于所有自然科学之中。这种普遍数学似乎[3]就是 17 世纪初由韦达引入、并由笛卡尔亲自完善的所谓"类代数"（*algebra speciosa*），它的确抛弃了有损于 16 世纪代数外观的无数规则和不实用的符号（《方法谈》中称 16 世纪的代数为今人的代数，与古人的分析相对）。事实上，这种类代数就是早已成为初等内容的符号代数。它之所以被称为普遍数学，是因为运算时无须知道其中的字母代表什么（未知数或物理量）。因此，笛卡尔所给出的方法论规则似乎规定把代数方法用于所有可以度量（*mensura*）即定量处理的科学分支中。

---

① 　Leibniz IV 329.

② 　Descartes. *Œuvres* X 359-469.

③ 　Dijksterhuis（3）.

除了度量，适合作数学处理的进一步标准被称为秩序(ordo)，即是否有可能把各个命题排列成演绎链，把所获得的知识公理化。因此，笛卡尔的方法其实旨在通过公理演绎和代数运算这种数学的方式进行所有科学思考。

197. 将科学数学化，这一理想成了持续数个世纪的研究纲领，而不只是贯穿某个人的一生。于是并不奇怪，笛卡尔本人的著作中并没有关于科学数学化的论述，其科学著作中也很少有计算。这还有第二个原因：17世纪的那些试图把数学变成科学的语言和工具的人对数学的发展提出了很高的要求，而这些要求只有随着17世纪的发展才能渐渐得到满足。事实上，数学仍然缺乏必要的手段，用代数来表示和处理量的变化。许多广泛使用的科学术语的确切含义还无法严格规定，更不可能用这些术语所表示的量进行计算。"变速运动的瞬时速度"便是其中之一。尽管在17世纪的数学家手里，源于经院哲学的图示法的确得到了进一步发展和成功运用，但这种方法并没有被提升为一种严格的研究方式。不过，它仍然是对科学问题进行数学处理的主要手段；力学暂时是唯一一门能用数学处理的学科。

198. 虽然对笛卡尔来说，将普遍数学应用于科学仍然只是一种遥不可及的理想，但在数学内部，笛卡尔极为成功地实现了这一点，这项对人类思想的重大贡献使他在科学上彪炳史册。通过把新的符号代数引入几何学，他成了解析几何的创造者，从而引发了数学有史以来最根本的变革之一。从那一刻起，几何学也从古代的桎梏中解放出来，它不再试图重新获得古代已有的东西，而是有意开辟新的道路。因此，完全有理由把笛卡尔做出这一新发现的

《几何》(*La Géométrie*)①称为笛卡尔方法的显示;不过,作为《方法谈》附录的《几何》并没有运用《方法谈》所提出的四条规则。事实上,真正的"方法[谈]"是由那些"指导心灵的规则"构成的。

199. 虽然笛卡尔并没有把普遍数学的具体纲领真正贯彻到自然科学中(实际工作是惠更斯做的,前面已经提到了一部分),但这并不能改变一个事实,即笛卡尔的形而上学思想和科学思想始终遵循着数学模式。阐述笛卡尔的形而上学思想并非我们这里的任务,但为了讨论其科学思想,我们还是要讨论其形而上学体系的一个特征。一个典型的笛卡尔观念是,所有物质的最终本性完全取决于其广延的纯几何特征:物质就是在空间中有广延的东西,从严格意义上讲,物质无非就是这种东西。虽然它看起来不止于此:我们所知觉到的物体还有颜色、气味、味道、软硬、韧脆等物理性质,但所有这些语词所描述的仅仅是当特定的空间部分存在时,或者我们接触它时所伴随的意识状态,是这些空间部分在我们之中引起的主观反应,因此不可能成为科学认识的对象。除了物体的几何特征,即形状和大小,只有规定其相对运动状态的运动学量才能成为科学研究的对象。物理学是关于运动的空间形式的科学,因此和研究静止的空间形式的几何学一样,它可以由先验确立的公理推导出来。人的心灵不仅产生了数学,也产生了物理学。

200. 说产生了"一种物理学"可能更正确一些。因为虽然数学公理的力量会以同一种方式让所有人都无法抗拒,但对于空间部分的形式和运动状态,却可以设想多种可能性,从而对应着不同

---

① Descartes. *Œuvres* Ⅵ 367-485.

种类的世界。如何在原则上等价的这些可能性中做出选择？这里,笛卡尔刚刚把感觉经验大张旗鼓地请出门,现在又迫不得已把它从后面的小门请了进来。感觉经验必须判定,数学构想出来的各种可能性中哪一种在自然中得到了实现。即使只断言某一种状况为真,也需要感觉经验来检验它是否正确。

　　假如笛卡尔能够预见数学的未来,他也许会用一个几何学类比来解释他的想法。他可能会这样说:"由不同的公理体系出发可以发展出不同的几何学,至于其中哪一种能够最好地描述我们所经验到的外部世界的结构,必须由经验来决定。那么,我也可以单凭思想的力量发展出不同的物理学;至于其中哪一种最符合实在,也必须由实验来决定。"伽利略在《关于两门新科学的谈话》中[①]也表达过类似的观念:即使自然中没有任何一种运动与之相符,他所建立的运动学说也仍然是有效和正当的;在那种情况下,他所构建的乃是一种没有在物理世界中实现的力学。

　　201. 笛卡尔提出的正是这样一种物理学(幸还是不幸?),他坚称这种物理学与经验一致;因此,在为其选择基本公理时,必须留意由它演绎出来的结果。由于他只能通过感官来经验这种结果,所以他所构想的世界图景并不是纯粹的心灵产物。如果承认这种限制,那么可以把他的方法看成对分解法与合成法的出色运用;但其分析部分已经被缩减到难以察觉的程度,因为它已经不再要求有意的观察;自然经验已经足以为综合提出公理。

　　今天人们已经习惯于看到,形成科学概念的这部分过程需要

---

　　①　Galileo, *Discorsi* III. Ed. Naz. VIII 197.

花费更多的时间和精力,所以现代读者也许很难把上述笛卡尔式的科学研究方法看成对科学思想方法论的重要贡献。他可能无法完全理解笛卡尔的方法何以具有如此巨大的魅力,以致至少在当时影响了无数自然哲学家,其中包括 17 世纪那些思想最敏锐的学者。

202. 这种强大的魅力从惠更斯的一段话中可见一斑。在那些年里,惠更斯必定受到了笛卡尔著作的影响,而且也领略了这位法国哲学家的迷人个性:[①]

> 笛卡尔先生有一种天赋,能够将猜测和虚构变为真理。读他的《哲学原理》,如同品玩引人入胜的小说,仿佛看到的都是真实的故事。他关于微粒和涡旋的新图景很有趣。我第一次读《哲学原理》时,觉得一切都很合理。假如碰到难懂之处,问题肯定在于我还无法完全理解他的思想。当时我只有十五六岁。然而后来,我在其中每每会发现一些明显的错误,以及其他一些令人难以置信的说法,我便完全摆脱了先入之见。现在,在他的整个物理学中,我已经几乎找不到任何我能够证实为真的东西;他的形而上学和气象学也是如此。

这段略带讽刺的文字是惠更斯在摆脱了(毋宁说是自认为摆脱了)笛卡尔主义之后写下的,不过字里行间仍然显示出他最初的

---

① 　Huygens, Appendix to the letter of 26 February 1693 to Bayle. *Œuvres* X 403.

深刻印象。

　　如果想到，笛卡尔在《方法谈》和《哲学原理》(*Principia Philosophiae*)中以何种无所畏惧的思想和动人心魄的想象力，从几个被认为自明的观念出发，就可以解释当时已知的所有自然现象，那么产生这种深刻印象也就不足为奇了。在一定程度上，特别是在那些忠实的笛卡尔主义者看来，这也是因为笛卡尔能够凭借强大的思想，将自然科学、哲学和宗教结合成统一的世界图景。由于亚里士多德物理学有些地方明显站不住脚，经院哲学又极其僵化，中世纪在这三个精神领域之间建立起来的紧密联系已然土崩瓦解。这时，笛卡尔又将它重新建立在看似坚实的理性基础之上，这定然能够使那些试图将知识系统化的人心满意足。

　　203. 对于科学发展史来说，笛卡尔物理学的意义首先在于：自从亚里士多德体系受到攻击以来，笛卡尔第一次提出了在普遍性上能够与之匹敌的自然解释体系。与笛卡尔相比，伽利略的工作是零碎的(这被笛卡尔看成一种缺陷)，[①]他只是深入研究了几种特殊的基本现象，认为追问现象的本质为时尚早，从而加以回避。而这位自信掌握了一切形式科学研究的真正方法的数学哲学家则有更高的目标；他相信自己有能力构造出一种本质上完备的世界图景，需要做的只是一些细节工作(笛卡尔经常表现出这样一种典型的经院哲学特征，尽管他曾猛烈抨击中世纪研究哲学和科学的方法)。这虽然是一种幻觉，但却极有成效；笛卡尔由此得以向他的同时代人昭示这个理性的自然解释体系的清澈理想：只需

---

① Descartes, Letter of 11 October 1638 to Mersenne. *Œuvres* II 380-402.

数学和力学概念就可以解释自然。笛卡尔鼓励他们取他之长，补他之短。因此，无论是拥护者还是反对者都能从他那里学到东西。

我们这里无法详述笛卡尔如何将他的自然解释原则付诸实践。不过，至少做一番概述还是必要的。

204. 物质与空间的同一性构成了笛卡尔体系的形而上学基础，由此立即可以导出几个推论：1. 世界有无限的广延；2. 整个世界由同样的物质组成；3. 物质是无限可分的；4. 虚空，即不包含任何物质的空间，是一种自相矛盾，因而是不可能的。

这里，我们首先面临的问题是：物质是如何分化为我们在世界中所知觉到的不同物体的。虽然的确可以设想，若干表面把几何空间分成了各个部分，但这些部分并非真的彼此分离。为此，它们必须在保持形状的同时相对于彼此运动；事实上，相对运动和相对静止就是分化原则，它使空间的某些部分共同属于一个整体，并且区别于其他部分。必须设想，上帝在创造世界时把空间分成了形状和大小各不相同的部分（就像制作拼图玩具的人，用线把纸板分成形状和大小各不相同的小块），并且让这些不同的部分以各种方式相对于彼此运动（拼图玩具被沿着分割线分成小块混在一起）。在笛卡尔看来，这就是实际发生的事情。如果认为，世界不是一下子创造出来的，而是在演化过程中逐渐获得现有形状的，事情就会变得更清楚。那样一来我们就知道，产生了空间部分三种级别的大小：原初存在的一部分微粒相互摩擦而成为小球，另一部分微粒则通过相对静止这种黏合剂而结合成更为粗糙的物块。第一个过程中产生的摩擦碎屑由极为精细的微粒构成，它们高速运动，填充了另外两种微粒之间的所有间隙（人们会不自觉地这样表达；实际上那些间隙就是摩擦碎屑)。

205. 这一过程完成之后(或者更正确地说,从一开始),情形是这样的:所谓"次级物质"(second matter)的球形微粒形成了巨大的涡旋;在离心倾向的作用下,这些涡旋驱使极为精细的所谓"初级微粒"(primary particles)或精细物质微粒朝中心运动。在那里,它们聚集成球块,构成太阳和恒星。因此,每颗恒星都被一个次级微粒的涡旋或天空环绕着,因此次级微粒又被称为"天界微粒"(celestial particles)。更为粗糙的第三级微粒(tertiary particles)形成了地球和诸行星;它们的间隙被次级微粒所充满,而次级微粒的间隙又包含有精细物质微粒;于是,这些精细物质微粒也属于天界物质。地界物体的物质的量(为方便起见,我们今后称它为"质量")由其中所含第三级微粒的总体积所决定。我们将称它为"真实体积"(real volume),它等于经验体积(empirical volume)减去被天界物质充满的间隙的总体积。物体膨胀时,会有更多天界物质进入第三级微粒之间;压缩时,这些天界物质被排出。

自然中发生的所有变化都源于这三种空间微粒的运动。这些运动的首要原因在于上帝的惯常参与(concursus ordinarius),即持续不断的维护。上帝使运动的总动量(quantitas motus)即质量与速度乘积的总和保持恒定:

$$\sum mv = 常数。$$

这一关系构成了最高的自然定律。[①] 它源于上帝的不变性:既然

---

① Descartes, *Principia Philosophiae* Ⅱ, c. 36. *Œuvres* Ⅷ 61.

他希望世界处于运动之中，所以变化必须尽可能地恒定不变。

206. 但仅有最高的定律还无法确定自然事件的进程。于是就有另外三条定律作为辅助的指导原则。[①] 第一定律说得很一般，即如果没有外因，空间微粒或物质微粒不会发生任何变化：物体的形状和大小，物体是否通过相对静止而彼此相连，或者通过相对运动而彼此分离，静止或运动状态本身，所有这些都不会通过内因自动发生变化，而只有通过其他物体的影响才能变化。于是，每一个物体都有某种个体性和坚固性，这便把它们与理想的几何空间形式清楚地区分开来。第二定律包含了惯性原理：第一定律所假定的物体保持运动的一般倾向，现在被更确切地定义为物体在每一时刻以该时刻具有的速度继续直线运动的倾向，不论先前的运动如何。

　　尽管所有运动都是物体的圆周运动，但第三定律处理的却是两个物体相互碰撞的情形，而且没有谈及碰撞对环境的影响。既然碰撞是物体之间相互作用（或者说是看起来的作用，因为实际上所有运动都是由上帝支配的）的唯一方式，所以这条定律包含了笛卡尔物理学的真正基础。它仍然源自第一定律所断言的任何物体都有保持静止或运动的倾向，这种倾向现在被定义为一种反抗对静止的任何干扰或继续做直线运动的能力。尽管没有明显提及，但这里保持状态的倾向显然是由物质的量（*quantitas materiae*）或质量所决定的。第三定律说，质量较小的运动物体不可能推动质量较大的静止物体；但由于总动量不变，所以质量较小的物体会继

① Descartes, *Principia Philosophiae* II, *c.* 37-40. *Œuvres* VIII 62-65.

续以原速度沿另一个方向运动。然而,如果运动物体的质量比静止物体更大,则它将克服后者的静止倾向而带着后者一起运动,同时失去它传递给后者的那部分动量。

207. 在了解了惠更斯对碰撞现象真实过程的讨论(Ⅳ:143—146)之后,这条定律第一部分的严重错误也就很明显了。只有同时考虑到动量的方向,亦即认识到它是矢量之后,碰撞过程中总动量保持不变这条定律才是正确的。笛卡尔并没有这样做,而只是把质量和速度的大小相乘。因此他认为,如果速度只改变方向,动量并不会变化,原先静止的物体也会继续保持静止。这一假设之所以看似合理,是因为静止物体保持静止的倾向要强于另一个物体保持运动的倾向。而实际上,碰撞必定会改变静止物体的动量,因此它一定会开始运动;只有当物体保持绝对静止,或者说质量无穷大时,这种情况才不会发生。当然,如果两个物体碰撞后粘在一起,那么这条定律的第二部分就是正确的。针对物体绝对坚硬的特殊情形(等同于惠更斯那里的完全弹性情形),笛卡尔又提出了七条碰撞规则,[①]它们与第三定律同样基本。第一条规则等同于惠更斯碰撞理论的第一条公理。它说(用前面的记号表示),如果 $m_1 = m_2$ 且 $u_1 = -u_2$,那么碰撞后 $v_1 = -u_1$,$v_2 = -u_2 = u_1$。然而,这是七条规则中唯一正确的一条。可以想见,当年轻的惠更斯根据数学演绎的严格基础发现这位可敬思想家的这一缺陷时,会受到多么强烈的震撼。我们以第二条规则为例:

如果 $m_1 > m_2$ 且 $u_2 = -u_1$,那么 $v_2 = v_1$,且显然有(尽管没有

---

① Descartes, *Principia Philosophiae* II, *c.* 46-52. *Œuvres* VIII 68-69.

说)$v_2 = u_1$；碰撞后，两个物体就像一个物体那样继续运动。惠更斯立即可以证明这条规则是站不住脚的，因为它与他的一般命题相抵触，即碰撞只能使两个物体的相对速度改变方向，而不能改变大小。通过同样的方式，我们也可以认识到大多数其他规则的错误之处。

208．笛卡尔的碰撞规则有一个值得注意的特征，在历史上并非不重要，即它们违背了后来莱布尼茨提出的连续性原理。在目前情况下，这一原理可以表述为：当 m_1 趋近于 m_2 时，$m_1 > m_2$ 时的碰撞效果必定会接近于 $m_1 = m_2$ 时的情形。然而在笛卡尔那里，情况却并非如此：只要 m_1 比 m_2 大一点点，第一个物体就会带着以大小相等、方向相反的速度朝它运动的第二个物体一同运动，而第一个物体本身仍会以原速度继续运动。而一旦 $m_1 = m_2$，两个物体就会沿相反方向弹回。笛卡尔把运动和静止看成绝对对立，这也与连续性原理相矛盾。

209．太阳和恒星周围的天界物质涡旋在笛卡尔的世界图景中占据着重要地位。事实上，太阳周围的涡旋携带着行星运转，而行星又绕着自身的轴旋转，就好像木块在被水涡带着一道运动的同时也自己打转一样。要想对太阳系作详细说明，还需要假定：从太阳到某个距离内，天界微粒离太阳越远尺寸越大，角速度越小；如果超出这个界限，则微粒的尺寸彼此相同，角速度逐渐增大，直到涡旋边缘。每颗行星都有某种特定的坚实性(soliditas)或密度，即真实体积与经验体积之比，因此是一种比动量(specific impulse)，等于密度与线速度之积。行星寻找与太阳的特定距离，以使天界微粒的比动量等于它自身的比动量。距离的保持由涡旋微粒的离心倾向(即它们的惯性)来调节:如果行星过于靠近太阳,则它的离心倾向就会超过天界微粒的离心倾向;如果过于远离太阳,则相反。

旋转着的天界物质微粒自然都有离心倾向。这表现为对距离更远的外层的压力,它瞬间传遍整个空间。我们知觉到,这种压力被太阳和恒星以光的形式发射出来。不过,不能把光的发射理解为太阳或恒星的一种活动。这个词仅仅表示,光是由这些天体周围的天界物质旋转所引起的。

210. 关于不同涡旋的相对位置是如何产生的,涡旋何以旋转而不会彼此干扰,不同涡旋之间交换精细物质是通过何种复杂运动实现的,以及行星是如何诞生的,笛卡尔都有极为详细的描述,[①]这里我们就不再介绍了。我们也不打算深入讨论他对地球上纷繁复杂的物理和化学现象所做的细致入微而充满幻想的处理;仅仅凭借关于物质微粒的形状、大小和运动状态的假说,笛卡尔就解释了所有这一切。

然而,还有一点值得注意:重力也属于被解释的现象(均被视为运动的结果);这意味着自然观发生了极为重要的转变。除了某些例外情形,重力一直被认为属于物体的本性,是一种内在的自身倾向,无论把它看成一种趋向自然位置的努力,还是与更大的整体结合在一起的努力;有时重力会被暂时忽略,但这都是以纯粹虚构的方式进行的;一般来说,没有重力(或者用亚里士多德物理学的语言说,没有重性或轻性)的物体这种观念远远超出了科学视域。

---

① Descartes, *Principia Philosophiae* III and IV. *Œuvres* VIII 80-329.

而在笛卡尔这里，这种情况一下子完全不同了：^①空间部分本身只有形状、大小和运动状态；这三种性质均未暗示有向下运动或结合成整体的倾向，而且即使有这种东西，也必须通过外界影响来解释。为此，笛卡尔再次利用了天界物质，它们也围绕地球形成一个涡旋，从而带动地球作周日旋转。它们也试图沿切向飞出，相对于一起运动的地球，这再次表现为一种径向离心倾向。现在，如果在包含天界物质极多、因而密度很小的空气中，释放一个包含天界物质较少、因而密度较大的石头 A，那么只有这一更为致密的物体的位置被更低层的空气所取代，天界物质的离心倾向才能得到满足。我们拿着这块石头，会把天界物质的这种涌动感觉为重力。重力的大小取决于石头 A 中的第三级物质 T 超出同体积空气 B 中的第三级物质的量，进而取决于 B 比 A 多出的天界物质 C。可以认为，重力正比于：

$$\{T_A - T_B\} + \{C_B - C_A\}。$$

于是，重力并非与石头的质量 T_A 成正比。而由于 $T_A + C_A = T_B + C_B$，所以重力正比于 $(T_A - T_B)$。

值得注意的是，解释重力和解释行星运动依据的是同样的原理。

211. 了解了笛卡尔自然解释的概貌，现在需要再次回到它的数学特征。我们可以清楚地看到，这并不意味着，笛卡尔给他解释自然现象的论证穿上了数学的外衣；恰恰相反，与愿意用数学表述一切的惠更斯不同，笛卡尔几乎没有作过数学证明，在表达函数依

---

①   Descartes, *Principia Philosophiae* Ⅳ, c. 20-27. *Œuvres* Ⅷ 212-17.

赖性时总是非常不确定。在太阳涡旋中,天界物质微粒的尺寸和旋转周期都随着与太阳距离的增加而增加,但我们不知道这种增加依据的是怎样的数学关系,他也没有试图找到某颗行星的旋转周期、密度和与太阳的距离之间的关系。我们所谓的笛卡尔自然解释中的数学特征,其实是指整个体系的公理化结构,建立无可怀疑的基本原理对现象进行演绎推理。

212. 作为彻底的笛卡尔主义者,惠更斯第一次充分发挥了数学处理在另一种意义上的价值。诚然,正如我们看到的,惠更斯有时会责备笛卡尔提出的解释过分沉溺于幻想,也清楚地看到了笛卡尔所犯的错误,但他仍然毕生忠实于笛卡尔自然哲学的基础。在这一基础上,他构造的许多理论都实现了这位伟大前辈的理想。他在 1695 年发表的《光论》(*Traité de la Lumière*)开篇[①]就指出,本书的讨论将遵循以下方法:

> 在真正的哲学中,我们通过力学来构想所有自然结果的原因。在我看来必须这么做,否则就没有希望理解物理学中的任何东西。

早在《论日冕与幻日》(*De Coronis et Parheliis*)[②]中,惠更斯就已经沿着笛卡尔的思路对大气现象进行了解释,甚至比笛卡尔《气象学》(*Météores*)中的讨论更为深入。

---

① Huygens, *Traité de la Lumieère*. *Œuvres* XIX 461.

② Huygens, *De Coronis et Parheliis*. *Œuvres* XVII 364-445.

213. 在上述引文中,笛卡尔的这位同时代人给出了对经典科学最常见的描述,本书标题也来源于此:笛卡尔物理学是根据力学(*des raisons de mechanique*)进行的;它是机械论的。这意味着,笛卡尔物理学所使用的解释原则完全是力学概念:像形状、大小、量这样的几何概念被力学当作数学的一部分加以采用,而运动则构成了它的特定主题。这种物理学认为,只有能用这些概念描述和解释的东西才在自然中实际存在。它不仅排除了所有生机、内在自发性和目的性,而且将物质微粒视为经验物体的最终结构单元,否认其内在变化;它也将物质的所有第二性质从物理学中驱逐出去,将其看成意识的状态。

214. 在笛卡尔那里,"机械论"的主要含义——即通过力学来解释——已经在一定程度上包含了这个词后来常有的含义,即可以用机械模型来模拟。事实上,他曾经明确说过,自然物与熟练的工匠制造出来的人工物之间的差别只涉及大小:自然物中发生的过程我们看不到,而人工物中发生的过程却大得可以看见。除此之外,钟表的走动和树的生长之间没有任何差别。这就是为什么擅长制造自动机的人最适合去猜测自然现象的真实过程及其背后的机制。[①]

这条自然解释原则将在很长时间里统治物理学:解释原则必定可以构想;自然现象一定能被灵巧的模型制造者模拟出来。我们看到,这种愿望与实际运用像潜能与现实这样的形而上学原理之间存在着巨大鸿沟。

---

① Descartes, *Principia Philosophiae* Ⅳ, *c*. 203. *Œuvres* Ⅷ 326.

215. 上述对笛卡尔的评论或许也有助于化解他思想中一个表面的矛盾:一方面,他追求先验演绎式的科学,实验在其中只占次要位置;另一方面,他又对自然的经验研究和技术有浓厚兴趣。他费尽心思让光学仪器商费里埃(Jean Ferrier)为他磨制双曲透镜;还对血液循环作了独立的生理学观察,用人工彩虹做实验,用实验测定空气比重,并对大气现象作了极为精确的观察。①

我们先前对实验功能的讨论(Ⅳ:200)已经部分解决了这个矛盾:实验可以在演绎构造的思想世界与物理实在之间建立对应。它还可以通过一种信念得到解释,即对仪器进行实际操作有助于理解隐秘的自然机制。

最后,我们还注意到,以上对机械论自然解释的表述中并未出现"力"这个后来似乎能够表明其精髓的词。事实上,在笛卡尔那里,物体彼此从远处施加的那种力(就像在牛顿力学中那样)并不存在;正如我们看到的,重力并不是解释原则,而是本身也需要作机械论解释。因此,"机械论"的含义并非一劳永逸地固定下来,而是会随时间不断变化。

216. 现在我们来兑现先前做出的承诺(Ⅳ:170),解释笛卡尔在他的《折光学》(Dioptrique)中②对折射定律的推导(即使可能并没有找到)。这里笛卡尔并没有纯粹地运用他的方法。由于他希望即使没有受过教育的工匠也能看懂这本书,这些技工在望远镜的发明中起到了重要作用,所以他并没有按照其方法的基本观念

---

① Descartes, *Les Météores*. *Discours* Ⅵ, Ⅶ. *Œuvres* Ⅵ 298, 312. Grossmann 200-8.

② Descartes, *La Dioptrique*. *Discours* Ⅰ, Ⅱ. *Œuvres* Ⅵ 81-105.

来讨论光的本性，并由此推出折射的必然性，而是通过与更为熟知的现象进行类比。类比的选择要使前面描述的光的本性能够在其中得到反映。的确，他将视觉类比于盲人（以及黑暗中的正常视力的人）用手杖探路。正如手杖触碰到物体所产生的压力瞬间传到手上，从而使探路的人能够知道物体的特性；同样，发光物体产生的效果通过透明介质瞬间到达我们的眼睛，不仅显示了光源的存在，而且根据发光物体的特性也产生了被称为"颜色"的不同知觉。

217．然而，在推导折射定律时，笛卡尔并没有使用这一类比，而是用快速射出的小球斜撞向可渗透介质的界面来解释折射现象。假定（图 40）球在空气中以某一速度沿 AB 运动，从 B 点进入介质后速度增加一半（笛卡尔原文中说增加了三分之一，根据下文判断显然是错了）。

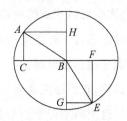

图 40　笛卡尔对折射定律的推导，*La Dioptrique*, *Discours* Ⅱ（*Œuvres* Ⅵ 100）。

现在把沿 AB 的运动看成沿 AH 的水平运动与沿 AC 的竖直运动的合成，假定水平运动不被介质所阻碍。以 B 为圆心、AB 为半径作一个圆。由于原来的运动速度 v_1 现在变成了 $\frac{3}{2}v_1$，所以在介质中从 B 到达圆周所需的时间是穿过半径 AB 距离所需时间的 $\frac{3}{2}$：在这一时间内走过的水平距离 BF 等于 AH，通过 F 点的法线与圆周交于折射光线出射的 E 点。笛卡尔只是说，AH：EG 即 sin$i$：sin$r$ 恒定，但并没有说它与两种介质中光速之比的关系。如果设第二个介质中的速度为 v_2，那么显然有：

$$n = \frac{\sin i}{\sin r} = \frac{AH}{EG} = \frac{3}{2} = \frac{v_2}{v_1},$$

这正是牛顿在折射理论中所假定的关系。整个推导很奇怪，因为笛卡尔在关于宇宙结构的一般理论中假定光是瞬时传播的。然而在细节问题上，他允许自己临时改变假设，并为此而诉诸天文学家的一个习惯，即总是用最合适的方式来拯救现象。

218. 在接下来几页，我们发现，笛卡尔的影响经常与复兴的古代原子论结合在一起，而且对这两种学说几乎未作区分。这似乎很奇怪，因为笛卡尔原则上拒斥作为原子论不可或缺前提的虚空，而且否认不可分微粒的存在：物质是无限可分的，因为与之等同的几何空间是无限可分的。因此，笛卡尔特别提到了他本人的世界图景与原子论者的区别：[①]除了已经提到的两种区别之外，还有另外两种区别，即德谟克利特还给他的原子赋予了重力，而且没有解释原子如何能够聚合成一个连贯的整体。

然而，前两种区别并不像看起来的那么大：只包含天界物质的空间并不会阻碍由第三级物质构成的物体的运动，因此对于这种运动来说就像虚空一样；最初上帝把空间划分成的各个部分是可分的，因为我们可以在思想中分割它们，上帝则可以实际进行分割；既然我们无法实际分割它们，那么对于科学来说，它们的行为就如同我们可以在思想中进行分割的德谟克利特的原子。至于第四点区别，把相对静止当作结合方式并不比德谟克利特所说的原

---

① Descartes, *Principia Philosophiae* Ⅳ, *c*. 202. *Œuvres* Ⅷ 325.

子的简单并置更清楚。所以实际上只剩下重力方面的区别,德谟克利特认为它是原初的性质,而笛卡尔则给出了机械论的解释。

219. 虽然笛卡尔沉浸在如此纯粹的科学思辨中,但他一直极力避免自己的主张与天主教信仰发生冲突。我们知道,[①]伽利略被定罪使他深受触动,这使他没敢发表持哥白尼观点的著作《世界》(Le Monde)。后来,每当他要出版著作时,总会想想他曾经的老师即拉弗莱什的耶稣会士们是否会赞同。在《哲学原理》中,笛卡尔反复阐述应当如何看待他的理论与宗教教义之间的关系,以免导致冒犯。他指出,他的所有主张都只是一些假说(这是经院哲学的惯用说法),他知道这些假说可能是错的,甚至知道自己理论的某些部分的确是错的,即那些关于世界起源的内容,因为上帝一劳永逸地创造了完美的世界,这是铁定的事实。但笛卡尔认为,他提出结果与经验一致的假说是履行了自己的义务;它们与真理本身有同样的实用价值。在这部著作的结尾,笛卡尔再次回到了这一点:无论他的理论看上去有多么充分的解释力,决不能确定地断言它们就是正确的;造物主也许会以其他方式让同样的现象出现。但它们包含着一部分真理,这有一种道德上的确定性;甚至不仅仅是道德上的,因为整个理论最终建立在善的上帝这样一个形而上学基础之上,当我们运用自己的理性时,上帝不会误导我们。但对于其他,鉴于其脆弱的意志,他将不去断言任何事物,而是会完全

---

① 　Descartes,Letter of the end of November 1633 to Mersenne. Œuvres I 270-3. 另见 Adam in Œuvres XII 165-79。

服从教会的权威。①

220.但尽管如此,他仍然坚定地支持哥白尼体系。人们无法指责他把运动赋予地球。虽然地球被围绕它的天界物质涡旋携带着作周日自转,但地球相对于涡旋并没有运动,所以它是静止的,尽管在旋转。②

到底应当如何看待这一切,这引出了无穷无尽的争论:一些人认为这只是因恐惧而引起的虚伪,另一些人则不怀疑他虔诚的天主教信仰。拉贝托尼埃(Laberthonnière)的说法也许最好地描述了他的态度:真诚但平庸的信仰者(*croyant sincère mais banal*)。③笛卡尔能够把正在创造的新科学与宗教信仰完全分开,这也是17世纪学者的典型能力。帕斯卡从父亲那里得知,不应当把理性用于信仰问题。④ 笛卡尔也认为,这样做是最舒心的生活态度。他决然不会皈依任何与成长环境不同的信仰,"我有我乳母的宗教"('Ick hebbe de religie van mijn Minnemoer')便是他著名的回应。⑤ 他知道,信仰是意志行为而非理智行为,⑥这种意志行为不会给他带来麻烦,因为这会确保他心灵的宁静,这才是他最为珍视的东西。

---

① Descartes,*Principia Philosophiae* III,*c.* 43-47. *Œuvres* VIII 99-103. IV,*c.* 1. *Œuvres* VIII 203. IV,*c.* 204-7. *Œuvres* VIII 327-9.

② 详见 Milhaud 17-22。

③ 引自 *La Religion de Descartes*,*Annales de philosophie chrétienne*,1911,by Lechalas,RQS (3) XXI (1912) 314.

④ *Vie de Blaise Pascal*. Pascal (1) 11。

⑤ Dirck Rembrandtsz,*Des Aertrycks beweging en der Sonne stilstandt*,quoted *Œuvres* XII 345a.

⑥ Descartes,*Regulae ad directionem ingenii* III. *Œuvres* X 370.

第六节　微粒理论

221. 在讨论了运动学天文学(kinematical astronomy)和理性力学这两个不大涉及物质本性的数学领域之后,笛卡尔的思辨又把我们带回到物质构成这个老问题。不过,现在物质已经不再分为地界物质和天界物质。我们先前的讨论截止到近代之初,现在必须首先研究这个问题自那以后如何发展。

17 世纪初,一些化学家自觉地反对亚里士多德,更多的人则受到微粒理论观念的影响(Ⅲ：73—77)。这种趋势在物理学家那里也有对应;不过,鉴于他们所关注问题的性质,这种趋势的形式更为特殊,即回到了德谟克利特-伊壁鸠鲁的原子论。

伽利略的工作受到了德谟克利特观念的影响,虽然并未全盘接受它;其最终的复兴是通过伽桑狄实现的。这里,我们简要概述一下这两位研究者在物质结构方面的工作。

一、伽利略的原子论观念

222. 由前面对伽利略科学观念的讨论可知,我们不会指望他以古代原子论的精神来思考自然。宇宙作为合目的地组织在一起的美妙整体,这种观念在他那里十分强烈,他不可能满足于设想一个无限的真空,诸世界通过无穷多个原子的旋转运动而在其中生灭不已。他那里缺乏这幅世界图景的首要基础——真空。因为虽然他极为鲜明地反对亚里士多德关于虚空不可能存在的证明,并让用数学处理的落体和抛射体运动在真空中进行,但他把真空作为假说引入数学理论,并不意味着他毫无保留地承认真空是一种物理实在。他在这一领域相当复杂的观念可以从《关于两门新科学的谈话》第一天的谈话中得知。[①]

223. 这里讨论的是内聚力现象:竖直挂起的木梁、金属棒、大理石柱下端都可以负载一定的重量,因此可以承受一定的拉伸应力。但悬挂的负载可以一直加大,直至它们被拉断。是什么黏合剂起初把各个部分保持在一起,最终又失去了控制呢?萨尔维亚蒂给出的第一条解释原理是"人们已经谈论很多的自然抵制真空",他此后用"真空阻力"(*resistenza del vacuo*)这个奇怪的名字来称呼它,并通过一个由来已久的实验进行了说明:如果把两块平玻璃板压在一起,则其中一块会把另一块带起来;若非如此,那么在周围的空气填补居间空间之前,两平板之间必定会暂时产生真空,而自然甚至连形成这种短暂的真空也不允许。现在,伽利略又为这种传统思路补充了一个新的要素,很能体现其典型的思想方式:他认为,这样一种对真空的厌恶或许能够被克服,因此有可能确定什么力能够做到这一点。于是,他让萨尔维亚蒂描述了以下实验。

C 是一个蓄满水的圆柱形容器(图 41),一个活塞静止于它的下方,能够无摩擦地运动。在活塞上悬挂一袋沙子,由此活塞被施予一个向下的力 K。增加这个力,直至 Z 从水中拉出。K 与 Z 的重量(根据后来的说法,还必须加上水的重量)之和就是"真空阻力"的大小,即在自然抵制真空的情况下,为了在 C 与 Z 之间形成

---

① Galileo, *Discorsi* I. Ed. Naz. VIII 54.

真空所需的力。

　　和往常一样,对于伽利略的工作,我们很想知道,这个实验是仅仅在纸上描述了一番,还是确实做过。虽然对仪器事无巨细的描述使我们猜测是后者,但我们听到的内容更像是"可能会做",而不是"已经做了"。无论如何,我们没有了解到任何有关实验进程的内容,也没有听说在什么 K 值活塞被拉出。

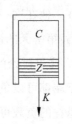

图 41：伽利略用来测定"真空阻力"的实验。*Discorsi* I (*Opere* VIII 55)。

　　结合这一实验,萨格雷多指出,他现在理解了为什么抽吸泵不能把水提升至 18 腕尺以上。如果把这么长的水柱悬在管内,再拉伸水柱的长度,则水柱将因自身的重量而断掉。如前所述(II：64),通过给出一种方法用数值表示逃避真空(*fuga vacui*)的强度,把逃避真空当作真正的解释原理的最后障碍得以排除。因此,伽利略完全接受了这条原理,尽管他强烈反对任何带有经院哲学色彩的东西。

　　224. 基于对液体的思辨(我们这里无法讨论),伽利略确信,水微粒之间并无内聚力,因此所测得的真空阻力是造成一定量的水体积保持恒定的唯一原因。倘若他知道大气压力概念,他也许会说,水在来自四面八方的大气压力作用下保持在一起,并用上述实验来确定这种大气压力的大小。

　　萨尔维亚蒂现在又重新回到固体内聚力的问题。他说,如果给一个与 C 中的水柱全等的大理石柱或玻璃柱悬挂一个重物,它的重量与物体本身的重量之和达到了上述实验中发现的临近值，那么就没有断裂的问题；所以这里必定还有另一个力在起作用，使各个微粒保持在一起。我们同样不清楚，这个实验是真正做过，还是仅仅作为一个例子提出来："如果把这样一个重物悬挂在一个大理石柱下面，使得……如果没有发生断裂，那么我们无疑可以断言……。"

萨尔维亚蒂现在提出了一个假说：这种力也与真空有关，不过是我们以前所谓的小虚空（micro-vacuum），即物体微粒之间的无数空隙（vacuola）。他认为，这些空隙把各个微粒拉在一起，从而构成了所要寻找的黏合剂。考虑到金属熔化时发生的情况，这似乎很有道理（这里开始出现典型的原子论论证）：极为精细的火微粒渗入金属孔洞（小得连空气微粒也容不下），填充了空隙，从而消除了内聚力。但是当火微粒随着冷却而离开，空隙将再次变成空的，内聚力得以复原。

225. 这个理论中最值得注意的是，萨尔维亚蒂似乎毫无理由地认为，这些空隙有无穷多个，他必须对无限进行思辨，使之看上去可信；事实上，我们立刻可以提出一个显然的反驳：那样一来，空隙的总体积不可能小于整个物体的体积。他现在诉诸这样一个悖论，即所谓的"亚里士多德之轮"（rota Aristotelis）。这个悖论说的是（图 42），一个半径为 $MA=R$ 的圆可以沿直线滚动，现在考察半径为 $MB=r$ 的较小的同心圆的行为。大圆旋转一周，A 到达 C，$AC=2\pi R$。于是，M 位于 D，B 位于 E。因此，B 走过了 $BE=2\pi R$，而小圆的周长只有 $2\pi r$。

为解决这一悖论（当然，只要注意到，小圆并不是滚动，而是被

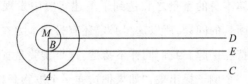

图 42：亚里士多德之轮。半径为 MA 的圆沿着水平直线滚动一周通过的距
　　　离为 $AC = 2\pi R$。这时 B 到达 E，从而通过距离 $2\pi R$，而半径为 MB
　　　的圆的周长要小于这个值。Galileo, *Discorsi* I (*Opere* VIII 68)。

更大的圆带着转动，这一悖论立即可以消除），伽利略（图 43）用内
接正 n 边形（图中 $n = 6$）取代这两个圆中的每一个，并让最大的多
边形绕一个顶点旋转，使得 C 先到达 C_1，然后 D 到达 D_2，……。
于是，小多边形的边相继到达位置 $b_1 c_1$, $c_2 d_2$，……，由线段 bb_1,
$c_1 c_2$……隔开。令 n 无限增加，则多边形将趋近于轮的圆周。伽
利略现在把图 42 中的线段 BE 看成由小圆的无数个点构成，它们
是线段 ab, $b_1 c_1$, $c_2 d_2$，……的极限的总和，这些线段被线段 bb_1,
$c_1 c_2$……转化成的无限多个尖的空隙所隔开。

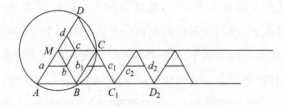

图 43：对亚里士多德之轮的悖论特征的说明，同时构成对物质结构的
　　　图示。*Discorsi* I (*Opere* VIII 68).

现在，也应当这样设想固体的结构：固体由无穷多个没有广延
的原子（*atomi non quanti*）所构成，它们之间有无穷多个尖的空

隙。他并没有进一步解释并非无穷小的火微粒是如何充满这些尖的空隙的。

226. 我们不再进一步详细探讨萨尔维亚蒂关于无限的论述了；它一方面与库萨的尼古拉的悖论观念类似，另一方面与不可分量(indivisibles)学说密切相关，这一学说当时由伽利略的学生卡瓦列里引入数学。整个论证相当令人困惑。萨尔维亚蒂时常会有一些奇思妙想，但并没有关于物质结构及其物理变化的逻辑一贯的理论。虽然最初引入无穷多个原子和空隙的假说是为了解释为什么固体的内聚力远远大于液体，但是后来，物质的液相与固相之间的本质区别被说成是，液体中实际划分成了无穷多个无广延的原子，因此只存在着源于真空阻力即大气压力的内聚力。

还应当指出，伽利略没有忘记影射自古以来所有原子论观念在神学家眼中的那种可疑性。萨尔维亚蒂提出他的无穷多空隙的理论之后，辛普里丘说，这使他想起了古代的一位哲学家（也许是指伊壁鸠鲁）；对此，萨尔维亚蒂满意地说，至少辛普里丘并没有补充说（就像有时所做的那样），这位哲学家否认神的恩典。这促使辛普里丘紧接着表示，自己深信对方有忠诚的天主教信仰。

227. 伽利略的真空观念构成了一种奇特的混合，一方面是源于中世纪物理学的观念，另一方面则是属于他所帮助创造的新科学的那些观念；这种情况在伽利略那里屡见不鲜。在这个意义上，他不能完全算作机械论世界图景的代表人物，这一图景将会通过笛卡尔和伽桑狄主宰17世纪的思想。不过，伽利略的确属于这类思想家，因为他很早就提出（在他之前，凡·高勒[van Goorle]曾经表达过类似的看法），只有能用几何学和力学确定的属性才是真实的,这种观念在 17 世纪追随者众多。这种观念在德谟克利特那里已经有所表述,像颜色、味道和气味这样的感觉性质不应被视为外在物体的固有属性,早先被归因于这些性质的感觉印象仅仅是因为我们的感官受到了唯一真实存在的原子及其运动的作用。这是一个发展过程的开始,洛克将其引向了被称为第一性质的几何-力学性质与所有第二性质的最终区分。

228. 伽利略对这个问题表达看法是比较偶然的,因此,他的讨论在其工作中具有相对独立性。它们出现在论战性著作《试金者》(Saggiatore)[①]中,1623 年,他在阐述彗星本性时在这部著作中攻击他的对手——耶稣会士格拉西(Grassi)。这场争论促使他提出了自己关于热的观念的看法。有人认为,热是我们判断为热的物体所固有的一种性质。伽利略说,[②]当我们想起物体时,会自动想起它有一个特定的形状,与其他物体相比是大是小,在某一时刻处于某个地方,是静止还是运动,是否与其他物体相接触,是一个、几个还是多个,因为我们无法设想这些属性以任何方式与物体相分离;但它是白的还是红的,苦的还是甜的,有声还是无声,气味好闻还是难闻,却不会以同样的必然性进入思想;假如我们没有感官,那么我们的理性和想象力也许从来不会觉察到这些属性的存在。味道、气味、声音等所有被认为是物体所固有的东西,不过是些名称罢了。它们只是为那个借助于感官而知觉它们的主体而存在,如果这个主体不复存在,它们也就不复存在了。如果物体放在

---

① Galileo, *Il Saggiatore*. Ed. Naz. VI 197-372.

② Galileo, *Il Saggiatore*, *c*. 48. Ed. Naz. VI 347 ff.

舌头上产生了甜的感觉,那么与这种感觉类似的一种甜的性质并不存在于这个物体中,就像有人用手挠我们的脚掌时我们会有痒的感觉,但痒并不是一种存在于手中的性质一样。因此,所有感觉性质都必须被看成主观感觉;虽然每一种感觉的确对应着产生它们的外在物体的某种东西,但这种东西与它们并不相似,就像名称与它所指称的事物并不相似一样。

由此得出的结论是:"外界物体只需要有大小、形状、数量或快或慢的运动,就可以在我们之中产生味道、气味和声音。"[①]这个结论虽然很激进,也并不完全符合伽利略后来对其思想的阐述,但它的确非常准确地表述了后来机械论世界观中的根本原则。

229. 在对不同物体作用于我们感官的方式进行机械论解释时,伽利略利用了土、水、气等元素的特定属性,这再次证明了我们在伽利略整个工作中一再看到的亚里士多德观念与新科学观念的奇特混合。虽然他假设特殊的火原子(*igniculi*)也许还能与机械论自然解释的基本观念相调和(事实上,其特殊性仍然可以通过纯几何-力学的特征来确定),但假定这些火原子能够在物体燃烧时把其他物质的微粒转化成火原子,这更符合亚里士多德的思想;而断言火原子能够分解成真正不可分的原子即没有空间广延的原子,并断言光就是这样起源的,则两者都不属于。

230. 格拉西的回答再次清楚地表明,公开承认原子论观念在17 世纪初仍然是多么危险。他立刻指出这些观念与伊壁鸠鲁观念的相似性,伊壁鸠鲁认为自己的目标或者是驱逐神,或者是至少

---

① Galileo, *Il Saggiatore*, c. 48. Ed. Naz. Ⅵ 350.

剥夺神对世界的引导。为了反对把感觉性质主观化,格拉西已经
引用了笛卡尔后来不得不回避的论证,即这种观念与圣餐教义相
冲突。在神父语词的影响下,饼和酒的实体变成了基督的身体和
血,但通过上帝的干预,颜色、味道和温度等外观仍然被保留下来。
然而,根据伽利略的说法,这些只是名称;但格拉西说,要保留名称
无须奇迹。①

二、皮埃尔·伽桑狄②

231. 德谟克利特和伊壁鸠鲁的原子论自诞生之日起就因其
反宗教特征而引起反感,因此,特别是在基督教世界,它从来都只
能以地下形式存在。然而,它的命运在 17 世纪上半叶发生了显著
变化。一位拥有很高科学威望和正统天主教信仰的神父迷上了原
子论,他认为自己的使命就是把它以一种在神学上可以接受的形
式引入西方思想。他成功地做到了这一点,于是,这种在 17 世纪
20 年代还被视为近乎异端邪说的理论,没用多久就成为一种体面
的理论,任何研究自然的基督徒都无须对它感到羞耻。

17 世纪的伽桑狄与 13 世纪的阿奎那之间存在着某种相似
性,他们都使一些古代遗产融入了基督教科学文化。两者都必须
克服教会当局的反对,从异教理论中去除那些不能为基督教思想
所接受的内容,特别是主张世界不是受造的,而是永恒的。

然而,他们之间的差异性比相似性更大。通过把亚里士多德

① Galileo,*Ratio ponderum Librae et Simbellae*. Ed. Naz. Ⅵ 486.

② Frost,Lasswitz,Maier (1).

哲学与基督教教义相结合,阿奎那在宗教与科学之间建立了一种和谐,在他的追随者看来,这种和谐甚至一直持续到今天;而伽桑狄则让一种带有明显唯物主义倾向的理论变得在神学上可以接受,从而在基督教意识中植入了不安和不和的种子,其结果恰好与阿奎那的目标相反。从表面上看,与宗教相容并非很难实现:只需假定,原子和它们的运动并非永恒存在,而是上帝在时间之始创造出来的;它们并非永远存在,而是有可能被上帝再次消灭;数目也不是无限多;其运动并不受制于盲目的偶然性或严格的必然性,而是会受到上帝持续不断的干预。但实际上,与宗教观念的内在相容性并没有因此而获得很大进展。无论被看成有限过程的一段还是无限过程的一段,世界在某一时刻的具体情形并没有改变;原子的行为是服从神的有意指挥,还是在必然性($\dot{\alpha}\nu\dot{\alpha}\gamma\kappa\eta$)的驱使下服从力学定律,对事件的实际进程并不会造成多少差别。

很难认为伽桑狄没有思考过所有这一切。尽管如此,他仍然全身心地致力于推进原子论观念,试图显示它与基督教信仰是相容的。这表明,在一种不可抗拒之力的驱动下,科学思想正在发展成为一种与宗教并行(在必要时会反对宗教)的独立力量。笛卡尔的世界图景需要面对基督教世界观,伽桑狄的古代原子论也是如此;伽桑狄的工作也许应当被看成一种费尽心思的尝试,试图阻止岌岌可危的传统世界观的解体,或者,既然这种解体已成事实,就再度将它弥合起来。

232. 由神学因素引起的分歧从原则上讲是重要的,但与科学实践并不相关,如果不考虑这些分歧,那么伽桑狄的世界图景大致符合德谟克利特和伊壁鸠鲁的世界图景。伽桑狄那里的原子同样不可见,但有广延,在数学上可分,在物理上不可分;这些原子的本性是坚固性(*soliditas*)或不可入性(*antitypia*),这使它们成为永恒不变的物质,彼此在质上没有区别。大小(*moles*)和形状(*figura*)同样被称为单个原子的特征属性,除此之外,还有第三种特征属性即重量(*pondus*)。但是和在伊壁鸠鲁那里一样,这里的重量并非使原子沿某一确定方向运动的重力,只有神秘的微偏(*clinamen*)(Ⅰ:13)才能使之偏离,而是指一种内在的推动力,是上帝在创世时印入原子的冲力,它永远不会改变,直到世界终结。

关于原子的运动,真空被认为是必不可少的。虽然在笛卡尔的介质中,圆周运动也许一旦开始就会持续存在,但我们无法理解它如何能够开始。于是,伽桑狄假定了单独的真空(*vacuum separatum*),这是一个无限的真空,上帝在其中创造了有限的世界,又在世界内部创造了分散的真空(*vacuum disseminatum*),即微粒之间空隙的集合,诸微粒因此有可能发生偏离。聚集的真空(*vacuum coacervatum* 或 *grandiusculum*)只能人工制造;这显然是暗指托里拆利的实验。

原子的形状无法设想,但种类并非无限多,而每种形状又存在于数量众多但有限的样本中。大小、形状、重量是单个原子的属性,方位(*situs*)和排列(*ordo*)则是原子团的属性,方位指单个原子相对于周围环境的情况,排列则是指多个原子相互排列的方式。为了进一步解释这一点,伽桑狄利用了传统的字母说明。方位差异可由 Z 和 N 说明;排列差异则如同 Roma 与 Amor,Laurus 与 Ursula 的差异。由相同字母写成的无数的书表明了自然物之间的巨大差异。

233. 我们不打算遵循伽桑狄的思路,讨论他如何以不逊于笛卡尔的聪明才智,通过大小、形状、重量等个体属性以及方位、排列等群体属性,通过原子的坚固性和其间的空隙,来解释整个自然。其讨论彻底而详尽。疏和密、透明和不透明、粗糙和细密、滑和涩、软和硬、坚固性和流动性、干和湿、弹性、韧性和刚性、延展性、可锻性、脆性、易碎性、热和冷、蒸发和凝聚、液化和固化、声和光、味道、颜色、气味、施予和承受某些影响的能力,以及其他可以用物理方式处理的东西,所有这些都得到了讨论和解释。

当然,在使事物得到理解的严格意义上,并没有什么东西得到了解释。因为我们宏观地知觉到并要求作因果解释的物体性质,要么几乎总是被不变地归于构成这些物体的微粒,要么被认为由原子的聚集和运动所引起,这些聚集和运动虽然对应着我们经验到的一些感觉,但为什么某种感觉能够产生,而且产生的恰恰是这种感觉,却和以前一样难以理解。伽桑狄本人曾说,为什么我们不把原子的运动感知成运动,而是感知成味道、气味、冷热、声、光或诸如此类的东西,这依然是一个谜。在这个意义上,他恰当地把每一种能力和性质都称为隐秘的(occult)。

234. 这一缺陷并非仅限于德谟克利特、伊壁鸠鲁和伽桑狄的原子论,而是机械论科学的典型特征。由于它只承认原子和原子团的几何—力学性质的实在性,所以原则上只能了解这样一些情形,而这些情形又可以通过几何—力学特征来描述;因此,关于那个知觉事实的世界,它所能做的仅仅是在其世界图景的要素与意识世界的要素之间尽可能地建立起一一对应关系。至于这样一种对应的建立应当被称为解释还是描述,仅仅取决于这些词的含义。

在使事物变得更清楚、更明晰的字面意义上,它无疑可以称为解释。有了这种对自然过程的解释,我们才可以影响事件的进程,预言将要发生的事情,以及把知识付诸应用。自然科学所获得的成功便是证明。

235. 然而,伽桑狄的自然解释中有几点值得更详细地讨论,因为它们涉及机械论世界图景的进一步发展。那就是内聚力、冷热和重力现象。

笛卡尔认为内聚力是空间部分的相对静止与一般的惯性定律相结合的自然结果(Ⅳ:206),伽利略以两种不同方式把它看成所谓真空阻力(Ⅳ:223 ff.)的结果,伽桑狄则把内聚力归因于使原子相互啮合的钩状和眼状凸起,或者归因于一种从外部施加的压力,或者归因于光滑的球形微粒不够多。这种解释方式可以作为把问题从宏观世界转向微观世界的实例:钩和眼紧紧相连,相互分离的东西包起来之后会保持在一起,一堆物块的稳固性(如果其中夹杂着圆柱体或光滑球体,则会危及这种稳固性),所有这些在宏观上需要解释的东西,在微观上都被认为可以理解。伽桑狄对空隙(vacuola)功能的评价迥异于伽利略对固液差别的看法。伽利略(Ⅳ:224)曾把这些空隙看作黏合剂,并假定火原子填充了这些空隙来解释熔化过程。而伽桑狄却认为,假如微粒之间空隙很少,物体反倒会结合得很紧,因为在这种情况下,运动几乎是不可能的。他认为,这些空隙正是由于熔化过程中渗入了火原子而产生的。

和伽利略一样,他假定有火原子或者说致热(calorific)原子存在;它们是球形微粒,剧烈运动时会产生特定的加热作用。除致热原子外,他还假定了制冷(frigorific)原子。水变成冰就被视为这些制冷原子所施压力的结果。

236. **重力是个难题。**原子的重量与它无关,因为这里的重量是一种运动的欲望,并不偏爱某一特定方向。我们不能通过朝自然位置运动或与整体合为一体的内在倾向来解释重力,就像不能通过远处的吸引来解释它一样:只有通过直接接触,物体才能被其他物体作用,或者作用于其他物体。伽桑狄的确谈到了一种吸引力(*vis attrahendi*);但这在他那里不是作为解释原则,而是作为问题提出来的:地球如何吸引物体?当然地球必须发出某种东西到达物体,但他不清楚应当如何进一步阐述这种观念。他还想到了与磁的吸引作类比,但我们不能像经院哲学那样通过性质的赋予来解释磁的吸引,除非指出这种性质是通过什么来传播的。他现在设想,磁体和地球都会发射出微粒流,它们虽由离散的粒子构成,但因持续发射而获得了某种刚性,就像水柱的情况那样。但这似乎会导致排斥而不是吸引。因此,还必须假定,磁力和引力辐射到达被吸引物体时会发生偏转,使之能够像触手一样钩入物体的孔洞,把物体拉向磁体或地球。这也解释了吸引力为何会随着距离的增加而减弱;因为那样一来,到达物体的触角会更少。

237. **地球发出的引力辐射非常精细**,因为它能够穿过所有物体。这种辐射足以解释物体为什么会下落。它甚至能够引起加速下落,但伽桑狄通过详细的讨论表明,[①]这种下落将不会按照伽利略的奇数定律加速,而是会在连续的相等时间段内以连续整数比

---

①　Dijksterhuis (1) 358-73.

的距离下落。于是,他认为有必要借助于第二种影响,以得出真正的落体定律。为此,他假设空气施加了一种向下的推力,但这种推力只有当运动被吸引力引起之后才能开始起作用。关于他最终如何得到了伽利略的落体定律,这里就不再讨论了。

238. 关于伽桑狄的观念在化学中的应用,现在看来仍然有意义的是,他为特定的原子团赋予了独立的存在性,他称之为小凝结物(*concretiunculae*)或分子。这使他有可能用土、水、气、火四元素的最小单元(*minima*)或者汞、硫、盐三要素(*principia*)来讨论,而暂时不必考虑这些最小单元又如何由原子构成。

239. 虽然伽桑狄的物质理论在基本观点上不同于笛卡尔,但随着科学的发展,它们往往同时被提到,二者几乎不作任何区分。我们在讨论笛卡尔时(Ⅳ：218)已经看到了其中的原因:静止或运动的整个空间部分的行为与原子或分子完全类似,充满天界物质的空隙如同真空一样。

然而,它们之间的差异仍然是巨大的,有一点需要我们特别注意。笛卡尔认为,空间部分的运动遵循一定的规则,使世界中的总动量保持恒定,但个体微粒的动量可以在很大范围内变动;而伽桑狄却认为,在创世之初被印入个体原子的冲力永远保持不变,直到世界终结。因此,在伽桑狄的理论中,总动量也恒定不变,但这里是因为总和的每一个单项保持不变。被印入原子的冲力十分巨大,以至于原子如果不受阻碍,将会以非常大的速度运动。然而,因其他原子挡路,原子会不断受阻,因此会走走停停;在这些停顿的间歇(当然可能持续很久),作为运动欲望的冲力保持不变,原子一旦被释放,就会以原初的速度继续前行。因此,在特定时间内通过的距离将取决于总运动时间与总停顿时间之比,就像物体密度取决于总质量(原子体积之和)与总体积(其中也包含原子之间空隙的体积)之比一样。

于是,原子唯一变化的就是运动方向。因此,不应设想各个原子像完全弹性球体一样碰撞。每个原子的坚实性只是引起与之相撞的另一个原子停止一段时间,或者在速度大小保持不变的情况下改变方向。既然伽桑狄没有讨论决定这个新方向的定律,当然也就不存在对其理论作数学阐释的问题,就像在笛卡尔那里,保持动量大小的一般定律连同惯性定律和碰撞定律,也远不足以确定自然现象的进程。鉴于微粒的形状极其多样,即使把定律表述得更为精确,数学处理也是不可能的。

240. 因此,在试图对微粒过程作数学处理的意义上,无论是笛卡尔的还是伽桑狄的物理学都不是数学的,尽管他们都认为只有那些可以通过几何—力学特征来确定的物质性质才是实在的。一切都还是不确定的、定性的,因此也不牵涉用实验证实理论是否正确的问题。通过一种关于微粒的奇特想象,一些听上去有些道理的解释性假说被提了出来,但却不能以任何方式加以验证。

这种提出毫无根据的假说的倾向也激起了伽桑狄同时代人的批评,他们原则上同意把微粒理论应用于物理学和化学。

　　　　我不知道[霍布斯写道①],各种不同的味道是通过

━━━━━━━━━━━━━━━━━━━━━━

　　① Hobbes, *De corpore*, *Pars* Ⅳ. *Physica*, *sive Naturae Phaenomena*, c. 29, 17. *Opera* I 412.

何种不同的运动来区分的。我可以像其他人一样貌似有
理地猜测,有特定味道的物质由何种形状的原子所构成,
或者假定应当赋予这些原子什么运动:赋予甜物质的原
子一种缓慢的圆周运动和球形,味觉器官因此而感到愉
悦;赋予苦物质的原子一种激烈的圆周运动和角形,味觉
器官因此而受到摩擦;赋予酸物质的原子一种来回的直
线运动和矩形,味觉器官因此而受到伤害;类似地,我还
可以为其他味道的物体想出某种貌似可能的东西,要么
是关于原子的运动,要么是关于原子的形状,假如我已经
决意离弃哲学,专注于臆测的话。

笛卡尔的思辨促使帕斯卡表达了如下想法:[1]

> 应当大致这样说:"这是通过形体和运动而实现的",
> 因为这是真实的。但是这样说并且据此来构造机器却是
> 荒谬的。因为这样做不仅徒劳无益,而且毫无把握,费时
> 费力。假如这是真的,那么我们就会认为,所有哲学都不
> 值得花时间去研究。

其中"哲学"必须被理解成"自然哲学,关于外在事物的科学"
(*philosophie naturelle, la science des choses extérieures*)。

---

[1] Pascal, *Pensées* 79. (1) 361.

第七节　性质的机械化[①]

241. 在了解了笛卡尔、伽利略和伽桑狄这三位伟人的思想之后,我们已经对自然哲学在17世纪发展出的机械论特征有了一种印象。我们无须再讨论机械论观念在次要学者那里的变种,只需知道,新的思考方式迅速渗透蔓延。到了17世纪下半叶,人们已经普遍接受了第一性质与第二性质的区分,甚至认为它是自明的:前者被认为是物体本身所固有的几何-力学性质,后者则仅仅是由外在物理过程所导致或与之相关联的感知觉和苦乐经验的名称。

这一区分可以界定为第一性质的客观化和第二性质的主观化,即认为第一性质客观存在于知觉到的物体之中,不依赖于知觉主体;第二性质则只存在于知觉者的意识或心灵之中(*in mente*)。但人们设想,这样一种意识内容,比如热的感觉,是由相应物体的状态所引起的,物体通过感官在我们之中唤起了由"热"所指称的感觉;这种状态必须再次用几何-力学特征(比如特定原子的形状和运动)来刻画。在这个意义上,即在客体一边,第二性质被力学化了:第一性质从一开始在性质上就是力学的,第二性质可以还原为第一性质。只有很少人注意到,第一性质(大小、形状、运动)同样只能经由感知觉呈现给我们,所以整个区分实际上是没有意义的。认为我们可以在数学和力学中获得对几何-力学性质的伴有明证性的广博知识,而似乎不需要诉诸感觉经验,这种感觉不可避

---

①　Maier (1).

免地导致数学和力学被赋予了一种特殊的地位。

242. 既然是否所有自然现象都可以得到机械论解释现在已经不再是问题，那么如何给出这样一种解释就有了更大的意义。经院哲学的常用方法是，把我们在物体那里察觉到的每一种属性都归因于物体所固有的一种特殊性质，正是这种性质解释了该属性的存在。现在这种方法遭到了拒斥，因为它并没有使事情更加清楚，在任何程度上回到这种观念都会遭到严厉谴责。只有微粒的大小、形状和运动状态，以及微粒集合的同样可以在几何上确定的特征，才被视为解释原则。

一些 17 世纪学者把这种态度转变与奥卡姆的威廉所引入的唯名论观念关联起来，甚至认为这是奥卡姆原则的直接推论。在某些方面，这无疑是没有根据的。奥卡姆从未主张完全拒斥所有非几何—力学性质，而这种拒斥乃是机械论自然哲学的本质。但奥卡姆和 17 世纪科学家的确从原则上否认，物体的固有性质能够借助于种相(species)传到感官；他也一直强调，除非绝对必要，不要假设实体(entia)，从而也不要假设性质。在物体那里察觉到的各种物理性质现在不是通过特设性质(ad hoc qualities)，而是通过物体的微粒结构来解释的，这被视为对这种经济原则的直接应用。因此，德国原子论者容吉乌斯(Jungius)才会把德谟克利特称为奥卡姆主义者。凯内尔姆·迪格比(Kenelm Digby)明确依赖于唯名论的方法论原则，霍布斯在《人性论》(On Human Nature)中也表达了同样观点：一切观念均出自于物本身的作用。于是，奥卡姆再次被称为产生经典科学的最深刻的中世纪根源。

243. 虽然机械论观念对科学产生了激励作用，而且富有成效,但却向哲学提出了一个棘手的问题,即我们感觉知觉的世界与在性质上完全不同的外在力学过程的世界之间到底是如何关联起来的。自然科学面临着一项艰难但却前途光明的任务,即构造力学体系以解释物理事实;而哲学却需要解决如何由物理现象导出心灵现象这一令人绝望的问题。难怪它们开始分道扬镳,自然科学开始走上自己的道路,基本上不再关心自己所做的事情在哲学上是否合法,而哲学则越来越没有能力在自然研究方面扮演领导角色,使所有精神官能理想地协同运作。

在其解释原则仍然适用的范围内,机械论自然科学一直朝着知觉主体的方向努力扩张地盘。它提出了知觉理论,声称原子从外部进入感觉器官的孔洞和通道,从而在神经和(被认为是物质的)生命精气(*spiritus animales*)中产生运动,这种运动再由这些生命精气传到大脑,并从那里最终经由动脉传到心脏。但是显然,这样一来,使机械论思想止步的分界线只是向内移动了一点点,物理现象如何与心灵现象相关联的形而上学问题依然没有解决。关于 17 世纪解释这种关联的各种不同尝试,我们这里就不去讨论了。

244. 回到机械论自然科学,我们还必须指出,关于性质到底是什么,存在着不同看法。这些性质可以说客观存在于外在物体中,并被用做最终的不可进一步还原的解释原则。根据严格的机械论,对于单独的原子来说,这些性质只有大小、形状和运动。但假定物质还有不可入性似乎也是必不可少的;这里涉及的问题仅仅是,这些性质是否可以由纯力学的基本原理推导出来。笛卡尔曾经试图把它看成广延的结果，[①]但他的大多数直接或间接的追随者都认为有必要将它设定为一种独立的性质。然而，这种做法一直遭到严格机械论者的批判，被鉴定为"非机械论的"蕴含着一种指责，即这个人尚未完全摆脱中世纪的质的物理学。惠更斯认为，单凭广延不足以使微粒坚不可入和牢不可破，并为此补充了绝对坚硬（*dureté parfaite*）的假定，帕潘（Papin）就此指出，[②]这是假定了一种固有性质，使我们偏离了数学或力学原理。他以一个原子为例来解释这种反驳，比如给原子的东边部分施加一个向南的推力；则它的西边部分为何要与东边部分一起被拖动，完全没有力学理由。从纯机械论的观点来看，原子的各个部分之间并无任何纽带；物体之所以会使人产生坚硬的印象，必须通过其周围流体（*fluidum*）的运动来解释，这种流体使那些运动最不激烈的部分彼此压在一起。面对这种反驳，惠更斯再次不失时机地[③]强调了笛卡尔观念的荒谬性，即让原本方形的空间部分在碰撞的作用下被摩擦成小球。的确，倘若这是可能的，这些小球是如何保持完整的？假如这一过程涉及对阻力的克服，这种阻力又是由什么引起的？

　　现在，我们继续讨论机械论观念在物质结构理论中的演进，首先谈谈罗伯特·波义耳的工作。

---

　　① Huygens, Letter of 5 February 1649 to Morus. *Œuvres* V 269. Letter of 15 April 1649 to Morus. *Œuvres* V 342.

　　② Letter of 18 June 1690 from Papin to Huygens. Huygens, *Œuvres* IX 429.

　　③ Huygens, Letter of 2 September 1690 to Papin. *Œuvres* IX 484.

第八节　罗伯特·波义耳[①]

245. 大约 17 世纪中叶,有四种关于物质结构的不同思潮并存,而且在部分程度上相互混合:

(1) 亚里士多德派的四元素理论,但自然最小单元原初的同质性基本特征已经开始让位于这样一种观念,即复合物的最小微粒是独立存在的微粒的聚集。

(2) 源于帕拉塞尔苏斯、被称为炼金术(spagyristic)理论的"三要素"或"三元"(*tria prima*,盐、硫、汞)理论。

(3) 笛卡尔关于物质等同于广延的理论,不过物质的精细度分为三个等级。

(4) 伽桑狄所复兴的德谟克利特—伊壁鸠鲁的原子论。

17 世纪下半叶,各种理论开始渐渐融为一体,这主要归功于英国科学家罗伯特·波义耳半批判半调和的工作。事实上,波义耳攻击了前两种观念,用实验证明所有物质都建立在四元素或三要素基础上的观念是站不住脚的;不过,他将四元素理论和三要素理论结合在一种微粒理论中,这种理论在许多方面都类似于伽桑狄的微粒理论。

246. 波义耳在其最著名的著作《怀疑的化学家》(*The Sceptical Chymist*)[②](1661;第二版,1680)中完成了该项任务的第一部分,

---

① 　Boyle,Hooykaas (1) (4),Van Melsen,More (2).

② 　Boyle,*The Sceptical Chymist*. *Works* Ⅰ 474-586.

就其终结了一个旧时代而言,可以把它看成开创了化学史上的一个新时代。标题恰如其分地描述了内容:它完全是怀疑性和批判性的。作者只是希望基于实验表明,亚里士多德理论和炼金术理论是站不住脚的,而关于他本人的微粒观念,他只是以可能性的形式给出了基本原理。这种构想反映了他的个性,特别是在其科学生涯的开端,他在接受或宣布必须遵守的教条式说法时表现得非常谨慎(他坦陈,"我极少碰到可以完全默许的看法",[①]而在另一处他又说,他人的意见往往和他的意见一样令他满意),而且非常乐于调和不同意见。于是,在总结相关对话时,[②]卡尔尼阿德斯(Carneades,波义耳的代言人)貌似有理地指出,复合物加热分解的产物一般来说既不是一种,也不是三种,也不承载特定的性质(所有这些都是对炼金术士命题的否定);但他又立即补充说,他愿意承认,所有矿物也许都是由盐类、硫类和汞类组分构成的;几乎所有源于动植物的东西都可以被火分解成五种物质,分别可以称为盐、精、油、黏液和水;这些不同物质虽然并不单纯,但可以被看成复合物的元素;特别是,可以认为复合物的治疗性质就存在于这些元素中的某一种。

虽然批评基本上被再次收回,但这并不妨碍亚里士多德派的四元素理论和帕拉塞尔苏斯的三要素理论在《怀疑的化学家》问世后逐渐被抛弃。

247. 与此同时,化学作为一门从事系统研究的独立科学还没

---

①　Boyle, *The Sceptical Chymist. Works* Ⅰ 505.

②　Boyle, *The Sceptical Chymist. Works* Ⅰ 584.

有积极发展起来,在一个多世纪后拉瓦锡(Lavoisier)和道尔顿将化学变为一门独立科学之前,还有很多工作要做。只有从未读过《怀疑的化学家》,或者过于看重该书第二版对化学元素的定义,才会像有些人那样,把《怀疑的化学家》称为第一部近代化学教科书。那个定义说,①作者把元素理解成单纯物体,它们不是由其他物体构成或相互构成的,而是所有那些完全混合物体(化合物)的组分,也是它们最终分解成的组分。拉瓦锡只是要求,用现有的化学手段进行分解实际是不可能的,从而定义了所谓的分析元素(analytical elements),而波义耳却要求分解本质上是不可能的。因此,他认为有必要立即补充说,他还不敢断定元素实际存在,因此也说不出它们有多少种以及是什么。

248. 波义耳在《怀疑的化学家》中展示的方法论怀疑并不妨碍他在以后的著作中坚定地拥护他所谓的微粒哲学或机械论哲学;其基本原则在第一部著作中只是简略提及,而在1666年出版的论著《从微粒哲学看形式与性质的起源》(*Origin of Forms and Qualities According to the Corpuscular Philosophy*)②以及后来的几部著作中则得到了详细而确切的表述。

和伽桑狄那里的情况一样,它实际上是去除了无神论和唯物论特征的经过改造的古代原子论学说。上帝在创世时将普遍物质划分成各种大小和形状的大量微粒,并使它们以不同方式运动,从而相互分离。虽然由此从世界的创生中消除了偶然因素,但波义

---

① Boyle, *The Sceptical Chymist*. *Works* I 562.

② Boyle, *The Origin of Forms and Qualities*. *Works* III 1-137.

耳还解释说(与笛卡尔相反),对于物质宇宙的产生来说,被发动的物质并非自行其是,而是在上帝的引导下运动,以至于整个世界,特别是结构精妙的生命体,都由它形成。此后,物质按照被赋予的秩序即所谓的自然定律进行活动,虽然没有上帝的持续干预,这同样不可能发生。但是从物理角度看,一切自然现象都因这些微粒的运动而产生。被分成微粒的物质和运动是科学唯一有权利用的解释原则。基于前者,它被称为微粒的,基于后者,它被称为机械论的。

在以这种方式消除了原子论令人厌恶的方面之后,波义耳可以心无挂碍地关注纯机械论的科学,其中没有泛灵论或目的论观念的位置。因此,和伽桑狄一样,他也是一位实践的原子论者。不过,他避免使用所有与"原子"一词有关联的术语,也因为这个词所蕴含的与一种特殊世界观的关联而不愿被称为"伊壁鸠鲁主义者"。

249. 波义耳理论的一个本质特征是,他像森纳特(Ⅲ:74)一样,从一开始就设想小原子结合成团块(nodules),即所谓的初级凝结物(primary concretions)。虽然初级凝结物当然可以在思想中或在神的干预下继续分成各个组分(在两人看来,原子也是可分的),但大自然很少将其分解。这些初级凝结物构成了元素,并由此产生了复合物。这些元素(这里只是理论上的假定,我们已经看到,波义耳实际上从未成功指明任何一种)在质上是彼此不同的。但是根据微粒哲学的基本原则,必须把这些质的差异看成由原子的大小、形状、运动状态、方位和排列所引起,由此产生了整体的某种样式,波义耳称之为初级凝结物的结构(texture)。

现在不同元素可以构成复合物,元素的初级凝结物虽然可能保持不变,但也有可能彼此渗透和瓦解,从而产生新的初级凝结物。初级凝结物结合成复合物(mistion)的方式被称为复合(mixture)。结构与复合也合称为构造(structure)。

250. 当然,和所有原子论解释一样,大部分问题依然没有解决。首先,它并没有说明初级凝结物是否由相同的原子所构成,即是否(借用现代化学的一个例子)应当把初级凝结物看成由两个或两个以上相同原子所构成的分子,或者理解成包含着以特定结构排列的不同类型亚原子的原子。对方位和排列的强调的确暗示,本意乃是后者。我们也不知道,是什么黏合剂使初级凝结物的各个组分结合得这么紧密,以至于只有在特殊情况下才会分裂成这些组分。古老的复合物之谜,即复合物的属性为何会不同于其组分的属性,当然也没有得到解决;的确,"复合"只是用来指示它的一个名字。

波义耳没有忘记表明机械论观念的巨大优势:[1]解释原则清晰而形象,所以运用时不致遭到误解。原则已经减少到两个——物质和运动,而这两者是可能设想的最原初的、物理上最简单的原则;借助它们,有可能解释各种不同的现象。

须记得,这一切更多是自然解释的纲领,而不是解释本身。事实上,波义耳从未试图确定特定元素的结构、复合(他必须事先知道这些)或复合物是如何获得的。他原则上给出的方法在部分程

---

① Boyle, *One the Excellency and Grounds of the Corpuscular or Mechanical Philosophy. Works* Ⅳ 68-69.

度上只是到了 19 世纪才实现,更大部分直到 20 世纪才实现。

251. 在《从微粒哲学看形式与性质的起源》中,机械论自然哲学的简单性与经院哲学令人生厌的习惯形成了鲜明对比。经院哲学为物体的每一种属性都假定了一种单独的质,它实际存在于物体之中,甚至不依赖于物质而存在;例如把雪的眩目效果归于雪的白,又进而把这种白规定为雪之所以被称为白的原因,并通过说产生这种效果是雪的本性来解释雪的眩目效果。[①]

除了批评这种对所谓实在的质的运用,波义耳还抨击了当时经院哲学中流行的形式概念。如果某些物体因为具有共同特征而被归于同一个种,比如重的、可熔的和可锻的物体被看成矿物这个属下面的金属这个种,那么就可以把相关特征的总和称为这个种的形式,并通过这种形式区别于其他种。但由于所有质和其他偶性都依赖于这种形式,所以亚里士多德主义者又进而把它看成一种独立存在的东西,将其想象成某种灵魂,当它与一定量的质料结合起来时,就会生出自然物,它在其中通过质来起作用。[②]

波义耳把这种观念与微粒理论进行了对比:物质的所有属性都源于微粒组合的结构。虽然出于简洁的考虑,他保持了"形式"这个名称,但要知道,他所说的"形式"并不是指独立于质料而存在的实际的东西,而是只属于自然物本身,它以"结构"一词所指的特殊方式存在。于是,可以把形式定义为特定的或命名的(denominative)物质状态,定义为对物质变更的本质限制,或者简

① Boyle, *The Origin of Forms and Qualities*. *Works* Ⅲ 13.
② Boyle, *The Origin of Forms and Qualities*. *Works* Ⅲ 27 ff.

言之,定义为盖在物质之上的印记。

252. 关于波义耳的形式概念与亚里士多德的实体形式概念之间的关系,科学史家莫衷一是。他们有时把形式概念看成对实体形式概念的修改,[1]有时则看成与实体形式概念绝对对立。[2][3]

如果指出,经院哲学所谓的自然最小单元与波义耳所谓的初级凝结物或复合物的最小微粒之间存在着不可调和的对立,那么这种争论似乎能够一劳永逸地解决,即后一观点是正确的:自然最小单元虽然由四元素构成,但并不包含彼此可以区分的部分;而构成初级凝结物的原子却以特定的位形存在,即彼此可以区分,这对复合物的最小微粒中的初级凝结物也适用。如果认为,实体形式概念与自然最小单元概念有不可分割的联系,[4]那么就不可能认为波义耳的形式概念源自亚里士多德的概念,只是稍作修改而已。

但须记得,自然最小单元理论虽然是对一般质形论(hylemorphic doctrine)的一种可能解释,但决非它的必然推论:即使实体形式构成了实体的统一性,也并不意味着实体在其最小微粒中也是同质的。

一旦不去理会最小微粒的特征,后一观点的说服力便失去了大半。这有利于前一观点,只要把它表述成,波义耳的结构概念并

① Van Melsen 165.

② Hooykaas (5) 102. Hooykaas 在对这部荷兰文著作的一篇评论中进一步解释和捍卫了自己的观点,载 AIHS No. 14 (January 1951) 181。

③ 本段和以下几段英译文将荷兰文原文进行了缩减,原文给出了两位荷兰科学史家凡·梅尔森(A. G. M. van Melsen)和霍伊卡(R. Hooykaas)就此问题的争论,内容过于细节了,故这里大体按照英译本译出。——译者注

④ Van Melsen 165.

不是对亚里士多德形式概念的修改，而是其特殊化。

事实上，亚里士多德那里的实体形式概念并没有清晰界定；它是一个相对空洞的概念，可以填充不同的内容。波义耳用"形式"来称呼元素或复合物的组织原则，即把原子的有序聚集或初级凝结物与这些微粒的无序聚集区分开来的结构。这种解释虽然不符合亚里士多德的本意，但它的确表明，亚里士多德的形式概念仍然有顽强的生命力，可以说必不可少。尽管在从亚里士多德主义科学过渡到机械论科学的过程中，亚里士多德的形式概念发生了深刻的观念转变，但它还是成功地维持了基础。

253. 也许可以反对这种推理。在《从微粒哲学看形式与性质的起源》的题为"对亚里士多德派所讲授的实体形式的起源和学说的考察"一章中，[①]波义耳着力批判了实体形式学说，说这一概念是完全多余的，甚至是不可设想的。但不要忘了，他所反对的是一种非质料性的实体形式概念，它大致以人的灵魂与肉体相结合的方式，把质料性的东西转变为自然物。因此，他这里反对的乃是对亚里士多德质形论的常见误解（常被称为实体形式的实体化），[②]即把实体形式看成一种实体性的形式，而不是可以用心灵区分的实体中的两要素之一；于是他指出，他只是反对"我们现代亚里士多德主义者的一般观点"，几位评注者对老师的学说持有不同的、更好的看法。显然，他所不可接受的恰恰是形式的实体化：可以谈论原子位形的结构，但不能让这种结构作为一种独立的东西与原

---

① Boyle, *The Origin of Forms and Qualities*. *Works* III 37.

② Hoenen (1) 43.

子并存。有人认为,他的批判还适用于纯粹的形式学说,这并不能得到文本的支持:在整个章节中,遭到批判的只是把质料和形式都看作实体。

波义耳用"形式"一词来指结构,这与他愿意把元素在复合物中的存在方式继续称为附属形式相平行。

254. 虽然我们同意关于波义耳的结构概念与亚里士多德的形式概念之间相似性的上述第一种观点,但这绝不意味着进而主张,波义耳所说的微粒实际上具有自然最小单元的特征。这并不适用于物质的最终构造单元,即原子本身,因为它们本质上是不变的,初级凝结物虽然也被称为自然的最小单元,但与亚里士多德所说的最小单元的区别在于其构成的异质性。初级凝结物的概念不仅有可能经由森纳特产生于经院哲学的最小单元理论,而且有可能来源于化学实践。无论如何,在波义耳那里,自然最小单元的概念已经完全失去了它的本质特征。他的论证中也没有任何东西表明,他知道各种自然最小单元理论之间的对立,并希望对他的选择做出解释。

255. 通过批判之前的物质结构理论,波义耳开创了化学史的新时代,但从另一个角度看,他仍然固守着古老的传统,以致甚至可以以他为例来说明,尽管科学思想在 17 世纪出现了普遍复兴,但中世纪观念仍然顽强保持着。这在他的炼金术研究中表现得尤为明显。[①] 早在 1652 年,他就相信自己已经由水银(quicksilver)制备出了一种汞(mercury),通过与纯金粉末结合,它可以由所产

---

① 　More (2) 214-30.

生的热辨识出来。这虽然并非向熔化的金属中加点金石粉（projection，I：104），但距离嬗变（transmutation）问题的解决又近了一步。然而，波义耳对这一发现守口如瓶，以期通过制备金来获得经济利益，直到23年后他才向皇家学会提交了报告；若干年后，又有了一部关于如何借助红土把金蜕变成银的论著。前一发现特别引起了广泛关注，波义耳因此还与牛顿有过几次接触。其间，所有嬗变现象都曾引起他的极大兴趣。在《从微粒哲学看形式与性质的起源》中，他引用了许多例子，比如通过反复蒸馏把水转化成土，把植物转化为动物和石头，以及植物和动物的相互转化。①

256. 经过从亚里士多德科学到机械论科学的过渡，炼金术居然能够幸存下来，这其实并不奇怪，因为嬗变观念在机械论科学中与在亚里士多德科学中表现得同样明显。事实上，如果物质的性质完全由其中特定数目的不变微粒的排列样式所决定，那么很自然要问，是否可能改变这种样式，从而获得一种完全不同的物质。但需要注意，这种想法只能原则上证明炼金术的目标是正当的，而不能实际指导它的实现。波义耳和他的许多同时代人一样，从未尝试实际确定某种物质的原子样式，他的微粒理论并不能帮助他改变这种样式。因此在他这里，炼金术一如往常是一种处理不纯物质的神秘勾当，由神秘观念和模糊的类比所引导，其中轻信起了很大作用。

波义耳一旦从事炼金术，他对亚里士多德理论和炼金术理论所持的所有怀疑态度就都不见了踪迹。的确，旧的梦想令他着迷，

---

① Boyle, *The Origin of Forms and Qualities*. *Works* III 59-60.

以致他的所做所写有时会让人想起一个骗子，而不是严肃的科学家（当然在其他场合，他无疑是严肃的科学家）。

有这种可能，促使波义耳从事炼金术活动的最强烈动机与其说是对财富的渴望（尽管他受够了商人把他的实验室转为商用），[①]不如说是一种错觉，以为自己能够制备出万灵药，这从一开始就和金属嬗变一样令炼金术士痴迷。帕拉塞尔苏斯宣称发现了神奇的万能溶剂（Alkahest），从而为这一思想注入了新的生命，据说其力量甚至超过了哲人石，波义耳也和别人一样相信它是存在的。

257. 波义耳在世界图景的机械化的历史上之所以重要，不仅是因为他积极雄辩地捍卫微粒理论，而且也因为他对新的世界图景所反映出来的宗教与自然观的关系作了极为透彻的研究。[②]许多科学家都已经把这个问题抛于脑后，但它仍然是一个亟待处理的重要问题。

本质上已经在微粒理论中复兴的古代原子论一直有一种显著的反宗教倾向；虽然伽桑狄把原子的存在和属性归于上帝的创造行为，费尽心思试图让基督徒接受它，但仍然没能成功消除这种倾向。创世是很久之前发生的；原子一旦产生出来并且被发动，然后相互影响，那么一切又回到了伊壁鸠鲁所说的情况。只要把应有的荣耀归于造物主，承认他设计了整个机械装置，并且施予它第一推动，那么就无须再关注他。因此，机械论哲学几乎不可避免会导

---

① 　More（2）224.

② 　Hooykaas（4）.

出的世界观在 17 世纪实际上与古代没有什么不同。

这一点最清楚的表现可见于英国哲学家霍布斯纯粹唯物论的形而上学,他由物质及其运动不仅导出了无生命自然的进程,而且导出了所有心灵现象,从而否认非物质的东西的存在。即使霍布斯没有写出那些著作,一些 17 世纪神学家和哲学家忧心于机械论对宗教的影响,以及波义耳因此而不得不积极从事护教活动,也足以清晰地证明唯物论形而上学正在抬头。

258. 波义耳在关于宗教与科学关系的大量著作中所追求的是双重的辩解。他既想帮助宗教抵御科学家的批评和质疑,又想帮助机械论自然观抵御神学家的反对。他在这方面的主要著作的标题就是:"基督徒大师:表明沉迷于实验哲学更有助于成为好的基督徒而非相反";[1]需要解释的是,那个时代往往会把对科学有兴趣的人称为"大师"(virtuoso),[2]波义耳用这个名字特指那些认真研究实验科学的学者。

波义耳相对于敌对双方所占据的居间位置非常有利于他完成这项任务。他本人是正统的英国圣公会教徒,受过很好的神学教育,与当时最好的神学家都很友好,而且也是非常权威的自然哲学家。作为未受神职的平信徒,他可免于所属教区的谴责,可以同时被两个阵营所接受。

我们不再沿着波义耳的思路详细论述他的辩解了,但会提出几个要点。其主要著作的标题已经简要给出了他的主要论点,那

---

①　Boyle, *The Christian Virtuoso*. *Works* Ⅴ 508-40.

②　Houghton (2).

就是在机械论基础上对自然进行研究非但不会有损于基督教，反倒会促进它。因此，基督徒不仅可以从事这项研究，甚至有义务这样做。为了说明这一点，他特别提到科学可能给予自然宗教的支持。上帝也在自然中显示自己，因此，对宇宙的理智沉思可以称作"宗教的第一幕"，因为在正确的精神中，它将使人认识到，世界必定来源于一种理智原因。当然，他的主要论证是世间万物显然合乎目的，无法设想它们是原子偶然运动的产物。波义耳特别反对自然神论的观点，即认为上帝持续地干预自然进程是多余的，因为一切都遵循着固定的法则（神学家们正是担心这一点对宗教构成了威胁，甚至超过了对纯粹无神论观点的担心）。他指出，我们不应当被"法则"一词所欺骗，以为无生命的物体会自动运作，仿佛遵循着某些准则。[1] 它们持续受到一种力量的支配，这种力量不仅使它们产生，现在又使之按照固定的法则运动；因此，自然只是因为上帝维护它才持续存在。在这方面，波义耳严厉批评有人轻率地使用"自然"一词：自然经常被理解成一种独立的存在，根据自行确立的规则运作，偶尔也会偏离它。[2]

　　然而，波义耳并没有在自然宗教那里止步；上帝在自然中的一般启示只是为《圣经》中的特殊启示所做的准备。波义耳根据其经验观点，把一代代流传下来的经验看成理性接受特殊启示的最佳理由。

　　259. 读者也许已经注意到，我们在简述科学面对基督教思想

---

[1]　Boyle, *A Free Inquiry into the Received Notion of Nature*. *Works* V 170.

[2]　Boyle, *A Free Inquiry into the Received Notion of Nature*. *Works* V 158-254.

捍卫自己的正当性时，并没有特别提及机械论理论。然而，机械论理论的确卷入了争论。物体按照固定的规则运动，甚至在最小的生物器官中都能造成惊人的结果（波义耳称，苍蝇的眼睛是比太阳更大的奇迹），[①]对这些物体的沉思，一再使人联想起设计精妙的机器。它远比这样一种自然哲学更容易导向一位智慧的造物主的观念，这种自然哲学并不思考物体是如何产生和运作的，而是满足于像"质"和"形式"这样的词。自然中绵绵不绝的万千气象与勤勉而聪慧的人凭借自己的才能所制造的器械之间的比较，不可避免会让人想起一位超人的机械师，他经过事先的考虑，有意造就了所有这一切。把自然比作钟表屡见不鲜，特别是斯特拉斯堡大教堂的大钟，当时所有人都惊叹于它极为复杂和精妙的构造，[②]甚至动物的身体也被称为机器。通过拒绝把偶然性当作解释原则，强调万物的合目的性，机械论获得了一种或可称为"机器主义"（machinicism）的特征。

260. 尽管波义耳试图证明机械论科学与基督教是相容的，但他总想保持机械论科学相对于神学和形而上学的独立性。实验科学家只要在工作，就既不承认非物质的实体，也不承认目的因；物质和运动是唯一得到承认的解释原则。但是，波义耳小心翼翼地避免把科学所要求的唯物论观念扩展到精神领域，从而像霍布斯

① Boyle, *A Disquisition about the Final Causes of Natural Things*. *Works* Ⅴ 392-444, 403.

② 这座大钟由数学家劳赫福斯（Conrad Rauchfuss (Dasypodius) (1529-1600)）以及哈布雷希特兄弟（Habrecht brothers）合作建造。对它的描述见 *H. Cardani in Claudii Ptolemaei de judiciis commentaria*, Basileae 1578. 将宇宙比作钟表装置要早得多；在奥雷姆那里即已出现（Borchert 106, n. 218）。

那样把意识纳入物理宇宙的一般框架。机械论科学被归于一个有着清晰界限的特殊认识领域；它在这个领域内不受限制，但绝不能越雷池一步。

波义耳对宗教与科学之间关系的思考到底产生了多大影响，当然很难确定。它或许更能吸引那些对科学感兴趣的基督教思想家，而不是没有宗教气质的"大师"（*virtuosi*）。将宗教从无端的恐惧中解放出来，必定比通过论证的方式向科学灌输一种本质上超越它的信念（尽管保证与理性相合）更容易。

不过无论如何，波义耳就这一主题所撰写的大量著作对我们认识科学与基督教的关系做出了重要贡献，同时也清楚地表明了他和平相处的人格。①

我们讨论波义耳的科学工作以及他关于宗教与科学之间关系的思考，或许也可以表明17世纪英格兰的清教徒和其他不信奉国教者的一般态度，这比将他们区分开来的所有神学争论更为重要。它的若干特征是：渴望更好地认识自然，以便更好地颂扬造物主；一种面对世界的事实态度，更加关注对象，而不是语词，更看重培根的经验论，而不是传统的哲学思辨；一种显著的功利主义倾向，高度评价用技术来改善生活的一般状况；在道德上欣赏通过持续的艰苦工作为公众服务。对科技的追求必定受到了这些观点的促进。此外，许多中产阶级清教徒的社会地位迅速提高，使社会更加重视科技工作。这可能吸引了许多知识分子，倘若在其他社会情况下，他们很可能会从事性质完全不同的活动。

---

①　此后两段为英译本所加。——译者注

　　清教主义与17世纪英格兰的科学繁荣之间有什么样的可能关联，这是默顿（R. K. Merton）的一部详细探讨科学与社会关系的研究著作[①]的主题。他在其中（与Ⅲ:26中所讨论的著作相反）令人信服地表明，如果保持适当的谨慎，特别是防范一种方法论的错误，即从思想的相似性或高度关联性推出必定存在着因果关系，那么这一领域的研究也许有很大价值。

第九节　气体力学

一、布莱斯·帕斯卡

　　261. 现代读者听到波义耳的名字，首先会想起以他的名字命名的定律，表述的是恒温情况下一定质量的密闭气体的压力与体积的关系，其次会想到空气泵实验。然而，他在这一领域的工作属于一个过程的一部分，这个过程在他之前已经开始。所以为了描述它，我们必须回溯一段时间。

　　为此，我们先来讲述1643年托里拆利让维维亚尼（Viviani）在佛罗伦萨做的那个引起轰动的"水银实验"（*Esperienza del Argento vivo*）。[②] 它显示，如果将一端密闭、另一端开放的盛满液体的管子倒置着浸在更大容器中的液面以下，则管中液体不可能超过某一特定高度。虽然这样的实验以前也曾做过，[③]但由于它

---

①　Merton.

②　Torricelli (1).

③　De Waard (2) 101 ff.

第一次使用了比重很大的水银,仪器尺寸可以保持在合理范围内,所以这个实验很容易被人重复。

托里拆利实验对于科学思想复兴的重要性体现在两个方面:首先,通过大气压力来解释相关现象,表明流体静力学现象与空气静力学现象完全一致,从而使惧怕虚空的学说成为多余;其次,它迫使不同学派的物理学家根据一个新的事实,即水银上方看起来空无所有的空间,来检验他们的理论是否站得住脚。不过,直到1646年法国人得知它,皮埃尔·珀蒂(Pierre Petit)与艾蒂安·帕斯卡和他的儿子布莱斯·帕斯卡合作重复这个实验,它才完全实现这两个功能。针对以下两个问题:1)处于自然位置的空气是否有重量,这一重量能否承受住长约76厘米的水银柱;2)管内位于水银上方的空间是否是空的,可以提出四种不同观点,即赞成或反对空气柱(*colonne d'air*,这是当时借助大气压力解释这一实验所使用的术语),赞成或反对水银上方的空间是真空(*le vide*)。由于对第一个问题的回答完全不依赖于对第二个问题的看法,所以自然可以组合出四种观点,而这四种观点也都有实际的支持者。亚里士多德派物理学家反对这两种假说;笛卡尔和他的追随者接受了空气柱,但拒斥了真空;法兰西学院的数学家罗贝瓦尔(Roberval)认为自己毕生的使命就是从各个方面反驳笛卡尔,他完全不信空气柱,坚信真空;而帕斯卡则赞同这两种假说。

262. 这四种观点只是粗略的分类:关于到底是什么东西充满了水银柱上方看似空无所有的空间,真空的反对者内部也有很大分歧。忠诚的亚里士多德派认为,当管子被充满,或者开口被手指堵住时,有极少量的空气,比如一个空气原子,留在了管内;水银下降时,这个原子仿佛发生了扩张,充满了被水银排空的整个空间。水银柱拉着它,就像重物拉着悬挂的弹簧,水银之所以不再下降,是因为这个空气原子已经扩张到了极限。笛卡尔的看法则完全不同。他认为,当管内水银下降,容器中的液面相应上升时,一定量的空气渗入了大气之外充满精细物质的空间;结果,一部分精细物质发生了位移,这种位移通过大气中的精细物质传播,最终导致相应量的同类物质透过玻璃壁进入了水银上方的空间。耶稣会士诺埃尔(Noël)提出了另一种类似的理论,但在细节上又有所不同。他曾在拉弗莱什教过笛卡尔,现在正努力把他的杰出学生的物理观念与经院哲学的传统观念调和起来。根据诺埃尔的理论,下降的水银携带着在熔炉中进入玻璃管的火微粒,透过孔洞,为管子周围大气中一定量的纯气元素(大气是所有四种元素的混合物,但气是主要成分)开辟了通道。还有人认为,所产生的空间中充满了由液体升起的蒸汽,或者用当时的术语说,充满了由液体生成的气精(*esprits*)。

263. 当然,所有这些真空的反对者都必须解释,为什么水银在重量的作用下开始下降后,会恰恰停在实验所显示的那个高度。任何熟悉笛卡尔派物理学家为了与其经院对手竞争而大胆提出的解释原则的人都不会感到惊讶,他们自认为在这方面很成功;他们都充分掌握了在经院哲学中受到高度评价的那种能力,即所谓的"机巧"(*subtilitas*),帕斯卡把它定义为"这样一种精神能力……即面对真正的困难,只是给出一些毫无根据的空洞语词"。[①] 不过,

---

①   Pascal, *Expériences nouvelles touchant le vide*. (3) 13.

我们这里不打算继续讨论他们对这种能力的运用。

帕斯卡和罗贝瓦尔之间的对立表明，关于水银为何会保持在特定的高度，即使认为真空存在，也仍然会有意见分歧。不相信空气柱作用的人一般都会同意伽利略的看法，认为虽然自然厌恶真空，但这种厌恶并非不可克服。为了避免出现真空，自然容忍管内保留一段水银柱以对抗重力的作用；但如果这个水银柱变得过高，自然也许宁可允许真空存在。因此，水银柱的高度可以用来测量对真空的惧怕（*horror vacui*）程度。

264. 我们特意较为详细地讨论了17世纪的气压实验所产生的各种假说，因为通过对比帕斯卡最终帮助接受的理论的合理性与在他之前各种观点争论不休的混乱局面，科学复兴所带来的思想上的澄清（以及帕斯卡在这种澄清过程中所做的贡献）可以得到清楚的说明。帕斯卡先是通过一系列精心设计的实验证明，我们无疑可以借助于大气压力来解释气压现象；随后又表明，大气因重量而产生的影响是一条一般定律的特例，这条一般定律也支配着流体静力学；最后，通过对使用的推理方式进行理论思考，他对经验科学方法[①]的发展做出了重要贡献。

265. 早在帕斯卡逗留鲁昂期间，这种研究第一部分所必需的实验工作在很大程度上已经做了。[②]鲁昂的玻璃品吹制工厂是唯一能够提供他所需要的各种玻璃仪器的厂家，从而使他能够以各种方式改变托里拆利实验；后来的物理学发展一再表明，实验研究

---

① 英译本这里漏掉了"方法"一词。——译者注

② Pascal, *Expériences nouvelles touchant le vide*. (3) 11-21.

的进展极大地依赖于玻璃吹制工艺所达到的水平。

在某些实验中,帕斯卡给自己规定的任务是,证明有少量空气留在管内的假说是错误的。事实上,为了解释水银为什么没有进一步下降,支持这一理论的人必须假定,管内空气已经达到了稀疏的极限。如果这种解释是正确的,那么空的空间的体积将是恒定的。通过用不同长度和形状的管子做实验,帕斯卡很容易证明,不变的并非真空的体积,而是水银柱的高度。

另一些实验则是为了反驳把水银的下降归因于蒸汽的产生。为此,帕斯卡给固定在运动船桅上的 46 英尺长的一些管子陆续装满水和红酒,然后把它们倒置在盛有相同液体的容器中。他事先请五百位在场者预测这两种液体中哪一种会停留在管中较高的位置。他们认为是水,因为酒似乎更易挥发,因此会产生更多的气精。但实验证明,酒停留的高度要大于水。帕斯卡已经预见到这一点,因为他知道,这首先取决于所使用的气压液体的比重,于是要想平衡大气压力,比重更大的水所需的液柱比酒更短。当然,这个实验的物理情况并不像帕斯卡以为的那样简单;事实上,液体上方的空间并不是真空(虽然它继续被称为托里拆利真空),而是充满了由液体产生的饱和蒸汽,所以如果有哪位在场者既相信空气柱,也认为所谓的真空充满了蒸汽,他就比帕斯卡更接近真理,因为帕斯卡在犹豫一段时间之后表示,他相信液体上方已经形成了绝对真空。不过,这种观点的组合实际上并没有出现;认为空间充满了蒸汽的人把蒸汽的存在视为导致液体下降的原因,而不是液体下降的结果。他们通过回答帕斯卡所提出的问题,暴露了他们自身立场的缺陷。顺便说一句,正确估计所产生的蒸汽对气压现象的影响完全超出了当时物理学家的能力，因为气压的一般概念尚未引入。

关于帕斯卡描述的另一些实验，我们还要提到虹吸管实验，其管长分别为 45 英尺和 50 英尺。实验证明，如果拔去堵住装满水的管子的塞子，则虹吸管处于竖直位置时并不起作用；两管中的水会下降到比容器高度大约高 32 英尺的位置。似乎只有当仪器足够倾斜之后再拔去塞子，虹吸现象才会发生。帕斯卡所制造的注射器也很令人关注；这是一种一端有狭窄开口的玻璃管，一个密封的活塞可以在其中移动，只要先把活塞按下去，同时用手堵住开口，再拉出活塞，便可产生真空。帕斯卡显然非常重视一项观察结果，即如果进一步拉出活塞而增加真空的体积，管的重量并没有改变；他认为这证明了他所假设的，并没有有重量的物质进入密闭的管子。

266. 帕斯卡在 1647 年发表的《关于真空的新实验》（*Experiences nouvelles touchant le vuide*）中公布了这些实验。初看起来，他由此得出的结论有些奇怪，因为他虽然早已熟悉空气柱的存在和作用，但却提出了一种使用（有限的）惧怕真空概念的气压现象理论。不过进一步考察就会发现，他的立场完全符合他对自然现象以及解释自然现象的假说所一贯坚持的非常谨慎的严格经验的态度。事实上，他完全知道，他所做的实验虽然可以通过大气压力来解释，但还没有证据表明所观察到的现象的确是由大气压力造成的。因此，他并不认为这么早就应当偏离当前的理论，而是试图对它作重新表述，使之符合业已由实验确立的事实。他在这部著作的结尾①做出了如下断言,作为七条原理中的第一条:所有物体都不愿彼此分离,让真空进入它们的间隙;也就是说,自然厌恶真空。(*Que tous les corps ont repugnance à se separer l'un de l'autre, et admettre du vuide dans leur intervalle; c'est à dire que la Nature abhorre le vuide*),这时,他似乎仍然完全遵循着传统观念。但第二和第三条原理却说,对真空的所谓惧怕与已经产生的真空体积无关,它的力量是有限的,可以通过大约 31 英尺高的水柱的重量测量出来。因此,在他和伽利略(Ⅳ:223)看来,对真空的惧怕已经成为一个可以用实验测量的量,很适合描述气压实验的结果。带有泛灵论色彩的惧怕真空的表述现在成了带有拟人意味的隐喻。

267.《关于真空的新实验》出版之后不久,帕斯卡趁机阐述了促使他采取这一立场的科学方法的看法。他在著作结尾所给出的结论促使我们前面提到的拉弗莱什耶稣会学校的老师诺埃尔神父写了一封信,②在信中,诺埃尔基于源自亚里士多德的各种物理理由(比如光的传播要求有物质介质存在;没有阻力的运动将是瞬时的等等),否认水银上方形成的空间真是空的;正如我们已经看到的,诺埃尔认为,当水银停下来时,两种力保持了平衡,一种是周围空气透过玻璃壁把被夺走的成分重新拉回来的力,另一种是悬在管中的水银柱将纯粹的空气拉入所谓的真空所凭借的力;他还本质上重复了亚里士多德的论证,即空的空间是自相矛盾,因为任何

---

① Pascal, *Expériences nouvelles touchant le vide*. (2) Ⅱ 74. (3) Ⅰ 20.

② Pascal (2) Ⅱ 82-89.

空间同时也是一个由各个部分组成的物体，所以不能说一个不包含物体的空间。

268. 帕斯卡的回信①是一篇杰作，其中的礼貌语气并不妨碍微妙的讽刺。它之所以有特殊的意义，是因为他的反驳虽然名义上针对诺埃尔，但实际上却针对笛卡尔科学的基本原理，诺埃尔曾经试图把它与亚里士多德派物理学的基本观念调和起来。

帕斯卡先是提出了一般规则：在科学中，任何断言要想被认为正确，要么对于感官或心灵非常自明，以至于没有任何可能怀疑它，要么是由一个或多个这样的原理或公理导出的逻辑结论。任何不属于这两种范畴的说法都必须被视为可疑的和不确定的；根据价值，我们有时把它称为幻觉（*vision*），有时称为奇想（*caprice*），有时称为幻想（*fantaisie*），有时称为观念（*idée*），充其量也只是好想法（*belle pensée*）。既然它不能贸然肯定，所以我们宁愿否定它，而一旦有足够的证据证明其正确性，我们就必须随时肯定它。圣灵所揭示的宗教真理当然不受这条规则约束；对此，我们的精神应当臣服，这将使我们相信隐藏在感官和理性背后的奥秘。

通过把这一规则用于诺埃尔反对真空可能性的论证，帕斯卡现在提出，应当先把"空的空间"、"光"和"运动"等术语的含义统一起来，才可以断言"光通过空的空间"、"物体在空的空间中运动需要时间"等判断包含矛盾。然而，只要我们对光和运动的真实本性一无所知，就不可能证明这一断言。

---

① Pascal,*Lettre de Blaise Pascal au père Noîl.* (2) Ⅱ 90-106. (3) Ⅰ 22-30.

　　诺埃尔关于大气构成的假说当然也无法抵挡帕斯卡的严厉批评:①

　　　　如果接受这种证明方法,那么我们将能轻而易举地解决最大的困难。如果可以使物质及其性质得到明确表达,海潮和磁的吸引将变得很容易理解。因为对于不向感官显示其存在的所有事物而言,同样很难相信它们能被容易地发明出来。

　　这里显然是暗指笛卡尔,因为《哲学原理》中通过越积越多的假说来解释的恰恰是这里提到的两种现象,在发明隐藏的机制以解释自然现象方面,其他人都表现不出如此高的才能。

　　269. 接着,帕斯卡又把针对诺埃尔论证的批判推广到关于假说在科学中所起作用的一般理论。有三种可能性:(1)对假说的否定会导致矛盾,则假说本身的正确性就得到了证明;(2)对假说的肯定会导致矛盾,则假说肯定是错误的;(3)如果这两者都不是事实,则该假说仍然是可疑的。因此,即使相关的所有现象都可以由某一假说推导出来,也不说明这条假说是合理的。

　　这里的论证同样是针对笛卡尔而不是诺埃尔。的确,根据笛卡尔在《哲学原理》中所提出的理论,即使所有已知现象都可以用某一假说来解释,也不能绝对证明该假说是正确的,然而在他实际的物理学工作中,假如他通过假说成功地解释了现象,便往往认为

自己的任务已经完成。

270. 由此我们也可以理解帕斯卡为何会对哥白尼体系持有极为保守的态度。在著名的《思想录》(*Pensées*)中,帕斯卡让太阳绕地球旋转;[1]在别处,[2]他又提出"哥白尼的观点不能深究"。显然,这种态度相当符合他的一般观点:伽利略对哥白尼体系的所谓证明虽然在伽利略本人看来很有说服力,但并不能满足帕斯卡对科学证明的极为严格的要求;在帕斯卡看来,托勒密、第谷和哥白尼这三种能够解释行星运动现象的理论,是完全等价的意见(*opinions*)、幻想或奇想。他或许并不反对罗贝瓦尔的怀疑性结论,即这三种理论可能无一正确。[3]因此,帕斯卡的一些传记作者带着近乎愤慨的惊讶,把他对待哥白尼体系的保守态度称为一个令人痛惜的错误,这是没有道理的。[4]

271. 随后,帕斯卡特别提到了诺埃尔,因为在目前这一点上,诺埃尔并不同意笛卡尔的看法。帕斯卡坚决反对诉诸历史上著名的权威作者,这种方法曾广泛应用于经院论辩中,在他那个时代依然如故:

> 关于这一主题,我们不要基于权威:当我们引述作者时,要引述他们的证明,而不是他们的名字。

---

[1] Pascal, *Pensées* 72. (1) 347.

[2] Pascal, *Pensées* 218. (1) 430.

[3] Allix 275.

[4] Havet, *Pensées de Pascal*. Quoted Hatzfeld 190, n. 2.

诉诸权威只有涉及确定历史事实时才有意义。在神学中,将预言和奇迹流传给我们的作者的权威的确是重要的论证;但在物理学中,经验和理性却是唯一的知识来源。[①]

帕斯卡始终不渝地坚持这种观念,这是科学即将复兴的最重要特征之一。然而值得注意的是,当需要基于权威接受的历史事实是物理观察时,他也愿意信任权威:

> 因此,即使您所援引的这些作者说他们看到了那些掺杂在空气之中的火微粒,我也会充分尊重他们的真诚与可靠,相信它们真的就是火微粒,并且像相信历史学家一样相信他们。

虽然并不总能坚持帕斯卡那种严格标准,但在这个方面,自然科学已经变得比他所要求的更为严格。当然,科学总是不得不把关于不受人的影响的自然现象的观察报告接受为事实(尽管也带着必要的批判),但对物理实验而言,它把无限可重复性作为最重要的要求之一。

272. 在这封重要信件的结尾,帕斯卡向这位神父解释了其论证中的错误,即空的空间是一个逻辑矛盾。虽然空间部分可以被称为物体,但这是数学中所谓的立体(solide)或几何物体。但这里的问题是,托里拆利管中的水银上方是否有一个物理物体存在。这显然是完全不同的事情。几何物体是不可运动的,能够容纳另

---

① Pascal, *Lettre de Blaise Pascal au père Noël.* (2) II 97. (3) I 26.

一个透入其大小的物体；而物理物体则是可以运动的，不允许这种透入。于是，空的空间是某种介于无（亚里士多德派哲学家认为空的空间就等同于无）和几何物体之间的东西。

在转到惯用的客套之前，帕斯卡还就诺埃尔在信中对光的定义提出了反驳：光是由明亮物体或光亮物体所构成射线的一种运动（*la lumière est un mouvement luminaire de rayons composez de corps lucides，c'est-à-dire lumineux*）。当然，帕斯卡毫不费力地证明，这个定义是站不住脚的。也许是为了感谢作者为他提供了这样一个对于科学毫无用处的定义的范例，十年后，帕斯卡在其重要的方法论著作《论几何学精神》（*De l'esprit géométrique*）中再次引用它来说明"用同样的词来解释词"（*d'expliquer un mot par le mot même*）的荒谬性。①

273.　与此同时，帕斯卡基于自己的原则仍然面临一项任务，即把气压现象应归于大气压力的假说，从意见和简单猜测（*une opinion，une simple conjecture*）的地位提升至一种既定真理。这个任务对他来说并不轻松。

他的第一步是著名的"真空中的真空"（*le vide dans le vide*）实验，相当于在真空中完成托里拆利实验。② 由于当时还没有空气泵，所以唯一的可能就是把杯式气压计悬挂在足够宽和足够长

---

① 　Pascal，*De la démonstration géométrique*.（1）169.（3）Ⅰ410.

② 　该实验还有几种变体，我们这里没有提到，它们可见于：(i) a letter from Pascal to Périer.（3）Ⅰ51.（Ⅱ）Noël，*Gravitas comparata*（1648）.（Ⅲ）*ibidem* as carried out by Roberval.（iv）Pecquet，*Dissertatio anatomica*（1651），as carried out by Auzout.（v）*Traité de la pesanteur de la masse de l'air*.（3）Ⅰ118，(ii)-(iv) quoted in Thirion § Ⅺ.

的管子中，管子下端由隔膜密封，浸在盛满水银的容器中，管子中灌满水银，然后把顶部密封。接着撕开隔膜，于是整个杯式气压计便悬挂在托里拆利真空中；然后发现，容器中的水银和管内的水银等高。这一实验与空气中的气压实验的不同之处在于，这里没有空气能够对容器中的水银施加压力，而在空气中进行实验时，很自然会把容器与管内水银的高度差异归于大气压力。整个实验是后来归纳理论中所谓差异法（Method of Difference）的一个出色例子。帕斯卡还表明，如果他让空气通过宽管中的水银上升，则悬挂的杯式气压计的管中水银将再次上升，空气进去越多，水银上升就越多。这种对共变法（Method of Concomitant Variations）的应用强化了他所得出的结论。

帕斯卡仍然不敢把这个实验当作支持大气压力理论的充分论据，这表明他对自己思想持多么严格的批判态度。他显然知道，有限的惧怕真空理论能够同样好地解释所观察的现象。事实上，通过宽管内水银的下降，对真空的惧怕已经被克服和战胜；在排空的空间中，自然不再能够阻碍形成真空：因此，气压管中的水银可以自由下降，使整个管变空。现在，如果空气在宽管内上升，则可以说一部分惧怕得到了释放，因为不再有绝对的真空，被排空的这部分立即减少了在较小的气压管中所产生的真空。

274．"真空中的真空"实验没能给出完全的确定性。在帕斯卡看来，只有表明如果气压实验在距离地表更高的高度进行，管内水银柱的高度会减小，这种确定性才能获得。也就是说，如果发现，高于容器内水银的空气柱越短，管内保持的水银柱就越短，他便认为已经无可争议地证明，容器内与管内水银的高度差应当归因于大气压力。此即著名的高山实验（mountain-experiment）原理，这是帕斯卡对新科学最为人所知的贡献。

当时，这种想法正在酝酿。梅森已经不止一次地表达了它，还请他的朋友勒唐纳（Le Tenneur）在多姆山（Puy de Dôme）做这个实验。[①] 笛卡尔甚至认为这项思想成果是自己的功劳，帕斯卡后来不愿把荣誉归功于他，他还觉得受到了侮辱，因为他认为正是自己使帕斯卡注意到了这一想法。[②]

尽管如此，实际做这个实验绝非多余：所有和罗贝瓦尔一样反对空气柱的人都认为，在山上进行托里拆利实验可能会产生不同结果，这一想法是荒谬的。

275. 我们不准备详细讨论帕斯卡的姐夫佩里耶（Florin Périer）1648 年 9 月 19 日在多姆山所做极为细致的著名实验。结果是，水银在气压管中明显下降，在帕斯卡看来，这是决定性的因素，一劳永逸地消除了对空气柱理论的怀疑。在 1648 年 10 月出版的《关于液体平衡的大实验》（*Récit de la grande expérience de l'équilibre des liqueurs*）中，他提出了这样一个决定性命题：[③]

> 绝无自然厌恶真空之说；它不会作任何努力去避免真空；所谓自然厌恶真空的各种效应，源自空气的重量和

---

①　Letter of 4 January 1648 from Mersenne to Constantijn Huygens. Huygens I 77. Lenoble 434.

②　Descartes, Letter of 13 December 1647 to Mersenne. *Œuvres* V 99. 关于笛卡尔和帕斯卡谈话的报道见于 Jacqueline Pascal；Pascal (2) II 42-48。

③　Pascal, *Traités de l'équilibre des liqueurs et de la pesanteur de la masse de l'air. Conclusion des deux précédents traités*. (2) II 370. (3) I 133.

压力;这是唯一真正的原因。

但他重申,他不会轻易偏离传统观念,只是在显然的实验证据的逼迫下,他才从绝对的惧怕真空观念转到有限的惧怕真空观念,再由有限的惧怕真空观念转到空气柱观念。

因此,他似乎赋予了多姆山实验判决性实验(*experimentum crucis*)的地位,在他看来,"真空中的真空"实验还不具备这一资格。这种评价差异显然只有主观的理由。事实上,如果像前面那样把惧怕真空理论解释成自然厌恶空气的稀疏,这种对稀疏的惧怕单调增加,并且随着稀疏接近于真空状态而趋近一个有限的极限值,那么这个理论也可以用来解释高山实验:随着人的上升,越来越稀薄的大气会有较大部分的惧怕,所以可以有较小部分的惧怕留下来,以防止管内形成真空;所以很自然,管内水银必定会下降。

276. 这并非旨在重新恢复惧怕真空理论,而只是希望确定,从帕斯卡自己的观点来看,他所得出的结论在逻辑上是否合理。显然,这些结论并不合理,特别是如果把它们与帕斯卡给诺埃尔的信中所提出的认识论原则相对比的话。他声称,一个假说只有当其否定会导致逻辑矛盾时才能自称为真理,仅仅是能够用来解释所观察到的现象,还不足以证明其合理性;只有当它会导致荒谬的结论时,才可以坚决抛弃它。显然,如果认真对待这些原则,那么既不能证明大气压力理论,也不能驳斥惧怕真空理论。

但在物理学中,这些原则不可能得到认真对待。它们被数学家帕斯卡表述出来,但他作为物理学家的活动似乎要比他的数学理论更强大;在得出科学结论时,他认识到自然科学与数学的认识理想无法相容。

277. 在1651-1654年的科学活动即将结束时，帕斯卡撰写了《论液体平衡和空气团的重量》(*Traitez de l'équilibre des liqueurs et de la pesanteur de la masse de l'air*)，根据贝内代蒂、斯台文、伽利略和梅森所提出的液体平衡学说，考察了各种空气静力学现象。于是，他所给出的是一种流体(fluid)状态的静力学，根据当时的用法，"流体"(*fluidum*)一词是表示液相和气相的集合名称。他表明，关于流体静力学的所有实验结果(连通器、流体静力学悖论、液压机以及浸没物体的浮力)都可以联系大气压力现象这个新开辟的领域，由施加于流体的力的均匀传播的一般原理推导出来，这条原理在物理学中被恰如其分地称为"帕斯卡原理"。不仅如此，他还把这条原理的重要应用，即液压机的作用，与两条为人所熟知的原理结合起来：第一条是已经被长期或多或少地直觉使用、并且被笛卡尔明确表述的原理，即工具所能提供的任何力量增益都会以相应的位移增加为补偿；第二条是我们已经熟悉的托里拆利公理，它通过共同重心的最小高度来刻画物体系统的平衡状态。

帕斯卡作为物理学家的声誉主要建立在以上两部论著之上，它们直到帕斯卡去世后才出版。其遗著的编者很不情愿出版这些著作。他们认为，①——这段话也许是佩里耶写的，但肯定是詹森派(Port Royal)②的想法——

①　Pascal (2) III 267.

②　Port Royal 本应译为"波尔罗亚尔隐修院"，是法国天主教西多会女隐修院，17世纪天主教改革运动詹森主义(Jansenism)的活动中心。詹森主义是法国天主教内部的一项激进改革运动，它根据科内留斯·詹森(Cornelius Otto Jansen, 1535-1638)而命名，詹森去世后，他的信徒在法国的波尔罗亚尔隐修院建立了墓地。帕斯卡是最著名的詹森主义者。据此，这里把 Port Royal 译为"詹森派"。——译者注

这些作品使帕斯卡先生闻名遐迩,但并不代表帕斯卡先生的名誉。

他们感到有义务为出版它们而多多少少表示歉意:

这并不是因为帕斯卡不能按其体裁完成这些论著,也不是因为他不能将这些论文写得更为出色,而是因为这种体裁本身对于帕斯卡来说简直太过轻而易举,不值得继续做下去。因此,如果有人仅凭这些作品就来评价帕斯卡,那么他们只能对这位伟大的天才及其精神品质获得一种十分模糊和不完善的认识。

整个思考典型说明,17世纪(以及很久以后)的所谓人文科学的代表人物对科学工作的意义缺乏了解。今天,我们把这两部论著列为才智过人的帕斯卡最好的成果之一,虽然我们要对《给外省人的信》(*Lettres Provinciales*)中所显示的机敏表示敬意,但不得不说,通过对流体静力学和空气静力学进行公理化,帕斯卡给我们留下了一份比对恩典的思辨更加重要和持久的精神遗产。

二、奥托·冯·盖里克[①]

278. 当帕斯卡在他关于大气压力和真空的实验中必须尽可能地应对托里拆利实验中出现的较小的空的空间时,马格德堡的奥托·冯·盖里克(Otto Gericke,后来写作 von Guericke)已经在

---

① Guericke, Schimank.

忙于研制一种可以在特定容器中产生真空的仪器。他的空气泵连
同望远镜、显微镜和摆钟是帮助17世纪科学复兴的四大技术发
明,它们的重要性并不亚于这一时期的理论思考。

　　我们不准备深入探讨冯·盖里克发明的技术层面。对我们来
说最重要的是,他通过大量实验(其中大部分在他听说托里拆利实
验之前就已经做了)独立得出了大气压力理论,拒斥了惧怕真空理
论。他深信,自然中的确有绝对真空,即整个星际空间,他用气泵
排空的容器虽然还不是绝对的空无,但只含有极少量的空气。根
据他的讨论我们可以看出,他似乎设想这些空气分散在容器的某
些特定部分中。事实上,当时还没有气体运动论,那种认为即使空
气稀疏到了最大可能程度、容器也会像原来一样为空气所充满的
观念完全超出了他的认识。

三、罗伯特·波义耳

　　279. 耶稣会士卡斯帕·绍特(Caspar Schott)在1657年出版
的《流体-气体力学》(*Mechanica hydraulico-pneumatica*)中公布
了冯·盖里克的发明,这激励波义耳与胡克(Ⅳ∶193)合作也制造
出了空气泵。此后几年,波义耳做了大量实验,证实了大气压力理
论,拓展了对真空现象的认识。

　　他在1660年出版的《关于空气弹性及其效果的物理力学新实
验》(*New Experiments Physico-Mechanical touching the Spring
of the Air and its Effects*)①描述了这些实验。顾名思义,此书也

---

　　① Boyle, *New Experiments Physico-Mechanical Touching the Spring and
Weight of the Air, and Their Effects. Works* Ⅰ 1 ff. Ⅲ 175 ff. Ⅳ 505 ff.

讨论了当时一般所谓的空气弹性($\epsilon\lambda\alpha\tau\acute{\eta}\rho$，弹力、弹簧），这个词特别指周围空气被抽去时变得明显的膨胀能力。

在这部著作的开篇，波义耳讨论了能够解释这种弹性的两种理论。第一种理论认为，空气由大量弹性微粒构成，这些微粒可以被外力压缩到较小的体积，但是当这个力停止作用时，又会恢复到原来的体积。于是，空气整体的一种属性可以通过把它原封不动地归于构成整体的微粒而得到解释；这种理解并不比把它归于某种质高明多少。另一种理论是笛卡尔的：精细物质通过其剧烈运动导致地球周围的天界物质微粒快速旋转，这些微粒排斥所有试图阻碍这种运动的东西。不过，波义耳并没有讨论空气弹性的原因，而只是显示了它的存在，并且描述了它所产生的现象。

280. 《物理力学新实验》完全没有谈及对空气弹性的定量处理。第一部试图作定量处理的著作是《对空气弹性和重量学说的辩护》(*A Defence of the Doctrine touching the Spring and Weight of the Air*)，[①]波义耳在其中回应了耶稣会士莱纳斯(Linus)在《论物体的不可分性》(*De corporum inseparabilitate*，1662)中对其气压实验的批评。莱纳斯称，空气的重量和弹性不足以支撑托里拆利管中约 76 厘米高的水银柱。为了反驳这一断言（这表明争论是多么有助于促进科学发展），波义耳制造了初等物理教学至今仍在使用的 U 形管，它长臂开口，短臂密封，开始时包含有处于一个大气压的空气。他表明，若把水银注入长臂，则短臂中的空气能够平衡住长臂中比托里拆利实验高得多的水银柱。

---

① Boyle, *A Defence of the Doctrine Touching the Spring and Weight of the Air ⋯ Against the Objections of Franciscus Linus*. *Works* Ⅰ 118 ff.

波义耳说,他本人并没有想到要研究封闭在短臂中的空气的体积与压力之间是否存在某种关系,但理查德·汤利(Richard Townley)在看过《物理力学新实验》之后却提出了这个问题,他猜测体积与压力可能成反比。波义耳就各种情况计算了水银面高度差与气压计高度之和必须是多少,再把这些值与实验值相比较,对结果的高度一致表示满意。他同时还了解到,其他物理学家在他之前已经就气压低于一个大气压的情况作了类似测量。他也重复了这些实验,并再次发现汤利的猜想得到了证实。在其中一个实验中,他报告说,加热时密闭空气的压力会增加。不过,他并没有对这种现象作进一步研究,更不用说定量处理了。我们的印象是,波义耳并没有为后来作为气体物理学领域第一条定量关系的所谓"波义耳定律"赋予意义。

281. 和冯·盖里克一样,波义耳也没有对气体压力做出动力学解释,虽然这样做很符合他的微粒哲学。直到1738年,丹尼尔·伯努利(Daniel Bernoulli)才给出了这种解释。在这方面必须指出,根据波义耳对气体本性的理解,他所谈的往往不是气体所施加的压力,而是气体所受的外在压迫力。

282. 波义耳小心翼翼地避免介入关于绝对真空是否可能的争论,这符合他对自然现象谨慎的实验态度。波义耳明确表示,他在实验中创造的真空指的是一种不包含空气的空间。因此,他显然是想把这个空间中是否真的什么都没有这个问题搁置起来。他既不希望自己被列入真空论者(vacuists),也不希望被列入充实论者(plenists)。光可以不受阻碍地通过被排空的空间,磁体的行动也不受它的阻碍,这使我们很难同意真空论者的看法,认为完全的真空已经产生;但另一方面,排空的容器充满了精细物质或以太也没有得到实验证实。

当然，17、18世纪所有或多或少有笛卡尔主义倾向的物理学家都认为空间中充满了物质。在正统的笛卡尔信徒看来，真空是一种矛盾，因为他们把物质和空间看成等同的。但即使是那些只拥护笛卡尔体系的精神而非严格恪守的人，绝对真空的观念仍然无法接受。他们虽然已经使自然不再惧怕真空，但对真空的惧怕后来又占据了他们自己的头脑，仿佛是在自食其果。将在物理学中发挥重要作用的诸多以太理论便是令人信服的证明。

第十节　17世纪机械论的顶峰

283. 在17世纪的机械论科学中，除了物质和运动，没有其他解释原则，物体只有通过接触作用才能相互影响。这种科学在惠更斯的工作中达到了顶峰。伽桑狄式的和笛卡尔式的微粒理论在他那里得到了最一致、最广泛的运用，波义耳所提出的机械论纲领也得到了最充分的实现。

关于自然科学的正确研究方法，惠更斯对自己的看法毫不怀疑。前面已经说过（Ⅳ：212），在《光论》的第一章里，他就已经谈到真正的哲学，其中所有自然现象都根据力学来解释。

如同伽桑狄和笛卡尔，惠更斯也认为，就物质本性而言，运动只能生于运动，也只能产生运动，物质微粒之间的不同仅仅是大小、形状和运动状态的不同。他坚决否认有什么质或力是物质所固有的；他指责古代的原子论者给原子赋予重性时不够一致；这不再是"解释原因，而是假设了一些闻所未闻的模糊不清的本原"

(*exposer les causes mais supposer des principes obscurs et non entendus*)。[①] 和声、光、磁、电一样，重力也需要一种机械论解释，惠更斯认为自己的任务就是给出这种解释。

这无疑是从笛卡尔那里得到了最大的启发。惠更斯认为，笛卡尔第一次指出了对自然现象作机械论解释的必要性，但同时也批评他的理论的实质性内容。惠更斯让原子在真空中运动，并且假定绝对坚硬是原子的一种独立属性，在这一点上，他的确与笛卡尔有根本不同，但他始终遵循着笛卡尔的方法，把微粒的大小和速度各不相同的各种物质当作主要解释手段。然而，他对解释所提出的严格要求使他无法满足于笛卡尔对三种物质的区分；他认为，自然为了获得令人惊叹的结果，有可能使用无穷多种物质，其中每一种物质的微粒都比前一种物质的微粒尺寸更小、速度更高；[②]虽然他所说的"无穷多"也许不能按字面意思来理解，但他显然认为种类的数目极其巨大，以至于只要需要，就可以假定一个新的种类。这正是亚里士多德派的习惯在机械论中的对应，即总是引入新的质来解释新的现象。

我们将较为详细地讨论光和重力这两个主题，在这两个领域，惠更斯把他的机械论假说加工成了完整的理论。

一、惠更斯的光理论

284. 光理论是惠更斯的名著《光论》(*Traité de la Lumière*)

---

① 　Huygens, *Discours de la Cause de la Pesanteur. Œuvres* XXI 445.

② 　Huygens, *Son, Lumière & c. Avertissement général. Œuvres* XIX 351. *Traité de la Lumière. Œuvres* XIX 472.

的主题。① 在这部著作中，他对那个古老的争论——光是实体还是偶性，是独立存在的东西还是其他某种东西的状态——发表了意见，他把光解释成一种被称为以太的极为精细的物质的运动。他设想，发光物体的快速运动的微粒与以太微粒发生碰撞，这种脉冲沿着以光源为球心的球面传播开来。石头对水面平衡状态的扰动以环形方式传播，与此类比，他谈到了光的球面波。关于这种脉冲的传递速度，他采用了罗默（Rømer）观测木卫食所得到的值。

　　借助于后来光学中所谓的"惠更斯原理"，脉冲的传播机制又得到了进一步澄清。它说，每一个碰到脉冲的以太微粒本身又会变成一个小光源，向四面八方传递这种脉冲。之所以能够如此，是因为以太微粒是完全坚硬和完全弹性的。当然，这两种属性本身也需要作机械论解释，比如可以假设一种更为精细的物质来解释它们；但惠更斯并没有深入讨论，而只是假设存在这两种属性。单个以太微粒所发射的微观子波构成了宏观的波。因此，假定（图 44）A 是一个点光源，BG 是暗屏 HI 上的一个开口，则以各个 b 点为中心传播开来的球面波，会产生一个以 A 为中心的包络波

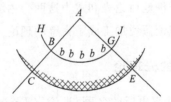

图 44：根据惠更斯的理论，光从中心 A 向外传播，*Traité de la Lumière*（*Œuvres* XIX 475）。

---

①　Huygens, *Traité de la Lumière*. *Œuvres* XIX 451-537.

前 CE。虽然元波（elementary waves）也会传到 ABC 和 AGE 之外，但在那里，对平衡的扰动太弱以致无法产生光。因此，惠更斯没有考虑格里马尔迪（Grimaldi）发现的光的衍射，它曾于 1666 年发表在遗著《关于光、颜色和虹的物理数学》（*Physico-mathesis de lumine，coloribus et iride*）中。

根据这些假设，光源的光如何到达眼睛就很清楚了；而且也可以理解，由不同光源发出的光线为何能够相互交叉而没有干扰。事实上，以太微粒能够同时传播多个脉冲。惠更斯通过几个全同的完全弹性球 B（图 45）作了进一步说明，相似的球 A 和球 C 同时从左右两边以相同速度撞击它。两球均以原速度弹回。就这样，相反方向的两个脉冲通过球 B 被同时传递过去。根据笛卡尔的理论，光被看成一种持续施加的压力，只是一种运动倾向，因此两个观察者不可能看到对方，两个光源也不可能彼此照亮。

图 45　根据惠更斯的理论，解释光如何可能同时沿几个方向传播，
　　　　Traité de la Lumière（*Œuvres* XIX 474）。

285. 然后，可以采用今天的物理教科书仍在使用的做法，导出射到光滑表面上的光线的反射定律。而对折射的处理则要求事先说明介质的透明性。惠更斯对于光脉冲的传播区分了三种可能性：由介质微粒传播，由填充其间隙的以太微粒传播，以及同时由两者传播。对于通常的折射，他选择了第二种假说。为此，他首先证明了间隙的总体积要远远大于介质微粒的总体积。的确，由于水银的比重大约是水的 14 倍，所以水本身肯定不可能占据总体积的 1/14。实际上,这个比例还要小得多,因为金的比重又远大于水银,且金本身绝不可能是完全致密的;事实上,正如我们将要表明的,比以太更精细的物质仍然能够通过它。这种推理表明,惠更斯只承认一种粗大的物质,它的量决定了物体的质量。

光在透明介质中传播时,有重量的物质会迫使光绕行,光速会有所减慢。惠更斯假设,空气与介质中的光速之比等于从空气射入介质的光的折射率,这样他就能够以今天仍然常见的方式导出折射定律。

286. 但是对于《光论》所讨论的最重要的主题来说,所有这些仅仅是预备性的,这个主题就是对冰洲石或方解石中的双折射现象的解释,这是惠更斯机械论物理学的光辉成就。1669 年,巴托林(Erasmus Bartholinus)在其著作《关于双折射冰洲石的实验》(*Experimenta Crystalli Islandici Disdiaclastici*)中公布了这一发现。惠更斯对这一现象给出了详细的理论,我们这里只能提及它的基本思想:光除了通过充满晶体微粒间隙的以太微粒进行普通传播,惠更斯还假设光有第二种传播方式,规则排列的晶体微粒及以太微粒都参与了这种传播。由第一种传播产生了通常的球面波,从而出现了所谓的寻常折射光;而由另一种传播则产生了所谓的非常折射光,其传播速度依赖于方向;波面形状是惠更斯用阿基米德的术语所说的椭球(spheroid),即回转椭球面(ellipsoids of revolution)。借助于这些假设,就确定光线的行进路径而言,双折射现象似乎可以完全得到解释。

287. 惠更斯还注意到,如果让光入射晶体后所产生的两束光中的一束射向另一块类似的晶体,则这束光的行为依赖于两晶体的相对位置。他由此推断,光波通过第一块晶体时获得了某种形式或倾向。(我们注意到,只要出现某种尚未得到解释的东西,哪怕是最具机械论倾向的物理学家也会想起"形式"一词!)结果,光波在不同位置对第二块晶体的结构有不同影响。不过,对此他并没有找到令自己满意的解释。

这并不奇怪。观察到的现象是,自然光通过晶体所产生的两束光线是偏振的,即后来光的振动理论所假定的横向振动仅在与传播方向垂直的一个方向上发生。因此,偏振概念与光的振动理论不可分割地联系在一起。但惠更斯所提出的是一种脉冲理论,其中不涉及振动、横波、纵波、波长、频率等概念。而以太微粒所受到的脉冲也没有表现出周期性。惠更斯明确指出,这些脉冲以不等的时间间隔彼此相继。[1]

在这一点上,物理教科书的作者们有一种顽固的误解,这只能说明他们没有读过《光论》就着手写惠更斯的光理论。这部著作从未提到振动;这种说法直到牛顿的光理论才出现(Ⅳ:321)。

这当然不是反对谈及惠更斯的波动理论,只不过"波"这个词要广义地理解为对平衡的扰动的传播,而不是特指振动的传播,因此还不牵涉周期性。

二、惠更斯的重力理论

288. 惠更斯对重力的解释[2]乃是基于笛卡尔所引入的观念,

---

[1]　Huygens, *Traité de la Lumière. Œuvres* XIX 474.

[2]　Huygens, *Discours de la Cause de la Pesanteur. Œuvres* XXI 443-88.

即绕地球旋转的精细物质的离心倾向会驱使更粗大的物质微粒向内运动。然而在笛卡尔那里，这种涡旋运动只发生在与地轴垂直的平面中，而且仅以一种旋转方式进行；这使我们很难理解，为什么落体会沿着指向地心的直线运动，而不是沿着指向纬度圈中心的直线运动。惠更斯用球形涡旋取代了这种圆柱形涡旋，也就是说，他设想有一种精细的或流动的物质沿一切可能方向绕地球旋转。

现在，在这些快速运动的流动的物质微粒中，如果有较为粗大的微粒跟不上它们的运动，则它们更强的离心倾向将把粗大的微粒推向地心。

> 因此，物体的重量正源于此；可以说，它是精细物质所做的努力；这种精细物质沿所有方向绕地心做旋转运动，将那些不能跟随这种旋转运动的物体或者推离地心，或者推向地心。①

由于物体在被致密的壳层包裹时仍然存在重力，所以必须假定有流动的"致重"（gravific）物质遍布于所有物体之中，所以物体微粒之间显然仍有间隙。

根据这种对重力起因的表述，物体的重量等于体积为物体自身物质微粒总体积的致重物质的离心倾向。于是可以计算出致重物质微粒在地球表面所要具有的速度。如果用现代符号表示，惠

---

① Huygens, *Discours de la Cause de la Pesanteur*. *Œuvres* XXI 456.

更斯的推理[①]相当于方程

$$\frac{v^2}{r} = g,$$

其中 v 表示所求的致重物质微粒的速度，r 是地球半径，g 是自由落体加速度。事实上，根据物质的单一性，物体的质量等于能够取代物体自身全部微粒的致重物质的质量；于是，离心倾向可以由物体的质量 m 与匀速圆周运动的加速度 v^2/r 的乘积计算出来，因物体的重量为 mg，上述关系可得。如果近似取 $r = 64 \times 10^7$ 厘米，$g = 1000$ 厘米/秒^2，则 v 的值为 8 千米/秒。

289. 惠更斯通过以下实验说明他的理论。[②] 在他经常用来研究离心现象的转台上放置一个圆柱形容器，它的轴与转台的轴重合。容器中装满水，并用玻璃板封好。向水中投入一些比重比水略大的小蜡块。让转台旋转，这些蜡块将移到容器边缘。当容器中的水达到转台的角速度时让转台停止。这时的情况可以类比于地球周围的涡旋（如果不考虑圆柱形与球形涡旋的差别的话）。现在发现，这些蜡块聚集到了容器中心；由于触到了底部，蜡块无法跟上水的快速运动；它们被推向转轴，因为旋转更快的水因其离心倾向而使蜡块移动。由于水还在某种程度上携带着这些蜡块，所以它们沿着螺旋路径朝着轴运动，但如果用水平张开的线来阻止蜡块随水运动，则这些线之间的蜡块将沿径向朝着轴运动。

290. 惠更斯原则上认为上述对重力的解释是机械论科学中唯一可能的解释。在提出上述理论的《论重力的起因》(*Discours*

---

① Huygens，*Discours de la Cause de la Pesanteur. Œuvres* XXI 460.

② Huygens，*Discours de la Cause de la Pesanteur. Œuvres* XXI 453.

de la cause de la pesanteur）的序言中，他写道：

> 我相信，如果我所基于的主要假设不是真的，我们将
> 很难指望能够在一种真正和健全的哲学的界限之内遇到
> 这个真的假设。[1]

我们已经看到，为了解释某种现象，只要需要，惠更斯就会引
入一种新的有特定精细度的物质。于是一种物质用来解释磁现象
和电现象，还有一种物质用来解释他发现的这样一个现象——不
含空气的液体在气压管中能够保持在比大气压高得多的高度。但
他是否一直区分这两种类型的物质，这有时并不清楚。[2] 在解释
一些物体（金属）为何会不透明时，惠更斯甚至在《光论》中假设硬
微粒之间还有一些软微粒，它们接收到了以太脉冲但并不传播出
去。[3] 而要解释这种软性，又必须认为这些软微粒由更小的硬微
粒所构成。这清楚地表明，一旦试图深入研究现象，只承认大小、
形状和运动这些性质的纯机械论观念会遇到多么大的困难。然
而，通过把坚硬接受为一种原初的性质，惠更斯已经偏离了严格的
正统机械论观点。

---

① Huygens, *Discours de la Cause de la Pesanteur*. *Œuvres* XXI 446.
② Huygens, *Œuvres* XIX 5, 214, 351.
③ Huygens, *Traité de la Lumière*. *Œuvres* XIX 484.

第十一节　艾萨克·牛顿①

291. 思想的发展连绵不绝,有始有终。可以说,到了牛顿这里,思想家对待自然的态度已经告一段落,一个新的时代开始了。经典科学(本章描述了其漫长的孕育过程)在牛顿的工作中获得了独立的存在性,从此开始全面影响人类社会。要想全方位地描述这些影响(这项任务迟早要完成),可以把牛顿视为起点,而把他之前的所有事情仅仅当成预备。

而这里,我们则把牛顿完全当作终点。我们迄今所追溯的一条条发展线索全都会聚于他。他将独立发展起来的凌乱知识系统化,在似乎不甚相关的事物之间建立起紧密关联。因此,我们先来讨论他如何将力学公理化为所谓的牛顿体系,以及他在提出天体运动的动力学时对这一体系的应用。

一、经典力学的公理化

292. 这里所说的"公理化"不应理解成现代数学家赋予它的含义,而应按照17世纪数学家和物理学家的思路来理解,它原则上仍然与亚里士多德的理解相同(Ⅰ:49)。因此,这里要求的并非提出若干非矛盾的命题,它们共同定义了其中出现的术语,并可导出一个包含这些术语的命题系统;而是要挑选出若干显而易见的、至少是可以变得可信的陈述,能够充当出发点;在此之前需要先给

---

① 　Newton (1) (2),Beth.

出一组定义，利用它们，借助于被认为不需要进一步解释的术语，确定公理中其他语词的含义。

　　通过这种公理化，牛顿在力学史上获得了与帕斯卡在流体静力学史上相当的历史地位。这两门科学在他们之前已经取得了一些重要成果；这些成果是如此重要，以致得知它们的读者甚至会以为，基础已经足够明了，可以轻轻松松将其继续发展下去。然而，细加考察便会发现，这两种情况下所积累的知识仍然不够完备，凌乱无绪，尚缺少一个一般原则可以推导出所有已知的或有待发现的命题。我们已经看到，帕斯卡在其专业领域给出了一个普遍原则，即压力沿各个方向以不变的强度传播，从而将整个学科成功系统化（Ⅳ：261—277）。牛顿在力学中面临着类似的任务，但困难要大得多，因为他的学科更具一般性。事实上，人们一直在思索物体在内因或外因作用下的运动；为此，他们使用了源自日常用语的各种术语，虽然似乎显得很明确，但实际上并没有得到足够清晰的定义，无法安全地直接用于科学讨论。人们谈到了重力、轻力、力、力量、速度、阻力、努力、共感、反感、冲力、运动的量、质量、旋转物体的离心力、碰撞力等概念，但从来没有充分加以界定。人们未经说明就把某些源自日常经验、从而似乎自明的一般观念当作出发点，但后来却发现，这些观念完全无法用来建立一种精确的理论。渐渐地，以这些观念为基础的亚里士多德动力学的正确性受到了怀疑，特别是一种新的惯性观念取代了旧观念。但与此同时，其他古代动力学观念，特别是力与速度成正比的观念，影响一直没有减弱；人们也一直没能精确地定义所使用的大量术语。

　　由此产生的混乱在 17 世纪进一步加剧，因为在机械论自然观的影响下，人们已经开始在一种非常特殊的、偏离了原初含义的意义上使用"力"这个词。力以前主要被视为运动的原因，现在则被视为运动的结果。离心力被认为是旋转物体因其运动试图远离中心而产生的力。物体的重力一方面是物体下落的原因，另一方面又是一种旋转的流体物质的运动结果。至于运动物体的力，即物体因其运动而能够施加的作用，是正比于速度的一次幂还是二次幂，人们的看法各不相同。

293. 牛顿的任务正是在这种术语和概念的混乱中创造秩序。他所能遵循的最好方法便是赫拉克勒斯清洗奥吉亚斯国王的牛舍（Augean stables）①的方法，即彻底摧毁旧有建筑，继而从根上进行重建。这意味着，借助于清晰界定的术语将力学置于新的基础之上，这些术语最好不是来自日常语言，从而不致产生误导的联想。但科学在实际发展过程中往往并不坚持这种语义学的理想：任何试图更新科学的人都是在他希望变革的思想世界中成长起来的，以其概念思考，用其术语说话。因此，他从来没有能够足够彻底地前进，而是始终保持着太多传统观念，把太多东西看成熟知的和无须修改的，而从一开始就应当在严格基础上重建的恰恰是这些东西；造成混乱的主要来源是，他继续用旧术语来表达新观念。结果是，他从未做出清晰的论证，而在新思维方式中成长起来的模仿者却基于教学经验，最终获得了这种清晰性。

294. 这些困难显然影响了牛顿对力学的公理化，这是其《自

---

① 古希腊传说中，国王奥吉亚斯（Augeas）饲养着数千头牛，但牛舍三十年未清洗，极其肮脏。大力神赫拉克勒斯曾被命令将全部牛舍打扫干净，他引来河水完成了清扫任务。——译者注

然哲学的数学原理》真正内容的序幕。欧几里得的《几何原本》是按照亚里士多德原则对相关主题进行系统整理的经典样板，它似乎已经成为范例，但牛顿并没有达到欧几里得工作的逻辑水准。牛顿的科学人格无疑是一个因素；一般说来，具有创造力的天才并非最愿意和最适合做耐心细致的公理化工作的人，牛顿肯定不是正确人选。他的推理确实很少考虑读者的需要：他的证明更多是草草勾勒而不是详加说明，经常缺乏细致的概念定义。

对牛顿的公理化可能提出的主要反对意见是，在定义中，有待表述的公理内容已经被部分预设或表达出来了，另一方面，它们不足以使公理得到理解。事实上，整个体系只有借助于力学的后来发展才能理解。但即使如此，我们依然很难处处弄明白牛顿的本意，所以直到今天，关于他的一些说法的含义仍然有争议。

295．在牛顿假设的三条公理（*Axiomata*）或运动定律（*Leges Motus*）中，第一条给出了惯性观念的最终表述，它在 17 世纪的发展见证了这一点：

公理 1：每个物体都保持其静止状态或沿直线做匀速运动的状态，除非有施加的力（impressed forces）迫使其改变这种状态。①

---

①　鉴于这条公理或定律的重要性，这里不妨给出其拉丁文原文：*corpus omne perseverare in statu suo quiescendi vel movendi uniformiter in directum, nisi quatenus a viribus impressis cogitur statum illum mutare.* 由此我们看到，后半句中出现了 *viribus impressis*，即 impressed forces，但这里它并非指伽利略或经院学者那里的"印入的力"，而是指"施加的力"、"外加的力"，所以这里我们将其译为"施加的力"。——译者注

公理的内容有可能出现在先前的定义中，这表现在，其内容已经在定义 3 中有所表述。定义 3 是这样的：

> **定义 3：**所谓 *vis insita*，或物质固有的力，是存在于每个物体之中的一种抵抗能力，它使物体保持现有的状态，无论是静止状态还是沿直线做匀速运动的状态。

在其后的解释中，这种力被称为"惯性力"（*Vis Inertiae*），因为只有以这种方式来构想，它才能区别于物体的惰性。

于是我们看到，牛顿尚未持有后来的力学中盛行的那种惯性概念，即不受任何外界影响的质点保持匀速直线运动不需要原因：运动之所以能够持续，是因为没有什么使它停止。牛顿仍然持亚里士多德的观点，认为任何运动都需要推动者，只不过是以巴黎唯名论者的修改后的形式，即这种推动者处于物体之中。惯性力显然就是巴黎唯名论者所说的"冲力"（*Impetus*）和伽利略所说的"印入的力"（*Vis Impressa*）。

牛顿的惯性观念在多大程度上仍然植根于过去，也表现在他用于支持这条公理的例证除了包括不受重力和空气阻力的抛射体，还包括在无阻力情况下旋转的轮子，这当然并不属于这种范畴。但这个例子传统上一直被用来作为论证反对亚里士多德的观点，即在非自然运动中，空气充当推动者，因此，它很大程度上有助于这种观念的发展，即运动物体有一种保持其运动状态的固有能力。

296. 在解释性的评论中，牛顿使用了"质量"（mass）一词。它是"物质的量"(*Quantitas Materiae*)的同义词,这个概念在定义 1 中被定义为物质的一种量度(*mensura*),可由其密度和体积的乘积来确定。这个定义经常受到批评,因为它被认为包含了循环定义。如果密度只能定义为总的物质的量与体积的商,那么它的确包含了循环定义。但密度还可以有不同定义。根据原子论的观念,在物体的任何非原子尺度的部分中,总有一部分充满了物质,其余则空无所有。这个对于同质物体来说恒定不变的部分就是密度,总的物质的量现在可以由这个值和体积的乘积来获得。

　　力学后来的发展表明,在牛顿的惯性定律中,用"质点"取代"物体"一词是必要的。事实上,如果一个物体不受任何外界影响,那么的确可以说,它的重心做匀速直线运动,但这样一来,物体围绕重心的运动便丝毫没有提及。

　　297. 我们已经看到(Ⅳ:148),惯性定律的表述可能引来这样的问题:不受外界影响的质点的匀速直线运动是相对于什么参照系而言的? 这个问题给经典力学造成了本质性的困难,只有借助于不自然的假设才能将其摆脱。例如有人假设某处存在着一种被称为阿尔法物体(Alpha-body)的无法知觉的不动物体,惯性运动正是相对于它进行的。[①] 另一种方法是,用另一种表述取代上述惯性定律,这种表述要求有一个参照系,所有不受任何外界影响的质点都相对于它做匀速直线运动。这一惯性参照系的存在性一旦确立,就会有无穷多个这样的参照系,因为在任何相对第一个参照系作匀速直线平移的参照系中,质点都做匀速直线运动。然而,将

---

　　① Neumann.

公理化的抽象力学应用于物理空间仍然有一个困难，即我们最多只能近似地指出一个惯性参照系。

所有这些思想上的困难并没有使牛顿放心不下；事实上，他相信存在着一个绝对空间，所有物体在它之中都有位置，物体相对于它作绝对运动。因此，质点的惯性运动是绝对的匀速直线运动。虽然他将在公理的推论 5 中提出经典力学的相对性原理，即存在着无穷多个惯性参照系，但它们并不等价于那些处于绝对静止的参照系。当然，他给不出一种方法，能够将前者与绝对的惯性参照系区分开来。当今的新实证主义者认为，命题的意义在于给出通过经验的方式确定其正确与否的方法，对他们而言，这足以说明这种区分是没有意义的，整个绝对空间的概念也是没有意义的。[①]不过，牛顿距离这种观念仍然还很遥远。

虽然不可能通过经验的方式区分绝对平移和相对平移，但这并不意味着其他类型的运动也是如此。事实上，牛顿在定义结尾处的附注中指出，这种可能性对于旋转来说是存在的，离心现象即提供了所需的标准。例如，将一个水桶突然快速绕轴自转，则水会逐步参与这种运动，一段时间之后，水才会慢慢退离转轴，爬上桶壁。只要液面还是平的，虽然有相对于桶壁的旋转，也显然还没有绝对旋转；而当绝对旋转开始时，相对于桶壁的旋转恰好消失；因此，离心现象似乎是绝对旋转的标准。我们只是交代这种推理，而不去深究后来处理绝对和相对运动问题时所引发的无数讨论。

298. 我们已经注意到，牛顿所说的"惯性力"等同于伽利略所

---

① 　Schlick 89 ff.

说的"印入的力"，后者又等同于唯名论者所说的"冲力"。牛顿也使用 *Vis Impressa*［施加的力］这种说法是导致误解的一个来源，而表达的却是一种完全不同的、在词源上几乎没有根据的含义。的确，定义 4 说：

> **定义 4**：施加的力（impressed forces）是一种施与物体的作用，以改变其静止或匀速直线运动状态。

于是，"施加于物体的力"（*Vis in corpus impressa*）就意味着"作用于物体的力"。通过把同一个"力"（*Vis*）用于"惯性力"（*Vis Inertiae*）和"施加的力"（*Vis Impressa*）这两个如此不同的概念，牛顿加剧了使用具有诸多含义的"力"一词所导致的混乱。

牛顿所引入的力，是一种导致质点速度矢量变化的没有进一步确定的原因（"矢量"一词在这里至关重要，因为变化既可以是大小变化，也可以是方向变化，还可以是两者同时变化）。通过引入这种概念，牛顿有意识地突破了 17 世纪的机械论，不再认为物体的运动只能因另一个运动物体才能改变，从而给力学打上了标志性的个人印记。

当然，他现在必须引入一条公理，规定力的作用是什么。这正是古代力学与经典力学的最终分歧所在。不难看出，所选择的新方向是什么。随着力学在 17 世纪的发展，重力已经被看成一种作用于物体的恒定的力，它被认为会引起匀加速运动。现在，所要选择的公理必须以某种方式表达一种一般的认识，即恒定的力引起恒定的加速。经典力学后来做到了这一点，方法是假定力与加速度成正比,并把它表示成基本关系：

$$\underline{F} = m \times \underline{a},$$

其中 m 是质点的质量,$\underline{F}$ 是力矢量,$\underline{a}$ 是加速度矢量。我们自然会料想,《自然哲学的数学原理》中即使没有这个公式,也一定有与之明显等价的陈述。

299. 要发现这是否是事实,我们将先为前面给出的"物质的量"(*Quantitas Materiae*)的定义补充"运动的量"(*Quantitas Motus*)的定义(定义 2)。"运动的量"被定义为运动的量度,可由速度和物质的量的乘积来确定。于是,它就是我们在笛卡尔那里和其他地方已经遇到的 mv[动量],它既写成"quantity of motion"又写成"impulse",如今则被称为"momentum"。

牛顿通常把"运动的量"简写为"运动"(*Motus*),这种不严密的表达方式如今依然屡见不鲜。一些人并没有把运动当作一种状态,而是当成一个大小(magnitude)来处理,例如会说大的和小的运动,或者用矢量来表示运动。[①]

300. 定义 5—定义 8 特别与向心力有关,所谓向心力是指一种使物体被拉向、推向或以任何方式趋向于中心点的力。任何向心力的量都可以由三个量来刻画：绝对量(*Quantitas Absoluta*)、加速量(*Quantitas Acceleratrix*)和驱动量(*Quantitas Motrix*)。绝对量与其说与力本身相关,不如说与施加这个力的中心有关,例如,它给出了充当力场中心的磁极的强度；加速量正比于力在一定时间内所产生的速度；而驱动量则正比于一定时间内所产生的运

---

①　Einstein-Infeld 8 ff.

动[的量]。牛顿还说,为简洁起见,他将把这三个量称为绝对力(*vis absoluta*)、加速力(*vis acceleratrix*)和驱动力(*vis motrix*);这进一步加剧了"力"这个词所导致的混乱。他还解释说,驱动力指整个物体趋向力的中心的总倾向,它由各个部分的倾向组合而成;加速力则涉及物体所处的位置,它是一种从中心传播到周围各处的推动物体运动的力量。因此,他所说的中心力场某一点的加速力显然指该位置处的场强(对于地球的引力场来说,它同时决定了落体运动的加速度);而驱动力则是指物体受到的总的力(对于地球的引力场来说,即物体的重量)。

301. 后面的公理 2 说:

公理 2:运动(即运动的量或动量)的变化(*mutatio*)正比于所施加的驱动力(motive force impressed),并且沿着施加这个力的直线方向发生。①

牛顿作了如下解释:如果受这个力作用的物体原先在运动,那么由这个力产生的运动(这里指原有运动的变化,总是沿着产生它的力的方向)与原有的运动需要根据方向的一致或相反而相加或相减;如果两个方向彼此倾斜,它们就倾斜地联合起来,从而产生一个由两个方向合成的新的运动。后一表述没有得到解释,但其

---

① 公理 2 的拉丁文原文是:*Mutationem motus proportionalem esse vi motrici impressae,et fieri secundum lineam rectam qua vis illa imprimitur*。正如作者在第 304 节所指出的,公理中出现了"驱动力"(*vi motrici*,motive force)这个本来只是就向心力而言的术语,这里却被毫不在意地用于非向心力。——译者注

含义可以由推论1看出。

表面看来,这个公理的第一部分似乎只是以一种不完整的形式(不完整是因为少了"一定时间内"这个短语)重复了定义8中的话。但事实并非如此。定义8说,力产生动量,两个力之比等于相同时间内产生的动量之比(因此,它本身已经是公理而不是定义);现在说,新的动量与原有的动量(根据公理1,如果没有力的作用,它将保持不变)合成一个总动量(即新的动量不会阻碍、减弱或取代原有的动量)。公理的第二部分确定了动量变化的方向。

302. 这里的说法等价于经典力学关系 $\underline{F=m\times a}$ 吗?要想回答这个涉及 F 与 a 的大小成正比的问题,我们只需考虑定义8。如果一个恒力 F 在 t 秒内作用于一个起初处于静止的质量为 m 的质点,则由

$$F = m\times a \text{ 且 } v(t) = a\times t$$

可得

$$F\times t = m\times v(t);$$

因此,力正比于一定时间内所产生的动量。但结论反过来却是不成立的。例如,倘若一个恒力 F 产生一个与时间成正比的加速度,即如果有

$$F = m\times c \text{ 且 } a = c\times t,$$

则对于一个由静止状态开始的运动来说,速度与时间的关系将是

$$v(t) = \frac{1}{2}ct^2;$$

因此有

$$F\times t^2 = 2\times mv(t),$$

所以力同样正比于一定时间内所产生的动量。

于是,$F=m\times a$ 是使定义 8 和公理 2 有效的充分条件但非必要条件。因此,定义 8 和公理 2 合起来并不等价于 $F=m\times a$。

303. 此前,关系 $F=m\times a$ 一般是由定义 7、定义 8 和公理 2 推出的。然而,这种情况就像童话中的皇帝的新装:所有人都看到它,是因为确信它的存在,直到一个孩子说,皇帝什么也没有穿。同样,过去总是把牛顿《自然哲学的数学原理》导论章节中的公理 2 解释成,恒定的力产生大小与之成正比的恒定的加速度,但如果公正地看待它,却无法发现这样的东西。要想以这种方式进行解释,我们必须假定,牛顿所说的变化(*mutatio*)指的是变化率。[①] 只有那样,才有可能以现代方式将其表述为

$$F = \frac{d}{dt}(m\,v)。$$

如果 m 是恒定的,这的确等价于

$$F = m\times a。[②]$$

然而,牛顿完全有能力表达自己的思想,他几乎不可能犯如此严重的错误,在包含这些公理的如此重要的段落中将量(magnitude)的变化与量的变化率混淆起来。[③] 在做出这样的指责之前,我们应

---

① 这已经是不可能的,因为那样一来,变化(*mutatio*)的量纲就与动量不同,从而两者无法相加。——译者注

② 本小节此处以下的内容英译本作了大幅调整,比如将荷兰文原文中第 307 节的内容调整到本小节,增加了不少字句等等。英译本的结构更为清晰,故这里基本按照英译本译出,改动之处不再一一指明。——译者注

③ 英译本这里的原文是"将量与量的变化率混淆起来",疑为"将量的变化与量的变化率混淆起来"之误。——译者注

当考虑一下，是否可能照字面理解这个陈述。

　　事实上，这是完全可能的，只要我们放弃一种先入之见，即公理2中的"力"指的是像重力那样的连续作用力。它实际指的似乎是一种导致动量瞬间变化的冲击力（impulsive force）。如果用 I 来表示这样一个力，那么这一陈述可以用今天的符号表示成

$$I = \Delta(m\,v)。$$

这才是牛顿实际要说的意思，这一点可以从这条公理接下来的应用中明显看出。例如运动定律的推论1：

> 物体同时受两个力作用时，将描出平行四边形的对角线，两个力在同一时间内分别描出它的两条边。

　　虽然这里再次使用了"力"这个词，但它明显指前面所说的那种冲击力，因为牛顿假定物体（图46）如果只受力 M 的作用，则将匀速通过距离 AB，如果只受力 N 的作用，则将匀速通过距离 AC。如果 $BD /\!/ AC$，则力 N 将不会改变趋近 BD 的速度，因为根据公理2，动量的变化沿着施加力的方向发生。因此，物体在这段时间之后处于 BD 上的某个位置；出于同样理由，它也处于 $CD /\!/ AB$ 之上的某个位置，所以它必须处于 D。由于物体在 A 处受到冲击（impulse）之后自行运动，所以根据公理1，它必定沿 AD 做匀速直线运动。倘若力连续起作用，整个推理将无法理解；那样一来，根本不会产生匀速运动。

　　为了证实这种印象，我们可以看看第一卷第二章的命题1，其中导出了向心力作用下的运动的面积定律。这里同样只提到了冲

图 46：两个同时作用的冲击力（impulsive force）的合成，根据 Newton，
     Principia，*Axiomata*，Cor. Ⅰ。

击力，只是到了推理的最后，才通过极限过渡到连续力的情形。

    同时我们也可以理解，为什么"在一定时间内"这一短语在定义 8 中仍然出现，而在公理 2 中却消失了：冲击力造成了动量的突然变化，这种变化又按照推论 1 的方式与现有动量进行合成。

    习惯于把公理 2 看成表述了力与加速度成正比的读者自然会倾向于认为，牛顿的确对连续的力有所认识，因为有几处非常明确地谈到了这种力（比如在讨论静力的合成与分解的推论 2 中）。这固然不错，但他的处理方式与贝克曼推导落体定律的方式（Ⅳ：72）如出一辙，即把它们看成频率无限大的周期性的脉冲力。这实际上等于接受了关系

$$\underline{F} = \frac{d}{dt}(m\,\underline{v})。$$

但他从未在任何地方表述过这一关系，所以它并未构成其公理体系的一部分。

    牛顿之所以从未明确说过，恒定的连续力会引起匀加速运动（这毕竟是与古代和中世纪观念彻底决裂的新动力学的基本原理），也许是因为他认为（就像惠更斯所做的那样[1]），受恒力作用

---

[1]   Huygens，*Discours de la Cause de la Pesanteur*. *Œuvres* XXI 461-2.

的质点的速度在相等时间内增加相等的量,这是完全自明的。这两位科学家已经深受新的动力学观念的影响,甚至认为根本没有必要提到这个与旧观念的最重要的分歧:这生动地表明,起初显得悖谬的新观念如何在很短的时间内变得习以为常。然而,从这里讨论的公理化的角度来看,如果不说动量与时间成正比,即加速度恒定不变,这是一个缺陷:事实上,动量固然与时间成正比,但动能也与距离成正比,如果既不假设也不证明,我们如何知道是哪一个呢?此外,根据亚里士多德的公理化观念,自明性是作为公理的理由,而不是略去不谈的理由。

304. 所有这些都表明,公理化并非牛顿的强项。他在《自然哲学的数学原理》中对上述定义和公理的使用也支持了这种说法。事实上,(由于其中出现的"驱动力"[*vis motrix*]这一术语)明显只适用于向心力的公理 2,被毫不在意地用于非向心力;虽然导论章节还细致区分了"加速力"和"驱动力",但这部著作中只有"加速力"(在加速度的意义上),而从未有过"驱动力"。它所谈及的只是"力"(*vis*),只有把公理 2 中的"驱动"(*motrix*)一词去掉,才能最好地还原出牛顿的意图。[①] 此外,所有坚持认为公理 2 中所说的"变化"是指平均变化率的人也会面临困难。事实上,这些定义和公理只是对于大小和方向都不变的力才是可理解的,而它们完全被用在这两者都不是事实的地方,也没有说这样一来如何来理解。当然,这需要有无穷小概念,就像在定义速度概念时所做的那样。

---

①   不知何故,英译本竟然删去了此处之前的 304 节中的重要的话,这里按照德译本译出。——译者注

对充分的理由怀疑,牛顿在撰写《自然哲学的数学原理》时是否对微积分有足够的发展,使他能够运用这些概念。无论如何,他并没有这样做。

如果只把公理 2 理解成一则关于冲击力的陈述,那么所有这些反对意见都可以消除。那样一来,它们甚至可以变成许多支持这种解释的论证。

不论公理 2 如何解释,从公理化的角度看,仍然可以期待在相当程度上进一步完善《自然哲学的数学原理》的构建。和科学史上的其他基本著作一样(比如哥白尼和开普勒的著作),它缺乏一本优秀教科书所应有的品质。试图由这部著作学习牛顿力学将会面临很大困难。

305. 有时我们会听到这样一种意见,①公理 2(现在以传统方式进行解释)使公理 1 即惯性定律成为多余。论证是:如果动量的变化正比于所施加的力,那么当没有力被施加时,就没有动量的变化;因此,一个不受任何外界影响的质点的方向和大小都不变,而这正是公理 1 的说法。然而,这样说的人没有看到,也可以设想(实际上长久以来一直有此设想)动量会自动减小(仿佛物体变得累了)。

这种可能性被公理 1 排除了;因此,动量不会自动改变;任何变化都需要力;公理 2 给出了这个力的结果。或者换句话说:公理 2 只是断言,施加力是使动量变化的充分条件;公理 1 则已经确定,施加力也是动量变化的必要条件。公理 2 保证,施加力会出现

---

① Mach 240.

加速度;公理 1 则使我们可以由加速度的存在推论出有力被施加。

如果像在经典力学后来的发展中那样,把力定义为质量与加速度的乘积,那么可以认为,在提出公理 2 之后,惯性定律没有存在的理由。但这并不是牛顿本人的看法。定义 4 把"施加的力"(*vis impressa*)定义为从外部施与物体的作用,并解释说,这个力可以有不同来源,比如碰撞、挤压、被中心吸引。因此,力是一种物理实在,而不仅仅是一个名称,用来指一个系数(质量)和一个运动学量(加速度)的乘积。

在定义 8 中,虽然驱动力看起来好像被定义成一个与一定时间内的动量变化成正比的量,因此可以等价于比如说单位时间内的动量变化,但牛顿却在解释中说,驱动力由能够抵消它的力来度量(比如悬挂在绕过滑轮的绳子上、平衡了驱动力作用的重量),而所谓的定义现在又作为公理说,一定时间内所产生的动量正比于如此度量的驱动力。

306. 这种观念与用 $F=ma$ 来定义力的观念的区别对于力学发展有至关重要的意义。例如,在第一种情况下,设想先通过静力学测量确定,一个力是另一个力的两倍,然后断言,当它们被施与同一质点时,前者所产生的加速度将是后者的二倍。于是,"一个力是另一个力的两倍"这种表述就有了一种独立的含义,它不依赖于力是否真的使质点运动,就好像不必用电势差在金属线中激发起电流,就可以知道电势差存在,并且可以测量一样。我们可以把它称为力的实在论观念,把它对比于唯名论的观点,后者认为,"一个力是另一个力的两倍"这种表述只不过表达了一个事实,即某个质点在一种情况下的加速度是另一种情况下的两倍。在后者看来，"力"这个词原则上可以免除；之所以使用它仅仅是因为，它可以在某些情况下使表述大大简化。

307. 我们现在不得不再次回到"如果两个方向彼此倾斜，它们就倾斜地联合起来"这一表述，它给出了当动量变化与原有动量成一角度时，确定新动量的方法。这里显然指的是矢量相加，但对于连续作用力的情况，只有当力的方向保持恒定时才能适用；如果力的方向是可变的，就像一般情况下的向心力那样，那么一段时间之后，现有的动量不再能够通过原有动量和与力同方向的新产生的动量的矢量相加来求出。这再次需要有无穷小概念，但牛顿并没有给出它，也没有任何迹象表明牛顿想到了它。

308. 最后一条公理 3 说，每一个作用都有一个相等的反作用，换句话说，两个物体彼此之间施加的力总是大小相等，方向相反。

关于定律的推论，我们提到推论 2，它把连续作用力的平行四边形法则表述成推论 1 的一个直接结论（没有说明这个结论是如何得到的）；接下来的三个推论指出，封闭系统的总动量是恒定的，其重心做匀速直线运动，如果整个系统作匀速直线平移，则其内部的相对运动不会改变（即我们已经提到的经典力学的相对性原理）。

在一条附注中，牛顿还讨论了关于碰撞和相互吸引的实验，它们从实验上验证了公理 3。此外还有一些历史叙述，比如伽利略借助于公理 1 导出了落体定律，惠更斯利用公理 3 导出了碰撞定律。由于牛顿的权威性，这两种说法长期以来一直被认为是真的，而只要随便看看两位学者的原著便可证明，这样说是没有根据的。这种历史误解之顽固显著表现在，直到今天，牛顿对伽利略落体定律推导方式的叙述仍然不绝于耳。[1]

　　在《自然哲学的数学原理》第三版的1729年出版的安德鲁·莫特（Andrew Motte）的英译本中，这些历史叙述之后是一段以前版本中没有出现的话。在这段话中，作者试图证明，落体恒定的重力会引起匀加速运动。正如Ⅳ:303所说，这尚未得到说明。证明是这样的：

　　　　物体下落时，其重力的均匀力相等地起作用，它在相等时段内给物体印入（impresses）相等的力，从而产生相等的速度；而在全部时间内印入全部的力，所产生的全部速度正比于时间。而相应时间内走过的距离正比于速度与时间的乘积，即正比于时间的平方。

　　由于从未明确假定，恒定的力引起恒定的加速度，所以这种推理当然没有说服力。弱点在于，由"相等地起作用"（acting equally）并不能推出，对于相等的时段（而不是，比如说，对于相等的距离）有相等的力被施与物体。

　　值得注意的是，在上述段落中，牛顿在一种与定义4完全不同的意义上使用了"impressed forces"这一术语。在定义4中，它是一个从外界施与物体的力，牛顿明确说，这个力并未保留在物体内部。而在上述段落中，这个术语却是在伽利略的意义上使用的，即一种仍然保留在物体内部的动力或冲力。这里，牛顿再次在很大

────────────

① 本小节以下的内容为英译本所加。——译者注

程度上加剧了"力"这个词在 18 世纪以及 19 世纪的大部分时间里所呈现出的无望的混乱。

309. 对于没有受过数学训练的读者来说,这种对牛顿建立经典力学所基于的公理系统的批判性讨论或许显得有些怪异。牛顿先是被描绘成一个全能的天才,他作为科学的奠基人开创了思想史上的新时代,使人类以一种前所未有的方式洞悉自然,帮助人类取得了以前做梦都想不到的技术成就。然后,他对所有这些所基于的科学原则的讨论却遭到严厉批判。如果前一种说法是正确的,那么后一种说法岂非无甚重要吗? 对于这样一部字里行间都见证了作者得心应手地驾驭新观念的著作,指出其导论部分中的不完美之处,这岂不是等于吹毛求疵?

而受过数学训练的读者却不会这么说。他知道,在数学上重要的不仅是发展出来的方法是否有效,而且还要看其理据是否严格;坚持不懈地夯实整幢数学大厦的基础,其重要性绝不亚于对高层进行扩建。这样的读者不仅希望能够说话和行动,而且想知道他在说什么,他的行动以什么为基础。

当然,对牛顿公理系统持批判态度绝不是想否认其历史意义。古代动力学一直缺乏的公理基础,由经典动力学的[自然哲学的数学]原理所提供。由此已经为其进一步发展奠定了坚实的基础。尽管后人不时会发现不得不对这个基础作一些补充和修改,但他们从未因此而看不到牛顿成就的伟大价值。

二、天体动力学

310.《自然哲学的数学原理》的前几章(就像前面所描述的那

样)奠定了力学的基础,一般地谈到了力的作用,但尚未提出确定
特殊情况下力的大小和方向的定律;只是在对向心力的强调中,才
表现出对一般的力的概念进行特殊化的迹象。

在构成了《自然哲学的数学原理》的真正内容且应用了新的力
学的三卷中,情况当然有所不同。然而,鉴于所涉及的主题对读者
的数学要求比较高,我们无法深入讨论这些卷的内容,而只能提到
其中一些对我们有特殊意义的结果。

牛顿首先成功地证明,对于所有由向心力引起的运动来说,面
积定律都适用,不论力的大小如何依赖于与中心的距离;相反,由
这一定律的有效性也可以推出,力指向发出矢径绘出面积的那个
中心。因此,由开普勒的第二行星运动定律可得,行星受到了一个
指向太阳的力的作用。牛顿随后证明,如果质点在一个指向焦点
的力的作用下描出椭圆,则力的大小反比于与力心距离的平方;于
是根据开普勒第一定律可得,行星按照这条力的定律被太阳吸引。
而根据公理3,地球必须以一个大小相等、方向相反的力吸引太
阳。牛顿现在把这一结果推广到宇宙中的所有物体,从而得到了
万有引力定律的表述。根据这条定律,宇宙中任何两个物质粒子
都以相等的力彼此吸引,力的大小与这些粒子的物质的量(质量)
成正比,与它们距离的平方成反比,这使得用数学处理宇宙中的所
有运动成为可能。与此同时,重力被当作万有引力的特例;地球上
的物体下落,月亮围绕地球的运动,行星围绕太阳的运动,卫星围
绕行星的运动,都可以认为由同一种力引起。

311. 这里我们不得不用几句话总结一项发现,它只有在巨大
的理智努力之后才可能做出,堪称思想史的一个高峰。要想明白

这一点，我们首先可以展望未来：这项成就使得对太阳系物体的运动作极为准确的动力学处理成为可能，这永远是数理自然科学最伟大的胜利之一；还可以追溯过去：古人认为，天界与地界的运动现象是完全不同的，如今物理的宇宙图景则完全统一起来。以前看似不可调和的对立，比如自由落体的自然运动和抛射体的受迫运动，地球上的下落、上升、抛射运动和天上的行星运动，或者像潮汐现象这样似乎与其他运动没有任何可比性的东西，现在都被发现可以归因于同一种自然力的作用，它服从一条普遍定律。水平抛出的石头初速度越大，落地之处与出发点的距离就越大，倘若初速度足够大，这块石头将变成一个月亮；假如月亮没有切向速度，则月亮将变成石头落到地球上。月亮的实际运动就像小孩子抛出的球的运动一样，是由两种运动合成的：一种是它不受任何外界影响时所做的匀速直线运动，另一种则是朝地球的持续下落。在相互合成的影响下，太阳系的所有天体都会描出只能由开普勒定律近似表示的轨道，但即使是这些受到干扰的运动的近乎无限的复杂性也仍然满足毕达哥拉斯式的对和谐的渴望，因为这种复杂性乃是建立在一种明晰的数学定律的统一性的基础之上。这一定律可以用现代符号表述成一条简单公式：

$$F = c \times \frac{m_1 m_2}{r^2},$$

其中 m_1 和 m_2 表示两个质点的质量，r 是它们之间的距离，F 则表示相互吸引力的大小。它连同经典力学的一般定律和方法，为数学处理一切宇宙运动提供了手段。

312. 这里我们无法讨论牛顿如何在《自然哲学的数学原理》

中引入和运用了他的万有引力定律,也没有篇幅来描述他在获得一种新的洞见之前必须克服多少困难,以及他的前人在他终获成功的领域获得了哪些部分成功。[①] 事实上,对于我们的目的来说更重要的是,确定他所提出的理论对于自然哲学的发展有何意义,特别是对机械论自然观有何影响。

在讨论了17世纪机械论之后,我们不会感到奇怪,真正的机械论哲学的最突出的代表人物(用波义耳和惠更斯的话来说)会认为引力理论重新陷入了被认为已经消失了的中世纪观念,是对自然科学事业的一种背叛。经过长期斗争,人们已经摆脱了谈论质和能力的经院物理学,摆脱了使用共感和反感等概念的所有泛灵论的解释原则;他们已经学会了把每种力的作用看成物质粒子运动的结果,除了彼此直接接触所施加的碰撞力,物体不可能以任何其他方式相互影响;他们发明出了复杂的运动体系,通过微粒的运动来解释行星的绕日运动和地球上重物的运动。现在,他们突然被指望放弃所有这些观念,用一种神秘的力来解释一切,这种力是在隔着一段空的空间、没有任何中间媒介的两个物体之间产生的。甚至不能说,这等于回到了亚里士多德派的观念,因为所有经院哲学家(除了那个一向顽固的奥卡姆)都拒绝承认超距作用(*actio in distans*)观念。但新的引力理论似乎违反了整个机械论自然观,就好像牛顿说,太阳在行星中唤起了一种质,使它们描出椭圆。

313. 为了说明这种反应,我们只给出牛顿最伟大的同时代人——惠更斯和莱布尼茨的一些评论(莱布尼茨虽然持有那些形

---

① Beth II 59-98.

而上学观念,在物理学领域却是彻底的机械论者)。

1687 年 7 月 11 日,惠更斯甚至在拿到《自然哲学的数学原理》之前就写信给法蒂奥·德·丢利埃(Fatio de Duillier):[①]

> 我期待看到牛顿那本著作。我很希望它不是一本笛卡尔主义的著作,但愿它不会向我们提出引力那样的假设。

1690 年 11 月 18 日,他致信莱布尼茨:[②]

> 我既不满意牛顿就潮汐的原因给出的说明,也不满意他基于引力本原提出的所有其他理论。我认为这个本原是荒谬的。

在《论重量的起因》[③]中,他说,两个物质粒子的相互吸引是不可接受的:

> 由此我相信我已经清楚地看到,这种引力的原因既无法通过任何力学本原来解释,也无法通过任何运动规则来解释;因为所有物体之间的相互吸引的必然性不再能够让我信服;此前我已经表明,当地球不复存在时,诸

---

① Huygens, Letter of 11 July 1687 to Fatio de Duillier. Œuvres IX 190.

② Huygens, Letter of 18 November 1690 to Leibniz. Œuvres IX 538.

③ Huygens, *Discours de la Cause de la Pesanteur*. Œuvres XXI 471.

物体也不会再留下来;我们由此来命名它们趋向一个中心的重量。

莱布尼茨的拒斥同样坚决:他 1693 年 3 月 20 日写信给惠更斯,[1]讨论内聚力的解释问题,他在信中不赞同为此引入一种新的不可解释的质:

> 如果您同意这一点,我们马上可以转向其他类似的假定,诸如亚里士多德的重性,牛顿先生的吸引,共感或反感,以及许多其他类似的性质。

1690 年 10 月,在研究了《自然哲学的数学原理》之后,他说自己无法理解牛顿以何种方式设想重力或吸引:[2]

> 在我看来,牛顿的观点似乎只是用某种无形的、不可解释的力来替代您已经用力学定律令人信服地解释了的东西。

当然,两人完全知道牛顿各种成就的伟大价值。惠更斯尤其认为,《自然哲学的数学原理》的第二卷对笛卡尔用来解释行星运

---

[1]　Letter of 20 March 1693 from Leibniz to Huygens. Huygens, Œuvres X 428.
[2]　Letter of October 1690 from Leibniz to Huygens. Huygens, Œuvres IX 523.

动的涡旋理论的反驳是非常重大的进展；[①]他还非常看重这样一种认识，即物体的重力随着与地球的远离而减小，月球也受到地球的引力；[②]但他拒绝承认这些结果真的得到了物理解释。在他看来，牛顿这里并没有解决问题，而是为自然的机械论解释提出了一项新的任务。像引力这样的概念并不能服务于这个目的，因为它在力学中没有位置。

三、牛顿的自然哲学观念

314. 惠更斯、莱布尼茨以及当时的其他一些人异口同声地谴责牛顿把科学引入了它似乎已经彻底摆脱的歧途，他们这样说无疑是没有怎么考虑牛顿关于其理论目标和范围的观念，这种观念在《自然哲学的数学原理》中多有阐述，后来又在《光学》(*Opticks*)中有所补充。

其实在定义 8 中，他就已经为自己做出了辩护，因为有人认为他把引入的各种力当成了相关现象的最终原因。向心力的绝对量，力的中心的强度，仅仅是一个数学概念。当我们谈及吸引、驱动或倾向时，决不能在物理的而只能在数学的意义上来理解这些力。所谓吸引，并非旨在表明力的真实作用方式，或者描述其物理原因。在《自然哲学的数学原理》结尾的《总释》(*Scholium Generale*)中，牛顿这样写道：

---

① Huygens, Letter of 8 February 1690 to Leibniz. *Œuvres* IX 368. Letter of 24 August 1690 to Leibniz. *Œuvres* IX 472. *Discours de la Cause de la Pesanteur*. *Œuvres* XXI 472.

② Huygens, *Discours de la Cause de la Pesanteur*. *Œuvres* XXI 472.

迄今为止我们已经用重力解释了天体及海洋的种种现象，但还没有把这种力量归于什么原因。可以肯定，这种力量必定来自于这样一个原因，这个原因能够穿过太阳和行星的中心，而它的力并不因此有丝毫的减弱；它所发生的作用并非（像力学原因所惯常的那样）取决于它所作用的粒子表面的量，而是取决于这些粒子所含坚实物质的量，并可向四面八方传到遥远的地方，总是按照与距离的平方成反比的规律减弱。指向太阳的引力是由指向构成太阳的所有粒子的引力所合成的……但迄今为止，我还没有能够从现象中发现重力所以有这些属性的原因，我不杜撰假说；因为，凡不是从现象中推导出来的任何说法都应称之为假说；而假说，无论是形而上学的还是物理学的，无论是关于隐秘性质的还是关于力学性质的，在实验哲学中都没有位置。在这种哲学中，特殊的命题总是从现象中推论出来，然后才通过归纳方法使之具有一般性。物体的不可入性、可运动性和冲击力，以及运动定律和引力定律，都是这样发现的。对我们来说，知道重力确实存在，并且按照我们已经说明的那些规律起作用，还可以用它来广泛解释天体和海洋的一切运动，就已经足够了。

315. 不可否认，这段话包含了关于科学理论的目标和范围的非常明确的观念，但很难说这种观念到底是什么。显然，牛顿和机械论者一样不愿借助像潜能与现实这样的形而上学原则或者质来解释自然现象，引入它们仅仅是为了解释某些现象，我们并不清楚它们到底是什么，以及如何产生这些现象。然而，他也不愿接受机械论的解释，这种解释建立在假说性微粒的假说性运动的基础之上，它们的存在和属性只能通过现象可以由它们导出来证明。他希望只利用那些可以由经验证明的力来解释行星运动和潮汐现象，而不想涉及那些力之所以存在的深层原因，直到有可能通过观察或实验给出线索。当他说某个粒子被一个中心吸引时，这暂时只意味着它受到一个指向该中心的力的作用；只是这种力发生作用的原因是什么还不清楚，那么同样可以说，这个粒子被推向那个中心或趋向那个中心。向心力的绝对量是刻画力的中心的一个量，物体在这个中心场中所受力的大小取决于它；但是，假如中心物体的物质的量、磁极强度或粒子的电量充当这个绝对量，这并没有言及物质本性、磁力或电力以及中心的施力方式。

316．这并非是指，牛顿认为建立在观察基础之上的力的最终原因本质上是不可知的：在前面引述的附注中，他曾两次提到"还没有"，我们还将看到，他的确思考过由更深的原理重新导出万有引力的可能性；但它们必须是可以由经验直接推出的原理，如同引力本身那样清楚明白，从而和引力一样不至于获得"假说"之名（牛顿在一种非常特殊的意义上使用这个术语）。"行星朝向太阳是重的"（这是他偏爱的表达）并非假说：经验告诉我们，行星描出一个以太阳为焦点的椭圆，同时服从面积定律；由此可以通过数学得出，它受到了一个指向太阳的力的作用，其大小与距离的平方成反比。只要经验并没有告诉我们这个力是如何施加的，健康的科学方法就要求我们止步于力的作用的事实，而不要继续对这种作用的原因作无端的猜测。

牛顿关于宇宙运动动力学的这种观点与伽利略关于落体和抛射体的运动学的观点之间有深刻的相似性。伽利略只想确定落体和抛射体如何运动，并不是因为他认为不可能对这些现象有更多了解，而是因为在能够成功追问原因之前，必须首先准确描述运动的过程。牛顿仅限于发现支配天体运动的力，并不是因为他确信更深刻地了解这种力的本性原则上就不可能，而是因为我们关于它的证据只能源自想象，无法得到确证。

牛顿和伽利略都保持了一种明智的克制。指责牛顿有意回避了关于引力真实本性的问题，或者贬斥伽利略没有深入探究引起落体和抛射体运动的力，都是同样不公平的。

317. 然而我们有理由追问，牛顿的意图是否还要更进一步，特别是他对力的数学特征的强调是否证明，他接受了我们前面所说的唯名论而不是实在论的力的观念。根据这种观念，不仅像"吸引"和"倾向"这样仅仅蕴含着对力的概念的多余说明的词可以取消，而且"力"本身也是如此。确切地说，我们只能说（因为用数学处理的经验只告诉我们这些），两个质点在对方存在的情况下沿其连线有相反方向的加速度，此加速度与指定给质点的某个不变的系数即其质量成反比；说它们受到大小相等、方向相反的力的作用，力的大小等于任何一个质点的质量与其加速度的乘积，只不过是一种简略的说法。

虽然这种观念似乎的确很符合牛顿的思想，但把它归之于牛顿却并无道理。事实上，没有任何迹象表明，他对力的概念持批评态度，直到力学发展到后来的阶段，才有了上述观念。他毫无顾忌地谈论着力，仿佛在谈论尚未得到解释的物理实在，力会引起实际的动量变化，就像一个球与另一个球相撞，会推动后者向前运动一样。说行星和太阳在对方存在的情况下（甚至不能说：因对方存在）有一定的加速度，虽然这种谨慎的表述与牛顿的思想似乎并无不合，甚至还能得到他的一些说法的支持，但它所基于的整个观念，即只承认描述的可能性，而不承认解释自然现象的可能性，却是牛顿所不能理解的。

318. 莱布尼茨和惠更斯对牛顿理论的批评在某些方面固然不够公允，但他们担心在运动原因意义上重新引入力的概念可能会对物理学的发展造成不好的影响却并非毫无根据，甚至可以说，这其中包含着某种先见之明。事实上，"力"这个词在物理学中经常发挥这样一种功能，它与经院哲学的质和能力的理论并无本质不同。有力在起作用这种说法，会让那些嘲笑用质进行解释的物理学家心满意足。直到今天，我们依然可以看到，这个有魔力的词可以完全满足物理学和化学的初学者对因果关系的渴望：重物如何会挤压托它的手掌，为何手一松就会下落？因为地球在吸引它们！为什么坚实的物体没有分解成最小的粒子？因为这些粒子彼此吸引！为什么有些物质会强烈地结合在一起？因为它们彼此之间有巨大的亲和力！

那么，我们就不能谈及地球的引力、内聚力和亲和力了吗？仍然可以，但要记得（并且在必要时提醒别人），这只是给现象的原因赋予了一个名称，在赋予名称之后，只有能够提出数学定律规定这种力的作用，才意味着真正的知识。否则，使用力的术语总有一种危险，使我们误以为认识了事物，从而不再能够感觉到所有自然现象的神秘性。

319. 牛顿在《总释》(Ⅳ:314)中不无自豪地说出了那句名言——"我不杜撰假说"(*Hypotheses non fingo*)，我们不由得会问，他在多大程度上信守着这一承诺。因为我们注意到，就在同一页，他猜想有

> 一种能够渗透并隐藏在一切粗大物体之中的某种异常精细的精气(spirit)；由于这种精气的力和作用，物体中的各个粒子距离较近时能相互吸引，彼此接触时能黏合在一起；带电物体的作用能够延及较远的距离，既能排斥又能吸引周围的粒子；由于它，光才被发射、反射、折射、衍射，并能使物体发热；它使所有感觉被唤起，使生物肢体受意志驱动。

牛顿的确承认，他所能做的实验不足以精确确定和证明这种精气作用所遵循的法则。但这部巨著结尾处提到的这个臆想的观念却清楚地证明，在他制定了严格的解释原则之后，"杜撰假说"对他的诱惑超出了我们的预想。如果我们考察他的光学研究，这种印象还会进一步增强，这些研究在 1704 年发表的《光学》中得到了总结。

320. 牛顿在《光学》①的开篇讨论了他的一项发现，即白光由不同折射度的光线组合而成；在他看来，这里所用的方法堪称实验

————————

①　Newton (3)(4).

哲学必须遵循的范例。实际上，在这部分内容中，牛顿先是通过精确的实验手段确立事实，然后用新的实验来确证或反驳由这些事实产生的猜测，对光的真实本性的考察以事实所能保证的程度为限。但这种做法后来并没有贯彻下去。对干涉现象特别是所谓"牛顿环"现象的实验研究促使他提出了一种解释，它绝对称得上是《自然哲学的数学原理》中严厉拒斥的那种"假说"；在《光学》的结尾，他对光的真实本性作了不可能得到任何实验验证的思辨。事实上，他这样做是心有愧疚的，因为所有假说都是当作疑问提出来的："岂非""难道不是……？""是否有可能……？"因此，在形式上仍然有可能拒绝对此负责。这使得《光学》的这部分内容读起来比较乏味：各种假定非常不完整，从未加工成一种融贯的理论，假如我们竭力设想作者的本意，那么必定会时常感到，作者并未毫无保留地承认这些假定。我们宁愿看到一种像笛卡尔那样的教条式的自信，或者看到他彻底抛弃任何无法得到经验验证的解释。

321. 我们可以用一个例子来说明这一点，即牛顿对牛顿环的解释。把一个略微弯曲的平凸透镜（图 47）压在一块玻璃平板上，沿着反射光[1]和透射光的方向观察两者之间所夹的空气薄膜，则会看到牛顿环的现象。[2]

通过测量环的半径，牛顿发现反射光的亮环出现在 $d = (2k+1)p$ 的地方，透射光的亮环出现在 $d = 2kp$ 的地方，其中 d 表示透镜

---

① 荷兰文本和德译本均误为"入射光"。——译者注

② Newton, *Opticks*, Book II.

凸面与平板之间空气薄膜的可变厚度，p 表示出现反射光第一个亮环时的 d 值。这些值与 19 世纪借助光的波动理论对这种现象的解释相符。现在，牛顿这样来解释他的发现：对于某些 d 值，光线在 b 处被透射，而对于另一些 d 值，光线则被反射。因此，通过一个折射面似乎会在光线中造成某些倾向，即所谓的易反射猝发（fits of easy reflection）和易透射猝发（fits of easy transmission），它们以相等的距离 p 即猝发间隔（interval of the fits）交替出现。

图 47　对牛顿环的解释，Newton，*Opticks* II。

要想正确理解牛顿的思路，重要的是注意到，他并没有把这些猝发的产生当成假说，而是当作一个既定事实，它与白光由不同折射度的光线组合而成具有同样的确定性。只有在解释猝发的起因时，才会涉及假说。同样，他也许会声明，"我不杜撰假说"，然后立即这样做。他虽然未作声明，但的确提出了一个假说，并说他这样做只是为了让一些人感到满意，只有能够通过假说对某一项新的发现做出解释，这些人才会重视它。具有这种心态的人也许会设想，[①]光线在 a 处通过折射面时，将在空气中激起比光线传播更快的振动，从而追上光线的各个部分。如果（纵）波的振动方向与光

① 　Newton，*Opticks*，Book II，Part III，Prop. 12.（4）280.

线的传播方向相同,就会产生易折射猝发;如果相反,则会产生易反射猝发。因此,猝发间隔就是后来所谓的半波长。

很难看出,这个假说能够解释 $2p,4p,6p$ 等距离处总有易折射猝发,$p,3p,5p$ 等距离处总有易反射猝发;事实上,当波从 a 传到 b 时,分别确定两种猝发的相位 0 和 $\frac{1}{2}$ 会在每一点上交替出现,所以猝发不可能保持在固定的位置。

但这实际上无关紧要,因为在提出假说之后,牛顿宣称,他不会去考察这到底是真是假。他将满足于发现一个纯粹的事实,即(他是这样说的)由于某种原因,前面所描述的两种倾向在光线中交替出现。

322. 这个例子典型地说明了牛顿撰写《光学》的大部分内容时所遵循的精神:除了建立在极为细致的观察基础之上的非常广泛的事实,还有许多通常相当奇特的解释性假说,然而根据作者本人的说法,我们应当恰当地理解这些假说,它们仅仅是可以设想而已。牛顿在这方面表现出的很强的独创性使我们猜测,他所谓的"我不杜撰假说"乃是一种自我克制。实际上,他很喜欢杜撰假说,只是强忍着不这样做。

牛顿之所以持这种观点,不仅是出于方法上的考虑,在很大程度上也是出于宗教上的考虑。和波义耳一样,机械论科学的繁荣使无神论思潮发展壮大,这使他深感不安,他同样把维护宗教与科学的和谐看作自己的使命。本特利(Bentley)曾在反驳无神论的系列讲座中把万有引力定律当作对造物主存在的证据,在致本特利的一封信中，①牛顿坦率地指出，在写作《自然哲学的数学原理》时，他的确想让读者明白这一点，并对这部著作似乎达到了这一目的表示满意。在《光学》的疑问28中，他进一步解释说，只要以正确的方式研究科学，那么科学不仅不会妨碍信仰，甚至会有助于它：

> 　　自然哲学的主要任务是不用杜撰的假说而是从现象来讨论问题，并从结果中导出其原因，直到我们找到那个第一因为止，而此原因一定不是机械的；自然哲学的任务不仅在于揭示宇宙的结构，而且主要在于解决下列那些以及类似的一些问题。在几乎空无物质的地方有些什么，太阳和行星之间既无稠密物质，它们何以会相互吸引？何以自然不作徒劳之事，而我们在宇宙中看到的一切秩序和美又从何而来？出现彗星的目的何在，并且何以行星都以同一种方式在同心轨道上运动，而彗星则以各种方式在很偏心的轨道上运动？是什么阻止一颗恒星下落到另一颗上面？动物的身体怎么会设计得如此巧妙，它们的各个部分分别为了哪些目的？没有光学技巧，能否设计出眼睛？没有声学知识，是否能设计出耳朵？身体的运动怎样依从意志的支配，动物的本能又从何而来？……这些事情是这样井井有条，所以从现象来看，似乎有一位无形的、活的、智慧的、无所不在的上帝，他在无

---

①　More（1）377.

限空间中，就像在他的感官中一样，仿佛亲切地看到形形色色的事物本身，彻底地感知它们，完全地领会它们，因为事物直接地呈现于他。只有这些事物的印象通过我们的感觉器官传到我们小小的感觉中枢，并在那里为我们专司感觉和思考的东西所看见、所细察。虽然这种哲学中的每一个真正步骤并不能直接使我们认识到第一因，但它使我们更接近于第一因，所以每一个这样的步骤都应受到高度评价。

这些思考在可被信仰接受的科学研究方法与对假说的拒斥之间建立了一种至关重要的关系。与机械论自然哲学进行争论的主旨十分明显：力图借助于物质粒子的运动来解释一切自然现象，自古以来就曾引出一些非常大胆的解释，它们将所有目的论思考排除在外；经常会有一种把这种观念拓展到物理现象领域之外的倾向，认为它普遍适用于整个生命意识现象领域。从根本上批判把假说引入自然科学，必定可以最有效地抨击那种广泛运用这种方法的思想倾向。

323. 牛顿的宗教思想对其科学思想的强烈影响也表现在，他相信存在着绝对空间和绝对时间。[①] 在他看来，绝对空间意味着上帝的无处不在，绝对时间则意味着上帝的永恒。上帝凭借其时时处处存在构成了空间和时间。上帝不仅通过他的作用事实上无处不在，而且本质上无处不在。物体在上帝永恒全知的存在中作

---

① Newton, *Principia*, *Scholium Generale*. (1) 481. (2) 543.

着绝对运动。

324. 现在我们也许会问,牛顿倾向于把力理解成运动的原因
而非结果,是否也是源于同样的思路。与机械论把碰撞看成运动
状态变化的唯一原因的观念相比,一种本质上无法进一步确定的
超距作用力则带有一种精神的或泛灵论的味道,它似乎比较符合
一种反唯物论的自然哲学。然而,我们不要过于仓促地下结论。
牛顿也许热心于确保宗教不受作为一种形而上学的机械论的威
胁,但机械论作为一种科学方法所取得的成功却使作为物理学家
的牛顿深受触动,以致他同样反对任何人企图把刚才那些观点归
之于他。关于超距作用,他给本特利写信说:①

　　没有某种非物质的东西参与其中,那种纯是无生命
的物质竟能在不发生相互接触的情况下作用和影响其他
物质,正像如果按照伊壁鸠鲁的想法,重力是物质的本质
而固有的性质的话,就必然会如此那样,那简直是不可设
想的。这就是我之所以希望您不要把重力是固有的这种
看法归之于我的一个理由。至于重力是物质所内在的、
固有的和本质的,因而一个物体可以穿过真空超距地作
用于另一个物体,而无须任何其他东西参与其中,用以把
它们的作用和力从一个物体传递到另一个物体,这种说
法对我来说尤其荒谬,我相信但凡在这些方面有能力思
考的人绝不会陷入这种谬论。重力必然是由一个按规律

① 　More (1) 379.

行事的动因所造成,但这个动因是物质的还是非物质的,
我留给读者自己去考虑。

而这恰恰是读者们本想听他讲解的东西。他显然不想表明自
己的看法。一方面,他摆弄着各种完全是机械论性质的以太理论,
而另一方面,根据前面引述的他的话,他又没有完全拒绝起初似乎
被他排除的非物质动因的想法。

325. 然而,牛顿刚刚断言这种超距作用是完全荒谬的,就在
几个地方毫无保留地将其付诸应用,这再次典型说明了牛顿对待
科学思想的复杂立场。在光学中,他借助于超距作用来解释光的
反射:他不想把光的反射看成光线照射到反射物体的坚实或不可
穿透的部分时所产生的结果,而是将其归因于物体的某种能力,这
种能力均匀分布在物体表面,使物体不必直接接触就可以对光线
发生作用。① 折射和衍射也是以这种方式解释的。牛顿在《光学》
的最后一个疑问中列举了各种化学反应,它们都被归因于各种物
质粒子相互施加的力。

通过使用疑问形式(interrogative form),牛顿在最后一个疑
问中甚至不再表现出其他疑问(Queries)中的那种保留态度。他
在发明各种力方面所表现出的独创性,毫不逊色于笛卡尔主义者
在不断发明出新的物质和运动方式方面所表现出的机智。

326. 在这个疑问中,牛顿还一般性地概述了他的世界图景,

---

① Newton,*Opticks*,Book Ⅱ,Part Ⅲ,Prop. 8. (4) 262.

这很值得我们注意。他认为，[①]也许上帝起初用坚实的、大量的、不可入的、可以运动的粒子构成物质，物体发生的所有变化都来自于这些在空的空间中运动的永恒粒子的结合和分离。然而，他现在又给这种纯粹原子论的假设补充了内在于物体的惯性力；它被定义为一种被动本原（passive principle），物体因它而保持静止和运动状态，并获得与作用力成正比的动量。但除此之外，还必须有某些主动本原（active principle）起作用：第一种本原是引力，第二种本原产生物体的内聚，第三种本原被称为发酵（fermentation），它引起生命体中的物质过程。假如引力不起作用，则物体的总动量就会因为摩擦和非弹性碰撞而逐渐减少；这三种本原共同防止世界最终陷入冷寂不动的状态。

　　然而，牛顿坚决反对把这些主动本原等同于亚里士多德派物理学所说的隐秘性质，我们知道，这种倾向在牛顿的同时代人那里表现得非常明显：

　　　　这些本原，我认为都不是因事物的特殊形式而产生的隐秘性质，而是自然的一般规律，正是由于它们，事物本身才得以形成。虽然这些规律的原因还没有找到，但它们的真实性却通过种种现象呈现给我们。因为这些本原是明显的性质，只有它们的原因是隐蔽着的。亚里士多德派所说的"隐秘性质"并非指明显的性质，而是仅指那些他们认为隐藏在事物背后、构成了明显结果的未知

---

①　Newton, *Opticks*, Book III, Part I, Quest. 31. (4) 400.

原因的性质,如重力、电磁吸引和发酵等等的原因,如果
我们认为这些力或作用源自那些我们无法发现和显明的
未知性质的话。这些隐秘性质阻碍了自然哲学的进步,
所以近年来已经被抛弃了。如果你告诉我们说,每一种
事物都有一种隐秘的特殊性质,由于它的作用而产生明
显的结果,那么这实际上什么都没有说。但是先由现象
得出两三条一般的运动本原,而后告诉我们,所有物体的
性质和作用是如何由这些明显的本原中得出来的,那么,
虽然这些本原的原因还没有发现,在哲学上却是迈出了
一大步。因此,我毫无顾虑地提出了上述那些运动本原,
因为它们的应用范围很广,其原因则留待以后去发现。

327. 因此,在牛顿看来,他本人的科学方法与亚里士多德派
的方法之间的根本区别是:首先,他主张将所有现象归结为少数几
种主动的运动本原的运作结果,引力就是其中一种运动本原;其
次,他希望或期待着,这些本原的原因不会一直隐而不现。因此,
至于有人指责说,引力是一种隐秘的性质,他坚决予以驳斥;对他
而言,引力的存在不是一种假说,而是一个由经验确立的事实
(IV:316)。他认为,引力的原因只是暂时还没有被我们发现
而已。

我们也许会怀疑,牛顿这里列举的与亚里士多德派科学的区
别是否真像他所说的那样根本:亚里士多德也试图寻求少数几种
解释原则,他即使引入隐秘的性质,也依然希望能够通过物质的元
素构成来解释它们。

328. 这种已经通过万有引力定律的引入而部分实现的科学研究纲领，与其说意味着放弃了机械论自然哲学的基本原则，就像牛顿的许多同时代人所疑心的那样，不如说是一种扩展，它将引出一些从未想过的应用可能性。如果有人愿意把惯性补充到原先的第一性质中去，并把超距作用力当作解释原则，同时期待它们日后能够得到解释，那么17世纪的正统机械论者永远无法看到的一些远景便呈现在这些人眼前。18、19世纪的物理学家欣然显示出这样的意愿，并获得丰厚的回报。

值得注意的是，曾被17世纪最伟大的物理学家斥之为本质上非机械论的观念，在很短时间内便被视为机械论科学的基本要素。自然科学必须转化为力学，这种口号在过去和现在的历史论述中经常被解释成，所有自然现象都必须借助于各个质点相互施加的力来解释，力的大小只取决于质点之间的距离。[①] 倘若惠更斯读到这种表述，他定会感到无比震惊，难道这就是所谓的机械论？然而，自从物理学开始打上牛顿思维方式的烙印，与机械论自然观联系最为紧密的概念就是导致运动的超距作用力。对于18、19世纪的唯物论来说，被认为能够解释一切事物的不可分割地联系在一起的基本范畴已不再像17世纪那样是物质和运动，而是物质和力。

329. 虽然17世纪的严格机械论在惠更斯那里达到顶峰，但必须把牛顿看成经典物理学机械论世界图景的主要奠基人，因为

①　Helmholtz 6.

只有在牛顿拓展和转变了这种自然哲学的基本观念之后,它才有可能发展壮大。鉴于前面讨论的牛顿的宗教观念以及《自然哲学的数学原理》的护教目的,几乎不用说,这一发展并没有按照他的预想进行。到了 18 世纪,没有什么比天体力学的发展更有助于宗教与科学的彼此疏离,而天体力学正是牛顿所创立的科学的最美妙的成果,牛顿本打算用它来支持信仰。牛顿确信,行星体系的秩序无可辩驳地证明,存在着一个智慧的第一因。而当拿破仑问《天体力学》(*Mécanique Céleste*)的作者拉普拉斯(Laplace),为什么这部著作中没有提到造物主时,据说拉普拉斯说:陛下,我不需要那个假说(*Sire, j'ai pu me passer de cette hypothèse-là*)。没有什么能比这种对比更能说明一种观念与它所产生的影响之间的对立了。

330. 在牛顿本人那里,将一种前后一致的机械论自然哲学(甚至是在牛顿附予它的拓展的意义上)与对上帝的信仰协调起来的困难表现得十分明显,这位上帝不仅创造了这个世界,而且还不断维护它。牛顿越是能够通过按照固定不变的定律起作用的自然力成功地解释自然现象,造物主就越难充当物质宇宙的维护者。他力不从心地试图证明,要想对世界机器的失调和反常进行预防和补救,必须有上帝的持续介入。但他这样做只会引起莱布尼茨的嘲笑,莱布尼茨问,全能的造物主是否会制造出一台不完美的机器。① 世界图景的机械化不可避免地导向了上帝作为隐退的技师

---

① Leibniz, *Extrait d'une letter écrite au mois de novembre* 1725. *Philosophische Schriften* Ⅶ 352.

的观念,这里距离彻底取消上帝只有一步之遥了。对于仍然希望保持自己信仰的科学家来说,除了把宗教和科学严格分开,几乎没有任何其他可能性;倘若执意把二者结合起来,他们将有可能成为这两种生活价值不断冲突的牺牲品,而他们出于完全不同的理由,对这两种价值同样珍视。

V 结 语

结　　语

1. 本书的讨论即将结束。古代和中世纪科学到经典科学的过渡以牛顿《原理》的问世而告终，世界图景的机械化原则上已经完成。自然科学家已经有了一个目标，在接下来的两个世纪里，这将成为他们唯一可以设想的目标，激励他们取得伟大成就。现在可以提出我们已经多次碰到的一些问题：这种转变的意义何在？自然科学的物理世界图景的机械化应当作何理解？后来自然科学典型的机械论特征是什么？从此之后与问题、模型、事实、定律、现象、概念等诸多科学术语大大方方联系起来的"mechanical"［力学的、机械的］一词是什么意思？

提出这些问题绝非多余。今天的大多数人从学生时代起就已经对所有与"力学"(mechanics)相联系的术语耳熟能详，以致几乎感觉不到对它们进一步加以界定的必要，因此，这些术语通常未经进一步解释就被运用。然而，对这些术语应当始终保持怀疑；如果深入考察机械论术语的使用方式，我们就会发现，熟悉的声音背后隐藏的往往只是一个模糊的概念，它与几种不同的含义相联系。

2. 对与"力学"相联系的所有术语的一个显而易见的解释是回到 μηχανή 的含义，即机器。于是，机械论的世界图景应当理解成这样一种观念，它把物理宇宙看成一台巨大的机器，一经启动，就可以因其构造而完成所要完成的工作。毋庸置疑，无论是在本书所关注的经典科学的准备时期，还是在它后来的发展中，这种观点都可以找到拥护者；我们只需想起自然哲学思考中经常出现的物质世界与精巧钟表的类比（IV：259），或如牛顿所说，造物主必须不时干预物质过程的进程，以确保正常过程不受干扰（IV：330）。然而，这种看法虽然并非罕见，但却无法与原子论原初的基本思想相容，后者认为，世界中发生的所有过程本质上都源于不变微粒的完全无规的、纯粹偶然的运动。事实上，机器预先假定了一个有意识的智慧的制造者，他构造出机器，使之运转以实现特定的目的。几乎想不到还有哪种观念能比这种观念距离德谟克利特原子论的世界观更远。但如果要问，这两种观念中哪一种实际支配了经典科学，那么答案肯定不是前者：科学本身从来没有一个超世界的（supramundane）宇宙创造者，也没有一个造物主希望通过创世来达成的世界之外的（extramundane）目标，机器隐喻至多只是有助于使微粒论自然观（从宗教上看，它的来源总是有些可疑）能为基督教思想家所接受；但经典科学本身很难通过一种它从未接受或在著作中表述过的宇宙观来刻画。

3. 诚然，这种弃绝或许出自一种明智的自我克制，洞察到造物主远远超出了人的思想的把握能力，以致人只能通过他的作品在部分程度上认识他。基督徒很难形成这样一种观念，认为造物主试图借助这个世界去达成某种目标，更不用说对此妄加揣测了。但是，假如机器隐喻果真给出了经典科学思想的一个本质特征，我们或许可以预期，至少部分的目的论观念将在其中占据重要位置。因此，在研究机器时，如果只追问它的某个部分的运动是出于什么原因,而不考虑通过这种运动所要达成的直接目标,那么就能力而言,我们不会把它看成机器,而只会看成一个随意的力学系统。而这恰恰是经典科学常做的事情。每当经典科学偏离这个习惯,提出一些带有目的论色彩的原理时,弱点恰恰是这种对表现出的规律性的目的论解释。

在本书所讨论的时期中,我们也许会想到费马所提出的原理：①光线从一种介质中的点 A 到达另一种介质中的点 B,将会沿着所有可以设想的几何路径中能够以最短时间从 A 运动到 B 的那条路径行进;或者,如果超出主题的时间界限,我们可能会想到那条著名的最小作用原理,其发现者莫泊丢(Maupertuis)认为这条原理直接证明了存在着一位智慧的造物主和世界的统治者。②作为科学的思想方式,就像后来力学中的极值原理,这些原理极为重要;但所有在目的论意义上对其进行解释的努力都没有成功,因为它们遭到了怀疑,即全能的造物主并不需要尽可能经济地做一切事情。当莱布尼茨提出,极值($extremum$,它们的存在被赋予了重大意义)并不一定是极小值,而且也可能是极大值时,这些目的论努力彻底破产,这一论证摧毁了关于世界结构经济性的所有思辨的基础。③

4. 虽然这种把宇宙看成神创机器的观念在经典科学的发展中并未发挥重要作用,但这并不意味着“机械论”与“机器”概念没有任何关系。许多物理学家(特别是英国物理学家)往往有一种强

①　Fermat,*Synthesis ad Refractiones*. *Œuvres* I 173.

②　Maupertuis,*Essai de Cosmologie*. *Œuvres* I 74.

③　依据 Kneser。

烈的需要,希望尽可能具体地构想关于现象背后的物理实在,它们是感官知觉到的事物的无法直接觉察的原因。他们一直在寻找隐藏的机制,并且毫不在意地假定,这些机制本质上与人类自古以来用来减轻工作负担的简单机械属于同一类型,所以娴熟的机械师能够通过机械模型大体上模拟发生在微观世界中的事件的真实进程。无论是过去还是现在,对这一目标的追求都往往被视为经典科学的真正特征以及修饰词"机械论的"所表达的真正含义。

然而,被用来解释隐藏的自然机制的并不总是像滑轮、杠杆、齿轮这样的简单机械,而且还有宏观世界中的那些我们所熟知的运动现象,它们可以通过特意制造的装置产生出来而不作实际利用。碰撞和涡旋便是两个例子:碰撞在所有原子论理论中都扮演着重要角色,在 17 世纪的严格机械论中甚至被当作所有力的作用的原型;涡旋则是笛卡尔物理学中优先的解释原则。然而,如果把"机械论"一词应用到通过这些运动起作用的思想图景,并且在借助这些运动解释自然现象时谈及"机械模型",那么与机械这一基本概念的联系便已大大削弱;现在,机械论特征的真正含义见诸其描绘现象的直观性,但由此却有了这一概念所固有的模糊性和主观性。在经典科学的发展过程中,人们逐渐把牛顿的力的概念(惠更斯、莱布尼茨等物理学家认为牛顿的力的概念从根本上是非机械论的,但都同意上述对"机械论"的更宽泛的看法)视为机械论自然观最典型的特征,这时,$\mu\eta\chi\alpha\nu\eta$ 的原初含义实际上已经丧失殆尽。即使是最熟练的技工也无法制造出这样一种机械,其中的物体因相互吸引而运动,但人们仍然把借助于引力来解释行星运动不假思索地称为机械论的。

5. 到目前为止，我们区分的"机械论"的各种不同含义都或多或少与机械或机器概念的正面特征密切相关。如果注意到一个负面的特征，即机器本身没有生命，它无法通过自身的力量起作用，而必须从外界启动和维持运动，那么就会得出另一种观念。这样想来，机械论与泛灵论是对立的；因此，亚里士多德物理学被经典物理学取代的本质就在于，任何内在的变化本原、任何可能与生命挂钩的东西都被拒斥，任何运动都被归于外因。然而，进一步思考就会发现，实际上很难通过这种标准去检验科学理论的机械论特征。事实上，亚里士多德的抛射体理论要求有一种从后面推动的力（*vis a tergo*）持续起作用，从外面推动抛射体前进；而惯性这个经典物理学的基本概念则可以自然地解释为一种内在的运动本原，如同一种精神力量。无论如何，把机械论界定为非泛灵论，所包含的内容过于贫乏，不足以描述经典科学所明言的特征。

6. 然而，还有另一种可能的解释，似乎不大容易遭到针对上述解释所提出的反对。那就是把"机械论"定义为"借助于力学（mechanics）概念"，其中力学是经典物理学的一个分支，被理解成遵循牛顿体系的物体运动学说。

初看起来，借助于力学概念来解释"机械论"，对我们正确理解经典科学的特征似乎并没有很大帮助；有人甚至可能会认为这是在兜圈子，导致我们又回到了原初的机器隐喻。然而，这只是一种假象。我们只需想到，被称为力学的科学在 17 世纪已经完全从它原初的对机械的研究中解放出来，发展成为一门处理物体运动的独立的数学物理分支，机械理论只是力学的无数实际应用中的一种。如果它当初能够及时抛弃自己的历史名称而自称 kinetics[①]，那么许多误解本可以避免。

特别是，这将避免所有那些不利的关联，它们往往妨碍了对经典科学价值（特别是思想价值）的正确评价，尤其是在我们这个时代，经常歪曲从经典科学到现代科学的过渡。正如我们已经在 I：1 的脚注中指出的，"mechanical"［力学的、机械的］也有甚至首先有"自动"或"无思想"的含义；它可以（令人遗憾地）与其他一些不那么动听的术语轻而易举地结合起来，从而制造出一种容易导致情绪性论证的精神氛围。出于这个原因，我们在本书中一直用"mechanistic"［机械论的］一词取而代之，这无疑不太容易招致这些危险，但即使是这个词也因为与无生命的机器和机械过程有关联而受到损害。

7. 既然"mechanics"［力学］一词的词源并不能帮助我们澄清这个词及其衍生术语的含义，所以有必要通过这个词所暗示的概念对它作进一步解释。前面我们已经部分这样做了：力学是关于物体运动的学说。但这还不足以充分定义力学本身或以力学为基础的自然科学。事实上，运动亦是亚里士多德自然科学的基本概念；因此，要想刻画被称为世界图景机械化的过程，不能只是简单地说它突出了运动观念。

只有在把力学定义为运动科学时也把数学处理这一特征包括进去，这种刻画才能完整，经典科学与中世纪科学之间的真正对比

---

① kinetics 源于希腊文 *kinesis* 及 *kinetikos*［运动］，现在一般译为"运动学"，这里作者取其字面含义，即关于运动的学说。作者认为，它可以避免"机械"一词容易造成的误解。——译者注

才能完全明确。不过，这种表述仍需进一步明确：经典力学之所以是数学的，不仅是因为它为了方便，利用数学工具简化了必要时也可用日常语言来表达的论证，而且是因为在更严格的意义上，力学的基本概念是数学概念，力学本身就是一门数学。事实上，只有这样才能揭示出经典力学与中世纪物理学的根本区别；正如我们所看到的，中世纪物理学在某个发展阶段也喜欢使用数学方法，但只有它的少数代表人物（尤其是奥雷姆）作为伽利略后来表述的原则的先驱者，试图把数学用做物理学的语言（Ⅱ：125—131）。[①]

8. 直到 17 世纪，这一原则的内容和范围才逐步得到理解。开普勒寻求数学上的和谐，他深信，这一和谐必定存在于行星体系，并且留下了其思辨的最终成果——关于行星运动的运动学。伽利略则通过讨论下落和抛射现象为之提供了地界的对应。不久，数学化的努力也渗透到了动力学领域：通过把物理学和几何学简单地等同起来，笛卡尔把它做得过分了，但正是由于他的工作，动量概念在自然科学中获得了经院唯名论者的冲力概念曾经试图获得的永久地位。通过赋予托里拆利公理一种出乎意料的新内容，惠更斯引入了机械能概念的等价物作为用数学定义的量。然而，开普勒预见到并由牛顿给出最终表述的经典动力学的力的概念似乎很难数学化；它似乎只能用于计算，本身无法作数学定义：作为加速的不清楚的原因，力的定义很是模糊，因而在严格性上与其他力学基本概念的定义极为不同。但是随着经典物理学的进一

步发展，人们终究会发现，力这个形而上学术语只是一个非本质的外表，它仅仅蕴含着对力的概念的心理起源的回忆。事实表明，可以把力定义为加速度（一个纯运动学量）和质量（一个可用实验测定的系数，为某一物体所特有）的乘积，这样一来，它也可以被数理科学领域完全涵盖。于是，要想阐明自然的实验研究所不断揭示的纷繁复杂的物理经验，所需的语言原则上已经创造出来，而且在近两个世纪里被证明是能够胜任的。

9. 毫不奇怪，这种由牛顿赋予形式的语言后来并非总能胜任，而是必须被拓展、精炼甚至根本改变。特别是，倘若涉及比日常经验小得多的质量和大得多的速度，它几乎无法描述现象。然而，虽然在我们这个时代，为了完成这项任务必须对数学语言做出变革，但这并没有改变它在科学中的应用所基于的那条伽利略原则。无论是理论科学的对象还是方法，在从经典物理学过渡到现代物理学的过程中都没有改变。[1]

因此，经典科学与现代科学之间的关系迥异于古代科学与经典科学之间的关系。经典科学必须在重要问题上否定古代科学，并且经常需要努力摆脱它；而经典科学在现代科学中却是一级近似，在大部分情况下甚至是足够精确的近似。通过保持"力学"（mechanics）一词，科学术语表达了这种密切关系：相对论力学和量子力学构成了现代世界图景的基础，就像牛顿力学是并将继续是经典科学的基础一样。在这个意义上也许可以说，自然科学仍然是机械论的（mechanistic），世界图景仍然是力学化的（mechanized）。

---

① 　关于这个问题以及下面的内容，参见 Frank 很有澄清作用的评论。

　　把数学化称为现代科学的典型特征无疑可以避免误解。但
是,如果把机械化(mechanization)和数学化作为对立提出来,说机
械化是经典科学典型的新特征,数学化是现代科学典型的新特征,
则会导致新的严重误解。金斯(Jeans)那句广为人知的名言:"宇
宙的伟大建筑师现在开始显现为一位纯粹的数学家",[①]有助于维
持这种误解。至于说现代科学与经典科学的区别在于思考了一些
更具精神性的要素,[②]也有类似的效果。然而事实上,自古以来柏
拉图学派的自然研究者就把造物主看成数学家:在这方面,我们也
许想到了柏拉图的命题"神总是在做几何学"($\dot{o}\ \theta\varepsilon\dot{o}\varsigma\ \dot{\alpha}\varepsilon\iota\ \gamma\varepsilon\omega\mu\varepsilon\tau\rho\hat{\varepsilon}\hat{\imath}$)[③]
以及开普勒对自己信念的许多表述,即创世是依照数学原理发
生的。[④]

　　如果把神学的外衣剥离,那么这只是意味着自然必须用数学
语言来描述,人之所以能够理解自然,是因为人可以通过数学语言
来描述自然的运作。由前面的内容我们已经可以清楚地看到,这
种洞见是经典科学在发展过程中酝酿成熟的成果。

　　因此我们也可以理解,尽管科学思想已经发生了彻底变革,那

---

　　①　Jeans 122. 作者试图阐明数学在经典物理学和现代物理学中的不同地位,但
这些说法并不能让人信服。纯粹数学的观念产生很久以后才被运用到物理学中去,这
个现象自从用数学处理物理学以来就出现了,因此它绝不是当前时代所特有的;例如,
开普勒引入椭圆作为行星轨道,伽利略引入抛物线作为炮弹轨迹;而早在1800年以
前,这些曲线就被当作纯粹数学形式研究过了。

　　②　Frank 7.

　　③　这句话既可以理解为,创世活动是根据几何学原理进行的,也可以理解为,几
何学原理是和世界一起被创造出来的。——译者注

　　④　Kepler,*Mysterium Cosmographicum*. (4) 19,45. *Harmonice Mundi* (2) VI
104,105,475.

些不怎么关注实际物理学研究的人经常对此津津乐道,但物理学家们仍然会欣然适应新的观念;这一过程要比16、17世纪亚里士多德科学被经典科学所取代容易和顺利得多。的确,巨大的鸿沟横跨在亚里士多德科学与经典科学之间,而不是经典科学与现代科学之间。那时必须达成一种对待自然的全新观点:探究事物真正本性的"实体性"(substantial)思维,不得不替换成试图确定事物行为相互依赖性的"函数性"(functional)思维;对自然现象的语词处理必须被抛弃,取而代之的则是对其经验关系的数学表述。在20世纪,函数性思维连同其本质上数学的表述形式不仅得到了维持,甚至完全主宰了科学。物理学家继续用数学方程表达事件的进程;他们只需给出其他准则来确定方程中出现的数学符号如何与物理测量结果相联系。

现在,针对本书导言中所提出的问题,我们可以给出确定的回答:

从古代科学过渡到经典科学的过程中,世界图景的机械化意味着借助于经典力学的数学概念引入了一种对自然的描述;它标志着科学数学化的开始,这一过程在20世纪以越来越快的速度进行着。①

---

① 荷兰文本和德译本的最后一句是:"它意味着科学数学化的开始,这一过程在20世纪的物理学中得以完成。"英译本表述得更加准确,这里按照英译本译出。——译者注

附　　录

缩　写　表

AFH　　Archivum Franciscanum Historicum.

AGPh　　Archiv für Geschichte der Philosophie.

BB　　Baeumker's Beiträge zur Geschichte der Philosophie and Theologie des Mittelalters.

BM　　Bibliotheca Mathematica.

DTF　　Divus Thomas (Freiburg).

JHI　　Journal of the History of Ideas.

NO　　Novum Organum.

OK　　Ostwald's Klassiker.

PG　　Migne, Patrologia graeca.

PL　　Migne, Patrologia latina.

RPh　　Revue de Philosophie.

RQS　　Revue des Questions scientifiques.

SB　　Sitzungs-Berichte.

VS　　Vorsokratiker.

注　释①

　　本书的注释并没有对书中每一陈述都持续给出详尽的文献依据。这样做有时是不可能的，有时则是多余的。当我们讨论整个一段时期的思想、知识和技术的发展时，这样做是不可能的；而当我们可以向读者指出包含全部依据的著作时，这样做是多余的。

　　因此，不论是哪种情况，作者都只提到了他所参考的文献，以及想对本主题作进一步研究的读者最好也去参考的文献。不过，除了这些泛指，对于原始史料的引文，以及不属于上述情况的任何陈述，都会尽可能准确地给出文献出处。作者希望能够以这种方式恰当地说明各种情况，而不致使附录的篇幅过长。

　　泛指仅给出相关作者的名字（有时还会有作品编号）；如果不止一个名字，则按字母顺序给出。在某些注释中，作者名之后会有对有关段落的进一步描述。所引文献的完整标题参见"主要参考书目"部分。

　　示例：

　　第一部分第二章的注释 1 中包含了对 Pierre Duhem, *Le système du Monde*, &c., Paris 1914—58 的泛指。

---

　　① 为方便读者阅读，本书原来附录中的注释已全部变为脚注。这里仅保留开头说明性的文字。——译者注

第一部分第二章的注释 2 包含了对 Aristotle, *Metaphysics*, Book A, Column 987 b, line 28 in the Bekker edition 的特指。

第一部分第三章的注释 4 包含了对 E. J. Dijksterhuis, *Simon Stevin*, The Hague 1943, p. 159 的特指。

不带 § 或 *c.* 的数字均指页码。

主要参考书目

（缩写表见第 711 页）

　　下面列出的并不是全部的参考文献，其中包含的主要是作者所参考著作的标题。自从本书最初的荷兰文版问世以来，又出现了许多关于早期科学史的文献。我们在正文中不可能对新近的文献做出充分说明，但为了方便读者，本参考书目将尽可能地把它们收录进来。

ALANUS DE INSULIS, *Opera*. PL CCX.

ALBERTUS MAGNUS, *Beati Alberti Magni Ratisbonensis Episcopi Opera Omnia*, ed. P. Jammy. Lugduni 1651.

ALLIX, G., *Pascal et le système de Copernic*. Bulletin de I' Académie Delphinale XVIII(1904).

ARISTOTLE, *Opera*, ed. Academia Regia Borussica. 5 vols. Berlin 1830—70.

ARMITAGE, ANGUS,
　　(1) *Copernicus, the Founder of Modern Astronomy*. London 1938.
　　(2) *Sun, Stand Thou Still. The Life and Work of Copernicus, the Astronomer*. New York 1947.

ARMSTRONG, A. H., *An Introduction to Ancient Philosophy*. London 1947.

AUGUSTINE, ST.,
　　(1) *Opera*. PL XXXII ff.
　　(2) *Dialogues Philosophiques*, ed F. J. Thonnard III. Bruges-Paris 1941.

BACON, FRANCIS, *The Works of Francis Bacon, Baron of Verulam, Viscount St. Alban and Lord High Chancellor of England*, collected and edited by James Spedding, Robert Leslie Ellis, and Douglas Denon Heath. Vol. I, London 1857. Vol. III, London[2] 1887.

BACON,ROGER,

(1) The ' Opus Maius ', ed. John Henry Bridges. 3 vols. Oxford
1897—1900.

(2) Opera hactenus inedita ,ed. J. S. Brewer,Vol. I,London 1859. I. Opus
Tertium. II. Opus Minus. III. Compendium Studii Philosophiae.

(3) Communium naturalium Libri I et II, ed. Robert Steele. Opera
hactenus inedita ,Fasc. II—IV. Oxford,undated,1911,1913.

(4) Tractatus de multiplicatione specierum. In(1)II 405—552.

BAEUMKER, CL. , Witelo, ein Philosoph und Naturforscher des XIII.
Jahrhunderts. BB III2. Münster 1908.

BASILIUS,

(1) Opera. PG XXIX—XXXII.

(2) Des h. Kirchenlehrers Basilius des Grossen...ausgewählte Homilien
und Predigten II, übers. von Dr. A. Stegmann. Bibliothek der
Kirchenväter. II. Munich 1925.

BAUMGARTNER,M. ,Die Philosophie des Alanus de Insulis ,im Zusammenhange
mit den Anschauungen des 12. Jahrhunderts dargestellt. BB II 4.
Münster 1908.

BAUR,L. ,

(1) Die philosophischen Werke des Robert Grosseteste , Bischofs von
Lincoln. BB IX. Münster 1912.

(2) Die Philosophie des Robert Grosseteste, Bischofs von Lincoln
(†1253). BB XVIII 4—6. Münster 1917.

BEECKMAN, ISAAC, Journal tenu par Isaac Beeckman de 1604—1634 ,
publié avec une introduction et des notes par C. de Waard. 3 vols. La
Haye 1939,1942,1945.

BERTRAND,JOSEPH, Les fondateurs de l'astronomie moderne. Copernic-
Tycho Brahe-Kepler-Galilée-Newton. Paris,no date.

BETH, EVERT W. , De wijsbegeerte der wiskunde van Parmenides tot
Bolzano. Antwerp-Nijmegen 1944.

BETH,H. J. E. ,Newton's 'Principia'. 2 vols. Groningen 1932.

BIEBERBACH,LUDWIG,Galilei und die Inquisition. Munich 1938.

BOAS, MARIE, Robert Boyle & Seventeenth-Century Chemistry. Cambridge 1958.

BOETHIUS, Anicii Manlii Severini Boetii Philosophiae Consolationis Libri quinque, ed. R. Peiper. Leipzig 1871.

BOLL, F. , Die Entwicklung des astronomischen Weltbildes im Zusammenhang mit Religion und Philosophie. Die Kultur der Gegenwart. Teil III. Abt. III. Band III.

BORCHERT, ERNST, Die Lehre von der Bewegung bei Nicolaus Oresme. BB XXXI 3. Münster 1934.

BORKENAU, FRANZ, Der Übergang vom feudalen zum bürgerlichen Weltbild. Studien zur Geschichte der Manufakturperiode. Paris 1934.

BOUCHÉ-LECLERCQ, A. , L'Astrologie grecque. Paris 1899.

BOYLE, ROBERT, The Works of the Honourable Robert Boyle. In six volumes. London 1772.

BRAHE, TYCHO,
(1) Tychonis Brahe Dani Opera Omnia, ed. J. L. E. Dreyer. 15 vols. Hauniae 1913—29.
(2) Tycho Brahe's Description of his Instruments and Scientific Work as given in his Astronomiae Instauratae Mechanica, transl. and ed. by Hans Raeder, Elis Strömgren, and Bengt Strömgren. Copenhagen 1946.

BRUNET, PIERRE et MIELI, ALDO, Histoire des sciences. Antiquité. Paris 1935.

BRUNSCHVICG, LÉON, Pascal. (Maîtres des Littératures 13.)Paris 1932.

BULLIOT, J. , Jean Buridan et. le mouvement de la terre. Question 22 du second livre de 'De Coelo'. RPh XXV(1914)5—24.

BUTTERFIELD, HERBERT, The Origins of Modern Science. 1300—1800. London 1957.

CANTOR, MORITZ, Vorlesungen über Geschichte der Mathematik II (1200—1668). Leipzig ²1913.

CARTON, RAOUL, L'expérience physique chez Roger Bacon. Paris 1924.

CASSIRER, ERNST,
(1) Die Antike und die Entstehung der antiken Wissenschaft. Die

Antike VIII(1923)276—300.

（2） *Individuum und Kosmos in der Philosophie der Renaissance.* Studien der Bibliothek Warburg X. Leipzig-Berlin 1927.

（3） *Giovanni Pico della Mirandola. A Study in the History of Renaissance Ideas.* JHI III(1942)123—44；319—46.

CHALCIDIUS, *Platonis Timaeus interprete Chalcidio cum eiusdem commentario*，ed. J. Wrobel. Leipzig 1876.

CLAGETT，MARSHALL，

(1) *Giovanni Marliani and Late Medieval Physics.* New York 1941.

(2) *Greek Science in Antiquity.* New York 1955.

(3) *The Science of Mechanics in the Middle Ages.* Madison 1959.

(4) See MOODY.

COPERNICUS，NICOLAUS，

(1) *De Revolutionibus Orbium Caelestium Libri VI.* Thoruni 1873.

(2) *Über die Kreisbewegungen der Weltkörper*，übers. von C. L. Menzzer. Thorn 1879. Leipzig 1939.

(3) *Des révolutions des orbes célestes*，trad. de A. Koyré(Book I only). Paris 1934.

CROMBIE，A. C. ，

(1) *Augustine to Galileo. The History of Science A. D. 400—1650.* London 1952.

(2) *Robert Grosseteste and the Origins of Experimental Science.* 1100—1700. Oxford 1953.

(3) *Medieval and Early Modern Science. I. Science in the Middle Ages. V—XIII Centuries. II. Science in the Later Middle Ages. Early Modern Science. XIII—XVII Centuries.* New York 1959.

CROMMELIN，C. A. ，*Het lenzenslijpen in de 17e eeuw.* Amsterdam 1929.

CUSANO，NICOLÒ，＝CUSANUS＝NICHOLAS OF CUSA，

(1) *Della dotta ignoranza.* Testo latino con note di Paolo Rotta. Bari 1913.

(2) *De la docte ignorance*，trad. de L. Moulnier. Paris 1930.

(3) *Idiota de Sapientia. Opera Omnia* V，ed. L. Baur. Lipsiae 1937.

(4) *Der Laie über die Weisheit.* Schriften des Nicolaus von Cues in deutscher Übersetzung herausg. von Ernst Hoffmann. Heft 1, von E. Bohnenstädt, Leipzig 1936.

(5) *De Staticis Experimentis*, transl. by Henry Viets. Annals of Medical History IV(1922), No. 2; 115—35.

DESCARTES, RENÉ, *Œuvres de Descartes*, publiées par Charles Adam et Paul Tannery. 12 vols. Paris 1897—1913.

DESSAUER, FRIEDRICH, *Der Fall Galilei und wir.* Lucerne 1943.

DEVENTER, CH. M. VAN, *Grepen uit de geschiedenis der chemie.* Haarlem 1924.

DIELS, HERMANN, *Die Fragmente der Vorsokratiker.* 2 vols. Berlin 1922.

DIJKSTERHUIS, E. J. ,

(1) *Val en Worp. Een bijdrage tot de geschiedenis der mechanica van Aristoteles tot Newton.* Groningen 1924.

(2) *De Elementen van Euclides.* 2 vols. Groningen 1929—30.

(3) *Descartes als wiskundige.* Groningen 1930.

(4) *Archimedes I.* Groningen 1938.
Archimedes II. In Euclides XV—XVII, XX. Groningen 1938—44. English translation: in Acta Historica Scientiarum naturalium et medicinalium. Ed. Bibliotheca Universitatis Hauniensis. Vol. 12. Copenhagen 1956.

(5) *Hellenistische kosmologie* and *Van Coppernicus tot Newton* in *Antieke en moderne kosmologie.* Arnhem 1941.

(6) *Simon Stevin.* The Hague 1943.

(7) *Renaissance en Natuurwetenschap.* In Meded. Kon. Nederl. Akad. v. Wetensch. ; afd. Letterkunde. N. R. XIX, 5; 5—13.

DILTHEY, WILHELM, *Der entwicklungsgeschichtliche Pantheismus nach seinem geschichtlichen Zusammenhang mit den älteren pantheistischen Systemen.* Gesammelte Schriften II 312—91. Leipzig[2] 1921.

DREYER, J. L. E. ,

(1) *Tycho Brahe.* Edinburgh 1890.

(2) *History of the Planetary Systems from Thales to Kepler.*

Cambridge 1906.

DUHEM, PIERRE,

(1) *Les Origines de la statique*. 2 vols. Paris 1905—6.

(2) *Le Mouvement absolu et le mouvement relatif*. RPh XI(1907)—XIV (1909).

(3) *Un Précurseur francais de Copernic : Nicole Oresme* (1377). Revue généraledes sciences pures et appliquées XX(1909)866—73.

(4) *Études sur Léonard de Vici , ceux qu'il a lus et ceux qui l'ont lu*. 3 vols. Paris 1906—13.

(5) *Roger Bacon et l'horreur du vide*. See LITTLE.

(6) *Le système du monde. Histoire des doctrines cosmologiques de Platon à Copernic*. 10 vols. Paris 1914—58.

(7) *François de Meyronnes O. F. M. et la question de la rotation de le terre*. AFH VI(1913)23—25.

ENRIQUES, F. , e DE SANTILLANA, G. , *Storia del pensiero scientifico*. Vol. I. *Il mondo antico*. Bologna 1932.

FARRINGTON, BENJAMIN,

(1) *Greek Science. Its Meaning for us (Thales to Aristotle)*. London 1944.

(2) *Head and Hand in Ancient Greece*. London 1947.

FAVARO, ANTONIO, *Galileo e l' Inquisizione. Documenti del processo galileiano*. Florence 1907.

FELDER, O. Cap. , HILARIN, *Geschichte der wissenschaftlichen Studien im Franziskanerorden bis um die Mitte des 13. Jahrhunderts*. Freiburg i. Br. 1904.

FERMAT, PIERRE DE, *Œuvres de Fermat* , ed. P. Tannery et Ch. Henry. 4 vols. Paris 1891—1912.

FLORIAN, PIERRE, *De Bacon à Newton. L'Œuvre de la Société royale de Londres*. RPh XXIV(1914)150—68; 381—407; 481—503.

FRANK, PHILIPP, *Das Ende der mechanistischen Physik*. Einheitswissenschaft, Heft 5. Vienna 1935.

FROST, WALTER, *Bacon und die Naturphilosophie*. Munich 1927.

GADE, JOHN ALLYNE, *The Life and Times of Tycho Brahe*. Princeton 1947.

GALILEI, GALILEO,

(1) *Le opere di Galileo Galilei*. *Edizione nazionale*. 20 vols. Florence 1890—1909.

(2) *Dialogue concerning the Two Chief World Systems—Ptolemaic & Copernican*. Transl. by Stillman Drake. University of California Press, Berkeley and Los Angeles 1953.

GAUTHIER, LÉON, *Une réforme du système astronomique de Ptolémée tentée par les philosophes arabes du XIIᵉ siècle*. Journal Asiatique(10) XIV(1909)483—510.

GEBLER, KARL VON, *Galieo Galilei und die römische Curie*. Stuttgart 1876.

GILBERT, PH. , *Le Pape Zacharias et les antipodes*. RQS(1) XII(1882) 478—503.

GILBERT, WILLIAM, *De Magnete magneticisque corporibus et de magno magnete Tellure physiologia nova*. Londini 1600.

GILSON, E. , *Introduction à l'étude de St. Augustin*. Paris 1943.

GRAVES, FRANK PIERREPONT, *Peter Ramus and the Educational Reformation of the Sixteenth Century*. New York 1912.

GRISAR S. J. , HARTMANN, *Galileistudien*. *Historisch-theologische Untersuchungen über die Urteile der römischen Congregationen im Galileiprozess*. Regensburg 1882.

GROSSMANN, HENRYK, *Die gesellchaftlichen Grundlagen der mechanistischen Philosophie und die Manufaktur*. Zeitschrift für Sozialforschung IV (1935)161—231.

GUERICKE, OTTO VON, *Neue'Magdeburgische'Versuche über den leeren Raum*(1672). OK 59. Leipzig 1894.

GÜNTHER, S. , *Nikolaus von Cusa in seinen Beziehungen zur mathematischen und physikalischen Geographie*. Abhandlungen zur Geschichte der Mathematik IX(1899)123—52.

HAAS, ARTHUR ERICH,

（1）*Antike Lichttheorien*. AGPh XX(1907)345—86.

（2）*Aesthetische und teleologische Gesichtspunkte in der antiken Physik*. *Ibidem* XXII(1909)80—113.

HAITJEMA,TH. L. ,*Augustinus'Wetenschapsidee*. Utrecht 1917.

HART,IVOR B. , *The Mechanical Investigations of Leonardo da Vinci*. London 1925.

HARTMANN, HANS, *Paracelsus. Eine deutsche Vision*. Berlin-Vienna 1942.

HASKINS,C. H. , *Studies in the History of Medieval Science*. Harvard Historical Studies XXVII. Cambridge 1924.

HATZFELD,AD. ,*Pascal*. Paris 1900.

HEATH. T. L. ,

（1）*Aristarchus of Samos ,the Ancient Copernicus*. Oxford 1913.

（2）*A History of Greek Mathematics*. 2 vols. Oxford 1921.

HEIMSOETH, HEINZ, *Die sechs grossen Themen der abendländischen Metaphysik und der Ausgang des Mittelalters*. Berlin ²1934.

HELMHOLTZ,H. ,*Über die Erhaltung der Kraft*. OK I. Leipzig 1907.

HERO,

（1）*Heronis Alexandrini Pneumatica* ,rec. G. Schmidt. Leipzig 1899.

（2）*Heronis Alexandrini Automata* ,rec. G. Schmidt. Leipzig 1899.

HERZFELD,MARIE, *Leonardo da Vinci , der Denker , Forscher und Poet*. Leipzig 1904.

HOBBES,THOMAS,*Opera Philosophica*. Vol. I. London 1839.

HOENEN,S. J. ,P. ,

（1）*Philosophie der anorganische natuur*. Nijmegen 1938.

（2）*Die Geburt der neuen Naturwissenschaft im Mittelalter*. Gregorianum XXVIII(1947)164—72.

HOFFMANN, ERNST, *Das Universum des Nikolaus Cusanus*. S. B. der Heidelberger Akad. d. Wiss. Phil-hist. Klasse 1929—30. 3. Abh. Heidelberg. 1930.

HOFFMANN, HADELIN, *La synthèse doctrinale de Roger Bacon*. AGPh XX(1907)196—224.

HOOGVELD,J. H. E.-SASSEN, FERD. , *Inleiding tot de Wijsbegeerte I.* Nijmegen 1944.

HOOYKAAS,R. ,

(1) *Het begrip Element in zijn historisch-wijsgerige ontwikkeling.* Utrecht 1933.

(2) *Het ontstaan der zwavelkwiktheorie.* Chem. Weekblad XXXII(1935) No. 29.

(3) *Het hypothesebegrip van Kepler.* Orgaan van de Chr. Ver. van Natuur-en Geneeskundigen in Nederland. 1939.

(4) *Robert Boyle. Een studie over Natuurwetenschap en Christendom.* Loosduinen,no date.

(5) *Het ontstaan van de chemische atoomleer.* Tijdschrift voor Philosophie IX(1947)63—136.

(6) *Science and Theology in the Middle Ages.* Free University Quarterly 3 (1954)77—163.

HOUGHTON Jr. mW. E. ,

(1) *The History of Trades.* JHI II(1941)33—60.

(2) *The English Virtuoso in the Seventeenth Century.* JHI III (1942) 51—73;190—219.

HRABANUS MAURUS,*Opera.* PL CVII-CXII.

HUMBERT,PIERRE,*Cet effrayant génie...* L'œuvre scientifique de Blaise Pascal. Paris 1947.

HUYGENS, CHRISTIAAN, *Œuvres complètes de Christiaan Huygens,* publiées par la Société hollandaise des Sciences, 22 vols. La Haye 1888—1950.

JANSEN, B. , *Olivi, der älteste scholastische Vertreter des heutigen Bewegungsbegriffs.* Philosophisches Jahrbuch XXXIII(1920)137—52.

JEANS,Sir JAMES,*The Mysterious Universe.* Cambridge 1932.

JOËL, KARL, *Der Ursprung der Naturphilosophie aus dem Geiste der Mystik.* Jena 1906.

JOHANNES SARESBERIENSIS,*Opera.* PL CIC.

JUNG,C. G. ,*Psychologie und Alchemie.* Zürich 1944.

KEPLER,JOHANNES,

(1) *Opera Omnia* ,ed. Ch. Frisch. 8 vols. Frankfurt 1858—71.

(2) *Gesammelte Werke* , herausgeg. von Walter von Dyck und Max Caspar. I—IV,VI. Munich 1937—41.

(3) *Neue Astronomie* , übers. und eingel. von Max Caspar. Munich-Berlin 1929.

(4) *Das Weltgeheimnis* (*Mysterium Cosmographicum*), übers. und eingel. von Max Caspar. Munich-Berlin 1936.

KLEOMEDES, *De motu circulari corporum caelestium* , ed. Ziegler. Leipzig 1891.

KLEUTGEN, S. J. , Jos. , *Die Philosophie der Vorzeit*. 2 vols. Münster 1860—3.

KLIBANSKY, RAYMOND, *The Continuity of the Platonic Tradition during the Middle Ages. I. Outline of a Corpus Platonicum Medii Aevi*. London 1939.

KNESER,ADOLF, *Das Prinzip der kleinsten Wirkung von Leibniz bis zur Gegenwart*. Leipzig-Berlin 1928.

KOSMAS INDICOPLEUSTES, *Opera*. PG LXXXVIII.

KOYRE,A. ,

(1) *Études galiléennes*. Paris 1939.

   I. *A l'aube de la science classique*.

   II. *La loi de la chute des corps. Descartes et Galilée*.

   III. *Galilée et la loi d'inertie*.

(2) *Galileo and Plato*. JHI IV(1943)400—28.

(3) *A Documentary History of the Problem of Fall from Kepler to Newton*. Philadelphia 1955.

(4) *From the Closed World to the Infinite Universe*. Baltimore 1957.

KREBS, ENGELBERT, *Meister Dietrich* (*Theodoricus Teutonicus de Vriberg*), *sein Leben* , *seine Werke* , *seine Wissenschaft*. BB V 5—6. Münster 1906.

KRISTELLER, PAUL O. and RANDALL Jr. , JOHN H. , *Study of Renaissance Philosophies*. JHI II(1941)490.

KUHN, THOMAS S. , *The Copernican Revolution. Planetary Astronomy in the Developent of Western Thought.* Cambridge(Mass.)1957.

LACTANTIUS, *Opera.* PL VI.

DE LACY, O' LEARY, *How Creek Science Passed to the Arabs.* London 1949.

LAER, P. H. VAN, *Actio in distans en aether.* Utrecht-Brussels 1947.

LAMAR CROSBY, H. , *Thomas of Bradwardine his Tractatus de Proportionibus. Its Significance for the Development of Mathematical Physics.* Madison 1955.

LANGE, FRIEDRICH ALBERT, *Geschichte des Materialismus und Kritik seiner Bedeutung in der Gegenwart.* Iserlohn [3] 1876.

LAPPE, JOSEPH, *Nicolaus von Autrecourt. Sein Leben , seine Philosophie , seine Schriften.* BB VI 2. Münster 1908.

LASSWITZ, KURD, *Geschichtd der Atomistik vom Mittelalter bis Newton.* 2 vols. Hamburg-Leipzig 1890.

LEAVENWORTH, ISABEL, *The Physics of Pascal.* New York 1930.

LEIBNIZ, G. W. , *Die philosophischen Schriften von Leibniz.* 7 vols. Herausgeg. von C. J. Gerhardt. Berlin 1875—90.

LENOBLE, ROBERT, *Mersenne ou la naissance du mécanisme.* Paris 1943.

LÉONARD DE VINGI *et l' expérience scientifique au seizième siècle. Colloques scientifiques du Centre National de la Recherche Scientifique.* Paris 4—7 July 1952. Paris 1953.

LEONARDO DA VINCI-MACCURDY, *The Notebooks of Leonardo da Vinci.* Arranged, rendered into English, and introduced by Edward MacCurdy. 2 vols. New York, no date.

LEONARDO DA VINCI-LÜCKE, *Tagebüher und Aufzeichnungen,* übersetzt und heraus gegeben von Theodor Lücke. Leipzig 1940.

LIEBESCHÜTZ, HANS, *Kosmologische Motive in der Bildungswelt der Frühscholastik.* Vorträge der Bibliothek Warburg 1923—4. Leipzig-Berlin 1926.

LIEBIG, JUSTUS VON, *Über Francis Bacon von Verulam und seine Methode der Natur forschung.* Munich 1863.

LIPPMANN, E. O. VON, *Entstehung und Ausbreitung der Alchemie*. Berlin 1919.

LITTLE, A. G. , *Roger Bacon. Essays contributed by various writer on the occasion of the commemoration of his birth*. Oxford 1914.

LÜCKE, THEODOR, see LEONARDO DA VINCI.

LUCRETIUS CARUS, TITUS, *De rerum natura* , ed. A. Ernout. Paris [7] 1946.

MACCURDY, EDWARD, see LEONARDO DA VINCI.

MACH, ERNST, *Die Mechanik in ihrer Entwicklung historisch-kritisch dargestellt*. Leipzig [7] 1912.

MAIER, ANNELIESE,

(1) *Die Mechanisierung des Weltbildes*. Leipzig 1938.

(2) *Zwei Grundprobleme der scholastischen Naturphilosophie*. Rome 1951.

(3) *An der Grenze von Scholastik und Naturwissenschaft*. Essen 1943.

(4) *Die scholastische Wesensbestimmung der Bewegung als forma fluens oder fluxus formae und ihre Beziehung zu Albertus Magnus*. Angelicum XXI(1944)97—111.

(5) *La doctrine de Nicolas d ' Oresme sur les ' Configurationes Intensionum '*. Revue des Sciences XXXII(1948)52—67.

(6) *Der Funktionsbegriff in der Physik des 14. Jahrhunderts*. DTF XIX(1946)147—66.

(7) *Die Vorläufer Galileis im 14. Jahrhundert. Studien zur Naturphilosophie der Spätscholastik*. Rome 1949.

(8) *Metaphysische Hintergründe der spätscholastischen Naturphilosophie*. Rome 1955.

(9) *Zwischen Philosophie und Mechanik. Studien zur Naturphilosophie der Spätscholastik*. Rome 1958.

MANDONNET, PIERRE, *Siger de Brabant*. Les Philosophes belges.

(1) T. VI. *Étude critique*. Louvain 1911.

(2) T. VII. *Textes inédits*. Louvain 1908.

MANILIUS, *Astronomicon*, rec. F. Jacob. Berolini 1846.

MARCOLONGO, ROBERTO, *La meccanica di Leonardo da Vinci*. Naples

1932.

MARTIN, ALFRED VON, *Soziologie der Renaissance. Zur Physiognomik und Rhythmik bürgerlicher Kultur.* Stuttgart 1932. *Sociology of the Renaissance.* London 1941, 1945.

MASON, S. F. , *A History of the Sciences.* London 1953.

MAUPERTUIS, P. L. MOREAU DE, *Les Œuvres de Maupertuis I.* Berlin 1753.

MELSEN, A. G. M. VAN,

(1) *Het wijsgerig verleden der Atoomtheorie.* Amsterdam 1941.

(2) *De betekenis der wijsgerige corpuscula-theorieën voor het ontstaan der chemische atoomleer.* Tijdschrift voor Philosophie (1948) 673—716.

(3) *Van Atomos naar Atoom. De geschiedenis van het begrip Atoom.* Amsterdam 1949.

MERTON, R. K. , *Science, Technology, and Society in Seventeenth-Century England.* Osiris IV(1938)360—632.

MEYERSON, *Identité et Réalité.* Paris 1908.

MICHALSKY, C. ,

(1) *Les courants philosophiques à Oxford et à Paris pendant le XIV siècle.* Bulletin intern. de l'Académie polonaise des Sciences et des Lettres. Cl. de philologie, cl. d'histoire et de philosophie. 1919—20. 59—88.

(2) *Les sources du criticisme et du scepticisme dans la philosophie du XIVe siècle.* 1922. 50—51.

(3) *Le criticisme et le scepticisme dans la philosophie du XIVe siècle.* 1925. 41—122.

(4) *Les courants critiques et sceptiques dans la philosophie du XIVe siècle.* 1925. 192—242.

(5) *La physique nouvelle et les différents courants philosophiques au XIVe siècle.* 1927. 158—64.

MIELI, ALDO,

(1) *La science arabe et son rôle dans l'évolution scientifique mondiale.*

Leiden 1938.

（2）Les'Discorsi e Dimostrazione Matematiche'di Galileo Galilei et la formation de la dynamique moderne. Paris 1939. Archeion XXI (1938)193—312.

MILHAUD,CASTON,Descartes savant. Paris 1931.

MISES,RICHARD VON,Kleines Lehrbuch des Positivismus. Einführung in die empiristische Wissenschaftsauffassung. The Hague 1939.

MOODY,ERNEST A. ,The Logic of William of Ockham. London 1935.

MOODY,ERNEST A. ,and MARSHALL CLAGETT,The Medieval Science of Weights. Madison 1952.

MORE,LOUIS TRENCHARD,

　　（1）Isaac Newton. A Biography. New York-London 1934.

　　（2）The Life and Works of Honourable Rabert Boyle. Oxford 1944.

MOSER,S. ,Grundbegriffe der Naturphilosophie bei William von Ockham. Philosophie und Grenzwissenschaften IV 2—3. Innsbruck 1932.

MÜLLER,S. J. ,ADOLF,Der Galilei-Prozess（1632—1633）nach Ursprung, Verlauf und Folgen. Frgänzungsband XXVI zu Stimmen aus Maria Laach. Freiburg i. Br. 1909.

MUNK,S. ,Mélanges de philosophie juive et arabe. Paris 1859.

MUSKENS,G. L. ,Is bij Aristoteles van minima naturalia sprake? Studia Catholica XXI(1946)173—5.

NATORP. P. ,Die kosmologische Reform des Kopernicus in ihrer Bedeutung für die Philosophie. Preussische Jahrbücher IL(1882)355—75.

NEUMANN, C. , Über die Prinzipien der Galilei-Newtonschen Theorie. Leipzig 1870.

NEWTON,ISAAC,

　　（1）Philosophiae Naturalis Principia Mathematica. Amsterdam 1714.

　　（2）Sir Isaac Newton's Mathematical Principles on Natural Philosophy and His System of the World. Translated into English by Andrew Motte in 1729. The translation revised,and supplied with an historical and explanatory appendix,by Florian Cajori. Berkley 1934.

　　（3）Optice sive de Reflexionibus, Refractionnibus, Inflexionibus et

Coloribus Libri Tres. Londini 1706.

(4) *Opticks or a Treatise of the Reflexions, Refractions, Inflexions and Colours of Light.* London 1931.

NICOLAUS DE CUSA, see CUSANO, NICOLÒ, CUSANUS.

OLSCHKI, LEONARDO,

   Geschichte der neusprachlichen wissenschaftlichen Literatur.

(1) I. *Die Literatur der Technik und der angewandten Wissenschaften vom Mittelalter bis zur Renaissance.* Heidelberg 1918.

(2) III. *Galilei und seine Zeit.* Halle 1927.

ORESME, NICOLE, *Le Livre du Ciel et du Monde.* Text and Commentary. Albert D. Menut and Alexander J. Denomy, C. S. B. Mediaeval Studies III(1941)185—280. IV(1942)159—297. V(1943)167—333.

ORIGENES, *Opera.* PG XI-XVII.

ORNSTEIN, MARTHA, *The Rôle of Scientific Societies in the Seventeenth Century.* Chicago ³1938.

PACIOLI, FRA LUCA, *Divina Proportione. Die Lehre vom goldenen Schnitt.* Nach der venezianischen Ausgabe vom Jahre 1509 neu herausgegeben, übersetzt und erläutert von Constantin Winterberg. Vienna 1889.

PASCAL, BLAISE,

(1) *Pensées et opuscules,* ed. L. Brunschvicg, Paris, no date.

(2) *Œuvres complètes,* ed. L. Brunschvicg *et al.* 14 vols. Paris 1904—14.

(3) *Œuvres complètes,* ed. F. Strowski. Paris, no date.

PEDERSEN, OLAF, *Nicole Oresme og hans naturfilosofiske system. En underøgelse of hans skrift ' Le Livre du Ciel et du Monde '.* Copenhagen 1956.

PESCH, S. J., TILMANN, *Die grossen Welträtsel. Philosophie der Natur. I. Philosophie der Naturerklärung.* Freiburg i. Br. ²1892.

PETRUS PEREGRINUS MARICURTENSIS, *De Magnete, seu Rota perpetui motus, libellus.* Augsburg 1558.

PFEIFFER, E., *Studien zum antiken Sternglauben.* Leipzig 1926.

PHILIPPE, E., *Lucrèce dans la théologie chrétienne du III au XIIIe siècle et* *spécialement dans les écoles carolingiennes*. Revue de l' histoire des religions XXXII(1895)284—302. XXXIII(1896)19—36;125—62.

PICAVET,F. ,

(1) *Esquisse d ' une histoire générale et comparée des philosophies médiévales*. Paris 1905.

(2) *Essais sur l' histoire générale et comparée des théologies et des philosophies médiévales*. Paris 1913.

PINES,S. ,*Les précurseurs musulmans de la théorie de l' impetus*. Archeion XXI(1938)298—306.

PLATO,

(1) *Timaios*,ed. A. Rivaud. Paris 1925.

(2) *Gorgias*,ed. W. Nestle. Leipzig ⁵1909.

(3) *Leges*,ed. G. Stallbaum. Leipzig 1859—60.

PLUTARCHUS,

(1) *Vita Marcelli*.

(2) *De facie in orbe lunae*.

PROWE,LEOPOLD,*Nicolaus Coppernicus*. 2 vols. Berlin 1883—4.

RANDALL,Jr. ,J. H. ,

(1) *The Making of the Modern Mind. A Survey of the Intellectual Background of the Present Age*. Boston 1940.

(2) *The Development of Scientific Method in the School of Padua*. JHI (1940)177—206.

(3) See KRISTELLER.

READ,JOHN,*Prelude to Chemistry. An Outline of Alchemy ,its Literature and Relationships*. London 1936.

REUTER,H. ,*Geschichte der religiösen Aufklärung*. 2 vols. Berlin 1875.

RIEKEL,AUGUST,*Die Philosophie der Renaissance*. Munich 1925.

ROLLER,DUANE,*The De Magnete of William Gilbert*. Amsterdam 1959.

ROTTA,PAOLO, *Il cardinale Nicolò di Cusa. La vita ed il pensiero*. Milan 1928.

ROZELAAR,MARC,*Lukrez. Versuch einer Deutung*. Amsterdam 1943.

RUSSELL,BERTRAND,*Religion and Science*. Oxford 1947.

RYDBERG, VIKTOR, *Medeltidens Magi*. Skrifter XI. Stockholm [10] 1926.

SAMBURSKY, S. , *The Physical World of the Greeks*. New York 1956.

SANTILLANA, GIORGIO DE, *The Crime of Galileo*, London 1958.

SARTON, GEORGE,

    (1) *Introduction to the History of Science*.

        I. *From Homer to Omar Khayyam*. Baltimore 1927.

        II, 1. *From Rabbi ben Ezra to Gerard of Cremona*. Baltimore 1931.

        II, 2. *From Robert Grosseteste to Roger Bacon*. Baltimore 1931.

        III, 1, 2. *Science and Learning in the Fourteenth Century*. Baltimore 1947—8.

    (2) *A History of Science. Ancient Scientific Thought Throughout the Golden Age of Greece*. Cambridge(Mass.)1952.

    (3) *A History of Science. Science and Culture in the Last Three Centuries* B. C. Cambridge(Mass)1959.

    (4) *Six Wings : Men of Science in the Renaissance*. Bloomington 1957.

SASSEN, FERD. ,

    (1) *Geschiedenis van de Wijsbegeertd der Grieken en Bomeinen*. Nijmegen [2] 1932.

    (2) *Geschiedenis der patristische en middeleeuwse Wijsbegeerte*. Nijmegen 1932.

SCHIMANK, HANS, *Otto von Guericke*. Magdeburg, no date.

SCHLICK, MORITZ, *Gesammelte Aufsätze*. 1926—36. Vienna 1938.

SCHLUND O. F. M. , ERHARD, *Petrus Peregrinus von Maricourt. Sein Leben , seine Schriften. Ein Beitrag zur Roger Bacon-Forschung*. AFH IV(1911)436—55, 633—43. V(1912)22—40.

SCHNABEL, PAUL, *Berossos und die babylonisch-hellenistische Literatur*. Leipzig 1923.

SCHOLZ, HEINRICH, *Die Axiomatik der Alten*. Blätter für deutsche Philosophie IV(1930—1)259—78.

SCHUHL, P. M. , *Machinisme et philosophie*. Paris 1947.

SENECA, L. *Annaei Senecae ad Lucilium Epistolae Morales*, rec. A. Beltrami. 2 vols. Rome [2] 1937.

SIGER OF BRABANT,*Quaestiones de anima intellectiva*. See MANDONNET(2).

SIMMEL,G. ,*Die Philosophie des Geldes*. Leipzig 1900.

STEVIN,SIMON,*The Principal Works of*,edited by a committee of Dutch scientists. Vol. I. *Mechanics*, ed. E. J. Dijksterhuis. Amsterdam 1955. Vol. II. *Mathematics*,ed. D. J. Struik. Amsterdam 1958.

STRUNZ,FRANZ,

 (1) *Geschichte der Naturwissenschaften im Mitelalter*. Stuttgart 1910.

 (2) *Albertus Magnus. Weisheit und Naturforschung im Mittelalter*. Leipzig 1926.

TANNERY,PAUL,*Une correspondance d'écolâtres du XIe siècle*. Mémoires scientifiques V 229—303.

TAYLOR,H. O. ,*The Mediaeval Mind*. 2 vols. London 1911.

TAYLOR, SHERWOOD F. , *Galileo and the Freedom of Thought*. London 1938.

TERTULLIANUS,*Opera*. PL I,II.

THIRION,J. ,*Pascal,l'horreur du vide et la pression atmosphérique*. RQS (3)XII(1907)383—450. XIII(1908)149—251.

THOMAS AQUINAS,

 (1) *Pars Prima Summae Theologiae. Opera Omnia* III. Rome 1886.

 (2) *Summa de Veritate Catholicae Fidei contra Gentiles*, ed. P. A. Uccelli. Rome 1878.

 (3) *Commentaria in libros Aristotelis de Caelo et Mundo. Opera Omnia* III. Rome 1886.

 (4) *Opuscula Omnia* ,ed. P. Mandonnet. Parisiis 1927.

 (5) *In Aristotelis Librum de Anima Commentarium*, ed. Pirotta. Taurini 1925.

THORNDIKE,LYNN,*A History of Magic and Experimental Science up to the Seventeenth Century*. 8 vols. New York 1929—58.

TORRICELLI,EVANGELISTA,

 (1) *Esperienza dell'argento vivo*. Neudrucke von Schriften und Karten über Meteorologie und Erdmagnetismus, herausgegeben von G. Hellmann. No. 7. Berlin 1897.

(2) *De Motu Gravium naturaliter descendentium et Projectorum Libri duo. Opera Geometrica*. Florentiae 1644.

ÜBERWEG,FRIEDRICH,

Grundriss der Geschichte der Philosophie.

(1) KARL PRAECHTER,*Die Philosophie des Altertums*. Berlin [12] 1926.

(2) BERNHARD GEYER,*Die patristische und scholastische Philosophie*. Berlin [11] 1928.

ÜBINGER,JOHANN,*Die philosophischen Schriften des Nikolaus Cusanus.* Zeitschrift für Philosophie und philosophische Kritik. CIII(1894)65— 121. CV(1895)46—105. CVII(1896)48—103.

VLEESCHAUWER,H. J. DE,*René Descartes. Levensweg en Wereldbeschouwing*. Nijmegen-Utrecht 1937.

VOGL,SEBASTIAN,

(1) *Die Physik Roger Bacons(13. Jahrh.)*Erlangen 1906.

(2) *Roger Bacons Lehre von der sinnlichen Spezies und vom Sehvorgange.* See LITTLE VIII.

WAARD,C. DE,

(1) *Le manuscrit perdu de Snellius sur la réfraction*. Janus XXXIX (1935)51—73.

(2) *L'expérience barométrique. Ses antécédents et ses explications.* Thouars 1936.

(3) See BEECKMAN.

WALTER,E. J. , *Warum gab es im Altertum keine Dynamik?* AIHS I. Archeion XVIII(1948)365—82.

WEDEL,TH. O. , *The Mediaeval Attitude toward Astrology*. New Haven-London-Oxford 1920.

WEINBERG,JULIUS RUDOLPH,

(1) *The Fifth Letter of Nicholas of Autrecourt to Bernard of Arezzo.* JHI III(1942)220—7.

(2) *Nicolaus of Autrecourt. A Study in 14th Century Thought.* Princeton 1948.

WENCKEBACH,W. , *Over Petrus Adsigerius en de oudste waarnemingen van de afwijking der magneetnaald*. Natuur-en Scheikundig Archief III(1835)267.

WERNER, KARL, *Die Kosmologie und Naturlehre des scholastischen Mittelalters mit spezieller Beziehung auf Wilhelm von Conches*. S. B. der Kaiserlichen Akad. d. Wiss. Vienna. Phil. -hist. Kl. LXXV (1873) 309—403.

WIEDEMANN, EILHARD, *Roger Bacon und seine Verdienste um die Optik*. See LITTLE VII.

WIELEITNER, HEINRICH, *Der' Tractatus de latitudinibus formarum' des Oresme*. BM(3)XIII(1913)115—45.

WIGHTMAN, W. P. D. , *The Growth of Scientific Ideas*. Edinburgh 1951.

WILLNER, H. , *Des Adelard von Bath Traktat De eodem et diverso*. BB IV I. Münster 1903.

WILSON, CURTIS, *William Heytesbury. Medieval Logic and the Rise of Mathematical Physics*. Madison 1956.

WINTER, H. J. , *Eastern Science*. London 1952.

WOHLWILL, EMIL,

 Galilei und sein Kampf für die copernicanische Lehre.

 I. *Bis zur Verurteilung der copernicanischen Lehre durch die römischen Congregationen*. Hamburg 1909.

 II. *Nach der Verurteilung der copernicanischen Lehre durch das Dekret von 1616*. Leipzig 1926.

WURSCHMIDT, J. , *Roger Bacons Art des wissenschaftlichen Arbeitens dargestellt nach siner Schrift De Speculis*. See LITTLE IX.

ZILSEL, EDGAR,

 (1) *Copernicus and Mechanics*. JHI I(1940)113—18.

 (2) *The Sociological Roots of Science*. The American Journal of Sociology XLVII(1941—2)544—62.

 (3) *The Genesis of the Concept of Physical Law*. The Philosophic Review LI(1942)245—79.

 (4) *The Origins of William Gilbert's Scientific Method*. JHI II(1941) 1—32.

ZIMMERMANN, FRANZ, *Des Claudianus Mamertus Schrift ' De statu animae libri tres'*. DTF(2)I(1914)238—56;332—68;471—95.

ZINNER,ERNSET,

(1) *Geschichte der Sternkunde*. Belin 1931.

(2) *Entstehung und Ausbritung der coppernicanischen Lehre*. Erlangen 1943.

英汉人名索引^①

　　这里的索引仅包括在本书正文中出现的人名,而不包括注释和主要参考书目中提到的诸多作者名。在少数例外情况下,注释中除文献外还包括对正文的补充,此时会加上字母 n.。

　　数字代表段落,比如 III:16 表示第三部分的第 16 段。

　　没有附加标注的年代均表示公元后。

　　括号中的罗马数字表示第几世纪,此时数字 1 和 2 分别表示该世纪中的上半叶和下半叶,比如 XIII 2 指 13 世纪下半叶。

　　fl. = *floruit* = 此人的鼎盛时期。

　　＊ = 出生;† = 去世;*c.* = *circa* = 大约。

Abelard,Peter. 彼得・阿贝拉尔,法国经院学者(1079—1142)。II:98.

Abu al-Wafâ. 阿布瓦法,阿拉伯数学家、天文学家(940—*c.* 997)。III:64.

Abubacer=Ibn Tufail. 阿布巴克尔,西班牙阿拉伯医生、哲学家(†1185/6)。II:144. III:60.

Achillini,Alessandro. 亚历山德罗・阿基利尼,意大利医生(1463—1512)。III:18.

Adelard of Bath. 巴斯的阿德拉德,英国学者、翻译家(*fl.* 1116—42)。II:17,19—21,25,29 30,33,66.

Adelbold. 阿德尔伯尔德,乌得勒支主教(†1026/7)。II:9.

Adrastus of Aphrodisias. 阿弗洛狄西亚的阿德拉斯托斯,希腊哲学家(II 1)。I:82.

Adrianus Africanus. 非洲人阿德里亚努斯(VII 2)。II:3.

Aegidius Romanus 或 Giles of Rome. 罗马的吉莱斯,意大利经院学者(1243/4—1316)。II:66,93,105.

---

　　① 原书中给出的不少人名拼写不够准确,或者不符合现在较为常见的写法,这时我们一般会按照 *Dictionary of Scientific Biography* 中给出的写法对索引和正文进行调整,已经过世的也会把年代补充完整,改动之处恕不一一指出。——译者注

Agricola, Georg (＝Georg Bauer). 格奥尔格·阿格里科拉, 德国医生、采矿工程师(1490—1555)。IV:175.

Agrippa of Nettesheim. 内特斯海姆的阿格里帕, 德国自然哲学家(1486—1532)。III:69.

Alanus de Insulis 或 Alain de Lille. 里尔的阿兰, 法国经院学者(*c.* 1128—1202)。II:21,31—33,36,66.

Albategnius＝Al-Battânî. 巴塔尼, 阿拉伯天文学家(*c.* 858—929)。I:70. II:16,19,146. III:64.

Alberti, Leon Battista. 莱昂·巴蒂斯塔·阿尔贝蒂, 意大利艺术家、作家(1404—72)。III:27—29.

Albert of Saxony (of Helmstedt, of Rückmersdorf, *Albertus parvus*, *Albertillus*). 萨克森的阿尔伯特, 德国经院学者(*c.* 1325—90)。II:94,112,115,138,139,153. III:49. IV:88,89.

Albertus Magnus, St. , of Bollstädt. 大阿尔伯特(＝博尔施泰特的阿尔伯特), 德国经院学者(1193 或 1206/7—1280)。II:38,39,45—47,48,53,83,84,89,91,94,105,107,110,111,139,145,147. III:10.

Albumasar＝Abû Ma‛shar Al Balkhî. 阿布·马沙尔, 阿拉伯占星学家(†886)。II:16,19,85.

Alcuin. 阿尔昆, 英国经院学者(735—804)。II:3,4,6.

Alexander, of Aphrodisias. 阿弗洛狄西亚的亚历山大, 希腊哲学家, 亚里士多德的评注者(*fl. c.* 200)。I:46. II:63,105. III:14.

Alexander, of Hales (*Halensis*). 黑尔斯的亚历山大, 英国经院学者(1170/80—1245)。II:38,39,53,61,77.

Alfraganus＝Al-Farġânî. 法加尼, 阿拉伯天文学家(IX)。II:16,19,146.

Alhazen＝Ibn al-Haytham. 阿尔哈曾(＝伊本·海塞姆), 阿拉伯数学家、物理学家(*c.* 965—*c.* 1039)。II:16,68,69,143.

Alpetragius＝Al-Bitrûġî. 比特鲁吉(＝阿尔佩特拉吉乌斯), 西班牙阿拉伯天文学家(XII 2)。II:16,144,145,147,148—50. III:13,59,60.

Ambrose, St. 安布罗斯, 早期教父, 米兰的主教(*c.* 340—97)。II:2.

Amico, Giovanni Battista. 乔万尼·巴蒂斯塔·阿米柯。意大利天文学家(†1538)。III:60.

Ammonius Saccas,of Alexandria. 亚历山大里亚的阿莫尼奥斯,希腊哲学家
(*fl. c.* 240)。I:117.

Anaxagoras,of Clazomenae. 阿那克萨哥拉,希腊哲学家(*c.* 499—428 B. C.)。
I:117.

Anaximander,of Miletus. 米利都的阿那克西曼德,希腊哲学家(*c.* 610—
c. 540 B. C.)。I:102.

Anthemius,of Tralles. 安特米乌斯,希腊数学家(†*c.* 534)。I:101.

Apollonius,ofPerga. 阿波罗尼奥斯,希腊数学家(265? —170 B. C.)。I:60,
61,101,112,119. II:7,19. III:2.

Apuleius,Lucius,of Madaura. 卢奇乌斯·阿普列尤斯,罗马作家(* *c.* 125)。
II:10.

Archimedes,of Syracuse. 叙拉古的阿基米德,希腊数学家(287—212 B. C.)。
I:2,49,60—62,65—67,78,93,95,112,119. II:7,19,59. III:2,16,32,
33,41,49. IV:50,60—62,73,80,83,126,129,142,164,165,167,286.

Archytas,of Taras. 阿基塔斯,希腊哲学家、数学家(IV 1 B. C.)。I:4.

Ariadne. 阿里阿德涅,神话中的公主。IV:186.

Aristarchus,of Samos. 萨摩斯的阿里斯塔克。希腊天文学家(*c.* 310—250
B. C.)。I:78,114. IV:17,22.

Aristotle,ofStagira. 亚里士多德,希腊哲学家(384—322 B. C.)。多处.

Arnobius. 阿诺比乌斯,基督教护教作家(*fl. c.* 300)。II:5.

Arnold,ofVillanova. 维拉诺瓦的阿诺德,加泰罗尼亚学者(*c.* 1240—1311)。
II:91.

Atalanta. 阿塔兰特,神话中的公主。IV:190.

Augustine,St. 奥古斯丁,早期教父,希波(Hippo)的主教(354—430)。
I:115—18,120,122,123. II:5,10,11,22,54,57,77,82,103,136.

Augustus. 奥古斯都,罗马皇帝(63 B. C. —14)。I:111.

Avempace＝Ibn Bâǧǧa. 阿维塞巴,西班牙阿拉伯天文学家(*c.* 1106—1138/9)。
II:105,144. III:60.

Avencebrol 或 Avicebron ＝ Ibn Gabirol. 阿维塞卜洛,西班牙犹太哲学家

(*c.* 1021—*c.* 1058)。II:19,77.

Averroes＝Ibn Rušd. 阿威罗伊(＝伊本·鲁世德)。西班牙阿拉伯哲学家，亚里士多德的评注者(1126—98)。II:16,35,36,38,57,63,81,101,105,107,110,124,135,136,139,142,144,147,149. III:14,60,67.

Avicenna＝Ibn Sînâ. 阿维森纳(＝伊本·西那)，波斯哲学家、医生(980—1037)。II:16,19,35,77,105,107,111,135,136,142. III:69,74.

Bacon,Francis. 弗朗西斯·培根，英国政治家、哲学家、作家(1561—1626)。II:24,53. IV:173,183—93.

Bacon,Roger. 罗吉尔·培根，英国经院学者(*c.* 1210—*c.* 1292)。II:47—62,65—67,69,72—77,79,84,85,87,89,91,93,110,111,136,139,149,150. III:42. IV:45,175.

Baliani,Giovanni Battista. 乔万尼·巴蒂斯塔·巴利亚尼，热那亚的贵族(1582—1666)。IV:124,125,130,133,137.

Banû Mûsâ. "穆萨的儿子"三兄弟，阿拉伯数学家、天文学家，翻译活动的发起者。II:63.

Barrow,Isaac. 艾萨克·巴罗，英国神学家、数学家(1630—77)。IV:170.

Bartholinus,Erasmus. 伊拉斯谟·巴托林，丹麦数学家、物理学家(1625—98)。IV:286.

Bartholomeus Anglicus. 英吉利人巴托洛梅，英国经院学者(XIII 1)。II:83.

Basil,St. 巴西尔，早期教父(*c.* 330—79)。I:115,116.

Basso,Sebastian. 塞巴斯蒂安·巴索，法国医生、化学家(XVII 1)。III:75,77.

al-Battânî,见 Albategnius.

Bede,The Venerable. 可敬的比德，英国学者(674—735)。II:2—4,6.

Beeckman,Isaac. 伊萨克·贝克曼，荷兰学者(1588—1637)。III:52. IV:70—76,79,125,136,137.

Bellarminus,Robertus. 罗伯特·贝拉闵，枢机主教(1542—1621)。IV:162.

Benedetti,Giovanni Batista. 乔万尼·巴蒂斯塔·贝内代蒂，意大利数学家、物理学家(1530—90)。III:56,57. IV:80,277.

BenedictBiscop. 本尼狄克·比斯科普,英国学者(*c.* 628—90)。II:3.

Bentley,Richard. 理查德·本特利,英国神学家、古典学者(1662—1742)。IV:322,324.

Bernard,of Chartres. 沙特尔的贝尔纳,法国经院学者(†*c.* 1126)。II:10,20,28.

Bernard,St.,of Clairvaux. 明谷的贝尔纳,法国经院学者(1091—1153)。II:27,30.

Bernard Sylvester,of Tours. 图尔的贝尔纳·西尔维斯特,法国经院学者(*fl. c.* 1150)。II:25,30.

Bernard,of Verdun. 凡尔登的贝尔纳,法国经院学者(XIII)。II:150.

Bernoulli,Daniel. 丹尼尔·伯努利,瑞士数学家(1700—82)。IV:281.

Bernoulli,Johann. 约翰·伯努利,瑞士数学家(1667—1748)。IV:101.

Berossus. 贝罗索斯,巴比伦天文学家(*fl. c.* 280 B.C.)。I:109.

Bessarion,Johannes. 贝萨里翁,枢机主教、希腊人文主义者(1395—1472)。III:3,62.

Biagio Pelacani,见 Blaisius,of Parma.

Biringuccio,Vanuccio. 瓦努奇奥·比林古乔,意大利采矿工程师、化学家(1480—1539)。III:35.

al-Bitrûǧî,见 Alpetragius.

Blasius,of Parma. 帕尔马的布拉修斯,意大利学者(†1416)。III:16.

Boethius. 波埃修,罗马哲学家(480—525)。II:1,2,8—11,33,34.

Bombelli,Raffaele. 拉法埃莱·邦贝利,意大利数学家(XVI 2)。III:31.

Bonaventure,St. 波纳文图拉,法国经院学者(1221—74)。II:77,103,110.

Bonet,Nicolas. 尼古拉·博内,法国经院学者(XIV 1)。II:111.

Borelli,Giovanni Alfonso. 乔万尼·阿方索·博雷利,意大利医生、物理学家、天文学家(1608—79)。IV:136,137.

Borkenau,Franz. 弗朗茨·伯克瑙(1900—57),奥地利作家。III:26.

Borough,William. 威廉·伯勒,英国航海家(1536—99)。IV:174.

Boyle,Robert. 罗伯特·波义耳,英国物理学家、化学家(1627—91)。IV:

193,244—61,279—83,312,322.

Bradwardine,Thomas. 托马斯·布雷德沃丁,英国经院学者(*c.* 1290—1349)。II:113,120,122—4.

Brahe,Tycho. 第谷·布拉赫,丹麦天文学家(1546—1601)。IV:1,6,19—25,28—30,32,38,47,58,119,153,270.

Brunelleschi,Filippo. 菲利波·布鲁内莱斯基,意大利建筑师(1379—1446)。III:29,28.

Bruno,Giordano. 焦尔达诺·布鲁诺,意大利自然哲学家(1548—1600)。III:12,31.

Burckhardt,Jacob. 雅各布·布克哈特,瑞士社会史学家(1818—97)。III:27.

Buridan,Jean. 让·布里丹,法国经院学者(*c.* 1300—*c.* 1358)。II:94,112—16,138,153. III:56. IV:79,125.

Burley,Walter (Burleus). 沃尔特·伯利,英国经院学者(*c.* 1275—*c.* 1345)。II:137.

Burrough,见 Borough.

Calcagnini,Celio. 切利奥·卡尔卡尼尼,意大利学者(1479—1541)。III:61. IV:17.

Callippus,of Cyzicus. 卡里普斯,希腊天文学家(*fl. c.* 370 B. C.)。I:42. II:145.

Carneades,of Cyrene. 卡尼阿德斯,希腊哲学家(*c.* 214—晚于 129 B. C.)。I:111,122.

Cassiodorus Senator. 卡西奥多鲁斯,罗马政治家、学者(*c.* 490—*c.* 580)。II:1,2.

Cassirer,Ernst. 恩斯特·卡西尔,德国哲学家(1874—1945)。III:21.

Cavalieri,Bonaventura. 博纳文图拉·卡瓦列里,意大利数学家(1598—1647)。IV:124,170,226.

Cellini,Benvenuto. 本韦努托·切利尼,意大利艺术家(1500—71)。III:27.

Chalcidius. 卡尔西迪乌斯,罗马学者(*fl.* IV 1)。II:10,11,31,34.

Charlemagne. 查理大帝,皇帝(742—814)。II:3.

Charles V. 查理五世。法国国王(1337—80)。III:31.

Chosroes 或 Husraw Anûširwân. 考斯劳,波斯国王(531—579 在位)。II:13.

Chrysippus,of Tarsus. 克吕西普,希腊哲学家(*c.* 280—*c.* 208 B. C.)。I:111.

Cicero,Marcus Tullius. 马库斯·图利乌斯·西塞罗,罗马哲学家、演说家(*c.* 106—43 B. C.)。I:123. II:10.

Claudian. 克劳狄安,罗马诗人(*fl. c.* 400)。II:32 n.

ClaudianusMamertus. 克劳狄阿努斯·马莫图斯,法国神学家(†474)。II:10.

Cleanthes,of Assus. 克里安提斯,希腊哲学家(*c.* 331—*c.* 232 B. C.)。I:114.

Clement of Alexandria. 亚历山大里亚的克雷芒,基督教神学家(*c.* 150—*c.* 215)。I:119.

Cleomedes. 克利奥梅蒂斯,希腊天文学家(I B. C.)。I:80,86,100. II:62.

Colbert,Jean-Baptiste. 让—巴蒂斯特·柯尔贝尔,法国政治家(1619—83)。IV:193.

Columbus,Christopher. 克里斯托弗·哥伦布,意大利探险家(1451—1506)。IV:185.

Commandino,Federigo. 费代里戈·科曼蒂诺,意大利数学家(1509—65)。IV:60.

Conimbricenses. 科英布拉派,科英布拉大学(Coimbra University)的耶稣会士们(XVI)。III:51,68.

Constantinus Africanus. 非洲人康斯坦丁,阿拉伯著作翻译家。II:17,25.

Copernicus,Nicolaus. 尼古拉·哥白尼,波兰天文学家(1473—1543)。II:110,153,III:12,13,62. IV:1—22,29,32,33,35,41,47,105,107,112,129,153,155,157,160,172,181,189,219,220,270.

Cosimo II. 科西莫二世,托斯卡纳(Tuscany)大公(1590—1621)。IV:84.

Cosmas Indicopleustes. 科斯马斯,早期教父地理学家(*fl. c.* 540)。I:119,120.

Cremonini,Cesare. 切萨雷·克雷莫尼尼,意大利哲学家(1550—1631)。III:16.

Cusanus,Nicolaus 或 Nicholas of Cusa. 库萨的尼古拉,德国神学家、自然哲学家、枢机主教(1401—64)。III:4—13,24,50,59. IV:17,179,226.

Daedalus. 代达罗斯,神话中的发明家。I:95. II:51.

Dalton,John. 约翰·道尔顿,英国化学家、物理学家(1766—1844)。I:9. IV:247.

Damascius,of Damascus. 达马斯基奥斯,希腊哲学家(VI)。I:46. II:13,105.

Delfino,Giovanni Antonio. 乔万尼·安东尼奥·德尔菲诺,意大利天文学家
  (XVI)。III:60.

Democritus,of Abdera. 德谟克利特,希腊哲学家(c. 460—c. 370 B. C.)。
  I:8—13,17,50,98. II:5,139. III:74,77. IV:218,227,231,234,242.

Dercyllides. 德西利德斯,希腊天文学家(基督纪元初)。I:82.

Descartes,René. 勒内·笛卡尔,法国哲学家、数学家(1596—1650)。I:45.
  II:113. III:52. IV:72,73,145,170,171,189,193,221,227,230,231,
  233,235,239,240,241,244,248,261,262,268,269,271,274,277,279,
  282—4,288,299,313,320. V:8.

Dietrich,of Freiberg. 弗赖贝格的迪特里希,德国经院学者(c. 1250—c. 1310)。
  II:61,67,70,71,136,149.

Digby,Kenelm. 凯内尔姆·迪格比,英国作家(1630—65)。IV:242.

Diocles. 狄奥克勒斯,希腊数学家(II B. C.)。I:101.

Diogenes. 第欧根尼,希腊哲学家(*404 B. C.)。I:95.

Dionysius the Areopagite (Pseudo-Dionysius)伪狄奥尼修斯(c. 500)。II:77.
  III:6,9.

Diophantus,of Alexandria. 亚历山大里亚的丢番图,希腊数学家(III 2)。I:
  60. III:2.

Dirck Rembrantsz. 迪尔克·伦勃朗茨,荷兰天文学家、数学家,与笛卡尔关系
  友善。IV:220 n.

Duhem,Pierre. 皮埃尔·迪昂,法国物理学家、科学史学家(1861—1917)。II:
  109,113,129,130,132. III:3,34,43,45.

Duns Scotus,John. 约翰·邓斯·司各脱,苏格兰经院学者(c. 1270—1308)。
  II:105,108,110,137,138.

Dürer,Albrecht. 阿尔布莱希特·丢勒,德国艺术家、数学家(1471—1528)。
  III:27,31.

Eckhart. 埃克哈特,德国神秘主义者(1260—1329)。III:9.

Ecphantus,of Syracuse. 叙拉古的埃克番图斯,希腊哲学家(V B. C. 初)。
I:78.

Einstein,Albert. 阿尔伯特·爱因斯坦。德国物理学家(1879—1955)。
III:39.

Empedocles,of Akragas. 恩培多克勒,希腊哲学家(*c.* 490—*c.* 435 B. C.)。
I:7,8,12,44,100,101. II:142. III:74.

Epicurus,of Samos. 萨摩斯的伊壁鸠鲁,希腊哲学家(341—270 B. C.)。I:
13,98. II:5,6,28. IV:226,230—2,234,324.

Erasmus,Desiderius. 德西迪里厄斯·伊拉斯谟,荷兰人文主义者(1466—
1536)。III:3.

Euclid,of Alexandria. 亚历山大里亚的欧几里得,希腊数学家(*fl. c.* 300 B.
C.)。I:37,58,60,61,63,64,66,67,86,112. II:8,17,19,69,123. III:2,
23. IV:294.

Eudoxus,of Cnidus. 欧多克斯,希腊数学家、天文学家(*c.* 408—*c.* 355 B.
C.)。I:42,62,66. II:16,145. IV:22.

Eugenius,of Palermo. 巴勒莫的欧根尼乌斯,数学家、天文学家、阿拉伯著作
翻译家(XII 中期)。II:18,19.

Fabricius,David. 法布里修斯,德国天文学家(1564—1617)。IV:47.

al-Fârâbî. 法拉比,阿拉伯哲学家(†950)。II:19,111.

Faraday,Michael. 迈克尔·法拉第,英国物理学家(1791—1867)。IV:71.

al-Fargânî,见 Alfraganus.

Fatio de Duillier,Nicolas. 尼古拉·法蒂奥·德·丢利埃,瑞士天文学家
(1664—1753)。IV:313.

Fermat,Pierre de. 皮埃尔·德·费马,法国数学家(*c.* 1608—65)。V:3.

Fernel,Jean. 让·费内尔,法国医生(†1558)。III:74.

Ferrier,Jean. 让·费里埃,法国光学仪器商(XVII 1)。

Ficino,Marsilio. 马尔西利奥·菲奇诺,意大利人文主义者(1433—99)。III:
3,28.

Firmicus Maternus,Julius. 尤里乌斯・弗米库斯・马特努斯,罗马占星学家
　　(† 晚于 360)。I:111.

Foscarini,Paolo Antonio. 保罗・安东尼奥・弗斯卡利尼,意大利神父
　　(1580—1616)。IV:162.

Fracastoro,Girolamo. 吉罗拉莫・弗拉卡斯托罗,意大利学者(1483—1533)。
　　III:60.

Francescodi Giogio Martini. 弗朗切斯科・迪乔治・马尔蒂尼,意大利画家
　　(1439—1502)。III:28.

Franciscus,of Marchia. 马奇亚的弗朗西斯科,意大利经院学者(XIII 1)。II:
　　111,136.

Francis,of Meyronnes. 梅罗纳的弗朗西斯,法国经院学者(†1325)。II:153.

Franco,of Liège. 列日的佛朗科,佛兰芒经院学者(c. 1083)。II:9.

Frederick II. 腓特烈二世,西西里国王,德国皇帝(1194—1250)。II:18.

Fulbert,of Chartres. 沙特尔的富尔贝,法国经院学者(c. 960—1028)。II:10.

Gaetano,of Thiene. 蒂内的加埃塔诺,意大利经院学者(1387—1465)。III:16.

Galen,of Pergamum. 盖伦,希腊医生(129—79)。II:13,16,25,67. III:69.

Galilei,Galileo. 伽利略・伽利莱,意大利物理学家、天文学家(1564—1642)。
　　II:22,59,64,113,115,131. III:15,16,29,31,52,55,56. IV:70,77—
　　136,142,147,153—62,165,166,168,169,172,180,182,189,194,200,
　　203,219,221—30,235,237,241,263,266,270,277,295,298,308,316.
　　V:7,8.

Gassendi,Pierre. 皮埃尔・伽桑狄,法国哲学家(1592—1655)。IV:114,131,
　　193,221,227,231—41,245,248,257,283.

al-Gazzâlî. 加扎利,阿拉伯神学家(1058—1111)。II:19,63.

Gellius,Aulus. 奥卢斯・格利乌斯,罗马学者(c. 130—晚于 180)。II:10.

Geminus,ofThodus. 盖米诺斯,希腊数学家、天文学家(I)。I:86.

Gerard,of Cremona. 克雷莫纳的杰拉德,意大利的阿拉伯著作翻译家
　　(1114—87)。II:18,19,146.

Gerbert, of Aurillac（＝Pope Sylvester II）. 欧里亚克的热尔贝（即教皇西尔维斯特二世），法国数学家、天文学家（c. 930—1003）。II：7,9,10,89,146.

Ghiberti, Lorenzo. 洛伦佐・吉贝尔蒂，意大利雕刻家（1378—1455）。III：27.

Gilbert, William. 威廉・吉尔伯特，英国医生、物理学家（1540—1603）。II：79. IV：44,45,172—82,185.

Godfrey, of Fontaines. 方丹的戈德弗雷，法国经院学者（晚于 1306）。II：110.

Goethe, Johann Wolfgang von. 约翰・沃尔夫冈・冯・歌德，德国诗人、学者（1749—1832）。I：108. IV：2.

Goorle, David van. 戴维・凡・高勒，荷兰化学家（1591—1612）。IV：227.

Grassi S. J., Orazio. 奥拉齐奥・格拉西，意大利学者（1583—1658）。IV：228,230.

Gregory, of Nazianzus. 纳西昂的格列高利，神学作家（c. 329—389/90）。I：116.

Gregory I, the Great. 格列高利一世，教皇（590—604 在位）。II：32.

Gregory IX. 格列高利九世，教皇（1229—1241 在位）。II：36.

Grimaldi, Francesco Maria. 弗朗切斯科・马里亚・格里马尔迪，意大利物理学家（1618—63）。IV：284.

Groot, Johan Cornets de. 约翰・科尔内・德赫罗特，代尔夫特市长（1554—1640）。IV：69,81.

Grosseteste, Robert. 罗伯特・格罗斯泰斯特，英国经院学者，林肯主教（1175—1253）。II：51, 59, 61, 66, 67, 69, 72, 75—77, 83, 105, 110. IV：45.

Grotius（Groot, Hugo de）. 格劳秀斯，荷兰政治家、律师（1583—1645）。IV：69.

Guericke, Otto von. 奥托・冯・盖里克，德国物理学家（1602—86）。IV：278,279,281.

Gundisalvi, Domingo. 多明戈・贡迪萨尔沃，西班牙哲学家、阿拉伯著作翻译家（XII 1）。II：18.

Haak, Theodore. 特奥多雷・哈克，在英格兰工作的德国学者（1605—90）。IV：193.

Hârûn al-Rašîd. 哈伦·拉希德,巴格达的哈里发(786—809 在位)。II:15.

Harvey,William. 威廉·哈维,英国医生(1578—1657)。IV:193.

Henry of Langenstein (Henricus de Hassia). 朗根施泰因的亨利,德国经院学者、天文学家(1325—97)。II:150. III:62.

Heraclides Ponticus. 赫拉克利特,希腊哲学家(c. 388—c. 315 B.C.)。I:40, 78. IV:6,17,22.

Heraclitus,of Ephesus. 赫拉克利特,希腊哲学家(fl. c. 500 B.C.)。I: 7,44.

Hercules. 赫拉克勒斯,神话中的英雄。I:52. IV:185.

Herman of Carinthia (=Hermannus Dalmata). 卡林迪亚的赫尔曼,阿拉伯著作翻译家(XII 中期)。II:18,20.

Hermes Trismegistus. 三重伟大的赫尔墨斯,传说中炼金术著作的作者。I: 106. IV:7.

Hero,of Alexandria. 亚历山大里亚的希罗,希腊数学家、工程师(可能在 I B. C. 初)。I:93,94,100. II:62,63. III:32.

Heytesbury,William. 威廉·海特斯伯里,英国经院学者(1380)。II:124.

Hicetas,of Syracuse. 叙拉古的希克塔斯,希腊哲学家(c. 400 B.C.?)。I:78.

Hiero. 希罗王,叙拉古国王(III B. C.)I:95.

Hieronymus (St. Jerome). 哲罗姆,早期教父(c. 340—420)。II:5.

Hieronymus,of Ascoli,见 Jerûme.

Hilarius,of Poitiers. 希拉略,神学作家(†366)。II:5.

Hipparchus,of Nicaea. 希帕克斯,希腊天文学家(II 2 B. C.)。I:68,70,75, 81,82,119. II:16. IV:8.

Hobbes,Thomas. 托马斯·霍布斯,英国哲学家(1588—1679)。IV:240, 242,257,260.

Hoenen,Petrus 彼得·赫南,荷兰自然哲学家(1880—1961)。II:127.

Holkot,Thomas. 托马斯·霍尔科特,英国经院学者(†1349)。II:100.

Honorius III. 洪诺留三世,教皇(1216—1227 在位)。II:36.

Hooke,Robert. 罗伯特·胡克,英国物理学家(1635—1703)。IV:193,279.

Hugh, of St. Victor. 圣维克多的于格。法国经院学者(1096—1141)。II：33.

Hugo, of Santalla. 桑塔拉的乌戈，西班牙的阿拉伯著作翻译家。II：18.

Hugo, of Siena. 锡耶纳的胡戈，意大利医生(†1439)。III：18.

Hume, David. 大卫·休谟，英国哲学家(1711—76)。II：101.

Hunayn ibn Ishâq=Johannitius. 侯奈因·伊本·伊沙克，聂斯脱利派(Nestorian)
　　医生，希腊著作翻译家(c. 809—73)。II：15.

Husraw Anûširwân，见 Chosroes.

Huygens, Christiaan. 克里斯蒂安·惠更斯，荷兰数学家、物理学家(1629—
　　95)。II：59,73. III：45. IV：70,129,136,138—52,155,167,170,189,
　　193,199,202,207,211,212,244,283—90,303,308,312—14,318,328,
　　329. V：4,8.

Iamblichus, Chalcis. 扬布里柯，希腊哲学家(c. 325)。I：57.

Ibn Bâǧǧa，见 Avempace.

Ibn Gabirol，见 Avencebrol.

Ibn al-Haytham，见 Alhazen.

Ibn Rušd，见 Averroes.

Ibn Sînâ，见 Avicenna.

Ibn Tufail，见 Abubacer.

Inceptor, Venerabilis，见 Ockham.

Ingoli, Francesco. 弗朗切斯科·英格利，意大利律师。IV：114.

Isidore, of Seville. 塞维利亚的伊西多尔，西班牙学者(c. 560—636)。II：2,
　　4—6.

Jâbir ibn Aflah 或 Geber. 贾比尔，西班牙阿拉伯数学家、天文学家(XII 末)。
　　II：146.

Jacopo, of Forlì. 弗利的雅各布，意大利医生(†1461)。III：18.

James, of St. Martinus (of Naples). 那不勒斯的詹姆斯(=圣马丁的詹姆斯)
　　意大利经院学者(XIV 2)。III：52.

Jeans, James. 詹姆斯·金斯，英国天文学家、物理学家(1877—1946)。V：9.

Jeremiah. 耶利米，先知。I：117.

Jerûme, of Ascoli. 阿斯科利的哲罗姆，1278 年圣方济各修会长老。II: 61.

Johannes Canonicus. 约翰・卡诺尼库斯，法国经院学者。II: 64.

Johannes of Seville＝Johannes Hispalensis. 塞维利亚的约翰（＝西班牙的约翰），西班牙犹太的阿拉伯著作翻译家（XII 中期）。II: 18.

Johannitius，见 Hunayn ibn Ishâq.

John XXI. 约翰二十一世，教皇（1276—1277 在位）。II: 92.

John Duns Scotus，见 Duns Scotus.

John, of Jandun. 让丹的约翰，法国经院学者（†1328）。II: 110.

John, of Mirecourt (*Monachus albus*). 米尔库的约翰（亦称"白修士"），法国经院学者（XIV）。II: 103.

John, of Salisbury＝Johannes Saresberiensis. 索尔兹伯里的约翰，英国经院学者（1110/20—1180）。II: 28, 31.

Jordanus Nemorarius (＝Jordanus de Nemore 或 Jordanus Saxo). 尼莫尔的约达努斯，德国数学家、物理学家（†1237）。III: 32—34, 41, 49. IV: 62, 91.

Jung, Carl Gustav. 卡尔・古斯塔夫・荣格，瑞士心理学家（1875—1961）。II: 90.

Jungius, Joachim. 约阿希姆・容吉乌斯，德国学者（1587—1657）。IV: 242.

Justinian. 查士丁尼，东罗马帝国皇帝（483—565，其中 527—565 在位）。II: 13.

Kamâl al-Dîn. 卡迈勒丁，阿拉伯学者（†1320）。II: 70.

Kant, Immanuel. 伊曼努尔・康德，德国哲学家（1724—1804）。IV: 18.

Kepler, Johannes. 约翰内斯・开普勒，德国天文学家（1571—1630）。II: 59, 80, 125. III: 20, 23 n. IV: 1, 2, 15, 23, 25—59, 74, 90, 105, 111, 147, 153, 158, 168, 169, 172, 173, 182, 194, 310, 311. V: 8, 9.

al-Khuwârizmî. 花拉子米，阿拉伯数学家、天文学家（†c. 850）。II: 16, 17, 19, 146.

al-Kindî. 金迪，阿拉伯学者（†c. 873）。II: 16.

Koyré, Alexandre. 柯瓦雷，法国科学史家（1892—1964）。IV: 147, 183.

Kristeller, Paul Oscar. 保罗・奥斯卡・克里斯泰勒，美国哲学家（1905—1999）。III: 15.

Laberthonnière,Lucien. 吕西安・拉贝托尼埃,法国神学家(1860—1932)。
　　IV:220.

Lactantius. 拉克坦修,神学作家(c. 250—c. 325)。I:119,120,123. II:5,6.

Laplace,Pierre-Simon. 皮埃尔—西蒙・拉普拉斯,法国数学家、天文学家
　　(1749—1827)。IV:329.

Lavoisier,Antoine Laurent. 安托万・洛朗・拉瓦锡,法国化学家(1743—
　　94)。IV:247.

Leibniz,Gottfried Wilhelm. 戈特弗里德・威廉・莱布尼茨,德国哲学家、数
　　学家(1646—1716)。III:6,48. IV:195,208,313,314,318,330. V:3,4.

Leo I,the Great. 利奥一世,教皇(440—461 在位)。II:82.

Leonardo da Vinci. 莱奥纳多・达・芬奇,意大利艺术家(1452—1519)。III:
　　27,34,36—46,58. IV:17,60,71,88,89,125.

Leopold de' Medici. 利奥波德・美第奇,枢机主教(†1675)。IV:193.

Leucippus,of Miletus. 留基伯,希腊哲学家(V B.C.)。I:8,50.

Liebig,Justus von. 尤斯图斯・冯・李比希,德国化学家(1803—73)。
　　IV:183.

Linus,Francis. 弗朗西斯・莱纳斯,英国神学家(XVII 2)。IV:280.

Locke,John. 约翰・洛克,英国哲学家(1632—1704)。IV:227.

Lucretius Carus,Titus. 卢克莱修,罗马诗人(c. 95—55 B.C.)。I:13,98. II:
　　5,6.

Lull,Raymund. 雷蒙德・鲁尔,西班牙经院学者(c. 1232—1315)。II:91.

Mach,Ernst. 恩斯特・马赫,德国物理学家、哲学家(1838—1916)。II:47.
　　IV:102.

Macrobius. 马克罗比乌斯,罗马学者(c. 400)。II:10.

Magini,Giovanni Antonio. 乔万尼・安东尼奥・马吉尼,意大利天文学家
　　(1555—1617)。IV:156.

Maier,Anneliese. 安内莉泽・迈尔,德国学者。II:109,113,119,120,130,
　　131. III:52.

Maimonides,Moses. 摩西・迈蒙尼德,西班牙犹太哲学家(1135—1204)。
　　II:144.

al-Ma'mûn. 马蒙,巴格达的哈里发(786—833,其中 813—833 在位)。II:15.

Manilius,Marcus. 马库斯·马尼留斯,罗马诗人、占星学家(I)。I:108,111.

al-Mansûr. 曼苏尔,巴格达的哈里发(754—775 在位)。II:15.

Marsilius,ofInghen. 英根的马西留斯,德国经院学者(†1396)。II:94,112,
　　138,139.

Mâšallâh. 马萨拉,阿拉伯占星学家(†c. 820)。II:16,19.

Maternus,见 Firmicus.

Maupertuis,Pierre Louis Moreau de. 皮埃尔·路易·莫罗·德·莫泊丢,法
　　国哲学家(1698—1759)。V:3.

Maurolyco,Francesco. 弗朗切斯科·毛罗里科,意大利数学家(1494—1577)。
　　IV:60.

Mersenne,Marin. 马兰·梅森,法国学者(1588—1648)。IV:131,132,193,
　　274,277.

Merton,Robert King. 罗伯特·金·默顿(1910—2003),美国社会学家。
　　IV:260.

Michael Scot. 苏格兰人迈克尔,苏格兰经院学者,阿拉伯著作翻译家
　　(c. 1175—1235)。II:18,147.

Michalsky,Konstantyn. 康斯坦丁·米哈尔斯基,波兰学者(1879—1947)。
　　II:109.

Molière. 莫里哀,法国喜剧作家(1622—73)。II:87.

Monachus Albus,见 John,of Mirecourt.

Montmor,Henry Louis Habert de. 亨利·路易·阿贝尔·德蒙莫,法国学者
　　(XVII)。IV:193.

More,Louis Trenchard. 路易斯·特伦查德·莫尔,美国科学史学家(1870—
　　1944)。IV:183.

Moses. 摩西,犹太人的领袖。I:117.

Napoleon. 拿破仑,法国皇帝(1769—1821)。IV:329.

Nâsir al-Din al-Tûsî. 纳西尔丁·图西,波斯数学家、天文学家(1201—74)。
　　III:64.

Nechepso. 尼凯普索,被认为与佩托西里斯(Petosiris)共同写出了一部希腊
　　占星学著作(可能在 II B.C.)。I:111.

Nectanebo. 奈科坦尼波,魔法师。II:89.

Nestorius. 聂斯脱利,叙利亚神学家(†晚于 450)。II:13.

Newton,Isaac. 艾萨克·牛顿。英国数学家、物理学家(1642—1727)。I:2.
II:59,108,113. III:39,48. IV:1,46,48,75,104,109—111,151,215,
217,255,287,291—330. V:1,2,4,6,8,9.

Nicholas,of Autrecourt. 欧特里库的尼古拉,法国经院学者(XIV 1)。II:
101—4.

Nicholas,of Cusa,见 Cusanus.

Nicole Oresme,见 Oresme.

Nicoletti,Paolo,见 Paulus Venetus.

Nicomachus,of Gerasa. 尼科马库斯,希腊数学家(*fl. c.* 100)。II:33.

Nifo,Agostino. 阿戈斯蒂诺·尼福,意大利经院学者(1473—1546)。III:17,
18,67.

Noël,Etienne. 艾蒂安·诺埃尔,法国神学家(XVII 1)。IV:262,267—9,271,
272,276.

Norman,Robert. 罗伯特·诺曼,英国航海家、仪器制造商(XVI 2)。IV:
174,175.

Novara,Domenico Maria da. 多梅尼科·玛利亚·达·诺瓦拉,意大利天文学
家(1454—1504)。IV:17,176.

Occam (=Ockham),William of. 奥卡姆的威廉,英国经院学者(*c.* 1300—
1349/50)。II:94,96,97,107,108,110,111,118,138. IV:242,312.

Oresme,Nicole. 尼古拉·奥雷姆,法国经院学者(†1382)。II:94,105,108,
110,116,117,119,126—33,138,151,152,153. III:13,18,31,48,52,77.
IV:5,17,21,73,80,88,94,176. V:7.

Origen. 奥利金,神学作家(†254)。I:117,119,123.

Osiander,Andreas. 安德烈亚斯·奥西安德尔,德国神学家(1498—1552)。
IV:14—16,35,41,157,162.

Pacioli,Luca. 卢卡·帕乔利,意大利数学家(*c.* 1445—1514)。III:28,31,38.

Panaetius,of Rhodus. 帕奈提奥斯,希腊哲学家(*c.* 180—*c.* 110 B. C.)。I:
50,111.

Papin,Denis. 德尼·帕潘,法国物理学家(1647—1712)。IV:244.

Pappus, of Alexandria. 亚历山大里亚的帕普斯,希腊数学家(III 2)。I:60.
　　III:2.

Paracelsus. 帕拉塞尔苏斯,瑞士医生(1493—1541)。III:31,69—72,77. IV:
　　245,246,256.

Parmenides, of Elea. 爱利亚的巴门尼德,希腊哲学家(* c. 515 B.C.)。I:6,
　　8,10,20,92. III:20.

Pascal, Blaise. 布莱斯・帕斯卡,法国数学家、物理学家(1623—62)。III:12.
　　IV:159,167,174,220,240,261—78,292.

Pascal, Etienne. 艾蒂安・帕斯卡,布莱斯・帕斯卡的父亲(†1651)。IV:
　　193,261.

Patrizzi, Francesco. 弗朗切斯科・帕特里齐,意大利哲学家(1529—97)。III:
　　14. IV:173.

Paul, St. 保罗,异教徒的使徒(†62)。I:117. II:16,28,124.

PaulIII. 保罗三世,1534 至 1549 年间的教皇。IV:16.

Paulus Venetus (＝Nicoletti, Paolo). 威尼斯人保罗,意大利经院学者(†1429)。
　　III:18.

Peckham, John. 约翰・佩卡姆,英国经院学者(c. 1240—92)。II:61,67.

Pepin the Short. 矮子丕平,法兰克国王(†768)。II:3.

Périer, Florin. 弗洛兰・佩里耶,布莱斯・帕斯卡的姐夫。IV:275,277.

Petit, Pierre. 皮埃尔・珀蒂,法国学者(1598—1677)。IV:261.

Petosiris. 佩托西里斯,被认为与尼凯普索(Nechepso)共同写出了一部希腊
　　占星学著作(可能在 II B.C.)。I:111.

Petrus, of Alvernia. 阿尔维尼亚的彼得,法国经院学者(†1304)。II:110.

Petrus Aureoli. 彼得・欧雷奥利,法国经院学者(†1322)。II:136.

Petrus Lombardus. 彼得・隆巴德,意大利经院学者(†1160)。II:101,
　　117,119.

Petrus Johannes Olivi. 彼得・约翰・奥利维,法国经院学者(1248/9—1298)。
　　II:110,111.

Petrus Peregrinus＝Pierre of Maricourt. 彼得・佩里格利努斯(＝马里古的皮
　　埃尔),法国学者(XIII 中期)。II:58,79,80. IV:174.

Peurbach (＝Peuerbach), Georg. 格奥尔格・普尔巴赫,奥地利天文学家
　　(1423—61)。III:3,62,64.

Philo, of Byzantium. 拜占庭的菲洛, 希腊工程师(Ⅲ B. C.)。Ⅰ:100. Ⅱ:62,63.

Philolaus. 菲洛劳斯, 希腊哲学家(*fl.* Ⅴ中期 B. C.)。Ⅰ:40,78.

Philoponus, Johannes, of Alexandria. 约翰・菲洛波诺斯, 亚历山大里亚的希腊哲学家, 亚里士多德的评注者。Ⅰ:46,85,99. Ⅱ:111. Ⅲ:55.

Pico Della Mirandola, Giovanni. 乔万尼・皮科・德拉・米兰多拉, 意大利哲学家(1463—94)。Ⅲ:21.

Piero della Francesca (＝Piero dei Franceschi). 皮耶罗・德拉・弗朗切斯卡, 意大利艺术家(*c.* 1420—92)。Ⅲ:28.

Pietro d' Abano. 彼得罗・达巴诺, 意大利医生、哲学家(1257—1315)。Ⅲ:18.

Planck, Max. 马克斯・普朗克, 德国物理学家(1858—1947)。Ⅰ:2.

Plato. 柏拉图, 希腊哲学家(429—348 B. C.)。多处.

Plato, of Tivoli (＝Plato Tiburtinus). 蒂沃利的普拉托, 意大利的阿拉伯著作翻译家(Ⅻ 1)。Ⅱ:18.

Pliny (＝Plinius Secundus, Cajus). 普林尼, 罗马学者(23—79)。Ⅱ:2.

Plotinus, of Lycopolis. 普罗提诺, 希腊哲学家(204—69)。Ⅰ:54—57,113, 116,117. Ⅱ:77,103.

Plutarch, of Chaeronea. 普鲁塔克, 希腊哲学家、历史学家(*c.* 50—120)。Ⅰ: 95,97,119. Ⅳ:155.

Pomponazzi, Pietro. 彼得罗・彭波纳齐, 意大利经院学者(1462—1525)。Ⅲ:22.

Porphyry, of Batanaea. 波菲利, 希腊哲学家(233—304)。Ⅰ:56. Ⅱ:1,12,13.

Posidonius, of Apamea. 波西多尼奥斯, 希腊哲学家(128—44 B. C.)。Ⅰ:50, 80,95,100,111. Ⅱ:62,70.

Proclus, of Lycia. 普罗克洛斯, 希腊哲学家(410—85)。Ⅰ:46,58,84,85. Ⅱ: 19,77.

Ptolemy, of Alexandria. 亚历山大里亚的托勒密, 希腊天文学家(Ⅱ)。Ⅰ:67, 68,70,75,77—79,81—84,101,112,119. Ⅱ:16,19,20,59,68,69,82, 105,143,145—7,149—50. Ⅲ:2,13,60—62. Ⅳ:2,4—6,8—11,13, 19—22,25,32,34,35,155,157,176,270.

Pythagoras, of Samos. 萨摩斯的毕达哥拉斯, 希腊哲学家(*fl. c.* 530 B. C. †497/6 B. C.)。Ⅰ:4,5,218. Ⅱ:8.

Rabanus Maurus (＝Hrabanus Maurus). 拉巴努斯・毛鲁斯,德国经院学者 (776—856)。II:4—6,27.

Radolf (Rudolf),of Liège. 列日的拉道夫,一所学校的领导者(XII)。II:8.

Ragimbold (Regimbald),of Cologne. 科隆的拉吉姆博尔特,学校校长(XII)。 II:8.

Ramus,Petrus. 彼得・拉穆斯,法国哲学家、数学家(1515—72)。III:23.

Randall Jr.,John Herman 约翰・赫尔曼・兰德尔(小),美国哲学家(1899— 1990)。III:15.

Rauchfuss,Conrad (＝Dasypodius). 康拉德・劳赫福斯,德国数学家(1529— 1600)。IV:259 n.

Raymund I. 雷蒙德一世,1126 至 1151 年间托雷多(Toledo)的大主教。 II:18.

Regiomontanus(＝Müller, Johannes). 雷吉奥蒙塔努斯,德国天文学家 (1436—76)。III:3,62,64,65. IV:6,17.

Reinhold,Erasmus. 伊拉斯谟・莱因霍尔德,德国天文学家(1511—53)。 IV:19.

Riccioli S. J.,Giovanni Battista. 乔万尼・巴蒂斯塔・里乔利,意大利天文学 家(1598—1671)。IV:131.

Richard,of Middletown. 米德尔顿的理查德,英国经院学者(XIII 2)。II:110.

Robert,of Chester (Robert de Rétines 或 Robertus Ketinensis). 切斯特的罗 伯特,英国的阿拉伯著作翻译家(fl. c. 1150)。II:18.

Roberval,Gilles Personne de. 吉勒・佩索纳・德・罗贝瓦尔,法国数学家 (1602—75)。IV:261,263,270,274.

Rodolph,of Bruges. 布鲁日的鲁道夫,佛兰芒的阿拉伯著作翻译家、天文学家 (fl. c. 1150)。II:18.

Rømer,Ole. 奥勒・罗默,丹麦天文学家(1644—1701)。IV:284.

Rothmann,Christoph. 克里斯托夫・罗特曼,德国天文学家(XVI 2)。IV:21.

Rudolph II. 鲁道夫二世,德国皇帝(1552—1612,其中 1576—1612 在位)。 IV:25.

Ruzzante (＝Angelo Beolco). 鲁尚特,帕多瓦的喜剧作家(1502—42)。 III:29.

Ryff,Walter Hermann. 瓦尔特・赫尔曼・里夫,瑞士学者(XVI 1)。III:58.

Savasorda＝Abraham Bar Hiyya. 萨瓦索达,西班牙犹太数学家、阿拉伯著作翻译家(†c. 1136)。II:18.

Scaliger,Julius Caesar. 尤利乌斯・恺撒・斯卡利格,意大利学者(1484—1558)。III:51,56,73. IV:38.

Scheiner S. J. , Christoph. 克里斯托夫・沙伊纳,德国天文学家(1575—1650)。IV:45.

Schott S. J. ,Caspar. 卡斯帕・绍特,德国物理学家(1608—66)。IV:279.

Sêbôht,Severus. 塞维乌斯・塞伯特,叙利亚学者(VII 中期)。II:13.

Seneca,Lucius Annaeus. 卢修斯・安内乌斯・塞内卡,罗马哲学家(c. 4—65)。I:95. II:2,10,53 n. ,70.

Sennert,David. 达维德・森纳特,德国医生、化学家(1572—1637)。III:74. IV:249,254.

Sergius,of Resaena (＝Resaina). 雷塞纳的塞尔吉乌斯,叙利亚学者(†536)。II:13.

Sforza,Lodovico. Il Moro. 卢多维科・斯福尔扎,米兰大公(1451—1508)。III:40.

Siger,of Brabant. 布拉班特的西格尔,荷兰经院学者(c. 1235—c. 1281)。II:42,85,93,110,139.

Simmel,Georg. 格奥尔格・西美尔,德国社会学家(1858—1918)。III:26.

Simplicius. 辛普里丘,希腊哲学家,亚里士多德的评注者(VI 1)。I:81,85. II:13.

Snellius (＝Snell),Willebrord. 维勒布罗德・斯涅耳荷兰数学家、物理学家(1591—1626)。IV:170.

Socrates,of Athens. 苏格拉底,希腊哲学家(c. 470—399 B. C.)。I:21.

Solomon. 所罗门,以色列国王(1082—975 B. C.)。IV:191.

Solon,of Athens. 梭伦,希腊政治家(†c. 558 B. C.)。I:92.

Sophocles. 索福克勒斯,希腊悲剧作家(c. 494—c. 406 B. C.)。IV:7.

Sophroniscus. 索弗洛尼斯库斯,苏格拉底的父亲。I:21.

Sosigenes,of Alexandria. 索西吉尼斯,希腊天文学家(I B. C.)。I:42,81.

Soto,Domingo de (Dominicus Soto). 多明戈・德・索托,西班牙经院学者(1494—1560)。II:131.

Speroni,Sperone. 斯佩罗内・斯佩罗尼,意大利学者(XVI)。III:29.

Stevin,Simon. 西蒙·斯台文。荷兰数学家、物理学家(1548—1620)。I:80.
　　III:27,31—33,65. IV:12,60—70,73,81,141,165,167,172,173,176,
　　277,282.

Suarez,Francisco. 弗朗西斯科·苏亚雷斯,西班牙经院学者(1548—1617)。
　　III:51.

Swineshead,Richard. 理查德·斯万斯海德,英国经院学者(XVI 1)。II:124.
　　III:15.

Syrianus,of Alexandria. 西里亚诺斯,希腊哲学家(*c.* 380—*c.* 450)。I:57.

Sylvester II,见 Gerbert.

Tartaglia,Nicolo. 尼科洛·塔尔塔利亚,意大利数学家(*c.* 1505—57)。III:
　　31,58.

Telesio,Bernardino. 贝尔纳迪诺·泰莱西奥,意大利自然哲学家(1508—88)。
　　III:14,20.

Tempier,Etienne. 艾蒂安·唐皮耶,巴黎的主教(XIII 2)。II:92,93,106—8.

Tenneur,Le. 勒唐纳,梅森的朋友。IV:274.

Tertullian. 德尔图良,神学作家(*c.* 60—晚于 120)。I:115,124.

Thâbit ibn Qurra. 萨比特·伊本·库拉,阿拉伯数学家、翻译家(826/7—
　　901)。II:16.

Thales,of Miletus. 米利都的泰勒斯,希腊哲学家(*c.* 600 B. C.)。I:2,3,98.
　　II:81. IV:179.

Themistius,of Paphlagonia. 特米斯修斯,希腊哲学家、亚里士多德的评注者
　　(*fl. c.* 400)。I:46. II:63,105.

Theodore,of Tarsus. 塔尔苏斯的提奥多尔,坎特伯雷(Canterbury)的大主教
　　(602—90)。II:3.

Theodosius,of Tripolis. 狄奥多修,希腊数学家、天文学家(*c.* 100 B. C.)。
　　III:63.

Theophilus,St. 提奥菲鲁斯,安条克(Antioch)主教(†晚于 181)。I:119.

Thierry,of Chartres. 沙特尔的蒂埃里,法国经院学者(†*c.* 1150)。II:10—
　　12,20.

Thomas,of Cantimpré. 康坦普雷的托马斯,法国经院学者(XIII 1)。II:47.

Thomas Aquinas (St. Thomas). 托马斯·阿奎那,意大利经院学者(1225—

74)。I:58. II:38—40,42—48,53,57,63,70,72,74,77,83,89,92—95, 100,101,103,105,106,110,111,135,138,139,148,150. III:14. IV: 160,231.

Torricelli,Evangelista. 埃万杰利斯塔·托里拆利,意大利数学家、物理学家 (1608—47). II:22. IV:124,126—33,141,142,145,167,232,261,265, 272—4,277,278,280. V:8.

Townley,Richard. 理查德·汤利,波义耳的通信者。IV:280.

Trismegistus,见 Hermes.

Tycho,见 Brahe.

Tyrtaeus,of Athens. 提尔泰奥斯,希腊诗人(VII B. C.)。IV:192.

Urban IV. 乌尔班四世,教皇(1261—1264 在位)。II:36.

UrbanVIII. 乌尔班八世,教皇(1568—1644,其中 1623—1644 在位)。 IV:160.

Valerius Maximus. 瓦列里乌斯·马克西穆斯,罗马作家(I 1)。II:10.

Verne,Jules. 儒勒·凡尔纳,法国小说家(1828—1905)。II:51.

Vettius Valens. 维蒂乌斯·瓦伦斯,罗马占星学家(II)。I:111.

Vieta（= Viète,François). 弗朗索瓦·韦达,法国数学家(1540—1603)。 IV:196.

Vincent,of Beauvais. 博韦的梵尚,法国经院学者(1190—1264)。II:77,91.

Vitalianus. 维塔里安,教皇(657—672 在位)。II:3.

Vives,Lodovico. 卢多维科·比韦斯,西班牙哲学家(1492—1540)。III: 24,25.

Viviani,Vincenzio. 温琴齐奥·维维亚尼,意大利数学家、物理学家(1622— 1703)。IV:261.

Wallis,John. 约翰·沃利斯,英国数学家(1616—1703)。IV:193.

Walther,Bernhard. 伯恩哈特·瓦尔特,纽伦堡贵族(1430—1504)。III:62.

William,of Auvergne. 奥弗涅的威廉,法国经院学者,巴黎主教。II:58,77, 80,88,89,147.

William,of Conches. 孔什的威廉,法国经院学者(1080—1145)。II:20,25—

31,33.

William,of Heytesbury,见 Heytesbury.

William,of Occam,见 Occam.

William,of St. Thierry. 圣蒂埃里的威廉,佛兰芒经院学者(*c.* 1085—1147)。
　II:27,28,30.

Witelo. 威特罗,西里西亚经院学者(* *c.* 1220)。II:61,67,70. IV:168.

Xenarchus. 克塞纳科斯,希腊天文学家(I B.C.)。I:81.

Zabarella. 扎巴瑞拉,意大利哲学家(1532—89)。III:16—18,67.

Zeno,Flavius. 弗拉维乌斯·芝诺,东罗马帝国皇帝(474—491 在位)。II:13.

Zeno,of Citium. 基提翁的芝诺,希腊哲学家(*c.* 336—*c.* 263 B.C.)。I:50.

Zeno,of Elea. 爱利亚的芝诺,希腊哲学家(*fl. c.* 460 B.C.)。II:108,
　114,149.

Zilsel,Edgar. 埃德加·齐尔塞尔,德国社会学家(1891—1944)。III:26.

Zimara,Marc-Antonio. 马可—安东尼奥·齐玛拉,意大利哲学家(†1552)。
　III:18,67.

汉英人名对照

（尽可能只列简称，按汉语拼音排序）

A

阿贝拉尔　Peter Abelard

阿波罗尼奥斯　Apollonius of Perga

阿布巴克尔　Abubacer＝Ibn Tufail

阿布·马沙尔　Albumasar＝Abû Mašhar Al Balkhî.

阿布瓦法　Abu al-Wafâ

阿德尔伯尔德　Adelbold

阿德拉德　Adelard of Bath

阿德拉斯托斯　Adrastus of Aphrodisias

阿尔贝蒂　Leon Battista Alberti

阿尔哈曾（＝伊本·海塞姆）Alhazen＝Ibn al-Haytham

阿尔昆　Alcuin

阿尔维尼亚的彼得　Petrus of Alvernia

阿弗洛狄西亚的亚历山大 Alexander of Aphrodisias

阿格里科拉　Georg Agricola＝Georg Bauer

阿格里帕　Agrippa of Nettesheim

阿基利尼　Alessandro Achillini

阿基米德　Archimedes of Syracuse

阿基塔斯　Archytas of Taras

阿奎那　Thomas Aquinas

阿里阿德涅　Ariadne

阿里斯塔克　Aristarchus of Samos

阿米柯　Giovanni Battista Amico

阿莫尼奥斯　Ammonius Saccas of Alexandria

阿那克萨哥拉　Anaxagoras of Clazomenae

阿那克西曼德　Anaximander of Miletus

阿诺比乌斯　Arnobius

阿普列尤斯　Lucius Apuleius of Madaura

阿斯科利的哲罗姆　Jerôme of Ascoli

阿塔兰特　Atalanta

阿威罗伊（＝伊本·鲁世德）Averroes＝Ibn Rušd

阿维帕塞　Avempace＝Ibn Bâǧǧa

阿维塞卜洛　Avencebrol 或 Avicebron＝Ibn Gabirol

阿维森纳（＝伊本·西那）Avicenna＝Ibn Sînâ

埃克哈特　Eckhart

埃克番图斯　Ecphantus of Syracuse

矮子丕平　Pepin the Short

爱因斯坦　Albert Einstein

安布罗斯　St. Ambrose

安特米乌斯　Anthemius of Tralles

奥弗涅的威廉　William of Auvergne

奥古斯丁　St. Augustine

奥古斯都　Augustus

奥卡姆　William Occam（＝Ockham）

奥雷姆　Nicole Oresme

奥利金　Origen

奥利维　Petrus Johannes Olivi

奥西安德尔　Andreas Osiander

B

巴勒莫的欧根尼乌斯　Eugenius of Palermo

巴利亚尼　Giovanni Battista Baliani

巴罗　Isaac Barrow

巴门尼德　Parmenides of Elea

巴索　Sebastian Basso

巴塔尼　Albategnius＝Al-Battânî

巴托林　Erasmus Bartholinus

巴西尔　St. Basil

邦贝利　Raffaele Bombelli

保罗　St. Paul

保罗三世　Paul III

贝尔纳·西尔维斯特　Bernard Sylvester of Tours

贝克曼　Isaac Beeckman

贝拉闵　Robertus Bellarminus

贝罗索斯　Berossus

贝内代蒂　Giovanni Batista Benedetti

贝萨里翁　Johannes Bessarion

本特利　Richard Bentley

比德　The Venerable Bede

比林古乔　Vanuccio Biringuccio

比斯科普　Benedict Biscop

比特鲁吉（＝阿尔佩特拉吉乌斯）　Alpetragius＝Al-Bitrû ği

比韦斯　Lodovico Vives

毕达哥拉斯　Pythagoras of Samos

波埃修　Boethius

波菲利　Porphyry of Batanaea

波纳文图拉　St. Bonaventure

波西多尼奥斯　Posidonius of Apamea

波义耳　Robert Boyle

伯克瑙　Franz Borkenau

伯勒　Borough, William

伯利　Walter Burley

伯努利（丹尼尔）　Daniel Bernoulli

伯努利（约翰）　Johann Bernoulli

柏拉图　Plato

博雷利　Giovanni Alfonso Borelli

博内　Nicolas Bonet

博韦的梵尚　Vincent of Beauvais

布克哈特　Jacob Burckhardt

布拉班特的西格尔　Siger of Brabant

布雷德沃丁　Thomas Bradwardine

布里丹　Jean Buridan

布鲁内莱斯基　Filippo Brunelleschi

布鲁诺　Giordano Bruno

布鲁日的鲁道夫　Rodolph of Bruges

C

查理大帝　Charlemagne

查理五世　Charles V

查士丁尼　Justinian

D

大阿尔伯特(＝博尔施泰特的阿尔
伯特)　Albertus Magnus, St. , of
Bollstädt.

达巴诺　Pietro d'Abano

达·芬奇　Leonardo da Vinci

达马斯基奥斯　Damascius of Damascus

代达罗斯　Daedalus

道尔顿　John Dalton

德尔菲诺　Giovanni Antonio Delfino

德尔图良　Tertullian

德赫罗特　Johan Cornets de Groot

德蒙莫　Henry Louis Habert de
Montmor

德谟克利特　Democritus of Abdera

德西利德斯　Dercyllides

狄奥多修　Theodosius of Tripolis

狄奥克勒斯　Diocles

迪昂　Pierre Duhem

迪格比　Kenelm Digby

笛卡尔　René Descartes

第谷　Tycho Brahe

第欧根尼　Diogenes

蒂埃里　Thierry of Chartres

蒂内的加埃塔诺　Gaetano of
Thiene

蒂沃利的普拉托　Plato of Tivoli＝
Plato Tiburtinus

丢番图　Diophantus of Alexandria

丢勒　Albrecht Dürer

E

恩培多克勒　Empedocles of Akragas

F

法布里修斯　David Fabricius

法蒂奥　Nicolas Fatio de Duillier

法加尼　Alfraganus＝Al-Farġânî

法拉比　al-Fârâbî.

法拉第　Michael Faraday

凡尔登的贝尔纳　Bernard of
Verdun

凡尔纳　Jules Verne

方丹的戈德弗雷　Godfrey of
Fontaines

非洲人阿德里阿努斯　Adrianus
Africanus

非洲人康斯坦丁　Constantinus
Africanus

菲洛　Philo of Byzantium

菲洛波诺斯　Johannes Philoponus
of Alexandria

菲洛劳斯　Philolaus

菲奇诺　Marsilio Ficino

腓特烈二世　Frederick II

费里埃　Jean Ferrier

费马　Pierre de Fermat

费内尔　Jean Fernel

弗拉卡斯托罗　Girolamo Fracastoro

弗赖贝格的迪特里希　Dietrich of
Freiberg

弗朗切斯卡　Piero della Francesca

（＝Piero dei Franceschi）

弗利的雅各布　Jacopo of Forlì

弗米库斯・马特努斯　Julius Firmicus Maternus

弗斯卡利尼　Paolo Antonio Foscarini

富尔贝　Fulbert of Chartres

G

盖里克　Otto von Guericke

盖伦　Galen of Pergamum

盖米诺斯　Geminus of Thodus

高勒　David van Goorle

哥白尼　Nicolaus Copernicus

哥伦布　Christopher Columbus

歌德　Johann Wolfgang von Goethe

格拉西　Orazio Grassi S. J.

格劳秀斯　Grotius (Hugo de Groot)

格列高利九世　Gregory IX.

格列高利一世　Gregory I ＝ Gregory the Great

格里马尔迪　Francesco Maria Grimaldi

格利乌斯　Aulus Gellius

格罗斯泰斯特　Robert Grosseteste

贡迪萨尔沃　Domingo Gundisalvi

H

哈克　Theodore Haak

哈伦・拉希德　Hârûn al-Rašîd

哈维　William Harvey

海特斯伯里　William Heytesbury

赫拉克勒斯　Hercules

赫拉克利特　Heraclides Ponticus

赫拉克利特　Heraclitus of Ephesus

赫南　Petrus Hoenen

黑尔斯的亚历山大　Alexander, of Hales (*Halensis*)

洪诺留三世　Honorius III

侯奈因　Hunayn ibn Ishâq ＝ Johannitius

胡克　Robert Hooke

花拉子米　al-Khuwârizmî

惠更斯　Christiaan Huygens

霍布斯　Thomas Hobbes

霍尔科特　Thomas Holkot

J

基提翁的芝诺　Zeno of Citium

吉贝尔蒂　Lorenzo Ghiberti

吉尔伯特　William Gilbert

加扎利　al-Gazzâlî

伽利略　Galileo Galilei

伽桑狄　Gassendi, Pierre

贾比尔　Jâbir ibn Aflah 或 Geber

金迪　al-Kindî

金斯　James Jeans

K

卡尔卡尼尼　Celio Calcagnini

卡尔西迪乌斯　Chalcidius

卡里普斯　Callippus of Cyzicus

卡林迪亚的赫尔曼　Herman of Carinthia (＝Hermannus Dalmata)

卡迈勒丁　Kamâl al-Dîn

卡尼阿德斯　Carneades of Cyrene

卡瓦列里　Bonaventura Cavalieri

卡西奥多鲁斯　Cassiodorus Senator

卡西尔　Ernst Cassirer

开普勒　Johannes Kepler

康德　Immanuel Kant

康坦普雷的托马斯　Thomas of Cantimpré

考斯劳　Chosroes 或 Husraw Anûširwân

柯尔贝尔　Jean-Baptiste Colbert

柯瓦雷　Alexandre Koyré

科曼蒂诺　Federigo Commandino

科斯马斯　Cosmas Indicopleustes

科西莫二世　Cosimo II

科英布拉派　Conimbricenses

克劳狄安　Claudian

克雷芒　Clement of Alexandria

克雷莫纳的杰拉德　Gerard of Cremona

克雷莫尼尼　Cesare Cremonini

克里安提斯　Cleanthes of Assus

克里斯泰勒　Paul Oscar Kristeller

克利奥梅蒂斯　Cleomedes

克吕西普　Chrysippus of Tarsus

克塞纳科斯　Xenarchus

孔什的威廉　William of Conches

库萨（库萨的尼古拉）　Nicolaus Cusanus 或 Nicholas of Cusa

L

拉巴努斯　Rabanus Maurus（= Hrabanus Maurus）

拉贝托尼埃　Lucien Laberthonnière

拉道夫　Radolf（Rudolf）of Liège

拉吉姆博尔特　Ragimbold（Regimbald）of Cologne

拉克坦修　Lactantius

拉穆斯　Petrus Ramus

拉普拉斯　Pierre-Simon Laplace

拉瓦锡　Antoine Laurent Lavoisier

莱布尼茨　Gottfried Wilhelm Leibniz

莱纳斯　Francis Linus

莱因霍尔德　Erasmus Reinhold

兰德尔（小）　John Herman Randall Jr.

朗根施泰因的亨利　Henry of Langenstein（Henricus de Hassia）

劳赫福斯　Conrad Rauchfuss（= Conrad Dasypodius）

勒唐纳　Le Tenneur

雷吉奥蒙塔努斯　Regiomontanus（=Johannes Müller）

雷蒙德一世　Raymund I

雷塞纳的塞尔吉乌斯　Sergius of Resaena（=Resaina）

李比希　Justus von Liebig

里尔的阿兰　Alanus de Insulis 或 Alain de Lille

里夫　Walter Hermann Ryff

里乔利　Giovanni Battista Riccioli S. J.

利奥一世　Leo I＝Leo the Great

列日的佛朗科　Franco of Liège

留基伯　Leucippus of Miletus

隆巴德　Petrus Lombardus

卢克莱修　Titus Lucretius Carus

鲁道夫二世　Rudolph II

鲁尔　Raymund Lull

鲁尚特　Ruzzante（＝Angelo Beolco）

伦勃朗茨　Dirck Rembrantsz

罗贝瓦尔　Gilles Personne de Roberval

罗马的吉莱斯　Aegidius Romanus
　或 Giles of Rome

罗默　Ole Rømer

罗特曼　Christoph Rothmann

洛克　John Locke

M

马尔蒂尼　Francesco di Giogio Martini

马赫　Ernst Mach

马吉尼　Giovanni Antonio Magini

马克罗比乌斯　Macrobius

马蒙　al-Ma'mûn

马莫图斯　Claudianus Mamertus

马尼留斯　Marcus Manilius

马萨拉　Mâsallâh

迈尔　Anneliese Maier

迈蒙尼德　Moses Maimonides

曼苏尔　al-Mansûr.

毛罗里科　Francesco Maurolyco

美第奇　Leopold de' Medici

梅罗纳的弗朗西斯　Francis of
　Meyronnes

梅森　Marin Mersenne

米德尔顿的理查德　Richard of
　Middletown

米尔库的约翰　John of Mirecourt
　（*Monachus albus*）

米哈尔斯基　Konstantyn Michalsky

米兰多拉　Giovanni Pico Della
　Mirandola

明谷的伯尔纳　St. Bernard, of
　Clairvaux

摩西　Moses

莫泊丢　Pierre Louis Moreau de
　Maupertuis

莫尔　Louis Trenchard More

莫里哀　Molière

默顿　Robert King Merton

"穆萨的儿子"三兄弟　Banû Mûsâ

N

拿破仑　Napoleon

那不勒斯的詹姆斯　James of St.
　Martinus（＝James of Naples）

纳西昂的格列高利　Gregory of
　Nazianzus

奈科坦尼波　Nectanebo

尼福　Agostino Nifo

尼凯普索　Nechepso

尼科马库斯　Nicomachus of Gerasa

聂斯脱利　Nestorius

牛顿　Isaac Newton

诺埃尔　Etienne Noël

诺曼　Robert Norman

诺瓦拉　Domenico Maria da Novara

O

欧多克斯　Eudoxus of Cnidus

欧儿里得　Euclid of Alexandria

欧雷奥利　Petrus Aureoli

欧特里库的尼古拉　Nicholas of
　　Autrecourt

P

帕尔马的布拉修斯　Blasius of
　　Parma

帕拉塞尔苏斯　Paracelsus

帕奈提奥斯　Panaetius of Rhodus

帕潘　Denis Papin

帕普斯　Pappus of Alexandria

帕乔利　Luca Pacioli

帕斯卡（艾蒂安）　Etienne Pascal

帕斯卡（布莱斯）　Blaise Pascal

帕特里齐　Francesco Patrizzi

培根（弗朗西斯）　Francis Bacon

培根（罗吉尔）　Roger Bacon

佩卡姆　John Peckham

佩里耶　Florin Périer

佩里格利努斯　Petrus Peregrinus＝
　　Pierre of Maricourt

佩托西里斯　Petosiris

彭波纳齐　Pietro Pomponazzi

珀蒂　Pierre Petit

普尔巴赫　Peurbach（＝Peuerbach）

普朗克　Max Planck

普林尼　Pliny（＝Plinius Secundus,
　　Cajus）

普鲁塔克　Plutarch of Chaeronea

普罗克洛斯　Proclus of Lycia

普罗提诺　Plotinus of Lycopolis

Q

齐尔塞尔　Edgar Zilsel

齐玛拉　Marc-Antonio Zimara

切利尼　Benvenuto Cellini

切斯特的罗伯特　Robert, of
　　Chester（Robert de Rétines 或
　　Robertus Ketinensis）

R

让丹的约翰　John of Jandun

热尔贝　Gerbert of Aurillac（＝
　　Pope Sylvester II）

荣格　Carl Gustav Jung

容吉乌斯　Joachim Jungius

S

萨比特·伊本·库拉　Thâbit ibn
　　Qurra

萨克森的阿尔伯特　Albert of
　　Saxony（of Helmstedt, of
　　Rückmersdorf, *Albertus parvus*,
　　Albertillus）

萨瓦索达　Savasorda＝Abraham
　　Bar Hiyya

塞伯特　Severus Sêbôht

塞内卡　Lucius Annaeus Seneca

塞维利亚的约翰　Johannes of
　　Seville＝Johannes Hispalensis

三重伟大的赫尔墨斯　Hermes
　　Trismegistus

桑塔拉的乌戈　Hugo of Santalla

森纳特　David Sennert
沙特尔的贝尔纳　Bernard of Chartres
沙伊纳　Christoph Scheiner S. J.
绍特　Caspar Schott S. J.
圣蒂埃里的威廉　William of St.
　Thierry
司各脱　John Duns Scotus
斯福尔扎　Lodovico Sforza. Il Moro
斯卡利格　Julius Caesar Scaliger
斯涅耳　Willebrord Snellius（＝
　Snell）
斯佩罗尼　Sperone Speroni
斯台文　Simon Stevin
斯万斯海德　Richard Swineshead
苏格拉底　Socrates of Athens
苏格兰人迈克尔　Michael Scot
苏亚雷斯　Francisco Suarez
梭伦　Solon of Athens
所罗门　Solomon
索尔兹伯里的约翰　John of
　Salisbury＝Johannes Saresberiensis
索福克勒斯　Sophocles
索弗洛斯库斯　Sophroniscus
索托　Domingo de Soto（＝Dominicus
　Soto）
索西吉尼斯　Sosigenes of Alexandria

T

塔尔苏斯的提奥多尔　Theodore of
　Tarsus
塔尔塔利亚　Nicolo Tartaglia
泰莱西奥　Bernardino Telesio

泰勒斯　Thales of Miletus
汤利　Richard Townley
唐皮耶　Etienne Tempier
特米斯修斯　Themistius of
　Paphlagonia
提奥菲鲁斯　St. Theophilus
提尔泰奥斯　Tyrtaeus of Athens
图西　Nâsir al-Din al-Tûsî
托勒密　Ptolemy of Alexandria
托里拆利　Torricelli Evangelista

W

瓦尔特　Bernhard Walther
瓦列里乌斯·马克西穆斯
　Valerius Maximus
威尼斯人保罗　Paulus Venetus
　（＝Nicoletti, Paolo）
威特罗　Witelo
维蒂乌斯·瓦伦斯　Vettius Valens
维拉诺瓦的阿诺德　Arnold of
　Villanova
维塔里安　Vitalianus
维维亚尼　Vincenzio Viviani
韦达　Vieta（＝Viète, Franîois）
伪狄奥尼修斯　Dionysius the
　Areopagite（Pseudo-Dionysius）
沃利斯　John Wallis
乌尔班八世　Urban VIII
乌尔班四世　Urban IV

X

西里亚诺斯　Syrianus of Alexandria

西美尔　Georg Simmel

西塞罗　Marcus Tullius Cicero

希克塔斯　Hicetas of Syracuse

希拉略　Hilarius of Poitiers

希罗　Hero of Alexandria

希罗王　Hiero

希帕克斯　Hipparchus of Nicaea

锡耶纳的胡戈　Hugo of Siena

辛普里丘　Simplicius

休谟　David Hume

Y

亚里士多德　Aristotle of Stagira

扬布里柯　Chalcis Iamblichus

耶利米　Jeremiah

伊壁鸠鲁　Epicurus of Samos

伊拉斯谟　Desiderius Erasmus

伊西多尔　Isidore of Seville

英格利　Francesco Ingoli

英根的马西留斯　Marsilius of Inghen

英吉利人巴托洛梅　Bartholomeus Anglicus

于格　Hugh of St. Victor

约达努斯　Jordanus Nemorarius（＝ Jordanus de Nemore 或 Jordanus Saxo）

约翰二十一世　John XXI

约翰·卡诺尼库斯　Johannes Canonicus

Z

扎巴瑞拉　Zabarella

哲罗姆　Hieronymus (St. Jerome)

芝诺(皇帝)　Flavius Zeno

芝诺(爱利亚的)　Zeno of Elea

译 后 记

对于科学史来说,1892 年是很特别的一年。因为这一年诞生了 20 世纪研究近代科学起源的三位重要科学思想史家——亚历山大·柯瓦雷(Alexandre Koyré,1892—1964)、埃德温·阿瑟·伯特(Edwin Arthur Burtt,1892—1989)和本书作者爱德华·扬·戴克斯特豪斯(Eduard Jan Dijksterhuis,1892—1965)[1]。他们都认为近代科学的决定性特征是自然的数学化,这种观点对 20 世纪的科学史研究产生了巨大影响。[2] 我们对柯瓦雷和伯特已经比较熟悉,因为他们的一些代表作已被译成中文,而对戴克斯特豪斯还不太了解。《世界图景的机械化》正是这位荷兰科学史家最负盛名的作品。

从 1919 年到 1953 年,戴克斯特豪斯一直在蒂尔堡的一所中

---

[1] 国内曾于 1985 年出版过戴克斯特豪斯和荷兰技术史家弗伯斯(R. J. Forbes)合著的一本简明的科技史著作 *A History of Science and Technology*(Penguin Books,1963)的中译本,即《科学技术史》(刘珺珺、柯礼文、王勤民、秦幼云等译,求实出版社),后者把 Dijksterhuis 译为"狄克斯特霍伊斯"。而按照荷兰语的发音规则,dijk 应为"戴克"而非"狄克";huis 的发音则为"豪斯",所以我们把 Dijksterhuis 译成"戴克斯特豪斯"。此前在湖南科学技术出版社的"科学源流译丛"版本(《世界图景的机械化》,2010年)中将其译为"戴克斯特斯霍伊斯",不确且不易记忆,在此商务版中予以改正。

[2] 关于这三位科学史家观点异同的更深入讨论,参见 H. 弗洛里斯·科恩:《科学革命的编史学研究》,张卜天译,湖南科学技术出版社,2012 年,页 128—140。

学(Hogere Burgerschool)讲授数学和物理学。在教学的同时,他也致力于科学史研究,其大多数著作都是关于数学、力学、天文学等精确科学的历史。1953年,戴克斯特豪斯被任命为乌特勒支大学的精确科学史教授,并于当年当选荷兰皇家科学院院士。1955年被任命为莱顿大学精确科学史教授。1962年获得科学史研究的最高奖萨顿奖章。他的主要著作有:《下落与抛射:从亚里士多德到牛顿的力学史研究》(*Val en Worp. Een bijdrage tot de Geshiednis de Mechanica van Aristoteles tot Newton*)、《阿基米德》(*Archimedes*,1938)、《西蒙·斯台文》(*Simon Stevin*,1943)、《世界图景的机械化》(*Mechanisering van het wereldbeeld*,1950)等等。他还参与编订了[后来担任编委会主席]《斯台文主要著作集》(*The Principal Works of Simon Stevin*,1955—61)的力学部分和《惠更斯著作全集》(*Huygens' Œuvres complètes*)的音乐学部分。1990年,荷兰科学史家克拉斯·凡·贝克尔(Klaas van Berkel)编辑出版了戴克斯特豪斯著作选集——《克利俄的继子》(*Clio's stiefkind*)。

自然科学对社会产生了巨大影响,但科学的世界观并不总是符合人对自身生存的理解。戴克斯特豪斯极力倡导用科学史来弥合科学与人文之间的鸿沟。1953年,在乌特勒支大学的就职演说中,他说:"一条宽阔的大河把你们与它[即科学]分隔开来。然而,只要逆流而上,你们就会找到一艘渡船,将你们带到对岸。这艘渡船就是所谓的'科学史',我很乐于成为摆渡者。"

1950年,《世界图景的机械化》以荷兰文出版,并因其清晰的阐释和精致优雅的风格而获得1952年荷兰国家文学奖。1956

年,其德译本由施普林格出版社出版。1961 年,英译本由牛津大学出版社出版。1981 年,普林斯顿大学出版社出版了英译本的平装本,并且补充了荷兰数学史家斯特勒伊克(Dirk Jan Struik)所写的一篇戴克斯特豪斯小传。正是这两个译本,特别是英译本,给戴克斯特豪斯带来了国际声誉,使其成为 20 世纪最重要的科学史家之一。

　　本书标题源于著名德国女科学史家安内莉泽·迈尔(Anneliese Maier)1938 年出版的《17 世纪世界图景的机械化》(*Die Mechanisierung des Weltbildes im* 17. *Jahrhundert*)。戴克斯特豪斯在德译本前言中对她表示了由衷的感谢和敬意。《世界图景的机械化》以机械论观念的产生和对自然的数学描述为主线,细致而深入地探讨了从古希腊到牛顿两千多年的数理科学思想发展,鞭辟入里地分析了使经典物理科学得以产生的各种思想脉络和源流。本书的优点和价值十分突出:一是时间跨度大,包含内容多,涵盖了从毕达哥拉斯到牛顿的两千多年的历史;书中大部分内容尚不为国内学界所知,这可以很好地弥补我们的欠缺;二是尽可能地使用原始文献,在很大程度上避免和纠正了历史误解,这得益于作者深湛的语言功底;三是许多概念解释得非常深入到位,不回避任何繁难之处。对于一部所谓的"普及"著作来说,在涵盖这么长时间跨度的同时,还能讨论得如此细致,这几乎是绝无仅有的,其中不少讨论甚至比许多专业著作还要深入;四是全书几乎没有什么废话,显得紧凑异常,许多地方可谓字字珠玑。这使全书读起来有些"干",没有一句话能够随随便便带过。读者需要有足够的耐心将那些浓得化不开的内容慢慢稀释,细心品味其中的意涵——这也许并不符合时下许多人快餐式的阅读习惯,但对于真正愿意深入探察西方科学史的严谨读者来说,这种努力绝对是值得的。每当笔者带着问题去查阅本书的相关内容时,总会感叹作者叙述的精当和切中要害,只有在研究过程中才能更深刻地领会这一点。

需要指出的是,本书中包含着一种张力。戴克斯特豪斯经常强调古人与现代人思想方式的不同。他批判了许多人云亦云的说法,指出这些说法要么没有历史依据,要么不合作者本意。他主张,必须回到历史的真实情境和古人的思想背景,才能不曲解历史。我们很容易把现代人的观念强加于古人,去解释他们的思想,从而使那些古代成果显得不过尔尔,甚至愈发浅陋。殊不知,今天看来古人所犯的一些"错误"和对"正轨"的偏离,恰恰更值得我们重视。因为它们更能反映出古今世界观和思想方式的差异,从而更具借鉴意义。在这个意义上,戴克斯特豪斯的许多细节讨论有强烈的反辉格倾向。然而,从总体上看,戴克斯特豪斯又以机械论观念的兴起、科学的数学化为导向来考察各个时期的科学内容,并按照数学、物理学、天文学、化学、光学等学科来组织材料。世界图景是如何机械化或力学化的,具体的理论和学说与此目标是靠近了还是偏离了,这毕竟是作者提出的问题。在这个意义上,他的叙述又有某种辉格色彩,不少地方显得哲学味道不是很足。

机械论(mechanistic)世界观对于现代世界的影响最为深远。这种影响不仅涉及科学本身的方法,而且推动了技术发展和工业化,进而波及关于人及其在宇宙中位置的哲学思想。然而,"机械论"的含义到底是什么,却并非显而易见。戴克斯特豪斯指出,要想弄清楚这一点，必须追溯希腊以来的科学史，并由此开始了全书的讨论。他对"机械论"及其相关术语微妙而复杂的含义做了深入细致的澄清。我们平常在谈到"机械[论]自然观"时，经常简单地认为它就是指"宇宙是一台机器"，这其实不够准确。"机器"预设了一位智慧的机器创造者，是他使机器运转以实现某种目的，带有某种目的论色彩，而经典科学往往并不这样认为。严格意义上的机械论是指，除了物质和运动，没有其他解释原则，物体只有通过接触作用才能相互影响。戴克斯特豪斯认为，只有把"机械论"定义为"借助于力学（mechanics）概念"，并把力学理解成一门基本概念为数学概念的运动学说，才能恰如其分地理解机械论的含义，才能真正体现经典科学与中世纪科学之间的对比。这里的力学本身就是一门数学。所谓世界图景的机械化（mechanization），意味着借助于经典力学的数学概念引入了一种对自然的描述。[戴氏的这种看法并非没有争议，有科学史家指出，戴氏混淆了数学化与机械化。①]因此，对于从古代科学到经典科学的过渡，戴克斯特豪斯一直在强调"自然的数学化"，数学在物理科学发展过程中起着至关重要的作用。经典科学与 20 世纪科学的差别要远小于经典科学与古代科学的差别。正如戴克斯特豪斯在结语中所说："探究事物真正本性的'实体性'思维，不得不替换成试图确定事物行为相互依赖性的'函数性'思维；对自然现象的语词处理必须被抛弃，取而代之的则是对其经验关系的数学表述。在 20 世纪，函数性思维

---

① 参见 H. 弗洛里斯·科恩：《科学革命的编史学研究》，张卜天译，湖南科学技术出版社，2012 年，页 91—94。

连同其本质上数学的表述形式不仅得到了维持,甚至完全主宰了科学。"

由此看来,"世界图景的机械化"实为"世界图景的数学化"或"世界图景的力学化"。但作者又一直紧扣 mechanization 的希腊词源 $\mu\eta\chi\alpha\nu\dot\eta$(机械、机器)来讨论"机械论"的含义,这给中文翻译造成了很大困难。为了不失其字面含义和现代常用义,我们没有把标题译为"世界图景的力学化",只在必要时注出相关西文。这一点务请读者留意。

译这本书真正使我感到了翻译的辛苦。它不仅篇幅巨大,内容艰深,许多概念的译名都需要创造,而且长句甚多,翻译起来十分困难。荷兰语引导从句很方便,这往往导致文中的句子很长,中译文必须尽可能地将其拆成散句,并按照汉语习惯进行打磨。由于我不谙荷兰文,无法直接从原文翻译,所以只能依据英译本和德译本转译。好在荷兰语与德语区别很小,借助荷英、荷汉词典,基本能够看懂。我的方案是,先由英译本译出草稿,再逐字逐句根据德译本进行对照。如果英译本和德译本有明显的不一致(有太多这样的地方),还要对照荷兰文原文来判断哪个译本更加准确。因此,如果读者使用英译本对照中译文,并且发现有些地方明显不一致,那很有可能是我参考德译本和荷兰文原著译出的。戴克斯特豪斯与英译者有过不少通信,英译本也得到了作者的肯定(并且对荷兰文本作了不少改动),但事实上,英译本和德译本都有译得不够准确的地方。在这些情况下,我有时会做脚注进行说明,有时则径直按照我认为比较正确或合理的译法译出。

这里首先要感谢北京大学哲学系的孙永平老师,他曾在 2009

年两个学期的硕士生"自然哲学原著选读"课上以本书作为教材，我也是随着这门课程译完整本书的。这门课使我增加了翻译的动力，和孙老师的讨论使我受益匪浅，许多术语的译法也因此得以确定。姜锐师弟不仅认真校对了部分译稿，而且帮我输入了英汉人名索引，编制了汉英人名索引。刘胜利师弟帮我译出了书中的一些法文段落。还要感谢胡翌霖、董桥声、王哲然、王筱娜等师弟师妹给予我的鼓励。

　　对于译文中存在的各种问题，敬请读者不吝指正，以使这个译本更加完善。

张卜天

2010 年 1 月 22 日

图书在版编目(CIP)数据

世界图景的机械化/(荷)爱德华·扬·戴克斯特豪斯著;张卜天译.—北京:商务印书馆,2018(2024.8重印)
(汉译世界学术名著丛书)
ISBN 978-7-100-16426-9

Ⅰ.①世… Ⅱ.①爱…②张… Ⅲ.①自然科学史—世界—普及读物 Ⅳ.①N091

中国版本图书馆 CIP 数据核字(2018)第 166438 号

汉译世界学术名著丛书
世界图景的机械化
〔荷兰〕爱德华·扬·戴克斯特豪斯 著
张卜天 译

商 务 印 书 馆 出 版
(北京王府井大街36号 邮政编码100710)
商 务 印 书 馆 发 行
北京虎彩文化传播有限公司印刷
ISBN 978-7-100-16426-9

2018 年 10 月第 1 版 开本 850×1168 1/32
2024 年 8 月北京第 2 次印刷 印张 24¾ 插页 1
定价:120.00 元